Statistik mit und ohne Zufall

Christoph Weigand

Statistik mit und ohne Zufall

Eine anwendungsorientierte Einführung

3. Auflage

 Springer Spektrum

Prof. Dr. Christoph Weigand
FH Aachen
Aachen, Deutschland

ISBN 978-3-662-59308-0   ISBN 978-3-662-59309-7   (eBook)
https://doi.org/10.1007/978-3-662-59309-7

Die Deutsche Nationalbibliothek verzeichnet diese Publikation in der Deutschen Nationalbibliografie; detaillierte bibliografische Daten sind im Internet über http://dnb.d-nb.de abrufbar.

Springer Spektrum

Einbandabbildung: deblik Berlin
Planung/Lektorat: Iris Ruhmann

Springer Spektrum ist ein Imprint der eingetragenen Gesellschaft Springer-Verlag GmbH, DE und ist ein Teil
von Springer Nature
Die Anschrift der Gesellschaft ist: Heidelberger Platz 3, 14197 Berlin, Germany

Vorwort

Statistik will informieren. Insofern kommt Statistik einem menschlichen Grundbedürfnis nach, denn Informationen helfen uns, zum Erreichen unserer Ziele die richtige Entscheidungen treffen zu können.

Seit Menschengedenken nutzen wir dabei in erster Linie unsere "Lebenserfahrung" als Informantionsquelle. Jedoch hat man auch schon vor Jahrtausenden (z.B. 4. Buch Moses "Numeri") damit angefangen, "Informationen" mit Zahlen, also mathematisch und somit exakter darzustellen. Dies war bereits Statistik in einfachster Form. Methodisch verharrte dann die Statistik über Jahrtausende auf diesem Niveau. Erst vor etwas über 100 Jahren entwickelte sich die Statistik dank der Fortschritte in der Wahrscheinlichkeitsrechnung rasant und ist heute fester Bestandteil jeder Natur- und Sozialwissenschaft, sowohl in der Lehre, als auch in den Anwendungen.

Warum wir alle Statistiker sind

Ob wir wollen oder nicht, wir befinden uns entweder in der Rolle des **Statistikkonsumenten**, d.h wir sollen und müssen verstehen, was Zeitungen, Rundfunk, Fernsehen, Reports, etc. im privaten wie auch beruflichen Umfeld mitteilen, oder wir befinden uns in der Rolle des **Statistikproduzenten**, d.h. wir stellen selbst Statistik her.

"Ich habe gehört, dass Tortendiagramme zu 80% dick machen und zu 34% Haarausfall auslösen!"

Leider werden dabei je nach Interessenlage gelegentlich auch Manipulationen und Täuschungen vorgenommen. Daher ist es in der heutigen Zeit schon fast überlebenswichtig, gute Statistikkenntnisse zu besitzen.

Die Rolle des Statistikproduzenten ist inzwischen kinderleicht geworden, denn was vor 30 Jahren noch die Belegschaft eines ganzen Rechenzentrums beschäftigte, können wir heute mit kostenlos im Internet verfügbaren Programmen bequem, fast spielerisch einfach durchführen. Insofern steht jedem Menschen eine riesige, kostenlose Apotheke zur Verfügung, aus der er nach Belieben rezeptfrei Mediakmente bzw. statistische Verfahren auswählen und anwenden kann. Sie ist aber vollkommen wertlos, wenn man Krankheiten nicht richtig zu diagnostizieren versteht und zudem die passenden Medikamente nicht kennt. Im Gegenteil: Apotheken mit freier Selbstbedienung können auch tödlich sein.

Daher ist es das ambitionierte Ziel dieses Buches, den Leser zu einer Art "Statistik-Arzt" zu befähigen, der die Schnittstelle zwischen realem Problem und statischem Modell bedienen kann. Insbesondere muss er dabei Kenntnisse über die unterschiedlichen Voraussetzungen der statistischen Verfahren besitzen.

Für wen ist das Buch geschrieben?

Das vorliegende Buch richtet sich in erster Linie an anwendungsorientierte Leser. Bei der Auswahl der Themen stand vor allem deren praktische Relevanz im Mittelpunkt. Aus den bereits genannten Gründen möchte das Buch weder ein Kompendium noch eine bloße Auflistung wundersamer Rezepturen sein, bei dem der Leser lediglich zu einer verständnislosen Anwendung von Black-Boxen "dressiert" wird.

Damit sich auch "Einsteiger" und aus den oben genannten Gründen die zur Statistik gezwungenen oder gar "weniger begabten" Leser zumindest ein Basiswissen aneignen können, sind insbesondere die Grundlagen ausführlich und anschaulich dargestellt und erklärt. Dies scheint mir sinnvoll, da ich aufgrund meiner Lehrtätigkeit und diverser "Statistik-Blüten" in den Medien den Eindruck gewonnen habe, dass gerade die scheinbar einfachen Themen manchmal schon große Probleme bereiten können.

Aber auch der "begabte" oder "faszinierte" Leser findet eine Reihe von weitergehenden und fortgeschrittenen Themen mit Herleitungen. Das Buch ist so konzipiert, dass man beim ersten Lesen durch die wichtigsten Themen navigiert wird und man mathematische Beweise und Details bei Bedarf im Anhang nachlesen kann.

Welches mathematische Niveau wird vorausgesetzt?

Die mathematischen Vorkenntnisse beschränken sich auf einfache Schulmathematik. "Einfach" heißt, dass keine besonderen Kenntnisse oder Fähigkeiten in der Differential- und Integralrechnung oder Linearen Algebra vorausgesetzt werden. Wollte man die Wahrscheinlichkeitstheorie und induktiven Statistik mathematisch exakt präsentieren, wären Theorien und Beweise auf hohem Niveau erforderlich. Da aber die Anwendung von Statistik solche Details nicht voraussetzt, werden wir der Anschaulichkeit Vorrang gegenüber der mathematischen Exaktheit gewähren.

Jedoch werden wir in der Deskriptiven Statistik manches Thema mit mehr Formalismus behandeln, als es vielleicht unbedingt notwendig wäre. Diese Vorgehensweise erweist sich nämlich beim Einstieg in die Wahrscheinlichkeitsrechnung als sehr nützlich, wo wir dann mit diesem Formalismus schon vertraut umgehen können. Zudem hilft er, viele Dinge auf den "Punkt" zu bringen.

In der Literatur wird die Wahrscheinlichkeitsrechnung üblicherweise auf "Ereignissystemen" aufbauend eingeführt. Darauf wird hier bewusst verzichtet, da dieser Ansatz nur schlüssig und vorteilhaft ist, wenn er auch wirklich mathematisch fundiert, also im

Rahmen der sogenannten Maßtheorie, erfolgen würde. Dies ist aber dem anwendungs-orientierten Leser nicht zumutbar.

Was ist neu in der 3. Auflage?

Es wird eine kurze Einführung in das sehr umfangreiche und kostenlose Statistikpro-gramm R gegeben, das sich mit dem R-Commander sehr einfach bedienen lässt.

Neu hinzugenommene Themen sind zudem: Konzentrationsmaße (Lorenzkurve, Gini-Koeffizient und Herfindahl-Index), Varianzzerlegungssatz, Standardisierung, Variations-koeffizient, Bestimmtheitsmaß, Negative Binomialverteilung, Erlangverteilung, Poisson-prozesse, Lebensdauerverteilungen, Konfidenzintervalle für Differenzen von Mittelwer-ten, Schätzen und Testen mit geschichteten Stichproben, das Konzept des *p*-Values.

Die übrigen Kapitel wurden aktualisiert und zum Teil deutlich überarbeitet oder erwei-tert. Die Übungsaufgaben im Anhang der 2. Auflage sollen in einem eigenen Übungsbuch veröffentlicht werden.

Lob und Dank

Für konstruktive Anregungen und Unterstützung gilt mein Dank in besonderer Weise meiner Kollegin Frau Prof. Dr. Gisela Maercker, Herrn Tobias Förtsch und, stellvertre-tend für die zahlreich helfenden Mitarbeiter des Springer- und Physica-Verlags, Frau Iris Ruhmann, Frau Agnes Herrmann zur 3.Auflage, Frau Alice Blanck, Herrn Dr. Niels Pe-ter Thomas zur 2. Auflage und Frau Lilith Braun, Frau Gabriele Keidel und Herrn Frank Holzwarth zur Erstauflage. Sie alle haben mich in hervorragender Weise unterstützt und eine professionelle und reibungslose Veröffentlichung des Manuskriptes ermöglicht.

Der Autor freut sich über weitere Hinweise und Verbesserungsvorschläge (z.B. per E-Mail: weigand@fh-aachen.de) seitens der Leser.

Aachen, im Februar 2019   *Christoph Weigand*

Inhaltsverzeichnis

Teil I

Deskriptive Statistik

1 Grundlagen

Die Statistik gliedert sich in zwei große Bereiche, nämlich den der Deskriptiven Statistik, die man auch "Beschreibende Statistik" nennt, und den der Induktiven Statistik, die man auch "Schließende Statistik" nennt.

Bei einer Bundestagswahl möchte man beispielsweise feststellen, wie viele Stimmen die einzelnen Parteien von den Wahlberechtigten erhalten, wie viele ungültige Stimmen es gibt und wie viele der Wahlberechtigten nicht zur Wahl gehen. Wenn die Wahlhelfer alle Stimmzettel gezählt haben, wird zu allen Parteien neben den absoluten Häufigkeiten der Stimmen auch deren prozentuale Verteilung berechnet und in einem amtlichen Endergebnis veröffentlicht. Insofern wird, wenn keine Fehler begangen werden, das Wahlverhalten der Wahlberechtigten vollständig und korrekt *beschrieben*. Daher liegt eine **Deskriptive Statistik** vor.

Der Sinn und Zweck, Statistiken zu erstellen, besteht typischer Weise darin, Besonderheiten wie auch "Normalheiten" aufzuzeigen, und somit dem Anwender einen möglichst guten Überblick zu verschaffen.

Der Einzelfall ist in der Regel nicht von Interesse. Bei der Bundestagswahl ist der Einzelfall sogar durch das Wahlgeheimnis explizit geschützt, d.h. es interessiert nicht, welche Partei z.B. Herr Artur Weigand gewählt hat.

Bundestagswahlen sind teuer und aufwendig. Möchte man schnell, relativ billig und innerhalb der Legislaturperiode wissen, welche Parteien die Wähler präferieren, so befragt man nicht alle ca. 60 000 000, sondern beispielsweise nur 2000 Wahlberechtigte. Diese bilden eine sogenannte Stichprobe, von der man hofft, dass sie in etwa das Wahlverhalten aller Wahlberechtigten widerspiegelt. Bei dieser Vorgehensweise überträgt man das Ergebnis der Stichprobe auf alle Wahlberechtigte. Man spricht auch von einer "Hochrechnung" bzw. von einem "Schluss" der Stichprobenergebnisse auf die Gesamtheit aller Wahlberechtigten. Daher nennt man die Statistik, die auf Stichproben basiert, Schließende Statistik bzw. **Induktive Statistik**.

Je nachdem unter welchen Modalitäten die Stichprobe gezogen wird, und wer letztlich "zufälliger Weise" befragt wird, kann das Wahlverhalten innerhalb der Stichprobe erheblich anders aussehen als in der Gesamtheit aller Wahlberechtigten. Um dies vernünftig bewerten zu können, benötigen wir die Wissenschaft, die sich mit dem Zufall beschäftigt, nämlich die Wahrscheinlichkeitstheorie. Beide Gebiete zusammen, also die Wahrscheinlichkeitstheorie und die Induktive Statistik, bezeichnet man als **Stochastik**.

Diese Gliederung hat auch die Wahl des Titels zu diesem Buch inspiriert. Die Deskriptive Statistik entspricht der "Statistik ohne Zufall". Hier wird eine Gesamtheit vollständig und korrekt beschrieben, indem man alle Werte ermittelt, d.h. eine sogenannte Totalerhebung durchführt. Die "Induktive Statistik" entspricht der "Statistik mit Zufall" und basiert auf Stichproben.

Bevor es richtig los geht, wollen wir noch auf die Kapitel A, B und C im Anhang hinweisen. Dort findet man Anmerkungen zur Prozentrechnung, zum Gebrauch des Summenzeichens und zu den Grundbegriffen der Mengenlehre.

1.1   Objekte, Variablen, Grundgesamtheit

Wenn Statistik unverständlich ist oder falsch interpretiert wird, liegt es oft daran, dass bestimmte Grundbegriffe und Konzepte unklar sind. Daher soll hier das allgemeine Modell, das der Deskriptiven Statistik zugrunde liegt, kurz vorgestellt werden:

- Eine **Grundgesamtheit**, auch Population genannt, umfasst eine bestimmte Menge von **Objekten**. Die Anzahl der Objekte wird mit N bezeichnet.
- Die Objekte besitzen Eigenschaften, die man mit bestimmten **Variablen** (Merkmale) beschreiben kann. Diese Variablen werden mit Großbuchstaben $X, Y, \ldots$ notiert.

■ Zu jedem einzelnen Objekt i sind für alle Variablen $X, Y, \ldots$ Messwerte $x_i, y_i, \ldots$ bekannt. Messwerte, heißen auch **Variablenwerte**, Merkmalswerte oder Ausprägungen. In Formeln werden sie bevorzugt mit Kleinbuchstaben notiert.

In der Literatur ist es üblich, folgende Begriffe synonym zu verwenden:

$$\textbf{Objekt} \quad = \text{ Merkmalsträger } = \text{ Untersuchungseinheit } = \text{ Fall (Case)},$$
$$\textbf{Variable} = \text{ Merkmal } = \text{ Attribut}.$$

Im Einklang mit vielen Statistikprogrammen werden auch wir in diesem Buch bevorzugt den Begriff **Variable** statt Merkmal benutzen.

Beispiel (Familie Schulz).

Grundgesamtheit = alle Personen der Familie Schulz, die im Blaubeerenweg 17 wohnen.

Objekt = Person = 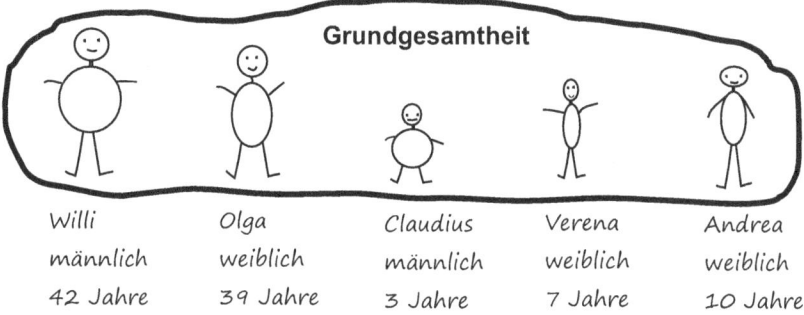.

Willi · männlich · 42 Jahre

Olga · weiblich · 39 Jahre

Claudius · männlich · 3 Jahre

Verena · weiblich · 7 Jahre

Andrea · weiblich · 10 Jahre

Diese Grundgesamtheit besteht aus $N = 5$ Objekten. Man interessiert sich für die drei Merkmale bzw. Variablen

$$V = \text{Vorname}, \qquad G = \text{Geschlecht}, \qquad X = \text{Alter}.$$

Betrachtet man beispielsweise das Objekt $i = 2$, so lauten zu den Variablen V, G, X die Messwerte bzw. Merkmalsausprägungen

$$(\text{Olga}, \quad \text{weiblich}, \quad 39).$$

Dieses Tripel bzw. eine solche Zeile nennt man auch **Datensatz**. So klebt gewissermaßen an jedem einzelnen Objekt i ein eigener Datensatz (v_i, g_i, x_i). ☻

Statt, wie in diesem Beispiel, die Grundgesamtheit möglichst anschaulich und "naturgetreu" wiederzugeben, reicht es, wenn man alle wesentlichen Informationen, d.h. die Datensätze aller Objekte kompakt in einer sogenannten Urliste notiert.

Urliste

- Eine Spalte entspricht einer Variablen.
- Eine Zeile entspricht einem Objekt. Sie beinhaltet die gemessenen Variablenwerte eines einzelnen Objekts. Die Werte einer Zeile nennt man auch Datensatz.

Eine Grundgesamtheit mit N Objekten besitzt eine Urliste mit N Zeilen. Gewöhnlich steht den N Zeilen noch eine Kopfzeile voran, die zur Spaltenbeschriftung dient bzw. die Merkmale bezeichnet. Die Reihenfolge der Zeilen bzw. der Objekte in einer Urliste ist unerheblich. Je nach Fragestellung kann es aber dem Leser hilfreich sein, die Liste bezüglich einer bestimmten Variablen zu sortieren.

Beispiel (Fortsetzung).

Variable ↓

Objekt Nr	Name	Geschlecht	Alter
1	Willi	männlich	42
2	Olga	weiblich	39
3	Claudius	männlich	3
4	Verena	männlich	7	← Objekt
5	Andrea	weiblich	10

Die erste Spalte stellt keine echte Variable dar und könnte auch weggelassen werden. Sie dient nur zum Durchnummerieren der Objekte und der besseren Lesbarkeit. Man könnte diese Urliste auch in einer anderen Reihenfolge wiedergeben, indem man sie beispielsweise nach dem Alter aufsteigend sortiert. ☻

Beispiel (Freie Mietwohnungen in Aachen am 6. März).

Grundgesamtheit = alle 390 freien Mietwohnungen in Aachen am 6. März.
Objekt = Wohnung.
Variablen = G, P, Z, U, S.

Variable ↓

Objekt Nr	G = Größe [m²]	P = Preis [€]	Z = Zimmer	U = Zustand	S = Stadtteil
1	80.00	409.99	3	gut	Forst
2	120.36	502.00	4	schlecht	Soers
3	35.78	154.30	1	normal	Forst	← Objekt
4	148.40	883.79	4	sehr gut	Burtscheid
...	...	...	...	...	...
...	...	...	...	...	...
390	89.00	429.40	3	gut	Richterich

☻

Beispiel (Schwimmbad).

Grundgesamtheit = alle 7 Tage der letzten Woche.
Objekt   = Tag.
X = Anzahl der Besucher im Schwimmbad.

In diesem Beispiel ist das Objekt eine Zeitspanne, also ein immaterielles Objekt. Die Schwimmbadbesucher sind zwar materiell, nehmen aber nicht die Rolle der Objekte ein. Die $N = 7$ Einträge der Urliste lauten in platzsparender Form:

$$254, \quad 193, \quad 361, \quad 285, \quad 170, \quad 100, \quad 260.$$

Bei einer Urliste in regulärer Form müsste man diese Zahlen natürlich in eine Liste mit $N = 7$ Zeilen und einer Spalte eintragen. Zudem sollte man X als Spaltenkopf hinzufügen.   ☻

Beispiel (Schlaglöcher). Die Wegstrecke der insgesamt 200 Meter langen Ludwigstraße wird in $N = 20$ gleich große Teilstrecken aufgeteilt, die jeweils 10 Meter lang sind.

Grundgesamtheit = alle 20 Teilstrecken.
Objekt   = 10-Meter-Abschnitt.
X = Anzahl Schlaglöcher.

In diesem Beispiel sind die Objekte "Straßenstücke" mit einer bestimmten, konstanten Länge. Die Urliste in platzsparender Form lautet

$$3, 1, 0, 0, 0, \ 2, 0, 0, 5, 0, \ 0, 3, 0, 0, 0, \ 2, 0, 0, 4, 0.$$

☻

Je nachdem, wie viele Merkmale bzw. Variablen in die statistische Auswertung einer Urliste eingehen, unterscheidet man:

Univariate Auswertung: Es wird nur 1 Variable berücksichtigt.
Multivariate Auswertung: Mehrere Variablen werden berücksichtigt.
Bivariate Auswertung: Genau 2 Variablen werden berücksichtigt.

1.2   Teilgesamtheit

Werden bestimmte Objekte einer Grundgesamtheit in einer eigenen Gesamtheit zusammengefasst, so spricht man von einer **Teilgesamtheit**. Dies entspricht einer Selektion bestimmter Zeilen aus der Urliste. Die Spaltennamen, d.h. die Merkmale bleiben unverändert. Statt aller Objekte wird nur ein Teil der Objekte herangezogen.
Ob bei einer gegebenen Gesamtheit eine Grundgesamtheit oder eine Teilgesamtheit vorliegt, ist eine Frage der "Perspektive". In obigem Beispiel kann die Grundgesamtheit "Alle 390 freien Mietwohnungen in Aachen am 6. März" in mehrfacher Weise auch als Teilgesamtheit einer übergeordneten Grundgesamtheit gesehen werden. Beispielsweise:

- als Teil aller Wohnungen in Aachen am 6. März,
- als Teil aller Mietwohnungen in Deutschland am 6. März,
- als Teil aller Mietwohnungen in Deutschland im März.

Beschreibt man mit Hilfe von Statistiken eine Teilgesamtheit, so neigt man gelegentlich dazu, die Ergebnisse auch auf eine übergeordnete Gesamtheit zu verallgemeinern. Diese Vorgehensweise ist für die Induktive Statistik typisch. Die Deskriptive Statistik hingegen dient ausschließlich nur zur Beschreibung einer vollständig bekannten Grundgesamtheit bzw. Urliste. Interpretationen, die darüber hinausgehen, sind nicht Gegenstand der Untersuchungen und bleiben der Induktiven Statistik vorbehalten.

1.3   Variablentypen

Bestimmte statistische Auswertungen sind nicht für jede Art von Merkmal sinnvoll. Zum Beispiel kann bei Farben kein Mittelwert berechnet werden. Bei den Postleitzahlen ist zwar die durchschnittliche Postleitzahl berechenbar, aber nicht sinnvoll. Daher ist es üblich, Variablen nach bestimmten Kriterien zu klassifizieren:

qualitative Variable: Sie wird auch artmäßiges Merkmal genannt. Beispiele: Farbe, Postleitzahl, Stadtteil, Zustand, Steuerklasse, Geschlecht, Familienstand.

quantitative Variable: Sie wird auch zahlmäßiges Merkmal genannt. Hierbei unterscheidet man:

- **diskret:** Es können nur bestimmte, separate Werte angenommen werden. Beispiele: Anzahl Kinder pro Familie, Eintrittspreis im Theater, Anzahl der Krankmeldungen an einem Tag.
- **stetig:** Die Werte sind auf einer kontinuierlichen Skala darstellbar. Das heißt, dass zwischen zwei Merkmalswerten unendlich viele weitere Werte denkbar wären. Diese Vorstellung ist gleichbedeutend damit, dass ein Variablenwert auf beliebig viele Nachkommastellen messbar ist. Beispiele: Volumen, Gewicht, Zeit, Länge, Temperatur.

Man beachte, dass auch qualitative Merkmale gelegentlich mit Ziffern notiert werden. Dies kommt lediglich einer Kodierung gleich, die im Grunde willkürlich festgelegt werden kann.

Eine weitere Aufteilung unterscheidet die *Anordenbarkeit* der Werte einer Variablen:

nominale Variable: Es gibt keine natürliche Ordnung, wie zum Beispiel bei dem Merkmal Farbe mit den Merkmalswerten rot, gelb, blau, grün...

ordinale Variable: Es gibt eine Rangfolge bzw. Ordnung unter den Werten der Variablen, wie zum Beispiel bei der Variablen Zustand: sehr gut, gut, normal, schlecht.

metrische Variable: Metrische Variablen sind quantitative Variablen. Damit besitzen sie insbesondere eine Ordnung. Allerdings kann man nicht nur beschreiben, ob ein Wert größer als ein anderer ist, sondern auch, wie groß der Abstand zwischen zwei Werten ist. Hierbei unterscheidet man:

- **Intervallskala:** Es gibt keinen natürlichen Nullpunkt. Jedoch lassen sich die Unterschiede messen; beispielsweise eine in Celsius gemessene Temperatur: 6 Grad ist nicht doppelt so warm wie 3 Grad. Aber der Temperaturunterschied von 6 auf 3 Grad Celsius ist genauso groß wie von 44 auf 41 Grad.
- **Verhältnisskala:** Es gibt einen natürlichen Nullpunkt. Beispiele: Gewicht, Bargeld, Volumen.

Schließlich gibt es noch Begriffe, die vor allem bei Statistikprogrammen eine besondere rolle spielen:

Faktor: Faktoren werden auch **kategorielle Variablen** genannt. Es gibt nur eine begrenzte, endliche Anzahl von Merkmalswerten bzw. Kategorien. Diese bezeichnet man auch als **Faktorstufen**. Sie können qualitativ, aber auch quantitativ sein. Beispielsweise lauten zum Faktor "F = Familienstand" die Faktorstufen: Ledig, verheiratet, geschieden, verwitwet.

Bei Äpfeln könnte man den Faktor "G = Gewichtsklasse" mit den drei Faktorstufen 0-120 Gramm, 121- 160 Gramm und 161 - 300 Gramm betrachten.

dichotome Variable: Dies sind Faktoren mit nur zwei möglichen Faktorstufen. Beispiel: "S = Stammkunde" mit den Stufen "Ja" und "Nein".

1.4   Datenerhebung

Die Datenerhebung beschreibt, wie und unter welchen Umständen man bei den Objekten einer Grundgesamtheit zu Messwerten gelangt. Folgende Klassifizierung ist üblich:

primärstatistisch: Es wird für einen bestimmten Zweck eigens eine Datenerhebung durchgeführt.

sekundärstatistisch: Es wird auf bereits vorhandene Daten zurückgegriffen, die möglicherweise ursprünglich für einen anderen Zweck erhoben wurden.

Die sekundärstatistische Erhebung ist häufig der billigere und schnellere Weg. Sie gewinnt zunehmend an Bedeutung, da durch den expansiven Einsatz von Computern riesige Datenmengen den Unternehmen zur Verfügung stehen. Schlagworte wie "Data Mining" und "Big Data" bezeugen diesen Trend.

Bei der Vorgehensweise einer Erhebung unterscheidet man zudem:

Beobachtung: Die Daten werden durch Augenschein oder mittels Messgeräten automatisch erfasst. z.B. Verkehrszählungen, Ausgaben am Geldautomaten, Energieverbrauch.

Befragung: Mündliche oder schriftliche Umfragen, z.B. Wahlumfrage, Konsumentenbefragungen. Hierbei tritt das Problem der Antwortverweigerung auf. Es ist schwer zu beurteilen, wie man diese sinnvoll in entsprechende Auswertungen einbeziehen kann. Z.B. eine Umfrage zur Mitarbeiterzufriedenheit, bei der 60 % der Mitarbeiter nicht antworten, da sie möglicherweise schon vollkommen resigniert und frustriert sind.

Experiment: Messungen, die unter bewusster Steuerung der Rahmenbedingungen erfolgen, z.B. die Ausschussquote eines Produktes bei unterschiedlichen Produktionsverfahren, Blutdruckmessung bei unterschiedlicher Dosierung eines Medikamentes, Geschmackstests bei Pommes mit verschiedenen Arten der Garnierung, usw. Experimente lassen sich idealer Weise so gestalten, dass bestimmte Störgrößen ausgeschaltet oder zumindest gedämpft werden können.

Totalerhebung: Zu jedem Objekt der Grundgesamtheit liegen ausnahmslos alle Merkmalswerte bzw. Messwerte vor. Dieser Begriff betont, dass die Gesamtheit als vollständige Grundgesamtheit zu verstehen ist und nicht als Stichprobe.

Bei allen Erhebungsmethoden bleibt ein grundsätzliches Problem: Es können sogenannte **Messfehler** auftreten. Daher sollte man in der Praxis immer vor Beginn der Auswertungen die Urlisten sorgfältig auf Plausibilität und Richtigkeit prüfen!

Neben den Messfehlern, die aufgrund von Schlamperei, Störungen oder sonstigen "handwerklichen" Fehlern passieren können, kommt noch das Problem der **Messungenauigkeit** hinzu. Wenn beispielsweise eine Waage das Gewicht nur in ganzen Kilogramm anzeigen kann, so ist dieser Wert selbst bei richtiger Messung letztlich nur der gerundete richtige Wert der Messung.

Die Bewertung und Behandlung von Messfehlern sollte mit den Methoden der Stochastik vorgenommen werden. Die Aufgabe der Deskriptiven Statistik hingegen beschränkt sich auf die rein beschreibende Auswertung von Urlisten. Die Frage, ob die Werte einer Urliste richtig oder falsch sind, also Messfehler vorliegen, wird beim deskriptiven Auswerten der Urlisten nicht berücksichtigt.

1.5 Summa Summarum

Für alle weiteren Kapitel ist es sehr wichtig, den grundsätzlichen Aufbau einer Urliste richtig verstanden zu haben. Insbesondere muss man in konkreten Beispielen und Anwendungen erkennen können, wer oder was den "Objekten" entspricht, und welche Va-

riablen vorliegen. Erst dann wird klar, welche Grundgesamtheit überhaupt vorliegt.
Objekte müssen nicht immer "dinglich", also materiell sein, sondern können auch abstrakte, immaterielle Größen repräsentieren, wie zum Beispiel eine Zeitspanne oder eine Strecke.

Die Unterscheidung von diskreten und stetigen Variablen ist nicht nur in der Deskriptiven Statistik, sondern auch später in der Wahrscheinlichkeitsrechnung von großer Bedeutung.

Deskriptive Statistik konzentriert sich ausschließlich auf die Auswertung von gegebenen Urlisten, unabhängig von der Qualität der Datenerhebung. Daher kann eine deskriptive statistische Auswertung nicht besser sein, als die zugrundeliegenden Daten es ihr erlauben.

2 Univariate Verteilungen

Übersicht

Statistik will informieren. Die detaillierteste Art, eine Grundgesamtheit zu analysieren, gelingt mit sogenannten Verteilungen. Mit ihnen können wir auch große Grundgesamtheiten auf einfache Weise als Ganzes überblicken, indem quantifiziert wird, wie oft jeder Merkmalswert vorkommt. Gewöhnliches und Außergewöhnliches wird so sichtbar. Dabei sind geeignete graphische Darstellungen hilfreich. Wie der Titel des Kapitels schon verrät, beschränken wir uns zunächst auf die Verteilung einer einzelnen Variablen.

In der Wahrscheinlichkeitsrechnung ergeben sich Verteilungen aus bestimmten Überlegungen und Theorien. In der Deskriptiven Statistik hingegen basieren Verteilungen ausschließlich auf Messwerten, die man in einer *konkret vorliegenden* Grundgesamtheit beobachtet hat. Daher werden sie auch als empirische oder deskriptive Verteilungen bezeichnet. Empirisch heißt "gemessen, beobachtet" oder "durch Erfahrung gewonnen".

2.1 Verteilungen diskreter Variablen

In diesem Kapitel beschränken wir uns auf den Fall, dass nur eine einzige Variable von Interesse ist und diese diskreten Typs ist, also nur Werte eines bestimmten Rasters annehmen kann. Da viele Konzepte auch für ordinale und nominale Variablen sowie Faktoren übernommen werden können, verzichten wir für diese Variablentypen auf ein eigenes Kapitel. Anhand des folgenden Beispiels sollen die wichtigsten Begriffe und Ideen veranschaulicht werden.

Beispiel (Haushalte in Kleinrinderfeld). Edmund ist Bürgermeister von Kleinrinderfeld und möchte sich einen Überblick über die Größe der $N = 40$ ortsansässigen Haushalte verschaffen. Die Statistikabteilung des Rathauses übergibt ihm folgende

© Springer-Verlag GmbH Deutschland, ein Teil von Springer Nature 2019
C. Weigand, *Statistik mit und ohne Zufall*,
https://doi.org/10.1007/978-3-662-59309-7_2

Daten:

2, 1, 2, 5, 7, 6, 2, 1, 1, 4, 2, 6, 4, 3, 5, 2, 3, 1, 1, 6, 2, 8, 8, 3, 7, 2, 6, 4, 2, 1, 2, 6, 2, 3, 6, 1, 4, 1, 5, 4.
Die Daten liegen "unausgewertet" in Form einer Urliste vor, die man auch in standardisierter Form mit 40 Zeilen und einer Spalte notieren könnte. Einem Objekt entspricht ein Haushalt, der die Variable "X = Anzahl Personen" besitzt. Die Reihenfolge der $N = 40$ Variablenwerte bzw. Haushalte ist willkürlich. Bürgermeister Edmund interessiert sich für folgende Fragen:

a) Wie viele Haushalte haben genau 4 Personen?

b) Wie viele Haushalte haben maximal 4 Personen?

c) Wie groß ist der Anteil der Haushalte mit genau 4 Personen?

d) Wie groß ist der Anteil der Haushalte mit maximal 4 Personen?

Zur Beantwortung dieser oder ähnlicher Fragestellungen können wir immer nach dem gleichen Schema vorgehen. Zunächst selektieren wir aus der Grundgesamtheit all diejenigen Objekte, welche die gefragte Eigenschaft besitzen. Dabei wollen wir das **Selektionskriterium** kurz und präzise formulieren:

$$X \in B.$$

Diese Notation aus der Mengenlehre[1] besagt, dass die Variable X nur Werte eines ganz bestimmten Bereiches B annehmen darf. Beispielsweise könnte man mit $X \in \{0, 2, 4, 6, \ldots\}$ ausdrücken, dass X nur geradzahlige Werte annehmen darf. Oft ist der Bereich B ein Intervall, so dass sich die selektierende Eigenschaft auch mit einer Ungleichungen $X \leq x$ bzw. $X \geq x$ oder Gleichung $X = x$ notieren lässt. Dabei werden Variablen in Großbuchstaben und Variablenwerte in Kleinbuchstaben notiert. Anschließend werden die selektierten Objekte gezählt.

Absolute Häufigkeit

$A(X \in B)$ = Anzahl aller Objekte, bei denen die Variable X Werte besitzt, (2.1) die in B liegen.

Analog gebrauchen wir die Notationen $A(X \leq x)$, $A(X \geq x)$, $A(X = x)$.

Beispiel (Fortsetzung). Edmund bestimmt zunächst losgelöst von seinen ursprünglichen Fragen zu jedem Variablenwert x das absolute Vorkommen $A(X = x)$.

---
[1] Siehe auch Kapitel B "Mengenlehre" im Anhang!

$X =$ **Anz. Pers.**	**0**	**1**	**2**	**3**	**4**	**5**	**6**	**7**	**8**	**9**
$A(X = x) =$ **abs. Anz.**	0	8	10	4	5	3	6	2	2	0

Die Zeilensumme zur absoluten Anzahl $A(X = x)$ muss $N = 40$ ergeben. Wegen

$$A(X = 4) \;=\; 5$$

und

$$
\begin{aligned}
A(X \le 4) \;&=\; A(X = 0) + A(X = 1) + A(X = 2) + A(X = 3) + A(X = 4) \qquad (2.2)\\
&=\; 0 + 8 + 10 + 4 + 5 \\
&=\; 27
\end{aligned}
$$

kennt Edmund nun auch die Antworten zu den Fragen a) und b): Es gibt 5 Haushalte mit genau 4 Personen und 27 Haushalte, in denen maximal 4 Personen leben.   ☻

Ob eine absolute Häufigkeit von beispielsweise 27 viel oder wenig ist, wird erst klar, wenn man die "Größe" der Grundgesamtheit zum Maßstab nimmt:

$$N = \text{ Anzahl aller Objekte in der Urliste bzw. der Gesamtheit.} \qquad (2.3)$$

Dies erlaubt eine relativierte Betrachtungsweise.

Relative Häufigkeit

$$
\begin{aligned}
h(X \in B) \;&=\; \text{Anteil aller Objekte, bei denen die Variable } X \text{ Werte besitzt,} \\
&\qquad \text{die in } B \text{ liegen} \\
\\
&=\; \frac{A(X \in B)}{N}. \qquad\qquad\qquad\qquad\qquad\qquad\qquad\qquad (2.4)
\end{aligned}
$$

Analog gebrauchen wir die Notationen $h(X \le x)$, $h(X \ge x)$, $h(X = x)$.

Beispiel (Fortsetzung). Da es in Kleinrinderfeld nur $N = 40$ Haushalte gibt, kann Edmund nun auch seine Fragen c) und d) beantworten: 12.5% aller Haushalte haben genau 4 Personen und 67.5% aller Haushalte haben maximal 4 Personen:

$$h(X = 4) \;=\; \frac{A(X = 4)}{N} \;=\; \frac{5}{40} \;=\; 0.125 \;=\; 12.5\%.$$

$$h(X \le 4) \;=\; \frac{A(X \le 4)}{N} \;=\; \frac{27}{40} \;=\; 0.675 \;=\; 67.5\%.$$

Das letzte Ergebnis lässt uns einen wichtigen, grundsätzlichen Zusammenhang erkennen:

$$h(X \leq 4) \; = \; \frac{A(X \leq 4)}{N} \; \overset{(2.2)}{=} \; \frac{A(X=0)+A(X=1)+A(X=2)+A(X=3)+A(X=4)}{N}$$

$$= \; h(X=0)+h(X=1)+h(X=2)+h(X=3)+h(X=4)$$

$$= \; \frac{0}{40} \; + \; \frac{8}{40} \; + \; \frac{10}{40} \; + \; \frac{4}{40} \; + \; \frac{5}{40}$$

$$= \; 67.5\%.$$

☻

Die letzte Rechnung zeigt, wie sich allgemeine Anteile $h(X \in B)$ bestimmen lassen: Man addiert die "punktuellen" Anteile $h(X = x)$, bei denen der Variablenwert x in B liegen. Dies motiviert die folgende Definition:

Nicht-kumulierte Verteilung von X

$$h(x) \; = \; h(X = x) = \text{Anteil der Objekte, bei denen die Variable } X \quad (2.5)$$
$$\text{genau den Wert } x \text{ annimmt.}$$

Die im Beispiel vorgeführte Rechenmethode lautet damit in allgemeiner Form[2]:

$$h(X \in B) = \sum_{x \in B} h(x) \tag{2.6}$$

Beispiel (Fortsetzung). Edmund teilt die bereits ermittelten absoluten Häufigkeiten $A(X = x)$ durch $N = 40$, und erhält so die nicht-kumulierte Verteilung $h(x)$:

$X = $ **Anz. Pers.**	**0**	**1**	**2**	**3**	**4**	**5**	**6**	**7**	**8**	**9**
$A(X = x) = $ **abs. Anz.**	0	8	10	4	5	3	6	2	2	0
$h(x) = $ **Verteilung**	0	0.20	0.25	0.10	0.125	0.075	0.15	0.05	0.05	0

Beispielsweise kann Edmund auf diese Weise

$$h(4 \leq X \leq 5) = \sum_{4 \leq x \leq 5} h(x) \; = \; h(4) + h(5) \; = \; 0.125 + 0.075 \; = \; 20\% \tag{2.7}$$

berechnen, ohne dass er die Urliste erneut mit dem Selektionskriterium $4 \leq X \leq 5$ durchzählen müsste. Demnach haben 20% aller Haushalte mindestens 4, aber höchstens 5 Personen.

☻

---

[2]Siehe auch im Anhang das Kapitel C "Summenzeichen"!

In der Praxis möchte man oft wissen, wie viel Prozent der Erwerbstätigen höchstens 3000 [€/Monat] verdienen, oder wie viel Prozent aller Flugpassagiere bis zu 100 Kilogramm wiegen, oder wie viel Prozent der Haushalte Kleinrinderfelds maximal 4 Personen aufweisen. Es hat sich als vorteilhaft erwiesen, für derartige Anteile einen eigenen Begriff einzuführen.

Kumulierte Verteilung von X

$$H(x) = h(X \leq x) = \text{ Anteil der Objekte, bei denen die Variable } X \qquad (2.8)$$
$$\text{maximal den oberen Wert } x \text{ annimmt}$$

$$= \sum_{k \leq x} h(k). \qquad (2.9)$$

Wenn der Begriff "Verteilung" ohne den Zusatz "kumuliert" oder "nicht-kumuliert" verwendet wird, unterstellen wir, dass die Bedeutung aus dem Kontext heraus erkennbar ist. Dies entspricht dem Usus in der Praxis. In der Fachliteratur hingegen ist mit dem Begriff "Verteilungsfunktion" nur die kumulierte Verteilung gemeint. Die nicht-kumulierte Verteilung $h(x)$ wird dort "Dichte" oder "Häufigkeitsfunktion" genannt.

Welche Verteilung ist die bessere?

Ob man die kumulierte oder die nicht-kumulierte Verteilung benutzt, ist eine Frage der Bequemlichkeit, denn sie sind beide gleichermaßen informativ:

- Kennt man die Verteilung $h(x)$, so ergibt sich $H(x)$ durch Summation bzw. Kumulierung der entsprechenden Werte von $h(x)$.
- Umgekehrt kann man bei Kenntnis von $H(x)$ die Verteilung $h(x)$ durch geeignete Subtraktion gewinnen.

Beispiel (Fortsetzung). Edmund hat bereits die Verteilung $h(x)$ bestimmt. Mit

$$
\begin{aligned}
H(1) = h(X \leq 1) &= h(1) \\
H(2) = h(X \leq 2) &= h(1) + h(2) & &= H(1) + h(2) \\
H(3) = h(X \leq 3) &= h(1) + h(2) + h(3) & &= H(2) + h(3) \\
&\vdots \quad \vdots \quad \vdots & &\qquad \vdots \quad \vdots \qquad (2.10) \\
H(x) = h(X \leq x) &= h(1) + h(2) + \ldots + h(x) & &= H(x-1) + h(x)
\end{aligned}
$$

erhält er die kumulierte Verteilung:

$X =$ **Anz. Pers.**	**0**	1	2	3	4	5	6	7	8	9
$h(x) =$ **Verteilung**	0	0.20	0.25	0.10	0.125	0.075	0.15	0.05	0.05	0
$H(x) =$ **kumul. Vert.**	0	0.20	0.45	0.55	0.675	0.750	0.90	0.95	1	1

Löst man die Gleichung

$$H(x) \;=\; H(x-1) + h(x)$$

nach $h(x)$ auf, so erhält man

$$h(x) = H(x) - H(x-1). \tag{2.11}$$

Dies zeigt, wie wir bei alleiniger Kenntnis der kumulierten Verteilung $H(x)$ die nicht-kumulierte Verteilung $h(x)$ "rekonstruieren" können. Beispielsweise gilt

$$h(4) = H(4) - H(3) = 0.675 - 0.55 = 0.125.$$

Dieses Ergebnis ist auch anschaulich, denn lässt man bei den Haushalten mit maximal 4 Personen die Haushalte mit maximal 3 Personen weg, so bleiben die Haushalte mit genau 4 Personen übrig.   ☻

Graphische Darstellungsformen für Verteilungen

Für die Darstellung der Verteilungen von $h(x)$ und $H(x)$ sind Tabellen oder Graphiken üblich. Eine tabellarische Darstellung haben wir bereits im Beispiel benutzt. Derartige Tabellen sind keine Urlisten. Vielmehr sind sie bereits eine Aggregation bzw. Auswertung von Urlisten.

Da der Verstand des Menschen sich leicht von visuellen Eindrücken überzeugen lässt, sind insbesondere bei Präsentationen in der Praxis graphische Darstellungen Tabellen vorzuziehen. Die Abbildungen 2.1 - 2.4 zeigen entsprechende Graphiken zum Beispiel.

Rechenregeln

Eine einfache, selbstverständliche Regel besagt, dass die Summe aller Anteile das "Ganze" ergeben muss.

Die Summe aller Anteile ergibt immer 1:

$$\sum_{\text{alle } x} h(x) \;=\; 1. \tag{2.12}$$

Im Beispiel erkennen wir auf Seite 17, dass die Summation der Zeile "$h(x)$" tatsächlich den Wert 1 ergibt. Puh, Glück gehabt!

Aus dieser Regel lässt sich eine weitere ableiten. Wenn man beispielsweise weiß, dass in einer Gruppe von erwachsenen Personen 20% Frauen sind, so muss der Rest, also die Männer, einen Anteil von 80% besitzen. Diese Rechnung folgt daraus, dass Männer und Frauen zusammen einen Anteil von 100% haben.

Formalisiert man diesen Gedanken, so erhalten wir durch Auflösen der allgemein gültigen Gleichung $1 = h(X \in B) + h(X \notin B)$ nach $h(X \in B)$ eine Gleichung, die wir als "Regel vom Gegenteil" bezeichnen wollen. Alternativ wird sie auch Regel vom "Gegenereignis" oder "Komplement" genannt.

Beispiel "Haushalte in Kleinrinderfeld"

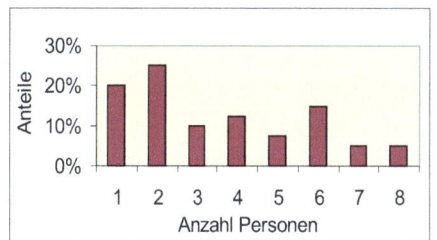

Abb. 2.1 Säulendiagramm

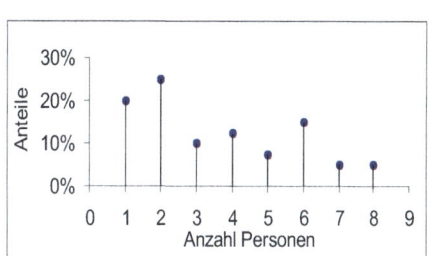

Abb. 2.2 Stabdiagramm

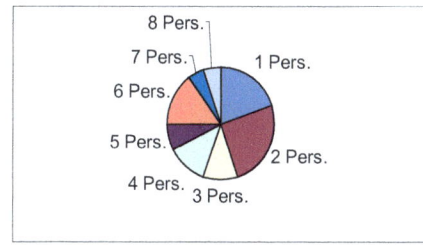

Abb. 2.3 Tortendiagramm

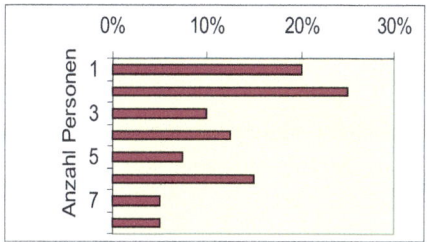

Abb. 2.4 Balkendiagramm

Das Stabdiagramm ist im Wesentlichen ein Säulendiagramm, bei dem die Säulen dünner gezeichnet werden.

Regel vom Gegenteil:

$$h(X \in B) \ = \ 1 - h(X \notin B). \tag{2.13}$$

Beispiel (Fortsetzung). Wir wissen schon, dass in Kleinrinderfeld 67.5% der Haushalte maximal 4 Personen haben. Die restlichen Haushalte, das sind die Haushalte mit über 4 Personen, haben daher einen Anteil von 32.5%:

$$h(X > 4) = 1 - h(X \leq 4) = 1 - 0.675 = 0.325.$$

Analog gilt beispielsweise auch

$$h(X \geq 6) = 1 - h(X < 6) = 1 - 0.75 = 0.25,$$

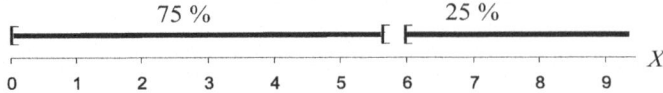

d.h. ein Viertel aller Haushalte haben mindestens 6 Personen, da 75% der Haushalte weniger als 6 Personen aufweisen. ☻

Eine weitere Regel, die Additionsregel, zeigt, wie man Anteile addieren darf. Sie funktioniert wie bei zwei Papierstücken, die auf dem Tisch liegen. Die gesamte Fläche, die von ihnen überdeckt wird, erhält man als Summe der beiden einzelnen Flächen minus dem Bereich, den beide Papiere gemeinsam überdecken[3]. Der gemeinsame Bereich wird in der Mengenlehre als Durchschnitt bezeichnet.

Beispiel (Fortsetzung). Edmund hat folgende zwei Anteile bestimmt:

A1: Anteil der Haushalte mit 2 bis 4 Personen: $h(2 \leq X \leq 4) = 0.475$,
A2: Anteil der Haushalte mit 3 bis 6 Personen: $h(3 \leq X \leq 6) = 0.450$.

Wie kann er damit den Anteil $h(2 \leq X \leq 6)$ berechnen?

Zunächst addiert Edmund die beiden Anteile 0.475 + 0.45 = 92.5% und stellt fest, dass das Ergebnis zu groß ist:

$$
\begin{aligned}
\text{A1:} \quad h(2 \leq X \leq 4) &= h(2) + h(3) + h(4) &&= 0.475 \\
\text{A2:} \quad h(3 \leq X \leq 6) &= h(3) + h(4) + h(5) + h(6) &&= 0.45 \\
&&\Sigma &= 0.925
\end{aligned}
$$

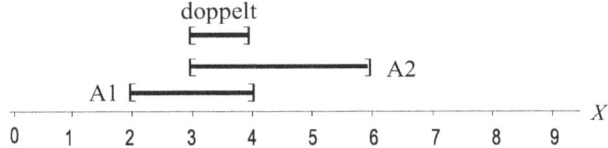

Bei dieser Rechnung werden die Haushalte mit 3 oder 4 Personen in beiden Anteilen berücksichtigt. Insofern überlappen sich gewissermaßen die zwei Anteile A1 und A2. Wenn aber Edmund den Anteil der doppelt gezählten Haushalte $h(3) + h(4) = 0.225$ einmal subtrahiert, kann er die bisherige Rechnung korrigieren:

$$
\begin{aligned}
h(2 \leq X \leq 6) &= h(2) + h(3) + h(4) \\
&\quad + h(3) + h(4) + h(5) + h(6) \\
&\quad - h(3) - h(4) \\
&= h(2) + h(3) + h(4) + h(5) + h(6) = \quad 0.70.
\end{aligned}
$$

---

[3]Für drei oder noch mehr Papierstücke gibt es die sogenannte Formel von Poincaré-Sylvester.

Alternativ formulieren wir dies nochmals mit Mengen:

$$h(X \in \{2,3,4,5,6\}) = h(X \in \{2,3,4\}) + h(X \in \{3,4,5,6\})$$
$$-h(X \in \{3,4\}). \tag{2.14}$$

☻

Als allgemeine Regel merken wir uns:

Additionsregel

Werden zwei Anteile addiert, bei denen Objekte der Grundgesamtheit doppelt gezählt werden, so muss man den Anteil der doppelt gezählten Objekte abziehen:

$$h(X \in A \cup B) = h(X \in A) + h(X \in B) - h(X \in A \cap B). \tag{2.15}$$

In der Gleichung (2.14) entsprechen in dieser Notation $A = \{2,3,4\}$, $B = \{3,4,5,6\}$, $A \cup B = \{2,3,4,5,6\}$, $A \cap B = \{3,4\}$.

Besonders einfach wird die Additionsregel, wenn keine doppelten Zählungen auftreten:

$$h(X \in A \cup B) = h(X \in A) + h(X \in B) \quad \text{falls } h(X \in A \cap B) = 0. \tag{2.16}$$

In den Anwendungen möchte man oft Anteile der Bauart $h(a < X \le b)$ mit Hilfe der kumulierten Verteilung $H(x)$ berechnen. Wegen der Additionsregel gilt

$$h(X \le b) = h(X \le a) + h(a < X \le b). \tag{2.17}$$

Dies kann man nach $h(a < X \le b)$ auflösen:

$$h(a < X \le b) = H(b) - H(a). \tag{2.18}$$

Wenn X diskret ist, muss man allerdings beachten, ob "<" oder "≤" vorliegt. Man sollte daher das ursprüngliche Problem in die Form "$a < X \le b$" überführen, wenn man (2.18) anwenden möchte.

Beispiel (Fortsetzung). Edmund möchte wissen, wie viel Prozent der Haushalte mindestens 4, aber weniger als 6 Personen besitzen: $h(4 \le X < 6) = ?$

Da X nur ganze Zahlen annehmen kann, überführen wir zunächst den gesuchten Anteil in die Form "$a < X \le b$":

$$h(4 \le X < 6) = h(X \in \{4, 5\}) = h(3 < X \le 5).$$

**Nicht-kumulierte und kumulierte Verteilungsfunktion
eines diskreten Merkmals** X
Beispiel "Haushalte in Kleinrinderfeld"

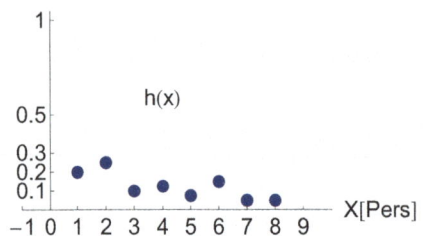

Abb. 2.5 Die nicht-kumulierte Vertei-lungsfunktion ist nur bei solchen x-Werten ungleich Null, die in der Urliste vorkom-men.

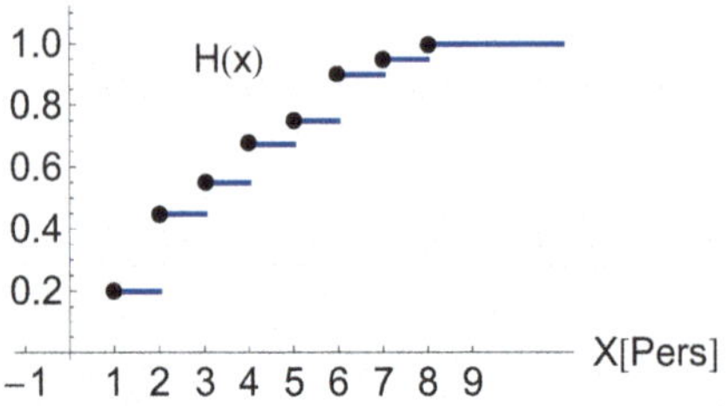

Abb. 2.6 Die kumulierte Verteilungsfunk-tion ist eine Treppenfunktion, die nur bei den x-Werten steigt, die in der Urliste vor-kommen.

Aus der Beziehung (2.17)

$$h(X \leq 5) = h(X \leq 3) + h(3 < X \leq 5) \quad \Longleftrightarrow$$

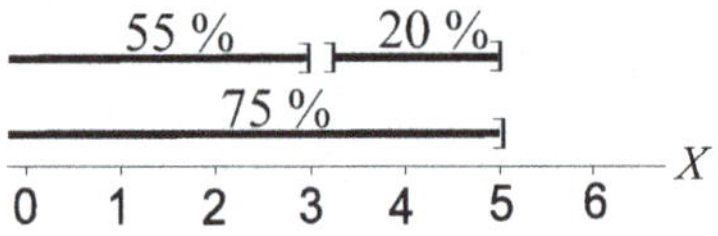

folgt (2.18):

$$h(3 < X \leq 5) = H(5) - H(3) = 0.75 - 0.55 = 0.20.$$

Verteilungen als mathematische Funktionen

Darstellungsformen wie "Säulendiagramm, Balkendiagramm, Kreisdiagramm, ..." sind in erster Linie zur Präsentation von statistischen Ergebnissen in der Praxis vorteilhaft. Nun gehen wir auf Darstellungsformen ein, welche in der Mathematik üblich sind und uns auf die Wahrscheinlichkeitstheorie vorbereiten, jedoch für Präsentationszwecke eher ungeeignet sind.

Die nicht-kumulierte Verteilung $h(x)$ können wir als mathematische Funktion auffassen, da wir gemäß (2.5) **jedem** Wert x **eindeutig** einen Funktionswert $h(x)$ zuordnen können. Das Gleiche gilt für die kumulierten Verteilung, bei der man gemäß (2.8) jedem Wert x eindeutig einen Funktionswert $H(x)$ zuordnen kann.

Beispiel (Fortsetzung). Es gibt keinen Haushalt mit beispielsweise genau 2.45 Personen. Folglich ist der Anteil der Haushalte mit genau 2.45 Personen gleich Null, d.h. $h(2.45) = 0$. Ebenso gilt auch $h(-3) = 0$, $h(222.9) = 0$. Daher ist die Verteilungsfunktion $h(x)$ fast immer Null und nur bei den tatsächlich vorkommenden Merkmalswerten 1,2,3,4,5,6,7,8 ungleich Null.

Der sich daraus ergebende Graph der Funktion $h(x)$ ist in Abbildung 2.5 zu sehen. Die von Null verschiedenen Punkte sind zur besseren Kenntlichkeit durch übertrieben dicke Punkte dargestellt. Ansonsten ist der Funktionsverlauf mit der x-Achse identisch.

Bei der kumulierten Verteilung mag es befremdend klingen, nach einem "Anteil der Haushalt mit maximal 2.45 Personen" zu fragen, jedoch gibt es auch hierfür eine eindeutige Antwort:

$$H(2.45) = h(X \leq 2.45) = h(1) + h(2) + 0 = H(2) = 0.45.$$

Die Null soll andeuten, dass man hier Anteile ergänzen darf, die Null sind. Das könnte u.a. $h(2.45)$ sein. Analog ist z.B. auch $H(2.00001) = 0.45$, $H(2.631) = 0.45$, $H(2.8288801) = 0.45$, ..., $H(2.9999...) = 0.45$.

Dieses Verhalten ist auch in Abbildung 2.6 zu sehen und zeigt exemplarisch, warum der Graph von $H(x)$ einen treppenförmigen Verlauf aufweist. Bei den tatsächlich vorkommenden Merkmalswerten von X springt die kumulierte Verteilung nach oben, ansonsten verläuft die Funktion waagrecht. Die Gleichung (2.11) erklärt, dass die Sprunghöhe der kumulierten Verteilung $H(x)$ an einer Stelle x dem Wert $h(x)$ entspricht. ☻

Das Beispiel verdeutlicht Eigenschaften, die generell für kumulierte Verteilungen diskreter Variablen X zutreffen:

Bei einer diskreten Variablen X gilt:

1. $H(x)$ ist eine **Treppenfunktion**. Sie zeigt einen von 0 bis 1 stufig ansteigenden Verlauf.
   Insbesondere gilt:
   $$H(-\infty) = 0 \quad \text{und} \quad H(\infty) = 1.$$

2. $H(x)$ ist eine **rechtsseitig stetige** Funktion. Daher ist in der Graphik der Funktionswert bei einer Sprungstelle jeweils oben und nicht unten abzulesen.

3. Die nicht-kumulierte Verteilung $h(x)$ beschreibt die Steigung von $H(x)$:
   $$h(x) \quad = \quad \textbf{Sprunghöhe} \text{ von } H(x) \text{ an einer Stelle } x.$$

Die Eigenschaft 3 trifft auch bei Merkmalswerten x zu, für die keine Messwerte vorliegen. Die Sprunghöhe ist dann $h(x) = 0$, d.h. "degeneriert" zu Null.

Beispiel (Hosenladen). In einem Hosenladen kosten 23% der Hosen 30[€], 13% der Hosen 22[€], 36% der Hosen 80[€], 9% der Hosen 70[€] und 19% der Hosen 50 [€]. Andere Preise gibt es nicht. Wir skizzieren für das Merkmal "X = Hosenpreis [€/Stk]" die nicht-kumulierte Verteilung $h(x)$ als Stabdiagramm und die kumulierte Verteilung $H(x)$. Dabei ist "Objekt = Hose", und die Grundgesamtheit besteht aus allen Hosen des Ladens.

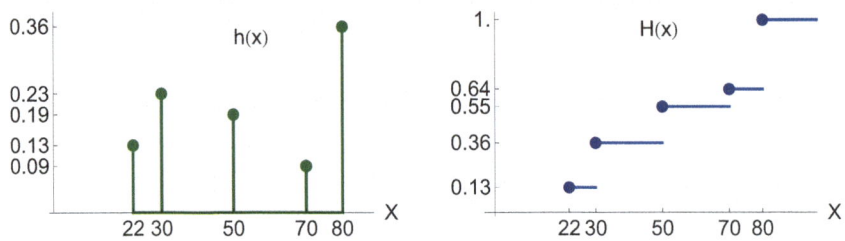

Wir berechnen exemplarisch:

a) Anteil der Hosen, die bis zu 66 aber nicht genau 30 Euro kosten:

$$h(X \leq 66 \text{ und } X \neq 30) = h(22) + h(50) = 0.32. \tag{2.19}$$

b) Anteil der Hosen, die keine 50 Euro kosten:

$$h(X \neq 50) = 1 - h(X = 50) = 1 - h(50) = 0.81. \tag{2.20}$$

c) Anteil der Hosen, die nicht "unter 72 und über 25 Euro" kosten:

$$
\begin{aligned}
h(\text{nicht}(X < 72 \text{ und } X > 25)) &= 1 - h(X < 72 \text{ und } X > 25) \\
&= 1 - (h(30) + h(50) + h(70)) \\
&= 0.49.
\end{aligned}
$$

Die Anführungsstriche dienen als logische Klammerung. Gesprochen klingt der Satz allerdings zweideutig, da man die Anführungsstriche bzw. die Klammerung nicht hört!

d) Anteil der Hosen, die "nicht unter 72" und über 25 Euro kosten:

$$
\begin{aligned}
h(\text{nicht}(X < 72) \text{ und } X > 25) &= h(X \geq 72 \text{ und } X > 25) \\
&= h(X \geq 72) = h(80) = 0.36.
\end{aligned}
$$

Dies ist offenbar ein anderes Ergebnis als bei c), obwohl der gesprochene Text genauso klingt!

e) Wie viel Prozent des Gesamtwertes aller Hosen fallen den 70-Euro-Hosen zu? Die Lösung ist nicht $h(X = 70) = 9\%$!

Das tückische an dieser Frage ist, dass sich der gesuchte Anteil auf eine andere Grundgesamtheit bezieht, deren Objekte nicht wie bisher Hosen sind. Nun liegt eine Grundgesamtheit vor, die dem *Gesamtwert* aller Hosen entsprechen soll. Diesen Geldwert können wir uns mit einem Sack voller "Ein-Euromünzen" als Objekten vorstellen.

Angenommen, es gibt $N_1 = 100$ Hosen in der Hosen-Grundgesamtheit, dann entspricht die Anzahl N_2 der Ein-Euromünzen in der Euromünzen-Grundgesamtheit dem Gesamtwert aller Hosen:

$$
\begin{aligned}
N_2 &= \sum_i (\text{Preis } x_i) \cdot (\text{Anzahl Hosen mit Preis } x_i) \\
&= \sum_i x_i \cdot (h(X = x_i) \cdot N_1) \\
&= 22 \cdot 13 + 30 \cdot 23 + 50 \cdot 19 + 70 \cdot 9 + 80 \cdot 36 \\
&= 5436 [\text{€}].
\end{aligned}
$$

Diese $N_2 = 5436$ Münzen besitzen das Merkmal "Y = Hosenpreistyp", d.h. jede einzelne Münze ist einer Hose und somit einem Preis zugeordnet.

Von dieser Grundgesamtheit, bestehend aus 5436 Münzen, gibt es $70 \cdot h(X = 70) \cdot N_1 = 70 \cdot 0.09 \cdot 100 = 630$ Münzen, die den Merkmalswert Y=70 tragen, d.h. zu Hosen gehören, die einen Preis von 70 [€] aufweisen. Daher gilt für den gesuchten Anteil, der sich nicht auf "Hosen", sondern auf deren Gesamtwert bezieht:

$$
h(Y = 70) = \frac{630}{5436} = \frac{70 \cdot h(X = 70) \cdot N_1}{\sum_i x_i \cdot h(X = x_i) \cdot N_1} = 11.59\%.
$$

Dass wir $N_1 = 100$ Hosen gewählt haben, ist unerheblich, da sich N_1 aus dem Quotienten kürzen lässt.

Bei strenger, aber letztlich korrekter Betrachtung ist hier die Einführung der neuen Variablen Y notwendig gewesen, da sich die Merkmale X und Y auf verschiedene Merkmalsträger bzw. Objekte beziehen.   ☻

Beispiel (Absatz). An 37% aller Tage der letzten 8 Jahre wurden über 400 Melonen und an 90% aller Tage weniger als 500 Melonen verkauft. Wie hoch ist der Anteil der Tage, an denen 401 bis 499 Melonen verkauft wurden ?

Hier ist "Objekt = Tag", und die Grundgesamtheit besteht aus allen Tagen der letzten 8 Jahre. Für "X = Anzahl verkaufter Melonen pro Tag" gilt gemäß der Angaben:

$$
h(X > 400) = 0.37 \qquad \text{und} \qquad h(X < 500) = 0.90.
$$

Ferner gilt immer:

$$
1 = h(X \geq 0).
$$

Die Lösung erhalten wir aufgrund der Additionsregel (2.15), wenn wir dort $A = \{401, 402 \ldots \infty\}$, $B = \{0, 1, 2, \ldots 498, 499\}$ setzen. Dann ist $A \cap B = \{401, 402, \ldots, 498, 499\}$ und $A \cup B = \{0, 1, 2, 3, \ldots, \infty\}$.

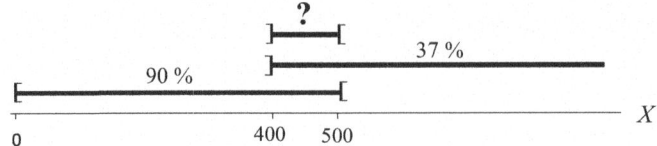

Die Formel (2.15) lautet:

$$1 = h(X \geq 0) = h(X > 400) + h(X < 500) - h(401 \leq X \leq 499)$$
$$= 0.37 + 0.90 - h(401 \leq X \leq 499).$$

Löst man nach dem letzten Summanden auf, erhalten wir die Lösung:

$$h(401 \leq X \leq 499) = 0.37 + 0.90 - 1 = 27\%.$$

An 27% aller Tage wurden 401-499 Melonen verkauft.   ☻

Beispiel (Getränkemarkt). Im Getränkemarkt von Kleinrinderfeld werden Wein, Bier, Mineralwasser und Limonade verkauft. Der Bieranteil beträgt 20%. Wein wird zu 80% weniger verkauft als Bier. Die Anteile von Alkoholika zu Mineralwasser verhalten sich wie 7 : 4. Wie hoch ist der Limonadenanteil und um wieviel Prozent liegt dieser über dem Bieranteil? Wie sieht das Tortendiagramm zur Verteilung der Getränkearten aus?

Wir können die gegebenen Informationen auch kürzer und übersichtlicher notieren, wobei für das Merkmal "X = Getränkeart" die Werte w,b,m,l der obigen Produkte vorgesehen sind:

$$h(X = b) = 0.20, \qquad h(X = w) = (1 - 0.80) \cdot h(X = b), \qquad (2.21)$$

$$\frac{h(X = b) + h(X = w)}{h(X = m)} = \frac{7}{4}. \qquad (2.22)$$

Zudem müssen die Anteile aller Produkte in der Summe 1 ergeben.

$$h(X = b) + h(X = w) + h(X = m) + h(X = l) = 1. \qquad (2.23)$$

Diese vier Gleichungen (2.21)-(2.23) kann man nach $h(X = b), h(X = w), h(X = m), h(X = l)$ auflösen. Das Ergebnis lautet:

$$h(X = b) = 0.20, \quad h(X = w) = 0.04, \quad h(X = m) = 0.13714,$$
$$h(X = l) = 0.62286.$$

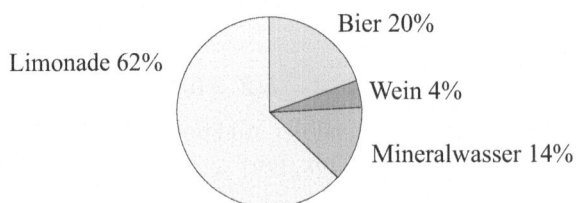

Verteilung eines stetigen Merkmals X ohne Klassifizierung

Beispiel "Bedienzeiten am Postschalter"

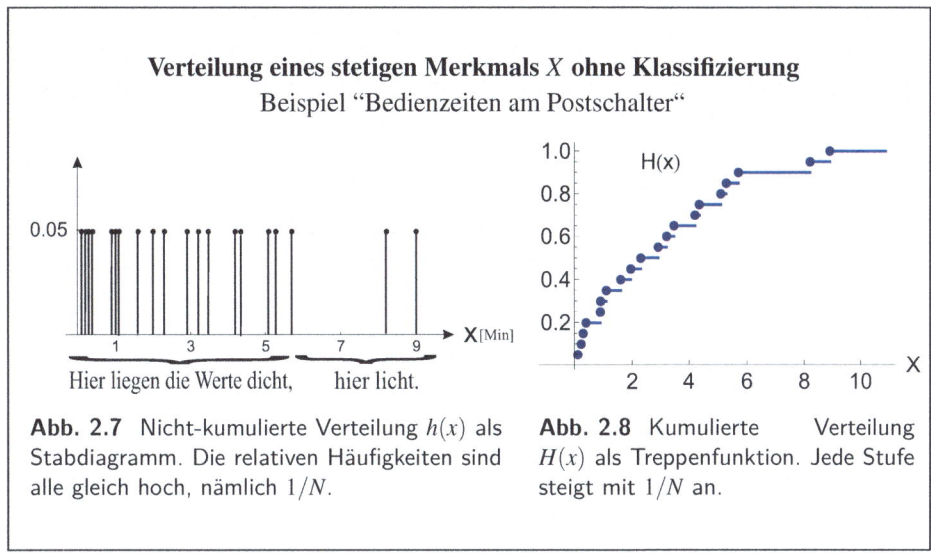

Abb. 2.7 Nicht-kumulierte Verteilung $h(x)$ als Stabdiagramm. Die relativen Häufigkeiten sind alle gleich hoch, nämlich $1/N$.

Abb. 2.8 Kumulierte Verteilung $H(x)$ als Treppenfunktion. Jede Stufe steigt mit $1/N$ an.

Wegen $\frac{0.62286}{0.20} = 3.1143$ liegt der Limonadenanteil um 211.43% über dem Bieranteil. 311.43% wäre falsch[4]!

Vorsicht Falle! Zwar haben wir nun das Ergebnis erfolgreich ermittelt, aber es ist im Moment noch vollkommen sinnlos und nicht interpretierbar, denn die Angaben sind unvollständig. Das Wichtigste, nämlich die Grundgesamtheit ist nicht definiert. Beziehen sich die Anteile beispielsweise auf die Gesamtmenge in Litern, auf die Anzahl der Flaschen oder auf den Umsatz? Ohne Zusatzinfos bleibt die Antwort reine Spekulation. ☻

2.2 Univariate Verteilungen stetiger Variablen

Alle bisherigen Ergebnisse wie z.B. die Regel vom Gegenteil und die Additionsregel sind auch bei stetigen Merkmalen gültig. Jedoch ergeben sich bei der Darstellung der Verteilung einige Besonderheiten.

Beispiel (Bedienzeiten am Postschalter). Postdirektor Otto hat im Rahmen einer Kundenzufriedenheitsanalyse bei $N = 20$ Kunden die Bedienzeiten X [Min] gemessen: 2.31, 1.95, 0.11, 5.706, 5.28, 2.91, 0.892, 4.2, 0.3, 0.23, 5.092, 8.90, 3.47, 1.6, 0.4, 8.2, 0.9, 4.35, 3.21, 1.1.

[4] Zweifler sollten nochmals das Kapitel A "Prozentrechnung" im Anhang nachlesen. Verzweifler auch!

Die Variable X ist ein stetiges Merkmal, das mit entsprechender Mühe "beliebig" genau messbar ist. Insofern ist es nicht überraschend, dass keine zwei Kunden exakt gleich lange bedient werden. Jeder Messwert x_i besitzt daher eine relative Häufigkeit von $h(x_i) = 1/20 = 0.05$.

Die Darstellung von $h(x)$ als Stabdiagramm ist in Abbildung 2.7 zu sehen und zeigt nur gleich hohe Anteile. Die Graphik scheint auf den ersten Blick wenig informativ zu sein und ist sicherlich für Präsentationszwecke ungeeignet. Jedoch können wir bei genauerem Hinsehen auch erkennen, dass bei den kurzen Bedienzeiten die Stäbe dichter nebeneinander stehen als bei den langen Zeiten. Dort häufen sich die Werte, d.h. es gibt relativ viele Objekte bzw. Kunden mit kurzen Bedienzeiten.

Berechnen wir wie gewohnt die kumulierte Verteilung $H(x)$ aufgrund der Urliste, erhalten wir, wenn jeder Merkmalswert nur einmal vorkommt, eine Treppenfunktion mit N Stufen, die in Abbildung 2.8 zu sehen ist. Man erkennt, dass $H(x)$ bei den kurzen Bedienzeiten einen steileren Verlauf aufweist, als bei den längeren Bedienzeiten. ☻

Das Beispiel zeigt eine für stetige Variablen X typische Situation auf: Wenn man die Merkmalswerte nur genau genug misst, kommen alle, oder zumindest sehr viele Werte x nur genau einmal in der Urliste vor. Sie besitzen dann **alle dieselbe** relative Häufigkeit

$$h(x) = \frac{1}{N}.$$
                                                                        (2.24)

Säulen- oder Stabdiagramm weisen fast überall nur gleich hohe Säulen auf und sind auf den ersten Blick nicht sehr aussagekräftig.

Der Anspruch, ein stetiges Merkmal X mit "beliebig vielen" Nachkommastellen zu messen, ist für praktische Problemstellungen in der Regel nicht von Interesse. Bei stetigen Variablen genügt es oft schon, wenn die Merkmalswerte nur klassifiziert erfasst werden. Dies besprechen wir im folgenden Abschnitt.

2.3 Univariate Verteilungen klassifizierter Variablen

Das Gewicht eines Apfels ist eine stetige Variable. Jedoch genügt es dem Obsthändler oft schon, nur bestimmte Gewichtsklassen zu betrachten. Ähnlich verhält es sich bei Zeiten, die ein Zug zu spät kommt und dem Hubraum eines Motors bei der Kfz-Steuer. Auch bei der diskreten Variablen "Einwohner einer Stadt" interessieren wir uns in der Regel nur für deren Größenordnung.

Daher betrachten wir nun den Fall, dass zu einer Variablen X, sei sie stetig oder diskret, zwar detaillierte, feine Messungen möglich sind, diese aber m verschiedenen Klassen

$$K_1, K_2, \ldots, K_m$$

zugeteilt werden. Dabei sind unterschiedliche Klassenlängen erlaubt.

Die ursprüngliche Variable wird so zu einer kategoriellen bzw. diskreten Variablen, die nur noch die m diskreten "Werte" K_i annehmen kann. Den Preis, den wir bei dieser Diskretisierung zahlen, ist ein **Informationsverlust**, da die Verteilung der Werte innerhalb einer Klasse nicht mehr berücksichtigt wird. Hier ist das Geschick des Anwenders gefragt, die Längen der Klassen und deren Anzahl m vernünftig zu wählen. Für die Anteile der Klassen schreiben wir:

$$h(K_i) = h(X \in K_i) \; = \; \text{relative Häufigkeit der Klasse } K_i \qquad (2.25)$$

$$= \; \frac{\text{Anzahl der Objekte in der Klasse } K_i}{N}.$$

Beispiel (Fortsetzung). Für Postdirektor Otto, den wir schon von Seite 27 kennen, genügt es, nur die folgenden 4 Zeitkategorien bzw. Klassen zu betrachten:

$$K_1 = [0, 1] \,, \qquad K_2 =]1, 2] \,, \qquad K_3 =]2, 5] \,, \qquad K_4 =]5, 9] \; [\text{Minuten}]$$

Otto ordnet die gemessenen Bedienzeiten der Urliste von Seite 27 diesen Klassen zu und berechnet deren Anteile.

X = Bedienzeit [Min]	$0 \leq x \leq 1$	$1 < x \leq 2$	$2 < x \leq 5$	$5 < x \leq 9$
$h(K_i)$ = Anteil d. Klasse K_i	0.30	0.15	0.30	0.25

Hier geht die Information verloren, wie sich innerhalb einer Klasse die Zeiten verteilen. ☻

Der Grund, weshalb wir den klassifizierten Merkmalen ein eigenes Kapitel widmen, liegt darin, dass man bei der Visualisierung der nicht-kumulierten Verteilung $h(x)$ sogenannte Histogramme benutzt.

Histogramm

Darstellungsprinzip:
$$\text{Fläche} \; = \; \text{relative Häufigkeit}$$
$$= \; \text{Anteil}.$$

Dichtefunktion:
$$f(x) \; = \; \text{oberer Rand der Fläche an der Stelle } x. \qquad (2.26)$$

Beispiel (Fortsetzung). Um ein Histogramm zu zeichnen, muss Otto die Anteile $h(K_i)$ mit entsprechend großen Flächen darstellen. Dazu unterteilt er die x-Achse in die von ihm gewählten Klassen. Dann zeichnet er über jeder Klasse K_i jeweils ein Rechteck,

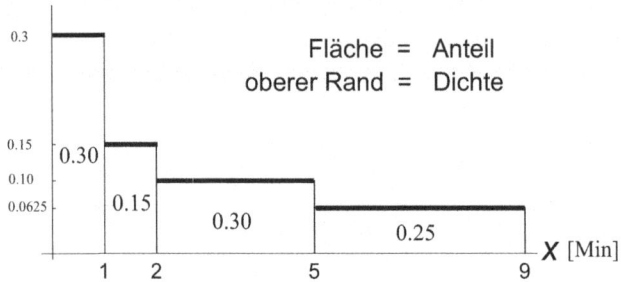

Histogramm bzw. Darstellung der Verteilung durch eine Dichte
Beispiel "Bedienzeiten am Postschalter"

Abb. 2.9 Man erkennt, dass bei den kurzen Zeiten eine Häufung bzw. Verdichtung der Werte vorliegt. Die Beschriftung der y-Achse sollte man in der Praxis unterlassen, da sie den Betrachter verführen könnte, dort die relativen Häufigkeiten abzulesen.

dessen Flächeninhalt exakt mit dem Anteil $h(K_i)$ übereinstimmt. Er wählt die Form "Rechteck", da dies seine Flächenberechnungen vereinfacht[5].

Das Resultat ist in der Abbildung 2.9 zu sehen. Diesmal bekommen wir schon auf den ersten Blick den richtigen Eindruck: Es sind überwiegend kurze Zeiten gemessen worden. In der Abbildung 2.7 wurde uns dies erst bei zweimaligem Hinsehen klar.

Man erkennt auch, dass beispielsweise die erste Klasse 0-1 Minuten und die dritte Klasse 2-5 Minuten gleich große Flächen von 0.30 besitzen jedoch unterschiedlich hohe Rechtecke haben. Klar, je enger man ein Rechteck zeichnet, desto höher wird es bei unveränderter Fläche.   ☻

Bei der Erstellung eines Histogramms muss man eigentlich nur wissen, mit welchen Höhen die Rechtecke zu zeichnen sind, bzw. wie die Dichtefunktion $f(x)$ verläuft. Dazu erinnern wir uns an die allgemeine Flächenformel für Rechtecke:

$$\text{Fläche} = \text{Länge} \cdot \text{Höhe} \,.$$

Wir lösen nach der Höhe auf und erhalten:

$$\text{Höhe des Rechtecks über der Klasse } K_i = \frac{h(K_i)}{\text{Länge der Klasse } K_i} \,. \tag{2.27}$$

Beispiel (Fortsetzung). Otto wendet (2.27) an und erhält damit zu jedem x die Dichte $f(x)$, bzw. die Höhe des Rechtecks an der Stelle x:

---

[5] In der Wahrscheinlichkeitstheorie gibt es auch Flächen mit gekrümmten Rändern bzw. Dichtefunktionen.

$X = $ Bedienzeit [Min]	$0 \leq x \leq 1$	$1 < x \leq 2$	$2 < x \leq 5$	$5 < x \leq 9$
$h(K_i) = $ Anteil d. Klasse K_i	0.30	0.15	0.30	0.25
$f(x) = $ Höhe des Rechtecks	0.30	0.15	0.10	0.0625

Beispielsweise gilt gemäß (2.27) für $5 < x \leq 9$:

$$f(x) = \text{Höhe des Rechtecks über der Klasse } K_4 = \frac{h(K_4)}{\text{Länge der Klasse } K_4}$$

$$= \frac{0.25}{9-5} = 0.0625.$$

Wollte man in Abbildung 2.9 die senkrechte Achse beschriften, so wäre "Anteil pro Minute" korrekt. In Bereichen, in denen relativ viele Messwerte pro Minute anzutreffen sind, ergeben sich hohe Dichtewerte. Insofern könnte man die Dichte auch als eine Art "Häufigkeitsrate" interpretieren.   ☻

Man beachte, dass im Gegensatz zu relativen Häufigkeiten eine Dichte bzw. die Rechteckshöhe auch Werte über 1 annehmen kann, sofern in (2.27) der Zähler größer als der Nenner ist. Dichten darf man daher nicht als relative Häufigkeiten interpretieren!

Wann sind Säulen- oder Stabdiagramme ungeeignet?

Im Gegensatz zu Histogrammen liest man bei Säulen- oder Stabdiagrammen die eigentliche Information, d.h. die Verteilung $h(x)$ an den Höhen der Säulen ab. Wir wenden dieses Prinzip auf das Beispiel an.

Beispiel (Fortsetzung). Wir zeichnen Säulendiagramme in zwei Varianten.

1. Gleich breite Säulen:

   Diese Darstellung besitzt den Nachteil, dass die Bedienzeiten auf der x-Achse nicht linear, sondern **verzerrt** dargestellt werden. Zudem wird der Eindruck vermittelt, als würden sich lange Bedienzeiten häufen, wohingegen die Werte in Abbildung 2.7 und 2.9 eher bei den kurzen Zeiten verdichtet auftreten.

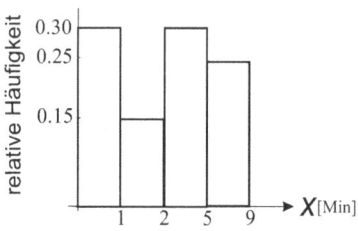

2. Keine verzerrte x-Achse:
   Hier können wir die Säulen entweder unterschiedlich breit, oder gleich breit darstellen. Zeichnen wir sie mit gleicher Breite, stehen sie mit unterschiedlichen Abständen auf der x-Achse. Dies wird erst Recht bei engen Säulen, also Stäben sichtbar.

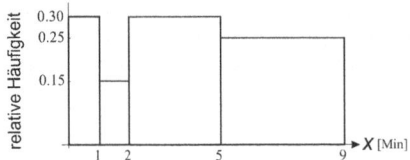 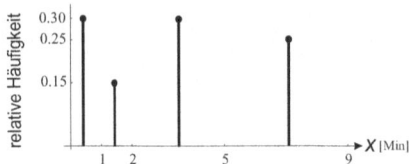

In beiden Fällen wird wieder der irreführender Eindruck suggeriert, dass eher lange Zeiten überwiegen. Im linken Bild nimmt unser Auge in erster Linie die Flächen, und nicht die Höhen der Rechtecke wahr. Zwar sind die Anteile und Säulen der Zeitklassen "0 bis 1 Minute" und "2 bis 5 Minuten" gleich hoch, aber die rechte dieser beiden Säulen beeindruckt uns viel mehr. Dieses optische Phänomen, dass wir uns von Flächen beeindrucken lassen, wird beim Histogramm zum Prinzip erklärt.

Beide Säulendiagrammvarianten vermitteln beim ersten Blick den falschen Eindruck, und der ist in der Praxis oft entscheidend.   ☻

Fazit:

■ Wenn die Klassen **unterschiedliche Längen** haben, vermitteln Säulendiagramme auf den ersten Blick irreführende Eindrücke. Da unser Auge sich von Flächen beeindrucken lässt, sind hier Histogramme die bessere Darstellungsform.

■ Wenn alle Klassen **dieselbe Länge** aufweisen, also äquidistant sind, ist der Nenner von (2.27) konstant. Dann sind die Flächen der Rechtecke proportional zu ihrer Höhe bzw. Dichte. In diesem Fall sehen Säulendiagramme und Histogramme mehr oder weniger gleich aus.

Dichten als mathematische Funktionen

Das Konzept, Anteile als Flächen darzustellen, spielt in der Wahrscheinlichkeitstheorie eine große Rolle. Hierauf vorbereitend sei erwähnt, dass man eine Dichte als mathematische Funktion auffassen kann: Zu **jedem** x-Wert kann in **eindeutiger** Weise die jeweilige Höhe $f(x)$ des darüberliegenden Rechtecks zugeordnet werden. Die Gesamtfläche unter einer wie auch immer geformten Dichtefunktion ergibt in der Summe stets den Wert 1.

Wegen der Rechtecke zeigen der Graph von $f(x)$ bzw. die oberen Ränder der Rechtecke insgesamt einen stufigen Verlauf auf. Dadurch wird suggeriert, dass sich die Werte innerhalb einer Klasse gleichmäßig verteilen. Die Abbildung 2.10 zeigt den Graphen der Dichtefunktion $f(x)$ zu unserem Beispiel "Wartezeiten am Postschalter".

Was ist bei der Bildung von Klassen zu beachten?

Man sollte bei kleinen Grundgesamtheiten bzw. kleinem N nicht zu viele Klassen vorsehen, da sonst die Fallzahlen pro Klasse zu gering ausfallen. Unter Beachtung dieser Empfehlung sind dann die Histogramme bzw. der Verlauf der Dichten bei verschiedenen Klasseneinteilungen in der Regel ähnlich. Insofern ist das Konzept der Histogramme

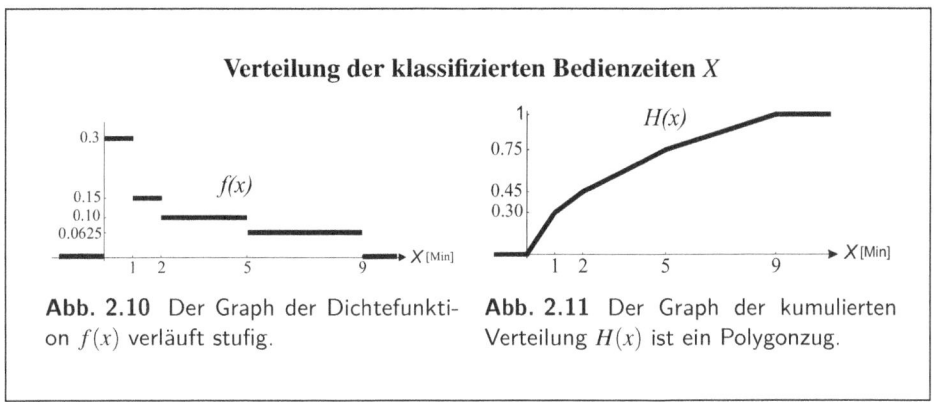

Verteilung der klassifizierten Bedienzeiten X

Abb. 2.10 Der Graph der Dichtefunktion $f(x)$ verläuft stufig.

Abb. 2.11 Der Graph der kumulierten Verteilung $H(x)$ ist ein Polygonzug.

bzw. Dichtefunktionen um so "robuster" bezüglich der im Grunde "willkürlichen" Klasseneinteilung, je größer die Grundgesamtheit N ist.

Bestimmung der kumulierten Verteilung $H(x)$ aus einem Histogramm

Wir wollen von dem Fall ausgehen, dass uns keine Urliste, sondern nur ein Histogramm oder die Dichtefunktion $f(x)$ zur Verfügung stehen. Diese Situation werden wir auch später typischer Weise in der Wahrscheinlichkeitsrechnung antreffen.

Da in Histogrammen Anteile mit Flächen dargestellt werden, ergibt sich für die kumulierte Verteilung:

$$H(x) \; = \; h(X \leq x) \; = \; \text{Fläche unter der Dichte von ganz links bis zur Stelle } x. \quad (2.28)$$

Beispiel (Fortsetzung). Wir berechnen exemplarisch anhand der Abbildungen 2.9 oder 2.10 die kumulierte Verteilung $H(x)$ an der Stelle $x = 5.9$:

$$H(5.9) \; = \; \text{Anteil der Kunden mit einer Bedienzeit von maximal 5.9 Minuten,}$$

$$= \; \text{(Fläche von 0 bis 1)} \quad + \quad \text{(Fläche von 1 bis 2)}$$
$$+ \; \text{(Fläche von 2 bis 5)} \quad + \quad \text{(Fläche von 5 bis 5.9)}$$

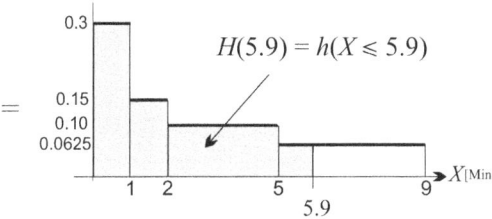

Gemäß "Fläche = Grundseite $\cdot$ Höhe" erhält man mit den 4 Rechteckshöhen bzw.

Dichtewerten $f_1 = 0.3$, $f_2 = 0.15$, $f_3 = 0.10$, $f_4 = 0.0625$ zu den 4 Klassen:

$$\begin{aligned}
H(5.9) &= (1-0) \cdot f_1 + (2-1) \cdot f_2 + (5-2) \cdot f_3 + (5.9-5) \cdot f_4 \\
&= h(K_1) + h(K_2) + h(K_3) + (5.9-5) \cdot 0.0625 \qquad (2.29) \\
&= 0.80625.
\end{aligned}$$

Exemplarisch berechnen wir auf analoge Weise z.B.

$$H(4.9) = 0.74, \quad H(0.70) = 0.21, \quad H(-2.4) = 0, \quad H(33.1) = 1. \quad ☺$$

Die Verallgemeinerung von (2.29) ergibt die nachfolgende Formel. Dabei nennen wir die Klasse, in der x liegt, auch **Einfallsklasse** und notieren sie mit K_s. Dort beträgt die Höhe des Rechtecks $f(x)$.

Berechnung der kumulierten Verteilung

$$\begin{aligned}
H(x) &= \text{Anteil bzw. Fläche links von } x \\
&= \sum_{\substack{\text{volle Klasse } K_i \\ \text{links von } x}} h(K_i) \quad + \quad (x-a) \cdot f(x), \qquad (2.30)
\end{aligned}$$

wobei x in K_s liegt und "a = linker Rand von K_s" ist.

Abbildung 2.11 zeigt den Graphen von $H(x)$ im Beispiel.

Je weiter die Stelle x nach rechts wandert, um so größer wird die Fläche. Dieser Flächenanstieg erfolgt gleichmäßig, d.h. es gibt keine Sprünge. Wohl aber wächst die Fläche in Bereichen mit hohen Rechtecken schneller an. Daher ist der Graph der kumulierten Verteilung keine Treppenfunktion, sondern ein steigender, stetiger Polygonzug, dessen Steilheit von der Höhe der Rechtecke bzw. Dichte $f(x)$ abhängt. Diese Eigenschaften lassen sich auch mit einer "Kurvendiskussion" von $H(x)$ anhand der Formel (2.30) präzisieren.

Bei einer klassifizierten Variablen X gilt:

1. $H(x)$ ist ein **Polygonzug**. Er zeigt einen von 0 bis 1 stückweise linear ansteigenden Verlauf.
   Insbesondere gilt:
   $$H(-\infty) = 0 \quad \text{und} \quad H(\infty) = 1.$$

2. $H(x)$ ist eine **stetige** Funktion.

3. Sofern x nicht an einer Knickstelle bzw. am Klassenrand liegt, gilt

$$\textbf{Steigung} \; = \; \textbf{Dichtefunktion}$$
$$H'(x) \; = \; f(x). \qquad (2.31)$$

Beispiel (Fortsetzung). Postdirektor Otto möchte exemplarisch einige Anteile mit Hilfe von Flächen und $H(x)$ berechnen:

$h(X \leq 1.6)$ = Anteil der Kunden, die eine Bedienzeit von maximal 1.6 Minuten beanspruchen,

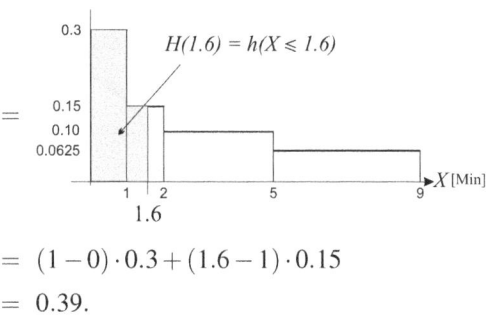

$$= (1-0) \cdot 0.3 + (1.6-1) \cdot 0.15$$
$$= 0.39.$$

$h(1.6 \leq X \leq 5.9)$ = Anteil der Kunden, die eine Bedienzeit von 1.6 bis 5.9 Minuten beanspruchen,

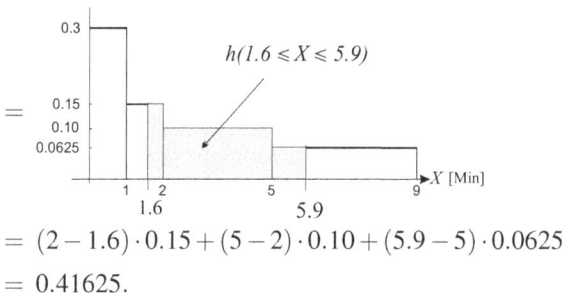

$$= (2-1.6) \cdot 0.15 + (5-2) \cdot 0.10 + (5.9-5) \cdot 0.0625$$
$$= 0.41625.$$

Addiert man diese beiden Anteile erhält man aufgrund der Additionsregel den Anteil der Kunden, die eine Bedienzeit von maximal 5.9 Minuten beanspruchen:

$$h(X \leq 1.6) + h(1.6 \leq X \leq 5.9) = h(X \leq 5.9).$$

Bildlich entspricht dies:

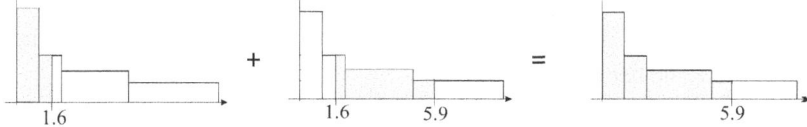

Stellen wir diese Gleichung um, so können wir den zweiten Anteil mit Hilfe der kumulierten Verteilung $H(x)$ ausdrücken:

$$h(1.6 \leq X \leq 5.9) = h(X \leq 5.9) - h(X \leq 1.6)$$
$$= H(5.9) - H(1.6). \tag{2.32}$$

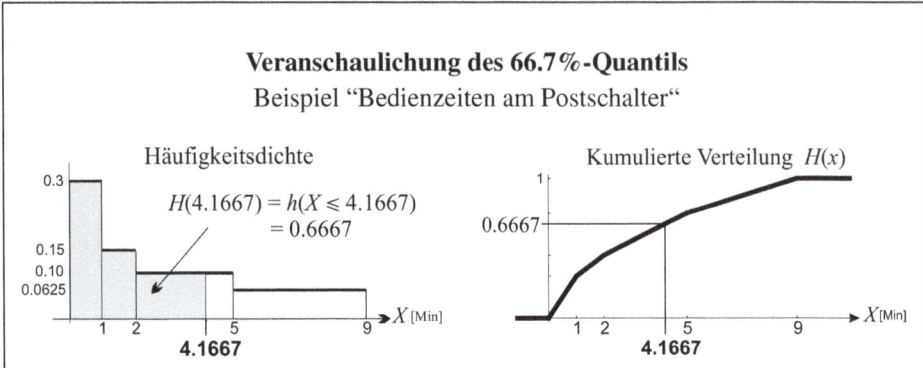

Veranschaulichung des 66.7%-Quantils
Beispiel "Bedienzeiten am Postschalter"

Abb. 2.12 Das 66.67%-Quantil beträgt 4.1667. Es besagt, dass 66.67%, also zwei Drittel der Kunden, maximal 4.1667 [Min] Bedienzeit benötigen.

Bildlich entspricht dies:

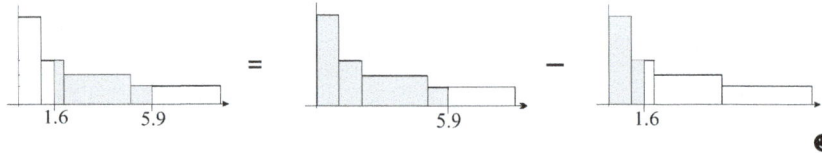

Gleichung (2.32) zeigt, wie man bei Kenntnis der kumulierten Verteilung auf bequeme Weise Anteile bestimmen kann, bei denen das Merkmal X zwischen zwei Werten a und b liegt. Die Verallgemeinerung lautet:

Für eine klassifizierte Variable X gilt:

$$h(a \leq X \leq b) = H(b) - H(a). \tag{2.33}$$

Ob man $\leq$ oder $<$ schreibt, ist im Resultat gleich.

Dass man bei dieser Formel bezüglich der Ungleichheitszeichen in gewisser Weise schlampig umgehen darf, liegt daran, dass es bei der Berechnung von Flächen egal ist, ob man den Rand berücksichtigt.

Beispiel (Fortsetzung). Postdirektor Otto möchte noch wissen, welche Bedienzeit von zwei Drittel der Kunden nicht überschritten wird. Wenn wir die gesuchte Zeit mit x bezeichnen, so lässt sich der angesprochene Anteil mit

$$H(x) = h(X \leq x) = 0.6667 \tag{2.34}$$

darstellen. Ein Drittel der Kunden benötigt länger als x, und für zwei Drittel der Kunden entspricht x der Bedienzeit, die sie maximal beanspruchen. Die Lösung erhalten wir, indem wir (2.34) nach x auflösen. Dazu benutzen wir (2.30), wobei wir die Einfallsklasse durch grobes Abschätzen ermitteln können. Im Bild 2.9 erkennt man, dass $0.30 + 0.15 + 0.30 = 75\%$ der Kunden maximal 5 Minuten und $0.30 + 0.15 = 45\%$ der Kunden maximal 2 Minuten benötigen. Daher ist die Klasse "2 bis 5 Minuten" die Einfallsklasse K_s. Die Beziehung (2.34) lautet mit Formel (2.30):

$$
\begin{aligned}
0.6667 &= H(x) \qquad \Longleftrightarrow \\
0.6667 &= 0.30 + 0.15 + (x - 2) \cdot 0.10.
\end{aligned}
\qquad (2.35)
$$

Lösen wir nach x auf, erhalten wir das gewünschte Ergebnis:

$$
x = 4.1667 [\text{Min}].
$$

Dieses Resultat ist in Abbildung 2.12 illustriert. Der Postdirektor hätte dort die Lösung auch mit einem Lineal anhand der kumulierten Verteilung finden können, indem er an der y-Achse bei zwei Drittel, also 0.6667 waagrecht nach rechts und beim Schnittpunkt mit dem Graphen von $H(x)$ senkrecht nach unten geht. Mathematisch gesehen ist die Lösung die Umkehrfunktion von $H(x)$ an der Stelle 0.6667.   ☻

Der Frage-Typ des letzten Beispiels ist uns aus dem Alltag bekannt: Ab welcher Note gehört man zum besseren Drittel aller Absolventen? Innerhalb welcher Zeit werden 90% der Kinder mit den Hausaufgaben fertig? Ab welchem Einkommen gehört man zum unteren Viertel aller Einkommen? Für die Lösung solcher Fragen hat man in der Statistik einen eigenen Begriff eingeführt, nämlich den des **Quantils**. Im Beispiel haben wir das sogenannte 66.7%-Quantil der Bedienzeiten bestimmt.

Man sollte beim Gebrauch klassifizierter Variablen beachten, dass sie im Vergleich zur direkten Auswertung einer Urliste zu anderen, streng genommen falschen Resultaten führen können. Dies beruht auf dem Informationsverlust, den wir durch die Klassifizierung in Kauf genommen haben. Bei einer vernünftigen Klasseneinteilung sollten jedoch die Unterschiede tolerabel sein.

3 Bivariate Verteilungen

Wenn man untersuchen möchte, wie beispielsweise Salz auf den Blutdruck wirkt, wie beim Lackieren die Trockenzeit von der Temperatur abhängt, oder wie das Einkommen und die Ausgaben für Luxusgüter zusammenhängen, benötigt man Grundgesamtheiten, bei denen an einem Objekt jeweils zwei Variablen X, Y gemessen werden. Die Urlisten haben daher zwei Spalten. Wir übernehmen die bisherigen Notationen und passen sie entsprechend an.

Absolute Häufigkeit

$$A(X \in A, Y \in B) = \text{Anzahl aller Objekte, bei denen die Variable } X \text{ einen Wert aus} \quad (3.1)$$
$$A \text{ \textbf{und} gleichzeitig die Variable } Y \text{ einen Wert aus } B \text{ annimmt.}$$

Relative Häufigkeit

$$h(X \in A, Y \in B) = \text{Anteil aller Objekte, bei denen die Variable } X \text{ einen Wert aus}$$
$$A \text{ \textbf{und} gleichzeitig die Variable } Y \text{ einen Wert aus } B \text{ annimmt}$$

$$= \frac{A(X \in A, Y \in B)}{N}. \quad (3.2)$$

Das Komma ist sprachlich als "und" zu verstehen. Analog gebrauchen wir Notationen wie z.B. $h(X \le x, Y \le y), \ldots, h(X = x, Y = y)$.

© Springer-Verlag GmbH Deutschland, ein Teil von Springer Nature 2019
C. Weigand, *Statistik mit und ohne Zufall*,
https://doi.org/10.1007/978-3-662-59309-7_3

Auch hier gelten die "Regel vom Gegenteil" und die "Additionsregel", die sich analog zu (2.13) und (2.15) ergeben. Ferner folgt aus der Kommutativität von "Und", dass man den linken und rechten Teil vom Komma vertauschen darf:

$$h(X \in A, Y \in B) = h(Y \in B, X \in A). \tag{3.3}$$

Ähnlich wie in (2.5) betrachten wir den "punktuellen" Anteil, der sich auf das Vorkommen eines einzelnen Merkmalswerte-Paares (x,y) bzw. Punktes (x,y) beschränkt:

Gemeinsame, bivariate Verteilung von X und Y

$$h(x,y) = h(X = x, Y = y) \tag{3.4}$$
$$= \text{Anteil der Objekte, bei denen die Variable } X \text{ genau den Wert } x$$
$$\text{und gleichzeitig die Variable } Y \text{ genau den Wert } y \text{ annimmt.}$$

3.1 Bivariate Verteilungen diskreter Variablen

Bei diskreten Variablen X und Y kann man einen Anteile $h(X \in A, Y \in B)$ berechnen, indem nur diejenigen "punktuellen" Anteile addiert werden, bei denen die Werte der Variablen X in A und der Variablen Y in B liegen:

$$h(X \in A, Y \in B) = \sum_{x \in A \text{ und } y \in B} h(x,y). \tag{3.5}$$

Beispiel (Fenster und Türen). Architekt Siegbert hat bei den letzten $N = 20$ Häusern, die er in Kleinrinderfeld gebaut hat, die Merkmale "$X = $ Anzahl Fenster" und "$Y = $ Anzahl Türen" ermittelt. Die Urliste besteht aus 20 Wertepaaren (x, y) bzw. 20 Zeilen:

$X = $ Fenster	$Y = $ Türen
7	3
6	2
7	3
5	1
7	2
7	2
8	3
5	2
7	3
8	2
7	2
7	3
5	1
7	1
8	3
5	2
8	3
7	2
7	2
5	3

Kontingenztafeln

Beispiel "Fenster und Türen"

Absolute Anz. $A(X = x, Y = y)$ Bivariate Verteilung $h(x,y)$

		Y						Y			
		1	2	3	Σ			1	2	3	Σ
	5	2	2	1	5		5	0.10	0.10	0.05	0.25
	6	0	1	0	1		6	0	0.05	0	0.05
X	7	1	5	4	10	X	7	0.05	0.25	0.20	0.50
	8	0	1	3	4		8	0	0.05	0.15	0.20
	Σ	3	9	8	20		Σ	0.15	0.45	0.40	1

Tab. 3.1 Hier ist "$X =$ Anzahl Fenster" und "$Y =$ Anzahl Türen". Üblicherweise gibt man in einer Kontingenztafel auch noch die Zeilen- und Spaltensummen an. In der rechten Tafel entsprechen sie den Randverteilungen von X und Y.

Exemplarisch ermittelt Siegbert die folgenden relativen Häufigkeiten, indem er die jeweils zutreffenden Wertepaare innerhalb der Urliste zählt:

$$h(X = 5, Y = 2) \;=\; \text{Anteil der Häuser, die 5 Fenster und 2 Türen aufweisen,}$$

$$= \frac{2}{20} = 0.10, \tag{3.6}$$

$$h(X > 5, Y \le 2) \;=\; \text{Anteil der Häuser, die mehr als 5 Fenster und maximal}$$
$$\text{2 Türen aufweisen,}$$

$$= \frac{8}{20} = 0.40, \tag{3.7}$$

$$h(X \in \{2,4,6,\dots\}, Y \in \{1,3,5,\dots\}) \;=\; \text{Anteil der Häuser mit gerader Anzahl}$$
$$\text{Fenster und ungerader Anzahl Türen,}$$

$$= \frac{3}{20} = 0.15. \tag{3.8}$$

☻

Zur tabellarischen Darstellung von bivariaten, diskreten Verteilungen $h(x,y)$ gebraucht man sogenannte **Kontingenztafeln**. Eine Kontingenztafel ähnelt im Aufbau einem Schachbrett. Die Position der Einträge $h(x,y)$ richtet sich nach den Merkmalswerten, die für die Variable X am linken Rand und für die Variable Y am oberen Rand abgetragen sind. Nach dem gleichen Schema kann man auch für die absoluten Häufigkeiten $A(x,y)$ eine Kontingenztafel aufbauen.

Beispiel (Fortsetzung). Die Kontingenztafeln sind in Tabelle 3.1 zu sehen. Wir können die obigen Anteile (3.7), (3.8) auch nur mit Hilfe der Kontingenztafel zu $h(x,y)$ berechnen, ohne direkt auf die Urliste zurückgreifen zu müssen. Dabei benutzen wir die Formel (3.5):

$$\begin{aligned}
h(X > 5, Y \leq 2) &= h(6 \leq X \leq 8,\ 1 \leq Y \leq 2) \\
&= h(6,1) + h(6,2) + h(7,1) + h(7,2) + h(8,1) + h(8,2) \\
&= 0 + 0.05 + 0.05 + 0.25 + 0 + 0.05 \quad = \quad 0.40,
\end{aligned}$$

$$\begin{aligned}
h(X \in \{2,4,6,\ldots\},\ Y \in \{1,3,5,\ldots\}) &= h(2,1) + h(2,3) + h(4,1) + \ldots + h(8,3) \\
&= 0 + 0 + \ldots + 0.15 \quad = \quad 0.15.
\end{aligned}$$

☻

Randverteilung

Um die univariate Verteilung für X zu bestimmen, blendet man in der Urliste die nicht benötigte, zu Y gehörende Spalte, einfach aus. Die Anzahl der Zeilen der Urliste, und somit die Grundgesamtheit, bleiben jedoch hierbei unverändert, d.h. die gesamte Population besteht nach wie vor aus denselben N Objekten.

Beispiel (Fortsetzung). Siegbert bestimmt durch Abzählen innerhalb der Urliste die univariate Verteilung von X

X = Anz. Fenster	0	...	5	6	7	8	9
$h(x)$ = Vert. von X	0	...	0.25	0.05	0.50	0.20	0

und die univariate Verteilung von Y:

Y = Anz. Türen	0	1	2	3	4	...
$h(y)$ = Vert. von Y	0	0.15	0.45	0.40	0	...

☻

Statt die Urliste immer wieder neu durchzuzählen, kann man eine univariate Verteilung auch aus der gemeinsamen, bivariaten Verteilung ableiten, indem man die Additionsregel oder Formel (3.5) anwendet.

Beispiel (Fortsetzung). Wir möchten nur mit Hilfe der Kontingenztafel bzw. der Verteilung $h(x,y)$ den Anteil der Häuser mit genau 7 Fenstern $h(X=7)$ bestimmen:

$$
\begin{aligned}
h(X=7) &= \text{Anteil der Häuser mit 7 Fenstern und beliebiger Anzahl an Türen} \\
&= h(X=7,\ -\infty < Y < \infty) \\
&= h(7,1) + h(7,2) + h(7,3) \\
&= 0.05 + 0.25 + 0.20 \\
&= 0.50.
\end{aligned}
$$

Auf die gleiche Weise berechnen wir exemplarisch den Anteil der Häuser mit genau 3 Türen:

$$
\begin{aligned}
h(Y=3) &= \text{Anteil der Häuser mit beliebiger Fensteranzahl und genau 3 Türen,} \\
&= h(-\infty < X < \infty,\ Y=3) \\
&= h(5,3) + h(6,3) + h(7,3) + h(8,3) \\
&= 0.05 + 0 + 0.20 + 0.15 \\
&= 0.40.
\end{aligned}
$$

☻

Gewinnt man aus einer bivariaten Verteilung die univariate Verteilung, so nennt man die univariate Verteilung auch "Randverteilung", denn üblicher Weise notiert man sie am Rand einer Kontingenztafel.

Randverteilung von X

$$
\begin{aligned}
h(X=x) &= h(X=x,\ -\infty < Y < \infty) \\
&= \sum_y h(X=x, Y=y)
\end{aligned}
\tag{3.9}
$$

Randverteilung von Y

$$
\begin{aligned}
h(Y=y) &= h(-\infty < X < \infty,\ Y=y) \\
&= \sum_x h(X=x, Y=y)
\end{aligned}
\tag{3.10}
$$

Ähnlich wie im univariaten Fall kann man bei zwei Variablen X,Y die **bivariate kumulierte Verteilung** definieren:

$$
H(x,y) = h(X \leq x, Y \leq y).
\tag{3.11}
$$

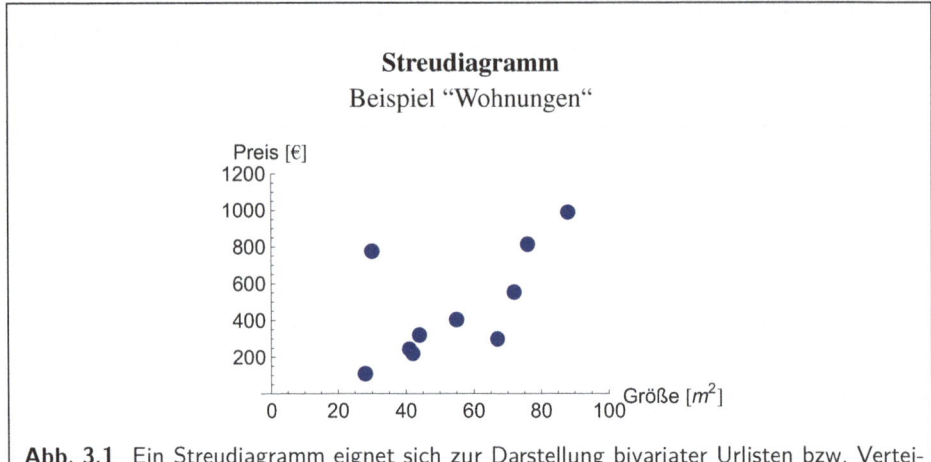

Abb. 3.1 Ein Streudiagramm eignet sich zur Darstellung bivariater Urlisten bzw. Verteilungen.

3.2 Bivariate Verteilungen stetiger Variablen

Bei der Darstellung der bivariaten Verteilung ergeben sich Besonderheiten, die wir schon im Kapitel 2.2 angesprochen haben. Wegen der "beliebig genauen" Messbarkeit stetiger Variablen kann man in den meisten Anwendungen ausschließen, innerhalb einer Urliste zwei exakt gleiche Wertepaare (x, y) anzutreffen. Dies hat zur Folge, dass in einer entsprechenden Kontingenztafel fast nur die Werte 0 oder $1/N$ eingetragen wären.

In dieser Situation gelingt eine bessere Darstellungsform mit sogenannten **Streudiagrammen**. Wir zeichnen jedes Objekt der Grundgesamtheit als eigenen Punkt in ein x-y-Koordinatensystem ein, wobei sich die Position des Punktes durch das Merkmalswerte-Paar (x, y) ergibt. Wenn keine zwei exakt gleiche Wertepaare (x, y) vorkommen, entsteht so eine Punktwolke mit N einzelnen Punkten.

Beispiel (Wohnungen). Erwin ist Immobilienmakler in Kälberau und hat alle $N = 10$ Wohnungen, die er in der Ludwigstraße vermitteln möchte, bezüglich Wohnungsgröße $X\,[m^2]$ und Monatsmiete $Y\,[€]$ erfasst. Er notiert die folgende Datenpaare (x, y):

(44; 322), (30; 777), (72; 555), (41; 245), (42; 221), (88; 990), (55; 405), (28; 110), (76; 815), (67; 300).

Diese "Punkte" trägt Erwin in ein Koordiantensystem ein und erhält so das zugehörige Streudiagramm in Abbildung 3.1.

Man gewinnt leicht einen vollständigen Überblick über die "Rohdaten" und erkennt die wesentliche Struktur der Verteilung als Punktwolke. Wie zu erwarten war, ist der Mietpreise Y um so höher, je größer die Wohnfläche X ist. Es wird aber auch sichtbar, inwiefern diese Gesetzmäßigkeit durchbrochen wird. Insbesondere fällt die Wohnung, die durch den Punkt links oben dargestellt wird, aus dem Rahmen. Sie ist vermutlich für Kälberauer Verhältnisse vollkommen überteuert und kann von Makler Erwin nur schwer verkauft werden.

Eine genauere, allgemeinere Untersuchung solcher statistischer Gesetzmäßigkeiten werden wir in den Kapiteln "Regression" und "Korrelation" vornehmen.   ☻

Mit Streudiagrammen wird sichtbar, in welchen Regionen sich die Punkte häufen bzw. verdichten. Dies vermittelt einen leicht verständlichen Eindruck über das "Aussehen" der bivariaten Verteilung von X, Y.

Sollten Wertepaare (x, y) in der Urliste mehrfach vorkommen, werden sie im Streudiagramme nur durch einen einzigen Punkt repräsentiert und der Betrachter erkennt nicht, dass an solchen Stellen eigentlich eine Häufung der Objekte vorliegt. Hier kann man sich mit modifizierten Streudiagrammen behelfen, indem mehrfach überlagerte Punkte mit einer entsprechenden, proportionalen Verdickung eingezeichnet werden. Mit diesem Trick lassen sich auch die Verteilungen diskreter Variablen X, Y als Streudiagramm darstellen.

3.3   Bivariate Verteilungen klassifizierter Variablen

Wie im univariaten Fall in Kapitel 2.3 teilen wir die möglichen Werte der Variablen X in Klassen und die möglichen Werte der Variablen Y in Klassen auf. Die Klassenaufteilung und die Klassenlängen können vollkommen unterschiedlich sein. Für die Darstellung der gemeinsamen, bivariaten Verteilung $h(x, y)$ werden in der Praxis Kontingenztafeln bevorzugt.

Beispiel (Versicherungsverkäufe). Bei einer Brandschutzversicherung verkaufen die Vertriebsmitarbeiter Anton, Berta und Max (A,B,M) Versicherungen. Die Objekte der Grundgesamtheit sind "Versicherungsverkäufe" mit den Variablen "X = Vertragssumme in Tausend Euro" und "Y = Mitarbeiter". Die Urliste lautet:

(405; A), (608; A), (95; M), (2257; B), (4444; M), (82; M), (1020; B), (90; M), (317; A), (4600; A), (378; M), (707;A), (2040; M), (4801; M), (68; M), (990; A), (2888; B), (3300; B), (2777; M), (270; A), (1088; M), (699; M), (69; A), (3480; M), (1800; M), (399; M), (886; A), (40; M), (89; M), (680; B).

Wir klassifizieren die Vertragssumme X nach dem Raster 0; 100; 500; 1000; 5000 und notieren die bivariate, gemeinsame Verteilung $h(x, y)$ in einer Kontingenztafel:

	$0 < X \leq 100$	$100 < X \leq 500$	$500 < X \leq 1000$	$1000 < X \leq 5000$	$\sum$
Anton	0.0333	0.10	0.1333	0.0333	0.30
Berta	0	0	0.0333	0.1333	0.167
Max	0.20	0.0667	0.0333	0.2333	0.533
$\sum$	0.233	0.167	0.20	0.40	

An der Randverteilung zu Y erkennt man, dass beispielsweise Max 53.33% aller Versicherungen verkauft hat. Ebenso erkennt man an der Randverteilung zu X, dass beispielsweise 20% aller Versicherungen eine Höhe von mehr als 500 Tausend Euro bis 1 Million Euro aufweisen.   ☻

Beispiel (Staubsauger). Rosamunde betreibt einen Staubsauger-Großhandel. Sie hegt den Verdacht, dass teure Staubsauger länger im Lager liegen als die billigeren Geräte. So könnte der hohe Erlös bei einem teuren Gerät durch die variablen Lagerkosten, welche proportional zu den Liegezeiten sind, aufgezehrt werden. Daher untersucht Rosamunde die letzten $N = 2000$ verkauften Staubsauger hinsichtlich des Preises X [€] und der Lagerzeit Y [Tage]. Beide Variablen sind in klassifizierter Weise erfasst worden. Die gemeinsame, bivariate Verteilung $h(x, y)$ ist in Form einer Kontingenztafel dargestellt:

		Y [Tage]		
		1 - 3	4 - 10	11 - 30
	30 - 99	0.14	0.03	0.09
X [€]	100-149	0.04	0.12	0.11
	150-249	0.01	0.03	0.15
	250-400	0.03	0	0.25

Der Verdacht von Rosamunde lässt sich bestätigen.   ☻

Bei der Darstellung der bivariaten Verteilung $h(x, y)$ durch dreidimensionale Histogramme bzw. Dichtefunktionen entsprechen relative Häufigkeiten nicht der Höhe der Dichte oder Flächen, sondern Volumina. Diese aber lassen sich in einer zweidimensionalen Zeichnung nicht exakt darstellen. Man könnte stattdessen versuchen, das dreidimensionale Histogramm etwa als Papp-Modell zu basteln. Im letzten Beispiel würde ein Photo des entsprechenden Papp-Models in etwa so aussehen:

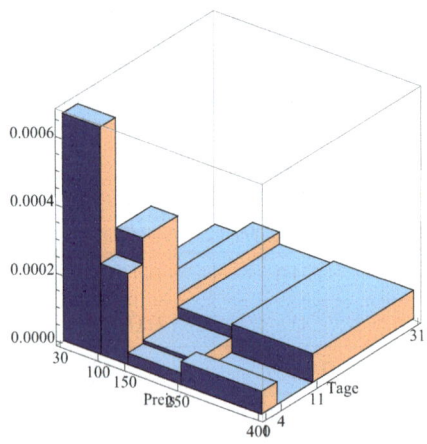

Dies gibt einen groben Überblick, in welchen Klassen die Werte "dicht" liegen. Problematisch ist jedoch, dass sich die Volumina der Quader nur erahnen lassen und teilweise von anderen Quadern verdeckt werden. Daher sind in der Deskriptiven Statistik dreidimensionale Histogramme eher selten anzutreffen. In der Wahrscheinlichkeitstheorie hingegen spielen solche Dichten eine große Rolle.

3.4 Bedingte Verteilungen

In Kälberau befürworten 70% der Einwohner einen Ausbau des Fußballstadions. Fragt man nur Männer, liegt der Anteil sogar bei 90%. Fragt man hingegen nur Frauen, liegt der Anteil nur noch bei 25%. Hier ist zwar jedes Mal der Anteil "$X = $ Befürworter" bestimmt worden, aber es gibt drei verschieden Ergebnisse, weil drei verschiedene Grundgesamtheiten vorliegen:

- Grundgesamtheit 1: Alle Einwohner.
- Grundgesamtheit 2: Nur Männer.
- Grundgesamtheit 3. Nur Frauen.

Da es offenbar wichtig ist, innerhalb welcher Grundgesamtheit ein Anteil bestimmt wird, wollen wir dies auch in unserer formalen Schreibweise sichtbar machen. Dazu benutzen wir einen senkrechten Strich "|" und notieren hinter ihm die Grundgesamtheit.

Bedingte Verteilung

$$h(X = x \mid \text{hier steht die Grundgesamtheit}) \qquad (3.12)$$

Da die Männer Kälberaus nur einen Teil der Gesamtbevölkerung Kälberaus ausmachen, ist die Grundgesamtheit 2 eine Teilgesamtheit innerhalb der Grundgesamtheit 1. Sie entsteht durch Selektion aller Objekte bzw. Personen, bei denen die **Bedingung** "Geschlecht $Y = $ männlich" zutrifft.

Beispiel (Mitarbeiter der Schaff AG). In der Schaff AG in Kleinrinderfeld sind $N = 15$ Mitarbeiter beschäftigt. Zu den beiden Variablen

$$
\begin{aligned}
X &= \text{Geschlecht,} \\
Y &= \text{Abteilung}
\end{aligned}
$$

liegt folgende Urliste vor:

Nr.	X = Geschlecht	Y = Abteilung
1	m	1
2	w	1
3	w	3
4	w	2
5	m	1
6	w	2
7	m	3
8	m	3
9	w	2
10	m	3
11	m	3
12	m	3
13	m	3
14	m	2
15	w	1

Uns interessieren folgende drei Anteile:

A: Wie groß ist der Anteil der Frauen in Abteilung 2 ?

B: Wie groß ist unter Frauen der Anteil der Mitarbeiterinnen, die in Abteilung 2 arbeiten ?

C: Wie groß ist der Anteil der Mitarbeiter, die weiblich sind und in Abteilung 2 arbeiten?

Sprachlich klingen dies Fragen sehr ähnlich. Sie sind aber in ihrer Bedeutung vollkommen verschieden, denn die Anteile beziehen sich auf drei verschiedene Gesamtheiten. Dies wird in der formalen Schreibweise gemäß (3.12) deutlich:

A: $h(X = w \mid \text{Mitarbeiter der Abteilung 2})$ $\qquad = h(X = w \mid Y = 2),$

B: $h(Y = 2 \mid \text{Weibliche Mitarbeiter der Schaff AG})$ $\quad = h(Y = 2 \mid X = w),$

C: $h(X = w, Y = 2 \mid \text{Alle Mitarbeiter der Schaff AG})$ $\quad = h(X = w, Y = 2).$

Dabei treffen wir die Vereinbarung, dass sich bei einem fehlenden senkrechten Strich der Anteil immer auf die umfassendste, maximale Gesamtheit bezieht. Nun bestimmen wir noch die drei Anteile.

Anteil C:

Dieser Anteil entspricht der üblichen **unbedingten** relativen Häufigkeit und ergibt sich aus der im Kapitel 3.1 bereits besprochenen gemeinsamen, bivariaten Verteilung von X und Y. Wir zählen in der kompletten Urliste insgesamt 3 Mitarbeiter, die sowohl $X = w$ als auch $Y = 2$ aufweisen. Daher gilt

$$h(X = w, Y = 2) = h(w, 2) = \frac{3}{N} = \frac{3}{15} = 20\%.$$

Anteil A:

Um herauszufinden, wie hoch der Frauenanteil in der Abteilung 2 ist, begeben wir uns zunächst in die Abteilung 2. Deren Mitarbeiter bilden die neue Grundgesamtheit. Sie ist eine Teilgesamtheit, die wir aus der kompletten Urliste herausfiltern können:

	Komplette Urliste	
	($N = 15$)	
Nr.	X	Y
1	m	1
2	w	1
3	w	3
4	w	2
5	m	1
6	w	2
7	m	3
8	m	3
9	w	2
10	m	3
11	m	3
12	m	3
13	m	3
14	m	2
15	w	1

Filter "$Y = 2$" →

	Neue Grundgesamtheit =	
	Mitarbeiter in Abteilung 2	
	($N_1 = 4$)	
Nr.	X	Y
4	w	2
6	w	2
9	w	2
14	m	2

Es entsteht eine Art "Teil-Urliste", die den gleichen Aufbau wie die ursprüngliche Urliste aufweist, jedoch in der Regel kürzer ist und $N_1 \leq N$ Objekte aufweist. Schließlich wird dort der Frauenanteil ermittelt. Er beträgt drei Viertel:

$$h(X = w \,|\, Y = 2) = \frac{3}{N_1} = \frac{3}{4} = 75\%.$$

Führt man diese Schritte mit einem Statistikprogramm durch, so werden dort die Bedingungen, welche Teilgesamtheiten selektieren, als **Filter** bezeichnet.

Um ein allgemeines Prinzip zu verdeutlichen, bestimmen wir den Anteil A auf die fast gleiche Weise ein zweites Mal. Dazu markieren wir in der kompletten Urliste jede Zeile, für welche die Filterbedingung $Y = 2$ zutrifft mit einem "$*$". Die $N_1 = 4$ Kreuzchen selektieren quasi die Grundgesamtheit "Mitarbeiter der Abteilung 2".

Nr.	X	Y	$Y = 2$ zutreffend	$X = w$ und $Y = 2$ zutreffend
1	m	1		
2	w	1		
3	w	3		
4	w	2	$*$	$*$
5	m	1		
6	w	2	$*$	$*$
7	m	3		
8	m	3		
9	w	2	$*$	$*$
10	m	3		
11	m	3		
12	m	3		
13	m	3		
14	m	2	$*$	
15	w	1		

Anschließend werden unter diesen markierten Zeilen die Zeilen **zusätzlich** markiert, bei denen $X = w$, also weibliche Mitarbeiter stehen. Diese doppelt markierten Zeilen erfüllen beide Kriterien: $X = w$ und $Y = 2$. Auf diese Weise erhalten wir erneut den gesuchten Anteil:

$$h(X = w \mid Y = 2) = \frac{\text{Anzahl der Markierungen der letzten Spalte}}{\text{Anzahl der Markierungen der vorletzten Spalte}}$$

$$= \frac{A(X = w, Y = 2)}{A(Y = 2)} = \frac{3}{4} \qquad (3.13)$$

$$= 75\%.$$

Nun möchten wir in dieser Rechnung noch die absoluten Häufigkeiten durch ihre relativen Häufigkeiten ersetzen. Dazu erweitern wir den Bruch (3.13) im Zähler wie im Nenner mit $1/N$. Das Ergebnis bleibt dabei unverändert, jedoch stehen nun sowohl im Zähler, als auch im Nenner relative Häufigkeiten:

$$h(X = w \mid Y = 2) = \frac{A(X = w, Y = 2) \cdot \frac{1}{N}}{A(Y = 2) \quad \cdot \frac{1}{N}} = \frac{h(X = w, Y = 2)}{h(Y = 2)} \quad (3.14)$$

$$= \frac{0.20}{0.2667} = 75\%.$$

Anteil B:
Hier bilden alle "weibliche Mitarbeiter" die neue Grundgesamtheit.

Komplette Urliste ($N = 15$)

Nr.	X	Y
1	m	1
2	w	1
3	w	3
4	w	2
5	m	1
6	w	2
7	m	3
8	m	3
9	w	2
10	m	3
11	m	3
12	m	3
13	m	3
14	m	2
15	w	1

Filter "$X = w$" $\longrightarrow$

Neue Grundgesamtheit = weibliche Mitarbeiter ($N_1 = 6$)

Nr.	X	Y
2	w	1
3	w	3
4	w	2
6	w	2
9	w	2
15	w	1

Anschließend wird in der neuen Grundgesamtheit "weibliche Mitarbeiter" nachgesehen, wie viele Frauen in der Abteilung 2 beschäftigt sind. Der Anteil beträgt

$$h(Y = 2 \mid X = w) = \frac{3}{N_1} = \frac{3}{6} = 50\%.$$

Auch hier können wir wieder das Ergebnis auf eine zweite Weise berechnen, indem wir in der kompletten Urliste entsprechende Kreuzchen setzen. Man erhält dann analog zur Formel (3.14) erneut

$$h(Y = 2 \,|X = w) \;=\; \frac{h(X = w, Y = 2)}{h(X = w)} \;=\; \frac{0.20}{0.40} = 50\%.$$

☻

Die Herleitung der Formel (3.14) im Beispiel zeigt ein allgemeines Prinzip:

$$h(X \in A|Y \in B) \;=\; \frac{h(X \in A, Y \in B)}{h(Y \in B)} \tag{3.15}$$

Wir werden diese Formel später nochmals in der Wahrscheinlichkeitstheorie antreffen. Sie zeigt, wie die bedingte Verteilung auch **ohne Urliste** berechenbar ist, sofern man die bivariate Verteilung $h(x, y)$ kennt. Bemerkenswert ist auch, dass auf der linken Seite von (3.15) ein Anteil steht, der sich auf eine Teilgesamtheit bezieht, und auf der rechten Seite Anteile stehen, die sich auf die komplette Grundgesamtheit beziehen.

Lösen wir in der Formel (3.15) nach dem Zähler auf, so zeigt sich, wie man aus bedingten Häufigkeiten die unbedingte, bivariate Verteilung erhält:

$$h(X \in A, Y \in B) \;=\; h(X \in A|Y \in B) \cdot h(Y \in B). \tag{3.16}$$

Lösen wir in der Formel (3.15) nach dem Nenner auf, so kann man die relative Größe der Teilgesamtheit bzw. den Anteil der Teilgesamtheit an der kompletten Grundgesamtheit berechnen:

$$h(Y \in B) \;=\; \frac{h(X \in A, Y \in B)}{h(X \in A|Y \in B)}. \tag{3.17}$$

Beispiel (Fortsetzung). Wir wollen die Formel (3.15) nochmal anhand der Kontingenztafel zur bivariaten Verteilung $h(x, y)$ verdeutlichen. Diese Verteilung ist zusätzlich in Abbildung 3.2 illustriert.

Anteil A:
Um den Anteil $h(X = w\,|Y = 2)$, also den Frauenanteil in der Abteilung 2 zu bestimmen, betrachten wir in der Kontingenztafel die Spalte zu $Y = 2$.

		Y		
X	1	2	3	
m	0.1333	0.0667	0.40	0.60
w	0.1333	0.20	0.0667	0.40
	0.2666	0.2666	0.4667	

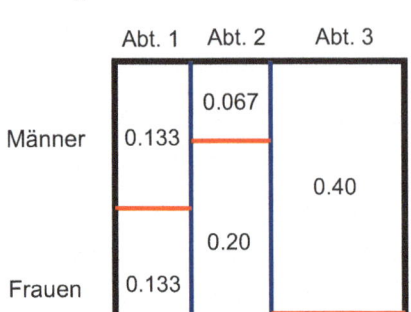

Abb. 3.2 Die Mitarbeiter der Schaff AG bilden das gesamte Rechteck. Die Segmente entsprechen der Aufteilung der Mitarbeiter bezüglich Geschlecht und Abteilung. Man erkennt beispielsweise, dass in Abteilung 1 gleich viele Männer und Frauen vorkommen, d.h. dort die Männer 50% der Mitarbeiter und die Frauen 50% der Mitarbeiter stellen.

Man kann sich hilfsweise vorstellen, dass demnach in der Abteilung 2 insgesamt $0.0667 + 0.20 = 0.2667$ "Personen" arbeiten. Diese Summe bzw. diese Personen bestehen aus 0.0667 Männern und 0.20 Frauen. Folglich beträgt der Frauenanteil $\frac{0.20}{0.2667}$.

Das ist exakt dieselbe Rechnung wie bei Formel (3.15):

$$h(X = w \,|\, Y = 2) \stackrel{(3.15)}{=} \frac{h(X = w, \, Y = 2)}{h(Y = 2)} = \frac{0.20}{0.2667} = \frac{0.20}{0.0667 + 0.20} = 75\%.$$

Anteil B:

Um den Anteil $h(Y = 2 \,|\, X = w)$ zu bestimmen, betrachten wir in der Kontingenztafel die Zeile zu $X = w$.

		Y		
X	1	2	3	
m	0.1333	0.0667	0.40	0.60
w	0.1333	0.20	0.0667	0.40
	0.2666	0.2667	0.4667	

Man kann sich hilfsweise vorstellen, dass es insgesamt $0.1333 + 0.20 + 0.0667 = 0.40$ "Frauen" gibt. Davon arbeiten 0.1333 in der Abteilung 1, 0.20 in der Abteilung 2 und 0.0667 in der Abteilung 3. Folglich arbeiten von den Frauen $\frac{0.20}{0.40} = 50\%$ in der Abteilung 2.

Auch diese Überlegung ist dieselbe Rechnung wie

$$h(Y = 2 \,|X = w) \stackrel{(3.15)}{=} \frac{h(X = w, Y = 2)}{h(X = w)} = \frac{0.20}{0.40} = \frac{0.20}{0.1333 + 0.20 + 0.0667} = 50\%.$$

Zur Übung berechnen wir noch die Frauenanteile in den beiden anderen Abteilungen:

$$h(X = w \,|Y = 1) = \frac{h(X = w, Y = 1)}{h(Y = 1)} = \frac{0.1333}{0.2666} = 0.50,$$

$$h(X = w \,|Y = 3) = \frac{h(X = w, Y = 3)}{h(Y = 3)} = \frac{0.0667}{0.4667} = 0.14292.$$

Da sich die drei Frauenanteile auf jeweils drei *verschiedene* Gesamtheiten bzw. Abteilungen beziehen, ist es unsinnig, ihre Summe

$$h(X = w \,|Y = 1) \;+\; h(X = w \,|Y = 2) + h(X = w \,|Y = 3)$$
$$= \; 0.50 + 0.75 + 0.14292$$

zu bilden. Es ergibt sich weder der Frauenanteil insgesamt $h(X = w)$, noch der Wert Eins.

Addiert man hingegen alle Anteile innerhalb ein und derselben Gesamtheit, also den Männer- und den Frauenanteil einer Abteilung, so ist die Summe Eins. So können wir beispielsweise über die "Regel vom Gegenteil" den Männeranteil in der Abteilung 2 erhalten:

$$h(X = m \,|Y = 2) = 1 - h(X = w \,|Y = 2) = 1 - 0.75 = 25\%.$$

Ferner berechnen wir noch unter den Frauen den Anteil der Mitarbeiterinnen, die in Abteilung 3 beschäftigt sind,

$$h(Y = 3 \,|X = w) = \frac{h(Y = 3, X = w)}{h(X = w)} = \frac{0.0667}{0.40} = 16.67\%$$

und unter den Männern den Anteil der Mitarbeiter, die in Abteilung 3 beschäftigt sind:

$$h(Y = 3 \,|X = m) = \frac{h(Y = 3, X = m)}{h(X = m)} = \frac{0.40}{0.60} = 66.67\%.$$

Auch hier ist die Summe der zwei Anteile nicht Eins!   ☻

Beispiel (Kreditbank). Von allen vergebenen Krediten haben 8% ein Volumen von mehr als 6 Millionen Euro. Von diesen Krediten sind 90% notleidend. Setzen wir "$X =$ Kredithöhe [MioEuro]" und "$Y = 1$" für notleidend, so können wir gemäß (3.16) unter *allen* von der Bank vergebenen Krediten den Anteil der Kredite bestimmen, die sowohl ein Volumen von mehr als 6 Millionen Euro aufweisen, als auch notleidend sind:

$$h(X > 6, Y = 1) \;=\; h(Y = 1|X > 6) \cdot h(X > 6) = 0.90 \cdot 0.08 = 7.2\%.$$

☻

Beispiel (Autos). Von allen Autos sind 30% jünger als 4 Jahre und hatten noch keinen Unfall. Von allen Autos, die jünger als 4 Jahre sind, hatten 40% keinen Unfall. Setzen wir "X = Alter [Jahre]" und "Y = Anzahl Unfälle", so können wir gemäß (3.17) berechnen, wie viel Prozent aller Autos unter 4 Jahre alt sind:

$$h(X < 4) \;=\; \frac{h(Y = 0, X < 4)}{h(Y = 0 \mid X < 4)} \;=\; \frac{0.30}{0.40} \;=\; 75\%.$$

☺

Beispiel (Körpergröße). In Megalingen sind 10% der Personen größer als 1.90 [m]. Von diesen großen Personen sind wiederum 6% größer als 2.00 [m]. Wie viel Prozent aller Personen sind über 2.00 [m] groß?

Mit der Variablen "X = Körpergröße [m]" lauten die Angaben:

$$h(X > 1.90) = 0.10, \qquad h(X > 2.00 | X > 1.90) = 0.06. \tag{3.18}$$

Bisher haben wir bedingte Häufigkeiten mit zwei Variablen X und Y betrachtet. Hier wird jedoch nur noch eine einzige Variable X benutzt. Dies braucht uns nicht zu stören, denn wir können alle bisherigen Herleitungen und Formeln beibehalten, indem wir dort formal $Y = X$ setzen. Daher gilt zunächst:

$$h(X > 2.00, X > 1.90) \overset{(3.16)}{=} h(X > 2.00 | X > 1.90) \cdot h(X > 1.90)$$
$$= \;\; 0.06 \cdot 0.10 \;=\; 0.006.$$

Personen, die über 2.00 Meter groß sind, sind automatisch auch über 1.90 Meter groß. Daher gilt:

$$
\begin{aligned}
h(X > 2.00) \;&=\; \text{Anteil der Personen, die über 2.00 [m] sind} \\
&=\; \text{Anteil der Personen, die über 2.00 [m] und über} \\
&\quad\; \text{1.90 [m] sind} \\
&=\; h(X > 2.00, X > 1.90) \\
&=\; 0.006.
\end{aligned}
$$

☺

3.5   Aggregation von bedingten Verteilungen

Ausgangspunkt ist eine Grundgesamtheit, die in m verschiedene Teilgesamtheiten zerlegt ist. Auf jeder Teilgesamtheit gibt es eine bedingte Verteilung bzw. bedingte relative Häufigkeiten zu einer Variablen X. Wir wollen untersuchen, wie man diese Verteilungen zusammenführen kann, um die Verteilung auf der kompletten Grundgesamtheit zu erhalten.

Beispiel (Dieselanteil). Im Februar 2018 hatten in Deutschland von allen PKW-Zulassungen[1] Opel einen Marktanteil von 7.34%, Jaguar einen Anteil von nur 0.176%, und die restlichen Marken einen Anteil von 92.48%. Von den Autos der Marke Opel hatten 23.1% einen Dieselmotor, von den Autos der Marke Jaguar hatten 62.4% einen Dieselmotor, und bei den restlichen Marken hatten 33.2% einen Dieselmotor.

Wir wollen herausfinden, wie viel Prozent aller PKW-Neuzulassungen einen Dieselmotor hatten.

Mit den Variablen "X = Motortyp" und "Y = Marke" lauten die Angaben:

$$
\begin{aligned}
h(X = \text{Diesel}) &= ? \\
h(X = \text{Diesel} \mid Y = \text{Opel}) &= 0.231, \\
h(X = \text{Diesel} \mid Y = \text{Jaguar}) &= 0.624, \\
h(X = \text{Diesel} \mid Y = \text{Rest}) &= 0.332,
\end{aligned}
$$

und

$$
h(Y = \text{Opel}) = 0.0734, \qquad h(Y = \text{Jaguar}) = 0.00176, \qquad h(Y = \text{Rest}) = 0.9248.
$$

Die Berechnung des gesuchten Anteils $h(X = \text{Diesel})$ kann man am einfachsten an der Kontingenztafel der bivariaten Verteilung $h(X = x, Y = y)$ veranschaulichen.

	Opel	Jaguar	Rest	
Diesel	A	B	C	$h(X = \text{Diesel})$
sonst.				
	0.0734	0.00176	0.9248	

Dort erkennt man den gesuchten Anteil als Randverteilung

$$
h(X = \text{Diesel}) = A + B + C.
$$

Die drei Unbekannten A, B, C sind wiederum Werte der bivariaten Verteilung $h(x, y)$, die wir gemäß (3.16) aus den gegebenen, bedingten Verteilungen berechnen können:

$$
\begin{aligned}
A: \quad & h(X = \text{Diesel}, Y = \text{Opel}) &=& h(X = \text{Diesel} \mid Y = \text{Opel}) \cdot h(Y = \text{Opel}). \\
B: \quad & h(X = \text{Diesel}, Y = \text{Jaguar}) &=& h(X = \text{Diesel} \mid Y = \text{Jaguar}) \cdot h(Y = \text{Jaguar}). \\
C: \quad & h(X = \text{Diesel}, Y = \text{Rest}) &=& h(X = \text{Diesel} \mid Y = \text{Rest}) \cdot h(Y = \text{Rest}).
\end{aligned}
$$

---

[1] Kraftfahrt-Bundesamt:
https://www.kba.de/DE/Statistik/Fahrzeuge/Neuzulassungen/MonatlicheNeuzulassungen/monatl_neuzulassungen_node.html

Damit erhält man

$$
\begin{aligned}
h(X = \text{Diesel}) = \ & h(X = \text{Diesel}|\, Y = \text{Opel} \ ) \cdot h(Y = \text{Opel} \ ) \\
& + h(X = \text{Diesel}|\, Y = \text{Jaguar}) \cdot h(Y = \text{Jaguar}) \qquad (3.19) \\
& + h(X = \text{Diesel}|\, Y = \text{Rest} \ ) \cdot h(Y = \text{Rest} \ ).
\end{aligned}
$$

Wir setzen noch die obigen Werte ein und berechnen somit den gesuchten Dieselanteil:

$$
\begin{aligned}
h(X = \text{Diesel}) &= 0.231 \cdot 0.0734 \ + \ 0.624 \cdot 0.00176 \ + \ 0.332 \cdot 0.9248 \\
&= \quad 0.0169 \qquad + \qquad 0.0011 \qquad + \qquad 0.307 \qquad (3.20) \\
&= 32.5\%.
\end{aligned}
$$

Die Formel (3.19) zeigt, dass man die Dieselanteile der einzelnen Automarken mit den "Größen" der Automarken, also ihren Marktanteilen gewichten muss. Sie dienen quasi als Wägungsschema, bei der Durchschnittsbildung der drei Dieselanteile. So verkauft zwar Jaguar relativ viele, d.h. 62.4% Autos mit Dieselantrieb, jedoch wirkt sich dies auf das Endergebnis kaum aus, denn die Marke Jaguar hat einen nur sehr geringen Marktanteil von 0.176% an allen PKW-Neuzulassungen.

Ein gerne praktizierte, aber leider falsche Rechnung wäre folgende Durchschnittsbildung der drei Dieselanteile:

$$
\frac{0.231 + 0.624 + 0.332}{3} = 0.231 \cdot \frac{1}{3} + 0.624 \cdot \frac{1}{3} + 0.332 \cdot \frac{1}{3} = 0.396.
$$

Hier würde man der Marke Jaguar einen Marktanteil von $\frac{1}{3} = 33,33\%$ unterstellen. Daher ist nun das neue, aber falsche Endergebnis höher: 39,6% > 32.5%.

Ferner stehen in der Zeile (3.20) die Werte A, B, C der bivariaten Verteilung, mit der man die Kontingenztafel leicht vervollständigen könnte.   ☻

Die Essenz des letzten Beispiels liegt in der Formel (3.19). Sie lautet im allgemeinen Fall:

Aggregationsformel

$$
\begin{aligned}
h(X \in A) = \sum_{k=1}^{m} h(X \in A|Y \in B_k) \cdot h(Y \in B_k) = \ & h(X \in A|Y \in B_1) \cdot h(Y \in B_1) \quad (3.21) \\
& + h(X \in A|Y \in B_2) \cdot h(Y \in B_2) \\
& + \ \vdots \qquad\qquad \vdots \qquad\qquad \vdots \\
& + h(X \in A|Y \in B_m) \cdot h(Y \in B_m),
\end{aligned}
$$

wobei die Bedingungen $B_1, \ldots, B_m$ disjunkt und vollständig sein müssen.

"Disjunkt" heißt im Beispiel, dass die Teilgesamtheiten überlappungsfrei sein müssen, also kein einzelnes Auto unter mehreren Marken gleichzeitig angemeldet worden ist. "Vollständig" heißt im Beispiel, dass die 3 Teilgesamtheiten alle Marken, die es in Deutschland gibt, umfassen. Die Formel (3.21) ist in analoger Weise in der Wahrscheinlichkeitstheorie als "Satz von der totalen Wahrscheinlichkeit" bekannt.

Beispiel (Brillenträger). Auf einer Insel wohnen 70 % der Bevölkerung in der Region A, 20 % in der Region B und 10% in der Region C. Der Anteil an Brillenträgern beträgt in A 15%, in B 25% und in C 80%. Wie hoch ist der Anteil an Brillenträgern auf der gesamten Insel?

Mit den Variablen

$$X = \begin{cases} 1, & \text{falls Brillenträger} \\ 0, & \text{falls sonst,} \end{cases} \qquad Y = \text{Region} \qquad (3.22)$$

erhält man:

$$\begin{aligned} h(X = 1) &= \quad h(X = 1 | Y = A) \cdot h(Y = A) \\ &+ h(X = 1 | Y = B) \cdot h(Y = B) \\ &+ h(X = 1 | Y = C) \cdot h(Y = C) \\ &= 0.15 \cdot 0.70 + 0.25 \cdot 0.20 + 0.80 \cdot 0.10 \\ &= 23.5\%. \end{aligned}$$

Man erkennt, dass der sehr hohe Brillenträgeranteil von 80% in C kaum einen Einfluss auf das Endergebnis hat. ☻

Spezialfall $m = 2$: Liegen nur zwei Teilgesamtheiten vor, lautet die Aggregationsformel (3.21)

$$\begin{aligned} h(X \in A) &= \quad h(X \in A | Y \in B) \cdot h(Y \in B) \\ &+ h(X \in A | Y \notin B) \cdot h(Y \notin B). \end{aligned} \qquad (3.23)$$

Beispiel (Pommes). In einer Kantine essen 80% aller Männer und 55% aller Frauen Pommes. Insgesamt essen 72% aller Gäste Pommes. Wir wollen zu den Variablen

$$X = \begin{cases} 1, & \text{falls Pommes} \\ 0, & \text{falls sonst} \end{cases} \qquad Y = \text{Geschlecht (m,w)} \qquad (3.24)$$

die Kontingenztafel der bivariaten Verteilung $h(x, y)$ bestimmen. Die Angaben lauten formal:

$$h(X = 1 | Y = m) = 0.80, \qquad h(X = 1 | Y = w) = 0.55,$$
$$h(X = 1) = 0.72. \qquad (3.25)$$

Mit der Aggregationsformel (3.21) können wir die Anteile der Frauen und Männer bestimmen:

$$
\begin{aligned}
h(X = 1) &= h(X = 1|Y = m) \cdot h(Y = m) + h(X = 1|Y = w) \cdot h(Y = w) \\
&= h(X = 1|Y = m) \cdot h(Y = m) + h(X = 1|Y = w) \cdot (1 - h(Y = m)) \\
\Leftrightarrow & \\
0.72 &= 0.80 \cdot h(Y = m) + 0.55 \cdot (1 - h(Y = m)) \\
\Leftrightarrow & \\
h(Y = m) &= \frac{0.72 - 0.55}{0.80 - 0.55} = 0.68 \qquad \text{und} \qquad h(Y = w) = 0.32.
\end{aligned}
$$

Mit (3.16) erhält man:

$$
h(X = 1, Y = m) = h(X = 1|Y = m) \cdot h(Y = m) = 0.80 \cdot 0.68 = 0.544
$$

und ebenso

$$
h(X = 1, Y = w) = h(X = 1|Y = w) \cdot h(Y = w) = 0.55 \cdot 0.32 = 0.176.
$$

Die restlichen Einträge in der Kontingenztafel wählt man so, dass sich die bekannten Werte der Randverteilung ergeben:

Y \\ X	1	0	Σ
m	0.544	0.136	0.68
w	0.176	0.144	0.32
Σ	0.72	0.28	

Aus der Kontingenztafel erkennt man beispielsweise, dass 13.6% aller Gäste männlich sind und keine Pommes essen.   ☻

3.6   Bayes-Formel

Das Komma, das dem logischen "Und" entspricht, kann man kommutativ gebrauchen.

$$
h(X \in A, Y \in B) = h(Y \in B, X \in A), \tag{3.26}
$$

Beim senkrechten Strich hingegen darf man den linken Teil mit dem rechten Teil **nicht** vertauschen:

$$
h(X \in A \mid Y \in B) \neq h(Y \in B \mid X \in A). \tag{3.27}
$$

Eine Formel, die dem Statistiker Bayes zugeschrieben wird, zeigt, wie ein Tausch der linken mit der rechten Seite korrekt zu handhaben ist:

Bayes-Formel

$$h(Y \in B \mid X \in A) \;=\; \frac{h(X \in A \mid Y \in B) \cdot h(Y \in B)}{h(X \in A)} \tag{3.28}$$

Falls der Nenner $h(X \in A)$ nicht bekannt sein sollte, bietet sich die Aggregationsformel (3.21) für dessen Berechnung an.

Beweis zu (3.28):

$$h(Y \in B \mid X \in A) \;\overset{(3.15)}{=}\; \frac{h(Y \in B, X \in A)}{h(X \in A)} \;\overset{(3.26)}{=}\; \frac{h(X \in A, Y \in B)}{h(X \in A)}$$

$$\overset{(3.16)}{=}\; \frac{h(X \in A \mid Y \in B) \cdot h(Y \in B)}{h(X \in A)}.$$

Beispiel (Mitarbeiter der Schaff AG). Wir greifen nochmals auf das obige Beispiel auf Seite 47 zurück, bei dem nun die Anteile

$$h(X = w \mid Y = 2) = 0.75, \quad h(X = w) = 0.40, \quad h(Y = 2) = 0.2667.$$

als bekannt vorausgesetzt werden. Wir wollen daraus berechnen, wie viel Prozent der Frauen in Abteilung 2 arbeiten. Gemäß (3.28) erhalten wir diesen Anteil mit

$$h(Y = 2 \mid X = w) \;=\; \frac{h(X = w \mid Y = 2) \cdot h(Y = 2)}{h(X = w)} \;=\; \frac{0.75 \cdot 0.2667}{0.40}$$

$$=\; 50\%. \qquad\qquad ☻$$

Beispiel (Fensterbauer). Ein Fensterbauer lässt sich von zwei verschiedenen Speditionen A und B Flachgläser gleichen Typs anliefern. Bei der Eingangskontrolle stellt sich heraus, dass insgesamt 5.8% aller Gläser defekt, und somit Ausschuss sind. Die Ausschussquote hängt von der Spedition ab: Liefert Spedition A beträgt sie 4.7%, liefert Spedition B beträgt sie 6%.
a) Wieviel Prozent der Ware wurde von A geliefert ?
b) Wieviel Prozent der defekten Ware wurde von A geliefert ?

Wir benutzen die Merkmale "S = Spedition" und "Z = Zustand", wobei 1 für "defekt" und 0 für "nicht defekt" steht. Das Merkmal Z ist eine binäre Variable und wird auch als Indikatorvariable bezeichnet. Die obigen Informationen lauten nun:

$$h(Z = 1) = 0.058, \quad h(Z = 1 \mid S = A) = 0.047, \quad h(Z = 1 \mid S = B) = 0.060. \tag{3.29}$$

a) Wegen der Aggregationsformel (3.21) gilt:

$$h(Z = 1) \;=\; h(Z = 1 \mid S = A) \cdot h(S = A) + h(Z = 1 \mid S = B) \cdot h(S = B). \tag{3.30}$$

Ersetzt man in (3.30) die Werte (3.29), erhält man:

$$0.058 = 0.047 \cdot h(S = A) + 0.060 \cdot h(S = B)$$
$$= 0.047 \cdot h(S = A) + 0.060 \cdot (1 - h(S = A)).$$

Die letzte Umformung benutzt die "Regel vom Gegenteil". Schließlich lösen wir die Gleichung nach dem gesuchten Anteil auf:

$$h(S = A) = 15.385\%.$$

b) Wir stehen gewissermaßen auf dem Schrottplatz des Fensterbauers und sehen nur defekte Stücke. Innerhalb dieser Gesamtheit, die mit $Z = 1$ charakterisiert werden kann, sollen die Stücke identifiziert werden, die von A geliefert wurden. Die Frage lautet daher in formaler Schreibweise "$h(S = A \mid Z = 1)$ = ?". Mit der Bayes-Formel (3.28) und dem Ergebnis von a) erhalten wir:

$$h(S = A \mid Z = 1) = \frac{h(Z = 1 \mid S = A) \cdot h(S = A)}{h(Z = 1)} = \frac{0.047 \cdot 0.15385}{0.058}$$
$$= 12.5\%.$$

4 Lageparameter

Übersicht

Verteilungen geben vollständige und detaillierte Informationen, welche Variablenwerte wie oft in einer Grundgesamtheit anzutreffen sind. Lageparameter hingegen dienen zur Simplifizierung von Verteilungen, indem sie alle Variablenwerte auf einen einzigen, **möglichst repräsentativen Wert** reduzieren, der stellvertretend für alle Variablenwerte steht. So kann zumindest schon ein erster, grober Eindruck über die Grundgesamtheit vermittelt werden. Insbesondere sind Lageparameter beim Vergleichen mehrerer Grundgesamtheiten beliebt.

So gibt beispielsweise die Information, dass die durchschnittliche Tagestemperatur im Januar in Werchojansk bei -45 Grad Celsius und in Palermo bei +10 Grad Celsius liegt, zwar keinen detaillierten, jedoch schon deutlichen ersten Eindruck über das Wetter in diesen Städten.

Beispiel (Gehälter). Walter verdient 4000[€] im Monat. Er hört, dass im gesamten Unternehmen das Einkommen im Mittel bei 6000[€] pro Beschäftigtem liegt. Er schließt daraus, dass die Mehrheit seiner Mitarbeiter wohl besser verdient als er. Seine Freundin Gabi kommt zu dem Schluss, dass die meisten Mitarbeiter ungefähr 6000[€] verdienen. Einige Tage später hat Walter die Urliste der Gehälter über alle 5 Mitarbeiter des Unternehmens zur Verfügung und erkennt, dass sich seine Freundin und er geirrt haben:
500, 500, 1000, 4000, 24000 [€]   ☻

Wir wollen zunächst die Grundideen der wichtigsten Lageparameter gegenüberstellen. Dabei beziehen wir uns auf das letzte Beispiel.

© Springer-Verlag GmbH Deutschland, ein Teil von Springer Nature 2019
C. Weigand, *Statistik mit und ohne Zufall*,
https://doi.org/10.1007/978-3-662-59309-7_4

Modus: Er entspricht dem Merkmalswert, der am häufigsten vorkommt. Im Beispiel ist dies der Wert 500[€]. Bei einer stetigen oder klassifizierten Variablen ist der Modus die Region bzw. Klasse, in der die Werte am dichtesten liegen, also die Dichte den größten Wert annimmt. Der Modus wird auch Modalwert genannt.

Median: Er teilt die Grundgesamtheit in der "Mitte" in zwei möglichst gleich große Hälften. In der einen Hälfte liegen die Objekte mit den größeren Merkmalswerten, in der anderen die kleineren. Im Beispiel ist dies 1000[€].

Arithmetisches Mittel: Bei der Bildung des arithmetischen Mittels wird die Gesamtsumme aller Merkmalswerte auf alle Objekte *gleichmäßig verteilt*, d.h. die tatsächliche Verteilung wird zumindest gedanklich durch eine Gleichverteilung ersetzt. Im Beispiel beträgt das arithmetische Mittel der Gehälter 30 000 : 5 = 6000[€]. Dieser Wert entspricht einem "Einheitsgehalt", welches das Unternehmen gleich hoch an alle 5 Mitarbeiter zahlen könnte, ohne dass sich die Gesamtausgaben für die Gehälter von 30 000 [€] ändern würde.
Das arithmetische Mittel wird auch als "Durchschnittswert" oder einfach als "Mittelwert" bezeichnet. In der Literatur wird der Begriff "Mittelwert" gelegentlich auch im übergeordneten, alle Lageparameter umfassenden Sinn gebraucht.

Walter verwechselte offenbar das arithmetische Mittel mit dem Median und seine Freundin interpretierte das arithmetische Mittel fälschlicher Weise als Modus. Im Folgenden werden diese und andere Lageparameter noch genauer besprochen.

4.1 Modus

Die Definition des Modus x_{mo} ist vom Variablentyp abhängig.

Modus

(i) X ist eine diskrete Variable:

$$x_{mo} = \text{häufigster Wert der Variablen } X. \tag{4.1}$$

(ii) X ist eine klassifizierte bzw. stetige Variable mit einer Dichte $f(x)$:

$$x_{mo} = \text{Klasse } K_i \text{ mit größter Häufigkeitsdichte } f(x) \tag{4.2}$$
$$= \text{Klasse } K_i, \text{ in der die Werte am dichtesten liegen.}$$

Wenn man nur einen einzelnen Wert und nicht die ganze Klasse als Modus angeben möchte, wählt man in der Regel die Klassenmitte stellvertretend für die ganze Klasse.

Der Modus lässt sich im Gegensatz zu den anderen Lageparametern auch bei nominalen Variablen wie z.B. "$X =$ Farbe" berechnen. Wenn z.B. ein Modekenner sagt, dass man in diesem Sommer blaue Hemden trage, so meint er vermutlich, dass der Anteil der Personen, die blaue Hemden tragen, der größte ist.

Beispiel (stetige Variable). Wir betrachten ein stetiges bzw. klassifiziertes Merkmals X, dessen Verteilung durch ein Histogramm dargestellt ist.

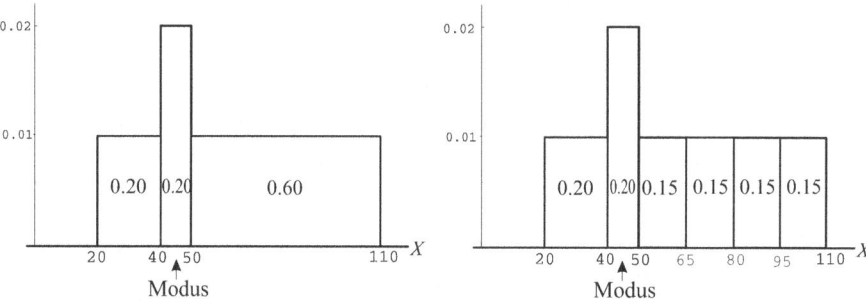

Im linken Bild besitzt die Klasse [50, 110] mit 0.60 den größten Anteil, jedoch nicht den höchsten Wert der Dichte. Im rechten Bild haben wir diese Klasse nochmals in vier Klassen aufgeteilt, von denen nun jede nur noch einen Anteil von 0.15 besitzt. Der Verlauf der Dichte $f(x)$ ist jedoch in beiden Histogrammen gleich und bei der Klasse [40, 50] am höchsten. Daher sollte man in beiden Bildern dort den Modus lokalisieren.   ☻

Man beachte, dass der Modus nicht immer eindeutig ist, und dass der Anteil des Modus durchaus unter 50% liegen kann!

Beispiel. Die Urliste lautet: 50, 50, 3000, 6000, 6000, 800000. Hier ist sowohl der Wert 50, als auch der Wert 6000 "der" Modus. Der Anteil des Modus beträgt $h(X = 50) = h(X = 6000) = 33.33\%$.

Man sollte in der Praxis den Modus bei derart "tückischen" Fällen nur mit Vorsicht gebrauchen, um Verwirrungen beim Anwender zu vermeiden.   ☻

Beispiel. In der Abbildung 2.9 auf Seite 30 ist der Modus die Bedienzeitklasse 0-1 Minuten bzw. deren Mittelpunkt 0.5 Minuten. Die Klasse 2-5 Minuten besitzt zwar eine genauso große relative Häufigkeit, jedoch ist hier die Dichte geringer.

Bei der bivariaten Verteilung $h(x, y)$ in der Tabelle 3.1 auf Seite 41 stellt die Merkmalskombination "$x = 7$ Fenster und $y = 2$ Türen" den Modus dar.

Auf Seite 26 ist das Merkmal "$X =$ Getränkeart" ein nominales Merkmal und besitzt den Merkmalswert "$x =$ Limonade" als Modus.   ☻

4.2 Median

Der Median wird auch **Zentralwert** oder **50%-Quantil** genannt und setzt ein ordinales oder metrisches Merkmal voraus. Wir definieren in Anlehnung an die eingangs gegebene Beschreibung:

Median (intuitive Definition)

x_{me} = Variablenwert, welcher die Grundgesamtheit in zwei möglichst (4.3)
gleich große Hälften teilt, wobei in der einen Hälfte die Objekte
mit den größeren Variablenwerten, und in der anderen Hälfte die
kleineren Variablenwerte liegen.

Beispiel (stetiges Merkmal). Wir betrachten bei den Mitarbeitern eines Unternehmens die stetige bzw. klassifizierte Variable "X = Gehalt [Tsd€]". Die Verteilung ist sowohl als Histogramm als auch in kumulierter Weise dargestellt.

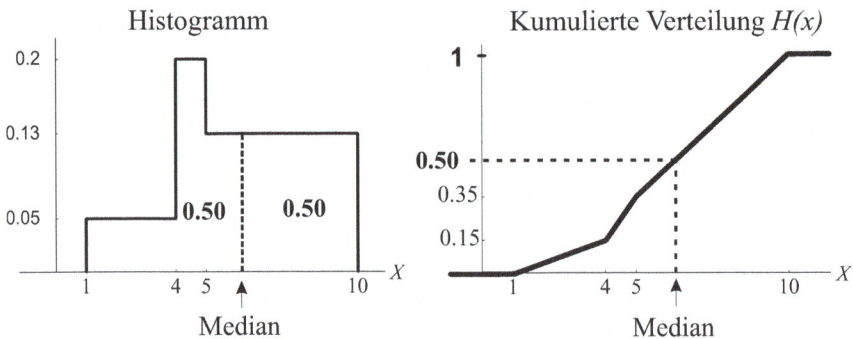

Der Median x_{me} teilt die Gesamtfläche des Histogramms in zwei gleich große Hälften. Bei der kumulierten Verteilung $H(x)$ ergibt sich der Median als Urbild zu 0.50. Beide Überlegungen führen zu dem Ansatz

$$H(x_{me}) = h(X \leq x_{me}) = 0.50. \tag{4.4}$$

Gemäß (2.30) lautet diese Gleichung hier konkret:

$$(4-1) \cdot 0.05 + (5-4) \cdot 0.2 + (x_{me}-5) \cdot 0.13 = 0.50$$

$$\Leftrightarrow x_{me} = 6.1538 \text{ [Tsd€]}.$$

Folglich haben 50% aller Mitarbeiter ein Gehalt von maximal 6153.8 Euro. Entsprechend verdient die andere Hälfte der Mitarbeiter mindestens 6153.8 Euro.
Diese Formulierung ist etwas unscharf, da wir anhand des Histogramms nicht erkennen können, ob es Mitarbeiter gibt, die exakt 6153.8 Euro verdienen (vgl. auch die Anmerkungen zur Formel (2.33)).   ☻

Beispiel (Urlisten).

A: 20, 20, 64, 70, 77.

Die Grundgesamtheit umfasst ungeradzahlig viele, $N = 5$ Objekte in aufsteigender Reihenfolge. Eine Aufteilung in zwei gleich große Hälften zu jeweils exakt 50% ist nicht möglich. Der dritte Messwert 64, der quasi in der Mitte steht, könnte beiden Hälften gleichermaßen zugeordnet werden.

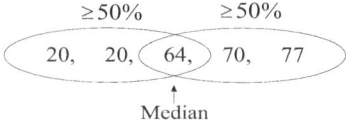

Daher kommt der Merkmalswert 64 der Idee des Median am nächsten. Wir setzen: $x_{me} = 64$.

B: 12, 17, 30, 40, 64, 86.

Die Grundgesamtheit umfasst geradzahlig viele, $N = 6$ Objekte. Zwar ist die Aufteilung in zwei gleich große Hälften zu jeweils exakt 50% möglich, jedoch gibt es diesmal kein Objekt bzw. keinen Messwert, der eindeutig in der Mitte steht.

$$\begin{array}{cc} 50\% & 50\% \\ \overbrace{12, \quad 17, \quad 30,} & \overbrace{40, \quad 64, \quad 86} \end{array}$$
$$\uparrow$$
$$\text{Median}$$

Hier streiten sich die Werte 30 und 40 um diesen Platz. Es ist üblich, den Durchschnitt dieser beiden Werte als Median zu verwenden: $x_{me} = \frac{30+40}{2} = 35$.

C: 10, 10, 10, 10, 88.

Hier liegt der dritte Messwert 10 in der "Mitte". Daher setzen wir $x_{me} = 10$. Es gibt aber 4 Objekte in der Grundgesamtheit, welche diesen "Median-Wert" 10 gewissermaßen "gleichberechtigt" tragen.

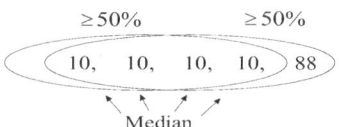

Falsch wäre zu sagen, dass der Median das "dritte" Objekt in der Liste wäre, denn der Median ist ein Merkmalswert und nicht ein Objekt bzw. Merkmalsträger!

Dieses Beispiel zeigt auch, dass sich die intuitive Definition (4.3) nicht immer auf unmittelbare Weise verwirklichen lässt, und die eigentliche Idee des Median verloren gehen kann.

D: 40, 12, 86, 17, 30, 64.

Da die gleiche Urliste wie im Fall B vorliegt, ergibt sich auch hier $x_{me} = \frac{30+40}{2} = 35$. Wir erinnern uns, dass die Reihenfolge der Objekte bzw. deren Messwerte bei Urlisten unerheblich ist. Um aber die Hälfte mit den kleineren Werten und die Hälfte mit den größeren Werten leichter zu finden, sollte man bei der Bestimmung des Medians die Urliste vorher bezüglich X sortieren!

Die Beispiele A und C zeigen, dass man eine Gesamtheit nicht immer in zwei gleich große Hälften mit exakt 50% kleineren Werten und exakt 50% größeren Werten aufteilen kann. Dies liegt daran, dass man die Mitte selbst einer Seite zuordnen muss. Wenn man die Mitte zweimal vergibt, also beiden Seiten zuordnet, entstehen zwei "Hälften", die jeweils einen Anteil von *mindestens 50%* besitzen. Diese Eigenschaft verwendet man bei der genaueren, exakten Definition des Medians:

Median (formale Definition)

Mindestens 50% aller Objekte sind kleiner oder gleich dem Median und mindestens 50% aller Objekte sind größer oder gleich dem Median:

$$h(X \leq x_{me}) \geq 0.50 \qquad \text{und} \qquad h(X \geq x_{me}) \geq 0.50. \qquad (4.5)$$

Wir überprüfen diese Definition an Hand der obigen Beispiele:

A: $h(X \leq 64) = 0.60 \geq 0.50$ und $h(X \geq 64) = 0.60 \geq 0.50.$
B: $h(X \leq 35) = 0.50 \geq 0.50$ und $h(X \geq 35) = 0.50 \geq 0.50.$
C: $h(X \leq 10) = 0.80 \geq 0.50$ und $h(X \geq 10) = 1.00 \geq 0.50.$

Im Fall B ist auch jeder andere Wert x_{me} mit $30 \leq x_{me} \leq 40$ ein Median, da er die erforderlichen Ungleichungen (4.5) erfüllt. Dies zeigt, dass der Median in bestimmten Fällen **nicht eindeutig** sein kann.

Beispiel (diskrete Variable). Die Polizei von Kleptodorf betrachtet zu den Tagen des letzten Jahres die diskrete Variable "X = Anzahl Einbrüche pro Tag". Die Verteilung ist sowohl in nicht-kumulierter als auch in kumulierter Weise gegeben.

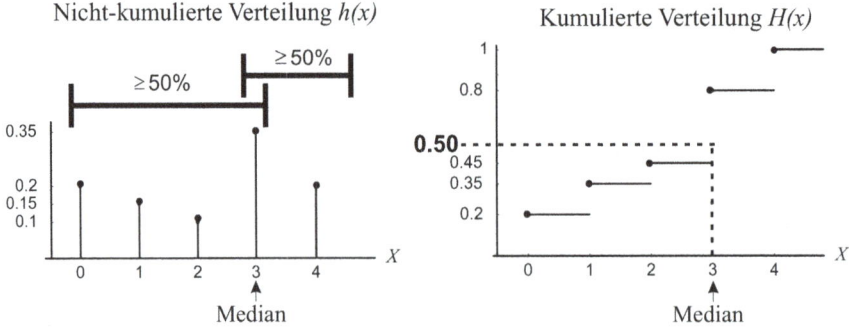

Der Median $x_{me} = 3$ besagt, dass

-   an mindestens 50% (es sind sogar 80%) aller Tage 3 oder weniger Einbrüche gemeldet worden sind,

- an mindestens 50% (es sind sogar 55%) aller Tage 3 oder mehr Einbrüche ge-
meldet worden sind.   ☻

Offenbar können beim Median merkwürdige Besonderheiten auftreten. Daher sei emp-
fohlen, den Median nur in Situationen zu gebrauchen, die sich mit der intuitiven Vorstellung von (4.3) decken.
Die Beispiele zeigen, dass die Berechnung des Median davon abhängt, ob eine Urliste
oder eine Verteilung zur Verfügung stehen.

Berechnung des Median

- **Urliste:**
Sortiere die Urliste nach aufsteigenden Variablenwerten:
$x_1 \leq x_2 \leq \ldots \leq x_N$
Dann erhält man:

$$x_{me} = \begin{cases} x_{\frac{N+1}{2}} & \text{falls } N \text{ ungerade,} \\ \dfrac{x_{\frac{N}{2}} + x_{\frac{N}{2}+1}}{2} & \text{falls } N \text{ gerade.} \end{cases} \tag{4.6}$$

- **Verteilung h(x) oder H(x):**
Löse die Ungleichungen

$$h(X \leq x_{me}) \geq 0.50 \qquad \text{und} \qquad h(X \geq x_{me}) \geq 0.50. \tag{4.7}$$

Bei eine stetigen bzw. klassifizierten Variablen X ist (4.7) gleichbedeutend mit

$$H(x_{me}) = 0.50. \tag{4.8}$$

Die Gleichung (4.8) kann man mit Hilfe von (2.30) lösen.

Bemerkung:
Statt den Median über (4.5) zu definieren, werden in der Literatur gelegentlich die Ungleichungen

$$h(X \leq x_{me}) \geq 0.50 \qquad \text{und} \qquad h(X < x_{me}) \leq 0.50 \tag{4.9}$$

benutzt. Wegen

$$h(X \geq x_{me}) \geq 0.50 \quad \Leftrightarrow \quad 1 - h(X \geq x_{me}) \leq 1 - 0.50 \quad \Leftrightarrow \quad h(X < x_{me}) \leq 0.50$$

sind beide Definitionen äquivalent.

4.3 Quantile

Der Median versucht eine Grundgesamtheit möglichst gut in zwei gleich große Hälften zu je 50% aller Objekte aufzuteilen. Bei einem α-Quantil verhält es sich ähnlich, jedoch können diesmal die beiden Teile der Gesamtheit auch unterschiedlich groß sein. Wir setzen eine ordinale oder metrische Variable voraus.

α-Quantil (intuitive Definition)

x_α = Variablenwert, welcher die Grundgesamtheit so in zwei Teile split-   (4.10)
tet, dass der Anteil der Objekte mit den kleineren Variablenwerten
α beträgt, und der Anteil der Objekte mit den größeren Variablenwerten $1 - \alpha$ beträgt.

Der Median ist ein spezielles Quantil, nämlich das 50%-Quantil. Im Grunde können auch hier wieder die gleichen Besonderheiten auftreten wie beim Median. Die präzise Definition lautet:

α-Quantil (formale Definition)

Mindestens $\alpha \cdot 100\%$ aller Objekte sind kleiner oder gleich dem α-Quantil und mindestens
$(1 - \alpha) \cdot 100\%$ aller Objekte sind größer oder gleich dem α-Quantil:

$$h(X \leq x_\alpha) \geq \alpha \qquad \text{und} \qquad h(X \geq x_\alpha) \geq 1 - \alpha. \qquad (4.11)$$

Die Berechnung eines Quantils kann man analog zur Berechnung des Medians durchführen, wobei die Ungleichungen 4.11 zu erfüllen sind.

Beispiel (diskrete Variable). Im Beispiel auf Seite 66 wollen wir das 30%-Quantil der Variablen "X = Anzahl Einbrüche pro Tag" bestimmen, wobei die Verteilung sowohl in nicht-kumulierter als auch in kumulierter Weise gegeben ist.

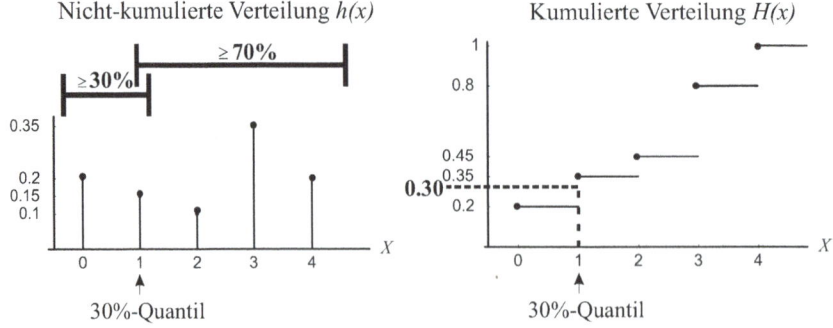

Das 30%-Quantil $x_{30\%} = 1$ besagt, dass

- an mindestens 30% (es sind sogar 35%) aller Tage 1 oder weniger Einbrüche gemeldet worden sind,
- an mindestens 70% (es sind sogar 80%) aller Tage 1 oder mehr Einbrüche gemeldet worden sind.   ☺

Offenbar können auch beim α-Quantil merkwürdige Besonderheiten auftreten. Daher sollte man diese Kenngröße nur in Situationen gebrauchen, die sich mit der intuitiven Vorstellung von (4.10) decken.

Bei stetigen bzw. klassifizierten Variablen ist die Bedingung (4.11) mit

$$H(x_\alpha) = \alpha \qquad (4.12)$$

äquivalent. Dies zeigt, dass Quantile gewissermaßen als Umkehrung bzw. Umkehrfunktion der kumulierten Verteilung aufgefasst werden können:

$$H(x_\alpha) = \alpha \quad \Leftrightarrow \quad x_\alpha = H^{-1}(\alpha). \qquad (4.13)$$

Beispiel (stetige Variable). Wir betrachten nochmals das Beispiel auf Seite 64 und bestimmen für die stetige bzw. klassizierte Variable "X = Gehalt [Tsd€]" das 80%-Quantil. Die Verteilung liegt sowohl als Histogramm als auch in kumulierter Weise vor.

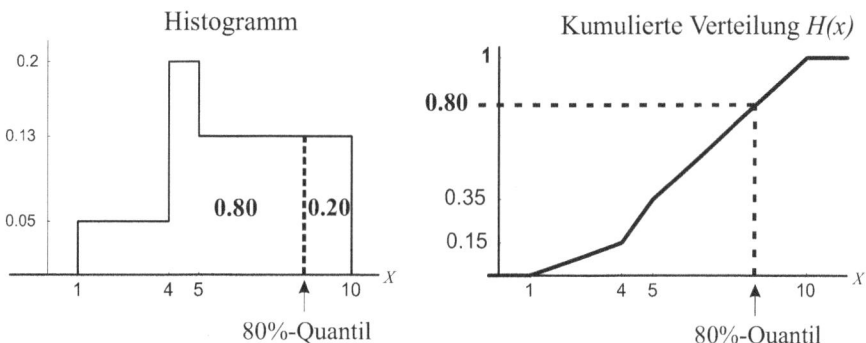

Das 80%-Quantil $x_{80\%}$ teilt die Gesamtfläche des Histogramms im Verhältnis 80 : 20. Der Ansatz

$$H(x_{80\%}) = h(X \leq x_{80\%}) = 0.80 \qquad (4.14)$$

ergibt mit (2.30):

$$(4-1)\cdot 0.05 + (5-4)\cdot 0.2 + (x_{80\%} - 5)\cdot 0.13 = 0.80$$

$$\Leftrightarrow x_{80\%} = 8.4615 \,[\text{Tsd}€].$$

Folglich haben (mindestens) 80% aller Mitarbeiter ein Gehalt von maximal 8461.5 Euro. Entsprechend verdienen (mindestens) 20% der Mitarbeiter mindestens 8461.5 Euro.   ☺

Ein weiteres Beispiel haben wir bereits auf Seite 37 in (2.35) und Abbildung 2.12 kennen gelernt.

Bemerkung: Äquivalent zu (4.11) ist

$$h(X \leq x_\alpha) \geq \alpha \qquad \text{und} \qquad h(X < x_\alpha) \leq \alpha. \tag{4.15}$$

4.4 Arithmetisches Mittel

Das arithmetische Mittel $\bar{x}$ ist nur bei einer metrischen Variablen X sinnvoll und wird auch als Durchschnittswert oder Mittelwert bezeichnet. Eine Interpretation haben wir bereits zu Beginn des Kapitels "Lageparameter" auf Seite 62 gegeben. Für die Berechnung des Mittelwertes gibt es mehrere Methoden, die davon abhängen, ob eine Urliste, eine Verteilung oder eine Dichte bzw. Histogramm zur Verfügung stehen.

Beispiel (Urliste). Die Urliste umfasst $N = 15$ Werte:

$$50, 35, 70, 35, 35, \ 50, 70, 90, 35, 50, \ 70, 35, 70, 70, 35.$$

Die Summe aller Messwerte x_i ergibt $\sum_{i=1}^{N} x_i = 800$. Dieser Gesamtwert wird gleichmäßig auf alle $N = 15$ Objekte verteilt. Dadurch erhält jedes Objekt gedanklich denselben Wert, ohne dass sich die Gesamtsumme 800 ändert:

$$\begin{aligned} \bar{x} &= \frac{50 + 35 + 70 + 35 + 35 + 50 + 70 + 90 + 35 + 50 + 70 + 35 + 70 + 70 + 35}{15} \\ &= 53.33. \end{aligned} \tag{4.16}$$

Die allgemeine Formel ist in (4.20) notiert.   ☻

Nun wollen wir bei alleiniger Kenntnis der relativen Häufigkeiten $h(x)$ das arithmetische Mittel berechnen.

Beispiel (diskrete Verteilung). Im letzten Beispiel lautet die Verteilung $h(x)$:

$$h(35) = \frac{6}{15}, \quad h(50) = \frac{3}{15}, \quad h(70) = \frac{5}{15}, \quad h(90) = \frac{1}{15}. \tag{4.17}$$

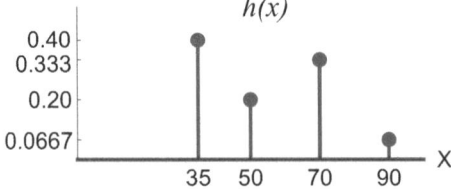

Bei der Formel (4.16) kann man den Zähler auch in sortierter Reihenfolge wiedergeben:

$$\bar{x} = \frac{50+35+70+35+35+50+70+90+35+50+70+35+70+70+35}{15}$$

$$= \frac{35+35+35+35+35+35+50+50+50+70+70+70+70+70+90}{15}$$

$$= \frac{35\cdot\mathbf{6} + 50\cdot\mathbf{3} + 70\cdot\mathbf{5} + 90\cdot\mathbf{1}}{\mathbf{15}}.$$

Die fetten Zahlen entsprechen der Verteilung $h(x)$. Daher folgt weiter

$$= 35\cdot\frac{6}{15} + 50\cdot\frac{3}{15} + 70\cdot\frac{5}{15} + 90\cdot\frac{1}{15}$$

$$\overset{(4.17)}{=} 35\cdot h(35) + 50\cdot h(50) + 70\cdot h(70) + 90\cdot h(90) \qquad (4.18)$$

$$= 53.33.$$

☻

Formel (4.18) zeigt exemplarisch, wie man auch ohne Urliste bei alleiniger Kenntnis der Verteilung $h(x)$ das arithmetische Mittel berechnen kann. Man nennt

$$\bar{x} = \sum_{k=1}^{m} (\text{Wert})_k \cdot (\text{Anteil})_k \qquad (4.19)$$

einen gewogenen Durchschnitt oder **gewogenes arithmetisches Mittel**. Es ist kein "anderes" arithmetisches Mittel, sondern nur eine andere Berechnungsmethode. Die Anzahl der Summanden m gibt an, wie viele *verschiedene* Variablenwerte vorkommen. Im Beispiel ist $m=4$.

Arithmetisches Mittel

- Urliste:
$$\bar{x} = \frac{1}{N}\sum_{i=1}^{N} x_i \qquad (4.20)$$

- Verteilung $h(x)$: Die verschiedenen Variablenwerte seien mit $x_1,\ldots,x_m$ bezeichnet.

$$\bar{x} = \sum_{k=1}^{m} x_k \cdot h(x_k) = \textbf{gewogenes arithmetisches Mittel.} \qquad (4.21)$$

Bei eine stetigen bzw. klassifizierten Variablen X wählt man für x_k die jeweilige Klassenmitte.

Für das gewogene arithmetische Mittel gebraucht man auch synonym den Ausdruck "gewogener Durchschnitt" oder "gewichteter Mittelwert".

Bemerkung:

Gewogene arithmetische Mittel werden auch in anderen Gebieten, beispielsweise in der Physik, angewendet, bei denen die Rolle der relativen Häufigkeiten sogenannte "Gewichte g_k" übernehmen:

$$\bar{x} = \sum_{k=1}^{m} x_k \cdot g_k = \text{gewogener Mittelwert,} \qquad \text{wobei} \quad \sum_k g_k = 1 \quad \text{und} \quad g_k \geq 0. \quad (4.22)$$

Beispiel (klassifizierte Variable). Bei einer Tankstelle werden pro Kunde die Absatzmenge "X = getankte Menge [l]" beobachtet. Die Verteilung von X ist als Histogramm gegeben:

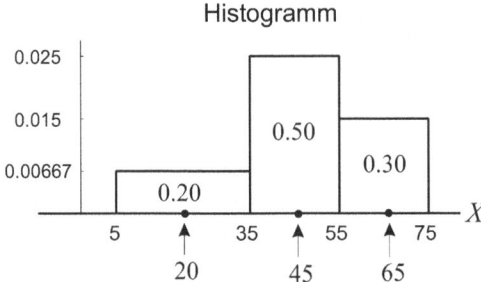

Da wir keine Urliste zur Verfügung haben, wollen wir versuchen, den durchschnittlichen Absatz pro Kunde $\bar{x}$ gemäß (4.21) als gewogenen Durchschnitt zu berechnen. Hierbei ist es üblich, als Merkmalswert x_k die jeweilige Klassenmitte zu wählen:

$$\bar{x} = \sum_{k=1}^{3} (\text{Klassenmitte})_k \cdot (\text{Anteil})_k \qquad (4.23)$$

$$= 20 \cdot h(20) \quad + \quad 45 \cdot h(45) \quad + \quad 65 \cdot h(65)$$

$$= 20 \cdot 0.20 \quad + \quad 45 \cdot 0.50 \quad + \quad 65 \cdot 0.30$$

$$= 46 \ [l].$$

☻

Die Wahl der Klassenmitte als "Repräsentanten" für alle Werte einer Klasse berücksichtigt, dass in einem Histogramm über jeder Klasse die Dichte waagrecht verläuft, und somit die Merkmalswerte innerhalb einer Klasse als gleichverteilt angenommen werden. Wegen dieser Vereinfachung kann bei der Berechnung des Mittelwertes mit den Werten der Urliste durchaus ein etwas anderes Ergebnis auftreten.

4.5 Bedingte Mittelwerte und deren Aggregation

Bezieht sich ein Mittelwert nicht auf die komplette Grundgesamtheit, sondern nur auf eine Teilgesamtheit, so wollen wir von einem bedingten Mittelwert bzw. bedingten Durchschnittswert sprechen. Bei den bedingten Häufigkeiten haben wir das Selektionskriterium bzw. den Filter zur Bildung der Teilgesamtheit hinter einem senkrechten Strich "|" notiert. Bei den bedingten Mittelwerten werden wir der Einfachheit halber das Selektionskriterium als "Index" unter dem Symbol für den Durchschnitt anfügen.

$$\bar{x}_{Y \in B} \quad = \quad \text{Mittelwert von } X \text{ in der Teilgesamtheit, die durch} \qquad (4.24)$$
$$\text{``} Y \in B \text{`` festgelegt ist.}$$

Bei der Berechnung des bedingten Mittelwertes kommen die gleichen Methoden wie bisher zur Anwendung.

Beispiel (Süßwarenladen). Julius Schäflein besitzt einen Süßwarenladen, in dem am letzten Mittwoch 12 Kunden eingekauft haben. Er hat zu den Kunden die Merkmale "X = Anzahl gekaufter Schokoladentafeln" und "Y = Geschlecht" registriert.

Kunden im Süßwarenladen

Nr.	X = Anzahl Tafeln	Y = Geschlecht
1	1	m
2	3	m
3	3	m
4	3	m
5	1	w
6	3	w
7	3	w
8	1	w
9	2	w
10	2	w
11	1	w
12	1	w

Julius möchte wissen, wie viele Tafeln Schokolade im Schnitt von Männern, und wie viele Tafeln im Schnitt von Frauen gekauft worden sind.

Methode 1: Urliste

Julius filtert zunächst aus der obigen Urliste die Teilgesamtheit der $N_1 = 4$ Männer und die Teilgesamtheit der $N_2 = 8$ Frauen. Anschließend berechnet er für jede Grundgesamtheit getrennt das arithmetische Mittel:

$$\bar{x}_m = \bar{x}_{Y=m} \quad = \quad \text{mittlere Anzahl gekaufter Tafeln pro Mann}$$
$$= \quad \frac{1+3+3+3}{4} = 2.5 \ [\text{Tafeln}], \qquad (4.25)$$

$$\bar{x}_w = \bar{x}_{Y=w} \quad = \quad \text{mittlere Anzahl gekaufter Tafeln pro Frau}$$
$$= \quad \frac{1+3+3+1+2+2+1+1}{8} = 1.75 \ [\text{Tafeln}]. \qquad (4.26)$$

Methode 2: Gewogener Durchschnitt

Die Berechnung erfolgt analog zu (4.21). Allerdings ist als Gewichtung die entsprechende *bedingte* Verteilung von X zu verwenden. Bei Männern lautet diese

$$h(X = 1|Y = m) = 0.25, \qquad h(X = 2|Y = m) = 0, \qquad h(X = 3|Y = m) = 0.75.$$

Der gewogene Durchschnitt von X unter Männern ist damit

$$\begin{aligned}
\bar{x}_m &= 1 \cdot h(X = 1|Y = m) + 2 \cdot h(X = 2|Y = m) + 3 \cdot h(X = 3|Y = m) \\
&= 1 \cdot 0.25 + 2 \cdot 0 + 3 \cdot 0.75 \\
&= 2.5 \ [\text{Tafeln}],
\end{aligned}$$

Bei Frauen lautet die Verteilung zu X

$$h(X = 1|Y = w) = 0.50, \qquad h(X = 2|Y = w) = 0.25, \qquad h(X = 3|Y = w) = 0.25.$$

Der gewogene Durchschnitt von X unter Frauen ist damit

$$\begin{aligned}
\bar{x}_w &= 1 \cdot h(X = 1|Y = w) + 2 \cdot h(X = 2|Y = w) + 3 \cdot h(X = 3|Y = w) \\
&= 1 \cdot 0.50 + 2 \cdot 0.25 + 3 \cdot 0.25 \\
&= 1.75 \ [\text{Tafeln}].
\end{aligned}$$

Beide Ergebnisse stimmen mit den obigen Ergebnissen (4.25) und (4.26) überein.

☻

Wenn eine Grundgesamtheit in m verschiedene Teilgesamtheiten aufgeteilt ist und zu jeder Teilgesamtheit der Mittelwert vorliegt, so kann man aus diesen den Gesamtmittelwert berechnen. Diesen erhält man als gewogenen Durchschnitt der bedingten Mittelwerte:

Aggregation bedingter Mittelwerte

$$\bar{x} = \sum_{i=1}^{m} \bar{x}_{B_i} \cdot h(Y \in B_i) \tag{4.27}$$

$$= \sum_{i=1}^{m} (\text{bedingter Mittelwert})_i \cdot (\text{Anteil der Teilgesamtheit})_i$$

wobei die Bedingungen $B_1, \ldots, B_m$ disjunkt und vollständig sein müssen.

Der Beweis lässt sich mit Hilfe von (3.21) führen und wird dem begeisterten Leser überlassen. "Vollständig" heißt, dass keine Teilgesamtheit fehlen darf. Die Anteile $h(Y \in B_i)$ bilden quasi ein Wägungsschema, das immer

$$\sum_{i=1}^{m} h(Y \in B_i) = 1$$

ergeben muss.

Beispiel (Fortsetzung). Julius Schäflein berechnet aufgrund der kompletten Urliste, also ohne Trennung von Männer und Frauen, die mittlere Anzahl gekaufter Schokoladentafeln pro Person:

$$\bar{x} = 24/12 = 2 \text{ [Tafeln]}. \tag{4.28}$$

Dieses Ergebnis erhält Julius auch als gewogenen Durchschnitt aus den den bereits bekannten bedingten Mittelwerte $\bar{x}_m = 2.5$ und $\bar{x}_w = 1.75$, d.h. als Mittelwert von Mittelwerten. Er benötigt dazu den Anteil der Männer und den Anteil der Frauen:

$$h(Y = m) = \frac{4}{12} = 0.3333, \qquad h(Y = w) = \frac{8}{12} = 0.6667.$$

Gemäß (4.27) erhält Julius so abermals den Gesamtdurchschnitt:

$$\bar{x} = \bar{x}_{Y=m} \cdot h(Y = m) + \bar{x}_{Y=w} \cdot h(Y = w) = 2.5 \cdot \frac{4}{12} + 1.75 \cdot \frac{8}{12} = 2 \text{ [Tafeln]}.$$

☻

Beispiel (Unfälle). Letztes Jahr gab es im Januar im Schnitt 3, im April 5 und ansonsten 2 Unfälle pro Tag. Daher gab es über das ganze Jahr betrachtet im Schnitt

$$\bar{x} = 3 \cdot \frac{31}{365} + 5 \cdot \frac{30}{365} + 2 \cdot \frac{304}{365} = 2.33 \text{ [Unfälle]}$$

pro Tag. ☻

Beispiel (Kasse im Supermarkt). Für das Abkassieren eines Kunden benötigen Verena im Schnitt 2.5 Minuten, Giuseppe 1.4 Minuten und Philomenia 2.0 Minuten. Gestern haben Verena 120 Kunden, Giuseppe 260 Kunden und Philomenia 200 Kunden bedient. Die gemeinsame mittlere Kassierdauer dieser drei Mitarbeiter erhöht sich um 16%, wenn man noch Edmund, er ist ein neuer Mitarbeiter, hinzuzieht. Er hat gestern nur 70 Kunden abkassiert. Wie lange benötigt Edmund im Schnitt beim Kassieren eines Kunden?

Bei der uns nicht zugänglichen Urliste entspricht einem Objekt ein Kunde, bei dem die Variablen "X = Kassierdauer [Min]" und "Y = Bediener" mit den Namenskürzeln v, g, p, e gemessen worden sind. Somit ist:

$$\bar{x}_v = 2.5, \qquad \bar{x}_g = 1.4, \qquad \bar{x}_p = 2.0, \qquad \bar{x}_e = ? \tag{4.29}$$

Es gab gestern insgesamt $N = 120 + 260 + 200 + 70 = 650$ Kunden und $120 + 260 + 200 = 580$ "Nicht-Edmund-Kunden". Bei letzteren beträgt die mittlere Kassierzeit pro Kunde:

$$\begin{aligned} \bar{x}_{Y \neq e} &= \bar{x}_v \cdot h(Y = v) + \bar{x}_g \cdot h(Y = g) + \bar{x}_p \cdot h(Y = p) \\ &= 2.5 \cdot \frac{120}{580} + 1.4 \cdot \frac{260}{580} + 2.0 \cdot \frac{200}{580} = 1.83448 \text{ [Min]}. \end{aligned}$$

Der Gesamtdurchschnitt $\bar{x}$ liegt 16% höher als dieser bedingte Mittelwert, also bei $\bar{x} = 1.83448 \cdot 1.16 = 2.128$ Minuten pro Kunde. Den Gesamtdurchschnitt kann man auch als gewogenen Durchschnitt darstellen:

$$\bar{x} = \bar{x}_{Y=e} \cdot h(Y=e) + \bar{x}_{Y \neq e} \cdot h(Y \neq e) \qquad \Leftrightarrow$$
$$2.128 = \bar{x}_{Y=e} \cdot \frac{70}{650} + 1.83448 \cdot \frac{580}{650}.$$

Diese Gleichung lässt sich nach der gesuchten mittleren Kassierzeit von Edmund auflösen:

$$\bar{x}_{Y=e} = 4.56 \,[\text{Min}]. \tag{4.30}$$

☻

Weitere Probleme bei der Aggregation von Mittelwerten werden im folgenden Kapitel besprochen.

4.6 Harmonisches Mittel

Bei der Berechnung eines gewogenen arithmetisches Mittels $\bar{x}$ gemäß (4.21) oder (4.27) setzen wir stillschweigend und selbstverständlich voraus, dass sich die Anteile bzw. Gewichte $h(x_i)$ auf die Objekte der Grundgesamtheit beziehen.

Tückisch wird es, wenn sich die Gewichte auf etwas anderes, nämlich auf die Merkmalssumme $\tau = \sum_{i=1}^{N} x_i$ beziehen. Der Buchstabe τ erinnert an die englische Bezeichnung **Total**.

Beispiel (Weinflaschen). Ein Weinhändler bietet A-Wein zu 8 [€/Flasche] und B-Wein zu 12 [€/Flasche] an.

a) Waltrude kauft 5 Flaschen A-Wein und 5 Flaschen B-Wein ein. Sie betrachtet ihren Einkaufskorb als Grundgesamtheit, bei der die Flaschen die Rolle der "Objekte" spielen. Das Merkmal "X = Preis [€/Flasche]" besitzt diese Objekte als Merkmalsträger.

Da sich die Anteile $h(X=8) = 0.50$ und $h(X=12) = 0.50$ auf die Grundgesamtheit "Flaschen im Korb" beziehen, kann Waltrude den Durchschnittspreis pro Flasche als gewogenes arithmetisches Mittel berechnen:

$$\bar{x} = 8 \cdot 0.50 + 12 \cdot 0.50 = 10 \,[\text{€/Flasche}]. \tag{4.31}$$

Waltrude hat übrigens

$$\tau = \sum_{i=1}^{N} x_i = 8+8+8+8+8+12+12+12+12+12 = 100\,[\text{€}] \quad (4.32)$$

ausgegeben. Von diesen 100 Euromünzen hat sie 40% für A-Wein und 60% für B-Wein ausgegeben.

b) Ottfried möchte für insgesamt 240 [€] Wein einkaufen. Er beschließt, sein Geld zu gleichen Hälften, also zu je 50% für A-Wein und B-Wein auszugeben.
Die Anteile "50%" beziehen sich nicht auf die Objekte "Flaschen" sondern auf die Merkmalssumme $\tau = \sum_{i=1}^{N} x_i = 240\,[\text{€}]$.

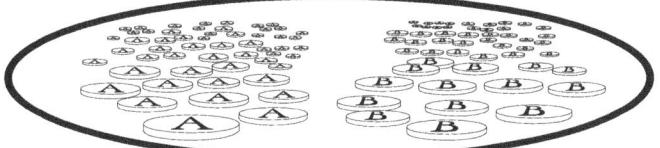

Diese Merkmalssumme τ kann man sich wie eine "neue" Grundgesamtheit vorstellen mit $N' = 240$ Ein-Euromünzen als Objekte. Das Merkmal "Y = Weinsorte", zeigt an, ob eine Münze zum Kauf von A-Wein oder B-Wein ausgegeben wird.

Vorsicht Falle: Vollkommen unsinnig wäre die Berechnung des Durchschnittspreises gemäß

$$\bar{x} = 8 \cdot h(Y=A) + 12 \cdot h(Y=B) = 8 \cdot 0.50 + 12 \cdot 0.50 = 10\,[\text{€/Flasche}],$$

denn die Variablen X und Y beziehen sich auf verschiedene Objekte bzw. Grundgesamtheiten: X "klebt" am Objekt Flasche und Y am Objekt Münze!
Für die richtige Lösung bestimmen wir zunächst, wie viele Flaschen Ottfried einkauft:

$$\text{Anzahl A-Flaschen} = \frac{\text{Ausgaben für A-Flaschen}}{\text{Preis pro A-Flasche}} = \frac{240 \cdot h(Y=A)}{8} \quad (4.33)$$

$$= \frac{240 \cdot 0.50}{8} = \frac{120}{8}$$

$$= 15,$$

$$\text{Anzahl B-Flaschen} = \frac{\text{Ausgaben für B-Flaschen}}{\text{Preis pro B-Flasche}} = \frac{240 \cdot h(Y=A)}{12} \quad (4.34)$$

$$= \frac{240 \cdot 0.50}{12} = \frac{120}{12}$$

$$= 10.$$

Den Durchschnittspreis erhält Ottfried, indem er die Gesamtausgaben von 240 Euro durch die Anzahl aller eingekaufter Flaschen teilt:

$$\bar{x} = \frac{240}{15+10} = 9.6 \, [\text{€/Flasche}]$$

Um diese Rechnung verallgemeinern zu können, schreiben wir sie nochmals mit den Termen (4.33) und (4.34) auf:

$$\bar{x} = \frac{240}{15+10} = \frac{240}{\frac{240 \cdot h(Y=A)}{8} + \frac{240 \cdot h(Y=B)}{12}} = \frac{240}{\frac{240 \cdot h(Y=A)}{8} + \frac{240 \cdot h(Y=B)}{12}} \cdot \frac{\frac{1}{240}}{\frac{1}{240}}$$

$$= \frac{1}{\frac{1}{8} \cdot h(Y=A) + \frac{1}{12} \cdot h(Y=B)} \tag{4.35}$$

$$= \frac{1}{\frac{1}{8} \cdot 0.50 + \frac{1}{12} \cdot 0.50} = 9.6 \, [\text{€/Flasche}].$$

Mit der Darstellung (4.35) kann Ottfried gewissermaßen ohne Nebenrechnungen mit einer einzigen Formel zum Ergebnis kommen. Diese Formel entspricht dem sogenannten **gewogenen harmonischen Mittel**. Es benötigt hier neben den $m=2$ Merkmalswerten $x=8$ und $x=12$ nur das Wägungsschema bzw. die Anteile $h(Y=A)$ und $h(Y=B)$, die sich allerdings auf die "Euromünzen-Grundgesamtheit" bzw. die Merkmalssumme $\tau = \sum_{i=1}^{N} x_i$ beziehen. ☻

Ob eine arithmetische oder eine harmonische Mittelwertbildung geboten ist, lässt sich daher mit folgender Regel formulieren:

Gewogenes harmonisches und arithmetisches Mittel

Die Variable X besitzt m verschiedene Merkmalswerte $x_1, x_2, \ldots, x_m$. Die Summe (Total) der Merkmalswerte aller N Objekte sei τ. Ferner liegen Anteile h_k mit $\sum h_k = 1$ vor.

Fall A: Die Anteile h_k beziehen sich auf die N Objekte der Grundgesamtheit. Dann gilt:

$$\bar{x} = \sum_{k=1}^{m} x_k \cdot h_k = \textbf{gewogenes arithmetisches Mittel.}$$

Fall B: Die Anteile h_k beziehen sich auf die Merkmalssumme bzw. das Total τ. Dann gilt:

$$\bar{x} = \frac{1}{\frac{1}{x_1} h_1 + \frac{1}{x_2} h_2 + \cdots \frac{1}{x_m} h_m} = \textbf{gewogenes harmonisches Mittel.} \tag{4.36}$$

Beispiel (Bierkonsum). Nils betreibt einen Landgasthof, der in zwei Räume aufgeteilt ist. Der Raum A wird zum geselligen Beisammensein bevorzugt, während der Raum B eher als Speisesaal dient. Nils weiß, dass Im Raum A im Schnitt 1100 Milliliter und im Raum B im Schnitt 500 Milliliter Bier pro Gast getrunken werden. Der gesamte Bierabsatz seines Gasthofes wird zu 20% in Raum A und zu 80% in Raum B verkauft.

Hier besteht die Grundgesamtheit aus den Objekten "Gästen". Die Variable X [ml] gibt in Millilitern an, wie viel Bier ein Gast trinkt. Der Gesamtkonsum entspricht der Merkmalssumme $\tau = \sum_{i=1}^{N} x_i$. Hierauf bezieht sich die Gewichtung. Daher gilt:

$$\bar{x} = \frac{1}{\frac{1}{1100} \cdot 0.20 + \frac{1}{500} \cdot 0.80} = 561.2\,[ml].$$

Diesen Mittelwert erhält man auch als gewogenes arithmetisches Mittel, wenn man mit den Anteilen gewichtet, die sich auf die Objekte "Gäste" beziehen:

$$561.2 = 1100 \cdot h(A) + 500 \cdot h(B).$$

Berücksichtigt man noch $h(A) + h(B) = 1$, erhält man

$$h(A) = 0.102 \quad \text{und} \quad h(B) = 0.898,$$

d.h. 10.2% aller Gäste halten sich im Raum A auf, und 89.8% aller Gäste halten sich im Raum B auf.   ☻

Beispiel (Produktivität). Die Maloch GmbH hat an den vier Standorten A, B, C, D unterschiedliche mittlere Produktivitäten pro Mitarbeiter:

$$\bar{x}_A = 9, \qquad \bar{x}_B = 14, \qquad \bar{x}_C = 18, \qquad \bar{x}_D = 15\,[Stk].$$

Die gesamte Produktionsmenge verteilt sich auf die vier Standorte wie $13 : 7 : 4 : 26$. Daher beträgt die mittlere Produktivität im gesamten Unternehmen pro Kopf

$$\bar{x} = \frac{1}{\frac{1}{9} \cdot \frac{13}{50} + \frac{1}{14} \cdot \frac{7}{50} + \frac{1}{18} \cdot \frac{4}{50} + \frac{1}{15} \cdot \frac{26}{50}} = 12.82\,[Stk].$$

Die Grundgesamtheit besteht hier aus den Objekten "Mitarbeiter". Das Merkmal X zählt die Stücke, die ein Mitarbeiter hergestellt hat. Die Verteilung $13 : 7 : 4 : 26$ bezieht sich auf die Merkmalssumme $\tau = \sum_{i=1}^{N} x_i$, also auf die gesamte Produktionsmenge.   ☻

Beispiel (Durchschnittstempo). Eine "Geschwindigkeit = Gesamtweg/Gesamtzeit" kann man sich als einen Mittelwert $\bar{x}$ vorstellen, wenn man als Objekte die gleichlangen Zeitfenster "Sekunde" wählt und in jeder Sekunde notiert, wie viel Strecke X zurückgelegt wird. Dann ist die Merkmalssumme $\tau = \sum_{i=1}^{N} x_i$ der Gesamtweg, und N entspricht der Anzahl der Sekunden, also der Gesamtzeit.

1. Max fährt mit 70 [km/h] zu seiner Oma und mit 130[km/h] wieder zurück. Die Durchschnittsgeschwindigkeit auf der Gesamtstrecke beträgt *nicht* 100 [km/h]! Das Wägungsschema "50% Hinweg und 50% Rückweg" bezieht sich auf die Merkmalssumme $\tau = \sum_{i=1}^{N} x_i$, dem Gesamtweg. Daher berechnet sich die Durchschnittsgeschwindigkeit $\bar{x}$ als harmonisches Mittel:

$$\bar{x} = \frac{1}{\frac{1}{70} \cdot 0.50 + \frac{1}{130} \cdot 0.50} = 91 \ [\text{km/h}].$$

2. Oskar fährt 2 Stunden lang mit 70 [km/h] und 2 Stunden lang mit 130 [km/h]. Seine Durchschnittsgeschwindigkeit liegt bei $70 \cdot \frac{2}{4} + 130 \cdot \frac{2}{4} = 100$ [km/h], da sich das Wägungsschema auf die Objekte "Zeitfenster = Stunde" bezieht.

3. Amanda bringt ihre Tochter zu Fuß mit einer Durchschnittsgeschwindigkeit von 2 [km/h] zum Kindergarten. Wie schnell muss Amanda auf dem Rückweg laufen, damit sie insgesamt im Schnitt 4 [km/h] schnell ist?

   Wie bei Max bezieht sich hier das Wägungsschema "50% Hinweg und 50% Rückweg" auf die Merkmalssumme $\tau = \sum_{i=1}^{N} x_i$, dem Gesamtweg. Daher gilt für die gesuchte Rück-Geschwindigkeit x:

$$4 = \frac{1}{\frac{1}{2} \cdot 0.50 + \frac{1}{x} \cdot 0.50} \ [\text{km/h}].$$

Diese Gleichung besitzt keine reelle Lösung. Es müsste $x = \infty$ gelten, d.h. Amanda müsste bei ihrer Ankunft im Kindergarten im selben Moment schon wieder zu Hause sein.   ☻

4.7   Geometrisches Mittel

Dieser Lageparameter passt nicht so ganz in das bisherige Konzept, da keine "Grundgesamtheit" vorliegt.

Die Idee ist ähnlich wie beim arithmetischen Mittel. Dort haben wir die Summe von n Werten $x_1, x_2, \ldots, x_n$ als Summe von n gleich großen Werten "$\bar{x}$" dargestellt:

$$x_1 + x_2 + \cdots + x_n = \bar{x} + \bar{x} + \cdots + \bar{x}.$$

Diese Gleichung, die man auch mit $x_1 + x_2 + \ldots + x_n = n \cdot \bar{x}$ notieren kann, lösen wir nach $\bar{x}$ auf. So erhalten wir die übliche Formel $\bar{x} = \frac{1}{n} \sum_{i=1}^{n} x_i$.

Beim geometrischen Mittel verhält es sich ähnlich, jedoch wollen wir nun das Produkt von n Werten $x_1, x_2, \ldots, x_n$ als Produkt von n gleich großen Werten g darstellen:

$$x_1 \cdot x_2 \cdot \ldots \cdot x_n = g \cdot g \cdot \ldots \cdot g.$$

Diese Gleichung, die man auch mit $x_1 \cdot x_2 \cdot \ldots \cdot x_n = g^n$ notieren kann, lösen wir nach g auf.

Geometrisches Mittel

$$g = \sqrt[n]{x_1 \cdot x_2 \cdot \ldots \cdot x_n} \tag{4.37}$$

Das geometrische Mittel wird vor allem bei Wachstumsprozessen und bei der Indexrechnung angewendet, um eine durchschnittliche Veränderung darstellen zu können.

Beispiel (Umsatzänderung). Der Umsatz veränderte sich im Laufe der letzten 4 Jahre im ersten Jahr um 22%, im zweiten Jahr um 12%, im dritten Jahr um 44% und letzten Jahr um -11%. Wie hoch ist die durchschnittliche, jährliche Umsatzänderung?
Für den tatsächlichen Werteverlauf gilt:

$$\text{Ausgangswert} \cdot 1.22 \cdot 1.12 \cdot 1.44 \cdot 0.89 = \text{Endwert.} \tag{4.38}$$

Statt mit den vier unterschiedlichen Faktoren 1.22, 1.12, 1.44, 0.89 wollen wir den Werteverlauf mit 4 gleichen Faktoren g geglättet darstellen:

$$\text{Ausgangswert} \cdot g \cdot g \cdot g \cdot g = \text{Endwert.} \tag{4.39}$$

Da der Endwerte in beiden Gleichungen derselbe ist, folgt

$$\text{Ausgangswert} \cdot 1.22 \cdot 1.12 \cdot 1.44 \cdot 0.89 = \text{Ausgangswert} \cdot g \cdot g \cdot g \cdot g$$

$$\Leftrightarrow$$

$$1.22 \cdot 1.12 \cdot 1.44 \cdot 0.89 = g^4$$

Die Lösung entspricht dem geometrischen Mittel der Faktoren 1.22, 1.12, 1.44, 0.89:

$$g = \sqrt[4]{1.22 \cdot 1.12 \cdot 1.44 \cdot 0.89} = 1.15036.$$

Daher stiegen die Umsätze im Schnitt um $1.15036 - 1 = 0.15036 = 15.036\%$ pro Jahr. ☻

Die gleiche Rechnung wie im Beispiel ergibt sich etwa bei der Berechnung einer durchschnittlichen Rendite oder eines mittleren Zinssatzes, einer Preissteigerung, einer Veränderung des Bruttosozialproduktes oder Rentensteigerung.

Beispiel (Müllmenge). Von Anfang Januar bis Anfang Juni stiegen die Müllmengen monatlich im Schnitt um 11% an. Von Anfang Juni bis Ende Dezember ging die Müllmenge insgesamt um 8% zurück. Aus

$$1.11^5 \cdot 0.92 = g^{12}$$

folgt

$$g = \sqrt[12]{1.11^5 \cdot 0.92} = 1.037.$$

Daher stiegen im letzten Jahr die Müllmengen pro Monat im Schnitt um $1.037 - 1 = 0.037 = 3.7\%$. ☻

5 Streuungsmaße

Übersicht

Streuungsmaße dienen zur Quantifizierung, wie weit auseinander bzw. wie eng zusammen die einzelnen Werte x_i einer Variablen X liegen. Hierfür gibt es in der Statistik unterschiedliche Konzepte. Wir wollen in diesem Kapitel den **Range**, die **mittlere Abweichung**, die **Varianz** und die **Standardabweichung** einer Variablen X besprechen. Mit Ausnahme des Range messen diese Kenngrößen auf jeweils unterschiedliche Weise, wie nahe die einzelnen Werte x_i einer Variablen X an dessen Mittelwert $\bar{x}$ liegen. Ist das Streuungsmaß gering, kann man den Mittelwert $\bar{x}$ als "guten" Repräsentanten für die Einzelwerte x_i auffassen. Ist das Streuungsmaß hoch, sind die Einzelwerte x_i vom Mittelwert $\bar{x}$ sehr verschieden und werden von ihm "schlechter" repräsentiert.

Die Varianz und die Standardabweichung spielen vor allem in der Wahrscheinlichkeitsrechnung und in der Induktiven Statistik eine bedeutende Rolle. In der Deskriptiven Statistik hingegen ist der Einsatz dieser Streuungsmaße mangels Anschaulichkeit nur begrenzt sinnvoll.

5.1 Range

Der Range einer Variablen X, auch Spannweite genannt, ist der Abstand zwischen dem größten und dem kleinsten Variablenwert:

Range bzw. Spannweite

$$R = \text{Maximalwert} - \text{Minimalwert}. \tag{5.1}$$

© Springer-Verlag GmbH Deutschland, ein Teil von Springer Nature 2019
C. Weigand, *Statistik mit und ohne Zufall*,
https://doi.org/10.1007/978-3-662-59309-7_5

Die Bildung des Range setzt eine metrische Variable X voraus.

Beispiel (Temperaturen). Die Temperaturen der letzten Woche in Celsiusgraden lauten: 3, 10, 2, -5, 8, 8, 7. Der Range beträgt $R = 10 - (-5) = 15$ Grad. ☻

Beispiel (Gehälter). In der Ruin AG verteilen sich die Jahresgehälter der Mitarbeiter gemäß folgendem Histogramm:

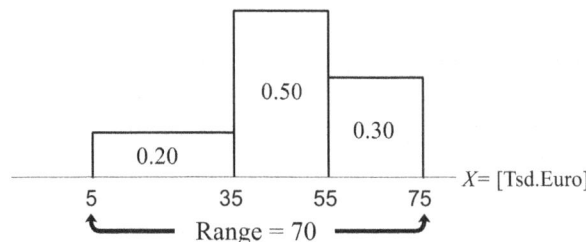

Folglich besteht zwischen dem höchsten und dem geringsten Gehalt ein Unterschied von 70000 [€]. ☻

Da sich der Range an den Extremwerten einer Verteilung orientiert, verschleiert er das Streuungsverhalten der Merkmalswerte, die gewissermaßen im Inneren der Verteilung, also zwischen den Extremen, vorliegen. Zudem ist der Range sensitiv bezüglich Ausreißern.

Beispiel (Niederschläge). In der Wüsten-Oase "Drock" hat man letztes Jahr jeden Tag die Niederschlagsmengen gemessen: $0, 0, 0, \ldots, 180, 0, \ldots, 0$ [mm]. Der Range ist $R = 180 - 0 = 180$ [mm]. Obwohl fast an jedem Tag kein Niederschlag gemessen wird, und sich daher die Verteilung zu fast 100% auf den Wert 0 konzentriert, führt bereits ein einziger Regentag zu einer hohen Spannweite. ☻

5.2 Mittlere Abweichung

Die mittlere Abweichung einer metrischen Variablen X misst, wie weit im Schnitt die einzelnen Variablenwerte x_i vom Mittelwert $\bar{x}$ entfernt liegen.

Beispiel (Fahrgastaufkommen). Fähre A hat 4 Fahrten, und Fähre B hat 4 Fahrten unternommen. Bei jeder Fahrt wurde das Merkmal "Fahrgastaufkommen X [Pers]" gemessen. Die Merkmalswerte sind durch folgende zwei Urlisten gegeben:

Fähre A: 400, 450, 550, 600.   Fähre B: 100, 200, 550, 1150.

In beiden Gesamtheiten beträgt der Mittelwert jeweils $\bar{x} = 500$, d.h. jede Fähre hat
im Schnitt das gleiche Fahrgastaufkommen pro Fahrt.
Während aber bei Fähre A alle Fahrten fast gleich viele, nämlich ungefähr 500 Passa-
giere aufweisen, ist das Fahrgastaufkommen bei Fähre B deutlich unterschiedlicher.
Wir visualisieren diesen Sachverhalt, indem wir zu jedem einzelnen Messwert x_i den
Abstand zu $\bar{x} = 500$ als Balken darstellen:

Fähre A:

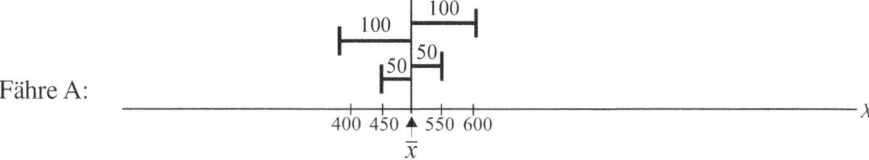

Fähre B:

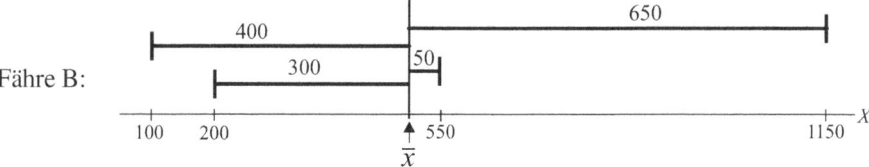

Da eine Länge generell nie negativ sein darf, haben wir die Länge eines Balken nicht
über die bloße Abweichung $x_i - \bar{x}$ berechnet, sondern über deren Betrag:

$$\text{absolute Abweichung} = \text{Balkenlänge} = |x_i - \bar{x}|. \qquad (5.2)$$

Offensichtlich sind die Balken bei Fähre A *im Schnitt* kürzer als bei Fähre B. Daher
eignet sich die "mittlere Balkenlänge" als Streuungsmaß. Wir nennen dieses Maß
mittlere Abweichung und notieren es mit δ.

Fähre A:

$$\begin{aligned}
\delta &= (\,|400 - 500| + |450 - 500| + |550 - 500| + |600 - 500|\,)\,/4 \\
&= (100 + 50 + 50 + 100)\,/4 \\
&= 75\,[\text{Pers}].
\end{aligned} \qquad (5.3)$$

Fähre B:

$$\begin{aligned}
\delta &= (\,|100 - 500| + |200 - 500| + |550 - 500| + |1150 - 500|\,)\,/4 \\
&= (400 + 300 + 50 + 650)\,/4 \\
&= 350\,[\text{Pers}].
\end{aligned} \qquad (5.4)$$

Während sich bei Fähre A die einzelnen Passagierzahlen im Schnitt nur um 75 Personen pro Fahrt vom durchschnittlichen Fahrgastaufkommen unterscheiden, beträgt
dieser Wert bei Fähre B 350 Personen pro Fahrt.   ☻

Die Berechnung von δ in (5.3) und (5.4) haben wir in (5.6) verallgemeinert dargestellt. Man erkennt, dass im Wesentlichen ein Mittelwert zu bilden ist. Daher gibt es analog zu (4.20) und (4.21) verschiedene Berechnungsmethoden, je nachdem, ob eine Urliste, eine Verteilung oder eine Dichte bzw. ein Histogramm gegeben ist.

Mittlere Abweichung

$$\delta \; = \; \text{mittlere, absolute Entfernung der einzelnen Variablenwerte } x_i \qquad (5.5)$$
$$\text{vom Durchschnittswert } \bar{x}.$$

Berechnung bei gegebener

- Urliste: $$\delta \; = \; \frac{1}{N} \sum_{i=1}^{N} |x_i - \bar{x}|. \qquad (5.6)$$

- Verteilung $h(x)$: Die verschiedenen Variablenwerte seien mit $x_1, \ldots, x_m$ bezeichnet.

$$\delta \; = \; \sum_{k=1}^{m} |x_k - \bar{x}| \cdot h(x_k). \qquad (5.7)$$

Bei einer stetigen bzw. klassifizierten Variablen X wählt man für x_k die jeweilige Klassenmitte.

Wir geben im nächsten Unterkapitel weitere Beispiele.

5.3   Varianz und Standardabweichung

Die Streuungsmaße "Varianz" und "Standardabweichung" sind eng verwandt, denn die Standardabweichung ist die Wurzel der Varianz:

$$\text{Standardabweichung} = \sqrt{\text{Varianz}}.$$

Die Idee, welche der Varianz zu Grund liegt, ist fast dieselbe wie bei der mittleren Abweichung δ. Der einzige Unterschied ist die Art und Weise, wie man Abstände misst. Bei der mittleren Abweichung δ benutzt man gemäß (5.2) Beträge $|x_i - \bar{x}|$, während man bei der Varianz

$$\textbf{quadrierte Abweichungen} = (x_i - \bar{x})^2 \qquad (5.8)$$

misst. Dadurch wird ähnlich wie beim Betrag sichergestellt, dass keine negativen Abstände auftreten können.

Berechnung der Varianz bei gegebener

■ Urliste:
$$\sigma^2 = \frac{1}{N} \sum_{i=1}^{N} (x_i - \bar{x})^2. \tag{5.9}$$

■ Verteilung $h(x)$: Die verschiedenen Variablenwerte seien mit $x_1, \ldots, x_m$ bezeichnet.

$$\sigma^2 = \sum_{k=1}^{m} (x_k - \bar{x})^2 \cdot h(x_k). \tag{5.10}$$

Bei einer stetigen bzw. klassifizierten Variablen X wählt man für x_k die jeweilige Klassenmitte.

Man beachte, dass bei der Varianz die Abweichungen verzerrt gemessen werden. Werte über 1 werden durch Quadrieren größer, Werte unter 1 werden kleiner. Diesen Effekt kann man gewissermaßen im Nachhinein etwas korrigieren, wenn man von der Varianz die Wurzel zieht.

Standardabweichung

$$\sigma = \sqrt{\text{Varianz}} = \sqrt{\sigma^2} \tag{5.11}$$

Die Standardabweichung σ besitzt die gleiche Einheit, wie die Variable X selbst. Die Varianz σ^2 weist das Quadrat der Einheit von X auf.

Beispiel (Fortsetzung). Wir greifen nochmals das letzte Beispiel auf und berechnen für jede Fähre jeweils die Varianz der Variablen X [Pers]:
Fähre A:

$$\sigma^2 = \frac{1}{4} \left((400 - 500)^2 + (450 - 500)^2 + (550 - 500)^2 + (600 - 500)^2 \right)$$
$$= 6250 \, [\text{Pers}^2]. \tag{5.12}$$

Fähre B:

$$\sigma^2 = \frac{1}{4} \left((100 - 500)^2 + (200 - 500)^2 + (550 - 500)^2 + (1150 - 500)^2 \right)$$
$$= 168750 \, [\text{Pers}^2]. \tag{5.13}$$

Man erkennt, dass hier das Quadrieren große Abstände "überbewertet". Daher ist eine visuelle Darstellung der quadrierten Abweichungen durch Balken analog zu Seite 85 unangebracht. Korrekt wären quadratische Flächen.

Die Einheit der Varianz "[Pers^2]" ist das Quadrat der ursprünglichen Einheit zu X. Da die Standardabweichung die Wurzel der Varianz ist, ergibt sich:

$$\text{Fähre A:} \quad \sigma = \sqrt{6250} \quad = 79.06 \ [\text{Pers}].$$
$$\text{Fähre B:} \quad \sigma = \sqrt{168750} = 410.79 \ [\text{Pers}].$$

Diese Werte sind zwar ähnlich wie die Werte der mittleren Abweichung δ in (5.3) und (5.4), jedoch nicht gleich.   ☻

Schwierige Interpretierbarkeit

Sowohl bei der Varianz als auch bei der Standardabweichung entzieht sich das numerische Ergebnis einer zufriedenstellenden, anschaulichen Interpretation. Dennoch spielen beide Kenngrößen in der Statistik eine weitaus größere Rolle als die mittlere Abweichung δ. Die Vorteile ergeben sich beispielsweise aus der Differenzierbarkeit von quadratischen Funktionen bzw. Abweichungen im Gegensatz zu absoluten Abweichungen. Hiervon macht unter anderem die Regressionsrechnung Gebrauch. Ferner ergeben sich Eigenschaften, auf die wir in den Kapiteln 6.3 und 6.4 eingehen werden. Ein sinnvoller Gebrauch der Varianz wird uns aber erst im Rahmen der Wahrscheinlichkeitsrechnung und der Induktiven Statistik möglich sein.
An dieser Stelle wollen wir uns vor allem auf die Berechnung der Varianz konzentrieren.

Beispiel (Urliste). Balthasar trainiert für die Bundesjugendspiele. Beim Weitsprung hat er folgende Weiten X [m] erzielt: 4.70, 4.60, 4.40, 5.10, 4.20.
Mit $\bar{x} = 4.6$ erhält man die Varianz

$$\sigma^2 \overset{(5.9)}{=} \frac{(4.70 - 4.6)^2 + (4.60 - 4.6)^2 + (4.40 - 4.6)^2 + (5.10 - 4.6)^2 + (4.20 - 4.6)^2}{5}$$
$$= 0.0920 \ [\text{m}^2]$$

und die Standardabweichung

$$\sigma = \sqrt{\sigma^2} = \sqrt{0.0920} = 0.30332 \ [\text{m}].$$ ☻

Beispiel (diskrete Verteilung). Magnus betreibt eine Frittenbude und bietet seinen Gästen 4 Komplettmenüs zu den festen Preisen 2[€], 3[€], 5[€], 10[€] an. Im letzten Monat weisen die Gäste bezüglich der Variablen "X = Ausgaben [€]" folgende Verteilung auf:

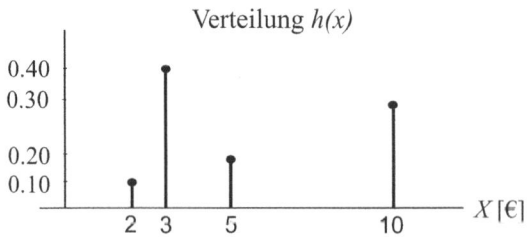

Magnus möchte die mittlere Abweichung δ, die Varianz σ^2 und die Standardabweichung σ bestimmen. Dazu benötigt er zunächst die mittleren Ausgaben pro Person:

$$
\begin{aligned}
\bar{x} \overset{(4.21)}{=}\ & 2 \cdot h(2) \ \ + \ \ 3 \cdot h(3) \ \ + \ \ 5 \cdot h(5) \ \ + \ \ 10 \cdot h(10) \\
= \ & 2 \cdot 0.10 \ \ + \ \ 3 \cdot 0.40 \ \ + \ \ 5 \cdot 0.20 \ \ + \ \ 10 \cdot 0.30 \\
= \ & 5.4 \ [\text{€}].
\end{aligned}
$$

Damit berechnet Magnus die mittlere Abweichung

$$
\begin{aligned}
\delta \overset{(5.7)}{=}\ & |2 - 5.4| \cdot h(2) + |3 - 5.4| \cdot h(3) + |5 - 5.4| \cdot h(5) + |10 - 5.4| \cdot h(10) \\
= \ & |2 - 5.4| \cdot 0.10 + |3 - 5.4| \cdot 0.40 + |5 - 5.4| \cdot 0.20 + |10 - 5.4| \cdot 0.30 \\
= \ & 2.76 \ [\text{€}],
\end{aligned}
$$

die Varianz

$$
\begin{aligned}
\sigma^2 \overset{(5.10)}{=}\ & (2 - 5.4)^2 \cdot h(2) + (3 - 5.4)^2 \cdot h(3) + (5 - 5.4)^2 \cdot h(5) + (10 - 5.4)^2 \cdot h(10) \\
= \ & (2 - 5.4)^2 \cdot 0.10 + (3 - 5.4)^2 \cdot 0.40 + (5 - 5.4)^2 \cdot 0.20 + (10 - 5.4)^2 \cdot 0.30 \\
= \ & 9.84 \ [\text{€}^2]
\end{aligned}
$$

und die Standardabweichung

$$
\sigma \ = \ \sqrt{\sigma^2} \ = \ \sqrt{9.84} \ = \ 3.137 \ [\text{€}].
$$

☻

Beispiel (klassifizierte Variable). Fredi produziert Glühbirnen. Er betrachtet bei den vor fünf Jahren produzierten Birnen die Lebensdauer X [Monate]. Die Verteilung ist als Histogramm gegeben, wobei die Lebensdauer X in drei Klassen eingeteilt ist.

Histogramm

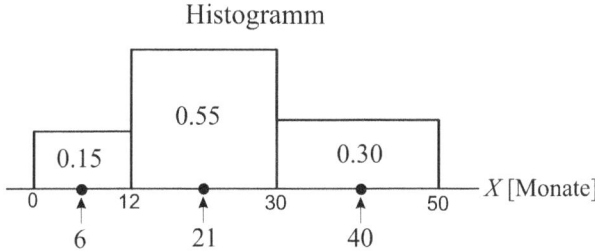

Fredi berechnet die mittlere Lebensdauer als gewogenen Durchschnitt. Dabei benutzt er die jeweiligen "Klassenmitte" als Merkmalswert:

$$
\begin{aligned}
\bar{x} \overset{(4.21)}{=}\ & 6 \cdot h(6) \ \ + \ \ 21 \cdot h(21) \ \ + \ \ 40 \cdot h(40) \\
= \ & 6 \cdot 0.15 \ \ + \ \ 21 \cdot 0.55 \ \ + \ \ 40 \cdot 0.30 \\
= \ & 24.45 \ [\text{Monate}].
\end{aligned}
$$

Damit berechnet Fredi die mittlere Abweichung

$$\delta \stackrel{(5.7)}{=} |6 - 24.45| \cdot h(6) + |21 - 24.45| \cdot h(21) + |40 - 24.45| \cdot h(40)$$
$$= |6 - 24.45| \cdot 0.15 + |21 - 24.45| \cdot 0.55 + |40 - 24.45| \cdot 0.30$$
$$= 9.33 \text{ [Monate]},$$

und die Varianz

$$\sigma^2 \stackrel{(5.10)}{=} (6 - 24.45)^2 \cdot h(6) + (21 - 24.45)^2 \cdot h(21) + (40 - 24.45)^2 \cdot h(40)$$
$$= (6 - 24.45)^2 \cdot 0.15 + (21 - 24.45)^2 \cdot 0.55 + (40 - 24.45)^2 \cdot 0.30$$
$$= 130.15 \text{ [Monate}^2]$$

und die Standardabweichung

$$\sigma = \sqrt{\sigma^2} = \sqrt{130.15} = 11.41 \text{ [Monate]}.$$

5.4   Variationskoeffizient

Wenn Karl 1.80 Meter und Beate 1.60 Meter groß sind, ergibt sich ein numerischer Unterschied von 0.20. Misst man bei denselben Personen die Körpergröße in Millimetern, liegt der numerische Unterschied bei 200 und wirkt viel größer. Misst man den Unterschied in Kilometern, würde er winzig erscheinen.

Auf Seite 94 werden wir sehen, dass es sich bei der Varianz und der Standardabweichung ähnliche Effekte ergeben: Ohne den Sachverhalt zu ändern, kann man, je nach Wahl der Einheiten, große oder kleine Werte erhalten. Daher ist auch eine Beurteilung, ob eine Standardabweichung als groß oder klein einzustufen ist, nicht möglich. Dieses Manko versucht man mit dem Variationskoeffizienten zu beseitigen.

Variationskoeffizient

$$v = \frac{\sigma}{\bar{x}} = \frac{\text{Standardabweichung}}{\text{Mittelwert}} \tag{5.14}$$

Der Variationskoeffizient ist nur sinnvoll, wenn die Variable X **keine negativen** Werte annehmen kann. Dies trifft beispielsweise für Gewichte, Zeiten, Preise, Volumina, Längen, Flächen, Energie, Ausgaben, Umsätze und viele andere Größen zu.

Mit den Formeln (6.3) und (6.4) auf Seite 94 kann man leicht beweisen, dass der Variationskoeffizient unabhängig von der Wahl der Einheiten ist, d.h. **invariant bezüglich Umskalierungen** der Variablen X.

Beispiel (Bedienzeit). Max hat an seiner Kasse zu den letzten $N = 4$ Kunden die Bedienzeiten X in Sekunden gemessen: 20, 30, 10, 60.

Max berechnet den Mittelwert $\bar{x} = 30$ [sec], die Varianz

$$\sigma^2 = \frac{1}{4} \left((20 - 30)^2 + (30 - 30)^2 + (10 - 30)^2 + (60 - 30)^2 \right) = 350 \ [\text{sec}^2]$$

und die Standardabweichung

$$\sigma = \sqrt{350} = 18.708 \ [\text{sec}].$$

Damit lautet der Variationskoeffizient

$$v = \frac{\sigma}{\bar{x}} = \frac{18.708}{30} = 0.6236.$$

Würde man die Zeiten in Minuten, Jahre, oder Millisekunden umrechnen, bliebe dieses Ergebnis immer gleich. Es ist "dimensionslos", d.h. ohne Einheiten. ☻

Auch wenn die unmittelbare Interpretation des Zahlwertes abstrakt bleibt, eignet sich der Variationskoeffizient dennoch für Vergleiche.

Beispiel (Besucherzahlen). Iris hat zu allen Werktagen im letzten Jahr die Besucherzahl X in ihrem Eiskaffee und die Besucherzahl Y in der Kantine einer großen Fabrik gemessen. Die Mittelwerte und die Standardabweichungen lauten:

Eiskaffee: $\bar{x} = 50$, $\sigma_x = 70$.   Kantine: $\bar{y} = 4000$, $\sigma_y = 1000$.

Vergleicht man die Standardabweichungen, streuen die Besucherzahlen in der Kantine viel deutlicher als im Eiskaffee. Andererseits hat die Kantine grundsätzlich viel mehr Gäste als die Eisdiele.
Die Variationskoeffizienten zeigen, dass die Eisdiele bezogen auf die mittlere Besucherzahlen eine viel deutlichere Streuung aufweist:

Eiskaffee: $v_x = \frac{70}{50} = 1.4$.   Kantine: $v_y = \frac{1000}{4000} = 0.25$.

Das überrascht nicht, denn alleine schon wegen der Launen des Wetters dürften die Besucherzahlen in der Eisdiele stärker schwanken als in der Fabrikskantine, zu der täglich fast immer dieselben Personen zum Essen gehen. ☻

6 Weitere Eigenschaften von Lageparametern und Streuungsmaßen

Übersicht

6.1 Lineare Transformationen

Betrachten wir die Beispiele zu dem Thema "Bedingte Verteilungen", so erkennen wir, dass es viele verschiedene Arten von Abhängigkeiten zwischen zwei Variablen X und Y geben kann. Bei einer linearen Transformation liegt zwischen zwei Variablen X und Y eine ganz spezielle, gewissermaßen die stärkste Abhängigkeit vor.

Lineare Transformation

$$Y = a + b \cdot X. \tag{6.1}$$

Dabei sind a und b konstante, reelle Zahlen.

Wenn $b \neq 0$ ist, kann man zu jedem x-Wert eindeutig den y-Wert und umgekehrt bestimmen.

Beispiel (Wechsel der Einheiten). Wenn man bei einer Variablen X statt in Kilogramm in Tonnen, statt in Stunden in Sekunden oder statt in Dollar in Euro messen möchte, so multipliziert man die Variable X, welche in der ursprünglichen Einheit gemessen wird, mit einem Umrechnungsfaktor b. Formal erhalten wir eine "neue" Variable

© Springer-Verlag GmbH Deutschland, ein Teil von Springer Nature 2019

C. Weigand, *Statistik mit und ohne Zufall*,

https://doi.org/10.1007/978-3-662-59309-7_6

$Y = b \cdot X$, welche in der neuen Einheit gemessen wird. Dies entspricht einer linearen Transfomation mit $a = 0$. ☻

Beispiel (Transporter). Ein Transporter mit einem Leergewicht von $a = 3000[kg]$ hat $N = 2$ Fahrten unternommen. Die Urliste zu den Variablen "X [t] = Ladegewicht" und "Y [kg] = Gesamtgewicht" lautet

Ladung $X[t]$	Gesamtgewicht $Y[kg]$
0.8	3800
2.4	5400

Zwischen den beiden Variablen X und Y besteht ein linearer Zusammenhang:

$$Y = a + b \cdot X = 3000 + 1000 \cdot X \; [kg]. \tag{6.2}$$

Damit kann man in der Urliste mit den Werten der ersten Spalte die Werte der zweiten Spalte berechnen: $3800 = 3000 + 1000 \cdot 0.8$ und $5400 = 3000 + 1000 \cdot 2.4$. ☻

Kennt man bereits den Mittelwert und die Varianz zu einer Variablen X, so kann man die analogen Kenngrößen zu Y bestimmen, ohne die Urliste erneut auswerten zu müssen. Man erspart sich so doppelte, umständliche Rechnungen.

Mittelwert und Varianz bei einer linearen Transformation

Für $Y = a + b \cdot X$ gilt:

$$\bar{y} = a + b \cdot \bar{x}, \tag{6.3}$$

$$\sigma_y^2 = b^2 \cdot \sigma_x^2. \tag{6.4}$$

Aus (6.4) folgt durch "korrektes" Ziehen der Wurzel[1] für die Standardabweichung:

$$\sigma_y = |b| \cdot \sigma_x. \tag{6.5}$$

Der Betragstrich verhindert auch, dass bei einem negativen Wert $b < 0$ die Standardabweichung σ_y negativ werden könnte. Die Gültigkeit der Formeln zeigen wir exemplarisch an Hand des letzten Beispiels.

Beispiel (Fortsetzung). Gemäß der Urliste werden im Schnitt pro Fahrt $\bar{x} = (0.8 + 2.4)/2 = 1.6$ [t] transportiert. Das mittlere Gesamtgewicht beträgt $\bar{y} = (3800 + 5400)/2 = 4600$ [kg]

---

[1] In der Mathematik ist die Wurzel einer Zahl per Definition nie negativ. Daher gilt: $\sqrt{z^2} = |z|$

Den Mittelwert $\bar{y}$ kann man auch berechnen, indem man zum Leergewicht von 3000 [kg] das mittlere Ladegewicht $\bar{x} = 1.6$ [t] $= 1600$ [kg] addiert. Diese simple Rechnung entspricht der Formel (6.3). Wir zeigen exemplarisch, warum sie funktioniert:

$$\bar{y} = \frac{3800 + 5400}{2} = \frac{(a + b \cdot 0.8) + (a + b \cdot 2.4)}{2} = \frac{2 \cdot a + b \cdot (0.8 + 2.4)}{2}$$

$$= a + b \cdot \frac{0.8 + 2.4}{2} = a + b \cdot \bar{x}.$$

Bei der Varianz berechnet man mit der Urliste

$$\sigma_x^2 = \frac{(0.8 - 1.6)^2 + (2.4 - 1.6)^2}{2} = 0.64 \, [\text{t}^2], \tag{6.6}$$

$$\sigma_y^2 = \frac{(3800 - 4600)^2 + (5400 - 4600)^2}{2} = 640000 \, [\text{kg}^2]. \tag{6.7}$$

Gemäß Formel (6.4) kann man die Varianz σ_y^2 auch berechnen, indem man die Varianz σ_x^2 mit $b^2 = 1000^2$ multipliziert. Wir zeigen exemplarisch, warum dies funktioniert:

$$\sigma_y^2 = \frac{[3800 - 4600]^2 + [5400 - 4600]^2}{2} = \frac{[a + 0.8b - (a + b\bar{x})]^2 + [a + 2.4b - (a + b\bar{x})]^2}{2}$$

$$= \frac{[b(0.8 - \bar{x})]^2 + [b(2.4 - \bar{x})]^2}{2} = \frac{b^2(0.8 - \bar{x})^2 + b^2(2.4 - \bar{x})^2}{2}$$

$$= b^2 \cdot \frac{(0.8 - \bar{x})^2 + (2.4 - \bar{x})^2}{2} = b^2 \cdot \sigma_x^2. \tag{6.8}$$

Das Leergewicht $a = 3000$ [kg] hat keinerlei Einfluss auf die Varianz, da sich die unterschiedlichen Gesamtgewichte der Transporter nur durch die Zuladung X erklären.

Die Standardabweichung σ_y kann man als Wurzel des Ergebnisses (6.7) oder auch mit der Standardabweichung σ_x gemäß (6.5) bestimmen:

$$\sigma_y = |b| \cdot \sigma_x = 1000 \cdot \sqrt{0.64} = 800 \, [\text{kg}]. \qquad \qquad ☻$$

Beispiel (Umsätze). Basil betreibt eine Tankstelle, zu der er im letzten Jahr täglich den Umsatz X [Tsd €] ermittelt hat. Der mittlere Umsatz liegt bei $\bar{x} = 14$ [Tsd €] und die Varianz beträgt $\sigma_x^2 = 5.2$ [Tsd €]^2. Nun möchte er dieselben Kenngrößen in Dollar umrechnen. Der Wechselkurs beträgt derzeit 1.20 [\$/€]. Die Variable

$$Y = 1.20 \cdot X \, [\text{Tsd \$}] \tag{6.9}$$

beschreibt den Umsatz in Tausend Dollar. Für sie gilt:

$$\bar{y} \overset{(6.3)}{=} 1.20 \cdot \bar{x} = 16.8 \,[\text{Tsd \$}],$$

$$\sigma_y^2 \overset{(6.4)}{=} 1.20^2 \cdot \sigma_x^2 = 7.488 \,[\text{Tsd \$}]^2,$$

$$\sigma_y = 1.20 \cdot \sigma_x = \sqrt{7.488} = 2.7364 \,[\text{Tsd \$}].$$

6.2 Addition von Variablen

Wir gehen davon aus, dass an einem Objekt zwei Variablen X und Y gemessen werden, bei denen die Bildung der Summe sinnvoll ist. Wir setzen:

$$S = X + Y. \tag{6.10}$$

Die Berechnung des Durchschnitts der Summe bzw. von $\bar{s}$ ergibt sich als Summe der Durchschnitte $\bar{x}$ und $\bar{y}$. Von dieser Rechnung machen wir "alltäglich" Gebrauch. Bei der Varianz allerdings ist die Formel komplizierter.

Mittelwert und Varianz bei Summen

Für $S = X + Y$ gilt:

$$\bar{s} = \bar{x} + \bar{y}, \tag{6.11}$$

$$\sigma_s^2 = \sigma_x^2 + \sigma_y^2 + 2 \cdot \sigma_{x,y}. \tag{6.12}$$

Dabei ist

$$\sigma_{x,y} = \frac{1}{N} \sum_{i=1}^{N} (x_i - \bar{x})(y_i - \bar{y}). \tag{6.13}$$

Diesen "Korrekturterm" nennt man **Kovarianz** von X und Y.

Der Beweis ist auf Seite 461 gegeben. Die Kovarianz ist ein wichtiger Begriff der Statistik, den wir im Kapitel 7 nochmals aufgreifen.

Beispiel (Bearbeitungszeiten). Bei der Herstellung einer Vase werden die Zeit X [Min], die der Glasbläser benötigt, und die Zeit Y [Min], die der Maler benötigt, notiert. Die Urliste umfasst der Einfachheit halber nur $N = 2$ Vasen:

X [Min]	Y [Min]	$S = X + Y$
8	60	68
12	40	52

Pro Vase benötigt der Glasbläser $\bar{x} = 10$ Minuten und der Maler $\bar{y} = 50$ Minuten im Schnitt. Dann folgert man sofort, dass beide Prozesse zusammen im Schnitt 60 Minuten dauern. Diese simple Rechnung entspricht der Formel (6.11), die man auf die Gesamtzeit $S = X + Y$ anwendet:

$$\bar{s} = \bar{x} + \bar{y} = 10 + 50 = 60 \text{ [Min]}.$$

Diesen Mittelwert kann man natürlich auch anders, nämlich mit den Summenwerten berechehen: $\bar{s} = \frac{68+52}{2} = 60$ [Min].

Mit

$$\sigma_x^2 = \frac{(8-10)^2 + (12-10)^2}{2} = 4 \text{ [Min}^2\text{]},$$

$$\sigma_y^2 = \frac{(60-50)^2 + (40-50)^2}{2} = 100 \text{ [Min}^2\text{]},$$

$$\sigma_{x,y} = \frac{(8-10)(60-50) + (12-10)(40-50)}{2} = -20 \text{ [Min}^2\text{]},$$

folgt gemäß (6.12) für die Varianz der Gesamtzeit $S = X + Y$:

$$\sigma_s^2 = \sigma_x^2 + \sigma_y^2 + 2 \cdot \sigma_{x,y} = 4 + 100 + 2 \cdot (-20) = 64 \text{ [Min}^2\text{]}.$$

Diese Varianz kann man natürlich auch anders, nämlich mit den Summenwerten berechehen:

$$\sigma_s^2 = \frac{(68-60)^2 + (52-60)^2}{2} = 64 \text{ [Min}^2\text{]}. \qquad \bullet$$

6.3 Optimalitätseigenschaften

Beim ersten Lesen kann man mit Kapitel 7 fortfahren.

Wir setzen uns zum Ziel, einen Lageparameter zu konstruieren, der die verschiedenen Messwerte $x_1, \ldots, x_N$ einer Urliste möglichst gut und repräsentativ durch eine einzige, konstante Zahl c darstellt. Um zu spezifizieren, was unter "möglichst gut" zu verstehen ist, kann man verschiedene Kriterien zu Grunde legen. Wir untersuchen die folgenden zwei:

1. Absolute Abweichungen

Wir betrachten einen konstanten Wert c und messen, wie weit die Merkmalswerte, die er repräsentieren soll, von ihm entfernt sind. Diejenige Konstante c, welche im Schnitt die geringste Entfernungen aufweist, betrachten wir als optimalen Lageparameter. Mathematisch kann man diese Idee als Minimierungsaufgabe formulieren:

$$\min_c \frac{1}{N} \sum_{i=1}^{N} |x_i - c|. \qquad (6.14)$$

Veranschaulichung der Optimalitätseigenschaft des Medians

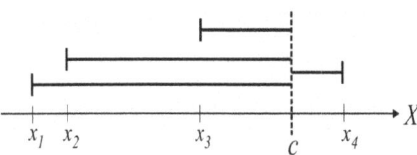

Abb. 6.1 Bewegt man c um "1 mm" nach links, so verlängert sich zwar der rechte Balken um 1 mm, dafür aber verkürzen sich die 3 linken Balken um den gleichen Betrag. Die Summe aller 4 Abweichungen verringert sich dadurch.

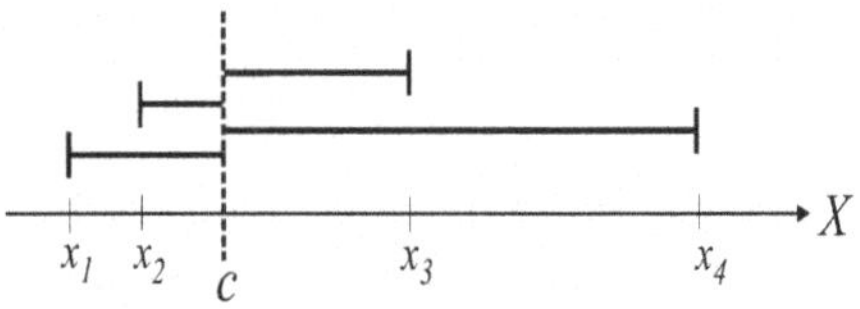

Abb. 6.2 Bewegt man c um "1 mm" nach links, so verlängern sich zwar die 2 rechten Balken um je 1 mm, dafür aber verkürzen sich die 2 linken Balken um den gleichen Betrag. Die Summe aller 4 Abweichungen bleibt unverändert.

Wenn links und rechts gleich viele Balken auftreten, ist die Summe aller Abweichungen minimal. Daher ist der optimale Wert c ein Median.

Die Grundidee, wie man dieses Optimierungsproblem löst, ist in den Abbildungen 6.1 und 6.2 dargestellt. Das optimale c ist mit dem Median identisch:

$$c = x_{me}.$$

Wir haben in diversen Beispielen schon gesehen, dass der Median nicht immer eindeutig ist. Beispielsweise ist der Median der Zahlen 1,2,3,4,5,6 jeder Wert von 3 bis 4, d.h. $3 \leq x_{me} \leq 4$. Folglich ist auch das obige Optimierungsproblem *nicht eindeutig* lösbar!

Hinweis: Die mittlere Abweichung δ benutzt gemäß (5.6) das arithmetische Mittel $\bar{x}$ an Stelle der Konstanten c. Insofern gilt:

$$\frac{1}{N} \sum_{i=1}^{N} |x_i - x_{me}| \leq \frac{1}{N} \sum_{i=1}^{N} |x_i - \bar{x}| = \delta. \qquad (6.15)$$

2. Quadrierte Abweichungen

Wir gehen analog vor, messen aber die Abweichungen quadratisch:

$$\min_c \frac{1}{N} \sum_{i=1}^{N} (x_i - c)^2. \qquad (6.16)$$

Dieses Optimierungsproblem besitzt als Lösung das arithmetische Mittel:

$$c = \bar{x}. \qquad (6.17)$$

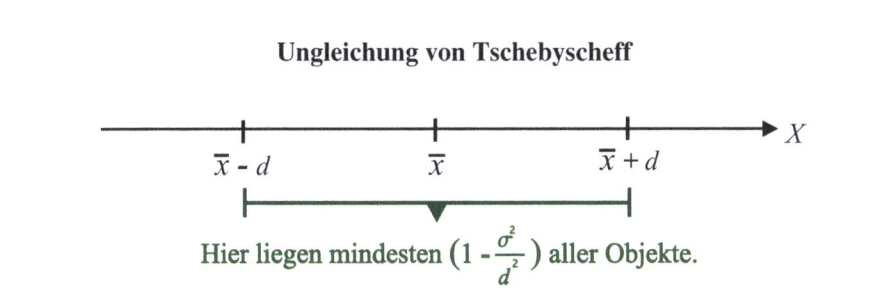

Abb. 6.3 Veranschaulichung der Ungleichung von Tschebyscheff.

Den Beweis stellen wir auf Seite 461 zurück. Im Gegensatz zum Median ist der Mittelwert $\bar{x}$ immer *eindeutig*. Setzt man das optimale c in (6.16) ein, so erhält man die Varianz. Daher gilt:

$$\sigma^2 = \frac{1}{N}\sum_{i=1}^{N}(x_i - \bar{x})^2 \leq \frac{1}{N}\sum_{i=1}^{N}(x_i - c)^2 \quad \text{für alle } c. \qquad (6.18)$$

Dies erlaubt eine weitere Interpretation des Streuungsmaßes "Varianz".

Die hier skizzierte Vorgehensweise zeigt, dass man durch Minimerung von Abständen je nach Wahl des Abstandmaßes den Median oder das arithmetische Mittel erhält. Das quadratische Abstandsmaß weist den Vorteil auf, eine eindeutige Lösung zu besitzen. Die Idee, Abstände zu minimieren, wird in vielen Bereichen angewandt. Insbesondere basiert die sogenannten Regressionsrechnung auf diesem Prinzip.

6.4 Ungleichung von Tschebyscheff und 3σ-Regel

Beim ersten Lesen kann man mit Kapitel 7 fortfahren.
Kennt man zu einer Variablen X nicht die Verteilung, sondern nur deren Varianz σ^2 und Mittelwert $\bar{x}$, so kann man mit Hilfe der Ungleichung von Tschebyscheff bereits eine Aussage treffen, wie häufig die Werte innerhalb eines bestimmten Korridors um den Mittelwert liegen:

Ungleichung von Tschebyscheff

$$h(\bar{x}-d \leq X \leq \bar{x}+d) \geq 1 - \frac{\sigma^2}{d^2} \qquad (6.19)$$

Diese Abschätzung ist für alle Verteilungen gültig, ganz gleich, ob sich die Werte in der Mitte oder eher an den Rändern häufen oder ob Ausreißer vorhanden sind. Einen Beweis findet man auf Seite 462.

Beispiel (Bolzenlänge). Elvira bekommt Bolzen geliefert, bei denen die Länge X [mm] einen Sollwert von 300 ± 0.5 [mm] aufweisen soll. Es ist bekannt, dass in der Warenpartie der Mittelwert bei $\bar{x} = 300$ [mm] und die Standardabweichung bei $\sigma = 0.2$ [mm] liegt. Elvira möchte den Anteil der brauchbaren Stücke bestimmen. Mit $d = 0.5$ berechnet sie:

$$h(299.5 \leq X \leq 300.5) \; = \; h(300 - 0.5 \leq X \leq 300 + 0.5)$$

$$\geq \; 1 - \frac{0.2^2}{0.5^2} = 84\%.$$

Daraus schließt Elvira, dass der Ausschussanteil bei maximal 16% liegen kann. Sie benötigt keinerlei Wissen über die Gestalt der Verteilung.   ☻

Die Ungleichung von Tschebyscheff kann auch zu trivialen Aussagen führen, wie etwa $h(\bar{x} - d \leq X \leq \bar{x} + d) \geq -2$. In diesem Fall ist sie zwar wenig informativ, jedoch nicht falsch.

Eine weitere praktische Hilfe ist die sogenannte "3σ-Regel". Man erhält sie, indem man bei der Tschebyscheffschen Ungleichung bzw. in Abbildung 6.3 für d speziell $d = 3\sigma$ setzt. Damit erhält man auf der rechten Seite von (6.19) den Wert $1 - \frac{\sigma^2}{(3\sigma)^2} = 1 - \frac{1}{3^2} \approx 90\%$.

3σ-Regel bei beliebigen Verteilungen

$$h(\bar{x} - 3\sigma \leq X \leq \bar{x} + 3\sigma) \; \geq \; 90\% \tag{6.20}$$

Im Gegensatz zur mittleren Abweichung δ lässt sich der numerische Wert einer Varianz nicht anschaulich interpretieren. Jedoch erlauben uns die Tschebyscheff-Ungleichung und die 3σ-Regel erstmals den numerischen Wert der Varianz sinnvoll zu gebrauchen.

Beispiel (Blutwerte). Der Blutwert FFF-Gamma liegt bei gesunden Menschen im Schnitt bei 50. Für Patient Oskar hat Laborarzt Dr. Johannes L. einen Wert von 70 gemessen. Sollte sich Oskar krank fühlen? Immerhin liegt sein Wert 40% über dem Durchschnitt!

Diese Überlegung ist nicht sinnvoll. Aufschlussreicher wäre es natürlich, die komplette Verteilung zu kennen. Mit der Varianz bzw. der Standardabweichung lassen sich aber auch schon Schlüsse ziehen. Wir betrachten zwei Fälle:

- $\sigma = 4$: Dann liegen die Blutwerte von mindestens 90% aller gesunden Menschen im Bereich $[50 - 3 \cdot 4 \; ; \; 50 + 3 \cdot 4] = [38 \; ; \; 62]$. Oskars Blutwert 70 ist daher unter Gesunden eher selten anzutreffen, weshalb er vermutlich krank ist.

- $\sigma = 10$: Dann liegen die Blutwerte von mindestens 90% aller gesunden Menschen im Bereich $[50 - 3 \cdot 10 \; ; \; 50 + 3 \cdot 10] = [20 \; ; \; 80]$. In diesem Fall könnte der Wert von Oskar auch auffallend hoch sein, denn es handelt sich ja nur um eine grobe Abschätzung. Wenn beispielsweise 99% aller Gesunden Werte im Bereich von $[48 \; ; \; 52]$ aufweisen, ist trotzdem noch die getroffene Abschätzung: $h(20 \le X \le 80) \ge 90\%$ korrekt. ☻

6.5   Standardisierung einer Variablen

Beim ersten Lesen kann man mit Kapitel 7 fortfahren.

Anton ist 190 000 Stunden alt und hat ein Monatseinkommen von 666 [Tsd.€]. Wir würden Anton trotz der scheinbar großen Zahl 190 000 eher als jung einschätzen. Außerdem hat er wohl ein außergewöhnlich hohes Einkommen. Bei diesem Urteil lassen wir jedoch indirekt unsere "Lebenserfahrung" einspielen, welche die Altersverteilung und die Einkommensverteilung der Gesamtbevölkerung zumindest grob kennt.

Ohne solche Zusatzinformationen über eine Variable X lässt sich aber ein einzelner, numerischer Wert x_i nicht als relativ groß oder klein einstufen. Ähnliches haben wir schon auf Seite 90 festgestellt. Vielmehr muss man berücksichtigen, in welcher Einheit X gemessen wird, und wie sich diese Variable in der Grundgesamtheit verteilt.

Bei einer sogenannten standardisierten Variablen Z ist dies anders. Kennt man nur einen einzigen Merkmalswertes z_i, kann man schon grob beurteilen, ob er relativ groß oder klein ist. Per Definition nämlich besitzt eine standardisierte Variable Z immer den Mittelwert 0 und die Standardabweichung 1.

> Eine Variable Z heißt **standardisiert** $\iff$ $\bar{z} = 0$ und $\sigma_z^2 = 1$.   (6.21)

Ein positiver Wert z_i ist daher ein überdurchschnittlicher Wert, und ein negativer Wert ein unterdurchschnittlicher. Da bei einer Varianz von 1 auch die Standardabweichung $\sigma_z = 1$ beträgt, kann man mit der 3σ-Regel (6.20) zeigen, dass für jede standardisierte Variable Z die Merkmalswerte zu mindestens $\frac{8}{9} \approx 90\%$ zwischen -3 und 3 liegen:

$$h(-3 \le Z \le 3) \; \ge \; 90\%.$$

In der Regel ist diese Abschätzung sehr grob, d.h. oft liegen sogar über 99% der Werte von Z zwischen -3 und 3. Ganz gleich, welche Grundgesamtheit oder welcher Sachverhalt vorliegt, Werte wie etwa 4, - 8, oder gar 10 kann man als ungewöhnliche, oder "extreme" Werte bezeichnen. Dies folgt, wie die 3σ-Regel, aus der Ungleichung von Tschebyscheff.

Es gibt einen Trick, mit der man zu jeder numerischen Variablen X eine korrespondierende, d.h. die Gestalt der Verteilung erhaltende, standardisierte Variable Z_x konstruieren kann.

Standardisierung einer Variablen X

$$Z_x \;=\; \frac{X - \bar{x}}{\sigma_x} \tag{6.22}$$

Die Einheit, in der X gemessen wird, steht sowohl im Zähler, als auch im Nenner, denn der Mittelwert und die Standardabweichung besitzen die gleiche Einheit wie X selbst. Sie kürzt sich daher weg, so dass Z_x **dimensionslos** ist. Z_x ist tatsächlich eine standardisierte Variable, also eine Variable mit Mittelwert Null und Standardabweichung Eins. Um dies zu zeigen, schreiben wir

$$Z_x \;=\; \frac{X - \bar{x}}{\sigma_x} \;=\; -\frac{\bar{x}}{\sigma_x} + \frac{1}{\sigma_x} \cdot X$$

und erkennen, dass die Standardisierung einer linearen Transformation (6.1) $Z_x = a + b \cdot X$ entspricht mit $a = -\frac{\bar{x}}{\sigma_x}$ und $b = \frac{1}{\sigma_x}$. Lineare Transformationen strecken und verschieben Verteilungen, ändern aber nicht deren grundsätzliche Gestalt. Jedoch gilt wie gewünscht

$$\bar{z}_x \overset{(6.3)}{=} -\frac{\bar{x}}{\sigma_x} + \frac{1}{\sigma_x} \cdot \bar{x} = 0 \qquad \text{und} \qquad \sigma_z^2 \overset{(6.4)}{=} \left(\frac{1}{\sigma_x}\right)^2 \cdot \sigma_x^2 = 1.$$

Standardisierungen werden vor allem auch in der Wahrscheinlichkeitsrechnung gerne benutzt.

Beispiel (Wechsel der Einheiten). Es sei X_1 der Umsatz in Tausend Euro, X_2 derselbe Umsatz in Euro und X_3 derselbe Umsatz in Dollar bei einem Wechselkurs von 1.20 [\$/€]. Z_i ist jeweils die standardisierte Variable.

X_1[Tsd €]	X_2[€]	X_3[\$]	Z_1	Z_2	Z_3
4	4000	4800	-0.6956	-0.6956	-0.6956
5	5000	6000	-0.2319	-0.2319	-0.2319
3	3000	3600	-1.1593	-1.1593	-1.1593
8	8000	9600	1.1593	1.1593	1.1593
7	7000	8400	0.6956	0.6956	0.6956
4	4000	4800	-0.6956	-0.6956	-0.6956
2	2000	2400	-1.6231	-1.6231	-1.6231
9	9000	10800	1.6231	1.6231	1.6231
7	7000	8400	0.6956	0.6956	0.6956
6	6000	7200	0.2319	0.2319	0.2319

Um Z_1 zu bestimmen, errechnet man zunächst $\bar{x}_1 = 5.5$ und $\sigma_{x_1}^2 = 4.65 = 2.1564^2$. Dann ergibt sich

$$Z_1 = \frac{X_1 - \bar{x}_1}{\sigma_{x_1}} = \frac{X_1 - 5.5}{2.1564}.$$

Analog erhält man mit $\bar{x}_2 = 5500$, $\sigma_{x_2}^2 = 2156.4^2$ und $\bar{x}_3 = 6600$, $\sigma_{x_3}^2 = 2587.7^2$

$$Z_2 = \frac{X_2 - 5500}{2156.4} \qquad \text{und} \qquad Z_3 = \frac{X_3 - 6600}{2587.7}.$$

Man sieht in der Tabelle, dass die Wahl der Einheiten zur Messung von X keinen Einfluss auf die Standardisierung hat. Alle Variablen Z_i sind identisch.   ☻

Standardisierungen spielen auch in der Multivariaten Statistik eine wichtige Rolle. Bei den sogenannten **Clusteranalyseverfahren** versucht man innerhalb einer Grundgesamtheit Gruppierungen, also Cluster zu erkennen. Dabei sollen sich alle Objekte innerhalb eines Clusters möglichst ähnlich sein. Gleichzeitig aber sollen sie möglichst unähnlich zu den Objekten anderer Cluster sein. Man möchte also Homogenität innerhalb der Cluster und Heterogenität zwischen den Clustern erreichen. So erkennt man in der Praxis beispielsweise typische Konsumententypen, soziologische Schichten, Gruppierungen unter Pflanzen, Tieren oder Patienten und vieles mehr.

Dreh- und Angelpunkt dieser Verfahren ist die Messung der Ähnlichkeit, bzw. das Distanzmaß zwischen den Objekten. Hierfür gibt es verschiedene Konzepte.

Beispiel (Dating-Agentur). Leopold wendet sich an Monikas Dating-Agentur. Sie hat 5 Damen in ihrer Kartei, zu denen jeweils bekannt ist, wie viel Geld X_1 [€] sie pro Jahr für Theaterbesuche ausgeben, und wie viel Zeit X_2 [h] sie pro Woche Sport treiben. Monika erfasst diesbezüglich auch die Daten von Leopold, fügt ihn zu den 5 Damen hinzu, und erhält so eine Urliste mit $N = 6$ Personen. Sie berechnet außerdem zu X_1 die standardisierten Variable $Z_1 = \frac{X_1 - 341.67}{334.2}$ und zu X_2 die standardisierten Variable $Z_2 = \frac{X_2 - 4.5}{3.30}$.

	X_1 [€]	Z_1	X_2 [h]	Z_2	Distanz zu Leopld
Leopold	**200**	**-0.4**	**6**	**0.5**	0
Ute	150	-0.6	1	-1.1	1.8
Sabine	90	-0.8	9	1.4	1.3
Ludmilla	900	1.7	2	-0.8	3.4
Lena	10	-1.0	1	-1.1	2.2
Hanna	700	1.1	8	1.1	2.1

Anschließend wird ein Date mit Sabine arrangiert, denn sie scheint mit einer Distanz von nur 1.3 am besten zu Leopold zu passen[2]. Bei der Berechnung dieser Distanz $d(\text{Leopld}, \text{Sabine}) = 1.3$ hat Monika zunächst nachgesehen, welche Unterschiede zwischen Leopold und Sabine bei der Variablen Z_1 und welche Unterschiede zwischen Leopold und Sabine bei der Variablen Z_2 bestehen. Anschließend addiert sie die absoluten Werte dieser Differenzen:

$$d(\text{Leopld}, \text{Sabine}) \;=\; |-0.4 - (-0.8)| \;+\; |0.5 - 1.4| \;=\; 1.3.$$

Von Ludmilla sollte Leopold wegen

$$d(\text{Leopld}, \text{Ludmilla}) \;=\; |-0.4 - 1.7| \;+\; |0.5 - (-0.8)| \;=\; 3.4$$

besser die Finger lassen. Analog berechnen sich die Distanzen von Leopold zu den anderen Damen. Das hier benutzte Distanzmaß wird in der Literatur "City-Block-Abstand" oder auch 1-Norm genannt.

Würde man die Distanzen mit den originalen Variablen X_1 [€] und X_2 [h] bestimmen, wäre das ziemlich unsinnig. Man könnte beispielsweise die Differenzen bei den Ausgaben für Theater numerisch groß oder klein machen, je nachdem, ob man sie in Cent oder Millionen Euro notiert. Entsprechend wichtig oder unwichtig wird dann bei der Berechnung der Distanzen der Aspekt Theater im Vergleich zu Sport. Benutzt man hingegen die standardisierten Variablen Z_1 und Z_2, entschärft sich dieses Problem, da Umskalierungen keine Einfluss haben.

Man sollte jedoch beachten, dass man eigentlich bei der Berechnung der Distanz Äpfel und Birnen addiert, bzw. eine ursprüngliche Geld- und Zeitgröße addiert. Durch die Standardisierung gehen beide Größen bei der Distanzbildung gewissermaßen mit gleichem Gewicht ein. Ob dies sinnvoll ist, kann nur Monika mit ihrem Sachverstand klären.   ☻

6.6 Varianzzerlegungssatz

Beim ersten Lesen kann man mit Kapitel 7 fortfahren.

Im Kapitel 4.5 haben wir auf Seite 74 gesehen, wie man bedingte Mittelwerte $\bar{x}_{B_i}$, d.h. Mittelwerte verschiedener Teilgesamtheiten B_i aggregieren kann:

$$\bar{x} \;=\; \sum_{i=1}^{m} \bar{x}_{B_i} \cdot h(Y \in B_i).$$

Das dabei benutzte Wägungsschema $h(Y \in B_i)$ entspricht den Größen der jeweiligen Teilgesamtheiten.

---

[2]Die Hochzeit folgte nur 5 Wochen später!

Möchte man bedingte Varianzen $\sigma_{B_i}^2$, also Varianzen verschiedener Teilgesamtheiten B_i aggregieren, gibt es eine ähnliche Formel, die allerdings noch einen weiteren Term besitzt. Eine solche Aggregation kann man auch als Zerlegung der Gesamtvarianz σ^2 auffassen. Dies ist letztlich nur eine Frage der Perspektive. Mit analogen Notationen wie in (4.27) auf Seite 74 gilt:

Varianzzerlegungssatz

$$\sigma^2 = \sum_{i=1}^{m} \sigma_{B_i}^2 \cdot h(Y \in B_i) \qquad + \qquad \sum_{i=1}^{m} (\bar{x}_{B_i} - \bar{x})^2 \cdot h(Y \in B_i) \qquad (6.23)$$

$$= \text{Mittelwert der Varianzen} \quad + \quad \text{Varianz der Mittelwerte}.$$

Die Bedingungen, bzw. Teilgesamtheiten $B_1, \dots, B_m$, müssen disjunkt und vollständig sein.

Wir verzichten auf einen Beweis, der ohne besonderer Tricks, aber langatmig durchführbar ist. In der Literatur interpretiert man die Formel (6.23) auch mit

$$\text{Gesamtvarianz} = \text{innere Varianz} + \text{äußere Varianz}.$$

Die innere Varianz entspricht dem gewogenen Durchschnitt der einzelnen Varianzen. Sie spiegelt wider, wie homogen die Teilgesamtheiten in sich sind. Die Äußere Varianz zeigt an, wie unterschiedlich die Mittelwerte zwischen den verschiedenen Grundgesamtheiten sind, bzw. wie heterogen die Teilgesamtheiten untereinander sind. Rechnerisch entspricht sie der Varianz der Mittelwerte.

Beispiel (Mensaausgaben) Die Grundgesamtheit umfasst $N = 5$ Mensagäste mit den Variablen "X = Ausgaben [€]" und "Y = Geschlecht". Um die Bedeutung der inneren und äußeren Varianzen besser zu verstehen, betrachten wir drei Varianten:

Variante 1: Die Teilgesamtheiten sind in sich homogen.

Urliste: (5, m), (5, m),   (10, w), (10, w), (10, w).

Alle Männer geben exakt 5, und alle Frauen geben exakt 10 Euro aus. Mit $\bar{x} = 8$ [€] beträgt die Gesamtvarianz der Ausgaben aller Personen

$$\sigma^2 = \frac{1}{5}\left((5-8)^2 + (5-8)^2 + (10-8)^2 + (10-8)^2 + (10-8)^2\right) = 6 \ [€^2].$$

Dieses Ergebnis erhalten wir auch mit Hilfe des Varianzzerlegungssatzes. Mit

$$\bar{x} = 8, \quad \bar{x}_m = 5, \quad \bar{x}_w = 10, \quad \text{und} \quad \sigma_m^2 = 0, \quad \sigma_w^2 = 0$$

und $h(Y = m) = 0.40$ und $h(Y = w) = 0.60$ gilt:

$$
\begin{aligned}
\sigma^2 &= 0 \cdot 0.40 + 0 \cdot 0.60 + \quad (5-8)^2 \cdot 0.40 + (10-8)^2 \cdot 0.60 \\
&= \quad \text{innere Varianz} + \qquad\qquad \text{äußere Varianz} \\
&= \qquad\qquad 0 \qquad + \qquad\qquad\qquad 6 \\
&= 6.
\end{aligned}
$$

Da sowohl die Männer untereinander und die Frauen untereinander keine Varianz aufweisen, beträgt die innere Varianz 0. Nur die äußere Varianz, d.h. der Unterschied der beiden Mittelwerte, erklärt die Gesamtvarianz.

Variante 2:   Die Mittelwerte sind alle gleich.

Urliste: (3, m), (9, m),   (8, w), (5, w), (5, w).

Im Schnitt geben Männer genauso viel Geld aus wie Frauen. Mit $\bar{x} = 6$ [€] beträgt die Gesamtvarianz der Ausgaben aller Personen

$$
\sigma^2 = \frac{1}{5}\left((3-6)^2 + (9-6)^2 + (8-6)^2 + (5-6)^2 + (5-6)^2\right) \quad = \quad 4.8 \, [\text{€}^2].
$$

Dieses Ergebnis erhalten wir auch mit Hilfe des Varianzzerlegungssatzes. Mit

$$
\bar{x} = 6, \quad \bar{x}_m = 6, \quad \bar{x}_w = 6, \qquad \text{und} \qquad \sigma_m^2 = 9, \quad \sigma_w^2 = 2
$$

und $h(Y = m) = 0.40$ und $h(Y = w) = 0.60$ gilt:

$$
\begin{aligned}
\sigma^2 &= 9 \cdot 0.40 + 2 \cdot 0.60 + \quad (6-6)^2 \cdot 0.40 + (6-6)^2 \cdot 0.60 \\
&= \quad \text{innere Varianz} + \qquad\qquad \text{äußere Varianz} \\
&= \qquad\qquad 4.8 \qquad + \qquad\qquad\qquad 0 \\
&= 4.8.
\end{aligned}
$$

Die äußere Varianz beträgt 0, da alle Teilgesamtheiten denselben Mittelwert 6 besitzen.

Variante 3:

Urliste: (7, m), (11, m),   (3, w), (3, w), (6, w).

Mit $\bar{x} = 6$ [€] beträgt die Gesamtvarianz der Ausgaben aller Personen

$$
\sigma^2 = \frac{1}{5}\left((7-6)^2 + (11-6)^2 + (3-6)^2 + (3-6)^2 + (6-6)^2\right) \quad = \quad 8.8 \, [\text{€}^2].
$$

Dieses Ergebnis erhalten wir auch mit Hilfe des Varianzzerlegungssatzes. Mit

$$
\bar{x} = 6, \quad \bar{x}_m = 9, \quad \bar{x}_w = 4, \qquad \text{und} \qquad \sigma_m^2 = 4, \quad \sigma_w^2 = 2
$$

und $h(Y = m) = 0.40$ und $h(Y = w) = 0.60$ gilt:

$$
\begin{aligned}
\sigma^2 &= 4 \cdot 0.40 + 2 \cdot 0.60 \ + \quad (9-6)^2 \cdot 0.40 + (4-6)^2 \cdot 0.60 \\
&= \quad \text{innere Varianz} \ + \qquad\qquad \text{äußere Varianz} \\
&= \qquad\quad 2.8 \qquad + \qquad\qquad\qquad 6 \\
&= 8.8.
\end{aligned}
$$

Die gesamte Varianz von 8.8 besteht zu $\frac{6}{8.8} = 68.2\%$ aus der äußeren Varianz und nur zu $\frac{2.8}{8.8} = 31.8\%$ aus der inneren Varianz. Insofern sind die unterschiedlichen Ausgaben der Gäste vor allem darauf zurückzuführen, dass Männer im Schnitt mehr Geld ausgeben als Frauen. ☻

Das Beispiel lässt ahnen, wie die sogenannte **Varianzanalyse** (ANOVA = Analysis of Variance) funktioniert. Sie ist ein induktives, statistisches Verfahren, mit dem geprüft werden kann, ob die Mittelwerte verschiedener Grundgesamtheiten gleich sind.

7 Deskriptive Korrelation und Kovarianz

Übersicht

7.1 Ausgangssituation und Überblick

Es soll geprüft werden, ob, und vor allem wie gut zwischen zwei metrischen Variablen X und Y einer der folgenden Zusammenhänge besteht:

- **Gleichläufigkeit** bzw. Gleichschritt, d.h. je größer der x-Wert, desto größer der y-Wert.
- **Gegenläufigkeit**, d.h. je größer der x-Wert, desto kleiner der y-Wert.

Liegt eine perfekte Gleichläufigkeit vor, kann man sie mit einer sogenannten "streng monoton wachsenden" Funktion $y = f(x)$ mathematisch darstellen. In der Praxis ist jedoch eine perfekte Gleichläufigkeit im Sinne einer mathematisch strengen Monotonie eher selten zu beobachten. Jedoch gibt es viele Beispiele, bei denen diese Gesetzmäßigkeit zwar nicht für jeden Einzelfall, wohl aber zumindest "tendenziell" bzw. überwiegend vorzuliegen scheint: Je größer die Körpergröße X, desto größer das Gewicht Y. Je öfter man kocht, desto mehr Energie wird verbraucht. Je höher das Einkommen ist, desto mehr Geld wird für Luxusartikel ausgegeben. Je öfter man joggt, desto besser ist die Kondition. Je dicker das Telefonbuch einer Stadt ist, desto mehr Autos sind in der Stadt zugelassen. Solche Zusammenhänge kann man mit Streudiagrammen visualisieren:

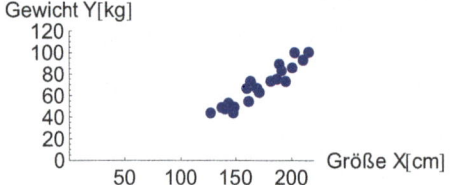
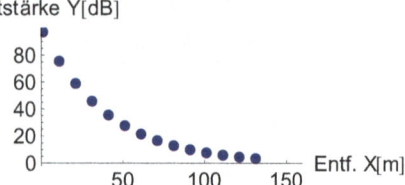

Bei gegenläufigen Beziehungen findet man leicht ähnliche Beispiele: Je größer die Entfernung X zu einer Straße ist, desto geringer ist ihr Geräuschpegel Y wahrnehmbar. Je höher der Preis, desto geringer die Nachfrage. Je höher die Temperatur, desto weniger Handschuhe werden verkauft. Je mehr Zigaretten man konsumiert, desto geringer ist die Lebenserwartung.

Neben der Frage, ob überhaupt eine Gleich- oder Gegenläufigkeit zwischen zwei Variablen X und Y vorhanden ist, möchte der Anwender vor allem auch eine quantitative Bewertung, mit welcher Strenge bzw. mit welcher **Qualität** die Gesetzmäßigkeit zutrifft.

Dies wollen wir mit Hilfe der statistischen Kenngrößen Kovarianz und Korrelation untersuchen.

7.2   Deskriptive Kovarianz

Es liegt zu N Objekten eine bivariate Urliste mit Wertepaaren $(x_i\ y_i)$ vor. Dann definiert man:

Kovarianz von X und Y

$$\sigma_{x,y} \;=\; \frac{1}{N}\sum_{i=1}^{N}(x_i-\bar{x})(y_i-\bar{y}) \tag{7.1}$$

Bei überwiegender Gleichläufigkeit nimmt die Kovarianz **positive** Werte, und bei überwiegender Gegenläufigkeit **negative** Werte an.

Diesen Effekt und die Idee der Formel kann man relativ einfach erklären. Wir betrachten zunächst den Fall, dass sich, wie in Abbildung 7.1, zwei Variablen X und Y tendenziell gleichläufig verhalten. Dann gilt:

- Viele Punkte liegen im Quadranten oben rechts. Dort hat ein Objekt i einen überdurchschnittlichen x-Wert x_i und gleichzeitig auch einen überdurchschnittlichen y-Wert y_i:

$$x_i-\bar{x}>0 \quad \text{und} \quad y_i-\bar{y}>0. \tag{7.2}$$

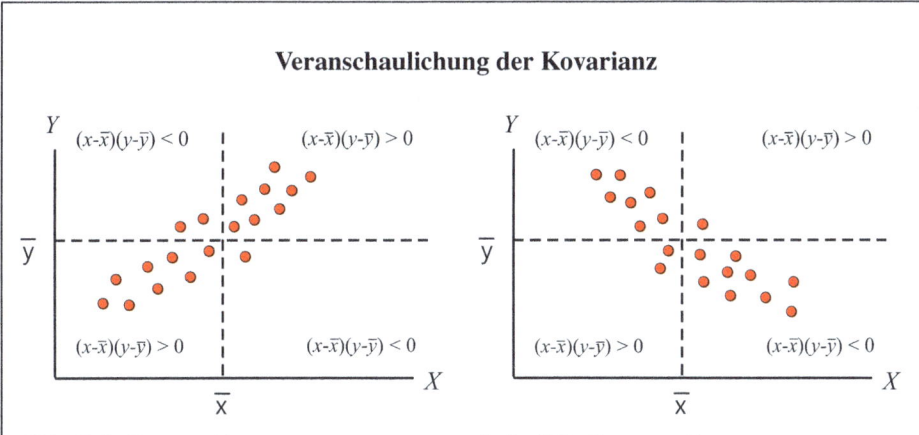

Veranschaulichung der Kovarianz

Abb. 7.1 Positive Kovarianz

Abb. 7.2 Negative Kovarianz

Je nachdem, in welchem "Quadranten" ein Punkt (x_i, y_i) liegt, ergeben sich beim Produkt $(x_i - \bar{x})(y_i - \bar{y})$ unterschiedliche Vorzeichen.

■ Viele Punkte liegen im Quadranten unten links. Dort hat ein Objekt i einen unterdurchschnittlichen x-Wert x_i und gleichzeitig auch einen unterdurchschnittlichen y-Wert y_i:

$$x_i - \bar{x} < 0 \quad \text{und} \quad y_i - \bar{y} < 0. \tag{7.3}$$

In beiden Fällen ergibt sich für das Produkt dieser Differenzen ein positiver Wert:

$$(x_i - \bar{x})(y_i - \bar{y}) > 0. \tag{7.4}$$

Dieses Produkt ist um so größer bzw. "positiver", je größer die Differenzen sind, bzw. je deutlicher ein Punkt links unten oder rechts oben liegt.

In den beiden verbleibenden Quadranten oben links und unten rechts sind die Produkte negativ:

$$(x_i - \bar{x})(y_i - \bar{y}) < 0. \tag{7.5}$$

Dort liegen die Objekte, bei denen entweder überdurchschnittliche x-Werte gleichzeitig mit unterdurchschnittlichen y-Werten oder umgekehrt einhergehen. In der Abbildung 7.1 liegen in diesen beiden Quadranten aber vergleichsweise wenige Punkte.

Bildet man also zu allen Messwerten $(x_i\, y_i)$ jeweils die Produkte $(x_i - \bar{x})(y_i - \bar{y})$, so sind diese in der Abbildung 7.1 im Durchschnitt positiv. Genau dieser Mittelwert $\frac{1}{N}\sum_{i=1}^{N}(x_i - \bar{x})(y_i - \bar{y})$ entspricht der Formel (7.1).

Analog verhält es sich bei tendenzieller Gegenläufigkeit. In der Abbildung 7.2 erkennt man, dass dann die Punkte überwiegend in den Quadranten oben links und unten rechts liegen. Daher ist die Kovarianz bzw. der Mittelwert der Produkte $(x_i - \bar{x})(y_i - \bar{y})$ negativ.

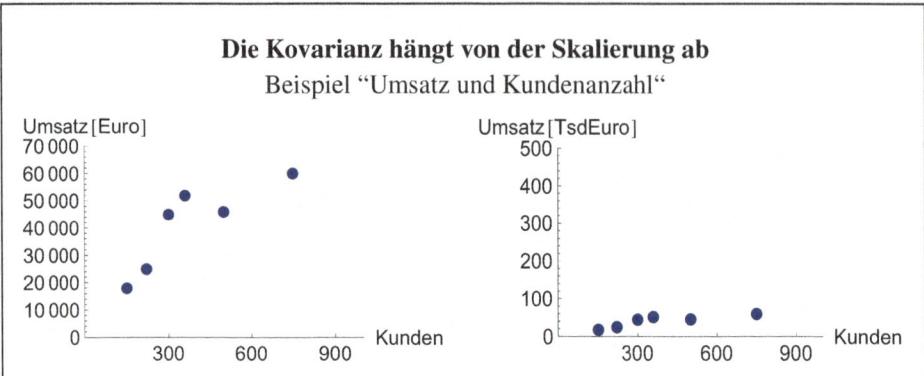

Die Kovarianz hängt von der Skalierung ab
Beispiel "Umsatz und Kundenanzahl"

Abb. 7.3 Misst man den Umsatz in Euro, erhalten wir $\sigma_{x,y} = 2490000$

Abb. 7.4 Misst man den Umsatz in Tausend Euro, erhalten wir $\sigma_{x,z} = 2490$

Beide Punktwolken stellen denselben Sachverhalt dar. Das scheinbar unterschiedliche Aussehen beruht nur auf einer anderen Skalierung der Variablen. Die Kovarianz ändert sich um den gleichen Faktor, mit dem die Variable Y umskaliert worden ist.

Beachte: Die absolute Größe der Kovarianz ist nicht aussagekräftig, denn sie hängt von Umskalierungen der Variablen bzw. von der Wahl der Einheiten der Variablen ab.

Beispiel (Umsatz und Kundenanzahl). Im Kaufhaus Polynix wurde in den letzten $N = 6$ Tagen die Anzahl X der Kunden pro Tag und der Umsatz Y [€] pro Tag ermittelt: (360; 52000), (750; 60000), (150; 18000), (500; 46000), (220; 25000), (300; 45000).

Die Abbildung 7.3 zeigt die Daten als Punktwolke. Mit $\bar{x} = 380$ und $\bar{y} = 41000$ erhalten wir die Kovarianz

$$
\begin{aligned}
\sigma_{x,y} = \frac{1}{6} \Big[& (360-380)(52000-41000) + (750-380)(60000-41000) \\
& + (150-380)(18000-41000) + (500-380)(46000-41000) \\
& + (220-380)(25000-41000) + (300-380)(45000-41000) \Big] \\
= \; & 2\,490\,000.
\end{aligned}
\tag{7.6}
$$

Der Wert ist, wie zu erwarten war, positiv und zeigt damit eine tendenzielle Gleichläufigkeit an.

Nun messen wir den Umsatz in Tausend Euro, und notieren ihn mit einer eigenen Variablen

$$
Z = \frac{1}{1000} \, Y \ [\text{Tsd } €].
$$

Mit $\bar{x} = 380$ und $\bar{z} = 41$ erhalten wir diesmal für die Kovarianz:

$$
\begin{aligned}
\sigma_{x,z} &= \frac{1}{6} \big[(360 - 380)(52 - 41) + (750 - 380)(60 - 41) \\
&\quad + (150 - 380)(18 - 41) + (500 - 380)(46 - 41) \\
&\quad + (220 - 380)(25 - 41) + (300 - 380)(45 - 41) \big] \\
&= 2490 = \frac{\sigma_{x,y}}{1000}.
\end{aligned} \tag{7.7}
$$

Obwohl im Grunde beides Mal der gleiche Sachverhalt dargestellt wird, ist diesmal die Kovarianz um den Faktor 1000 kleiner. Daher entzieht sich der absolute Wert der Kovarianz einer vernünftigen Interpretation. ☻

Die nachfolgende Formeln verallgemeinern das letzte Beispiel und zeigen, wie sich die Kovarianz bei linearen Transformationen verhält.

Umskalierung: Für $U = a \cdot X$ und $V = b \cdot Y$ gilt:

$$
\sigma_{u,v} = a \cdot b \cdot \sigma_{x,y}. \tag{7.8}
$$

Translation: Für $U = c + X$ und $V = d + Y$ gilt:

$$
\sigma_{u,v} = \sigma_{x,y}. \tag{7.9}
$$

Man erkennt, dass die additiven Konstanten c, d, die eine Translation bzw. Verschiebung der Punktwolke bewirken, keinen Einfluss auf die Kovarianz haben.

Vertauscht man bei der Kovarianz die Variablen X und Y, so entspricht dies einer Spiegelung der Punktwolke an der Winkelhalbierenden. Der Wert der Kovarianz ändert sich nicht:

Kommutativität

$$
\sigma_{x,y} = \sigma_{y,x} \tag{7.10}
$$

Der Beweis folgt unmittelbar aus der Definition (7.1).

Setzt man speziell $Y = X$, so berechnet man die Kovarianz der Variablen X mit sich selbst. In diesem Fall ist die Kovarianz mit der Varianz σ^2 der Variablen X identisch:

$$
\sigma_{x,x} = \frac{1}{N} \sum_{i=1}^{N} (x_i - \bar{x})(x_i - \bar{x}) = \frac{1}{N} \sum_{i=1}^{N} (x_i - \bar{x})^2 = \sigma^2. \tag{7.11}
$$

Die Punktwolke liegt exakt auf der Winkelhalbierenden, da jeder Punkt i die Koordinaten (x_i, x_i) besitzt.

Zusammenhang von Varianz und Kovarianz

$$\sigma_{x,x} = \sigma^2 \tag{7.12}$$

Die Formel der Kovarianz (7.1) haben wir bereits auf Seite 96 als Formel (6.13) kennen gelernt. Dort diente sie zur Berechnung der Varianz einer Summe S. Der Vollständigkeit halber zitieren wir das Ergebnis (6.12) nochmals:

Varianz einer Summe $S = X + Y$

$$\sigma_s^2 = \sigma_x^2 + \sigma_y^2 + 2 \cdot \sigma_{x,y}. \tag{7.13}$$

Dies zeigt auch, dass die Varianz σ_s^2 einer Summe davon abhängt, wie stark die Summanden X und Y gleich- oder gegenläufiges Verhalten aufweisen. Im ersten Fall erhöht eine positive Kovarianz die Varianz der Summe, und im zweiten Fall reduziert eine negative Kovarianz die Varianz der Summe.

Beispiel (Stromversorgung). In Wattlingen hat der Energieversorger im letzten Jahr täglich gemessen, wie viel Energie Strom X [MWh] im nördlichen Teil der Stadt, und wie viel Energie Strom Y [MWh] im südlichen Teil der Stadt verbraucht worden sind. Da an einem Tag in Wattlingen Ferientage, Wochentage, Wetter und ähnliche Einflussfaktoren im Norden und Süden gleichermaßen auftreten, besteht zwischen X und Y eine tendenzielle Gleichläufigkeit, die mit einer Kovarianz von

$$\sigma_{x,y} = 35 \, [\text{MWh}^2]$$

quantifiziert worden ist. Zudem hat man die Standardabweichungen

$$\sigma_x = 11 \, [\text{MWh}] \qquad \text{und} \qquad \sigma_y = 8 \, [\text{MWh}]$$

berechnet. Mit diesen Angaben kann man für den täglichen Gesamtverbrauch $S = X + Y$ die Varianz und Standardabweichung berechnen:

$$\sigma_s^2 \overset{(7.13)}{=} \sigma_x^2 + \sigma_y^2 + 2 \cdot \sigma_{x,y} = 11^2 + 8^2 + 2 \cdot 35 = 255 \, [\text{MWh}^2]$$

$$\sigma_s = \sqrt{255} = 15.969 \, [\text{MWh}].$$

Das letzte Beispiel soll in erster Linie einen Rechenweg veranschaulichen, dessen wahrer Sinn und Zweck sich leider erst später im Rahmen der Wahrscheinlichkeitsrechnung entfalten wird, um beispielsweise das Risiko einer Stromunterversorgung zu bestimmen.

Alternative Berechnungsmethoden

Da die Berechnung der Kovarianz relativ umständlich ist, benutzt man gerne eine etwas einfachere Formel, die auch für diverse theoretische Untersuchungen vorteilhaft sein kann. Diese Formel beruht auf Umformungen, deren Details man auf Seite 462 nachlesen kann.

$$\sigma_{x,y} \;=\; \frac{1}{N} \sum x_i y_i - \bar{x} \cdot \bar{y}. \tag{7.14}$$

Wegen (7.12) erhält man so auch für die Varianz eine etwas bequemere Berechnungsmethode;

$$\sigma^2 \;=\; \frac{1}{N} \sum x_i^2 \;-\; \bar{x}^2. \tag{7.15}$$

Abschließend sei noch darauf hingewiesen, dass man die Kovarianz auch ohne Kenntnis einer bivariaten Urliste berechnen kann, sofern die bivariate Verteilung $h(x,y)$ zur Verfügung steht. Dazu muss man in der Formel (7.1) den Mittelwert mit einem gewogenen Durchschnitt berechnen. Von dieser Möglichkeit haben wir auch schon bei der Formel der Varianz (5.10) in ähnlicher Weise Gebrauch gemacht.

Berechnung der Kovarianz mit Hilfe der gemeinsamen Verteilung h(x, y)

Zu den verschiedenen Variablenwerten $x_1, x_2, ..., x_m$ und $y_1, y_2, ..., y_n$ seien die relativen Häufigkeiten $h(x_k, y_i) = h(X = x_k, Y = y_i)$ bekannt. Dann gilt:

$$\sigma_{x,y} \;=\; \sum_{k=1}^{m} \sum_{i=1}^{n} (x_k - \bar{x})(y_i - \bar{y}) \cdot h(x_k, y_i). \tag{7.16}$$

7.3 Deskriptive Korrelation nach Bravais Pearson

Wie bereits erwähnt, ist der absolute Wert der Kovarianz nicht aussagekräftig, da er sich um den gleichen Faktor verändert, mit dem man die Variablen X oder Y umskaliert. Insofern kann man je nach Wahl der Einheiten die Kovarianz beliebig groß oder klein machen.

Dieses Manko lässt sich beseitigen, indem man die Variablen X und Y gemäß (6.22) zu Z_x und Z_y standardisiert, und anschließend deren Kovarianz σ_{Z_x, Z_y} berechnet. Zu exakt dem selben Ergebnis kommt man, wenn die Kovarianz $\sigma_{x,y}$ durch die Standardabweichungen von X und Y dividiert wird.

Korrelation nach Bravais Pearson

$$\rho_{x,y} \;=\; \frac{\sigma_{x,y}}{\sigma_x \cdot \sigma_y} \tag{7.17}$$

Sollte eine der Variablen X oder Y konstant sein, ergibt sich im Nenner eine Null. Für diesen Fall ist die Korrelation undefiniert.

Man kann die Korrelation als eine Art "normierte" Kovarianz auffassen, denn sie kann prinzipiell nur Werte zwischen -1 und +1 annehmen. Dies lässt sich mit Hilfe der "Cauchy-Schwarzschen Ungleichung" beweisen, auf die wir hier allerdings nicht näher eingehen.

Normierende Eigenschaft
$$-1 \leq \rho_{x,y} \leq 1. \tag{7.18}$$

Die Extremwerte werden angenommen, wenn die Gestalt der Punktwolke eine Gerade[1] ist:

$$\rho_{x,y} = -1 \quad \Leftrightarrow \quad \text{fallenden Gerade,}$$
$$\rho_{x,y} = +1 \quad \Leftrightarrow \quad \text{steigenden Gerade.} \tag{7.19}$$

Diese Eigenschaften zeigen, dass die Korrelation nach Bravais Pearson die Gleich- oder Gegenläufigkeit nicht in einem allgemeinen Sinn misst, sondern bewertet, wie stark zwischen den Variablen X und Y ein **linearer Zusammenhang** bzw. eine lineare Gleich- oder Gegenläufigkeit besteht.

Wie bereits angekündigt, bleibt der Wert der Korrelation bei einer Umskalierung, das einer Streckung oder Stauchung der Punktwolke gleichkommt, unverändert. Zudem sind Verschiebungen (Translationen) der Punktwolke ohne Einfluss:

Umskalierung: Für $U = a \cdot X$ und $V = b \cdot Y$ mit positiven Faktoren $a > 0$ und $b > 0$ gilt:

$$\rho_{u,v} = \rho_{x,y}. \tag{7.20}$$

Translation: Für $U = c + X$ und $V = d + Y$ gilt:

$$\rho_{u,v} = \rho_{x,y}. \tag{7.21}$$

Die Formel (7.20) lässt sich mit

$$\sigma_{u,v} \stackrel{(7.8)}{=} a \cdot b \cdot \sigma_{x,y}, \qquad \sigma_u \stackrel{(6.5)}{=} a \cdot \sigma_x, \qquad \sigma_v \stackrel{(6.5)}{=} b \cdot \sigma_y$$

und

$$\rho_{u,v} = \frac{\sigma_{u,v}}{\sigma_u \cdot \sigma_v} = \frac{a \cdot b \cdot \sigma_{x,y}}{a \cdot \sigma_x \cdot b \cdot \sigma_y} = \frac{\sigma_{x,y}}{\sigma_x \cdot \sigma_y} = \rho_{x,y}$$

beweisen.

---

[1] Punktwolken, die exakt wie eine waagrecht oder senkrecht verlaufende Gerade aussehen, sind ausgeschlossen, da für diese $\sigma_x = 0$ oder $\sigma_y = 0$ gilt, und dann der Nenner in (7.17) Null wäre.

Beispiel (Fortsetzung). Im Beispiel "Umsatz und Kundenanzahl" auf Seite 112 haben wir bereits die Kovarianzen zu X, Y und $Z = \frac{1}{1000} \cdot Y$ berechnet: $\sigma_{x,y} = 2\,490\,000$ und $\sigma_{x,z} = 2490 = \frac{1}{1000} \cdot 2\,490\,000$. Bestimmt man zudem noch die Varianzen und Standardabweichungen

$$
\begin{aligned}
\sigma_x^2 &= \frac{1}{6} \big[(360 - 380)^2 + (750 - 380)^2 + (150 - 380)^2 + (500 - 380)^2 \\
&\quad + (220 - 380)^2 + (300 - 380)^2 \big] \quad = 39433.3, \\
\sigma_x &= \sqrt{39433.3} = 198.6,
\end{aligned}
$$

$$
\begin{aligned}
\sigma_y^2 &= \frac{1}{6} \big[(52000 - 41000)^2 + (60000 - 41000)^2 + (18000 - 41000)^2 \\
&\quad + (46000 - 41000)^2 + (25000 - 41000)^2 + (45000 - 41000)^2 \big] = 218\,000\,000, \\
\sigma_y &= \sqrt{218\,000\,000} = 14\,764.8,
\end{aligned}
$$

$$
\begin{aligned}
\sigma_z^2 &\overset{(6.4)}{=} \left(\frac{1}{1000} \right)^2 \cdot \sigma_y^2 = \left(\frac{1}{1000} \right)^2 \cdot 218\,000\,000, \\
\sigma_z &= \sqrt{\left(\frac{1}{1000} \right)^2 \cdot 218\,000\,000} = \frac{1}{1000} \cdot \sqrt{218\,000\,000} = \frac{1}{1000} \cdot 14\,764.8,
\end{aligned}
$$

so erhalten wir die Korrelationen

$$
\rho_{x,y} = \frac{\sigma_{x,y}}{\sigma_x \sigma_y} = \frac{2\,490\,000}{198.6 \cdot 14764.8} = 0.8493, \tag{7.22}
$$

$$
\rho_{x,z} = \frac{\sigma_{x,z}}{\sigma_x \sigma_z} = \frac{\frac{1}{1000} \cdot 2\,490\,000}{198.6 \cdot \left(\frac{1}{1000} \cdot 14764.8 \right)} = 0.8493. \tag{7.23}
$$

Beide Korrelationen sind vor und nach der Umskalierung gleich. Es ist also egal, in welcher Währung man den Umsatz misst, die tendenziell gleichläufige Beziehung zwischen der Kundenanzahl und des Umsatzes wird immer mit 0.8493 relativ hoch bewertet. Der Maximalwert 1 wird nicht erreicht, da die Punktwolken in den Abbildungen 7.3 und 7.4 nicht perfekt auf einer Geraden liegen, d.h. der Zusammenhang ist nicht perfekt linear gleichläufig.

Interessant wäre es auch, wenn man weitere Einflussfaktoren wie etwa die Werbung, das Wetter (Temperatur), das Alter der Kunden oder andere Variablen einbeziehen könnte, um zu vergleichen, wie hoch jeweils deren Korrelationen mit dem Umsatz ist. ☻

Um die Eigenschaften der Korrelation nach Bravais Pearson besser verstehen zu können, geben wir weitere Beispiele:

- **Perfekte, positive Korrelation**

  Die Punktwolke liegt ausnahmslos auf einer steigenden Geraden. Es besteht ein linearer Zusammenhang:

$$Y = a + b \cdot X \quad \text{mit} \quad b > 0.$$

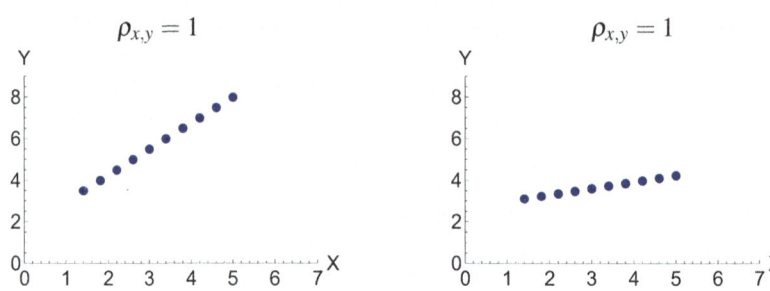

Die Korrelation beträgt genau 1, egal wie stark der Anstieg b der Geraden ist.

- **Perfekte, negative Korrelation**

  Die Punktwolke liegt ausnahmslos auf einer fallenden Geraden. Es besteht ein linearer Zusammenhang:

$$Y = a + b \cdot X \quad \text{mit} \quad b < 0.$$

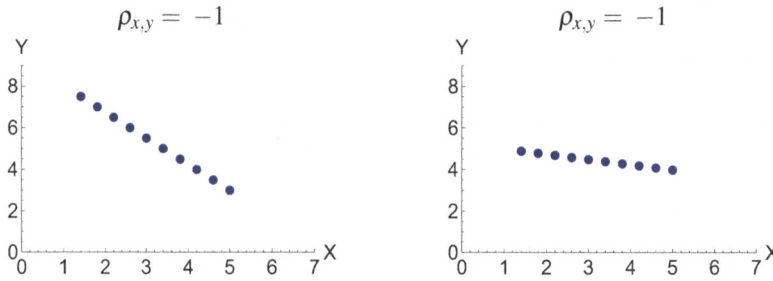

Die Korrelation beträgt genau -1, egal wie negativ die Steigung b der Geraden ist.

- **Hohe, aber keine perfekte Korrelation**

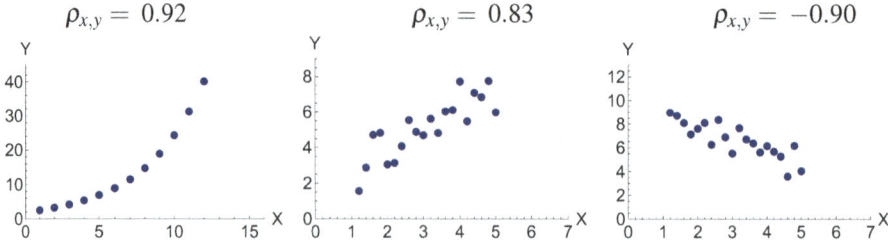

In allen Bildern ist die Korrelation nicht mehr 1 bzw. -1. Im linken Bild besteht zwar eine perfekte Gleichläufigkeit, d.h. strenge Monotonie, aber die Punktwolke hat eine Krümmung, weshalb kein perfekter linearer Zusammenhang besteht. Im mittleren Bild ähnelt die Punktwolke einer steigenden Geraden, bei der die Punkte etwas "verrutscht" sind. Es liegt keine ausnahmslose Gleichläufigkeit vor. Analog liegt im rechten Bild keine ausnahmslose Gegenläufigkeit vor.

■ **Keine bzw. sehr schwache Korrelation**

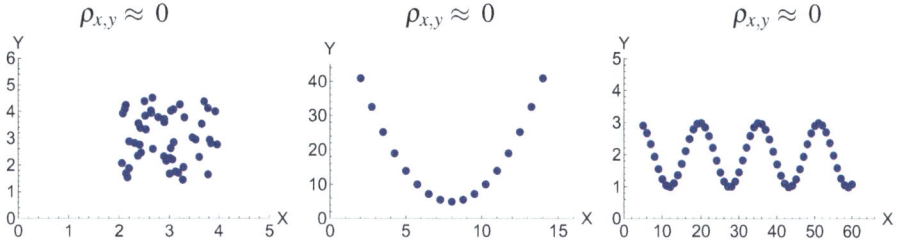

Im linken Bild ist keine Struktur im Sinne von Gleich- oder Gegenläufigkeit zu erkennen. Die Variable Y nimmt **unabhängig** von X ihre Werte an. Im mittleren Bild liegt erst eine perfekte Gegenläufigkeit (fallende Monotonie), und ab der zweiten Hälfte des Bildes eine perfekte Gleichläufigkeit (steigende Monotonie) vor. Insofern müsste die Korrelation negativ und positiv zugleich sein. Letztlich liegt sie bei Null. Im rechten Bild verhält es sich ähnlich.

Vorsicht Falle:
Viele Anwender denken bei einer Korrelation von fast Null nur an das linke Bild, und schließen, dass zwischen X und Y kein Zusammenhang besteht. Das mittlere Bild zeigt aber beispielhaft, dass dieser Schluss nicht zwingend ist, denn dort besteht ein recht deutlicher Zusammenhang, den man sogar mit einer Parabel bzw. einer mathematischen, quadratischen Funktion $Y = a + b \cdot X + c \cdot X^2$ beschreiben könnte. Im rechten Bild verhält es sich ähnlich.

■ **Undefinierte Fälle**

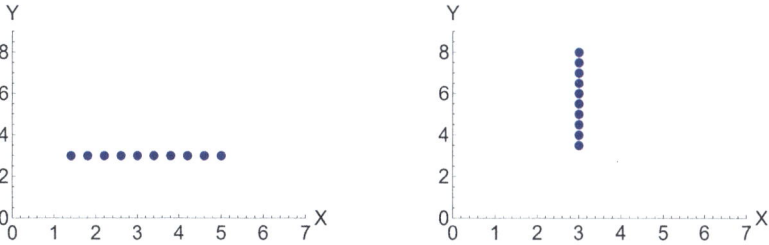

Bei $Y = a + 0 \cdot X = a$ ergibt sich, wie im linken Bild, eine exakt waagrecht verlaufende Gerade. In diesem Fall ist jeder y-Wert **konstant** a, gleich welcher Wert für X vorliegt. Folglich besteht *keine* Abhängigkeit zwischen X und Y, d.h. weder Gegen- noch Gleichläufigkeit. Die Korrelation ist dann wegen $\sigma_y = 0$ im Nenner von (7.17) nicht definiert.
Analog verhält es sich bei einer senkrechten Geraden, da hier $\sigma_x = 0$ gilt. In diesem Fall ist jeder x-Wert **konstant**, unabhängig von Y.

Die Kovarianz $\sigma_{x,y}$ ist übrigens in beiden Fällen definiert und nimmt den Wert Null an.

Rein formal kann man auch die Korrelation einer Variablen X mit sich selbst berechnen. Dies entspricht dem Spezialfall $Y = 0 + 1 \cdot X = X$. Die Punktwolke liegt exakt auf der Winkelhalbierenden und verläuft somit perfekt linear. Die Korrelation ist dann gleich 1.

Korrelation einer Variablen X mit sich selbst

$$\rho_{x,x} = 1. \tag{7.24}$$

Rechnerisch erhält man dieses Resultat durch Einsetzen von $\sigma_{x,x} \overset{(7.12)}{=} \sigma_x^2$ und $\sigma_y = \sigma_x$ in (7.17). Außerdem folgt aus (7.17) und (7.10):

Kommutativität

$$\rho_{x,y} = \rho_{y,x}. \tag{7.25}$$

Beispiel (Wohnqualität). Es gibt eine Untersuchung[2], bei der man Boston in 506 bewohnte Parzellen unterteilt hat. Zu jeder Parzelle hat man Messwerte zur Umwelt, zur sozialen Struktur, zur Wohnqualität und mehr erfasst. Wir beschränken uns hier auf die folgenden Variablen:
Entfernung = mittlerer Abstand zu fünf Gewerbegebieten, NOX = mittlere Stickoxidbelastung pphm (parts per hundred million), Zimmer = mittlere Anzahl an Räumen in einer Wohnung, Preis = Median des Wertes von Wohneigentum.
Zu diesen Variablen haben wir jeweils paarweise die Korrelationen berechnet, und die Ergebnisse in einer sogenannten **Korrelationsmatrix** notiert. Die Abbildung 7.5 zeigt die zu Grunde liegenden Daten.

	Entfernung	NOX	Zimmer	Preis
Entfernung	1	-0.769	0.205	0.250
NOX	-0.769	1	-0.302	-0.427
Zimmer	0.205	-0.302	1	0.695
Preis	0.250	-0.427	0.695	1

Man erkennt an den Einsen auf der Diagonalen die Eigenschaft (7.24). Außerdem ist die Korrelationsmatrix zu dieser Diagonalen wegen (7.25) symmetrisch.

[2]Harrison, D. and Rubinfeld, D.L. (1978), Hedonic Housing Prices and the Demand for Clean Air. J. Environ. Economics and Management 5, 81-102.

Wohnqualität in Boston - Streudiagramme zur Korrelationsmatrix

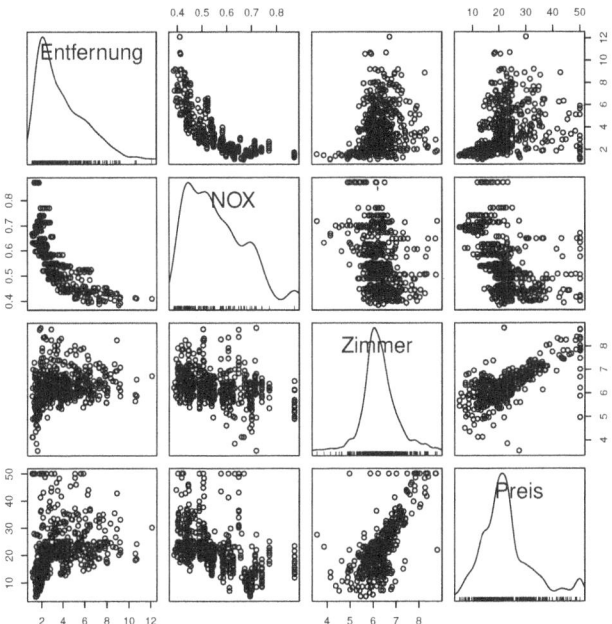

Abb. 7.5 Auf der Diagonalen sind die univariaten Verteilungen der jeweiligen Variablen mit "geglätteten" Histogrammen dargestellt. Man beachte auch die nicht-lineare, bananenförmige Beziehung zwischen der Entfernung und NOX!

Die Korrelation $\rho_{\text{Entf, Preis}} = 0.250$ besagt, dass Wohnungen um so teurer werden, je weiter sie vom Gewerbegebiet entfernt liegen. Zwar muss man dann weitere Wege zur Arbeitsstelle zurücklegen, jedoch kann man wegen der ziemlich deutlichen Korrelation $\rho_{\text{NOX, Entf}} = -0.769$ vermuten, dass die schlechte Luft von den Gewerbegebieten stammt. Zudem bestätigt $\rho_{\text{NOX, Preis}} = -0.427$, dass eine bessere Luft die Wohnungen wertvoller macht. Am deutlichsten hängt der Preis allerdings von der Anzahl der Zimmer ab: $\rho_{\text{Zimmer, Preis}} = 0.695$.

Die restlichen Korrelationen sind ähnlich plausibel interpretierbar.

Interessant wäre es, die Untersuchung von Boston analog in einer anderen Stadt durchzuführen. Hängen dort die Preise in gleicher Weise von den anderen Variablen ab? Ein Wohnungsmakler oder Käufer fände das bestimmt interessant! ☻

7.4   Rangkorrelation nach Spearman

Die Korrelation nach Bravais Pearson bewertet gleich- oder gegenläufige Abhängigkeit nur in einem sehr speziellen, nämlich linearen Sinn. Nun wollen wir uns von dieser Einschränkung befreien und eine gleich- oder gegenläufige Abhängigkeit im generellen Sinn bemessen.

Dies erreichen wir, indem wir der Korrelation nach Bravais Pearson ein spezielles Transformationsverfahren vorschalten, das eine gekrümmte Punktwolke gewissermaßen "gerade zu biegen" vermag, ohne dabei die Gleich- oder Gegenläufigkeit zu verändern. So wird beispielsweise jede Punktwolke mit perfekter Gleichläufigkeit zu einer steigenden geradlinigen Punktwolke, und jede Punktwolke mit perfekter Gegenläufigkeit zu einer fallenden, geradlinigen Punktwolke transformiert.

Das vorgeschaltete Transformationsverfahren beruht darauf, dass man sowohl zur Variablen X, als auch zur Variablen Y die jeweiligen **Rangzahlen** $R(X)$ und $R(Y)$ bestimmt. Die Rangzahl

$$R(x_i) = \text{ Rangzahl zum Messwert } x_i \tag{7.26}$$

gibt an, der "wie viel größte Wert" x_i unter allen x-Werten ist. Der kleinste Merkmalswert besitzt somit die Rangzahl 1, der zweit kleinste Merkmalswert die Rangzahl 2, ..., und der größte Merkmalswert die Rangzahl N. Bei der Variablen Y gehen wir analog vor.

Rangkorrelation nach Spearman

$$\rho_{R(X),R(Y)} = \text{ Korrelation gemäß (7.17) bezüglich der Rangzahlen } R(X) \tag{7.27}$$
$$\text{und } R(Y).$$

Beispiel (Sportler). Es treten $N = 5$ Kinder zu einem Wettkampf an, bei dem man beim Hochsprung die Höhe X [m], im Weitsprung die Weite Y [m], beim Kugelstoßen die Weite Z [m] und beim Einhundertmeterlauf die Zeit T [sec] misst. Zudem ermittelt man für jede Disziplin getrennt ein Ranking, aus dem die Positionierung des einzelnen Sportlers hervorgeht. Dies entspricht den Rangzahlen $R(X)$, $R(Y)$, $R(Z)$, $R(T)$. Dabei erhält der kleinste Messwert die Rangzahl 1 und der größte Messwert die Rangzahl $N = 5$.

	X [m]	$R(X)$	Y [m]	$R(Y)$	Z [m]	$R(Z)$	T [sec]	$R(T)$
Max	1.22	4	4.11	4	4.30	4	14.3	2.5
Fred	1.25	5	4.80	5	4.20	3	12.1	1
Bert	1.16	3	3.41	3	2.90	2	14.3	2.5
Gretl	0.80	1	2.70	1	4.60	5	15.0	5
Susi	1.01	2	2.90	2	1.80	1	14.6	4

Man erkennt, dass die Sportler beim Hochsprung und beim Weitsprung dieselbe Rangfolge einnehmen. Daher liegt hier eine perfekte Gleichläufigkeit zwischen X und Y vor.

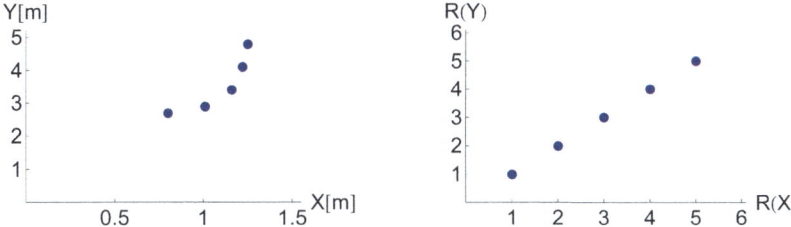

Da die Punktwolke im x-y-Diagramm gekrümmt ist, ergibt sich mit $\rho_{x,y} = 0.8685$ eine Korrelation nach Bravais Pearson, welche deutlich kleiner als 1 ist. Die Rangkorrelation hingegen erkennt die perfekt gleichläufige Beziehung mit $\rho_{R(X),R(Y)} = 1$. Man sieht hier auch, wie die linke Punktwolke durch die Rangzahlen gerade gebogen wird.

Zwischen den Variablen Y des Weitsprungs und Z des Kugelstoßens scheint weder gleich-, noch gegenläufiges Verhalten vorzuliegen. Gretl hat die geringste Weite im Weitsprung, dafür aber die größte Weite im Kugelstoßen. Max hingegen ist in beiden Disziplinen ziemlich gut.

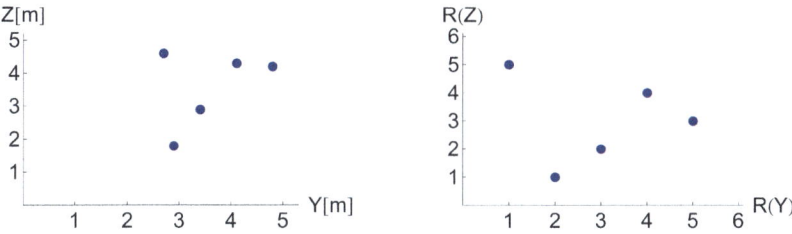

Zwischen Y und Z ergibt sich eine eher schwache positive Korrelation von $\rho_{y,z} = 0.381$ und zwischen den Rangzahlen $R(Y)$ und $R(Z)$ eine noch schwächere, negative Rangkorrelation von $\rho_{R(Y),R(Z)} = -0.10$. Die Berechnung der Rangkorrelation führen wir exemplarisch vor:
Mit $\overline{R(Y)} = \frac{1}{5}(1+2+3+4+5) = 3$, $\quad \overline{R(Z)} = 3 \quad$ und

$$\begin{aligned} \sigma^2_{R(Y)} &= \frac{1}{5} \left[(4-3)^2 + (5-3)^2 + (3-3)^2 + (1-3)^2 + (2-3)^2 \right] \\ &= 2, \\ \sigma^2_{R(Z)} &= 2 \end{aligned}$$

und

$$\sigma_{R(Y),R(Z)} = \frac{1}{5} \big[(4-3)(4-3) + (5-3)(3-3) + (3-3)(2-3)$$
$$+ (1-3)(5-3) + (2-3)(1-3) \big]$$
$$= -0.20 \tag{7.28}$$

erhält man

$$\rho_{R(Y),R(Z)} = \frac{\sigma_{R(Y),R(Z)}}{\sigma_{R(Y)} \cdot \sigma_{R(Z)}} = \frac{\sigma_{R(Y),R(Z)}}{\sigma_{R(Y)} \cdot \sigma_{R(Z)}} = \frac{-0.20}{\sqrt{2} \cdot \sqrt{2}} = -0.10.$$

Dieses Mal lässt sich die linke Punktwolke durch die Rangzahlen nicht gerade biegen, denn es liegt ja auch keine deutliche Gleich- oder Gegenläufigkeit vor.

Betrachten wir die Beziehung zwischen der Höhe X beim Hochsprung und der Zeit T beim Hundertmeterlauf, so ergibt sich eine tendenziell gegenläufige Abhängigkeit. Je höher ein Kind springt, desto kürzer die Zeit beim Hundertmeterlauf.

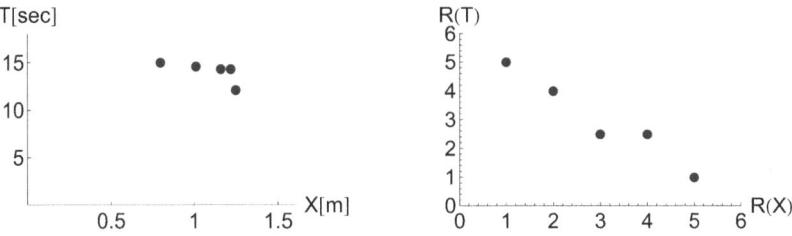

Auch hier erkennt man wieder, wie die linke Punktwolke durch die Rangzahlen möglichst gut gerade gebogen wird.

Bei der Bildung der Rangzahlen zum Merkmal T tritt die Besonderheit auf, dass der Wert 14.3 mehrfach vorkommt. Man spricht hier auch von einem sogenannten **Tie**. Es besteht die Konvention, als Rangzahl den Durchschnittswert derjenigen Rangzahlen zu nehmen, für die beide Merkmalswerte in Frage kommen könnten. Hier streiten sich Max und Bert mit dem Wert 14.3 um die Rangzahlen 2 und 3. Daher ordnet man sowohl bei Max, als auch bei Bert dem Wert 14.3 die durchschnittliche Rangzahl 2.5 zu. Sollte bei einem Tie mehr als nur zwei Personen beteiligt sein, ordnet man ihnen allen den Durchschnittswert der entsprechenden Rangzahlen zu.

Zwischen X und T ergibt sich eine negative Korrelation von $\rho_{X,T} = -0.69$ und zwischen den Rangzahlen $R(X)$ und $R(T)$ eine negative Rangkorrelation von $\rho_{R(X),R(T)} = -0.975$. Offenbar erkennt die Rangkorrelation die fast perfekt gegenläufige Abhängigkeit zwischen X und T besser. ☻

Regel zu Ties

Bindungen (Ties) treten auf, wenn bei einer Variablen X ein Wert mehrfach auftritt. Dann vergibt man zu diesem Wert den Durchschnittswert der Rangzahlen, die für diesen Wert in Frage kommen könnten.

Beispiel (Noten). In der Klasse 6c liegen zur letzten Erdkundeklausur folgende Noten vor: (Anton 1.7), (Berta 2.0), (Cäsar 3.3), (Detlev 3.3), (Egon 3.3), (Franziska 5.0), (Gudrun 5.0). Die Rangzahlen lauten mit der obigen Ties-Regel:
(Anton 1), (Berta 2), (Cäsar 4), (Detlev 4), (Egon 4), (Franziska 6.5), (Gudrun 6.5).
☻

7.5 Kausalität, Statistische Abhängigkeit, Korrelation

Es gehört zu den "beliebtesten" Fehlern, nicht klar zwischen diesen drei Begriffen zu unterscheiden. Um Fehlinterpretationen vorzubeugen, geben wir einen kurzen Überblick.

1. Kausalität

Eine kausale Abhängigkeit von Y bezüglich X liegt vor, wenn die Größe X die Ursache für die Wirkung Y ist.

Beispiele: Bei Kohlekraftwerken ist die verbrannte Menge X an Kohle die Ursache für die erzeugte Strommenge Y (Wirkung). Bei Tomatenpflanzen ist das Wohlergehen und damit auch der Ertrag Y der Pflanze ursächlich von der Wassermenge X abhängig. Zu viel Wasser ist schlecht, und zu wenig Wasser ist auch schlecht.

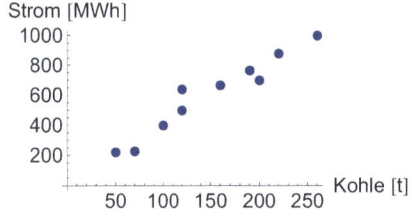
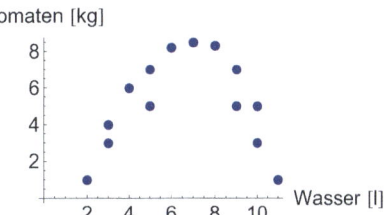

2. Statistische Abhängigkeit

Zwischen den Variablen X und Y besteht ein Zusammenhang, der sich durch eine Punktwolke mit "Struktur" erkennen lässt. Der Zusammenhang kann, muss aber nicht linear sein.

Beispiele: Jede kausal Abhängigkeit ist auch eine statistische Abhängigkeit. Insofern können wir die letzten beiden Beispiele an dieser Stelle nochmals anführen.

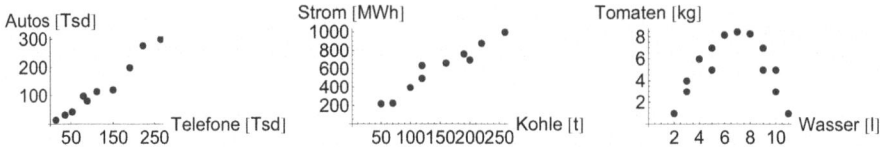

Das linke Bild zeigt Städte. In Städten, in denen es viele Telefone X gibt, sind gleichzeitig auch viele Autos Y zugelassen. Man beachte, dass in diesem Fall keine Kausalität zwischen den Variablen X und Y vorliegt. Weder die Telefone sind ursächlich für die Anzahl der Autos, noch sind die Autos ursächlich für die Anzahl der Telefone. Vielmehr dürfte hier eine dritte Variable "Z = Anzahl der Einwohner der Stadt" sowohl ursächlich für X, als auch für Y sein.

3. **Korrelation**

Von hoher Korrelation spricht man, falls $\rho_{x,y} \approx 1$ oder $\rho_{x,y} \approx -1$ ist. Die Sprechweise "keine Korrelation" steht für den Fall, dass die Korrelation sehr gering, also fast Null ist: $\rho_{x,y} \approx 0$.

● **Hohe Korrelation**

Zwischen den Variablen X und Y besteht ein fast perfekter linearer Zusammenhang. Damit besteht auch eine statistische Abhängigkeit, die jedoch nicht zwingend kausal sein muss.

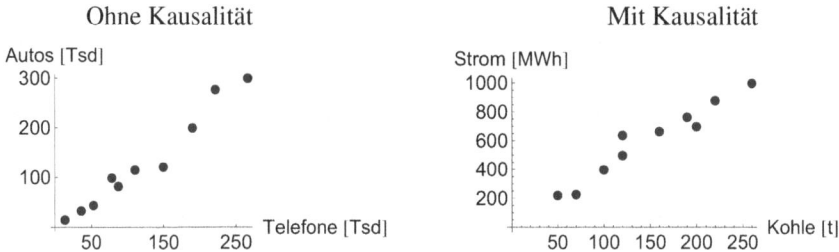

● **Keine Korrelation**

Liegt keine Korrelation vor, muss man drei Fälle unterscheiden. Leider denken Anwender oftmals nur an den ersten Fall (i), obwohl einer der Fälle (ii) oder (iii) zutreffen könnte.

i. **Keine Korrelation bei statistischer Unabhängigkeit**

X und Y weisen keine Abhängigkeit bzw. keine strukturierte Punktwolke auf. Beispiel: Es wird zu jedem Einwohner eines Dorfes jeweils die Hausnummer X und die Körpergröße Y ermittelt.

Offensichtlich besteht zwischen diesen beiden Variablen keinerlei Zusammenhang. Die Variablen X und Y verteilen sich vollkommen **unabhängig**. Natürlich liegt auch keine Kausalität vor.

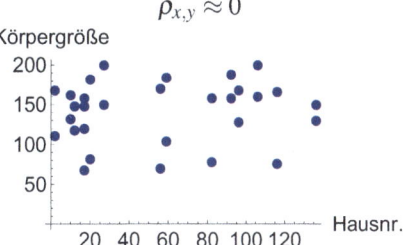

ii. Keine Korrelation trotz Kausalität

X und Y sind zwar statistisch abhängig und **kausal**, die Punktwolke weist aber **gleich- und gegenläufige** Strukturen gleichermaßen auf.

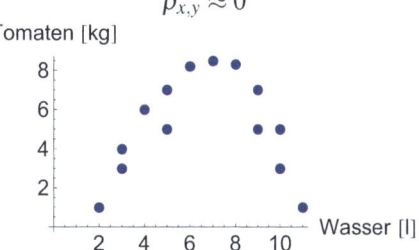

iii. Keine Korrelation trotz statistischer Abhängigkeit, aber ohne Kausalität

Wie im Fall (ii), jedoch tragen wir an der x-Achse statt der Wassermenge X die Wasserkosten K ab. Da die Wasserkosten bis auf einen Faktor mit der Wassermenge identisch sind, ändert sich die Gestalt der Punktwolke nicht. Die Geldgröße K ist aber nicht ursächlich für das Tomatenwachstum.

Überblick

Die nachfolgende Tabelle zeigt sämtliche Kombinationen, die zwischen den drei Begriffen denkbar sind. Nicht alle Kombinationen kann man in der Realität antreffen.

stat. Abhängigkeit	Kausalität	Korrelation	Beispiel
ja	ja	ja	Kohlekraftwerke
ja	ja	nein	Tomaten/Wasser
ja	nein	ja	Telefon/Autos
ja	nein	nein	Tomaten/Wasserkosten
nein	ja	ja	**nicht möglich**
nein	ja	nein	**nicht möglich**
nein	nein	ja	**nicht möglich**
nein	nein	nein	Hausnr./Körpergr.

Die nachfolgenden Diagramme zeigen, welche Schlussfolgerungen erlaubt sind, und welche nicht erlaubt sind:

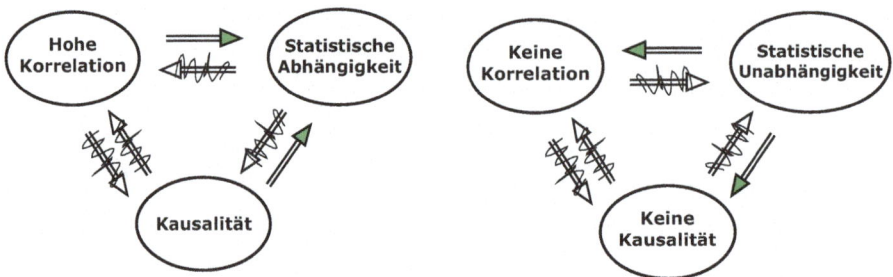

Bemerkung:

Das Beispiel "Telefone und Auto" zeigt, dass eine hohe Korrelation gemessen werden kann, obwohl keine Kausalität vorliegt. In der Literatur wird dieser Fall als **Scheinkorrelation** bezeichnet. Dies ist jedoch im Grunde etwas irreführend und unglücklich, denn tatsächlich liegt unstrittig eine hohe Korrelation vor. Da man aber ausdrücken möchte, dass keine kausale Abhängigkeit besteht, wäre es angemessener, statt von einer "Scheinkorrelation" von einer **Scheinkausalität** zu sprechen.

In der Literatur wird hierfür auch gerne ein Beispiel zitiert, bei dem ein Statistiker festgestellt hat, dass über einige Jahre hinweg in Deutschland eine hohe Korrelation zwischen dem Storchenbestand X und der Anzahl Y der neugeborenen Babys bestanden hat. Man sollte sich also generell davor hüten, aus einer statistischen Abhängigkeit einen kausalen Zusammenhang zu folgern!

7.6 Weitere Eigenschaften

Ausreißer

Die Korrelation nach Bravais Pearson ist "ausreißersensitiv". Liegt beispielsweise nur ein einziger Punkt deutlich außerhalb der Punktwolke, so kann er den Wert der Korrelation erheblich verändern. Lässt man den Ausreißer wie einen Mond um die Punktwolke herumwandern, kann man praktisch jeden Korrelationswert zwischen -1 und 1 erzeugen.

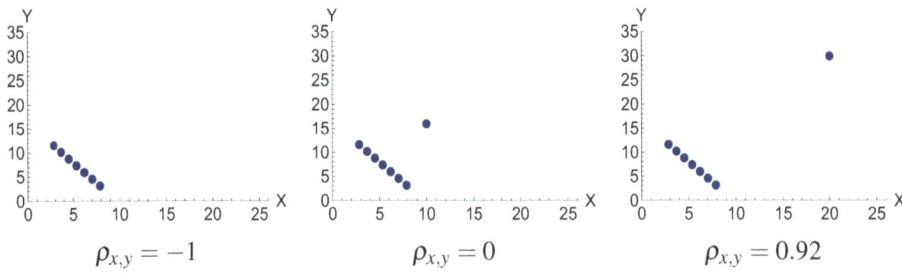

$$\rho_{x,y} = -1 \qquad\qquad \rho_{x,y} = 0 \qquad\qquad \rho_{x,y} = 0.92$$

Im Bild ganz rechts "sieht" die Korrelation im Grunde nur zwei Punkte: Einen etwas "länglich" geformten Punkt unten links und einen Punkt oben rechts. Insofern könnte man eine aufsteigende Gerade festlegen.

Bei der Rangkorrelation nach Spearman ist der Ausreißereffekt bei weitem geringer. Insofern ist die Rangkorrelation "robuster". Zur Veranschaulichung haben wir obige x-y-Punktwolken nochmals bezüglich ihrer Rangzahlen $R(X)$ und $R(Y)$ abgetragen:

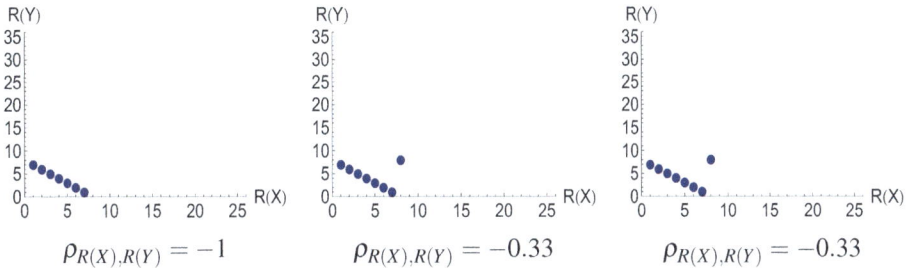

$$\rho_{R(X),R(Y)} = -1 \qquad \rho_{R(X),R(Y)} = -0.33 \qquad \rho_{R(X),R(Y)} = -0.33$$

Simpson-Effekt

Es kann vorkommen, dass zwei Variablen innerhalb von Teilgesamtheiten eine ganz andere Korrelation aufweisen als in der kompletten Grundgesamtheit. Dieses Phänomen nennt man Simpson-Effekt.

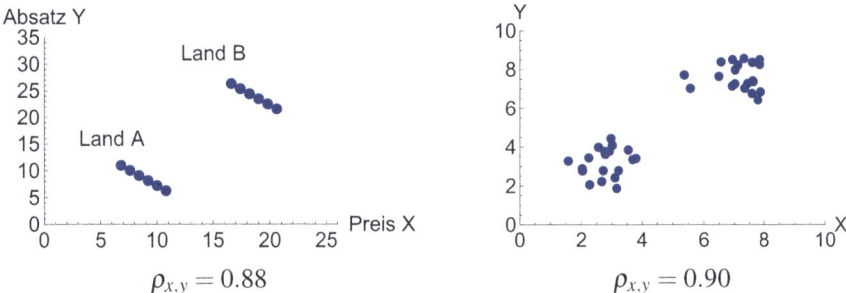

$$\rho_{x,y} = 0.88 \qquad\qquad \rho_{x,y} = 0.90$$

In der linken Abbildung ist eine Beziehung zwischen dem Preis X und dem Absatz Y eines Gutes dargestellt. Die fallende Punktwolke links unten gibt die Messwerte im Land A, und die fallende Punktwolke rechts oben die Messwerte im Land B wieder. Die beiden Punktwolken liegen getrennt, da in beiden Ländern die Kaufkraft und die Konsumneigung so verschieden sind, dass im Land B sowohl die Preise X als auch der Absatz Y generell höher als in A liegen. Innerhalb der Teilgesamtheiten ergibt sich jeweils eine perfekt linear gegenläufige Abhängigkeit mit einer Korrelation von -1, was die allgemein bekannte Gegenläufigkeit von Preis und Absatz bestätigt. Sollte der Anwender den Simpson-Effekt nicht erkennen und beide Länder als Ganzes betrachten, würde er eine positive Korrelation von $\rho_{x,y} = 0.88$ feststellen und daraus den fatalen, da falschen

Schluss ziehen, dass mit steigenden Preisen auch der Absatz steigt.

Die rechte Abbildung zeigt eine Situation, bei der die Variablen X und Y in den Teilpopulationen nahezu unkorreliert sind, in der Gesamtpopulation aber eine hohe Korrelation aufweisen.

Die genauere Betrachtung von Korrelationen auf Teilgesamtheiten führt zu dem Begriff der **partiellen Korrelation** bzw. bedingten Korrelation, auf den wir hier allerdings nicht näher eingehen werden. In diesem Zusammenhang ist es üblich, die Teilpopulationen mit Hilfe einer dritten Variablen Z festzulegen.

Kritik

Die deskriptive Kovarianz und deskriptive Korrelation sind Kenngrößen, die nur bezüglich der konkret vorliegenden Grundgesamtheit aussagekräftig sind. Sollten die gemessenen Werte Stichprobencharakter besitzen, stellt sich die Frage, wie stabil der Wert der Korrelation ist, denn die Punktwolke und damit auch die Korrelation sind dann Ergebnisse, die zufälligen Einflüssen unterliegen. Dies lässt sich nur im Rahmen der Wahrscheinlichkeitstheorie und Induktiven Statistik vernünftig bewerten.

8 Deskriptive Regressionsrechnung

Übersicht

Mit Hilfe der Kovarianz und Korrelation können wir quantitativ bewerten, wie stark zwei Variablen X und Y voneinander abhängen. Nun gehen wir noch einen Schritt weiter, und versuchen die statistische Abhängigkeit zwischen X und Y mit Hilfe einer "geeigneten" Funktion $y = f(x)$ zu beschreiben. Die unabhängige Variable X bezeichnet man als Predictor oder Regressor, und die abhängige Variable Y als Response oder Regressand. Dabei unterstellen wir, dass die Variablen X und Y metrisch sind, und ihre Werte in Form einer bivariaten Urliste $(x_1, y_1), (x_2, y_2), \ldots (x_N, y_N)$ paarweise vorliegen.

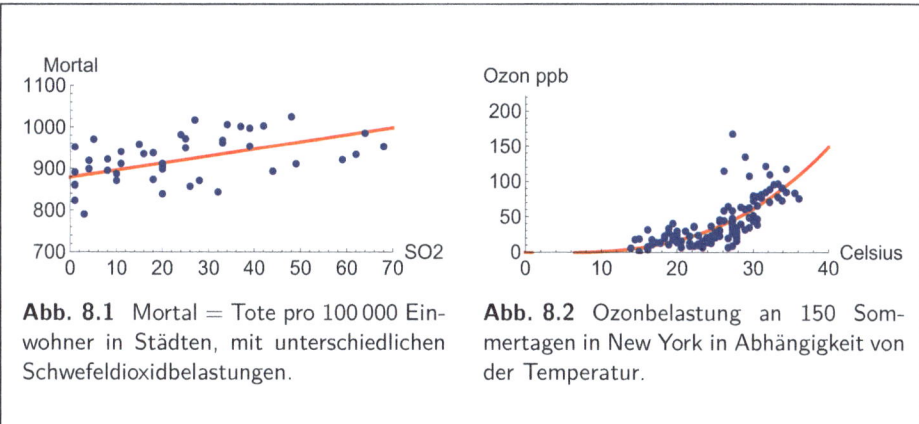

Abb. 8.1 Mortal = Tote pro 100 000 Einwohner in Städten, mit unterschiedlichen Schwefeldioxidbelastungen.

Abb. 8.2 Ozonbelastung an 150 Sommertagen in New York in Abhängigkeit von der Temperatur.

© Springer-Verlag GmbH Deutschland, ein Teil von Springer Nature 2019
C. Weigand, *Statistik mit und ohne Zufall*,
https://doi.org/10.1007/978-3-662-59309-7_8

In der Abbildung 8.1 liegen solche Messwertepaare[1] zu 60 Städten in den USA als Punktwolke vor. Die eingezeichnete **lineare Regressionsfunktion** $y = 880 + 1.7 \cdot x$ versucht die statistische Abhängigkeit zwischen der Variablen Mortal (Mortalität pro 100 000 Einwohner) und der Schwefeldioxidbelastung SO2 zu beschreiben. Die Formel könnte man benutzen, um bei gegebener Schwefeldioxidbelastung X die mittlere Mortalitätsrate Y zu berechnen. Zudem haben wir den Anstieg der Mortalitätsrate mit 1.7 pro Erhöhung der Schwefeldioxidbelastung X quantifiziert. Man ahnt auch, welche Entwicklung bei noch höheren Werten rechts der Punktwolke zu erwarten wäre (Extrapolation).

Ähnlich verhält es sich in der Abbildung 8.2. Dort haben wir die **nicht-lineare Regressionsfunktion** $y = -0.118 \cdot x + 0.00243 \cdot x^3$ berechnet und eingezeichnet[2]. Richtig interessant wird es, wenn man hier noch weitere Einflussfaktoren, wie etwa die Windgeschwindigkeit, das Verkehrsaufkommen oder die Sonnenscheindauer zusätzlich miteinbeziehen könnte. Zusammen mit der Temperatur hätte man dann insgesamt 4 Regressoren X_1, X_2, X_3, X_4, für die man eine Regressionsfunktion $y = f(x_1, x_2, x_3, x_4)$ in 4 Variablen sucht, die sich möglichst gut an die gemessenen Daten anpasst. Man spricht hierbei von einer **multiplen Regression**. Da man pro Tag i jeweils 5 Werte $(x_{i1}, x_{i2}, x_{i3}, x_{i4}, y_i)$ misst, ist die Punktwolke der Messdaten 5-dimensional und nicht mehr anschaulich darstellbar. Insofern kann man den Zusammenhang auch nicht als Ganzes graphisch überblicken. Dann ist eine konkrete Formel $y = f(x_1, x_2, x_3, x_4)$ um so wertvoller.

In der Literatur bezeichnet man die Anpassung einer Funktion an eine Punktwolke auch als "Fitting Problem". Die prinzipielle Vorgehensweise kann man im Wesentlichen in zwei Schritte gliedern:

- **Schritt 1: Wahl eines geeigneten Funktions-Typs y = f(x).**
  Dadurch wird die Gestalt der Kurve in groben Zügen festgelegt. Beispiele:
  Lineare Funktion (Gerade) $y = a + bx$, Quadratische Funktion $y = a + bx + cx^2$, Exponentialfunktion $y = e^{a+bx}$, Logarithmische Funktion $y = \ln(a + bx)$, logistische Funktion $y = \frac{c}{1 + e^{a+bx}} + d$, usw.

- **Schritt 2: Anpassung der Funktion y = f(x) an die Punktwolke.**
  Es müssen für die Parameter $a, b, \ldots$ der im Schritt 1 festgelegten Funktion geeignete Werte bestimmt werden.

Die deskriptive Regressionsrechnung geht davon aus, dass die Messdaten die konkret vorliegende Grundgesamtheit vollständig und lückenlos beschreiben. Besitzen die gemessenen Werte jedoch nur Stichprobencharakter, repräsentieren sie nicht die ganze

---

[1]Quelle: McDonald, G.C. and Schwing, R.C. (1973), Instabilities of regression estimates relating air pollution to mortality, Technometrics, Vol.15, 463-482. Dort ist die Variable SO2 = "relative sulphur dioxide pollution potential"

[2]Quelle: New York State Department of Conservation und National Weather Service, Zeitraum: Mai-Sept. 1973.

Grundgesamtheit, sondern nur einen zufällig ausgewählten Teil. Dann wären aber auch die berechneten Regressionsfunktionen $y = f(x)$ von Stichprobe zu Stichprobe anders. Wir werden dieses Problem im Rahmen der Wahrscheinlichkeitstheorie und der Induktiven Statistik im Kapitel 18 aufgreifen.

8.1   Einfache lineare Regression

Bei einer linearen Regression wählt man in obigem "Schritt 1" den Funktionstyp:

$$f(x) = a + bx. \tag{8.1}$$

Bekanntlich ist in der Geometrie eine Gerade durch zwei Punkte eindeutig festgelegt. Entsprechend wird eine lineare Funktion (8.1) durch die zwei Parameter a, b eindeutig bestimmt.

Beispiel (Wasserverbrauch im Hotel). Cäcilie hat im Hotel "Goldener Schlummi" in $N = 5$ Wochen jeweils die Anzahl der Gäste X und den gesamten Wasserverbrauch Y in Kubikmetern pro Woche gemessen:

$$(20, 25), \quad (50, 35), \quad (70, 20), \quad (90, 30), \quad (100, 45).$$

Diese Werte sind in den Abbildungen 8.4 und 8.3 als Punktwolke dargestellt. Der Wasserverbrauch kann nur an einem einzigen Wasserzähler im Keller zentral für das gesamte Hotel abgelesen werden. Cäcilie möchte wissen, wie viel Wasserverbrauch einem Gast in unmittelbarer Weise zugeordnet werden kann.   ☻

Die Parameter a, b in (8.1) sollen so gewählt werden, dass die Gerade möglichst gut der gegebenen Punktwolke entspricht. Bei der Präzisierung von "möglichst gut" gibt es verschiedene Kriterien bzw. Ansätze. Das folgende Kriterium ist wohl das in der Statistik am häufigsten benutzte und orientiert sich an den gleichen Ideen, die auch der Definition der Varianz zu Grunde liegen. Dazu betrachten wir zu jedem Punkt (x_i, y_i) die Abweichung bzw. den "Error"

$$\begin{aligned} e_i = y_i - f(x_i) &= \text{gemessener } y\text{-Wert} \;-\; \text{berechneter } y\text{-Wert} \tag{8.2} \\ &= \text{realer Wert} \quad - \quad \text{Modell-Wert}, \end{aligned}$$

den man auch **Residuum** nennt. Als Kriterium für die Ähnlichkeit der Punktwolke mit der Funktion $f(x)$ dient die Summe aller quadrierten Residuen, wodurch die Abweichungen aller Punkte berücksichtigt werden. Wie schon bei der Definition der Varianz garantiert das Quadrieren, dass eine Abweichung nicht negativ in die Summe eingehen kann:

Je kleiner die Residuen e_i, desto besser die Anpassung

Beispiel "Wasserverbrauch im Hotel"

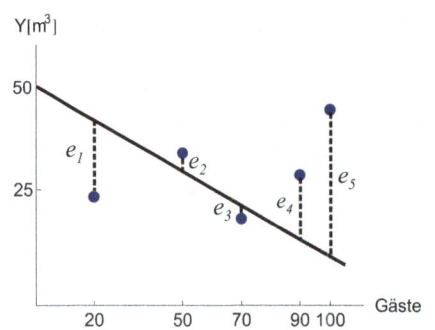 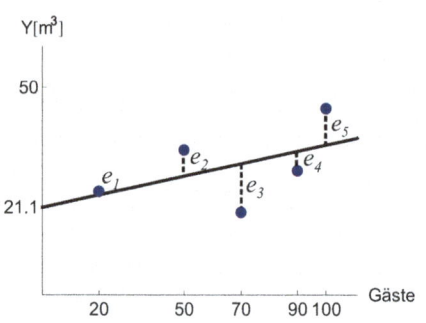

Abb. 8.3 Bei dieser Geraden sind die Residuen e_i in der Summe unnötig groß.

Abb. 8.4 Die Regressionsgerade ist so gewählt, dass die Residuen e_i im Sinne von (8.3) minimal sind.

Sum of Squared Errors

$$SSE(a,b) = \sum_{i=1}^{N} e_i^2 = \sum_{i=1}^{N}(y_i - f(x_i))^2 = \sum_{i=1}^{N}(y_i - (a+bx_i))^2 \tag{8.3}$$

So kann wegen der Quadrate auch die Summe $SSE(a,b)$ nie negativ sein. Nur für den Fall, dass die Punktwolke exakt die Gestalt einer Geraden besitzt, sind alle Residuen $e_i = 0$. Genau dann ist $SSE(a,b) = 0$.

Je kleiner die Summe $SSE(a,b)$ ist, desto geringer sind im Schnitt die Abweichungen e_i und desto besser ist die Anpassung der Geraden an die Daten. Die Abbildungen 8.4 und 8.3 verdeutlichen dies exemplarisch. Die "beste" Gerade, die wir **Regressionsgerade** nennen wollen, erhalten wir durch Minimierung von $SSE(a,b)$.

Ziel: Minimiere $SSE(a,b)$ bezüglich a und b!

Mathematisch lässt sich das Minimum der Funktion $SSE(a,b)$ finden, indem man die partielle Ableitungen bildet und diese Null setzt. Der begeisterte Leser findet auf Seite 462 eine Herleitung. Man beachte, dass beim Minimieren a und b als Variablen gelten, während die Messwerte x_i und y_i durch die Urliste fest vorgegeben sind. Als Ergebnis erhält man:

> **Regressionsgerade**
> Die Parameter der Regressionsgeraden $y = a + b \cdot x$ berechnen sich mit
>
> $$a = \bar{y} - b \cdot \bar{x} \qquad \text{und} \qquad b = \frac{\sigma_{x,y}}{\sigma_x^2}. \qquad (8.4)$$

Die Formel (8.4) zeigt auch, welche Beziehung zwischen der Steigung b der Geraden, der Kovarianz $\sigma_{x,y}$ und der Korrelation $\rho_{x,y}$ besteht: $b = \frac{\sigma_{x,y}}{\sigma_x^2} = \frac{\sigma_y}{\sigma_x} \rho_{x,y}$. Insbesondere ist die Steigung b genau dann gleich Null, wenn die Korrelation $\rho_{x,y}$ oder die Kovarianz $\sigma_{x,y}$ gleich Null sind.

Beispiel (Fortsetzung). Wir notieren nochmals die Urliste. Außerdem sind schon die noch zu berechnenden Ergebnisse $f(x_i)$, e_i, e_i^2 hinzugefügt.

	x	y	$f(x_i)$	e_i	e_i^2
	20	25	24.1	0.9	0.81
	50	35	28.6	6.4	40.96
	70	20	31.6	-11.6	134.56
	90	30	34.6	-4.6	21.16
	100	45	36.1	8.9	79.21
Σ	330	155	155	0	276.70

Mit $\bar{x} = \frac{330}{5} = 66$ und $\bar{y} = \frac{155}{5} = 31$ berechnen wir zunächst die Kovarianz

$$
\begin{aligned}
\sigma_{x,y} &= \frac{1}{5} \big[(20-66)(25-31) + (50-66)(35-31) + (70-66)(20-31) \\
&\qquad + (90-66)(30-31) + (100-66)(45-31) \big] \\
&= 124
\end{aligned}
$$

und die Varianz von X

$$
\begin{aligned}
\sigma_x^2 &= \frac{1}{5} \big[(20-66)^2 + (50-66)^2 + (70-66)^2 + (90-66)^2 + (100-66)^2 \big] \\
&= 824.
\end{aligned}
$$

Dann erhalten wir mit (8.4)

$$b = \frac{\sigma_{x,y}}{\sigma_x^2} = \frac{124}{824} = 0.15 \qquad \text{und} \qquad a = \bar{y} - b \cdot \bar{x} = 31 - 0.15 \cdot 66 = 21.1$$

die gesuchte Regressionsgerade

$$y = f(x) = 21.1 + 0.15 \cdot x. \qquad (8.5)$$

Sie ist in Abbildung 8.4 eingezeichnet. Der Parameterwert $a = 21.1$ beschreibt den Schnittpunkt der Geraden mit der y-Achse und entspricht wegen $a = f(0)$ dem durchschnittlichen Wasserverbrauch, der sich auch ohne Gäste ergeben würde. Offenbar werden 21 100 Liter für Putzen, Blumengießen, Personal, etc. pro Woche benötigt. Die Steigung $b = 0.15$ bringt wegen $b = f'(x)$ zum Ausdruck, dass im Schnitt der Wasserverbrauch um ca. 150 Liter für jeden weiteren Gast ansteigt.

Da es im Hotel nur eine zentrale Wasseruhr gibt, konnte nur der Gesamtwasserverbrauch gemessen werden. Mit Hilfe der Regressionsrechnung ist es jedoch Cäcilie gelungen, den Verbrauch in einen fixen Anteil und einen variablen Anteil, der im Schnitt unmittelbar einem Gast zugeordnet werden kann, zu zerlegen.

In der obigen Tabelle sind auch die Residuen e_i und e_i^2 zu jedem Punkt berechnet worden. Die Sum of Squared Errors $SSE(a,b)$ ist bei $a = 21.1$ und $b = 0.15$ mit $SSE(21.1, 0.15) = 276.7$ minimal. Jeder andere Wert für a und b, wie beispielsweise in Abbildung 8.3, würde zu einer größeren $SSE(a,b)$ führen und die Gerade in diesem Sinn schlechter an die Punktwolke anpassen.   ☻

Quadrierte Residuen e_i^2 versus absolute Residuen $|e_i|$

Was passiert, wenn statt der Summe der quadrierten Residuen $SSE(a,b) = \sum_{i=1}^{N} e_i^2$ die Summe der absoluten Residuen $\sum_{i=1}^{N} |e_i|$ minimiert wird? Eine ganz ähnliche Frage haben wir auf der Seite 97 diskutiert, deren Ergebnisse man übernehmen kann. Es würden sich tatsächlich unterschiedliche Regressionsgeraden ergeben, die man auch unterschiedlich interpretieren muss:

- **Absolute Abweichungen:** Die Regressionsgerade kann als **Median** interpretiert werden. Im Beispiel würde die Gerade dem Median des Wasserverbrauches Y in Abhängigkeit von der Anzahl X der Gäste pro Woche entsprechen.
  Da der Median nicht immer eindeutig ist, kann es zu ein und derselben Punktwolke auch mehrere, gleich gute "Median-Regressionsgeraden" geben.
- **Quadrierte Abweichungen:** Die Regressionsgerade kann als **arithmetischer Mittelwert** interpretiert werden. Im Beispiel entspricht die Regressionsgerade $y = 21.1 + 0.15x$ dem wöchentlichen, durchschnittlichen Wasserverbrauch Y in Abhängigkeit von der Anzahl X der Gäste pro Woche.

Wie schon erwähnt, wird in der Literatur und in den Anwendungen das Kriterium $\sum_{i=1}^{N} |e_i|$ nur sehr selten benutzt. Zudem ist die Minimierung mathematisch ungleich schwieriger.

Beispiel (Autopreise, 1 Regressor). Belinda, wohnhaft in Aachen, möchte ihren VW-Golf, der bereits 50 000 Kilometer gefahren ist, verkaufen. Sie ist sich unsicher, was sie noch für ihre "Karre" verlangen kann. Im Internet werden im August 2017 in Aachen $N = 29$ gebrauchte VW-Golf mit Kilometerständen X [Tsd km] zu Peisen Y [€] angeboten:

(145, 1300), (150, 1655), (142, 1990), (110, 2300), (103, 3300), (137, 3900), (140, 4000), (141, 4599), (137, 4999), (133, 5959),

(112, 6290), (130, 6490), (149, 6534), (86, 6900), (132, 6990), (109, 6990), (130, 7250), (129, 7380), (64, 8750), (65, 8800), (58,

8950), (98, 10170), (49, 10290), (80, 10480), (64, 10599), (16, 15450), (58, 15450), (92, 10990), (43, 10991).

Keines der Fahrzeuge hat den gleichen Kilometerstand wie Belindas Auto. Ein direkter Preisvergleich ist nicht möglich. Daher führt Belinda eine lineare Regression durch. Sie berechnet $\bar{x} = 103.52$, $\bar{y} = 7232.6$, $\sigma_{x,y} = -109\,999$ und $\sigma_x^2 = 1391.5$. Damit folgt aus (8.4)

$$b = \frac{-109\,999}{1391.5} = -79.05 \quad \text{und} \quad a = 7232.6 - (-79.05) \cdot 103.52 = 15415.8.$$

Die Regressionsgerade $y = f(x) = a + b \cdot x$ lautet daher

$$y = 15415.8 - 79.05 \cdot x. \tag{8.6}$$

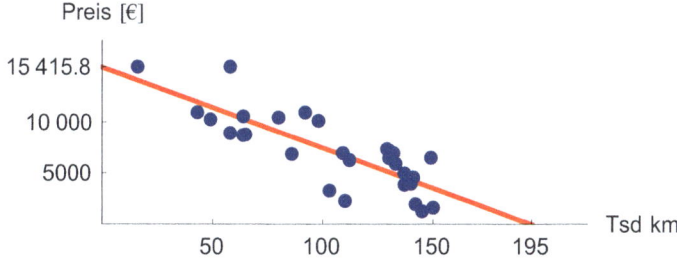

Mit Hilfe der Regression gelingt es Belinda, ihr Auto simultan mit allen anderen Autos sinnvoll zu vergleichen, obwohl keines dieselben Daten wie Belindas Auto aufweist. Ihr Auto würde in Aachen im Schnitt für $11463 = 15415.8 - 79.05 \cdot 50$ Euro angeboten werden.

Der Parameter $a = f(0)$ kann als mittlerer "Neupreis" interpretiert werden. Er dürfte etwas geringer sein als der tatsächliche Neupreis, da das Fahrzeug bereits den Nachteil besitzt, "gebraucht" zu sein. Der Wert $b = -79.05$ besagt, dass pro 1000 Kilometer Fahrleistung der Wert eines VW-Golf um durchschnittlich 79.05 [€] sinkt. Das sind pro Kilometer fast 8 Cent!

Mit $0 = 15415.8 - 79.05 \cdot x \Leftrightarrow x = 195$ [Tsd km] erhält man den Kilometerstand, bei dem ein VW-Golf Schrottwert erlangt.   ☻

Beispiel (Preis-Absatzfunktion). Willi Wunder verkauft vor der Burg in Alzenau ausschließlich an Touristen Bratwürste. Er kann mit dem Preis experimentieren, da er nicht den Verlust von Stammkunden zu fürchten braucht. Er ändert an $N = 9$ Tagen die Preise und beobachtet dabei folgende Absatzmengen:

X=Preis [€/Wurst]	2.2	2.0	2.4	4.0	3.5	2.7	3.1	2.0	3.6
Y=Absatz [Würste/Tag]	400	440	400	250	360	350	330	500	380

Willi Wunder unterstellt, dass zwischen dem Absatz Y und dem Preis X zumindest im Schnitt eine lineare Beziehung $y = a + bx$ besteht. Er berechnet $\bar{x} = 2.833$, $\bar{y} = 378.89$, $\sigma_{x,y} = -38.41$ und $\sigma_x^2 = 0.4956$. Damit folgt aus (8.4)

$$b = \frac{-38.41}{0.4956} = -77.5 \quad \text{und} \quad a = 378.89 - (-77.5) \cdot 2.833 = 598.48.$$

Die lineare Preis-Absatzfunktion $y = f(x) = a + b \cdot x$ lautet daher

$$y = 598.48 - 77.5\,x.$$

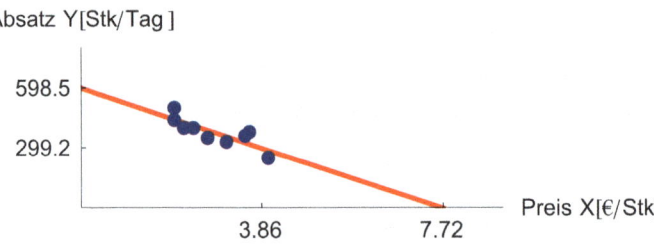

Willi Wunder möchte einen möglichst hohen Erlös (Umsatz) erzielen. Der durchschnittliche Erlös E in Abhängigkeit vom Preis X berechnet sich mit

$$\text{Erlös} = E(x) = \text{Menge} \cdot \text{Preis} = y(x) \cdot x = (598.48 - 77.50\,x) \cdot x$$
$$= 598.48\,x - 77.50\,x^2.$$

Diese Erlösfunktion $E(x)$ ist eine nach unten geöffnete Parabel:

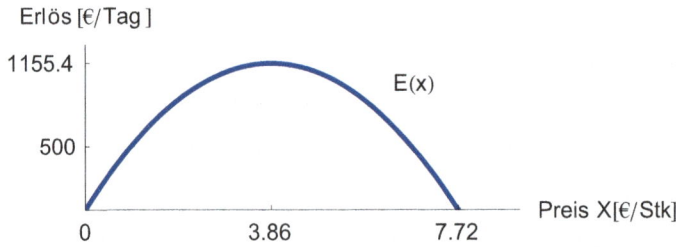

Die Maximalstelle kann man über die Ableitung $E'(x)$ bestimmen:

$$E'(x) = 598.48 - 2 \cdot 77.50\,x = 0 \quad \Leftrightarrow \quad x = 3.86\ [\text{€/Wurst}].$$

Willi Wunder sollte daher für 3.86 [€/Wurst] seine Würstchen verkaufen.   ☺

8.2 Multiple lineare Regression

Beim ersten Lesen kann man mit Kapitel 10 fortfahren.

Wie bereits au Seite 132 thematisiert, hängt bei einer multiplen Regression die Variable Y nicht nur von einem einzigen Regressor X, sondern von mehreren, p Regressoren $X_1, X_2, \ldots, X_p$ ab. Zu jedem Objekt i werden in de Urliste $p+1$ Messwerte $(x_{i,1},\ x_{i,2}, \ldots, x_{i,p},\ y_i)$ eingetragen. Eine graphische Darstellung der Punktwolke in der zweidimensionalen Zeichenebene ist nicht mehr möglich, wenn $p+1 > 2$ Achsen benötigt werden.

Speziell bei $p = 2$ Regressoren X_1, X_2 sind für die Darstellung der Messwerte-Tripel $(x_{i,1},\ x_{i,2},\ y_i)$ drei Achsen erforderlich. Die Punktwolke schwebt wie eine "echte" Wolke im dreidimensionalen Raum. Für $p > 2$ ist die Dimension der Punktwolke zu hoch, um sie noch graphisch veranschaulichen zu können.

Beispiel (Autopreise). Auf Seite 136 hat Belinda den Preis Y [€] eines gebrauchten VW-Golf in Abhängigkeit vom Kilometerstand X_1 [Tsd km] berechnet. Nun ergänzt sie das Modell um weitere Regressoren: Das Alter X_2 [Jahre] des Autos, die Leistung X_3 [kW] des Motors und der Motortyp X_4 (Benzin, Diesel). Zu den $N = 29$ gebrauchten VW-Golf aus dem Internet im August 2017 lauten die Daten $(x_{i,1},\ x_{i,2},\ x_{i,3},\ x_{i,4},\ y_i)$:

(145, 22, 66, b, 1300), (150, 18, 55, b, 1655), (142, 14, 55, b, 1990), (110, 16, 55, b, 2300), (103, 16, 74, b, 3300), (137, 16.5, 77, b, 3900), (140, 15, 85, b, 4000), (141, 16, 74, b, 4599), (137, 16.2, 85, b, 4999), (133, 12, 66, b, 5959), (112, 8, 75, b, 6290), (130, 11, 75, b, 6490), (149, 8, 77, d, 6534), (86, 11, 55, b, 6900), (132, 5, 77, d, 6990), (109, 9, 75, b, 6990), (130, 7, 90, b, 7250), (129, 8, 90, b, 7380), (64, 10, 75, d, 8750), (65, 16, 59, b, 8800), (58, 10, 103, b, 8950), (98, 4, 77, b, 10170), (49, 5, 77, d, 10290), (80, 7, 90, b, 10480), (64, 7, 118, b, 10599), (16, 3, 77, b, 15450), (58, 2, 77, d, 15450), (92, 5, 90, b, 10990), (43, 5, 63, b, 10991). ☺

Bei einer **multiplen linearen** Regression wählt man als Funktionstyp eine lineare Funktion in mehreren, p Veränderlichen:

$$f(x_1, x_2, \ldots, x_p) = a + b_1 x_1 + b_2 x_2 + \cdots + b_p x_p. \tag{8.7}$$

Da diese Funktion linear in x ist, besitzt sie keine Krümmungen. Geometrisch gesehen handelst es sich um eine "Ebene". Zumindest für $p = 2$ ist diese Sprechweise noch mit unserer Anschauung konform.

Unser Ziel ist es, die Parameter a und $b_1, b_2, \ldots, b_p$ so zu wählen, dass sich die Regressionsfunktion $f(x_1, x_2, \ldots, x_p)$ an die gegebenen Daten bzw. an die gegebene "Punktwolke" möglichst gut anpasst. Dazu gehen wir analog zur einfachen Regression vor, indem wir die Residuen wie in (8.2) definieren:

$$
\begin{aligned}
e_i = y_i - f(x_1, x_2, \ldots, x_p) &= \text{gemessener } y\text{-Wert} \ - \ \text{berechneter } y\text{-Wert} \\
&= \qquad \text{realer Wert} \qquad - \qquad \text{Modell-Wert},
\end{aligned}
$$

Für die Güte der Anpassung wählen wir wieder das Kriterium "Sum of Squared Errors"

$$SSE(a,b_1,b_2,\ldots,b_p) = \sum_{i=1}^{N} e_i^2 = \sum_{i=1}^{N}(y_i - f(x_1,x_2,\ldots,x_p))^2$$

$$= \sum_{i=1}^{N}(y_i - (a + b_1 x_1 + b_2 x_2 + \cdots + b_p x_p))^2.$$

Die "beste" Funktion bzw. Ebene, die wir **Regressionsebene** nennen wollen, erhalten wir, indem wir $SSE(a,b_1,b_2,\ldots,b_p)$ bezüglich a und $b_1,b_2,\ldots,b_p$ minimieren. Dies erreichen wir, indem wir die Nullstellen der partiellen Ableitungen von $SSE(a,b_1,b_2,\ldots,b_p)$ berechnen, und diese Null setzen. In der Literatur nennt man die so gewonnenen Gleichungen **Normalengleichungen**.

Das klingt zunächst kompliziert, jedoch ist die Lösung der Normalengleichung mit den Methoden der Linearen Algebra und Matrizenrechnung elegant zu bewältigen. Im Rahmen dieses Buches wollen wir jedoch keine Matrizenrechnung voraussetzen und verzichten auf Details. Aber, es ist heutzutage keine Kunst, mit einem **Statistikprogramm**[3] die Lösung benutzerfreundlich zu ermitteln. Insofern sollte sich der Leser ermutigt fühlen, selbst multiple Regressionen durchzuführen!

Spezialfall $p = 2$

In diesem Fall kann man die Lösung der Normalengleichung für die gesuchte Funktion

$$f(x_1,x_2) = a + b_1 x_1 + b_2 x_2 \tag{8.8}$$

mit einer expliziten Formel ohne Matrizenrechnung, noch halbwegs übersichtlich, angeben:

Regressionsebene

$$b_1 = \frac{\sigma_{x_2}^2 \sigma_{x_1,y} - \sigma_{x_1,x_2} \sigma_{x_2,y}}{\sigma_{x_1}^2 \sigma_{x_2}^2 - \sigma_{x_1,x_2}^2} \qquad b_2 = \frac{\sigma_{x_1}^2 \sigma_{x_2,y} - \sigma_{x_1,x_2} \sigma_{x_1,y}}{\sigma_{x_1}^2 \sigma_{x_2}^2 - \sigma_{x_1,x_2}^2} \tag{8.9}$$

$$a = \bar{y} - b_1 \cdot \bar{x}_1 - b_2 \cdot \bar{x}_2 \tag{8.10}$$

Der Graph dieser Funktion beschreibt eine Ebene im dreidimensionalen Raum. Bekanntlich ist in der Geometrie eine Ebene durch 3 Punkte eindeutig festgelegt. Entsprechend wird die lineare Funktion (8.8) durch die 3 Parameter a, b_1, b_2 eindeutig bestimmt.

---

[3]Beispielsweise das Freeware-Programm R mit dem Paket Rcmdr, das wir im Kapitel 22 vorstellen.

Beispiel (Autopreise, 2 Regressoren). Belinda möchte mit den Regressoren Kilometersand X_1 und Alter X_2 ein Preismodell bestimmen. Sie berechnet zunächst

$$\bar{y} = 7232.6, \qquad \bar{x}_1 = 103.5, \qquad \bar{x}_2 = 10.4,$$

$$\sigma^2_{x_1} = 1391.5, \quad \sigma^2_{x_2} = 26.31,$$

$$\sigma_{x_1,x_2} = 109.4, \quad \sigma_{x_1,y} = -109\,999, \quad \sigma_{x_2,y} = -15892$$

und damit

$$b_1 = \frac{26.31 \cdot (-109\,999) - 109.4 \cdot (-15892)}{1391.5 \cdot 26.31 - 109.4^2} = -46.89,$$

$$b_2 = \frac{1391.5 \cdot (-15892) - 109.4 \cdot (-109\,999)}{1391.5 \cdot 26.31 - 109.4^2} = -408.89,$$

$$a = 7232.6 - b_1 \cdot 103.5 - b_2 \cdot 10.4 = 16354.3.$$

Die Regressionsebene lautet

$$y = f(x_1,\, x_2) = 16354.3 - 46.89 \cdot x_1 - 408.89 \cdot x_2$$

und ist in Abbildung 8.5 zu sehen. Der Preisverfall von 46.89 Euro pro 1000 Kilometer fällt nun geringer aus, als bei der einfachen Regression mit 79.05 Euro auf Seite 137, da zusätzlich alleine schon das Alter eines Autos mit jedem Jahr den Preis um 408.89 Euro im Schnitt reduziert. Auch der etwas höhere "Neupreis" dürfte nun realistischer sein, da beim Preismodell der einfachen Regression auch ein alter Ladenhüter mit 0 Kilometern als Neuwagen möglich gewesen wäre.

Belindas Auto ist 50 000 Kilometer gefahren und ist 3 Jahre Alt. Mit $x_1 = 50$ und $x_2 = 3$ kann sie einen mittleren Angebotspreis berechnen, der für Aachen "marktüblich" wäre:

$$\begin{aligned} y = f(50,\, 3) &= 16354.3 - 46.89 \cdot 50 - 408.89 \cdot 3 \\ &= 12\,783.2\ [\text{€}]. \end{aligned}$$

Auf Seite 137 hat Belinda einen niedrigeren Preis von 11 463.20 Euro berechnet. Wenn sie aber zusätzlich zu den Kilometern noch das Alter berücksichtigt, erkennt nun die Regression, dass ihr Auto gemessen am Kilometerstand noch relativ jung, und daher wertvoller zu sein scheint. Hinweis: Wenn man zu allen Autos die pro Jahr zurückgelegten Kilometer bestimmt, so bestätigt sich, dass Belinda unterdurchschnittlich viel gefahren ist. ☻

Beispiel (Autopreise, 3 Regressoren). Belinda bildet mit den Regressoren Kilometer X_1 [Tsd km], Alter X_2 [Jahre], Leistung X_3 [kW] das Preismodell

$$f(x_1, x_2, x_3) = a + b_1 x_1 + b_2 x_2 + b_3 x_3.$$

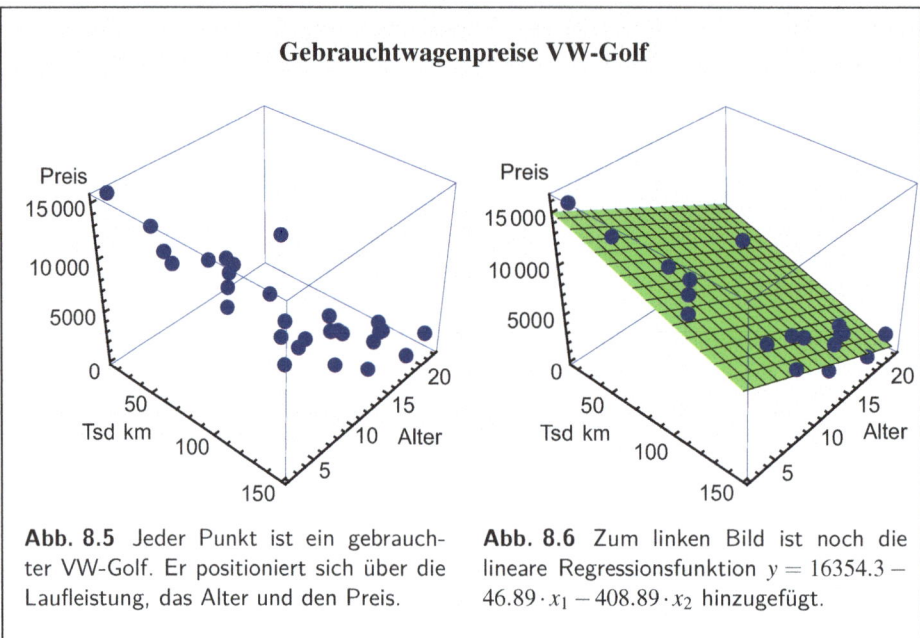

Abb. 8.5 Jeder Punkt ist ein gebrauchter VW-Golf. Er positioniert sich über die Laufleistung, das Alter und den Preis.

Abb. 8.6 Zum linken Bild ist noch die lineare Regressionsfunktion $y = 16354.3 - 46.89 \cdot x_1 - 408.89 \cdot x_2$ hinzugefügt.

Diese Funktion passt sie an die Daten von Seite 139 an, indem sie die Sum of Squared Errors $SSE(a, b_1, b_2, b_3)$ mit Hilfe eines Statistikprogramms (SPSS, SAS oder das Freeware-Programm R) minimiert:

$$f(x_1, x_2, x_3) = 14209.2 - 47.3 \cdot x_1 - 380.0 \cdot x_2 + 24.75 \cdot x_3.$$

Man erkennt, dass die Parameter a, b_1, b_2, andere Werte als zuvor haben. Der Neupreis eines Autos mit 0 Kilowatt Leistung beträgt im Schnitt $a = 14209.2$ [€]. Dafür, dass man ein solches Auto selbst schieben müsste, ist das ein wahrlich stolzer Preis! Bei $x_3 = 100$ [kW] beträgt allerdings der Neupreis 16684.2 Euro. ☻

Beispiel (Autopreise, 4 Regressoren). Der Motortyp X_4 ist ein **Faktor** (qualitative, kategorielle Variable) mit den Faktorstufen "Benzin" und "Diesel". Die Regression unterstellt aber quantitative Regressoren! Faktoren kann man mit einem Trick als numerische Variablen in die Rechnung einbeziehen. Man benutzt sogenannte **Dummy-Variablen**:

$$X_{4,\text{Diesel}} = \begin{cases} 1 & \text{falls Diesel,} \\ 0 & \text{falls sonst.} \end{cases} \tag{8.11}$$

Dummy-Variablen sind binäre Variablen (Indikatorvariablen), die das Vorliegen einer bestimmten Faktorstufe anzeigen. Hier dient "Benzin" als Referenz-Stufe und markiert wird nur die Stufe "Diesel". In der Urliste entsteht so eine weitere Spalte für die Dummy-Variable $X_{4,\text{Diesel}}$ mit den Einträgen 1 für Diesel und 0 für Benzin.

Das Preismodell mit den Regressoren Kilometer X_1 [Tsd km], Alter X_2 [Jahre], Leistung X_3 [kW], Motortyp X_4 lautet

$$f(x_1,x_2,x_3,x_{4,\text{Diesel}}) = a + b_1 x_1 + b_2 x_2 + b_3 x_3 + b_{4,\text{Diesel}} \cdot x_{4,\text{Diesel}}. \qquad (8.12)$$

Die Anpassung dieses Modells an die Daten von Seite 139 durch Minimierung der Sum of Squared Errors $SSE(a,b_1,b_2,b_3,b_{4,\text{Diesel}})$ ergibt:

$$f(x_1,x_2,x_3,x_{4,\text{Diesel}}) = 14064.8 - 47.6 \cdot x_1 - 372.6 \cdot x_2 + 25.6 \cdot x_3 + 142.36 \cdot x_{4,\text{Diesel}}.$$

Die Interpretation der Parameter a,b_1,b_2,b_3 erfolgt ähnlich wie oben. Man erkennt nun, dass ein Dieselfahrzeug im Schnitt 142.36 [€] teurer als ein vergleichbares Benzinfahrzeug ist.

Genauso könnte man eine weitere Stufe "Elektro" mit einer weiteren Dummy-Variablen $X_{4,\text{Elektro}}$ darstellen, und diese mit $+ b_{4,\text{Elektro}} \cdot x_{4,\text{Elektro}}$ in (8.12) ergänzen.

Wollte man beispielsweise noch einen weiteren Faktor Farbe X_5 einbeziehen, so bräuchte man schon bei 10 Farbausprägungen bzw. 10 Stufen 9 Dummy-Variablen!

☻

Die multiple Regression ist in der Praxis in vielen Bereichen ein extrem nützliches Instrument. Allerdings sollte man wissen, dass die Ergebnisse vollkommen sinnlos sein können, wenn sie nicht "stabil" sind. Was passiert beispielsweise, wenn man einen Punkt bzw. ein Auto weglässt, hinzufügt oder dessen Daten geringfügig verändert? Erhält man dann jeweils ganz andere Regressionsfunktionen? Dies kann erst im Rahmen der Induktiven Statistik vernünftig beantwortet werden. Auch im Kapitel 8.4 werden auf Seite 151 weitere Aspekte diesbezüglich thematisiert!

Allgemein kann man sagen, dass eine Erhöhung der Komplexität eines Modelles durch Hinzunahme weiterer Regressoren die Stabilität des Modelles verschlechtert. Daher strebt man an, ein Modell immer so einfach wie möglich, und nur so komplex wie nötig zu gestalten. Das kann eine sehr schwierige Aufgabe sein!

8.3 Nichtlineare, einfache Regression

Beim ersten Lesen kann man mit Kapitel 10 fortfahren.

Hier wird von vornherein ein Funktionstyp $f(x)$ gewählt, der Krümmungen zulässt. Leider ist nur in einigen wenigen Fällen eine analytische Herleitung der Lösungen möglich. In der Praxis werden stattdessen oft numerische Näherungsverfahren eingesetzt. Wir gehen nur kurz auf einige Funktionstypen ein:

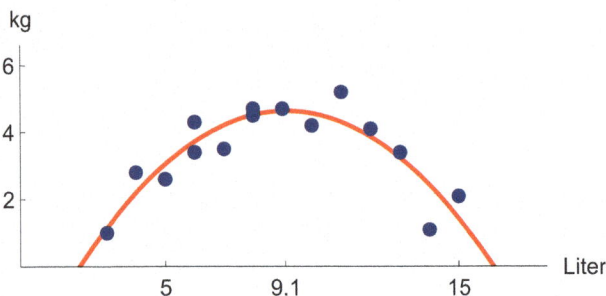

Quadratische Regression

Beispiel "Tomatenanbau"

Abb. 8.7 Die Regressionsparabel lässt erkennen, bei welcher Wässerung die Ernte bzw. der Ertrag im Schnitt am größten ist.

A: Quadratische Funktion

$$f(x) = a + b_1 x + b_2 x^2 \tag{8.13}$$

Der Graph dieser Funktion beschreibt eine Parabel. Die Regression versucht die Parameter a, b_1, b_2 so zu wählen, dass die Parabel möglichst gut durch die Punktwolke der bivariaten Urliste $(x_1, y_1), (x_2, y_2), \ldots (x_N, y_N)$ passt.

Beispiel (Tomatenanbau). Edwin baut Tomaten an. Gießt er zu wenig, vertrocknen die Pflanzen, gießt er zu viel, ersaufen die Pflanzen. Zu $N = 15$ Pflanzen hat er jeweils die Wassermengen X [Liter/Tag] und den Ertrag Y [kg] pro Pflanze gemessen. Die Werte (x_i, y_i) lauten: (6, 4.3), (5, 2.6), (4, 2.8), (6, 3.4), (8, 4.5), (11, 5.2), (3, 1), (13, 3.4), (14, 1.1), (15, 2.1), (12, 4.1), (8, 4.7), (7, 3.5), (10, 4.2), (9, 4.7). Diese Werte sind in der Abbildung 8.7 dargestellt.   ☺

Man kann eine quadratische Funktion mit einer linearen Funktion darstellen!

Trick: Man ordnet die quadrierten x-Werte einer neuen Variablen

$$X_2 = X^2 \tag{8.14}$$

zu. Die bisherige Variable bezeichnen wir mit $X_1 = X$. Damit geht (8.13) in

$$f(x_1, x_2) = a + b_1 x_1 + b_2 x_2 \tag{8.15}$$

über. Ihre Parameter, die wir nun mit einer linearen Regression bestimmen können, sind dieselben wie in (8.13)!

Beispiel (Fortsetzung). Edwin erweitert die Urliste um eine weitere Spalte für X_2, in der die quadrierten x-Werte eingetragen werden. Es ergeben sich folgenden Daten-Tripel (x_1, x_2, y):

(6, 36, 4.3), (5, 25, 2.6), (4, 16, 2.8), (6, 36, 3.4), (8, 64, 4.5), (11, 121, 5.2), (3, 9, 1), (13, 169, 3.4),

(14, 196, 1.1), (15, 225, 2.1), (12, 144, 4.1), (8, 64, 4.7), (7, 49, 3.5), (10, 100, 4.2), (9, 81, 4.7).

Zu dieser nun dreidimensionalen Punktwolke berechnet er gemäß (8.9) und (8.10) die Parameter der Regressionsebene:

$$f(x_1, x_2) = -3.1 + 1.69x_1 - 0.093x_2. \tag{8.16}$$

Da diese Ebene die gleichen Parameterwerte a, b_1, b_2 wie die gesuchte Parabel besitzt, erhalten wir wegen $X_2 = X^2$ schließlich als Reressionsparabel

$$f(x) = -3.1 + 1.69x - 0.093x^2. \tag{8.17}$$

Sie ist in der Abbildung 8.7 eingezeichnet.
Über die Nullstelle der Ableitung $f'(x) = 1.69 - 2 \cdot 0.093x = 0 \Leftrightarrow x = 9.1$ erhält Edwin die optimale Wassermenge $x = 9.1$ [Liter], bei der die Parabel und somit der Tomatenertrag am größten ist. Er beträgt bei dieser Gießweise im Schnitt $f(9.1) = 4.6$ [kg]. ☻

Das letzte Beispiel lässt sich auch um weitere Regressoren erweitern: Beispielsweise Dünger, Temperatur und Licht. Dann liegt eine multiple nicht-lineare Regression vor, mit der man Optimierungsprobleme statistisch lösen kann. Das Gebiet des **Design of Experiments** (Versuchsplanung) beschäftigt sich mit solchen und ähnlichen Problemstellungen, die vor allem in der Industrie bei der Optimierung von Maschineneinstellungen und Prozessen von großer Bedeutung sind.

B: Exponentielle Funktion

$$f(x) = e^{a+bx} \tag{8.18}$$

Der Graph dieser Funktion verläuft im Wesentlichen wie der einer Exponentialfunktion e^x. Mit dem Parameter a kann man eine Streckung des Graphen bewirken und mit dem Parameter b wird gewissermaßen die Skalierung verändert. Zudem lässt sich für $b < 0$ eine exponentiell fallende Kurve darstellen.

Beispiel (Umsatz Hundeschuhe). Balduin hat vor zwei Wochen einen Internet-Versandhandel für Hundeschuhe gegründet. Er notiert an $N = 15$ Tagen, wie viel Zeit X seit der Neueröffnung verstrichen ist, und welcher Umsatz Y [Tsd€] erzielt worden ist:

(1, 17), (5, 15), (10, 25), (15, 15),
(17, 27), (20, 20), (22, 30), (25, 36),
(30, 35), (36, 61), (40, 49), (48, 81),
(53, 110), (55, 144), (60, 160).

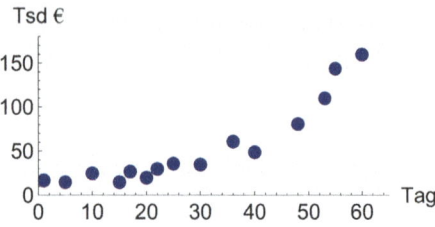

Die Punktwolke dieser Werte verläuft nicht-linear, und lässt ein exponentielles An-
wachsen vermuten.   ☻

Für die Anpassung der Funktion an die Punktwolke $(x_1, y_1), (x_2, y_2), \ldots, (x_N, y_N)$, gibt es
zwei unterschiedliche Ansätze.

1. Direkte Anpassung

   Man minimiert die Sum of Squared Errors

$$SSE(a,b) = \sum_{i=1}^{N} e_i^2 = \sum_{i=1}^{N} (y_i - f(x_i))^2 = \sum_{i=1}^{N} (y_i - e^{a+bx_i})^2, \qquad (8.19)$$

bezüglich der Parameter a und b. Die Minimierung ist jedoch nicht auf analytischem
Weg durchführbar. Stattdessen muss man numerische Näherungsverfahren einsetzen,
die beispielsweise auch in modernen Tabellenkakulationsprogrammen zu finden sind.

Beispiel (Fortsetzung). Balduin berechnet mit einem numerischen Näherungsverfahren die optimalen Werte zu a und b, indem er die Sum of Squared Errors
   $SSE(a,b)$ gemäß (8.19) minimiert. Die Funktion e^{a+bx} wird dadurch möglichst
   gut an die Punktwolke angepasst. Er erhält

$$f(x) = e^{2.266 + 0.0470x}. \qquad (8.20)$$

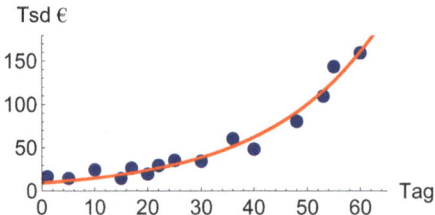

Die Sum of Squared Errors besitzt den minimalen Wert $SSE(2.266, 0.0470) =$
972.6.   ☻

2. Trick mit Logarithmus

   Wegen

$$y = e^{a+bx} \quad \Leftrightarrow \quad \ln(y) = a + bx \qquad (8.21)$$

sind die logarithmischen y-Werte linear bezüglich x. Daher kann man mit dem Logarithmus eine tendenziell exponentiell verlaufende Punktwolke $(x_1, y_1), (x_2, y_2)$, $\dots, (x_N, y_N)$ in eine tendenziell geradlinig verlaufende Punktwolke $(x_1, \ln(y_1))$, $(x_2, \ln(y_2)), \dots (x_N, \ln(y_N))$ verbiegen.

Für diese lineare Punktwolke bestimmt man die Regressionsgerade, d.h. die Parameter a und b. Setzt man diese in (8.18) ein, wird die Regressionsgerade mit der Umkehrung des Logarithmus in die ursprüngliche Punktwolke zurück gebogen.

Beispiel (Fortsetzung). Balduin berechnet zunächst die Punktwolke mit den logarithmierten y-Werten:

(1, 2.83321), (5, 2.70805), (10, 3.21888), (15, 2.70805), (17, 3.29584), (20, 2.99573), (22, 3.4012), (25, 3.58352), (30, 3.55535), (36, 4.11087), (40, 3.89182), (48, 4.39445), (53, 4.70048), (55, 4.96981), (60, 5.07517).

Mit diesen Daten erhält er gemäß (8.4) die Regressionsgerade

$$\ln(y) = 2.504 + 0.0409x. \tag{8.22}$$

Wegen $y = e^{\ln(y)}$ erhält er mit der der e-Funktion als Umkehrfunktion des Logarithmus

$$y = f(x) = e^{2.504 + 0.0409x}. \tag{8.23}$$

Dadurch wird die lineare Regressionsfunktion in die ursprüngliche Punktwolke zurück gebogen.

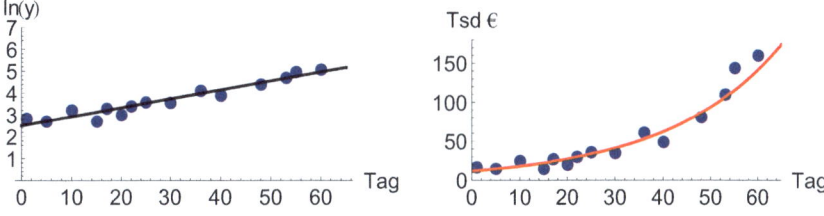

Das Ergebnis ist jedoch eine andere Regressionsfunktion als die, welche wir mit dem "direkten Ansatz" bestimmt haben! Ihre Sum of Squared Errors $SSE(2.504, 0.0409) = 1620.7$ ist folglich auch größer und damit schlechter, als beim direkten Ansatz. ☻

Der Trick mit dem Logarithmus vereinfacht zwar den mathematischen Rechenaufwand, er führt aber zu anderen, schlechteren Lösungen, als der direkte Ansatz. Es wird nämlich eine andere Sum of Squared Errors als in (8.19) minimiert:

$$SSE^*(a, b) = \sum_{i=1}^{N} (\ln(y_i) - (a + bx_i))^2.$$

Die Residuen $\ln(y_i) - (a + bx_i)$ messen die Abstände der Geraden zur gerade gebogenen Punktwolke, nicht aber die Abstände der Exponentialfunktion zur original Punktwolke.

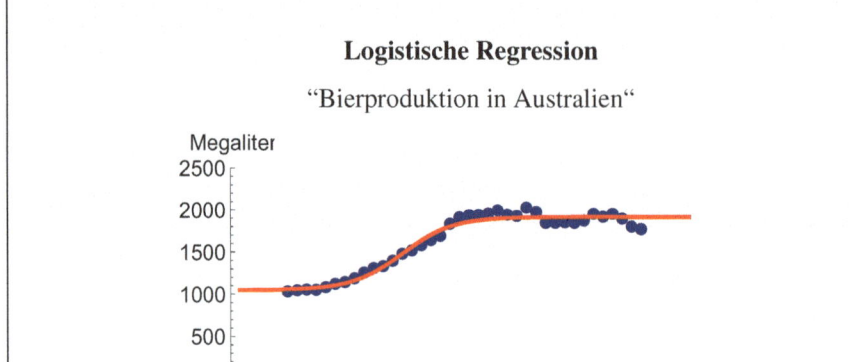

Abb. 8.8 Die Punktewolke, die einen Sättigungswert zu besitzen scheint, wird durch eine logistische Regressionsfunktion approximiert.

C: Logistische Funktion

$$f(x) = \frac{c}{1 + e^{a+bx}} + d \qquad (8.24)$$

Der Graph dieser Funktion besitzt eine waagrechte Asymptote, d.h. er eignet sich, um Sachverhalte darzustellen, die mit wachsenden x-Werten eine Sättigungswert annehmen. Die Anpassung der Funktion $f(x)$ an die Punktwolke $(x_1, y_1), (x_2, y_2), \ldots (x_N, y_N)$ erfolgt durch Minimierung der Sum of Squared Errors

$$SSE(a,b,c,d) = \sum_{i=1}^{N}(y_i - f(x_i))^2 = \sum_{i=1}^{N}\left(y_i - \left(\frac{c}{1 + e^{a+bx_i}} + d \right) \right)^2 \qquad (8.25)$$

bezüglich a, b, c, d. Dies ist nur mit Hilfe numerischer Näherungsverfahren durchführbar.

Beispiel (Bierproduktion in Australien). Die Punktwolke in Abbildung 8.8 stellt die jährliche Bierproduktion in Australien im Zeitraum von 1956-1993 dar. Zu den Variablen X = Jahr und Y = Biermenge [Megaliter/Jahr] lautet die Urliste:

(1956, 1032.5), (1957, 1046.4), (1958, 1055.1), (1959, 1052.4), (1960, 1084.4), (1961, 1123.7), (1962, 1144.4), (1963, 1189.4), (1964, 1255.8), (1965, 1310.6), (1966, 1333.8), (1967, 1398.6), (1968, 1481.2), (1969, 1522.0), (1970, 1583.6), (1971, 1645.0), (1972, 1694.8), (1973, 1837.7), (1974, 1914.9), (1975, 1940.2), (1976, 1943.7), (1977, 1960.7), (1978, 1998.3), (1979, 1948.2), (1980, 1931.1), (1981, 2030.9), (1982, 1980.7), (1983, 1849.6), (1984, 1851.1), (1985, 1857.1), (1986, 1849.6), (1987, 1876.6), (1988, 1958.0), (1989, 1922.5), (1990, 1958.5), (1991, 1899.1), (1992, 1805.0), (1993, 1775.0).

Die numerische Minimierung der $SSE(a,b,c,d)$ führt zu den Parametern $a = 742.8$, $b = -0.377$, $c = 868.7$, $d = 1050.9$ und somit zur logistischen Regressionsfunktion

$$f(x) = \frac{868.7}{1 + e^{742.8-0.377x}} + 1050.9, \qquad (8.26)$$

die ebenfalls in Abbildung 8.8 zu sehen ist. In der Regel ist die Minimierung numerisch instabil und schwierig, d.h. auch **sensitiv** bezüglich kleiner Änderungen bei den Input-Daten. Die Parameterwerte können sich dann schnell ändern.

Mit der Wahl einer logistischen Funktion als Funktionstyp haben wir von vornherein eine waagrechte Asymptote vorgesehen. Die Asymptote $\lim_{x \to \infty} f(x) = \frac{868.7}{1+e^{-\infty}} + 1050.9 = 1919.6$ [Megaliter/Jahr] entspricht dem oberen Sättigungswert, den die Bierproduktion auf lange Sicht im Schnitt annehmen würde. Es ist klar, dass ein solcher Wert existieren muss, da ansonsten ganz Australien dem Suff verfällt. ☻

D: Binär Logistische Funktion

$$f(x) = \frac{1}{1 + e^{a+bx}} \tag{8.27}$$

Diese Funktion ist lediglich ein Spezialfall des letzten Falles **C**. Jedoch ergeben sich ganz spezielle Anwendungen. Da nämlich von vornherein $0 \le f(x) \le 1$ festgelegt ist, eignet sich die binär logistische Regression auch zum modellieren von Wahrscheinlichkeiten, die von einem Regressor X abhängen.

Beispiel (Dosimetrie). Oberärztin Dr. Annette A. hat in ihrer Praxis in Hilders zu einigen Patienten die Dosis X [mg] eines Schadstoffes und den Zustand Y (1 = gesund, 0 = krank) ermittelt.

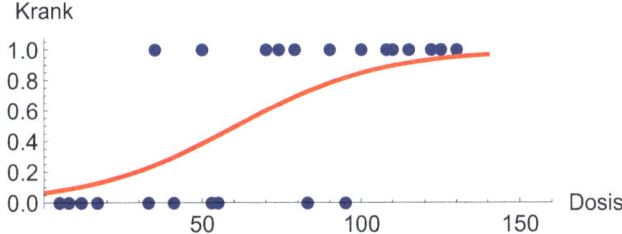

Die an diese Daten angepasste Regressionsfunktion lautet

$$f(x) = \frac{1}{1 + e^{2.647 - 0.0438x}}. \tag{8.28}$$

Damit kann sie nun die Wahrscheinlichkeit für eine Erkrankung in Abhängigkeit von X berechnen. Soll ein weiterer Patienten zu einer der beiden Gruppen "Gesunde" oder "Kranke" zugeordnet werden, so bietet sich beispielsweise folgende Entscheidungsregel an:

Wenn $f(x) < 0.50$, wird die Person als gesund eingestuft. Ansonsten, bei $f(x) \ge 0.50$ wird die Person als krank eingestuft. Wegen $f(60.43) = 0.50$ findet diese Diskriminanz bei einer Dosis von $x = 60.43$ [mg] statt. ☻

Die sogenannte **Diskriminanzanalyse** ist ein Teilgebiet der Statistik, das sich mit solchen und ähnlichen Zuordnungsproblemen befasst. Man findet leicht viele, weitere Beispiele, die in der Praxis von hohem Interesse sein können:

X ist eine Bilanzkennzahl, Y ist die Wahrscheinlichkeit für einen Kreditausfall,

X ist die Note einer Vorfprüfung, Y ist die Wahrscheinlichkeit die Masterprüfung zu bestehen,

X ist das Gewicht an einem Seil, Y ist die Wahrscheinlichkeit, dass das Seil reist,

X sind Werbeausgaben, Y ist die Wahrscheinlichkeit, dass ein Kunde ein bestimmtes Produkt kauft,

X ist die Geschwindigkeit, Y ist die Wahrscheinlichkeit in einen Unfall verwickelt zu werden.

Noch interessanter wird die binär logistische Regression, wenn man sie **multipel**, d.h. mit mehreren Regressoren durchführt. Im obigen Beispiel könnte Annette zusätzlich zur Dosis X_1 auch noch den Blutdruck X_2, das Alter X_3 und andere Regressoren hinzuziehen. Mit etwas Phantasie erkennt man einen Kosmos weiterer Anwendungen!

Kritik

Auch und erst recht bei der nicht-linearen Regression können die Lösungen instabil sein. Außerdem sind die Resultate nur für die vorliegenden Daten im deskriptiven Sinn gültig. Die Bewertung, ob eine Verallgemeinerung auf größere Grundgesamtheiten erlaubt ist, gehört zu den Aufgaben der Induktiven Statistik.

8.4   Ergänzungen zur Regressionsrechnung

A: Zeitreihenanalyse

Zeitreihen sind Daten, die im Zeitverlauf auftreten. Werden diese deskriptiv, also vergangenheitsbezogen dargestellt, spricht man von einer "Zeitreihenanalyse". Hinterfragt man, wie die Daten entstanden sind, und ob sie auch anders hätten ausfallen können, oder welche Werte sich noch in Zukunft ergeben dürften, so benötigt man die Theorie der sogenannten **Stochastischen Prozesse**. Diese basieren auf Modellen der Wahrscheinlichkeitstheorie.

Für die Zeitreihenanalyse gibt es eine Fülle verschiedener Modelle, die aber in diesem Buch nicht weiter thematisiert werden sollen. Ein recht brauchbares und wichtiges Zeitreihenmodell haben wir allerdings schon quasi als Beifang kennen gelernt: Wir müssen lediglich bei er Regressionsrechnung die Zeit als Regressor auffassen. So kann man Trends, Zyklen und Besonderheiten aus den Daten der Vergangenheit erkennen.

Beispiel (Brötchennachfrage). Bei einer Bäckerei weiß man nie genau, wie viele Brötchen von den Kunden nachgefragt werden. Da aber immer im voraus produziert werden muss, besteht ein großes Interesse, die tägliche Nachfrage zu prognostizieren.

Die Grafik zeigt eine Punktwolke[4], bei der zu jedem Tag X der Absatz Y an Brötchen abzulesen ist.

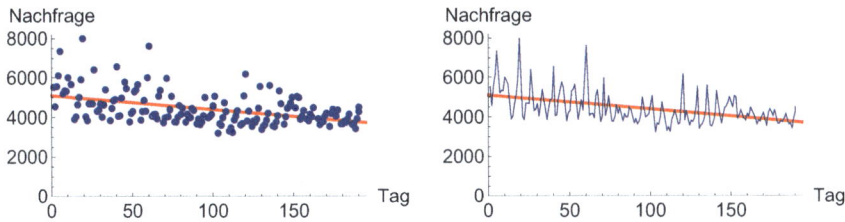

Wir haben mit einer linearen Regression die Nachfragefunktion

$$y = 5096 - 8.15 \cdot x$$

ermittelt, die man als Trend interpretieren könnte: Pro Tag geht der Absatz im Schnitt um 8.15 Brötchen zurück!

In der rechten Grafik sind die Punkte verbunden dargestellt. Man erkennt, wie die Nachfrage zyklisch um die Trendgeraden herum schwankt. Diese wiederum erklären sich mit Wochentag Einflüssen, Feiertagen und Ferientagen.

Insofern könnte man das einfache lineare Modell ähnlich wie auf Seite 142 um weitere Regressoren erweitern, indem man beispielsweise für den Wochentag Samstag eine eigene Dummy-Variable X_{Samstag}, mit 1 für Samstag und 0 für sonstige Tage, einführt. Anlog benutzen wir eine Dummy-Variable X_{Dienstag} für den Dienstag. Das an die Daten angepasste Modell lautet dann

$$y = 4984.2 - 8.134 \cdot x + 959.4 \cdot X_{\text{Samstag}} - 287.7 \cdot X_{\text{Dienstag}}.$$

Samstags werden im Schnitt 959.4 Brötchen zusätzlich nachgefragt, während an einem Dienstag die Nachfrage im Schnitt um 287.7 Brötchen zurück geht.

Ähnlich lassen sich Feiertage, Ferientage, Temperatur, Wetter, Werbung und andere Variablen einbeziehen.   ☻

B: Sensitivitätsanalyse bei multipler Regression

Was passiert, wenn man die Daten in der Urliste nur leicht ändert bzw. einen Punkt in der Punktwolke geringfügig verschiebt? Da in der Praxis Messungenauigkeiten in der Regel kaum zu vermeiden sind, ist diese Frage von großem Interesse. Sollten sich nämlich die Regressionsfunktion und deren Parameter deutlich ändern, wäre die Lösung instabil und kaum brauchbar.

---

[4]Originaldaten einer Quelle, die aus datenschutzrechtlichen Gründen nicht genannt werden darf.

Auch wenn dieses Thema erst im Rahmen der Induktiven Statistik vernünftig beantwortet werden kann, wollen wir es jetzt schon aufgreifen und in seinen Grundzügen verstehen.

Beispiel (Autos). Ähnlich wie auf Seite 141 betrachten wir zu $N = 4$ gebrauchten Autos den Kilometerstand X_1 [Tsd km], das Alter X_2 [Jahre] und den Preis Y [€].

Urliste 1			Urliste 2			Urliste 3		
X_1	X_2	Y	X_1	X_2	Y	X_1	X_2	Y
30	3	24000	**29.9**	3	24000	**29.999**	3	24000
40	4	22000	40	4	22000	40	4	22000
80	8	14000	80	8	14000	80	8	14000
100	**10**	10000	100	**9.999**	10000	100	**9.999**	10000

Diese drei Urlisten unterscheiden sich nur minimal. Bei Urliste 1 gibt es zwei lineare Funktionen

$$y = 30000 - 200 \cdot x_1 + 0 \cdot x_2,$$
$$y = 30000 - 0 \cdot x_1 - 2000 \cdot x_2,$$

welche die Punktwolke sogar perfekt widerspiegeln. Man kann schnell nachrechnen, dass beide Mal keinerlei Residuen auftreten. Insofern hat man zwei gleichwertige Regressionsfunktionen. Bei der ersten Funktion kann man den Preis perfekt mit dem Kilometerstand berechnen, und bei der zweiten perfekt mit dem Alter.
Daher ist eigentlich einer der beiden Regressoren redundant, so dass man das Modell um einen Regressor reduzieren könnte. Welchen man weglässt, ist dabei egal. Woran liegt das? In der Urliste 1 ist die Spalte X_1 exakt das Zehnfache der Spalte X_2. Daher kann man aus dem Kilometerstand exakt das Alter bestimmen, und umgekehrt. Beide Regressorvariablen X_1 und X_2 besitzen folglich denselben Informationsgehalt.
Neben diesen beiden Regressionsfunktionen gibt es noch weitere, sogar unendlich viele, verschiedene Regressionsfunktionen, die sich ebenfalls ohne Residuen perfekt an die Daten der Urliste 1 anpassen. Die Parameter können dabei beliebig klein, groß, negativ oder positiv ausfallen. Ihre Interpretationen wären daher nur Schall und Rauch:

$$y = 30000 - 500\,000 \cdot x_1 + 4\,998\,000 \cdot x_2,$$
$$y = 30000 + 7 \cdot x_1 - 2070 \cdot x_2,$$
$$y = 30000 - 181.818 \cdot x_1 - 181.818 \cdot x_2.$$

Bei den Urlisten 2 und 3 hingegen gibt es immer nur eine einzige, eindeutige Regressionsfunktion, die man jeweils mit (8.9) und (8.10) berechnen kann:

$$\text{Urliste 2:} \quad y = 30001.3 + 4.43 \cdot x_1 \quad - 2044.6 \cdot x_2,$$
$$\text{Urliste 3:} \quad y = 29999.8 - 205.28 \cdot x_1 + 52.85 \cdot x_2.$$

Offenbar sind die beiden Funktionen sehr unterschiedlich, obwohl ihre Urlisten nahezu identisch sind!

Die Urlisten 2 und 3 sind aber auch mit der Urliste 1 nahezu identisch, bei der es unendlich viele, verschiedene Regressionsfunktionen gibt. Insofern erklärt das extrem instabile Verhalten der Regression bei Urliste 1 den extremen Unterschied der Regression bei Urliste 2 im Vergleich zur Urliste 3.

Fazit: In diesem Beispiel reagieren die berechneten Parameter zu x_1 und x_2 sehr sensitiv auf kleinste Änderungen bei den Daten. Daher wäre es auch bei den Urlisten 2 und 3 sinnvoll, auf einen der beiden Regressoren X_1 oder X_2 zu verzichten, um stabilere und damit vernünftig interpretierbare Ergebnisse zu erhalten. ☻

Das Beispiel mag konstruiert wirken, jedoch zeigt es grundsätzliche Probleme auf: Wie bemerkt man eine Instabilität des Modells? Wie viele Regressoren sind sinnvoll? Welche sollte man weglassen?

Generell sollte ein Modell so komplex wie nötig, aber auch so einfach wie möglich sein. Denn, je mehr Variablen in ein Modell eingehen, desto weniger stabil fallen die Lösungen aus.

Das Beispiel zeigt auch, dass ein weggelassener Regressor genauso gut und informativ sein kann, wie ein oder mehrere andere im Modell verwendete Regressoren. Die Schlussfolgerung, dass nur im Modell berücksichtigte Variablen für die Erklärung von Y relevant seien, kann also falsch sein. Dieses Problem wird in der weiterführenden Literatur unter dem Stichwort "Multikolinearität" behandelt.

C: Bestimmtheitsmaß

Mit dieser Kenngröße möchte man beurteilen, wie gut die Anpassung einer linearen Regressionsfunktion an die gemessenen Werte der Urliste gelingt.

$$\text{Bestimmtheitsmaß} \;=\; \frac{\sigma_{f(x)}^2}{\sigma_y^2} \;=\; \frac{\sum_{i=1}^{N}(f(x_i)-\bar{y})^2}{\sum_{i=1}^{N}(y_i-\bar{y})^2}. \tag{8.29}$$

Es ist das Verhältnis der Varianz der errechneten Modellwerte $f(x)$ zur Varianz der tatsächlichen, gemessenen Werte von Y.

Die Idee, die dem Bestimmtheitsmaß zu Grunde liegt, basiert auf der **Varianzzerlegung** von Y

$$\sigma_y^2 \;=\; \sigma_{f(x)}^2 \;+\; \sigma_e^2, \tag{8.30}$$

Varianz der gemessenen y-Werte $=$ Varianz der berechneten y-Werte $+$ Varianz der Residuen, die man für lineare Regressionen nachweisen kann. Der Beweis ist langatmig und wird hier weggelassen. Die Idee einer Varianzzerlegung haben wir bereits auf Seite 105 kennen gelernt. Da $\sigma_e^2 \geq 0$ ist, folgt aus (8.30), dass die Varianz σ_y^2 nie kleiner als $\sigma_{f(x)}^2$ sein kann. Folglich ist der Quotient $\frac{\sigma_{f(x)}^2}{\sigma_y^2}$ und damit das Bestimmtheitsmaß nie größer als Eins:

$$0 \leq \text{Bestimmtheitsmaß} \leq 1. \tag{8.31}$$

Das Bestimmtheitsmaß ist genau dann Eins, wenn $\sigma_e^2 = 0$ ist. In diesem Fall liegen alle Punkte ohne Residuen exakt auf der Regressionsfunktion.

Beispiel (Wasserverbrauch). Wir greifen nochmals das Beispiel "Wasserverbrauch" von Seite 133 und der Tabelle auf Seite 135 auf, und bestimmen die folgenden drei Varianzen:

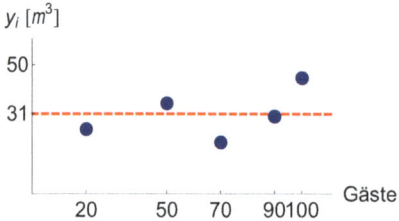

$\sigma_y^2 = 74$ ist die Varianz der gemessenen y-Werte, d.h. der tatsächlichen Wasserverbrauchswerte 25, 35, 20, 30, 45. Deren Mittelwert beträgt

$$\bar{y} = 31.$$

$\sigma_{f(x)}^2 = 18.67$ ist die Varianz der berechneten Modellwerte $f(x_i)$: 24.078, 28.598, 31.608, 34.612, 36.117. Sie liegen auf der hier nicht explizit eingezeichneten Regressionsgeraden. Bei einer linearen Regression gilt immer

$$\overline{f(x)} = \bar{y}.$$

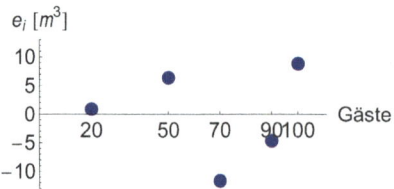

$\sigma_e^2 = 55.33$ ist die Varianz der Residuen e_i: 0.922, 6.408, -11.60, -4.612, 8.883. Deren Mittelwert beträgt bei einer linearen Regression immer Null:

$$\bar{e} = 0.$$

Damit erhält man das

$$\text{Bestimmtheitsmaß} \ = \ \frac{\sigma_{f(x)}^2}{\sigma_y^2} \ = \ \frac{18.67}{74} \ = \ 0.252.$$

Das Modell berechnet unterschiedliche Wasserverbrauchsmengen $f(x_i)$, die durch die unterschiedlichen Gästezahlen x_i erklärt werden. Diese Varianz beträgt $\sigma_{f(x)}^2 =$

18.67. Zudem gibt es eine Varianz beim Wasserverbrauch, die sich nicht mit dem Modell durch die Gästezahl erklären lässt: $\sigma_e^2 = 55.33$.

Beide Varianzen zusammen ergeben die Varianz des gesamten, tatsächlich gemessenen Wasserverbrauches $\sigma_y^2 = 74 = 18.67 + 55.33$. Dies entspricht der Varianzzerlegung (8.30).

Man sagt auch, dass sich die Gesamtvarianz zu $\frac{18.67}{74} = 25.2\%$ aus der durch das Modell "erklärten Varianz" zusammensetzt. Dies ist das Bestimmtheitsmaß. Ansonsten setzt sich die gesamte Varianz zu $\frac{55.33}{74} = 74.8\%$ aus der "unerklärten Varianz" weiterer, unbekannter Einflussgrößen zusammen.   ☻

Zwischen der Korrelation und dem Bestimmtheitsmaß gibt es einen engen Zusammenhang:

Bei einer einfachen linearen Regression gilt:

$$\rho_{x,y}^2 = \text{Bestimmtheitsmaß.} \tag{8.32}$$

Statt eines Beweises zeigen wir die Beziehung anhand des letzten Beispiels.

Beispiel (Fortsetzung). Mit (7.17) berechnet man aus der Urliste (20, 25), (50, 35), (70, 20), (90, 30), (100, 45) zu X und Y die Korrelation $\rho_{x,y} = 0.502$. Ein deutlich unter Eins liegender Wert, der auch besagt, dass die Punktwolke in Abbildung 8.4 nicht besonders gut einer Geraden ähnelt. Daraus erhält man auch das bereits berechnete Bestimmtheitsmaß:

$$\rho_{x,y}^2 = 0.502^2 = 0.252 = \text{Bestimmtheitsmaß.}$$

☻

9 Konzentrationsmaße

Das Marktforschungsunternehmen Nielsen hat festgestellt, dass im Jahr 2016 in Deutschland nur vier Unternehmen etwa 67% des gesamten Umsatzes im Lebensmittelbereich erwirtschaftet haben. Oxfam berichtete, dass im Jahr 2017 die 42 reichsten Menschen der Welt genauso viel Vermögen besessen haben wie die ärmere Hälfte der Weltbevölkerung, also 3.7 Milliarden Menschen. Solche und ähnliche Meldungen lassen uns aufhorchen, denn sie untermauern unser Gefühl, dass manche Dinge "ungerecht", d.h. in konzentrierter Weise verteilt sind.

Im Grunde geben auch die Streuungsmaße aus dem Kapitel 5 Hinweise auf Konzentrationen. Jedoch werden wir in diesem Kapitel noch "passgenauere" Kenngrößen kennen lernen. Das gebräuchlichste und bekannteste Konzept ist die sogenannte Lorenz-Kurve und der mit ihr verbundene Gini-Koeffizient. Zudem werden wir noch den Herfindahl-Index kurz ansprechen.

Konzentrationsmessungen eignen sich vor allem zum Vergleichen: War der Reichtum auf der Welt früher weniger konzentriert? Sind die Umsätze im Lebensmittelbereich in anderen Ländern genauso stark konzentriert wie in Deutschland?

9.1 Grundlegendes

Bei der Konzentrationsmessung werden nicht nur die einzelnen Merkmalswerte x_i, sondern auch deren Merkmalssumme berücksichtigt:

$$\tau = \sum_{i=1}^{N} x_i = \text{Merkmalssumme} = \textbf{Total}. \tag{9.1}$$

Diese Notation und die Bezeichnung "Total" haben wir bereits auf Seite 76 kennen gelernt. Damit kann man zu jedem Objekt i den Anteil

$$a_i = \frac{x_i}{\tau} = \text{Anteil, den das Objekt } i \text{ an der Merkmalssumme } \tau \text{ besitzt,} \quad (9.2)$$

bestimmen. Diese Anteile a_i bilden die Grundlage für die Messung von Konzentrationen:

- **Hohe Konzentration:** Nur wenige Objekte bilden schon fast die gesamte Merkmalssumme τ. Dann sind die Anteile a_i bei diesen wenigen Objekten sehr groß, und bei den anderen Objekten sehr klein.
- **Geringe Konzentration:** Die Merkmalssumme τ verteilt sich mehr oder weniger gleichmäßig auf alle Objekte. Alle Anteile a_i sind dann nahezu gleich groß.

9.2 Lorenz-Kurve

Für die Erstellung einer Lorenz-Kurve sortiert man zunächst die N Objekte der Urliste bezüglich der Anteile a_i in aufsteigender Reihenfolge. Wir setzen im weiteren Verlauf immer voraus, dass eine derartige Sortierung bereits vorgenommen worden ist. Dann gilt:

$$a_1 \leq a_2 \leq \cdots \leq a_N. \quad (9.3)$$

Zudem werden die kumulierten Anteile gebildet:

$$\begin{aligned}
A_1 &= a_1, \\
A_2 &= a_1 + a_2, \\
A_3 &= a_1 + a_2 + a_3, \\
&\vdots \\
A_N &= a_1 + a_2 + a_3 + \cdots + a_N = 1.
\end{aligned}$$

Beispielsweise gibt A_3 an, welchen Anteil die ersten drei, "kleinsten" Objekte an der gesamten Merkmalssumme τ aufweisen.

Weiterhin benötigen wir noch kumulierte Anteile, die sich aber nicht auf die Merkmalssumme, sondern, wie üblich, auf die Anzahl aller Objekte N beziehen:

$$H_i = \frac{i}{N} = \begin{array}{l}\text{Anteil der Objekte, die man in der sortierten Urliste} \\ \text{bis zur Stelle } i \text{ zählt.}\end{array}$$

Auch hier gilt $H_N = 1$.

> Die **Lorenz-Kurve** ist der Polygonzug, der durch die Punkte (H_i, A_i) führt.

Wir betrachten ein Beispiel mit minimaler, mittlerer und maximaler Konzentration.

Beispiel (Müll). Es werden drei Varianten bzw. drei Urlisten mit jeweils $N = 5$ Haushalten als Objekte betrachtet, zu denen die Müllmenge X [kg] als Variable vorliegt. In allen drei Urlisten beträgt die Gesamtmüllmenge aller Haushalte jeweils $\tau = 1000$ [kg].

- **Keine Konzentration**

  In dieser Urliste 1 haben alle 5 Haushalte denselben Anteil $a_i = 20\%$ an der Gesamtmüllmenge τ.

  Urliste 1

H_i	X	a_i	A_i
$\frac{1}{5}$	200	$\frac{200}{1000}$	$\frac{1}{5}$
$\frac{2}{5}$	200	$\frac{200}{1000}$	$\frac{2}{5}$
$\frac{3}{5}$	200	$\frac{200}{1000}$	$\frac{3}{5}$
$\frac{4}{5}$	200	$\frac{200}{1000}$	$\frac{4}{5}$
$\frac{5}{5}$	200	$\frac{200}{1000}$	$\frac{5}{5}$

  $\tau = 1000$

  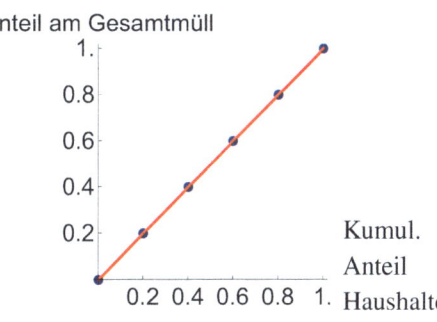

  An der Lorenzkurve erkennt man beispielsweise, dass 60% der Haushalte für 60% der Gesamtmüllmenge verantwortlich sind.

- **Konzentration**

  In der Urliste 2 gibt es Haushalte mit keinem, wenig, viel und sehr viel Müll X.

  Urliste 2

H_i	X	a_i	A_i
$\frac{1}{5}$	0	$\frac{0}{1000}$	0
$\frac{2}{5}$	100	$\frac{100}{1000}$	$\frac{1}{10}$
$\frac{3}{5}$	100	$\frac{100}{1000}$	$\frac{2}{10}$
$\frac{4}{5}$	300	$\frac{300}{1000}$	$\frac{5}{10}$
$\frac{5}{5}$	500	$\frac{500}{1000}$	$\frac{10}{10}$

  $\tau = 1000$

  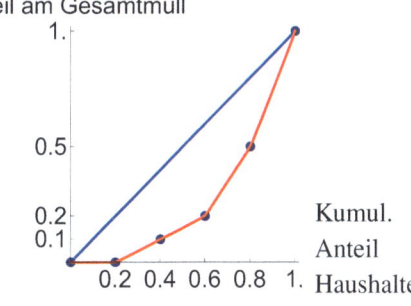

An der Lorenzkurve erkennt man beispielsweise, dass
- 60% der Haushalte nur 20% des Gesamtmülls verursachen,
- 80% der Haushalte nur 50% des Gesamtmülls verursachen.

Die letzte Aussage heißt umgekehrt auch, dass nur 20% der Haushalte 50% des Mülls verursachen.

- **Maximale Konzentration**

In der Urliste 3 konzentriert sich die gesamte Müllmenge τ auf einen einzigen Haushalt.

Urliste 3

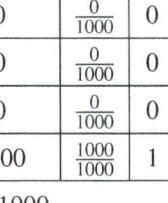

H_i	X	a_i	A_i
$\frac{1}{5}$	0	$\frac{0}{1000}$	0
$\frac{2}{5}$	0	$\frac{0}{1000}$	0
$\frac{3}{5}$	0	$\frac{0}{1000}$	0
$\frac{4}{5}$	0	$\frac{0}{1000}$	0
$\frac{5}{5}$	1000	$\frac{1000}{1000}$	1

$\tau = 1000$

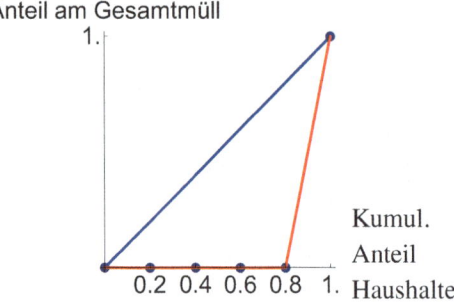

Man erkennt, dass 80% der Haushalte keinen Anteil am Gesamtmüll haben. Dies heißt umgekehrt, dass nur 20% der Haushalte 100% des Mülls verursachen. ☻

Dieses Beispiel zeigt drei Eigenschaften, die generell für Lorenz-Kurven zutreffen:

- Liegt keine Konzentration vor, entspricht die Lorenz-Kurve der Winkelhalbierenden.
- Je höher die Konzentration ist, desto mehr hängt die Lorenz-Kurve unterhalb der Winkelhalbierenden durch.
- Die Krümmung der Lorenz-Kurve ist konvex, d.h. die Steigung der Kurve nimmt zu.

Die letzte Eigenschaft ist eine Folge von (9.3). Um neben dem visuellen Eindruck der Lorenz-Kurve auch eine Maßzahl zur Konzentrationsmessung zu erhalten, benutzt man den sogenannten Gini-Koeffizienten. In der Literatur ist er in normierter und nicht-normierter Form anzutreffen, wobei der Sprachgebrauch nicht einheitlich ist.

$$\textbf{Normierter Gini-Koeffizient} = \frac{\text{Fläche zwischen der Winkelhalbierenden und der Lorenzkurve}}{\text{Fläche zwischen der Winkelhalbierenden und der Lorenzkurve bei maximaler Konzentration.}} \quad (9.4)$$

Beispiel (Fortsetzung). Zunächst bestimmen wir den Nenner des Gini-Koeffizienten.

Die Fläche zwischen der Winkelhalbierenden und der Lorenz-
Kurve bei maximaler Konzentration kann man mit der üblichen
Formel für Dreiecke bestimmen:

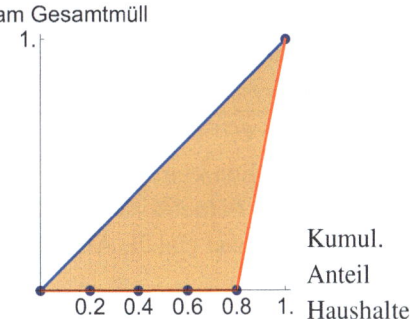

$$\text{Fläche} \;=\; \frac{1}{2} \cdot 0.8 \cdot 1$$
$$= 0.4.$$

Losgelöst von unserem speziellen Beispiel gilt dieses Ergebnis übrigens ganz allgemein für alle Urlisten mit $N = 5$ Objekten, denn bei maximaler Konzentration sieht
deren Lorenz-Kurve immer so aus.

Nun wollen wir zur Urliste 2
die Fläche zwischen der Winkelhalbierenden und der Lorenz-
Kurve bestimmen. Mit den üblichen Formeln für Trapeze und
Dreiecke erhält man

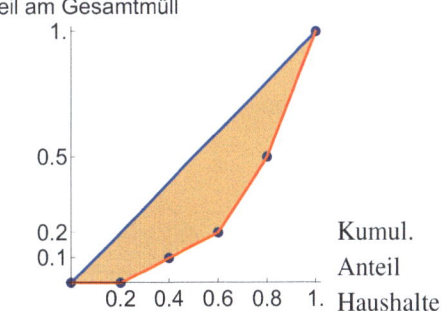

$$\text{Fläche} \;=\; 0.24.$$

Bei der Urliste 2 ist die Fläche kleiner als die maximale Fläche 0.4, weshalb der
Gini-Koeffizient kleiner als 1 ist:

$$\text{Normierter Gini-Koeffizient} \;=\; \frac{0.24}{0.40} \;=\; 0.60.$$

Wenn, wie in der Urliste 3, die Konzentration maximal ist, nimmt der Gini-
Koeffizient seinen Maximalwert 1 an:

$$\text{Normierter Gini-Koeffizient} \;=\; \frac{0.4}{0.4} \;=\; 1.$$

Wenn, wie in der Urliste 1, keine Konzentration vorliegt, nimmt der Gini-Koeffizient
seinen Minimalwert 0 an:

$$\text{Normierter Gini-Koeffizient} \;=\; \frac{0}{0.4} \;=\; 0.$$

In diesem Fall verschwindet die Fläche zwischen der Winkelhalbierenden und der
Lorenzkurve, da die beiden Kurven übereinstimmen. ☻

Beispiel (Betriebssysteme). Man vermutet, dass im Jahr 2017 weltweit $2\,600\,000\,000$ Smartphones mit dem Betriebssystem Android, $600\,000\,000$ Smartphones mit dem Betriebssystem iOS und $25\,000\,000$ Smartphones mit sonstigen Betriebssystemen betrieben werden.

Um diese Konzentration mit einer Lorenzkurve darstellen zu können, betrachten wir die $N = 3$ Betriebssystemen als Objekte der Grundgesamtheit. Die Variable X ist quantitativ und gibt die Anzahl der Smartphones an.

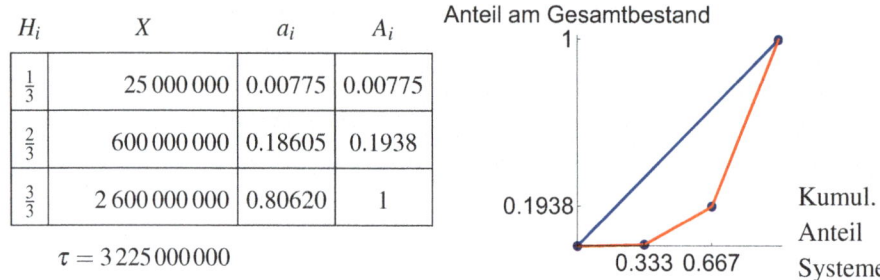

H_i	X	a_i	A_i
$\frac{1}{3}$	$25\,000\,000$	0.00775	0.00775
$\frac{2}{3}$	$600\,000\,000$	0.18605	0.1938
$\frac{3}{3}$	$2\,600\,000\,000$	0.80620	1

$$\tau = 3\,225\,000\,000$$

Zur Berechnung des Gini-Koeffizienten bestimmen wir die Flächen

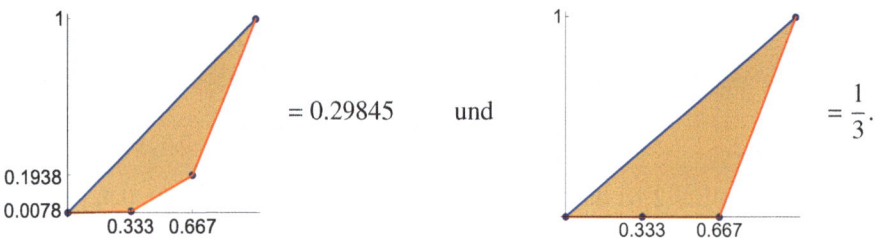

$$= 0.29845 \quad \text{und} \quad = \frac{1}{3}.$$

Dies zeigt, welch hohe Konzentration bei den Betriebssystemen besteht:

$$\text{Normierter Gini-Koeffizient} \;=\; \frac{0.29845}{0.33333} \;=\; 0.8954.$$

Die Konzentration im Jahr 2017 beträgt fast 90% der maximal möglichen Konzentration. ☻

Hinweis:

In der Literatur findet man unter dem Begriff Gini-Koeffizient oft auch eine andere, etwas einfachere Definition. Im Nenner von (9.4) wird die "Fläche bei maximaler Konzentration" durch $\frac{1}{2}$ ersetzt. Dies entspricht der kompletten Fläche unterhalb der Winkelhalbierenden. Jedoch hat dies einen Nachteil: Urlisten mit maximaler Konzentration besitzen dann einen Gini-Koeffizienten, der kleiner als 1 ist.

9.3   Herfindahl-Index

Dieser Index wird auch Herfindahl-Hirschmann-Index genannt. Mit der Notation von (9.2) lautet die Definition:

Herfindahl-Index

$$H = \sum_{i=1}^{N} a_i^2 = \sum_{i=1}^{N} \left(\frac{x_i}{\tau}\right)^2 \qquad (9.5)$$

Um die Idee zu dieser Definition zu verstehen, erinnern wir uns nochmal an die Feststellungen von Seite 158: Je unterschiedlicher die $a_i = \frac{x_i}{\tau}$ sind, desto höher ist die Konzentration. Daher liegt es nahe diese Unterschiedlichkeit mit der Varianz der Werte a_i zu bemessen. Da der Mittelwert der a_i immer $\bar{a} = \frac{1}{N}$ beträgt, gilt für diese Varianz:

$$VAR[a] = \frac{1}{N} \sum_{i=1}^{N} (a_i - \bar{a})^2 = \frac{1}{N} \sum_{i=1}^{N} \left(a_i - \frac{1}{N}\right)^2 \qquad (9.6)$$

Mit einigen Umformungen, die wir dem begeisterten Leser überlassen, kann man dann folgende Beziehung zeigen:

$$H = N \cdot VAR[a] + \frac{1}{N} \qquad (9.7)$$

Dies lässt erkennen, dass der Herfindahl-Index H bis auf einen Faktor und einer additiven Konstanten mit der halbwegs anschaulichen Idee (9.6) übereinstimmt.

Zudem kann man relativ einfach folgende Beziehungen für den Herfindahl-Index zeigen:

$$\frac{1}{N} \leq H \leq 1 \qquad (9.8)$$

Liegt keine Konzentration vor, gilt $H = \frac{1}{N}$. Bei maximaler Konzentration gilt $H = 1$.

Beispiel (Fortsetzung Betriebssysteme). Wir kennen schon die Werte a_i zu den drei Betriebssystemen: $a_1 = 0.00775$, $a_2 = 0.18605$, $a_3 = 0.80620$. Damit erhält man den Herfindahl-Index

$$H = \sum_{i=1}^{3} a_i^2 = 0.00775^2 + 0.18605^2 + 0.80620^2 = 0.6846.$$

Läge keinerlei Konzentration vor, wäre der Wert des Index $H = \frac{1}{3} = 0.33$.   ☻

Au Seite 157 haben wir schon die Idee geäußert, dass man die Konzentration auch mit den Streuungsmaßen aus dem Kapitel 5 messen könnte. Mit einigen Umformungen, die wir wieder dem begeisterten Leser überlassen, kann man zeigen, dass dem Herfindahl-Index eigentlich diese Idee innewohnt. Es gilt nämlich

$$H = \frac{1}{N} \left(\frac{\sigma^2}{\bar{x}^2} + 1 \right) = \frac{1}{N} \left(v^2 + 1 \right), \tag{9.9}$$

woraus ersichtlich wird, dass der Herfindahl-Index im Wesentlichen die Informationen des Variationskoeffizienten $v = \frac{\sigma}{\bar{x}}$ widerspiegelt. In dieser Darstellung ist die Merkmals-summe τ im Mittelwert versteckt: $\tau = N \cdot \bar{x}$.

Teil II

Wahrscheinlichkeitsrechnung

10 Grundlagen der Wahrscheinlichkeitsrechnung

Über den Begriff "Wahrscheinlichkeit" hat wahrscheinlich jeder schon einmal nachgedacht. Ob wir uns um gesunde Ernährung sorgen, Investitionsentscheidungen zu treffen haben, einen Lagerbestand vorhalten, die Lebensdauer einer Maschine einschätzen müssen, immer steht die Frage nach Chancen und Risiken im Mittelpunkt unserer Überlegungen. Gelingt es, diese zu quantifizieren, so ist uns gewissermaßen ein kleiner, eingeschränkter **Blick in die Zukunft** möglich, der uns letztlich beim Planen helfen soll.

Im Vergleich zur Geometrie etwa, ist die Wahrscheinlichkeitsrechnung bzw. Stochastik eine sehr junge Wissenschaft. Dies begründet sich vermutlich mit dem Weltbild, das die Menschen über Jahrhunderte und Jahrtausende hatten. Glaubt man an "Schicksal" und "Bestimmung", sei sie von Gott gewollt oder durch Naturgesetze gegeben, so existiert im Grunde kein "Zufall". Folglich bestand wenig Anreiz, diesen ernsthaft zu untersuchen. Dies änderte sich erst vor etwa 300 Jahren, als man anfing, "Wahrscheinlichkeiten" zumindest im Zusammenhang mit Glücksspielen berechnen zu wollen. Die Formulierung einer mathematisch sauberen, fundierten Wahrscheinlichkeitstheorie stellte für die Mathematiker lange Zeit ein Problem dar. Erst im Jahr 1931 ist dies Kolmogorov gelungen, indem er die sogenannte "Maßtheorie" einbezogen hat.

Da aber die Maßtheorie von Nicht-Mathematikern als sehr formal und schwer verständlich empfunden wird, werden wir versuchen, ohne sie auszukommen. Folglich verzichten wir auf die in der Literatur übliche Vorgehensweise mit "Ereignisräumen", da sich deren Sinn erst im Rahmen der Maßtheorie entfalten würde. Stattdessen wollen wir, möglichst

© Springer-Verlag GmbH Deutschland, ein Teil von Springer Nature 2019
C. Weigand, *Statistik mit und ohne Zufall*,
https://doi.org/10.1007/978-3-662-59309-7_10

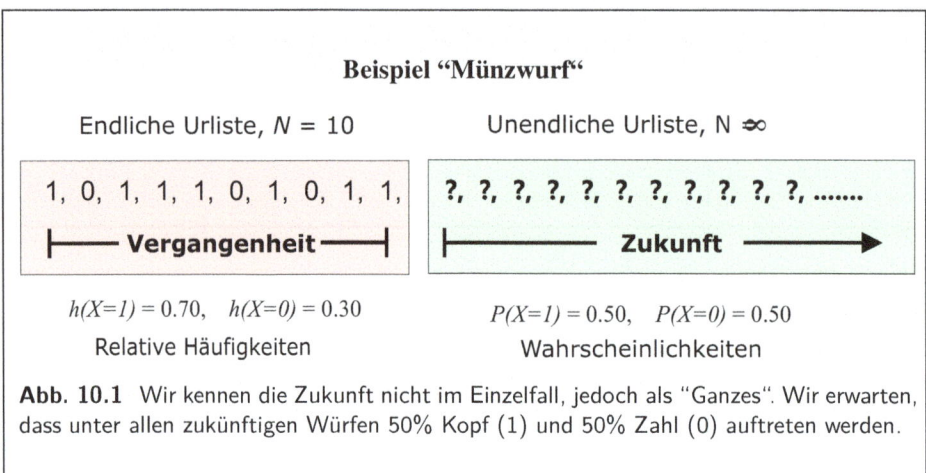

Abb. 10.1 Wir kennen die Zukunft nicht im Einzelfall, jedoch als "Ganzes". Wir erwarten, dass unter allen zukünftigen Würfen 50% Kopf (1) und 50% Zahl (0) auftreten werden.

wenig dazulernen, d.h. wir übernehmen weitgehend die bereits bekannten Konzepte der Deskriptiven Statistik. Insbesondere werden wir gelegentlich auf Glücksspiele zurückgreifen, da sich mit ihnen die Konzepte der Wahrscheinlichkeitstheorie quasi unter "Laborbedingungen" exemplarisch veranschaulichen lassen.

10.1   Wahrscheinlichkeit

Wir lassen uns von der Grundidee leiten, dass die Gesetzmäßigkeiten und Formeln, welche für relative Häufigkeiten gelten, in gleicher Weise auch für Wahrscheinlichkeiten gelten. Damit haben wir zwar noch nicht gesagt, *was* eine Wahrscheinlichkeit ist, jedoch *wie* man mit ihnen rechnerisch umgehen darf. Der wesentliche Unterschied zwischen einer Wahrscheinlichkeit und einer relativen Häufigkeit liegt in erster Linie in der Interpretation der beiden Begriffe.

Beispiel (Münzwurf). Bei einer Münze ist die Sprechweise geläufig, dass jede Seite, sei dies Kopf (1) oder Zahl (0), jeweils eine Wahrscheinlichkeit von 50% besitzt. Aber was drücken diese Zahlen eigentlich aus?

Wir wollen versuchen, diese Werte als relative Häufigkeit zu interpretieren. Dann müsste aber noch geklärt werden, auf welche Grundgesamtheit sich die Anteile beziehen könnten. Dazu folgende Überlegungen:

1. Grundgesamtheit = vergangenheitsbezogene Urliste: Otto hat gestern $N = 10$ mal eine Münze, geworfen und die Urliste 1,0,1,1,1,0,1,0,1,1 erhalten. Die entsprechenden relativen Häufigkeiten lauten $h(1) = 0.70$ und $h(0) = 0.30$. Sie weichen von den obigen Wahrscheinlichkeiten 0.50 ab. Insofern können wir die genannten Wahrscheinlichkeiten nicht auf diese konkret gegebene Urliste beziehen.

2. **Grundgesamtheit = der unmittelbar nächste Wurf:** Hier sprechen wir über eine Grundgesamtheit, die erst in Zukunft entsteht und nur aus einem ($N = 1$) Objekt bzw. Münzwurf besteht. Wie immer das Ergebnis konkret ausfallen mag, es ist entweder zu 100% Kopf oder zu 100% Zahl, d.h es können nur die relativen Häufigkeiten $h(1) = 1$ und $h(0) = 0$ oder $h(1) = 0$ und $h(0) = 1$ auftreten. Folglich ist es nicht sinnvoll, die Wahrscheinlichkeit von 50% nur auf den nächsten, unmittelbaren Münzwurf zu beziehen.

3. **Grundgesamtheit = die nächsten N zukünftigen Würfe:** Otto hat beschlossen, $N = 10$ mal die Münze zu werfen. Auch hier entsteht die Grundgesamtheit erst in Zukunft. Im Moment kennt er die Ergebnisse noch nicht. Es bedarf aber wenig Phantasie, um sich vorstellen zu können, dass bei diesen 10 Würfen durchaus ungleich viele Köpfe bzw. Zahlen auftreten könnten. Daher entspricht die Wahrscheinlichkeit von 50% nicht zwangsläufig der relativen Häufigkeit, der nächsten $N = 10$ zukünftigen Würfen.

4. **Grundgesamtheit = die nächsten N $= \infty$ zukünftigen Würfe:** Otto hat beschlossen, die Münze unendlich oft zu werfen. Zwar ist dies aus biologischen und vielen anderen Gründen nicht pratikabel, dennoch glauben wir, über das "Ergebnis" schon im Voraus etwas zu wissen. Wenn nämlich die Münze symmetrisch gebaut ist, müssten in einer unendlich langen Reihe beide Seiten gleich oft vorkommen. Sollte eine Seite der Münze bevorzugt sein, so hat in einer unendlich langen Reihe die andere Seite genügend Zeit, die "Ungerechtigkeit" auszugleichen. ☺

Wenn wir Wahrscheinlichkeiten als relative Häufigkeiten interpretieren wollen, so könnte dies höchstens analog zum Fall 4 gelingen, indem wir eine zukünftige, unendlich lange Urliste zu Grunde legen. Diese Vorstellung wirft jedoch noch einige Fragen bzw. Probleme auf:

1. Wie sollen wir überprüfen, ob bei einer Versuchsreihe *alle* zukünftigen Münzwürfe genau zu 50% Kopf und zu 50% Zahl sind? Dazu bräuchten wir alle Zeit der Welt und noch mehr, denn wir dürften nie aufhören, die Münze zu werfen.

2. Erhalten auch andere bzw. alle Personen, die jemals eine Versuchsreihe starten werden, auf unendlich lange Sicht immer exakt 50% Kopf und 50% Zahl? Es wäre doch auch eine Reihe denkbar, die beispielsweise überwiegend oder sogar nur aus einer Folge von "Köpfen" besteht.

Über solche und andere Fragen haben sich die Gelehrten über Jahrhunderte den Kopf zerbrochen. Führt man experimentelle Untersuchungen mit Würfeln, Münzen, Kugeln etc. durch, so spricht vieles für unsere Interpretation von Wahrscheinlichkeit, denn immer wenn man sehr lange Versuchsreihen beobachtet, so scheinen sich die relativen Häufigkeiten mit wachsender Versuchszahl N zu stabilisieren. Jedoch ersetzen diese Experimente wegen ihrer Einmaligkeit und der "Zufälligkeiten", denen sie unterliegen, nie einen allgemeingültigen mathematischen Beweis.

Mit der mathematisch fundierten, auf Maßtheorie basierenden Wahrscheinlichkeitsrechnung kann man das sogenannte **Starke Gesetz der großen Zahl** "rein logisch" beweisen. Es rechtfertigt, dass die obige, intuitive Interpretation zur Wahrscheinlichkeit sinnvoll ist: Das Problem 1 wird in diesem mathematischen Theorem mit einer Konvergenzaussage präzisiert, d.h. beim Münzwurf konvergiert der Anteil der Köpfe gegen 0.50. Auch das Problem 2 findet beim Münzwurf eine positive Antwort, indem man zeigen kann, dass *fast alle*[1] Versuchsreihen auf lange Sicht einen Anteil von exakt 50% Kopf und 50% Zahl aufweisen. Die Reihen bei denen dies anders ist, sei es, dass die Anteile gegen andere Werte konvergieren oder gar nicht konvergieren, treten vergleichsweise so selten auf, dass sie für praktische Belange *vollkommen vernachlässigbar* sind.

Natürlich beschränkt sich die Gültigkeit des Starken Gesetzes der großen Zahl nicht nur auf Münzwürfe, sondern auch auf andere Zufallsexperimente. Die Frage, ob man den Wert der Wahrscheinlichkeit numerisch kennt, ist dabei zweitrangig. Bei einem Würfel mit eingebauter Bleiplatte gibt es beispielsweise für die Augenzahl 5 eine bestimmte Wahrscheinlichkeit p. Auch wenn wir den Wert von p nicht kennen, so ist er dennoch existent und entspricht dem Anteil der Fünfen in einer bzw. "jeder" unendlich langen Versuchsreihe von Würfen.

Diese Ausführungen sollen genügen, den Begriff der Wahrscheinlichkeit zu definieren, wobei wir in Kauf nehmen, die mathematische Exaktheit der intuitiven Verständlichkeit zu opfern. Bei der Notation von Wahrscheinlichkeiten orientieren wir uns an den Schreibweisen für relative Häufigkeiten, ersetzen allerdings h durch P wie "probability".

Wahrscheinlichkeiten

1. Gesetzmäßigkeiten: Man kann mit Wahrscheinlichkeiten genauso "rechnen" wie mit relativen Häufigkeiten.

2. Interpretation: Wahrscheinlichkeiten sind als "idealisierte relative Häufigkeiten" zu verstehen, die sich nicht auf eine Urliste mit empirischen, konkreten Werten beziehen, sondern auf eine Art fiktive Urliste, die erst in der Zukunft entsteht und unendlich lang ist.

---

[1] "Fast alle" sind hier "überabzählbar unendlich viele". Diese Sprechweise gebrauchen die Mathematiker, wenn sie Unendlichkeiten meinen, die gewissermaßen noch unendlich viel größer sind, als die übliche, abzählbare Unendlichkeit, die man etwa bei den natürlichen Zahlen vorfindet. So ist die abzählbare Unendlichkeit verschwindend klein im Verhältnis zur überabzählbaren Unendlichkeit.

3. Notation:

$$P(X \in A) = \text{Wahrscheinlichkeit, dass } X \text{ Werte aus dem Bereich} \qquad (10.1)$$
$$A \text{ annimmt.}$$

Analog gebrauchen wir z.B. $P(X = x)$, $P(X \leq x)$, $P(X > x)$.

Die sogenannten fiktiven, zukünftigen Urlisten sind strukturell genauso wie in der Deskriptiven Statistik aufgebaut. Wir wollen den Vorgang der nächsten, zukünftigen Messung als **Zufallsexperiment** bezeichnen. Insofern füllt sich gedanklich die fiktive Urliste, indem man wiederholt Zufallsexperimente unter gleichbleibenden Bedingungen durchführt. Dabei bezeichnen wir das Merkmal bzw. die Variable X als **Zufallsvariable**. Der Wert x, der für die Zufallsvariable X bei der Durchführung eines Zufallsexperimentes gemessen wird, heißt **Realisation**.

Beispiel (Würfel). Der Wurf des Würfels entspricht dem Zufallsexperiment. Die Zufallsvariable X ist die "Augenzahl" und die möglichen Realisationen sind die Werte 1,2,3,4,5,6. Die fiktive, unendlich lange Urliste besteht aus den zukünftigen Ergebnissen der einzelnen Würfe. Bei einem idealen Würfel, den man in der Literatur auch **"Laplace-Würfel"** nennt, unterstellt man Gleichwahrscheinlichkeit:

$$P(X = 1) = P(X = 2) = \ldots = P(X = 6) = \frac{1}{6}.$$

Wäre dies nicht so, würde man den Würfel als manipuliert betrachten. ☻

Analog zur kumulierten Verteilung $H(x)$ definiert man in der Wahrscheinlichkeitsrechnung die kumulierte Verteilung $F(x)$. Diese wird in der Literatur auch als "Verteilungsfunktion" bezeichnet.

Kumulierte Verteilung (Verteilungsfunktion)

$$F(x) = P(X \leq x) = \text{Wahrscheinlichkeit, dass } X \text{ maximal den Wert } x \text{ annimmt.} \qquad (10.2)$$

Da die Rechengesetze der relativen Häufigkeiten auch für Wahrscheinlichkeiten gelten sollen, erhalten wir analog zu (2.13) und (2.15):

Regel vom Gegenteil

$$P(X \notin E) = 1 - P(X \in E) \qquad (10.3)$$

Additionsregel

$$P(X \in A \cup B) = P(X \in A) + P(X \in B) - P(X \in A \cap B) \qquad (10.4)$$

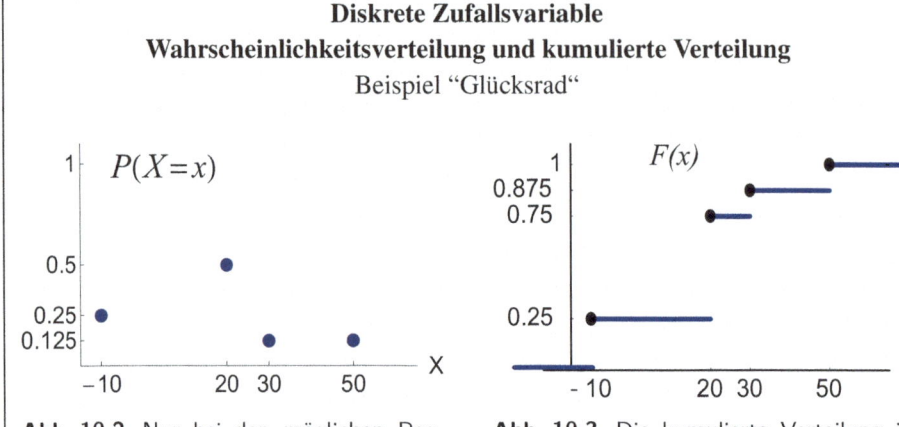

Diskrete Zufallsvariable
Wahrscheinlichkeitsverteilung und kumulierte Verteilung
Beispiel "Glücksrad"

Abb. 10.2 Nur bei den möglichen Realisationen ist die Wahrscheinlichkeit ungleich Null.

Abb. 10.3 Die kumulierte Verteilung ist eine Treppenfunktion.

Die Funktion $P(X = x)$ in der linken Abbildung beschreibt die Höhe der Sprünge bei der kumulierten Verteilung $F(x)$ in der rechten Abbildung.

10.2   Diskrete Zufallsvariablen

Analog zu den diskreten Variablen der Deskriptiven Statistik lässt sich bei diskreten Zufallsvariablen X die Wahrscheinlichkeitsverteilung $P(X = x)$ als Stabdiagramm, und die kumulierte Verteilung $F(x) = P(X \leq x)$ als ansteigende Treppenfunktion darstellen.

Beispiel (Glücksrad). Rosa betreibt ein Glücksspiel. Sie zahlt an einen Spieler den Betrag in Euro aus, der bei Stillstand des Rades am Pfeil steht. Bei -10 liegt eine negative Auszahlung vor, d.h. der Spieler muss Rosa 10 Euro geben.

Die Wahrscheinlichkeiten der Zufallsvariablen "$X =$ Auszahlung [€]" berechnen sich aus den Größenverhältnissen der Bogenlängen bzw. Segmente, wobei wir unterstellen, dass die Mechanik beim Stillstand des Rades keine Stelle bevorzugt. Wegen der unterschiedlichen Segmentgrößen sind die Chancen nicht gleichverteilt. Die Wahrscheinlichkeitsverteilung und die kumulierte Verteilung von X sind in den Abbildungen 10.2 und 10.3 zu sehen.

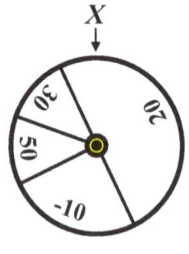

Bei einer Zufallsvariablen X ist es nicht möglich, das arithmetische Mittel gemäß $\bar{x} = \frac{1}{N} \sum_{i=1}^{N} x_i$ zu berechnen, da keine konkrete Urliste gegeben ist. Da wir aber die Verteilung $P(X = x)$ zur Verfügung haben, können wir auf die bekannte Methode der gewogenen

Mittelung gemäß (4.21) zurückgreifen. Nur bei der Notation und bei den Sprechweisen gibt es einen kleinen Unterschied. Das arithmetische Mittel bzw. der Durchschnittswert von X nennt sich in der Wahrscheinlichkeitstheorie **Erwartungswert**. Er wird nicht mit $\bar{x}$, sondern mit $E[X]$ oder μ notiert.

Bei der **Varianz** übernehmen wir die Berechnungsmethode "gewogener Durchschnitt der quadrierten Abweichungen vom Mittelwert" gemäß (5.10). Neben dem bereits bekannten Symbol σ^2 schreibt man auch $VAR[X]$.

Erwartungswert und Varianz bei *diskreten* Zufallsvariablen

$$E[X] = \mu \;=\; \sum_{k=1}^{m} x_k \cdot P(X = x_k) \tag{10.5}$$

$$VAR[X] = \sigma^2 \;=\; \sum_{k=1}^{m} (x_k - \mu)^2 \cdot P(X = x_k) \tag{10.6}$$

Dabei bezeichnen wir mit $x_1, \ldots, x_m$ die möglichen Realisationen von X.

Die Formel (10.6) zeigt, dass man die Varianz auch als Erwartungswert der Zufallsvariablen $(X - \mu)^2$, d.h. der quadratisch gemessenen Abweichungen von X zu μ betrachten kann:

$$VAR[X] = \sigma^2 \;=\; E[(X - \mu)^2]. \tag{10.7}$$

Beispiel (Fortsetzung). Wenn viele Spieler am Glücksspiel teilnehmen, wird Rosa vermutlich mehr auszahlen, als einnehmen. Um dies zu präzisieren, berechnen wir den Erwartungswert von X:

$$\begin{aligned} E[X] = \mu \;&=\; -10 \cdot 0.25 + 20 \cdot 0.50 + 30 \cdot 0.125 + 50 \cdot 0.125 \\ &=\; 17.50 \,[\text{\euro}]. \end{aligned}$$

Folglich erwarten wir, dass Rosa auf lange Sicht pro Spiel eine Auszahlung von 17.50 [€] tätigen muss. Um das Glücksspiel gewinnbringend zu betreiben, sollte Rosa für die Teilnahme am Spiel einen Preis verlangen, der über 17.50 [€] pro Spiel liegt. Die Abweichung der einzelnen Auszahlungen vom Erwartungswert bewerten wir mit der Varianz und der Standardabweichung:

$$\begin{aligned} VAR[X] = \sigma^2 \;&=\; (-10 - 17.5)^2 \cdot 0.25 + (20 - 17.5)^2 \cdot 0.50 \\ &\quad + (30 - 17.5)^2 \cdot 0.125 + (50 - 17.5)^2 \cdot 0.125 \\ &=\; 343.75 \,[\text{\euro}^2] \\[4pt] \sigma \;&=\; \sqrt{343.75} = 18.54 \,[\text{\euro}]. \end{aligned}$$

Je kleiner die Standardabweichung der Auszahlungen bei einem Glücksspiel ist, desto deterministischer und somit "langweiliger" ist das Spiel. Bei einer Varianz von Null empfindet der Spieler keinen "Kitzel" mehr, da dann der Auszahlungsbetrag immer gleich wäre.   ☻

Glücksräder sind eine simple Methode, mit der man zu jeder diskreten Verteilung eine passende Zufallsvariable simulieren kann. Dazu zeichnet man zur gegebenen Verteilung $h(x)$ das Tortendiagramm, schneidet es aus und klebt es auf eine drehbare Scheibe. So kann man beispielsweise einen Laplace-Würfel mit einem Glücksrad darstellen, das sechs gleich große Segmente besitzt. Bei einem Würfel mit Bleiplatte wären die sechs Segmente entsprechend unterschiedlich groß.

Analog wollen wir uns vorstellen, dass auch jede diskrete Zufallsvariable, die in der Praxis vorkommt, mit einem passenden Glücksrad simuliert werden könnte: Die Anzahl der Kunden eines Kaufhauses pro Tag, die Anzahl der Regentage im Jahr, die Anzahl der Briefe im Briefkasten, oder die Anzahl der Kinder eines zufällig ausgewählten Haushaltes. Hierbei ist das Glücksrad gewissermaßen naturgegeben. Allerdings stehen wir dabei in der Regel quasi hinter dem Glücksrad, so dass wir die Einteilung der Segmente nicht erkennen können. Unabhängig von der Perspektive ist es aber dennoch ein Glücksrad mit einer bestimmten Verteilung, einem bestimmten Erwartungswert und einer bestimmten Varianz.

Es gehört zu den typischen Aufgaben der Induktiven Statistik, sich zumindest näherungsweise ein Bild von der Vorderseite des Glücksrades zu verschaffen. In diesem Kontext spielt das folgende Ziehungsverfahren eine besondere Rolle:

Rein zufälliges Ziehen

Bei diesem Ziehungsverfahren haben alle N Objekte der Grundgesamtheit eine gleichgroße Wahrscheinlichkeit gezogen zu werden:

$$P(\text{Objekt } k \text{ wird gezogen}) \; = \; \frac{1}{N} \qquad (10.8)$$

Diese N gleichgroßen Wahrscheinlichkeiten ergänzen sich in der Summe zu 1.

Beispiel (Apfelkiste).

- **Deskriptive Statistik:**
  Wir haben eine Kiste mit $N = 10$ Äpfeln und betrachten das Merkmal

$$X = \text{Gewicht eines Apfels [g]} \; = \textit{deskriptive Variable}. \qquad (10.9)$$

Urliste: 90,   90,   110,   110,   110,   110,   110,   110,   110,   120.
Die deskriptive Verteilung lautet:

$X[g]$	90	110	120
$h(X=x)$	0.20	0.70	0.10

Kennt man die Verteilung $h(x)$, kann man alle anderen statistischen Kenngrößen bestimmen. Zum Beispiel beträgt das mittlere Apfelgewicht in der Grundgesamtheit

$$\bar{x}_G = 90 \cdot 0.20 + 110 \cdot 0.70 + 120 \cdot 0.10 = 107 \,[g]. \qquad (10.10)$$

In dieser deskriptiven "Welt" kommt der Begriff "Zufall" nicht vor, da wir nur einen statischen, gegebenen Zustand, d.h. eine konkret vorliegende Kiste mit Äpfeln beschreiben.

- **Wahrscheinlihkeitsrechnung:**
Nun wollen wir das Zufallsexperiment "rein zufälliges Ziehen" praktizieren. Dazu greifen wir blind und ohne irgendwelchen Bevorzugungen einen Apfel aus der Kiste heraus und messen dessen Gewicht:

$$X_1 = \text{Gewicht des zufällig gezogenen Apfels [g]} = \textit{Zufallsvariable}.$$

Wegen des rein zufälligen Ziehens gilt beispielsweise

$$P(\text{Apfel 1 wird gezogen}) = \frac{1}{10} \quad \text{und} \quad P(\text{Apfel 2 wird gezogen}) = \frac{1}{10}.$$

Da genau diese beiden Äpfel je 90 Gramm wiegen, besteht eine Wahrscheinlichkeit von $\frac{1}{10} + \frac{1}{10} = 0.20$, dass man das Gewicht 90 Gramm misst:

$$P(X_1 = 90) = 0.20.$$

Da insgesamt 7 Äpfel jeweils 110 Gramm wiegen, gilt analog $P(X_1 = 110) = \frac{1}{10} + \frac{1}{10} + \frac{1}{10} + \frac{1}{10} + \frac{1}{10} + \frac{1}{10} + \frac{1}{10} = 0.70$. Die Zufallsvariable X_1 besitzt daher die Verteilung:

$X_1[g]$	90	110	120
$P(X_1=x)$	0.20	0.70	0.10

Diese Wahrscheinlichkeitsverteilung von X_1 besitzt exakt die selben Werte, wie die obige deskriptive Verteilung $h(x)$ von X. Damit stimmen auch alle statistischen Kenngrößen der beiden Variablen überein, da ihnen dieselben Formeln zu Grunde liegen! Beispielsweise beträgt der Erwartungswert der Zufallsvariablen X_1

$$E[X_1] = \mu = 90 \cdot 0.20 + 110 \cdot 0.70 + 120 \cdot 0.10 = 107 \,[g].$$

und stimmt wegen gleicher Rechnung wie in (10.10) mit dem Wert $\bar{x}_G = 107$ überein.

☻

Dieses Beispiel kann man auf jede endliche Grundgesamtheit übertragen. Daher können wir das folgende zwar simple, aber sehr wichtige Resultat festhalten:

Bei der Ziehungsmethode **rein zufälliges Ziehen** besitzt die Zufallsvariable X_1 dieselbe Verteilung wie das deskriptive Merkmal X der Grundgesamtheit:

$$P(X_1 = x) = h(X = x). \tag{10.11}$$

Zudem stimmen auch alle statistischen Kenngrößen (Mittelwert, Varianz, Quantile, ...) der beiden Variablen überein.

Vorsicht!

Schüttelt man vor dem Ziehen die Apfelkiste, um sie möglichst zufällig zu durchmischen, so lagern sich die dicken Äpfel oben und die kleinen Äpfel unten ab. Wenn man nun zwar zufällig, aber aus Gründen der Bequemlichkeit nicht sehr tief in die Kiste greift, wird man fast nur dicke Äpfel ziehen. Die Objekte haben dann ungleiche Chancen, gezogen zu werden, und die Gleichheit der Verteilungen (10.11) ist verletzt. Somit wären auch die statistischen Kenngrößen, wie etwa der Mittelwert der beiden Variablen unterschiedlich: $E[X_1] > 107 = \bar{x}_G$.

10.3   Stetige Zufallsvariablen

In der Deskriptiven Statistik haben wir die Verteilung einer stetigen Variablen X durch rechteckige Flächen in einem Histogramm dargestellt, wobei die Werte von X zuvor in Klassen eingeteilt worden sind. Den oberen Rand der Flächen haben wir als Dichtefunktion bezeichnet.

Dieses Konzept übernehmen wir für stetige Zufallsvariablen und stellen Wahrscheinlichkeiten mit Flächen dar, die sich unterhalb einer **Dichtefunktion** $f(x)$ ergeben. Abbildung 10.4 zeigt das Prinzip. Dabei wollen wir auch Flächen mit krummen Rändern bzw. krummen Dichtefunktionen zulassen.

Für weitere Überlegungen ist die Vorstellung hilfreich, dass eine krummlinige Dichte als Grenzwert einer stufigen bzw. treppenförmigen Dichte aufgefasst werden kann. Dies erreicht man durch eine Verfeinerung der Klasseneinteilung. Die Rechtecke werden dadurch immer schlanker, d.h. weniger breit, ihre Höhen aber ändern sich von Nachbar zu Nachbar nur unwesentlich.

Beispiel (Bedienzeiten am Postschalter). Wir greifen nochmals das bereits bekannte Beispiel von Seite 27 auf. Dort haben wir bei $N = 20$ Personen die Variable "X = Bedienzeit eines Kunden [Min]" gemessen. Das Histogramm in Abbildung 2.9 auf Seite 30 zeigt die Verteilung von X, wobei die Werte von X bezüglich nur 4

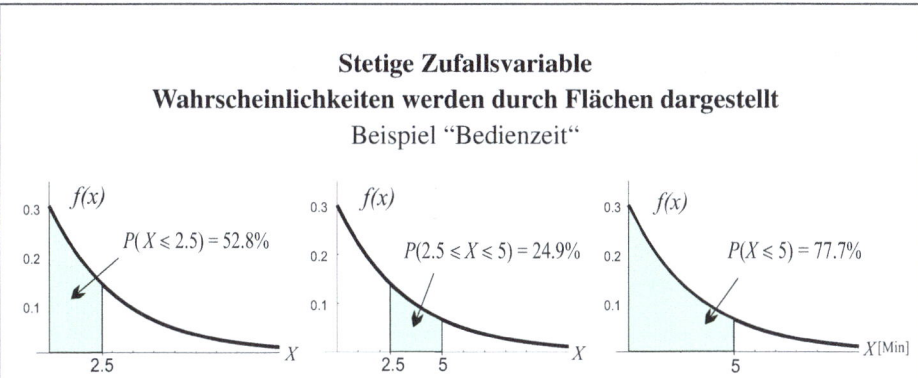

Abb. 10.4 Die Summe der ersten beiden Flächen ergibt die dritte Fläche. Die Gesamtfläche unter einer Dichte $f(x)$ ergibt immer den Wert 1.

Zeitklassen aufgeteilt sind. Der Verlauf der oberen Ränder der Rechtecke bzw. die Dichtefunktion ist in Abbildung 10.5 nochmals zu sehen.

Wenn wir nicht nur $N = 20$ sondern unendlich viele Messwerte zur Verfügung haben, könnte man statt nur 4 "Grob-Klassen" eine wesentlich feinere Einteilung vornehmen, ohne in Not zu geraten, dass zu viele Klassen leer ausgehen. Wie dann die Histogramme bzw. die Dichten aussehen könnten, haben wir versucht, in den Abbildungen 10.5 bis 10.7 exemplarisch darzustellen.   ☻

Die Berechnung von Flächen unterhalb einer krummlinigen Dichtefunktion ist nicht mit elementarer Geometrie möglich. Hierfür steht die sogenannte Integralrechnung zur Verfügung, die allerdings nicht immer leicht zu handhaben ist. Daher werden wir nur die Grundideen ansprechen und nicht näher auf das Rechnen mit Integralen eingehen.

Exkurs: Integrale notiert man in folgender Form:

$$\int_a^b f(x)\,dx = \textbf{Integral} \text{ der Funktion } f(x) \text{ von } a \text{ bis } b$$

$$= \text{Fläche von } a \text{ bis } b \text{ unterhalb der Dichte } f(x)$$

$$= \tag{10.12}$$

Bei der Berechnung der Flächen nimmt man zunächst eine Verfeinerung der Klasseneinteilung vor und berechnet die gesuchte Fläche als Summe entsprechender Rechtecke. Die Abbildungen 10.8 bis 10.10 illustrieren diese Idee. Die Flächen

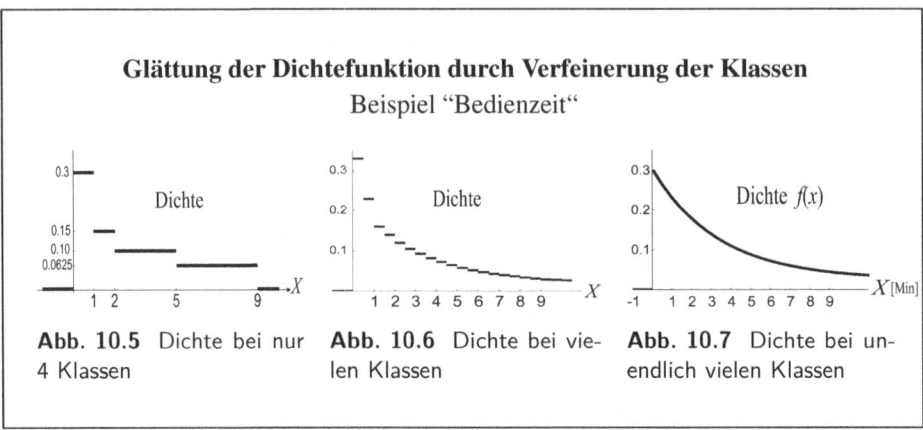

Glättung der Dichtefunktion durch Verfeinerung der Klassen
Beispiel "Bedienzeit"

Abb. 10.5 Dichte bei nur 4 Klassen

Abb. 10.6 Dichte bei vielen Klassen

Abb. 10.7 Dichte bei unendlich vielen Klassen

der Rechtecke lassen sich mit elementarer Geometrie berechnen. Je mehr wir die Klasseneinteilung verfeinern, desto mehr Rechtecke erhalten wir und desto schmaler werden diese. Mit der Unterstützung eines Computers können wir mühelos die Summe der Rechtecksflächen bestimmen. Dabei stellen wir fest, dass sich die Ergebnisse für die schraffierte Gesamtfläche kaum unterscheiden und sich stabilisieren, je feiner man die Klassen wählt. Untersucht man dieses Verhalten mathematisch mit einer "Grenzwertbetrachtung", so gelangt man zu allgemeingültigen, analytischen Lösungen.

An der Notation $\int_a^b f(x)dx$ lassen sich diese Ideen ansatzweise wiedererkennen. Verwenden wir der Einfachheit halber gleich lange Klassen mit einer Länge von jeweils "dx", so berechnet sich die Fläche eines einzelnen Rechtecks in Abbildung 10.9 näherungsweise mit $f(x) \cdot dx$, wobei für x die Mitte der Klasse gewählt werden kann. Dann berechnet sich beispielsweise in Abbildung 10.9 die schraffierte Gesamtfläche zwischen 2.5 und 5.5. als Summe $\sum_{2.5}^{5.5} f(x)dx$ der einzelnen Flächen. Lässt man

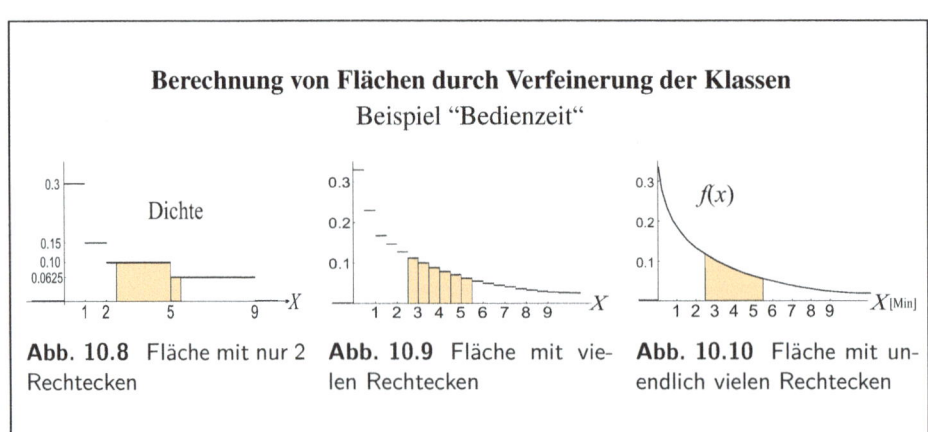

Berechnung von Flächen durch Verfeinerung der Klassen
Beispiel "Bedienzeit"

Abb. 10.8 Fläche mit nur 2 Rechtecken

Abb. 10.9 Fläche mit vielen Rechtecken

Abb. 10.10 Fläche mit unendlich vielen Rechtecken

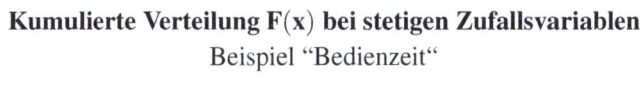

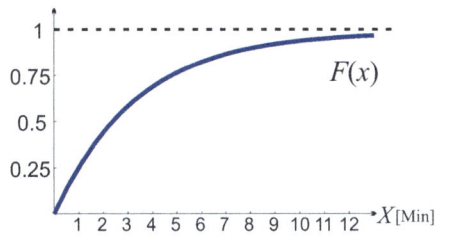 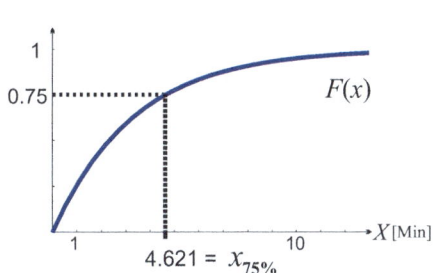

Abb. 10.11 Die kumulierte Verteilungsfunktion einer stetigen Zufallsvariablen ist
eine stetige, nicht fallende Funktion.

Abb. 10.12 Mit 75% Wahrscheinlichkeit
benötigt ein Kunde höchstens 4.621 Minuten.

dx gegen 0 schrumpfen, so wächst die Anzahl der Rechtecke bzw. Summanden ins
Unendliche. Statt des Summenzeichens Σ notiert man ein lang gestrecktes S, d.h. $\int$:

$$\sum_{2.5}^{5.5} f(x)\, dx \quad \longrightarrow \quad \int_{2.5}^{5.5} f(x)\, dx. \tag{10.13}$$

☻

Von besonderem Interesse sind Flächen, die "ganz links" bei $-\infty$ beginnen und bis zu
einer variablen Obergrenze x reichen, denn sie veranschaulichen die kumulierte Verteilung.

Kumulierte Verteilung bei stetigen Zufallsvariablen

$$F(x) = P(X \le x) = \text{Fläche von "ganz links" bis } x \text{ unterhalb der Dichte } f$$

$$= \int_{-\infty}^{x} f(t)\, dt = \tag{10.14}$$

Beispiel (Fortsetzung). Für die Dichte $f(x)$, welche in der Abbildung 10.7 zu sehen ist,
haben wir die Formel

$$f(x) = 0.30 e^{-0.30x} \tag{10.15}$$

benutzt. Wir wollen nicht diskutieren, wie "realistisch" diese Formel ist, sondern nur
exemplarisch zeigen, wie man mit ihr rechnen kann.

Kennt man die Formel zur Dichte $f(x)$, so kann man mit Hilfe der Integralrechnung auch die kumulierte Verteilung $F(x)$ berechnen. Ohne die Details vorzuführen erhalten wir gemäß (10.14):

$$F(x) = P(X \le x) = \int_{-\infty}^{x} 0.30e^{-0.30t}\, dt = \cdots \text{Integralrechnung} = 1 - e^{-0.30x}.$$

Die Abbildung 10.11 zeigt den Graphen von $F(x)$.

Mit der kumulierten Verteilung lassen sich insbesondere Quantile bestimmen. Als Beispiel wollen wir die Bedienzeit ermitteln, welche mit 75% Wahrscheinlichkeit nicht überschritten wird. Die Lösung x entspricht dem 75%-Quantil $x_{0.75}$ und berechnet sich mit

$$P(X \le x) = 0.75 \quad \Leftrightarrow \quad F(x) = 0.75 \quad \Leftrightarrow \quad 1 - e^{-0.30x} = 0.75 \quad \Leftrightarrow$$
$$x = 4.621 \text{ [Min]}.$$

Die Lösung ist in Abbildung 10.12 illustriert.   ☻

Kennt man die kumulierte Verteilung $F(x)$, so erhält man durch die Ableitung $F(x)'$ die Dichtefunktion. Wir haben diesen Sachverhalt schon in der Deskriptiven Statistik bei (2.31) auf Seite 34 festgestellt. Formal lässt er sich mit dem Hauptsatz der Differential- und Integralrechnung beweisen.

Bei stetigen Zufallsvariablen gilt:

$$F'(x) = f(x). \tag{10.16}$$

Die Steigung der kumulierten Verteilung $F(x)$ entspricht der Dichte $f(x)$.

Die Berechnung des Erwartungswertes μ erfolgt bei einer stetigen Variablen X im Grunde wie bei einem klassifizierten Merkmal analog zu (4.21) auf Seite 71. Dort haben wir den Durchschnitt $\bar{x}$ als gewogenes Mittel bestimmt, wobei wir jeweils den Wert der Klassenmitte mit seiner relativen Häufigkeit multipliziert haben.

Ersetzt man in (4.21) die relative Häufigkeit $h(x)$ mit dem Flächenstreifen $f(x)dx$, so erhält man mit der gleichen Argumentation, die wir in (10.13) gebraucht haben, ein Integral:

$$\sum_{x} x \cdot f(x)\, dx \quad \longrightarrow \quad \int_{-\infty}^{\infty} x \cdot f(x)\, dx. \tag{10.17}$$

Bei der Berechnung der Varianz greifen wir auf die Formel (5.10) auf Seite 87 zurück und erhalten durch Grenzwertbildung:

$$\sum_{x} (x - \mu)^2 \cdot f(x)\, dx \quad \longrightarrow \quad \int_{-\infty}^{\infty} (x - \mu)^2 \cdot f(x)\, dx. \tag{10.18}$$

Daher definiert man in der Wahrscheinlichkeitstheorie bei stetigen Variablen den Erwartungswert und die Varianz mit Integralen.

Erwartungswert und Varianz bei *stetigen* Zufallsvariablen

$$E[X] = \mu = \int_{-\infty}^{\infty} x \cdot f(x)\, dx \tag{10.19}$$

$$VAR[X] = \sigma^2 = \int_{-\infty}^{\infty} (x-\mu)^2 \cdot f(x)\, dx \tag{10.20}$$

Analog zu (10.7) gilt auch:

$$VAR[X] = \sigma^2 = E[(X-\mu)^2]. \tag{10.21}$$

Beispiel (Fortsetzung). Mit der Dichte der Bedienzeiten $f(x) = 0.30e^{-0.30x}$ erhalten wir:

$$E[X] = \mu = \int_{-\infty}^{\infty} x \cdot 0.30e^{-0.30x}\, dx = \cdots \text{Integralrechnung} \cdots = 3.33\,[\text{Min}],$$

$$VAR[X] = \sigma^2 = \int_{-\infty}^{\infty} (x-3.33)^2 \cdot 0.30e^{-0.30x}\, dx = \cdots\cdots\cdots\cdots = 11.11\,[\text{Min}^2].$$

☻

Merkwürdiges

Die Wahrscheinlichkeit $P(a \leq X \leq b)$ entspricht der Fläche unter der Dichtefunktion $f(x)$. Je enger die Ränder a und b liegen, desto kleiner ist die Fläche und desto geringer ist die Wahrscheinlichkeit. Was passiert in Extremfall, wenn $a = b$ ist? Die Fläche degeneriert zu einem Strich und besitzt, wie aus der Geometrie bekannt ist, als eindimensionales Objekt keine Fläche bzw. weist eine Fläche von Null auf. Daraus folgt ein merkwürdiges Resultat:

Bei stetigen Zufallsvariablen X gilt für jede Realisation x:

$$P(X = x) = 0. \tag{10.22}$$

Welches Ergebnis x man bei einem Zufallsexperiment auch erwartet, es kommt praktisch nicht vor. Dieses Paradoxon ist einer der Gründe, weshalb eine mathematisch "saubere" Wahrscheinlichkeitsrechnung so lange auf sich warten ließ. Mit der Maßtheorie kann man das Paradoxon auflösen. Wir behandeln das Paradoxon pragmatisch und untersuchen es anhand des Beispiels "Bedienzeiten".

Beispiel (Fortsetzung). Mit welcher Wahrscheinlichkeit liegt die Bedienzeit eines Kunden bei exakt 3.720000000000000000... Minuten?

Diese Frage ist eigentlich rein theoretischer Natur, denn die Genauigkeit, mit der die Bedienzeit exakt diesem Wert entsprechen soll, ist mit keiner noch so feinen Uhr messbar. Spätestens beim Ablesen der unendlich (!) vielen Nachkommastellen würden wir das Zeitliche segnen. Es wäre ein "unendlich großer Zufall", wenn tatsächlich jemals ein Kunde exakt so lange bedient würde. Daher ist die Chance gleich Null. Dies lässt sich auch geometrisch veranschaulichen:

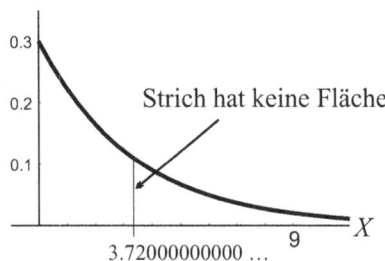

Da der eingezeichnete Strich im Grunde unendlich dünn gezeichnet werden müsste und keine Fläche besitzt, gilt $P(X = 3.720000000000000000...) = 0$.

Nun modifizieren wir die obige Frage und wollen die Wahrscheinlichkeit bestimmen, dass die Bedienzeit eines Kunden bei *ungefähr* 3.72 Minuten liegt. Diese Fragestellung berücksichtigt indirekt die Tatsache, wir eine Größe immer nur auf endlich viele Nachkommastellen messen können. Die Floskel "ungefähr 3.72" wollen wir so verstehen, dass gemäß den üblichen Rundungsregeln der Zeitraum 3.715 bis 3.725 Minuten gemeint ist. Dann liegt aber kein verschwindend kleiner Zeitpunkt, sondern ein Zeitintervall [3.715, 3.725] vor. Daher ist die entsprechende Wahrscheinlichkeit als echte Fläche darstellbar.

Mit Hilfe der kumulierten Verteilung $F(x)$ können wir den Inhalt der Fläche bzw, die gesuchte Wahrscheinlichkeit ausrechnen:

$$
\begin{aligned}
P(X \text{ ungefähr } 3.72) &= P(3.715 \leq X \leq 3.725) & (10.23)\\
&= P(X \leq 3.725) - P(X < 3.715)\\
&= F(3.725) - F(3.715)\\
&= 1 - e^{-0.30 \cdot 3.725} - (1 - e^{-0.30 \cdot 3.715})\\
&= 0.09828\%.
\end{aligned}
$$

Diesmal ist die Wahrscheinlichkeit ungleich Null.   ☻

Diese Überlegungen zeigen, dass das Paradoxon für praktische Belange nicht stört. Aus $P(X = x) = 0$ folgt auch, dass man beim Umgang mit dem Ungleichheitszeichen schlampig umgehen darf:

$$
P(X \leq x) = P(X < x) \qquad \text{und} \qquad P(X \geq x) = P(X > x). \qquad (10.24)
$$

Dies ist insbesondere vorteilhaft, wenn wir mit der kumulierten Verteilung die Wahrscheinlichkeiten von "Intervallen" berechnen wollen, denn es ist egal, ob wir die Ränder einschließen.

Wahrscheinlichkeiten für Intervalle bei stetigen Zufallsvariablen

$$P(a \leq X \leq b) = P(a < X \leq b) = P(a \leq X < b) = P(a < X < b)$$
$$= F(b) - F(a). \qquad (10.25)$$

"<" und "≤" machen bei stetigen Zufallsvariablen keinen Unterschied; ebenso auch ">" und "≥".

In (10.23) haben wir von diesen Formeln bereits Gebrauch gemacht.

10.4 Bedingte Wahrscheinlichkeit

Analog zur Formel $h(X \in A | Y \in B) = \frac{h(X \in A, Y \in B)}{h(Y \in B)}$, die wir bereits aus (3.15) auf Seite 51 kennen, definiert man in der Wahrscheinlichkeitstheorie:

Bedingte Wahrscheinlichkeit

$$P(X \in A | Y \in B) = \frac{P(X \in A, Y \in B)}{P(Y \in B)} \qquad (10.26)$$

Es werden nur solche Zufallsexperimente berücksichtigt, bei denen $Y \in B$ zutrifft. Versuchsausgänge mit $Y \notin B$ werden einfach ignoriert. Dies entspricht dem in Kapitel 3.4 besprochenem Filtern.
Bei Kenntnis der bedingten Wahrscheinlichkeiten kann man auch die unbedingte, totale Wahrscheinlichkeit berechnen. Dies erfolgt analog zur Aggregationsformel (3.21) auf Seite 56.

Satz von der totalen Wahrscheinlichkeit

$$P(X \in A) = \quad P(X \in A | Y \in B_1) \cdot P(Y \in B_1)$$
$$+ P(X \in A | Y \in B_2) \cdot P(Y \in B_2)$$
$$+ \quad \vdots \qquad \vdots \qquad \vdots$$
$$+ P(X \in A | Y \in B_m) \cdot P(Y \in B_m), \qquad (10.27)$$

wobei die Bedingungen $B_1, \ldots, B_m$ disjunkt und vollständig sein müssen.

Beispiel (Wartezeit). Balthasar betreibt ein Fastfood Restaurant. Er möchte herausfinden, mit welcher Wahrscheinlichkeit ein Kunde länger als 10 Minuten auf das bestellte Essen warten muss. Bekannt sei:

Wenn ein Kunde Menü A bestellt, beträgt diese Wahrscheinlichkeit 5%, wenn er B bestellt 12%, und wenn er C bestellt 40%. 20% der Kunden entscheiden sich für Menü A, 70% für Menü B und 10% für Menü C. Mit den Zufallsvariablen

$$X = \text{Wartezeit [Min]} \qquad \text{und} \qquad Y = \text{Menü}$$

lauten die Angaben im Text:

$$P(X > 10|Y = A) = 0.05, \quad P(X > 10|Y = B) = 0.12, \quad P(X > 10|Y = C) = 0.40$$

und

$$P(Y = A) = 0.20, \qquad P(Y = B) = 0.70, \qquad P(Y = C) = 0.10.$$

Mit (10.27) folgt:

$$
\begin{aligned}
P(X > 10) = {}& P(X > 10 \mid Y = A) \cdot P(Y = A) \\
& + P(X > 10 \mid Y = B) \cdot P(Y = B) \\
& + P(X > 10 \mid Y = C) \cdot P(Y = C) \\
= {}& 0.05 \cdot 0.20 + 0.12 \cdot 0.70 + 0.40 \cdot 0.10 = 13.4\%.
\end{aligned}
\tag{10.28}
$$

Beispiel (Alarmanlage). Ein Bankgebäude ist mit einer Alarmanlage gesichert. Das Risiko, dass an einem Tag ein Einbruch versucht wird, liegt bei 0.2%. Findet ein Einbruch statt, gelingt es den Ganoven erfahrungsgemäß die Alarmanlage mit 5% Wahrscheinlichkeit auszutricksen, so dass kein Alarm gegeben wird. Findet an einem Tag kein Einbruch statt, kann es mit 0.5% Wahrscheinlichkeit zu einem Fehlalarm kommen.

Wie hoch ist die Wahrscheinlichkeit, dass bei gegebenem Alarm tatsächlich eingebrochen wird ?

Mit den Zufallsvariablen

$$X = \begin{cases} 1, & \text{falls Einbruch,} \\ 0, & \text{sonst,} \end{cases} \qquad \text{und} \qquad Y = \begin{cases} 1, & \text{falls Alarm} \\ 0, & \text{sonst,} \end{cases}$$

ergibt sich aus dem Text:

$$
\begin{aligned}
& P(X = 1) = 0.002, \\
& P(Y = 1 \mid X = 1) = 0.95, \qquad P(Y = 1 \mid X = 0) = 0.005.
\end{aligned}
$$

Für die gesuchte Wahrscheinlichkeit gilt:

$$
\begin{aligned}
P(X = 1 \,|\, Y = 1) &\overset{(10.26)}{=} \frac{P(X = 1, Y = 1)}{P(Y = 1)} \\
&\overset{(10.26)}{=} \frac{P(Y = 1 | X = 1) \cdot P(X = 1)}{P(Y = 1)}.
\end{aligned}
\tag{10.29}
$$

Diese Rechnung ist im Grunde mit der "Bayes-Formel" (3.28) identisch. Der Nenner berechnet sich gemäß (10.27):

$$
\begin{aligned}
P(Y = 1) &= \quad P(Y = 1 \,|\, X = 1) \cdot P(X = 1) \\
&+ P(Y = 1 \,|\, X = 0) \cdot P(X = 0) \\
&= 0.95 \cdot 0.002 + 0.005 \cdot (1 - 0.002) = 0.00689.
\end{aligned}
$$

Dies in (10.29) eingesetzt, ergibt schließlich:

$$
P(X = 1 \,|\, Y = 1) \;=\; \frac{0.95 \cdot 0.002}{0.00689} = 27.576\%.
\tag{10.30}
$$

Die Polizei kommt demnach bei über 70% der Alarme umsonst, obwohl die Alarmanlage an einem Tag ohne Einbruch mit nur 0.5% Wahrscheinlichkeit einen Fehlalarm gibt! Gäbe es gar keine Verbrecher, $P(X = 1) = 0$, käme sie sogar zu 100% umsonst. ☻

Das letzte Beispiel würde mit denselben Angaben in der Medizin bedeuten: Wenn eine bestimmte Krankheit nur zu 0.2% in der Bevölkerung vorkommt, die Diagnosen zu 5% bei Kranken keinen Alarm geben und bei Gesunden zu 0.5% einen Fehlalarm auslösen, dann sind Patienten, bei denen die Krankheit diagnostiziert wird, mit über 70% Wahrscheinlichkeit gar nicht krank.

Beispiel (Personalauswahl). Hannes ist Personalchef eines Unternehmens und möchte neue Mitarbeiter über ein Assessment-Center rekrutieren. 60% der Teilnehmer sind für das Unternehmen ungeeignet. Das Auswahlverfahren ermöglicht mit einer Wahrscheinlichkeit von 80% einen für das Unternehmen geeigneten Kandidaten auch als solchen zu erkennen, wohingegen ein für das Unternehmen ungeeigneter Kandidat mit einer Wahrscheinlichkeit von 30% irrtümlich als geeignet eingestuft wird.
Mit welcher Wahrscheinlichkeit, wird ein Kandidat durch das Assessment-Center richtig beurteilt bzw. klassifiziert?

Mit den Zufallsvariablen

$$
X = \begin{cases} 1, & \text{Kandidat ist tatsächlich geeignet}, \\ 0, & \text{Kandidat ist tatsächlich ungeeignet}, \end{cases}
\tag{10.31}
$$

und

$$
Y = \begin{cases} 1, & \text{Kandidat wird als geeignet eingestuft}, \\ 0, & \text{Kandidat wird als ungeeignet eingestuft}, \end{cases}
\tag{10.32}
$$

lauten die Angaben im Text:

$$P(X = 0) = 0.60,$$
$$P(Y = 1 | X = 1) = 0.80, \qquad P(Y = 1 | X = 0) = 0.30.$$

Eine richtige Beurteilung eines Kandidaten liegt vor, wenn ein Kandidat geeignet ist und als geeignet eingestuft wird, oder ein Kandidat ungeeignet ist und als ungeeignet eingestuft wird. Daher gilt:

$$
\begin{aligned}
P(\text{Kandidat richtig klassifiziert}) \quad &= \quad P(X = 1, Y = 1) + P(X = 0, Y = 0) \\
&\overset{(10.26)}{=} \quad P(Y = 1 | X = 1) \cdot P(X = 1) \\
& \qquad + P(Y = 0 | X = 0) \cdot P(X = 0) \\
&= \quad 0.80 \cdot (1 - 0.60) + (1 - 0.30) \cdot 0.60 \\
&= \quad 74\%.
\end{aligned}
$$

Ein Spezialfall von (10.26) ergibt sich, wenn wir $Y = X$ setzen, d.h. die Bedingung von X selbst festgelegt wird:

$$P(X \in A | X \in B) \;=\; \frac{P(X \in A, X \in B)}{P(X \in B)} \;=\; \frac{P(X \in A \cap B)}{P(X \in B)}.$$

Beispiel (Zahlungsmoral). Jakob stellt seinen Kunden Rechnungen aus. Die Wahrscheinlichkeit, dass eine Forderung länger als 3 Tage offen steht, beträgt 60%. Bei Forderungen, die länger als 3 Tage offen stehen, liegt die Wahrscheinlichkeit, dass nochmals mehr als 3 weitere Tage bis zur Zahlung verstreichen, bei 70%. Bei Forderungen, die länger als 6 Tage offen stehen, liegt die Wahrscheinlichkeit, dass nochmals mehr als 3 weitere Tage bis zur Zahlung verstreichen, bei 30%. Mit welcher Chance bekommt Jakob eine Forderung innerhalb von 9 Tagen beglichen?

Mit der Zufallsvariablen "X = Wartezeit in Tagen" lauten die Angaben des Textes:

$$P(X > 3) = 0.60, \qquad P(X > 6 | X > 3) = 0.70, \qquad P(X > 9 | X > 6) = 0.30.$$

Rechnungen, mit einer Wartezeit über 6 Tage, haben automatisch auch eine Wartezeit über 3 Tage. Daher ist $P(X > 6) = P(X > 6 \text{ und } X > 3)$. Somit berechnet Jakob

$$
\begin{aligned}
P(X > 6) \;=\; P(X > 6, X > 3) \;\overset{(10.26)}{=}\; & P(X > 6 | X > 3) \cdot P(X > 3) \\
=\; & 0.70 \cdot 0.60
\end{aligned}
$$

und

$$
\begin{aligned}
P(X > 9) \;=\; P(X > 9, X > 6) \;\overset{(10.26)}{=}\; & P(X > 9 | X > 6) \cdot P(X > 6) \\
=\; & 0.30 \cdot 0.70 \cdot 0.60.
\end{aligned}
$$

Schließlich erhält Jakob:

$$P(X \leq 9) \;=\; 1 - P(X > 9) \;=\; 1 - 0.30 \cdot 0.70 \cdot 0.60 \;=\; 87.4\%.$$

10.5 Unabhängigkeit

Wenn eine Zufallsvariable X von einer anderen Zufallsvariablen Y unabhängig ist, so sollte beim Zufallsexperiment das Ergebnis der Variablen Y keinen Einfluss auf die Wahrscheinlichkeitsverteilung von X haben.

Beispiel (Münze und Würfel). Nils wirft eine Münze und einen Würfel gleichzeitig in die Luft. Egal welches Ergebnis die Münze zeigen wird, die Wahrscheinlichkeit für eine 5 beim Würfel beträgt immer 1/6. Insofern kann man bei Unabhängigkeit die Bedingung, dass ein bestimmtes Ergebnis bei der Münze vorliegt, weglassen, ohne dass sich die Wahrscheinlichkeiten für den Würfel ändern. Beispielsweise wäre dann

$$P(\text{Würfel} = 5) \ = \ P(\text{Würfel} = 5\,|\,\text{Münze} = \text{Kopf}). \qquad (10.33)$$

Andererseits gilt wegen (10.26) sowieso

$$P(\text{Würfel} = 5\,|\,\text{Münze} = \text{Kopf}) \ = \ \frac{P(\text{Würfel} = 5,\ \text{Münze} = \text{Kopf})}{P(\text{Münze} = \text{Kopf})}.$$

Ersetzt man dies in (10.33), erhält man

$$P(\text{Würfel} = 5) \ = \ \frac{P(\text{Würfel} = 5,\ \text{Münze} = \text{Kopf})}{P(\text{Münze} = \text{Kopf})}.$$

Löst man dies nach dem Zähler auf, ergibt sich die bivariate Verteilung

$$P(\text{Würfel} = 5,\ \text{Münze} = \text{Kopf}) \ = \ P(\text{Würfel} = 5) \cdot P(\text{Münze} = \text{Kopf}) \qquad (10.34)$$
$$= \ \frac{1}{6} \cdot \frac{1}{2}$$

als Produkt der einfachen, univariaten Verteilungen.   ☻

Die Formel (10.34) motiviert zur folgenden Definition:

Unabhängigkeit von Zufallsvariablen

Zwei Zufallsvariablen X, Y bezeichnet man als unabhängig, wenn für alle Wertebereiche A und B gilt:

$$P(X \in A,\ Y \in B) \ = \ P(X \in A) \cdot P(Y \in B). \qquad (10.35)$$

Bei Unabhängigkeit ist die bivariate Verteilung das Produkt der univariaten Verteilungen.

Es ist nicht immer leicht, diese Definition zu überprüfen, da man alle denkbaren Wertebereiche A und B zu berücksichtigen hat. In den Anwendungen wird gelegentlich die Unabhängigkeit der Variablen X, Y per Sachverstand einfach vorausgesetzt, oder eine Abhängigkeit als vernachlässigbar gering eingestuft.

Beispiel (Sternzeichen und Schuhgröße). In Quantenheim tragen 15% der Einwohner Schuhgröße 9. Außerdem sind $\frac{1}{12}$ der Einwohner vom Sternzeichen Stier.

Wir greifen aus der Bevölkerung zufällig eine Person heraus, und beobachten die Variablen "X = Sternzeichen" und "Y = Schuhgröße". Dann beträgt die Wahrscheinlichkeit, dass ein "Stier" Schuhgröße 9 trägt

$$P(X = \text{Stier}, Y = 9) \overset{(10.35)}{=} P(X = \text{Stier}) \cdot P(Y = 9) = \frac{1}{12} \cdot 0.15 = 1.25\%.$$

Diese Rechnung ist natürlich nur richtig, wenn X und Y unabhängig sind, wenn man also nicht an Astrologie glaubt! ☻

In vielen Anwendungen sind Summen von Zufallsvariablen von Interesse: Gesamtkosten aller Schäden bei einer Versicherung, Gesamtumsatz mit allen Kunden, Gesamtgewicht beim Flugzeug, wenn 100 Passagiere zusteigen, Schadstoffansammlung im See bei 200 Anrainern, ... Wenn die einzelnen Summanden unabhängig sind, kann man die Verteilung der Summe relativ einfach bestimmen. Im Kapitel 12 "Zentraler Grenzwertsatz" werden wir uns diesem Thema nochmals intensiver widmen.

Beispiel (Summe zweier Würfel). Es sei X_1 die Augenzahl beim ersten Wurf und X_2 die Augenzahl beim zweiten Wurf. Zudem seien die Ergebnisse beider Würfe unabhängig. Dann beträgt bei einem Laplace-Würfel beispielsweise die Wahrscheinlichkeit, erst eine 5 und dann eine 3 zu würfeln

$$P(X_1 = 5 \text{ und } X_2 = 3) = P(X_1 = 5) \cdot P(X_2 = 3) = \frac{1}{6} \cdot \frac{1}{6} = \frac{1}{36}.$$

Beim Spielen von Monopoly bildet man die Augensumme $S = X_1 + X_2$. Bei der Bestimmung der Verteilung von S wenden wir dieses Rechenschema wiederholt an:

$$P(S = 1) = 0,$$

$$P(S = 2) = P(X_1 = 1 \text{ und } X_2 = 1) \overset{(10.35)}{=} P(X_1 = 1) \cdot P(X_2 = 1) = \frac{1}{6} \cdot \frac{1}{6} = \frac{1}{36},$$

$$P(S = 3) = P(X_1 = 1 \text{ und } X_2 = 2) + P(X_1 = 2 \text{ und } X_2 = 1) = 2 \cdot \frac{1}{6} \cdot \frac{1}{6} = \frac{2}{36},$$

$$P(S = 4) = P(1, 3) + P(2, 2) + P(3, 1) = 3 \cdot \frac{1}{6} \cdot \frac{1}{6} = \frac{3}{36},$$

$$P(S = 5) = P(1, 4) + P(2, 3) + P(3, 2) + P(4, 1) = 4 \cdot \frac{1}{6} \cdot \frac{1}{6} = \frac{4}{36},$$

$$P(S = 6) = P(1, 5) + P(2, 4) + P(3, 3) + P(4, 2) + P(5, 1) = 5 \cdot \frac{1}{6} \cdot \frac{1}{6} = \frac{5}{36},$$

$$P(S = 7) = P(1, 6) + P(2, 5) + \ldots + P(6, 1) = 6 \cdot \frac{1}{6} \cdot \frac{1}{6} = \frac{6}{36},$$

$$\vdots \qquad \vdots \qquad\qquad \vdots$$

$$P(S = 12) = P(X_1 = 6, X_2 = 6) = \frac{1}{6} \cdot \frac{1}{6} = \frac{1}{36}.$$

Die Verteilung der Summe S besitzt eine dreieckige Gestalt. Auf Seite 251 sind zusätzlich noch die Verteilung der Summe von 3 Würfeln und die Verteilung der Summe von 30 Würfeln dargestellt, die sich auf analoge Weise berechnen lassen.

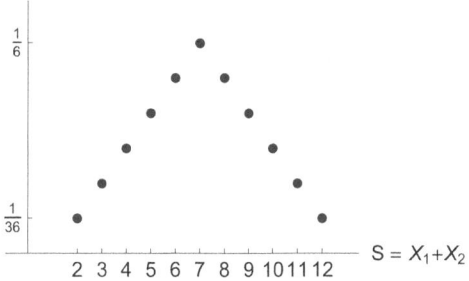

Das Beispiel zeigt, dass man die Verteilung der Summe von unabhängigen Zufallsvariablen grundsätzlich mit etwas Fleiß berechnen kann. Das Rechenschema nennt man in der Wahrscheinlichkeitstheorie **Faltung**.

Beispiel (Waschsaloon). Im Waschsaloon GRETEL werden drei Waschprogramme angeboten: Pflegeleicht zu 3 Euro, Buntwäsche zu 5 Euro und Kochwäsche zu 7 Euro. Erfahrungsgemäß entscheidet sich ein Kunde mit 10% Wahrscheinlichkeit für Pflegeleicht, mit 60% Wahrscheinlichkeit für Buntwäsche und mit 30% Wahrscheinlichkeit für Kochwäsche.

Es seien X_1 [€] die Einnahmen beim nächsten Kunden und X_2 [€] die Einnahmen beim übernächsten Kunden. Es dürfte realistisch sein, dass die beiden Kunden sich unabhängig voneinander für ein Waschprogramm entscheiden.

Wir wollen die Verteilung der Gesamteinnahmen $S = X_1 + X_2$ bestimmen. Dazu bilden wir wie im letzten Beispiel die Faltung der einzelnen Verteilungen, d.h. wir bilden sämtliche Kombinationen:

X_1	X_2	$P(X_1 = x_1)$	$P(X_2 = x_2)$	$P(X_1 = x_1, X_2 = x_2)$	S
3	3	0.10	0.10	0.01	6
3	5	0.10	0.60	0.06	8
3	7	0.10	0.30	0.03	10
5	3	0.60	0.10	0.06	8
5	5	0.60	0.60	0.36	10
5	7	0.60	0.30	0.18	12
7	3	0.30	0.10	0.03	10
7	5	0.30	0.60	0.18	12
7	7	0.30	0.30	0.09	14

Damit ergibt sich schließlich die gesuchte Verteilung der Summe S:

$$P(S = 6) = 0.01, \qquad P(S = 8) = 0.06 + 0.06 = 0.12,$$
$$P(S = 10) = 0.03 + 0.36 + 0.03 = 0.42, \qquad P(S = 12) = 0.18 + 0.18 = 0.36,$$
$$P(S = 14) = 0.09.$$

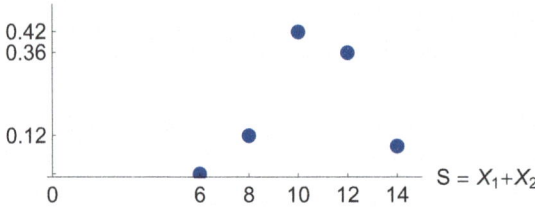

10.6   Kovarianz und Korrelation

Diese Kenngrößen sind uns für deskriptive Variablen bereits aus dem Kapitel 7 bekannt. Da ihre Bedeutung und rechnerische Handhabung auf Zufallsvariablen übertragbar ist, können wir uns hier kurz fassen. Analog zu 7.16 und 7.17 auf Seite 115 definiert man:

Kovarianz und Korrelation zweier Zufallsvariablen X und Y

$$COV[X,Y] = \sigma_{x,y} = E[(X - \mu_x)(Y - \mu_y)] \tag{10.36}$$

$$COR[X,Y] = \rho_{x,y} = \frac{\sigma_{x,y}}{\sigma_x \cdot \sigma_y} \tag{10.37}$$

Sollte eine der Variablen X oder Y konstant sein, ergibt sich im Nenner eine Null. Für diesen Fall ist die Korrelation undefiniert.

Wie bei (7.18) auf Seite 116 gilt auch in der Wahrscheinlichkeitsrechnung für die Korrelation

$$-1 \leq \rho_{x,y} \leq 1. \tag{10.38}$$

Bei der Berechnung der Kovarianz (10.36) unterscheidet man, ob diskrete oder stetige Zufallsvariablen vorliegen:

$$COV[X,Y] = \sigma_{x,y} = \begin{cases} \sum_x \sum_y (x - \mu_x)(y - \mu_y) \cdot P(X = x, Y = y) & \text{bei } X,Y \text{ diskret,} \\ \int_{-\infty}^{\infty} \int_{-\infty}^{\infty} (x - \mu_x)(y - \mu_y) \cdot f(x,y)\, dx\, dy & \text{bei } X,Y \text{ stetig.} \end{cases} \tag{10.39}$$

Im speziellen Fall, dass man die Kovarianz einer Variablen X zu sich selbst berechnet, ergibt sich analog zu (7.12) auf Seite 114 die Varianz von X:

$$\sigma_{x,x} = E[(X - \mu_x)(X - \mu_x)] = \sigma^2. \tag{10.40}$$

Die Ziehungsmethode "rein zufälliges Ziehen" haben wir bereits auf Seite 174 besprochen. Das Resultat (10.11) besagt, dass bei dieser Methode die Zufallsvariable, die bei der Ziehung beobachtet wird, dieselbe Verteilung besitzt, wie die deskriptive Variable der Grundgesamtheit. Dies gilt in analoger Weise auch bei bivariaten Verteilungen.

Beispiel (Pizza Bombastica). In der Pizzeria DON GIOVANNI SALMONELLI haben Geburtstagskind Claudius und seine 9 Freunde alle die gleiche "Pizza Bombastica" bestellt. Die $N = 10$ servierten Pizzen weisen allerdings auf den Belägen bezüglich der Anzahl "X = Pilze" und der Anzahl "Y = Peperoni" leichte Unterschiede auf.

- **Deskriptive Statistik:** Die bivariate Urliste lautet:

$$(9, 4), \ (9, 4), \ (9, 5), \ (9, 5), \ (9, 5), \ (9, 7), \ (9, 7), \ (12, 4), \ (12, 4), \ (12, 5).$$

Die deskriptive, bivariate Verteilung $h(x, y)$ tabellieren wir in einer Kontingenztafel:

X \ Y	4	5	7	Σ
9	0.20	0.30	0.20	0.70
12	0.20	0.10	0	0.30
Σ	0.40	0.40	0.20	

Für die univariaten Verteilungen zu X und Y berechnen wir

$$\bar{x} = 9 \cdot 0.70 + 12 \cdot 0.30 = 9.9 \ [\text{Pilze}], \tag{10.41}$$

$$\sigma_x^2 = (9 - 9.9)^2 \cdot 0.70 + (12 - 9.9)^2 \cdot 0.30 = 1.89 \ [\text{Pilze}^2]$$

und

$$\bar{y} = 4 \cdot 0.40 + 5 \cdot 0.40 + 7 \cdot 0.20 = 5 \ [\text{Peperoni}],$$

$$\sigma_y^2 = (4 - 5)^2 \cdot 0.40 + (5 - 5)^2 \cdot 0.40 + (7 - 5)^2 \cdot 0.20 = 1.20 \ [\text{Peperoni}^2].$$

Die deskriptive Kovarianz von X und Y können wir mit der Urliste oder aber auch mit der bivariaten Verteilung $h(x, y)$ berechnen:

$$\sigma_{x,y} \overset{(7.16)}{=} (9 - 9.9)(4 - 5) \cdot 0.20 + (9 - 9.9)(5 - 5) \cdot 0.30 + (9 - 9.9)(7 - 5) \cdot 0.20$$
$$+ (12 - 9.9)(4 - 5) \cdot 0.20 + (12 - 9.9)(5 - 5) \cdot 0.10 + (12 - 9.9)(7 - 5) \cdot 0$$
$$= -0.60. \tag{10.42}$$

Die deskriptive Korrelation beträgt

$$\rho_{x,y} \overset{(7.17)}{=} \frac{\sigma_{x,y}}{\sigma_x \cdot \sigma_y} = \frac{-0.60}{\sqrt{1.89} \cdot \sqrt{1.20}} = -0.3984 \tag{10.43}$$

und lässt erkennen, dass Pizzen mit mehr Pilzen tendenziell weniger Peperoni aufweisen.

■ **Wahrscheinlichkeitsrechnung:**

Claudius bekommt eine Pizza, die rein zufällig aus den $N = 10$ servierten Pizzen ausgewählt wird. Dieser Vorgang ist ein Zufallsexperiment, bei dem die Zufallsvariablen X_1 die Pilze und Y_1 die Peperoni seiner Pizza zählen.

Die gemeinsame, bivariate Wahrscheinlichkeitsverteilung $P(X_1 = x, Y_1 = y)$ des Zufallsvariablen-Paares (X_1, Y_1) ist die gleiche Verteilung, die wir in der obigen Kontingenztafel bereits tabelliert haben. Dies folgt aus den gleichen Argumenten wie im Beispiel "Apfelkiste" auf Seite 174.

Daher ergeben sich auch für den Erwartungswert, die Varianz, die Kovarianz und alle weiteren Kenngrößen dieselben Werte wie für die deskriptiven Variablen (X, Y). Bei der Kovarianz würde man formal von der Formel (10.39) Gebrauch machen, die analog zur Rechnung (10.42) ist. Die Berechnung der Korrelation $COR[X, Y]$ erfolgt gemäß Formel (10.37) die analog zur Rechnung (10.43) ist. ☻

Man kann zeigen, dass sowohl die Kovarianz als auch die Korrelation Null betragen, wenn die Variablen X und Y unabhängig sind. Umgekehrt aber können abhängige Variablen auch eine Korrelation oder Kovarianz von Null besitzen. Dieses Phänomen haben wir bereits auf Seite 126 diskutiert. Eine formale Herleitung findet der begeisterte Leser auf Seite 463.

$$
\begin{aligned}
X \text{ und } Y \text{ sind unabhängig} \;&\Rightarrow\; \rho_{x,y} = 0 \quad \text{und} \quad \sigma_{x,y} = 0. \\
X \text{ und } Y \text{ sind unabhängig} \;&\nLeftarrow\; \sigma_{x,y} = 0. \\
X \text{ und } Y \text{ sind unabhängig} \;&\nLeftarrow\; \rho_{x,y} = 0.
\end{aligned}
\tag{10.44}
$$

Analog zu (7.8) und (7.9) auf Seite 113 ergeben sich folgende Formeln, die bei diversen Umformungen hilfreich sein können. Man kann sie mit den Ergebnissen des nächsten Unterkapitels herleiten.

Kovarianz bei Summen und linearen Transformationen

$$COV[X + Y, Z] \;=\; COV[X, Z] + COV[Y, Z], \tag{10.45}$$

$$COV[X, Y + Z] \;=\; COV[X, Y] + COV[X, Z], \tag{10.46}$$

$$COV[a + b \cdot X, c + d \cdot Y] \;=\; b \cdot d \cdot COV[X, Y]. \tag{10.47}$$

10.7 Weitere Eigenschaften zu Erwartungswert und Varianz

Zwar langweilig, aber gelegentlich sehr hilfreich sind einige Formeln, die wir im Grunde schon aus dem Kapitel 6 kennen. Die Formeln (6.3) und (6.4) auf Seite 94, die bei linearen Transformationen $Y = a + b \cdot X$ gelten, kann man in der Wahrscheinlichkeitstheorie gewissermaßen "wörtlich" übernehmen:

$$\mu_y = a + b \cdot \mu_x, \qquad\qquad \sigma_y^2 = b^2 \cdot \sigma_x^2. \qquad (10.48)$$

Diese Formeln werden bevorzugt in folgender Weise notiert:

Lineare Transformation

Für $Y = a + b \cdot X$ gilt:

$$E[a + b \cdot X] \;=\; a + b \cdot E[X], \qquad (10.49)$$

$$VAR[a + b \cdot X] \;=\; b^2 \cdot VAR[X] \qquad (10.50)$$

Bei einer Summe $S = X + Y$ zweier Zufallsvariablen X und Y kann man die Formeln (6.11) und (6.12) auf Seite 96 übernehmen:

$$\mu_{x+y} \;=\; \mu_x + \mu_y \qquad (10.51)$$

$$\sigma_{x+y}^2 \;=\; \sigma_x^2 + \sigma_y^2 + 2 \cdot \sigma_{x,y} \qquad (10.52)$$

Diese Formeln werden bevorzugt in folgender Weise notiert:

Summen von Zufallsvariablen

$$E[X + Y] \;=\; E[X] + E[Y] \qquad (10.53)$$

$$VAR[X + Y] \;=\; VAR[X] + VAR[Y] + 2 \cdot COV[X, Y] \qquad (10.54)$$

Wichtiger Spezialfall: Wenn X und Y unabhängig sind, so sind sie wegen (10.44) auch unkorreliert und die Kovarianz ist Null: $\sigma_{x,y} = COV[X, Y] = 0$. Dann vereinfacht sich die Formel (10.54):

$$VAR[X + Y] \;=\; VAR[X] + VAR[Y], \quad \text{falls } X \text{ und } Y \text{ unabhängig} \qquad (10.55)$$
$$\text{oder unkorreliert sind.}$$

Man beachte, dass diese Formeln für Varianzen, nicht aber für Standardabweichungen gelten:

$$\sigma_{x+y} \;\neq\; \sigma_x + \sigma_y$$

Bei einer Summe $S = X + Y$ kann man den Erwartungswert gemäß (10.53) recht simpel berechnen. Es ist egal, ob und wie die Variablen X und Y abhängen. Bei einem Produkt $Z = X \cdot Y$ müssen wir allerdings beachten, ob Unabhängigkeit vorliegt.

Produkt von Zufallsvariablen

$$E[X \cdot Y] = E[X] \cdot E[Y], \quad \text{falls } X \text{ und } Y \text{ unabhängig sind.} \tag{10.56}$$

Eine Herleitung findet der begeisterte Leser auf Seite 464.

Beispiel (Produktionszeit). Ein Produktionsprozess gliedert sich in die drei Teile "Bohren", "Lackieren und Trocknen" und "Verpacken". Die entsprechenden Produktionszeiten pro Stück betrachten wir als drei unabhängige Zufallsvariablen X [Min], Y [h] und Z [sec], von denen wir die erwarteten Zeiten und die Standardabweichungen kennen:

$$\mu_x = 20, \quad \sigma_x = 3, \qquad \mu_y = 2.5, \quad \sigma_y = 0.9, \qquad \mu_z = 6, \quad \sigma_z = 0.7. \tag{10.57}$$

Wir möchten für die Gesamtzeit G [Min] den Erwartungswert μ_G und die Standardabweichung σ_G berechnen. Da die Gesamtzeit

$$G = X + 60Y + \frac{1}{60}Z \tag{10.58}$$

die Summe der einzelnen, auf Minuten umgerechneten Prozesszeiten ist, können wir die oben besprochenen Formeln anwenden:

$$E[G] \quad = \quad E\left[X + 60Y + \frac{1}{60}Z\right] \overset{(10.53)}{=} E[X] + E[60Y] + E\left[\frac{1}{60}Z\right]$$

$$\overset{(10.49)}{=} \quad E[X] + 60E[Y] + \frac{1}{60}E[Z] = \mu_x + 60\mu_y + \frac{1}{60}\mu_z$$

$$= \quad 170.1 \text{ [Min]}.$$

Wegen der Unabhängigkeit der Variablen X, Y, Z sind auch die Variablen $X, 60Y, \frac{1}{60}Z$ unabhängig, so dass wir die Summe deren einzelner Varianzen bilden können:

$$VAR[G] \quad = \quad VAR\left[X + 60Y + \frac{1}{60}Z\right] \overset{(10.55)}{=} VAR[X] + VAR[60Y] + VAR\left[\frac{1}{60}Z\right]$$

$$\overset{(10.50)}{=} \quad VAR[X] + 60^2 VAR[Y] + \frac{1}{60^2}VAR[Z] = \sigma_x^2 + 60^2\sigma_y^2 + \frac{1}{60^2}\sigma_z^2$$

$$= \quad 2925 \text{ [Min}^2\text{]}. \tag{10.59}$$

Die Standardabweichung erhalten wir durch Ziehen der Wurzel:

$$\sigma_G = \sqrt{VAR[G]} = \sqrt{2925} = 54.08 \text{ [Min]}.$$

Sollte beispielsweise bei einem Stück einmal der Bohrprozess ungewöhnlich lange dauern, so kann die Lackierung zwar erst verspätet beginnen, die Dauer der Lackierung selbst bleibt jedoch hiervon unberührt. Beim Verpacken verhält es sich ähnlich. Daher dürfte die Unabhängigkeitsannahme der drei Variablen als realistisch angesehen werden.

Wenn wir aber die Variablen X, Y, Z nicht als Prozessdauer, sondern als Endzeitpunkte der Teilprozesse definiert hätten, wären sie abhängig. Eine beispielsweise verspätet fertig gestellte Bohrung beeinflusst den Endtermin der Lackierung und den Endtermin der Verpackung. ☻

Beispiel (Unabhängige Würfel). Die Augenzahl X eines Laplace-Würfels besitzt eine Varianz von

$$VAR[X] = (1-3.5)^2 \cdot \frac{1}{6} + (2-3.5)^2 \cdot \frac{1}{6} + \ldots + (5-3.5)^2 \cdot \frac{1}{6} + (6-3.5)^2 \cdot \frac{1}{6}$$
$$= 2.91667.$$

Wenn wir zweimal würfeln, können wir die einzelnen Augenzahlen X_1 und X_2 als unabhängige Zufallsvariablen betrachten. Daher gilt für die Varianz der Augensumme $S = X_1 + X_2$:

$$VAR[S] = VAR[X_1 + X_2] = VAR[X_1] + VAR[X_2]$$
$$= 2.91667 + 2.91667 = 5.833. \tag{10.60}$$

Entsprechend erhalten wir bei der Summe $S_n = X_1 + X_2 + \ldots + X_n$ von n unabhängigen Würfeln die Varianz

$$VAR[S_n] = VAR[X_1 + \ldots + X_n] = VAR[X_1] + \ldots + VAR[X_n]$$
$$= n \cdot 2.91667.$$

☻

Beispiel (Abhängige Würfel). Wenn die Augenzahlen X_1 und X_2 abhängig sind, kann sich die Varianz der Augensumme $S = X_1 + X_2$ im Vergleich zu (10.60) vergrößern oder auch verkleinern, und im Extremfall sogar den Wert Null annehmen.

Fall A: Positive Korrelation. Max würfelt vor einem Spiegel genau einmal. Die Augenzahl auf der Oberseite des Würfels vor dem Spiegel sei X_1 und die Augenzahl auf der Oberseite des Würfels im Spiegel sei X_2. Hier nehmen offenbar X_1 und X_2 immer denselben Wert an. Der Erwartungswert der Summe $S = X_1 + X_2$ ist:

$$E[S] = E[X_1 + X_2] = E[X_1] + E[X_2] = 3.5 + 3.5 = 7. \tag{10.61}$$

Die Varianz berechnen wir mit

$$VAR[S] = (2-7)^2 \cdot \frac{1}{6} + (4-7)^2 \cdot \frac{1}{6} + \ldots + (10-7)^2 \cdot \frac{1}{6} + (12-7)^2 \cdot \frac{1}{6}$$
$$= 11.667. \tag{10.62}$$

Diese Varianz ist größer als die Varianz 5.833 bei (10.60).

Fall B: Negative Korrelation. Berta würfelt auf einem Glastisch genau einmal. Die Augenzahl des Würfels sei X_1 und die Augenzahl, welche sie von unten, unter dem Glastisch ablesen kann, sei X_2. Auch hier sind X_1 und X_2 "hochgradig" abhängig bzw. negativ korreliert, denn bekanntlich ergänzen sich bei einem Würfel die gegenüberliegenden Seiten immer in der Summe zu $S = X_1 + X_2 = 7$.

S ist als "degenerierte" Zufallsvariable, die mit 100% Wahrscheinlichkeit den Wert 7 annimmt, eine Konstante. Eine Konstante aber besitzt eine Varianz von Null. Dies lässt sich auch im Einklang mit den bisherigen Formeln nachrechnen:

$$
\begin{aligned}
E[S] &= E[X_1 + X_2] = E[X_1] + E[X_2] = 3.5 + 3.5 = 7 \\
VAR[S] &= (7-7)^2 \cdot \frac{1}{6} + (7-7)^2 \cdot \frac{1}{6} + \ldots + (7-7)^2 \cdot \frac{1}{6} + (7-7)^2 \cdot \frac{1}{6} \\
&= 0.
\end{aligned}
\tag{10.63}
$$

Diese Varianz ist kleiner als die Varianz 5.833 bei (10.60).   ☻

Beispiel (Aktien Portfolio). Die täglichen Schlusskurse einer Aktie können steigen, aber auch fallen. Die Tagesrendite $R = \frac{\text{Kurs morgen}}{\text{Kurs heute}} - 1$ ist eine Zufallsvariable, welche die tägliche relative Veränderung des Kurses beschreibt. Sie kann auch negative Werte annehmen.

Wir bezeichnen mit R_S die Tagesrendite der SAP-Aktie und mit R_B die Tagesrendite der BASF-Aktie. Aus den historischen Börsendaten des Zeitraums 22. August 2016 bis 18. August 2017 haben wir die folgenden Kenngrößen berechnet:

$$
\mu_{R_S} = 0.000657, \quad \sigma_{R_S} = 0.00886, \quad \mu_{R_B} = 0.000693, \quad \sigma_{R_B} = 0.00986
$$

und

$$
\sigma_{R_S.R_B} = 0.0000417.
$$

Die mittlere Rendite der BASF-Aktie ist mit mit 0.0693% pro Tag besser als die der SAP-Aktie mit 0.0657%. Diesen Vorteil erkauft man sich allerdings mit einem höheren "Risiko", da wegen $\sigma_{R_S} < \sigma_{R_B}$ die täglichen Kursschwankungen der BASF-Aktie pro Tag höher sind als die der SAP-Aktie.

Gudrun besitzt ein Portfolio, das zu 60% aus SAP-Aktien und zu 40% aus BASF-Aktien besteht. Ihr Portfolio hat dann eine Tagesrendite von

$$
R = 0.60 \cdot R_S + 0.40 \cdot R_B.
$$

Die mittlere Tagesrendite des Portfolios beträgt

$$
\begin{aligned}
E[R] &= E[0.60 \cdot R_S + 0.40 \cdot R_B] \overset{(10.53)}{=} E[0.60 \cdot R_S] + E[0.40 \cdot R_B] \\
&\overset{(10.49)}{=} 0.60 \cdot E[R_S] + 0.40 \cdot E[R_B] = 0.60 \cdot 0.000657 + 0.40 \cdot 0.000693 \\
&= 0.000671.
\end{aligned}
$$

Mit der Varianz

$$
\begin{aligned}
VAR[R] \;&=\; VAR[0.60 \cdot R_S + 0.40 \cdot R_B] \\
&\overset{(10.54)}{=}\; VAR[0.60 \cdot R_S] + VAR[0.40 \cdot R_B] + 2 \cdot COV[0.60 \cdot R_S,\, 0.40 \cdot R_B] \\
&\overset{(10.50),(10.47)}{=}\; 0.60^2 \cdot VAR[R_S] + 0.40^2 \cdot VAR[R_B] + 2 \cdot 0.60 \cdot 0.40 \cdot COV[R_S, R_B] \\
&=\; 0.60^2 \cdot 0.00886^2 + 0.40^2 \cdot 0.00986^2 + 2 \cdot 0.60 \cdot 0.40 \cdot 0.0000417 \\
&=\; 0.00006383
\end{aligned}
$$

erhält man die Standardabweichung der Tagesrendite des Portfolios:

$$
\sigma_R = \sqrt{0.00006383} = 0.00799.
$$

Die mittlere Tagesrendite $\mu_R = 0.000671$ von Gudruns Portfolio ist besser als die der SAP-Aktie $\mu_{R_S} = 0.000657$. Der Clou dabei ist aber, dass gleichzeitig das "Risiko", d.h. die Standardabweichung noch geringer als bei der SAP-Aktie ausfällt: $\sigma_R = 0.00799 < 0.00886 = \sigma_{R_S}$.   ☻

Das letzte Beispiel zeigt, wie sich durch eine gemischte Geldanlage bzw. "Diversifikation" eine "Risikostreuung" bzw. Risikoreduktion erreichen lässt. Könnte man die zwei Aktien anders bzw. besser mischen, so dass noch weniger Risiko und dennoch mehr Rendite erzielt werden könnte? Das ist das Thema der sogenannten **Portfoliotheorie**, bei der von den Formeln dieses Kapitels reichlich Gebrauch gemacht wird. Man kann also mit unseren scheinbar langweiligen Formeln Geld verdienen!

11 Spezielle Verteilungen

Übersicht

Mathematisch statistische Modelle sollen vor allem das Lösen realer Probleme erleichtern. Dabei treten als Teil des gesamten, komplexen Problems immer wieder bestimmte "Standardprobleme" auf, die mit geeigneten Zufallsvariablen beschrieben werden können. Die Wahrscheinlichkeitsverteilungen solcher Zufallsvariablen sind das Thema dieses Kapitels. Zwar werden wir nur einige wenige Verteilungen vorstellen, jedoch können wir mit diesen schon eine Vielzahl von Problemen hinreichend gut modellieren. Von allen Verteilungen die es gibt, sind die Normalverteilung und das Modell der Bernoulliketten mit der Binomialverteilung von herausragender Bedeutung.

11.1 Normalverteilung

Eine normalverteilte Zufallsvariable X ist dadurch charakterisiert, dass sie stetigen Typs ist und ihre Verteilung durch eine ganz spezielle Dichtefunktion $f(x)$ mit folgender Formel beschrieben wird:

© Springer-Verlag GmbH Deutschland, ein Teil von Springer Nature 2019
C. Weigand, *Statistik mit und ohne Zufall*,
https://doi.org/10.1007/978-3-662-59309-7_11

Die Dichte der Normalverteilung heißt "Gaußsche Glockenkurve"

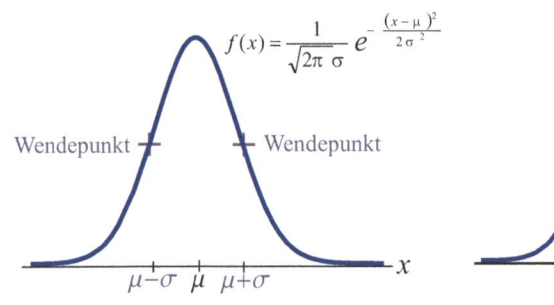

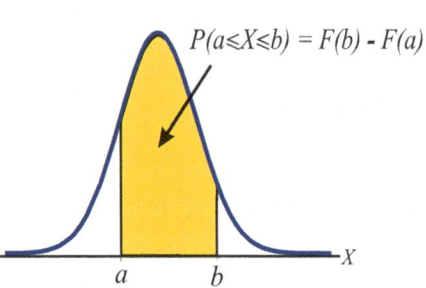

Abb. 11.1 Die Gaußsche Glockenkurve $f(x)$ ist überall positiv und schwebt daher über der gesamten x-Achse.

Abb. 11.2 Wahrscheinlichkeiten entsprechen Flächen.

Bei allen Gaußschen Glockenkurven beträgt die Gesamtfläche 1.

Dichte der Normalverteilung

$$f(x) = \frac{1}{\sqrt{2\pi}\,\sigma}\, e^{-\frac{1}{2}\left(\frac{x-\mu}{\sigma}\right)^2} = \quad \textbf{Gaußsche Glockenkurve.} \qquad (11.1)$$

Der Graph dieser Funktion ist in Abbildung 11.1 zu sehen.

Die Form der Gaußschen Glocke wird von μ und σ beeinflusst.

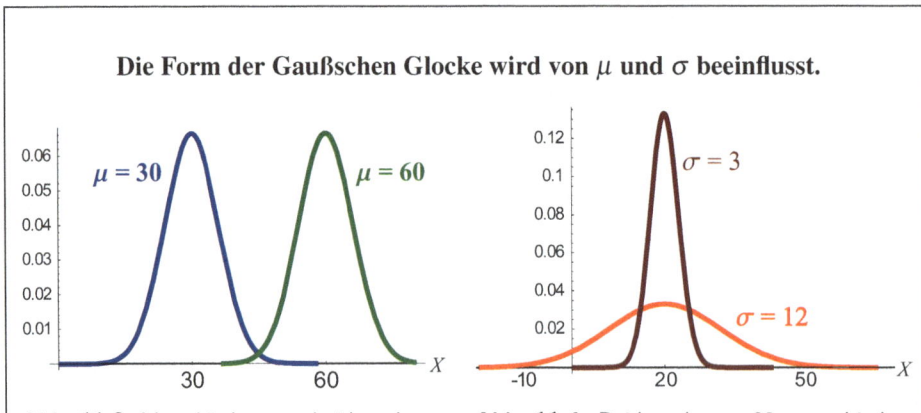

Abb. 11.3 Verschiedene μ, beidemal $\sigma = 6$.

Abb. 11.4 Beidemal $\mu = 20$, verschiedene σ.

Aus Gründen der Bequemlichkeit werden wir in Zukunft für die Sprechweise "eine Zufallsvariable X ist normalverteilt mit dem Erwartungswert μ und der Varianz σ^2" von folgender Kurzschreibweise Gebrauch machen:

$$X \sim N(\mu,\, \sigma^2).$$

Die Tatsache, dass normalverteilte Zufallsvariablen in der Wahrscheinlichkeitstheorie eine herausragende Rolle spielen, ist im Wesentlichen auf folgende zwei Punkte zurückzuführen:

- In der Praxis kann man nicht immer, aber recht häufig Verteilungen beobachten, die einen glockenförmigen Verlauf aufweisen und der Gaußschen Glockenkurve, dargestellt in Abbildung 11.1, sehr ähnlich sind. In diesem Fall dient die Normalverteilung als **Approximation** für die tatsächliche Verteilung.
- Sowohl in den Anwendungen, als auch bei den Verfahren der Induktiven Statistik treten oft **Summen von Zufallsvariablen** auf. Man kann zeigen, dass eine Summe vieler unabhängiger Zufallsvariablen eine Verteilung aufweist, die sich approximativ mit der Gaußschen Glockenkurve beschreiben lässt. Dies ist ein Resultat, das sich mathematisch beweisen lässt und als sogenannter **Zentraler Grenzwertsatz** bekannt ist. Da dieser Satz überaus wichtig und nützlich ist, haben wir ihm ab Seite 249 eine eigenes Kapitel gewidmet. Er erklärt auch, warum man nicht irgendeine glockenförmige Dichtefunktion, sondern speziell die auf den ersten Blick eher uneinsichtige, komplizierte Formel (11.1) benutzt.

Die Bezeichnung "Normalverteilung" ist im Grunde sehr unglücklich gewählt und gehört zu den größten Missgeschicken der Menschheit, denn es fördert den scheinbar unausrottbaren Irrglauben, es sei "normal" im Sinne von "ist immer so", dass etwas normalverteilt ist. So gibt es beispielsweise bis heute die nicht begründbare Vorstellung, dass die Noten einer Prüfung normalverteilt sein sollten oder müssten. Insbesondere können Berechnungen mit Gauß-Glocken vollkommen unangebracht sein, wenn die tatsächliche Verteilung asymmetrisch ist. Aber: Wegen des zentralen Grenzwertsatzes kann die Normalverteilung als eine der wichtigsten, oder vielleicht sogar die wichtigste Verteilung in der Statistik angesehen werden.

Die Abbildungen 11.3 und 11.4 zeigen, dass die Parameter μ und σ wie Stellschrauben wirken, mit denen man die Form der Gaußschen-Glockenkurve verändern kann. Der Lageparameter μ verschiebt die Glocke und das Streuungsmaß σ streckt oder staucht die Glocke.

Dabei befinden sich die zwei Wendepunkte der Dichte $f(x)$ immer eine Standardabweichung σ von μ entfernt, d.h. an den Stellen $\mu - \sigma$ und $\mu + \sigma$.

Berechnung von Wahrscheinlichkeiten

Wie bei allen stetigen Zufallsvariablen stellt man auch bei einer normalverteilten Zufallsvariablen X Wahrscheinlichkeiten durch entsprechende Flächen unterhalb der Dichtefunktion $f(x)$ dar. Eine Fläche, wie in Abbildung 11.2, kann man formal als Integral notieren:

$$P(a \leq X \leq b) \; = \quad\includegraphics{fig}\quad = \quad \int_a^b \frac{1}{\sqrt{2\pi}\,\sigma}\, e^{-\frac{1}{2}\left(\frac{x-\mu}{\sigma}\right)^2} dx$$

$$= \quad\includegraphics{fig}\quad - \quad\includegraphics{fig}\quad = P(X \leq b) - P(X \leq a)$$

$$= F(b) - F(a) \tag{11.2}$$

Es wäre also schön, wenn wir eine Formel für die kumulierte Verteilung $F(x)$ zur Verfügung hätten! Kurioser Weise gibt es aber ein solche nicht, denn die auftretenden Integrale lassen sich prinzipiell nicht mit den üblichen Methoden[1] "lösen". Stattdessen kann man jedoch mit dem Computer recht gute numerische Näherungsverfahren einsetzen.

Hat man jedoch keinen Computer zur Hand, greift man auf Tabellen zurück, mit denen man die kumulierte Verteilung $F(x)$ näherungsweise berechnen kann. Man bräuchte aber für jede denkbare Parameterkonstellation bezüglich μ und σ eine eigene Tabelle! Diesen Wahnsinn kann man mit einem "Trick" umgehen:

Die Statistiker haben die kumulierte Verteilung von nur einer einzigen, sehr speziellen Gaußschen Glockenkurve tabelliert. Für den Fall allgemeiner Gaußschen Glockenkurven kann man diese Tabellenwerte mit Hilfe einer Formel umrechnen.

Diese spezielle Normalverteilung nennt man auch **Standardnormalverteilung**. Sie ist durch die Parameter $\mu = 0$ und $\sigma = 1$ festgelegt. Bei einer standardnormalverteilten Zufallsvariablen $Z \sim N(0, 1)$ ist es üblich, für die kumulierte Verteilung ein eigenes Symbol zu gebrauchen:

$$\Phi(z) \; = \; P(Z \leq z) = \text{kumulierte Standardnormalverteilung}$$

$$= \int_{-\infty}^z \frac{1}{\sqrt{2\pi}}\, e^{\frac{-t^2}{2}} dt \quad = \quad \includegraphics{fig} \tag{11.3}$$

Im Anhang findet man eine Tabelle mit den Werten von $\Phi(z)$. Mit ihr lässt sich der allgemeine, nicht standardisierte Fall behandeln:

---

[1]Es gibt zur Gaußschen Glockenkurve keine Stammfunktion, die man mit den üblichen Termen durch Addition, Multiplikation, Potenzen, Wurzeln etc. notieren könnte.

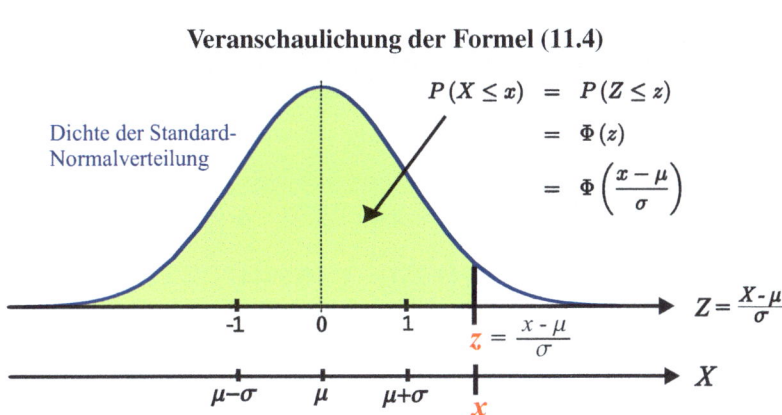

Abb. 11.5 Statt die Form der Gaußschen Glocke wie in den Abbildungen 11.3 und 11.4 zu verändern, kann man sie auch belassen und die Achse umskalieren. Die lineare Transformation $Z = \frac{X-\mu}{\sigma}$ bewirkt, dass auf der x-Achse beispielsweise der Punkt $x = \mu$ mit dem Punkt $z = \frac{\mu-\mu}{\sigma} = 0$ auf der z-Achse korrespondiert. Ebenso entspricht der Punkt $x = \mu + \sigma$ dem Punkt $z = \frac{(\mu+\sigma)-\mu}{\sigma} = 1$. Folglich ist die Fläche links von der Stelle x mit der Fläche links von $z = \frac{x-\mu}{\sigma}$ identisch.

Kumulierte Normalverteilung

Bei einer normalverteilten Zufallsvariablen $X \sim N(\mu, \sigma^2)$ kann man die kumulierte Verteilung $F(x)$ mit Hilfe der kumulierten Verteilung $\Phi(z)$ der Standardnormalverteilung berechnen:

$$F(x) = P(X \le x) = \Phi\left(\frac{x-\mu}{\sigma}\right). \tag{11.4}$$

Da generell bei stetigen Zufallsvariablen die Wahrscheinlichkeit $P(X = x) = 0$ ist, gilt diese Formel auch für den Fall $P(X < x)$.

Die Idee, welche der Formel zu Grunde liegt, ist in Abbildung 11.5 veranschaulicht. Zudem geben wir auf Seite 464 noch einen formalen Beweis, der letztlich auf einer Standardisierung gemäß (6.22) beruht.

Beispiel (Bierabsatz). Theo betreibt die Bierkneipe "Zum lahmen Durst". Der morgige Tagesabsatz an Bier sei eine normalverteilte Zufallsvariable X [Liter] mit

$$X \sim N(350, 6400).$$

a) Wir berechnen die Wahrscheinlichkeit, dass der Absatz mindestens 450 Liter übersteigt:

$$P(X \geq 450) = \quad\text{(Grafik)}\quad = \quad 1 - \quad\text{(Grafik)}$$

$$= 1 - P(X < 450) \overset{(11.4)}{=} 1 - \Phi\left(\frac{450 - 350}{\sqrt{6400}}\right)$$

$$= 1 - \Phi(1.25) = 1 - 0.8944$$

$$= 10.56\%.$$

$\Phi(1.25) = 0.8944$ haben wir der Tabelle im Anhang entnommen.

b) Die Wahrscheinlichkeit, dass der Bierabsatz zwischen 230 und 330 Litern liegen wird, beträgt:

$$P(230 \leq X \leq 330) = \quad\text{(Grafik)}\quad = \quad\text{(Grafik)}\quad - \quad\text{(Grafik)}$$

$$= P(X \leq 330) - P(X < 230)$$

$$= \Phi\left(\frac{330 - 350}{\sqrt{6400}}\right) - \Phi\left(\frac{230 - 350}{\sqrt{6400}}\right) = \Phi(-0.25) - \Phi(-1.50)$$

$$= 0.4013 - 0.0668 = 33.45\%.$$

c) Welche Menge muss Theo vorrätig halten, damit morgen das Bier mit 95% Wahrscheinlichkeit ausreicht?

Wir bezeichnen die gesuchte Menge mit x. Dann sollte der morgige Absatz mit 95% Wahrscheinlichkeit maximal den vorrätigen Wert x erreichen, d.h. $P(X \leq x) = 0.95$ gelten. Im Vergleich zu den beiden anderen Aufgaben müssen wir nun "rückwärts" rechnen. Die Wahrscheinlichkeit ist bereits gegeben und der entsprechende Wert x ist zu "rekonstruieren". Insofern entspricht x dem 95%-Quantil des Bierabsatzes. Nutzen wir Formel (11.4), erhalten wir

$$P(X \leq x) = 0.95 \quad\Leftrightarrow\quad \Phi\left(\frac{x - 350}{\sqrt{6400}}\right) = 0.95. \qquad (11.5)$$

Da gemäß Tabelle $\Phi(1.645) = 0.95$ gilt, muss der Ausdruck $\frac{x-350}{\sqrt{6400}}$ mit dem 95%-Quantil der Standardnormalverteilung 1.645 übereinstimmen:

$$\frac{x - 350}{\sqrt{6400}} = 1.645. \qquad (11.6)$$

Die Auflösung nach x ergibt: $x = 350 + 1.645 \cdot \sqrt{6400} = 481.6$ [Liter]. ☺

In den Anwendungen und in der Theorie werden häufig Summen von normalverteilten Zufallsvariablen betrachtet. Für die Verteilung derartiger Summen gilt ein einfacher und nützlicher Sachverhalt:

Reproduktionseigenschaft

Werden zwei Zufallsvariablen X, Y addiert, die beide normalverteilt sind, $X \sim N(\mu_x, \sigma_x^2)$, $Y \sim N(\mu_y, \sigma_y^2)$, dann ist die Summe

$$S = X + Y \tag{11.7}$$

ebenfalls normalverteilt. Wegen (10.54) gilt dann:

$$S \sim N(\mu_x + \mu_y; \ \sigma_x^2 + \sigma_y^2 + 2 \cdot \sigma_{x,y}). \tag{11.8}$$

Diese Reproduktionseigenschaft wird auch als **Additionseigenschaft** oder **Faltungsinvarianz** bezeichnet und lässt sich nur mit "höheren" mathematischen Methoden beweisen. Es gibt aber auch Verteilungen, welche diese Eigenschaft nicht besitzen. Beispielsweise ist die Summe zweier gleichverteilter Würfel nicht wieder gleichverteilt, sondern weist einen dreieckigen Verlauf auf (s.S. 189). Daher "reproduziert" sich die Gleichverteilung nicht.

Beispiel (Projektdauer). Wendelin ist Bauunternehmer und möchte seinen Kunden für die Projektdauer zur Erstellung eines Hauses einen maximalen Zeitraum mit einer Sicherheit von 99% garantieren können.

Er unterstellt, dass die Zeit X [Tage] für Planung und Genehmigung eines Hauses, die Zeit Y [Tage] zur Erstellung des Rohbaus und die Zeit Z [Tage] für den Innenausbau normalverteilte Zufallsvariablen sind. Er kennt zudem die Parameter der Variablen:

$$X \sim N(200, 40^2), \qquad Y \sim N(140, 20^2), \qquad Z \sim N(180, 30^2).$$

Wendelin geht davon aus, dass die drei Zeiten X, Y, Z unabhängig sind, da beispielsweise Probleme beim Baggern das Verlegen von Fliesen nicht beeinflussen. Man beachte hierbei, dass die Variablen X, Y, Z nicht Starttermine, sondern Prozesszeiten darstellen! Daher gilt für die Gesamtprozesszeit

$$T = X + Y + Z \ [\text{Tage}], \tag{11.9}$$

die wegen (10.53) einen Erwartungswert von

$$
\begin{aligned}
E[T] &= E[X + Y + Z] = E[X] + E[Y] + E[Z] = 200 + 140 + 180 \\
&= 520 \ [\text{Tage}]
\end{aligned}
$$

und wegen (10.55) eine Varianz von

$$
\begin{aligned}
VAR[T] &= VAR[X+Y+Z] = VAR[X] + VAR[Y] + VAR[Z] \\
&= 40^2 + 20^2 + 30^2 = 2900 \; [\text{Tage}^2]
\end{aligned}
$$

aufweist. Da die Summanden von T alle normalverteilt sind, ist gemäß der Reproduktionseigenschaft (11.8) auch T normalverteilt:

$$
T \sim N(520, 2900). \tag{11.10}
$$

Die gesuchte Zeitdauer t, welche mit 99% Wahrscheinlichkeit nicht überschritten wird, entspricht dem 99%-Quantil der Gesamtdauer T. Daher muss gelten: $P(T \leq t) = 0.99$. Nutzen wir Formel (11.4), erhalten wir

$$
P(T \leq t) = 0.99 \quad \Leftrightarrow \quad \Phi\left(\frac{t-520}{\sqrt{2900}}\right) = 0.99. \tag{11.11}
$$

Da gemäß Tabelle $\Phi(2.326) = 0.99$ gilt, folgt:

$$
\frac{t-520}{\sqrt{2900}} = 2.326. \tag{11.12}
$$

Die Auflösung nach t ergibt:

$$
t = 520 + 2.326 \cdot \sqrt{2900} = 645.3 \; [\text{Tage}]. \tag{11.13}
$$

Wendelin kann also davon ausgehen, dass ein Hausbauprojekt mit nur 1% Wahrscheinlichkeit länger als 645.3 Tage dauern wird.   ☻

Weitere Beispiele zur Normalverteilung findet man ab Seite 250. Abschließend erwähnen wir noch drei Eigenschaften:

1. An der Stelle μ besitzt die Gaußsche-Glocke $f(x)$ ihr Maximum. Ferner ist sie symmetrisch bezüglich μ. Daher sind bei einer normalverteilten Zufallsvariablen X der **Modus** und der **Median** mit dem Erwartungswert μ identisch.
2. Wie bei allen stetigen Zufallsvariablen ergibt die Gesamtfläche unterhalb der Dichtefunktion $f(x)$ den Wert 1. Dies hier zu überprüfen, setzt allerdings tiefere Kenntnisse der Integralrechnung voraus. Es gilt:

$$
\text{Gesamtfläche} = \int_{-\infty}^{\infty} \frac{1}{\sqrt{2\pi}\,\sigma}\, e^{-\frac{1}{2}\left(\frac{x-\mu}{\sigma}\right)^2} dx = \ldots (\text{Integralrechnung}) \ldots = 1.
$$

3. Die Parameter μ und σ, welche in die Dichtefunktion (11.1) eingehen, entsprechen dem Erwartungswert und der Standardabweichung von X. Dies kann man ebenfalls mit Hilfe der Integralrechnung gemäß (10.19), (10.20) nach "längeren Rechnungen" bestätigen:

$$
E[X] = \int_{-\infty}^{\infty} x \cdot \frac{1}{\sqrt{2\pi}\,\sigma}\, e^{-\frac{1}{2}\left(\frac{x-\mu}{\sigma}\right)^2} dx \quad = \ldots (\text{Integralrechnung}) \ldots = \mu,
$$

$$
VAR[X] = \int_{-\infty}^{\infty} (x-\mu)^2 \cdot \frac{1}{\sqrt{2\pi}\,\sigma} e^{-\frac{1}{2}\left(\frac{x-\mu}{\sigma}\right)^2} dx = \ldots (\text{Integralrechnung}) \ldots = \sigma^2.
$$

11.2   Binomialverteilung und Bernoullikette

In der Praxis gibt es Zufallsexperimente, bei denen nur zwei Ergebnisse im Sinne von Treffer und Nicht-Treffer interessieren. Beispielsweise brennt eine Glühbirne oder sie brennt nicht, ein Kunde zahlt fristgerecht oder nicht, ein Sitzplatz im Flugzeug wird besetzt oder nicht, ein Würfel zeigt eine Sechs oder nicht, etc. In der Wahrscheinlichkeitstheorie nennt man solche Experimente auch **Bernoulli-Experimente**. Sie können mit einer Zufallsvariablen beschrieben werden, bei der nur zwei Ausprägungen bzw. Realisationen möglich sind. Es wird sich als vorteilhaft erweisen, wenn wir diese zwei Werte mit 1 und 0 kodieren, wobei die 1 für einen "Treffer" und die 0 für einen "Nicht-Treffer" stehen. Eine solche Variable X wird auch als **Indikatorvariable** oder **Bernoulli-Variable** bezeichnet.

$$X = \begin{cases} 1 & \text{falls Treffer,} \\ 0 & \text{falls kein Treffer.} \end{cases} \tag{11.14}$$

Dabei sei

$$p = P(X = 1) = \text{Trefferwahrscheinlichkeit.} \tag{11.15}$$

In der Regel kommen in den Anwendungen nicht nur ein einzelnes Bernoulli-Experiment, sondern mehrere, n Bernoulli-Experimente vor. Die dabei auftretende Gesamtzahl aller Treffer ist eine Zufallsvariable, die wir mit Y bezeichnen:

$$Y \quad = \quad \text{Gesamtzahl der Treffer bei } n \text{ Bernoulli-Experimenten.} \tag{11.16}$$

Die Variable Y ist diskreten Typs und kann nur die Werte $0, 1, \ldots, n$ annehmen.
Im Grunde ist bei den Indikatorvariablen X_i die Kodierung von Treffer und Nicht-Treffer mit 1 und 0 willkürlich. Sie hat jedoch den Vorteil, dass wir die Gesamtzahl aller Treffer Y als Summe der Indikatorvariablen darstellen können:

$$Y \quad = \quad X_1 + X_2 + \ldots + X_n. \tag{11.17}$$

Jeder Treffer erhöht die Summe um genau 1, jeder Nicht-Treffer "0" lässt die Summe unverändert.

Beispiel (Garantiefälle). Ein Händler verkauft $n = 7$ Computer, von denen Y Geräte innerhalb der Garantiezeit defekt werden und zurückgenommen werden müssen. Wenn wir für jedes der 7 Geräte eine eigene Variable $X_i, i = 1, 2, 3, 4, 5, 6, 7$, benutzen, die jeweils im Garantiefall den Wert 1 und sonst den Wert 0 annimmt, gilt für die Anzahl aller Garantiefälle Y:

$$Y \quad = \quad X_1 + X_2 + X_3 + X_4 + X_5 + X_6 + X_7.$$

Y ist eine diskrete Zufallsvariable, die nur die Werte $0, 1, \ldots, 7$ annehmen kann. ☻

In diesem, wie auch bei vielen anderen Beispielen, kann man es durchaus für realistisch halten, dass jede der n Variablen X_i die gleiche Trefferchance besitzt und zudem die Variablen unabhängig voneinander sind. Um derartige Situationen kurz und bündig benennen zu können, gebraucht man den Begriff "Bernoullikette".

Eine **Bernoullikette** $X_1, X_2, \ldots, X_n$ der Länge n liegt vor, wenn

- die Indikatorvariablen X_i unabhängig voneinander sind,
- bei jedem Experiment i die gleiche Trefferchance p vorliegt.

Die Zufallsvariable "Y = Gesamtzahl der Treffer" besitzt bei einer Bernoullikette eine spezielle Verteilung, die man **Binomialverteilung** nennt. Für die Sprechweise "die Zufallsvariable Y ist binomialverteilt" werden wir der Bequemlichkeit halber von der Kurzschreibweise

$$Y \sim Bi(n,\ p) \tag{11.18}$$

Gebrauch machen.

Beispiel (Fortsetzung). Sollten die Computer an unterschiedliche Nutzer und Orte verkauft worden sein, dürfte sich ein Ausfall eines Gerätes unabhängig von den anderen Geräten ereignen. Zudem dürfte bei baugleichen Geräten und vergleichbaren Einsatzbedingungen die Ausfallwahrscheinlichkeit bei jedem Gerät gleich hoch sein. Insofern kann man die Variablen $X_1, X_2, X_3, X_4, X_5, X_6, X_7$ als Bernoullikette auffassen. Die Gesamtzahl der Treffer bzw. defekten Computer Y ist dann binomialverteilt, bzw.

$$Y \sim Bi(7,\ p). \tag{11.19}$$

Dass wir den numerischen Wert von p nicht kennen, ist hierbei unerheblich. ☻

Es sei davor gewarnt, zu glauben, dass jede Sequenz aus Treffern und Nicht-Treffern bereits eine Bernoullikette sei! Bei Abhängigkeit unter den Versuchsergebnissen, oder bei ungleichen Trefferwahrscheinlichkeiten liegt keine Bernoulli-Kette vor, und die Gesamtzahl der Treffer Y ist *nicht* binomialverteilt.

Beispiel (Keine Bernoullikette). Gerti beobachtet in München jeden Tag, ob es Frost gibt. Dies entspricht einem Bernoulli-Experiment mit der Indikatorvariable X_i, die den Wert 1 annimmt, falls es am Tag i Frost gibt.
Gerti erhält auf diese Weise für die nächsten 365 Tage 365 Zufallsvariablen $X_1, X_2, \ldots, X_{365}$, die zwar jede für sich betrachtet Bernoullivariablen sind, insgesamt aber *keine* Bernoulli-Kette bilden, da sogar beide definierenden Eigenschaften verletzt sind:

- Die Trefferchance p_i ist im Sommer fast Null, wohingegen sie im Winter deutlich über Null liegt. Dies zeigt, dass die Variablen X_i keine identische Verteilung bzw. Trefferchancen p_i besitzen.
- Die Wahrscheinlichkeit für Frost ist erhöht, wenn bereits am Vortag Frost vorlag. Dies zeigt, dass die Variablen X_i abhängig sind.

Die Gesamtzahl Y aller Frosttage für die nächsten 365 Tage ist somit *nicht* binomialverteilt!   ☻

Mit dem nächsten Beispiel wollen wir eine explizite Formel für die Binomialverteilung herleiten.

Beispiel (5 Würfel). Ein Würfel soll $n = 5$ mal geworfen werden. Die Augenzahl 1 sei als Treffer bezeichnet. Da jeder Wurf die gleiche Chance von $p = \frac{1}{6} = 0.16667$ besitzt und zudem die Ergebnisse der einzelnen Würfe unabhängig auftreten, liegt eine Bernoulli-Kette der Länge 5 vor. Folglich können wir ebenso 5 unabhängige Indikatorvariablen X_1, X_2, X_3, X_4, X_5 betrachten, die eine Trefferchance von jeweils $p = \frac{1}{6}$ besitzen. Die Anzahl der Treffer Y in der Bernoulli-Kette entspricht der Anzahl der Einsen und ist binomialverteilt, kurz $Y \sim Bi(5, \frac{1}{6})$.

Wir wollen exemplarisch die Chance berechnen, genau $k = 2$ Treffer zu erzielen. Dazu notieren wir alle möglichen Bernoulli-Ketten, die zu diesem Ergebnis $Y = 2$ führen. Wegen der Additionsregel (10.4) können wir die Wahrscheinlichkeiten jeder dieser einzelnen Ketten addieren:

$$
\begin{aligned}
P(Y = 2) \;=\;& P(\text{genau 2 der 5 Würfe sind Treffer}) \\
=\;& P(X_1 = 1, X_2 = 1, X_3 = 0, X_4 = 0, X_5 = 0) \\
&+ P(X_1 = 1, X_2 = 0, X_3 = 1, X_4 = 0, X_5 = 0) \\
&+ P(X_1 = 1, X_2 = 0, X_3 = 0, X_4 = 1, X_5 = 0) \\
&+ P(X_1 = 1, X_2 = 0, X_3 = 0, X_4 = 0, X_5 = 1) \\
&+ P(X_1 = 0, X_2 = 1, X_3 = 1, X_4 = 0, X_5 = 0) \\
&+ P(X_1 = 0, X_2 = 1, X_3 = 0, X_4 = 1, X_5 = 0) \\
&+ P(X_1 = 0, X_2 = 1, X_3 = 0, X_4 = 0, X_5 = 1) \\
&+ P(X_1 = 0, X_2 = 0, X_3 = 1, X_4 = 1, X_5 = 0) \\
&+ P(X_1 = 0, X_2 = 0, X_3 = 1, X_4 = 0, X_5 = 1) \\
&+ P(X_1 = 0, X_2 = 0, X_3 = 0, X_4 = 1, X_5 = 1).
\end{aligned}
$$

Wegen der Unabhängigkeit der einzelnen Variablen X_i kann man die gemeinsame Verteilung auch als Produkt schreiben und erhält dann:

$$
\begin{aligned}
= \quad & P(X_1 = 1) \cdot P(X_2 = 1) \cdot P(X_3 = 0) \cdot P(X_4 = 0) \cdot P(X_5 = 0) \\
+ \; & P(X_1 = 1) \cdot P(X_2 = 0) \cdot P(X_3 = 1) \cdot P(X_4 = 0) \cdot P(X_5 = 0) \\
& \vdots \quad\; \vdots \qquad\; \vdots \qquad\;\; \vdots \qquad\;\;\; \vdots \qquad\;\;\; \vdots \\
+ \; & P(X_1 = 0) \cdot P(X_2 = 0) \cdot P(X_3 = 0) \cdot P(X_4 = 1) \cdot P(X_5 = 1) \\[4pt]
= \quad & p \cdot p \cdot (1-p) \cdot (1-p) \cdot (1-p) \\
+ \; & p \cdot (1-p) \cdot p \cdot (1-p) \cdot (1-p) \\
& \vdots \quad\; \vdots \qquad\; \vdots \qquad\;\; \vdots \\
+ \; & (1-p) \cdot (1-p) \cdot (1-p) \cdot p \cdot p.
\end{aligned}
$$

Die einzelnen Summanden sind alle gleich. Die Anzahl der Summanden ist 10 und entspricht den Möglichkeiten, von 5 Positionen genau 2 zu markieren. Für dieses Problem gibt es in der Kombinatorik eine bekannte Formel, nämlich den **Binomialkoeffizienten**, der auch im Anhang (D.3) zu finden ist. Daher gilt weiter:

$$
\begin{aligned}
= \; & (\text{Möglichkeiten 2 von 5 Positionen zu markieren}) \cdot p^2 \cdot (1-p)^3 \\
= \; & \binom{5}{2} p^2 (1-p)^3.
\end{aligned}
\tag{11.20}
$$

Speziell für den Würfel ergibt sich:

$$
\begin{aligned}
= \; & \binom{5}{2} 0.16667^2 \cdot 0.83333^3 \; = \; \frac{5!}{2! \cdot 3!}\, 0.16667^2 \cdot 0.83333^3 \\
= \; & 16.075\%.
\end{aligned}
$$

☺

Betrachten wir nochmals Formel (11.20), so erkennen wir, wie man von diesem speziellen Beispiel auf den allgemeinen Fall schließen kann, indem wir dort $n = 5, k = 2, n-k = 3$ identifizieren. Allgemein erhalten wir daher:

Binomialverteilung

Sei Y binomialverteilt mit $Y \sim Bi(n,\,p)$, dann gilt:

$$
P(Y = k) \; = \; \binom{n}{k} p^k (1-p)^{n-k} \; = \; \text{Wahrscheinlichkeit für genau } k \text{ Treffer,} \tag{11.21}
$$

$$
E[Y] \; = \; np, \tag{11.22}
$$

$$
VAR[Y] \; = \; np(1-p). \tag{11.23}
$$

Binomialverteilungen

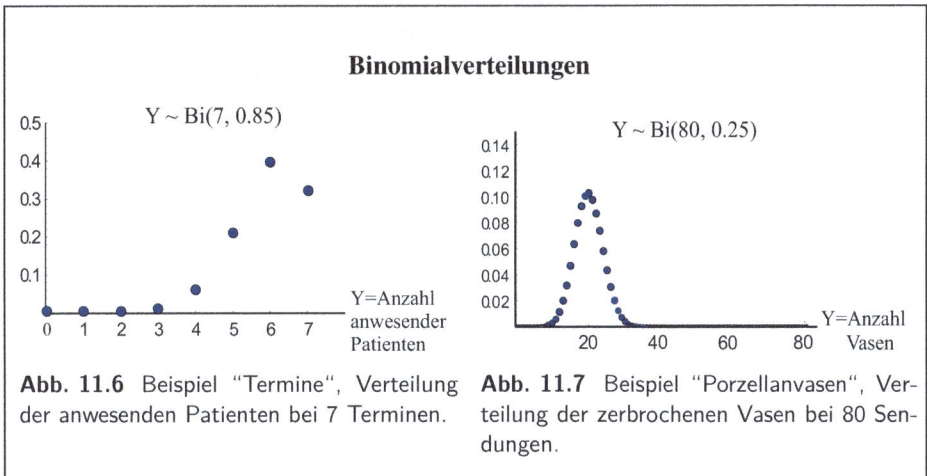

Abb. 11.6 Beispiel "Termine", Verteilung der anwesenden Patienten bei 7 Terminen.

Abb. 11.7 Beispiel "Porzellanvasen", Verteilung der zerbrochenen Vasen bei 80 Sendungen.

Der Binomialkoeffizient $\binom{n}{k}$ ist mit Formel (D.3) im Anhang definiert. Eine Herleitung der Formeln (11.22) und (11.23) findet der begeisterte Leser auf Seite 464.
Neben der exakten Formel (11.21) verwendet man bei "langen" Bernoulliketten die Approximation (12.10) für die Binomialverteilung. Diese besprechen wir im Kapitel 12.2.

Beispiel (Termine). Rheumatologin Dr. Annette A. hat mit 7 Patienten Termine vereinbart. Erfahrungsgemäß erscheint aber ein Patient mit 15% Wahrscheinlichkeit nicht bei ihr. Solche Absagen erfolgen von Patient zu Patient unabhängig. Wir dürfen daher die Sequenz der Termine als Bernoulli-Kette betrachten. Die Variable "$Y =$ Anzahl der anwesenden Patienten" ist dann binomialverteilt, kurz $Y \sim Bi(7,\ 0.85)$.

Es gilt:

$$
\begin{aligned}
P(Y=0) &= \binom{7}{0} 0.85^0\, 0.15^7 = 0.00000171,\\
P(Y=1) &= \binom{7}{1} 0.85^1\, 0.15^6 = 0.00006777,\\
P(Y=2) &= \binom{7}{2} 0.85^2\, 0.15^5 = 0.00115216,\\
P(Y=3) &= \binom{7}{3} 0.85^3\, 0.15^4 = 0.0108815,\\
P(Y=4) &= \binom{7}{4} 0.85^4\, 0.15^3 = 0.061662,\\
P(Y=5) &= \binom{7}{5} 0.85^5\, 0.15^2 = 0.209651,
\end{aligned}
$$

$$P(Y = 6) = \binom{7}{6} 0.85^6 \, 0.15^1 = 0.396007,$$

$$P(Y = 7) = \binom{7}{7} 0.85^7 \, 0.15^0 = 0.320577.$$

Die Verteilung von Y ist in Abbildung 11.6 dargestellt.

Wegen $E[Y] = np = 7 \cdot 0.85 = 5.95$ behandelt Annette im Schnitt nur knapp 6 Patienten. Daher hat sie ihre Arbeitszeit so geplant, dass 6 Patienten zu behandeln sind. Dann besteht aber ein Risiko von $P(Y = 7) = 32.0577\%$, dass sie Überstunden leisten muss! Gleichzeitig besteht ein Risiko von $1 - P(Y = 7) - P(Y = 6) = 28.3416\%$, dass sie "Däumchen dreht", da weniger als die eingeplanten 6 Patienten kommen.

Ferner beträgt die Varianz $VAR[Y] = np(1 - p) = 0.8925$.   ☻

Beispiel (Chinesische Porzellanvasen). Ping lebt in Peking und möchte 80 mal wöchentlich jeweils genau 1 Porzellanvase per Post an seinen Freund Anton nach Huckelheim im Westerngrund[2] schicken. Im Schnitt kommt 1 von 4 Vasen zerbrochen an. Die 80 Postsendungen bilden eine Bernoulli-Kette, wenn wir zudem noch annehmen, dass die Vasen unabhängig voneinander zerbrechen.

Die Variable "Y = Anzahl der zerbrochenen Vasen" ist gemäß $Y \sim Bi(80, 0.25)$ binomialverteilt. Anton kann $E[Y] = np = 20$ zerbrochene Vasen erwarten. Die Wahrscheinlichkeit, beispielsweise genau diesen erwarteten Wert, 20 zerbrochene Vasen vorzufinden, beträgt:

$$P(Y = 20) = \binom{80}{20} 0.25^{20} \, 0.75^{60} = 0.1025.$$

Die komplette Verteilung von Y ist in Abbildung 11.7 dargestellt. Sie zeigt einen glockenförmigen Verlauf auf, wobei eine leichte Asymmetrie besteht. Beispielsweise ist $P(Y = 19) = 0.1009$ und $P(Y = 21) = 0.0977$. Ferner beträgt die Varianz $VAR[Y] = np(1 - p) = 15$.   ☻

11.3   Geometrische Verteilung

Beim ersten Lesen kann man mit Kapitel 12 fortfahren.

Wir betrachten den Fall, dass man ein Zufallsexperiment unter gleichen Bedingungen unabhängig wiederholt, bei dem nur "Treffer" oder "Nichttreffer" als Versuchsergebnis

---

[2]Diesen Ort gibt es wirklich! Er ist sogar der geographische EU-Mittelpunkt (ohne Brexit)!

möglich sind. Zählen wir die Anzahl N der Versuche bis zum ersten Treffer, so erhalten wir eine Zufallsvariable, deren Verteilung man "geometrische Verteilung" nennt.

Beispiel (Würfel). Willi spielt "Mensch ärgere Dich nicht". Bekanntlich darf er mit seiner Figur erst starten, wenn er eine "Sechs" gewürfelt hat. Die Zufallsvariable "N = Anzahl Würfe bis zur ersten Sechs" ist geometrisch verteilt.   ☻

Formal ähnelt diese Situation der bereits auf Seite 208 definierten Bernoullikette $X_1, X_2, \ldots, X_n$ mit den Indikatorvariablen

$$X_i = \begin{cases} 1 & \text{falls Treffer im Experiment } i, \\ 0 & \text{falls kein Treffer im Experiment } i. \end{cases} \tag{11.24}$$

Während dort bei der Bernoullikette die Versuchsanzahl n im Voraus fest vorgegeben ist, entspricht nun die Länge der Bernoullikette einer Zufallsvariablen N. Als Abbruchkriterium für die Kette dient das Ereignis "erstmaliger Treffer". Daher ist eine geometrisch verteilte Variable N diskreten Typs und kann jede positive ganze Zahl $1, 2, 3, 4, \ldots$, als Realisation annehmen. Für die Sprechweise "N ist eine geometrisch verteilte Zufallsvariable" gebrauchen wir die Kurzschreibweise

$$N \sim G(p). \tag{11.25}$$

Für die nicht-kumulierte Verteilung gilt:

$$\begin{aligned} P(N = k) \;&=\; P(\text{der erste Treffer tritt im Versuch } k \text{ auf}) \\ &=\; P(X_1 = 0, X_2 = 0, X_3 = 0, \ldots, X_{k-1} = 0, X_k = 1) \\ &\overset{(10.35)}{=}\; P(X_1 = 0) \cdot P(X_2 = 0) \cdot \ldots \cdot P(X_{k-1} = 0) \cdot P(X_k = 1) \\ &=\; (1-p) \cdot (1-p) \cdot (1-p) \cdot \ldots \cdot (1-p) \cdot p \\ &=\; (1-p)^{k-1} \cdot p. \end{aligned} \tag{11.26}$$

Die kumulierte Verteilung erhält man über das "Gegenereignis":

$$\begin{aligned} P(N \leq n) \;&=\; 1 - P(N > n) \\ &=\; 1 - P(\text{die ersten } n \text{ Versuche sind keine Treffer}) \\ &=\; 1 - P(X_1 = 0, X_2 = 0, X_3 = 0, \ldots, X_n = 0) \\ &\overset{(10.35)}{=}\; 1 - P(X_1 = 0) \cdot P(X_2 = 0) \cdot P(X_3 = 0) \cdot \ldots \cdot P(X_n = 0) \\ &=\; 1 - (1-p)^n. \end{aligned} \tag{11.27}$$

Die Berechnung der erwarteten Versuchsanzahl bis zum ersten Treffer benötigt tiefere, mathematischer Kenntnisse. Das Ergebnis ist jedoch intuitiv nachvollziehbar:

$$E[N] \;=\; \sum_{k=1}^{\infty} k \cdot (1-p)^{k-1} \cdot p = \ldots \text{üble mathematische Tricks} \ldots = \frac{1}{p}.$$

Geometrische Verteilung

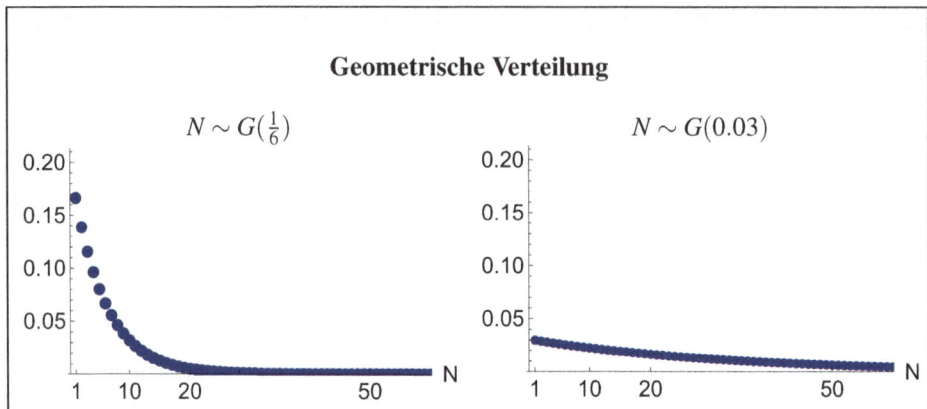

Abb. 11.8 Beispiel "Würfel": Die Verteilung der Anzahl N der Würfe bis zur ersten Sechs.

Abb. 11.9 Beispiel "Telephonaktion": Die Verteilung der Anzahl N der Anrufe bis zum ersten Erfolg.

Ähnlich berechnet sich die Varianz:

$$VAR[N] = \sum_{k=1}^{\infty}(k - \frac{1}{p})^2 \cdot (1-p)^{k-1} \cdot p = \ldots \text{üble mathematische Tricks} \ldots = \frac{1-p}{p^2}.$$

Geometrische Verteilung

Für eine geometrisch verteilte Zufallsvariable $N \sim G(p)$ gilt:

$$P(N = k) = (1-p)^{k-1} \cdot p \tag{11.28}$$

$$F(n) = P(N \leq n) = 1 - (1-p)^n \tag{11.29}$$

$$E[N] = \frac{1}{p} \tag{11.30}$$

$$VAR[N] = \frac{1-p}{p^2} \tag{11.31}$$

Beispiel (Fortseztuung). Die Anzahl N der Würfe, die Willi bis zur ersten Sechs benötigt, ist geometrisch verteilt, da jeder einzelne Wurf die gleiche Trefferchance $p = \frac{1}{6}$ besitzt und zudem die einzelnen Würfe voneinander unabhängig sind. Die nichtkumulierte Verteilung von $N \sim G(\frac{1}{6})$ ist in Abbildung 11.8 zu sehen. Die erwartete Anzahl an Würfen bis zur ersten Sechs entspricht

$$E[N] = \frac{1}{p} = \frac{1}{\frac{1}{6}} = 6.$$

Dies erklärt die übliche Sprechweise, dass bei einer Chance von $p = \frac{1}{6}$ "jeder" sechste Wurf ein Treffer ist. Die Wahrscheinlichkeit, dass Willi genau so viele wie erwartet, also genau 6 Würfe benötigt, beträgt

$$P(N = 6) = \left(1 - \frac{1}{6}\right)^5 \cdot \frac{1}{6} = \left(\frac{5}{6}\right)^5 \cdot \frac{1}{6} = 6.7\,\%.$$

Die Wahrscheinlichkeit, dass Willi mehr als doppelt so viele wie erwartet, also über 12 Würfe benötigt, beträgt

$$P(N > 12) = 1 - P(N \leq 12) = 1 - F(12) = 1 - \left[1 - \left(1 - \frac{1}{6}\right)^{12}\right] = \left(\frac{5}{6}\right)^{12}$$

$$= 11.2\%.$$

Die Wahrscheinlichkeit, dass Willi maximal halb so viele wie erwartet, also maximal 3 Würfe benötigt, beträgt

$$P(N \leq 3) = F(3) = 1 - \left(1 - \frac{1}{6}\right)^3 = 42.1\,\%. \tag{11.32}$$

Willi hat schon 50 Würfe ohne Erfolg absolviert. Mit welcher Wahrscheinlichkeit benötigt er von da an maximal 3 weitere Würfe bis zur ersten Sechs?

Subjektiv gesehen glaubt Willi, dass sein bisheriger Fleiß belohnt werden müsste und daher die Chance über 42.1 % liegen sollte. Dies ist aber falsch. Der Würfel hat kein Gedächtnis und erzeugt unabhängig von seiner Vergangenheit das nächste Ergebnis. Insofern gestaltet sich für Willi nach jedem Wurf die Zukunft unter den gleichen statistischen Gesetzmäßigkeiten wie zu Beginn, d.h. nach jedem erfolglosen Wurf liegt quasi ein "Restart" des Prozesses vor. Formal ergibt sich:

$$P(N \leq 53 \,|\, N > 50) \overset{(10.26)}{=} \frac{P(N \leq 53 \text{ und } N > 50)}{P(N > 50)} = \frac{P(50 < N \leq 53)}{P(N > 50)}$$

$$= \frac{P(N \leq 53) - P(N \leq 50)}{1 - P(N \leq 50)} \overset{(11.29)}{=} \frac{1 - (1-p)^{53} - \left(1 - (1-p)^{50}\right)}{1 - \left(1 - (1-p)^{50}\right)}$$

$$= \frac{(1-p)^{50} - (1-p)^{50}(1-p)^3}{(1-p)^{50}} = 1 - (1-p)^3 \tag{11.33}$$

$$= 1 - \left(\frac{5}{6}\right)^3 = 42.1\,\%.$$

Diese Wahrscheinlichkeit ist mit (11.32) identisch.   ☻

Die Herleitung von (11.33) lässt sich verallgemeinern:

Die geometrische Verteilung ist ohne Gedächtnis

Für alle $w = 1, 2, 3, \ldots$ gilt:

$$P(N \leq w+n \mid N > w) \ = \ P(N \leq n) = 1 - (1-p)^n. \qquad (11.34)$$

Unter der Bedingung, dass w Misserfolge vorliegen, tritt der erste Treffer innerhalb weiterer n Versuche mit derselben Wahrscheinlichkeit wie zu Beginn des Prozesses auf. Nach w Versuchen bzw. nach jedem Versuch liegt quasi ein "Restart" vor.

Beispiel (Telephonaktion). Dagobert ist Zauberer. Er ruft bundesweit bei vollkommen zufällig ausgewählten Telephonnumern an, um nachzufragen, ob er seine Künste gegen ein kleines Entgelt von 6 [€] vorführen darf. Die Chance, dass Dagobert bei einem Anruf engagiert wird, sei mit $p = 3\%$ bekannt. Ein Anruf kostet 0.05 [€]. Ist die Vorgehensweise im Schnitt gewinnbringend? Wie hoch ist das Risiko, dass Dagobert einen Verlust erleidet?

Man kann unterstellen, dass sich die Angerufenen unabhängig entscheiden. Daher ist die Anzahl N der Anrufe, bis zum ersten Engagement eine geometrisch verteilte Zufallsvariable mit $N \sim G(0.03)$. Die nicht-kumulierte Verteilung ist in Abbildung 11.9 zu sehen. Dagobert erwartet im Schnitt

$$E[N] = \frac{1}{0.03} = 33.33$$

Anrufe bis zu einem ersten Engagement. Der Erwartungswert des Gewinnes beträgt daher

$$E[\text{Gewinn}] = 6 - 0.05 \cdot E[N] = 4.33 \, [\text{€}].$$

Ein Verlust tritt auf, wenn

$$6 - 0.05 \cdot N < 0 \qquad \Leftrightarrow \qquad N > 120$$

gilt. Die entsprechende Wahrscheinlichkeit beträgt

$$\begin{aligned}
P(N > 120) &= 1 - P(N \leq 120) = 1 - F(120) \\
&= 1 - \left[1 - (1 - 0.03)^{120} \right] = (0.97)^{120} = 2.586\,\%.
\end{aligned}$$

Obwohl der erwartete Gewinn 4.33 [€] deutlich positiv ist, kann Dagobert dennoch mit einem nennenswert hohem Risiko von 2.586% Verlust erleiden.

Die Eigenschaft (11.34) besagt hier, dass Dagobert nach w erfolglosen Anrufen quasi wieder am Anfang steht: Er hat auch dann wieder eine Wahrscheinlichkeit von 2.586 %, mehr als 120 zusätzliche Anrufe bis zum ersten Erfolg zu benötigen.   ☻

11.4 Negative Binomialverteilung

Beim ersten Lesen kann man mit Kapitel 12 fortfahren.

Dieses Kapitel ist eine unmittelbare Fortsetzung des letzten Kapitels "Geometrische Verteilung". Wir betrachten wieder eine Bernoullikette. Die Anzahl der Versuche bis zum ersten Treffer wollen wir mit N_1 bezeichnen. Wir wissen, dass diese Zufallsvariable gemäß (11.28) geometrisch verteilt ist.

Bei einer Bernoulli-Kette kann man unterstellen, dass nach dem ersten Treffer der Warteprozess auf den zweiten Treffer N_2 unter den gleichen Rahmenbedingungen abläuft wie zu Beginn. Dann ist auch N_2 gemäß (11.28) geometrisch verteilt. Entsprechend betrachten wir die weiteren Wartezeiten $N_3, N_4, \dots$ Mit diesen Bezeichnungen definieren wir

$$N = N_1 + N_2 + \cdots + N_r = \text{Anzahl der Versuche bis zum } r\text{-ten Treffer.} \quad (11.35)$$

Dabei seien alle Wartezeiten N_i unabhängig voneinander und geometrisch verteilt: $N_i \sim G(p)$.

Die Verteilung von N nennt man Negative Binomialverteilung und schreibt hierfür $N \sim NB(p, r)$. Ihre Formel lässt sich mit Hilfe der Binomialverteilung herleiten:

$$P(N = n) = P \left(\begin{array}{l} \text{innerhalb der ersten } n-1 \text{ Versuche hat man genau } r-1 \text{ Treffer,} \\ \text{und genau im } n\text{-ten Versuch erfolgt ein Treffer} \end{array} \right)$$

$$= P(Y = r - 1) \cdot P(\text{genau im } n\text{-ten Versuch erfolgt ein Treffer})$$

$$= P(Y = r - 1) \cdot p.$$

Da $Y \sim \text{Bi}(n - 1, p)$ ist, erhält man mit $P(Y = r - 1) = \binom{n-1}{r-1} p^{r-1} (1-p)^{n-1-(r-1)}$ schließlich:

Negative Binomialverteilung

Es sei $N \sim NB(p, r)$. Dann gilt:

$$P(N = n) = \binom{n-1}{r-1} p^r (1-p)^{n-r} = \begin{array}{l} \text{Wahrscheinlichkeit, genau } n \text{ Versuche} \\ \text{bis zum } r\text{-ten Treffer zu benötigen.} \end{array} \quad (11.36)$$

$$E[N] = r \cdot \frac{1}{p},$$

$$VAR[N] = r \cdot \frac{1-p}{p^2}.$$

Offenbar ist die geometrische Verteilung ein Spezialfall der negativen Binomialverteilung mit Parameter $r = 1$. Die Formel zum Erwartungswert und zur Varianz kann der begeisterte Leser relativ einfach mit Hilfe von (11.30), (11.31), (10.53), (10.55) und (11.35) herleiten.

Beispiel (Werkzeugvorrat). Markus arbeitet als Taucher auf einer Bohrinsel. Er muss unter Wasser eine Reihe von Schrauben befestigen. Pro Schraube verliert er mit einer Wahrscheinlichkeit von $p = 15\%$ seinen Schraubenzieher. Um unnötiges Auftauchen zu vermeiden, nimmt er einen Vorrat von $r = 3$ Schraubenziehern mit. Man kann unterstellen, dass die Missgeschicke von Schraube zu Schraube unabhängig voneinander geschehen. Markus kann im Schnitt

$$E[N] = r \cdot \frac{1}{p} = 3 \cdot \frac{1}{0.15} = 20 \, [\text{Schrauben}]$$

befestigen, bis er auftauchen muss. Wir berechnen exemplarisch die Wahrscheinlichkeit, dass er schon nach genau 14 Schrauben auftauchen muss:

$$P(N = 14) = \binom{14-1}{3-1} 0.15^3 (1 - 0.15)^{14-3} = \binom{13}{2} 0.15^3 \cdot 0.85^{11} = 4.405\%.$$

Berechnet man analog noch weitere Werte der Verteilung,

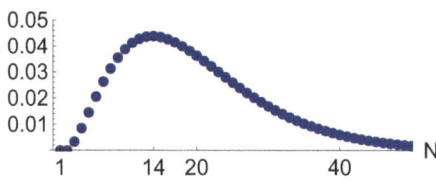

sieht man, dass $N = 14$ sogar die "Stoppzeit" mit der größten Wahrscheinlichkeit ist, d.h. $N = 14$ ist der Modus der Verteilung. Man beachte, dass N keine obere Grenze besitzt.   ☻

11.5   Poisson-Verteilung und Poissonprozess

Beim ersten Lesen kann man mit Kapitel 12 fortfahren.

Wir betrachten zunächst nochmal eine Bernoullikette der festen Länge n. Die Zufallsvariable Y, welche die Anzahl der Treffer zählt, ist dann gemäß Kapitel 11.2 binomialverteilt: $Y \sim Bi(n, p)$. Es gibt viele Anwendungen, bei denen die Bernoullikette folgende Besonderheiten aufweist:

- n ist sehr groß, d.h. die Bernoullikette ist sehr lang, und
- p ist sehr klein, d.h. die Trefferchance für ein Einzelexperiment ist sehr gering.

In diesem Fall kann man die Formel der Binomialverteilung (11.21) durch eine Formel approximieren, die rechentechnisch einfacher zu handhaben ist. Mann bezeichnet sie als Poisson-Verteilung.

Beispiel (Notfallzentrale). Elmar ist Leitstellenleiter der Notfallambulanz. Er weiß, dass morgens zwischen 10 und 11 Uhr im Schnitt $\mu = 3$ Notfälle zu erwarten sind. Um besser planen zu können, möchte er beispielsweise wissen, mit welcher Wahrscheinlichkeit genau 5 Notfälle gemeldet werden.

Als Modell zerlegt er den Gesamtzeitraum $t = 1$ [h] gedanklich in n gleichlange Zeitfenster der Länge $\Delta t = \frac{t}{n}$:

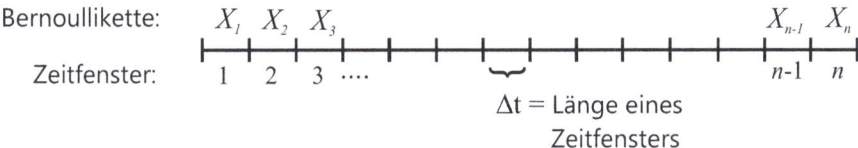

Dabei unterstellt Elmar folgende

Annahmen:

1. In jedem Zeitfenster ist die "Trefferwahrscheinlichkeit" p für eine Notfallmeldung gleich hoch.
2. Die Meldungen treten von Zeitfenster zu Zeitfenster unabhängig auf. Dies dürfte realistisch sein, da beispielsweise der Zeitpunkt eines Herzinfarktes unabhängig davon auftritt, ob oder wann auf der Landstraße jemand zu schnell in die Kurve gefahren ist.
3. In einem Zeitfenster können nicht zwei oder mehr Meldungen vorkommen. Dies dürfte um so realistischer sein, je kleiner der Zeitschritt bzw. je mehr Zeitfenster n gewählt werden.

Aufgrund dieser Überlegungen bilden die Zeitfenster eine Bernoullikette, weshalb die Anzahl der Notfallmeldungen Y binomialverteilt ist. Dabei muss Elmar wegen $E[Y] = \mu \overset{(11.22)}{=} n \cdot p = 3$ für die Trefferchance

$$p = \frac{\mu}{n} = \frac{3}{n} \tag{11.37}$$

wählen. Elmar berechnet für verschiedene n exemplarisch die Wahrscheinlichkeit, dass genau 5 Notfälle auftreten.

■ $n = 60$ (Minutentakt): Hier ist $p = \frac{3}{60} = 0.05$ und folglich $Y \sim Bi(60, 0.05)$.

genau 5 Treffer

┤┤
123 ... $n = 60$

$$P(Y = 5) \stackrel{(11.21)}{=} \binom{60}{5} 0.05^5 \, 0.95^{55} = 0.101616. \qquad (11.38)$$

- $n = 3600$ (Sekundentakt): Hier ist $p = \frac{3}{3600} = 0.0008333$ und folglich $Y \sim Bi(3600, 0.0008333)$.

genau 5 Treffer

$$P(Y = 5) \stackrel{(11.21)}{=} \binom{3600}{5} 0.0008333^5 \, 0.999167^{3595}$$

$$= \quad 0.100833. \qquad (11.39)$$

Diese Ergebnis unterscheidet sich nur geringfügig von (11.38). Insofern stellt sich die Frage, ob sich das Ergebnis noch weiter stabilisiert, wenn man noch kleinere oder gar unendlich kleine Zeitschritte wählt.

- $n \to \infty$ (unendlich kleine Zeitfenster): Die Bernoullikette "verschmiert" zu einem Kontinuum.

genau 5 Treffer

Indem die Anzahl der Zeitfenster unendlich groß wird, geht die Trefferchance $p = \frac{\mu}{n} = \frac{3}{n} \to 0$ auf Null zurück. Dabei sollten aber, wie in allen bisherigen Fällen auch, im Schnitt $E[Y] = \mu = n \cdot p = 3$ Notfälle auftreten. Die Berechnung der Wahrscheinlichkeit $P(Y = 5)$ führen wir als Grenzwert durch, wobei wir diese Aspekte einbeziehen:

$$P(Y = 5) = \lim_{n \to \infty} \binom{n}{5} p^5 (1-p)^{n-5} \stackrel{(11.37)}{=} \lim_{n \to \infty} \binom{n}{5} \left(\frac{\mu}{n}\right)^5 \left(1 - \frac{\mu}{n}\right)^{n-5}$$

$$= \ldots \text{üble mathematische Tricks}[3] \ldots = \frac{3^5}{5!} e^{-3} \qquad (11.40)$$

$$= 0.100819. \qquad (11.41)$$

Die Ergebnisse (11.38), (11.39) und (11.41) verdeutlichen die Konvergenz. Elmar kann davon ausgehen, dass zwischen 10 Uhr und 11 Uhr mit einer Wahrscheinlichkeit von 10.0819% genau 5 Notfälle gemeldet werden. ☺

Betrachten wir nochmals Formel (11.40), so erkennen wir, wie man von diesem speziellen Beispiel auf den allgemeinen Fall schließen kann, indem wir dort $\mu = 3$ und $k = 5$ identifizieren. Allgemein erhalten wir daher:

---

[3]Hier wird unter anderem $e^x = \lim_{n \to \infty} \left(1 + \frac{x}{n}\right)^n$ benutzt.

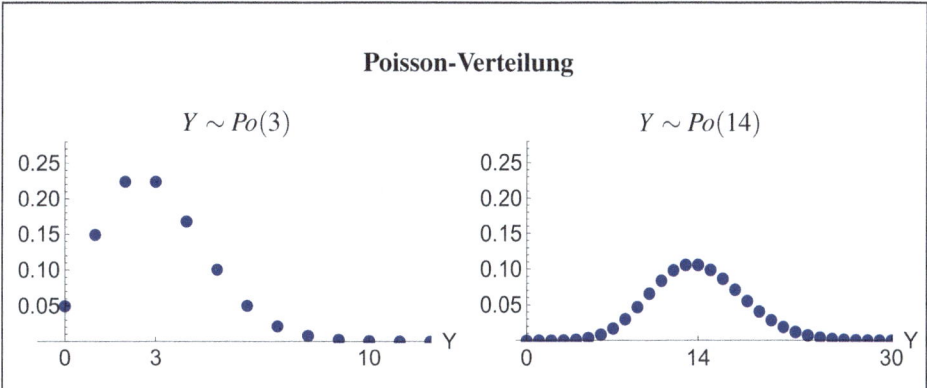

Abb. 11.10 Beispiel "Notfallzentrale": Die Verteilung der Anzahl Y an Notfällen.

Abb. 11.11 Beispiel "Frostschäden": Die Verteilung der Anzahl Y an Frostschäden.

Poisson-Verteilung

Es sei Y eine Poisson-verteilte Zufallsvariable mit $Y \sim Po(\mu)$, dann gilt:

$$P(Y = k) = \frac{\mu^k}{k!} e^{-\mu} = \text{Wahrscheinlichkeit, genau } k \text{ Treffer zu erzielen,} \qquad (11.42)$$

$$E[Y] = \mu, \qquad (11.43)$$

$$VAR[Y] = \mu. \qquad (11.44)$$

Dass der Erwartungswert von Y mit μ übereinstimmt, verwundert nicht, da wir dies bei der Herleitung im Beispiel so eingerichtet haben. Ebenso erklärt sich mit (11.23) und $\lim_{n\to\infty} np(1-p) \overset{(11.37)}{=} \lim_{n\to\infty} n\frac{\mu}{n}(1-\frac{\mu}{n}) = \mu$ die Varianz. Man kann mit "höherem mathematischem Geschick" die Formeln (11.43) und (11.44) auch auf direktem Weg beweisen:

$$E[Y] = \sum_{k=0}^{\infty} k \cdot \frac{\mu^k}{k!} e^{-\mu} \qquad = \dots \text{üble mathematische Tricks} \dots = \mu,$$

$$VAR[Y] = \sum_{k=0}^{\infty} (k-\mu)^2 \cdot \frac{\mu^k}{k!} e^{-\mu} = \dots \text{üble mathematische Tricks} \dots = \mu.$$

Beispiel (Fortsetzung). Wir haben für die Anzahl Y der Notfallmeldungen die Verteilung gemäß (11.42) berechnet und in Abbildung 11.10 wiedergegeben.   ☻

Beispiel (Frostschäden). Auf einem bestimmten Autobahnabschnitt mit einer Länge von 70 [km] gibt es nach einem Winter aufgrund von Frost im Schnitt 0.2 Schäden pro Kilometer. Die Reparatur eines Schadens kostet 1500[€/Schaden]. Die Autobahnmeisterei hat 23000 [€] eingeplant, um die Schäden nach dem nächsten Winter beseitigen zu können. Wie hoch ist das Risiko, dass einige Löcher mangels Geld nicht ausgebessert werden können?

Wir unterstellen, dass der Autobahnabschnitt überall die gleiche Frostanfälligkeit besitzt. Dann ist "$Y =$ Anzahl der Schäden" Poisson-verteilt mit $E[Y] = \mu = 70 \cdot 0.2 = 14$ Schäden im Schnitt, d.h. $Y \sim Po(14)$.

Das Geld reicht nicht, wenn

$$Y \cdot 1500 > 23000 \quad \Leftrightarrow \quad Y > 15.33$$

gilt. Die entsprechende Wahrscheinlichkeit beträgt

$$
\begin{aligned}
P(Y > 15.33) &= 1 - P(Y \leq 15) \\
&= 1 - \left[\frac{14^0}{0!} e^{-14} + \frac{14^1}{1!} e^{-14} + \cdots + \frac{14^{15}}{15!} e^{-14} \right] \\
&= 1 - (0.0000008 + 0.0000116 + 0.0000815 + 0.0003803 \\
&\quad\quad + 0.0013310 + 0.0037268 + 0.0086959 + 0.0173917 \\
&\quad\quad + 0.0304355 + 0.0473442 + 0.0662818 + 0.0843587 \\
&\quad\quad + 0.0984185 + 0.1059891 + 0.1059891 + 0.0989232) \\
&= 33.064\%.
\end{aligned}
$$

Die nicht-kumulierte Verteilung von Y ist in Abbildung 11.11 zu sehen. ☻

Beispiel (Lagerhaltung). Eine Lager dient dem Zweck, eine Nachfrage spontan befriedigen zu können. Dieses Qualitätsmerkmal "Verfügbarkeit" liegt im Interesse des Kunden. Da aber die Nachfrage Y stochastisch ist, können Fehlmengen (Nachfrageüberhang) auftreten. Je mehr man dieses Risiko reduzieren möchte, desto höhere Sicherheitsbestände sind nötig. So entstehen hohe Lagerbestände, die wiederum zu einem Überangebot führen können. Dies bindet unnötig viel Kapital, geht mit hohen Verwaltungskosten einher, und steht somit den Interessen des Anbieters entgegen.

In der Literatur findet man zahlreiche Lagerhaltungsmodelle, die versuchen, eine vernünftige Balance zwischen diesen gegenläufigen Interessen zu finden. Dabei wird für die Nachfrage Y sehr oft eine Poisson-Verteilung $Y \sim Po(\mu)$ unterstellt. Diese Annahme basiert auf den gleichen Überlegungen wie die des obigen Beispiels "Notfallzentrale".

Exemplarisch betrachten wir Bäcker Markus F. Im Schnitt werden in seinem Laden 6 Sacher-Torten pro Tag nachgefragt. Damit ist $Y \sim Po(6)$. Die Verteilung der Nachfrage Y berechnet sich mit

$$P(Y = 0) = \frac{6^0}{0!} e^{-6} = 0.0025 \qquad P(Y = 1) = \frac{6^1}{1!} e^{-6} = 0.0149,$$

$$P(Y = 2) = \frac{6^2}{2!} e^{-6} = 0.0446 \qquad P(Y = 3) = \frac{6^3}{3!} e^{-6} = 0.0892, \cdots \text{usw.}$$

So erhält man:

Y	0	1	2	3	4	5	6	7	8	9	$\cdots$
$P(Y=y)$	0.0025	0.0149	0.0446	0.0892	0.1339	0.1606	0.1606	0.1377	0.1033	0.0688	$\cdots$

Man beachte, dass Y keine obere Grenze besitzt.

Markus hält einen Lagerbestand, bzw. ein Angebot A vor. Das Risiko für das Auftreten von Fehlmengen beträgt

$$P(\text{Fehl}) \;=\; P(\text{Nachfrage} > \text{Angebot}) \;=\; P(Y > A) \;=\; 1 - P(Y \leq A).$$

Das Überangebot $Q_{\text{Über}}$ und die Fehlmenge Q_{Fehl} bestimmen sich mit

$$Q_{\text{Über}} = \begin{cases} A - Y & \text{falls } Y < A \\ 0 & \text{falls } Y \geq A \end{cases} \quad \text{und} \quad Q_{\text{Fehl}} = \begin{cases} Y - A & \text{falls } Y > A \\ 0 & \text{falls } Y \leq A. \end{cases} \quad (11.45)$$

Markus möchte analysieren, wie sich sein Angebot A auf das Fehlmengenrisiko $P(\text{Fehl})$, das mittlere Überangebot $E[Q_{\text{Über}}]$, und die mittleren Fehlmengen $E[Q_{\text{Fehl}}]$ auswirken.

- $A = 6$

  Markus produziert, bzw. lagert genau so viele Torten, wie im Schnitt von den Kunden nachfragt werden. Dann gilt:

$$\begin{aligned} P(\text{Fehl}) &= P(\text{Nachfrage} > \text{Angebot}) = P(Y > A) = 1 - P(Y \leq 6) \\ &= 1 - [0.0025 + 0.0149 + 0.0446 + 0.0892 + 0.1339 + 0.1606 + 0.1606] \\ &= 39.4\% \end{aligned}$$

und

$$\begin{aligned} E[Q_{\text{Über}}] &= 6 \cdot P(Y=0) + 5 \cdot P(Y=1) + 4 \cdot P(Y=2) + \quad \cdots \quad + 1 \cdot P(Y=5) \\ &= 6 \cdot 0.0025 + 5 \cdot 0.0149 + 4 \cdot 0.0446 + 3 \cdot 0.0892 + 2 \cdot 0.1339 + 1 \cdot 0.1606 \\ &= 0.96 \, [\text{Torten}], \end{aligned}$$

$$\begin{aligned} E[Q_{\text{Fehl}}] &= 1 \cdot P(Y=7) + 2 \cdot P(Y=8) + 3 \cdot P(Y=9) + 4 \cdot P(Y=10) + \quad \cdots \\ &= 1 \cdot 0.1377 + 2 \cdot 0.1033 + 3 \cdot 0.0688 + 4 \cdot 0.0413 + 5 \cdot 0.0225 + \quad \cdots \\ &= 0.96 \, [\text{Torten}]. \end{aligned}$$

Man sieht, dass an 39.4% aller Tage Fehlmengen auftreten werden. Die Verfügbarkeit, die in der Logistik auch α-Servicegrad genannt wird, beträgt nur $1 - 0.394 = 60.6\%$. Und dennoch produziert Markus im Schnitt zu viel, nämlich 0.96 Torten pro Tag.

- $A = 7$

Um keine Kunden zu verlieren möchte Markus die Verfügbarkeit verbessern. Mit $A = 7$ hat er nun einen zusätzlichen "Sicherheitspuffer" von 1 Torte, also $\frac{1}{6} = 16.7\%$ mehr Torten, als im Schnitt nachgefragt werden. Analog zu oben gilt dann:

$$
\begin{aligned}
P(\text{Fehl}) &= P(\text{Nachfrage} > \text{Angebot}) = P(Y > A) = 1 - P(Y \le 7) \\
&= 1 - [0.0025 + 0.0149 + 0.0446 + 0.0892 + 0.1339 + \cdots + 0.1377] \\
&= 25.6\%
\end{aligned}
$$

und

$$
\begin{aligned}
E[Q_{\text{Über}}] &= 7 \cdot P(Y = 0) + 6 \cdot P(Y = 1) + 5 \cdot P(Y = 2) + \quad \cdots \quad + 1 \cdot P(Y = 6) \\
&= 7 \cdot 0.0025 + 6 \cdot 0.0149 + 5 \cdot 0.0446 + 4 \cdot 0.0892 + \cdots + 1 \cdot 0.1606 \\
&= 1.57 \, [\text{Torten}],
\end{aligned}
$$

$$
\begin{aligned}
E[Q_{\text{Fehl}}] &= 1 \cdot P(Y = 8) + 2 \cdot P(Y = 9) + 3 \cdot P(Y = 10) + 4 \cdot P(Y = 11) + \quad \cdots \\
&= 1 \cdot 0.1033 + 2 \cdot 0.0688 + 3 \cdot 0.0413 + 4 \cdot 0.0225 + 5 \cdot 0.0113 + \quad \cdots \\
&= 0.57 \, [\text{Torten}].
\end{aligned}
$$

Man sieht, dass das Fehlmengenrisiko mit 25.6% immer noch hoch ist, obwohl nun sogar 1.57 Torten im Schnitt pro Tag zu viel produziert werden.

Vorsicht, Falle !!!

7 Torten werden angeboten, und 6 Torten werden im Schnitt nachgefragt. Folglich hat man im Schnitt 1 Torte zu viel produziert.

Diese Rechnung ist naheliegend, aber leider falsch! In Wirklichkeit werden deutlich mehr, nämlich 1.57 Torten im Schnitt zu viel produziert. Man darf nicht $E[Q_{\text{Über}}] = E[A - Y] = A - E[Y] = 7 - 6 = 1$ rechnen, sondern muss die Fallunterscheidung in Formel (11.45) beachten! Gleiches gilt für die mittlere Fehlmenge $E[Q_{\text{Fehl}}]$.

- $A = 8$

Der "Sicherheitspuffer" von 2 Torten beträgt nun $\frac{2}{6} = 33.3\%$ der mittleren Nachfrage. Analog zu oben erhält man

$$P(\text{Fehl}) = 15.3\%, \qquad E[Q_{\text{Über}}] = 2.3 \, [\text{Torten}], \qquad E[Q_{\text{Fehl}}] = 0.3 \, [\text{Torten}].$$

- $A = 9$

Der "Sicherheitspuffer" von 3 Torten beträgt nun $\frac{3}{6} = 50\%$ der mittleren Nachfrage. Analog zu oben erhält man

$$P(\text{Fehl}) = 8.4\%, \qquad E[Q_{\text{Über}}] = 3.2 \, [\text{Torten}], \qquad E[Q_{\text{Fehl}}] = 0.2 \, [\text{Torten}].$$

☻

Das Beispiel erklärt exemplarisch, warum auf der Welt so viele Lebensmittel weggeworfen werden. Es lässt sich auch auf viele andere Bereiche übertragen: Auslastungen bzw. Überbuchungen von Flugzeugen, Schiffen, Ferienwohnungen, Hotels, Züge, Veranstaltungen, Speditionen usw. Man sollte jedoch auch hierbei bedenken, wie leicht man mit naiven Rechnungen in die obige "Falle" geraten kann. Puh, kann die Welt kompliziert sein!

Poissonprozesse

Im obigen Beispiel "Notrufzentrale" haben wir das Zeitfenster 10.00 - 11.00 Uhr, also $t = 1$ Stunde betrachtet. Unter Beibehaltung der drei Annahmen von Seite 219 kann man die Herleitung der Poisson-Verteilung auch für einen kürzeren oder längeren Zeitraum t durchführen. Daher gilt:

Die Zufallsvariable

$$Y_t \;=\; \text{Anzahl der Treffer im Zeitraum 0 bis } t, \qquad (11.46)$$

hat eine Poisson-Verteilung $Y_t \sim \text{Po}(\mu_t)$ mit

$$\mu_t \;=\; E[Y_t] \;=\; \text{erwartete Anzahl der Treffer im Zeitraum 0 bis } t.$$

Die Formeln (11.42) - (11.44) bleiben somit gültig. Der Erwartungswert μ_t ist um so größer, je länger der Zeitraum t ist. Bei der Berechnung unterscheidet man zwei Fälle:

- **Homogener Prozess**
  Die Annahme 1 auf Seite 219 bedeutet, dass in der Notfallzentrale zu allen "Zeitpunkten" t die Wahrscheinlichkeit p für einen Treffer gleich hoch ist. Dann wächst μ_t proportional zur Zeit t. Notiert man die Proportionalitätskonstante mit

$$\lambda \;=\; \text{Trefferintensität} \left[\frac{\text{Treffer}}{\text{Zeit}} \right],$$

  so erhält man für die erwartete Anzahl der Treffer

$$\mu_t \;=\; \lambda \cdot t \quad [\text{Treffer}]. \qquad (11.47)$$

- **Inhomogener Prozess**
  Wenn beispielsweise in der Notfallzentrale die Wahrscheinlichkeiten für Treffer während der Rushhour morgens höher sind als am Nachmittag, so ist die Annahme 1 auf Seite 219 verletzt. Mit der Theorie der Stochastischen Prozesse kann man jedoch zeigen, dass Y_t auch dann noch eine Poisson-Verteilung besitzt.

Auch hier stellt man die mittlere Trefferzahl μ_t wieder mit einer Trefferintensität dar, die jedoch zeitlich inhomogen, also von t abhängen darf[4]:

$$\lambda(t) \;=\; \text{Trefferintensität} \left[\frac{\text{Treffer}}{\text{Zeit}}\right] \text{zum Zeitpunkt } t.$$

Die erwartete Anzahl der Treffer berechnet sich dann als Integral:

$$\mu_t \;=\; \int_0^t \lambda(x)\,dx. \tag{11.48}$$

Beispiel (Fortsetzung - Notfallzentrale).

Wenn zeithomogen jede Stunde, im Schnitt 3 Notfälle auftreten, hat man mit $\lambda = 3\left[\frac{\text{Treffer}}{\text{h}}\right]$ nach t Stunden

$$\mu_t \;=\; \lambda \cdot t \;=\; 3 \cdot t \quad [\text{Treffer}].$$

Mit der Formel (11.48) erhält man, wenn auch umständlicher, dasselbe Ergebnis: $\mu_t = \int_0^t 3\,dx = 3 \cdot t$. Insofern ist die Formel (11.47) lediglich ein Spezialfall von (11.48).

Die Wahrscheinlichkeit, dass beispielsweise in der ersten halben Stunde genau 7 Treffer bzw. Notfälle auftreten, beträgt mit $\mu_{0.5} = 3 \cdot 0.5 = 1.5$ [Treffer]

$$P(Y_{0.5} = 7) \;=\; \frac{1.5^7}{7!}\,e^{-1.5} \;=\; 0.00076.$$

Nun unterstellen wir den inhomogenen Fall:

Zwischen 10 und 11 Uhr treten im Schnitt 3 Treffer, und danach 5 Treffer pro Stunde auf. Wir wollen die Wahrscheinlichkeit bestimmen, dass von 10.00 bis 12.30 Uhr genau 8 Notfälle auftreten.

Die Zeitmessung beginnen wir mit $t = 0$ bei 10.00 Uhr. Dann ist $\lambda(t) = 3$ für $t \leq 1$ und $\lambda(t) = 5$ für $t > 1$. Damit erhält man den Erwartungswert

$$\mu_{2.5} \;=\; \int_0^{2.5} \lambda(x)\,dx \;=\; \int_0^1 3\,dx + \int_1^{2.5} 5\,dx \;=\; 3 + 7.5 \;=\; 10.5 \;[\text{Treffer}]$$

und die gesuchte Wahrscheinlichkeit

$$P(Y_{2.5} = 8) \;=\; \frac{10.5^8}{8!}\,e^{-10.5} \;=\; 0.1009.$$

☻

---

[4]Neben der Trefferintensität gibt es auch die Trefferrate (Ausfallrate, failure rate, hazard rate). Sie basiert auf Stichproben und dient in der Induktiven Statistik zur Schätzung der Trefferintensität. In der Literatur wird dieser Unterschied oft vernachlässigt.

Man beachte, dass beim Poissonprozess zu jedem beliebigen Zeitpunkt $t \geq 0$ eine eigene Zufallsvariable Y_t existiert. Diese Zufallsvariablen Y_t sind untereinander **abhängig**. Wenn in der Notfallzentrale beispielsweise von 10 bis 10.30 Uhr genau 7 Notfälle auftreten, ist $Y_{0.5} = 7$. Unter dieser Bedingung ist es aber unmöglich, dass von 10 bis 10.45 Uhr nur zwei Notfälle auftreten. Daher gilt:

$$P(Y_{0.75} = 2 \mid Y_{0.5} = 7) \ = \ 0$$

Wegen der Unabhängigkeitsannahme 2 auf Seite 219 hat ein Poissonprozess jedoch

Unabhängige Zuwächse:
Wenn sich zwei Zeitabschnitte $[t_1, t_2]$ und $[t_3, t_4]$ **nicht** überlappen, ist die Anzahl der Treffer des ersten Abschnitts von der Anzahl der Treffer des zweiten Abschnittes unabhängig:

$$Y_{t_2} - Y_{t_1} \qquad \text{ist von} \qquad Y_{t_4} - Y_{t_3} \qquad \text{unabhängig.}$$

Das heißt beispielsweise, dass in der Notfallzentrale die Anzahl der Treffer zwischen 10.30 und 12.30 Uhr unabhängig von der Anzahl der Treffer zwischen 13.00 und 16.00 Uhr sind. Setzt man 10.00 Uhr mit $t = 0$ gleich, lautet dieser Sachverhalt:

$$Y_{2.5} - Y_{0.5} \qquad \text{ist von} \qquad Y_6 - Y_3 \qquad \text{unabhängig.}$$

11.6   Exponentialverteilung

Beim ersten Lesen kann man mit Kapitel 12 fortfahren.

Eine exponentialverteilte Zufallsvariable T eignet sich, um in bestimmten Situationen die Wartezeit oder Strecke bis zum Eintritt des ersten bzw. nächsten "Treffers" zu beschreiben. Daher ist die Zufallsvariable T stetigen Typs. Die Situation ähnelt der einer geometrisch verteilten Zufallsvariablen N. Letztere ist jedoch diskreten Typs, da sie die *Anzahl* der Versuche bis zum ersten Treffer misst.

So wie die Poisson-Verteilung als Grenzwert aus der Binomialverteilung hervorgeht, kann man auf ganz ähnliche Weise die Exponentialverteilung aus der geometrischen Verteilung ableiten, indem man die Zeit in viele kleine Zeitfenster Δt einteilt und diese als Bernoullikette auffasst. Wir brauchen aber die Details nicht näher zu besprechen, da wir auf die Ergebnisse des Beispiels auf Seite 219 zurückgreifen können und diese nur unter einer anderen Perspektive betrachten müssen.

Beispiel (Notfallzentrale). Es ist 10 Uhr. Nach wie vor sind wie auf Seite 219 im Schnitt 3 Notfallmeldungen pro Stunde zu erwarten. Elmar möchte für die Wartezeit

$$T = \text{Zeit bis zum ersten Treffer [h]} \qquad (11.49)$$

die Wahrscheinlichkeitsverteilung $P(T \leq t)$ bestimmen. Die Herleitung einer allgemeinen Formel gelingt recht einfach, wenn man zunächst das Gegenteil $P(T > t)$ berechnet. Dies überlegen wir uns exemplarisch für den Fall $t = 0.5$:

$$P(T > 0.5) = P(\text{Warteteit dauert länger als eine halbe Stunde})$$
$$= P(\text{kein Treffer innerhalb einer halben Stunde}).$$

Mit der Zufallsvariable

$$Y = \text{Anzahl Treffer innerhalb einer halben Stunde} \qquad (11.50)$$

erhält man wegen

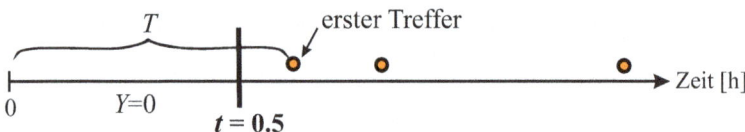

$$P(T > 0.5) = P(\text{kein Treffer innerhalb einer halben Stunde}) = P(Y = 0). \quad (11.51)$$

Die Variable Y ist analog zu den Ausführungen auf Seite 220 Poisson-verteilt. Mit der Notation von (11.46) auf Seite 225 würde man Y mit $Y_{0.5}$ notieren. Daher beträgt diesmal der Erwartungswert

$$E[Y] = E[Y_{0.5}] = 3 \cdot 0.5 = 1.5 \qquad (11.52)$$

Treffer pro halbe Stunde. Mit $Y \sim Po(1.5)$ folgt

$$P(T > 0.5) \overset{(11.51)}{=} P(Y = 0) \overset{(11.42)}{=} \frac{(3 \cdot 0.5)^0}{0!} e^{-3 \cdot 0.5} = e^{-3 \cdot 0.5}. \quad (11.53)$$

Somit beträgt die Wahrscheinlichkeit, dass die Wartezeit auf den ersten Notfall höchstens eine halbe Stunde dauert

$$P(T \leq 0.5) = 1 - P(T > 0.5) = 1 - e^{-3 \cdot 0.5} \qquad (11.54)$$
$$= 77.69\%.$$

☻

Analog zum Poissonprozess auf Seite 225 können wir das Ergebnis verallgemeinern, indem wir in der Formel (11.54) $\lambda = 3$ und $t = 0.5$ identifizieren. Der Parameter $\lambda = 3 \left[\frac{\text{Fälle}}{h}\right]$ ist dabei die gleiche "Trefferintensität" wie beim Poissonprozess. Die kumulierte Verteilungsfunktion zu T lautet somit:

$$F(t) = P(T \leq t) = 1 - e^{-\lambda \cdot t}. \qquad (11.55)$$

Die Dichtefunktion erhält man als Ableitung der kumulierten Verteilung:

$$f(t) = F'(t) = \frac{d}{dt}(1 - e^{-\lambda \cdot t}) = \lambda\, e^{-\lambda \cdot t}. \qquad (11.56)$$

Exponentialverteilung

$$T \sim Exp(3)$$

Dichtefunktion $f(t)$

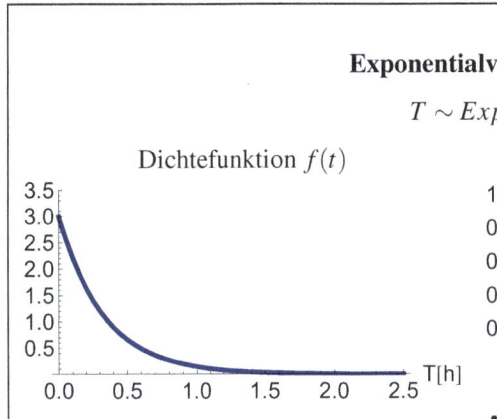

Kumulierte Verteilung $F(t)$

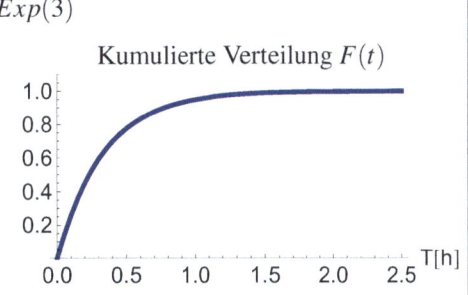

Abb. 11.12 Beispiel "Notfallzentrale": Die Dichtefunktion der Wartezeit T bis zur nächsten Notfallmeldung lautet $f(t) = 3\,e^{-3\cdot t}$.

Abb. 11.13 Beispiel "Notfallzentrale": Die kumulierte Verteilung der Wartezeit T lautet $F(t) = P(T \le t) = 1 - e^{-3\cdot t}$.

Exponentialverteilte Zufallsvariable $T \sim Exp(\lambda)$

Kumulierte Verteilungsfunktion: $F(t) = \begin{cases} 1 - e^{-\lambda \cdot t} & \text{falls} \quad 0 \le t \\ 0 & \text{falls} \quad t < 0 \end{cases}$ (11.57)

Dichtefunktion: $f(t) = \begin{cases} \lambda\,e^{-\lambda \cdot t} & \text{falls} \quad 0 \le t \\ 0 & \text{falls} \quad t < 0 \end{cases}$ (11.58)

Erwartungswert: $E[T] = \dfrac{1}{\lambda}$ (11.59)

Varianz: $VAR[T] = \dfrac{1}{\lambda^2}$ (11.60)

Den Erwartungswert berechnet man mit

$$E[T] = \int_{-\infty}^{\infty} t \cdot f(t)dt = \int_{0}^{\infty} t \cdot \lambda\,e^{-\lambda \cdot t}dt = \cdots \text{Integralrechnung} \cdots = \frac{1}{\lambda},$$

und die Varianz mit

$$VAR[T] = \int_{-\infty}^{\infty} \left(t - \frac{1}{\lambda}\right)^2 \cdot f(t)dt = \int_{0}^{\infty} \left(t - \frac{1}{\lambda}\right)^2 \cdot \lambda\,e^{-\lambda \cdot t}dt = \cdots \text{Integralrechnung} \cdots = \frac{1}{\lambda^2}.$$

Beispiel (Fortsetzung). Wenn $\lambda = 3 \left[\frac{\text{Fälle}}{h} \right]$ Notfälle pro Stunde erwartet werden, so ergibt sich durchschnittlich $\frac{1}{\lambda} = \frac{1}{3} \left[\frac{h}{\text{Fall}} \right]$ Stunden Wartezeit pro Fall, d.h. 20 Minuten Wartezeit pro Fall. Diese plausible Überlegung entspricht der Formel (11.59). Die Dichtefunktion und die kumulierte Verteilung sind in Abbildung 11.12 und Abbildung 11.13 zu sehen.   ☻

Beispiel (Trüffelsuche). Im Wald von Kälberau wachsen vollkommen unregelmäßig und zufällig verteilt Trüffelpilze. Ein solch seltener Pilz kostet im Geschäft 110 [€/Stk]. Alternativ kann man sich das Trüffelschwein Rudi mieten, das im Schnitt ca. 80 Minuten benötigt, um einen Pilz zu finden. Antje leiht sich Rudi für 0.67 [€/Min] aus. Mit welcher Wahrscheinlichkeit wäre es für Antje billiger, im Geschäft eine Trüffel zu kaufen?

Wir unterstellen, dass die Suchzeit T [Min] exponentialverteilt ist. Wegen

$$E[T] = 80 = \frac{1}{\lambda} \left[\frac{\text{Min}}{\text{Treffer}} \right] \qquad \Longrightarrow \qquad \lambda = \frac{1}{80} \left[\frac{\text{Treffer}}{\text{Min}} \right] \qquad (11.61)$$

ist $T \sim Exp(\frac{1}{80})$. Das Schwein Rudi rentiert sich für Antje wenn

$$T \cdot 0.67 < 110 \quad \Leftrightarrow \quad T < 164.18 \, [\text{Min}]$$

gilt. Die entsprechende Wahrscheinlichkeit beträgt

$$P(T \leq 164.18) = 1 - e^{-\frac{1}{80} \cdot 164.18} = 0.87.$$

Folglich ist es mit $1 - 0.87 = 13\%$ Wahrscheinlichkeit billiger, im Geschäft eine Trüffel zu kaufen.   ☻

Gemäß (11.34) ist die geometrische Verteilung ohne Gedächtnis. Da die Exponentialverteilung durch eine Grenzwertbetrachtung aus der geometrischen Verteilung hervorgeht, gilt auch hier:

Die Exponentialverteilung ist ohne Gedächtnis

Für alle $w > 0$ gilt:

$$P(T \leq w + t \mid T > w) = P(T \leq t) = 1 - e^{-\lambda \cdot t}. \qquad (11.62)$$

Unter der Bedingung, dass die Wartezeit bereits w beträgt, tritt der erste Treffer innerhalb weiterer t Zeiteinheiten mit derselben Wahrscheinlichkeit wie zu Beginn des Prozesses auf. Den Zeitpunkt w bzw. jeden Zeitpunkt kann man wie einen "Restart" betrachten.

Den formalen Beweis findet der begeisterte Leser auf Seite 464 im Anhang.

Beispiel (Kundenankunft). Juwelier Maximilian erwartet im Schnitt alle 4 Minuten einen Kunden in seinem Geschäft. Sollte die Wartezeit bereits w Minuten betragen, dürfte es nicht wahrscheinlicher oder unwahrscheinlicher sein, dass die von da an gemessene Wartezeit bis zum nächsten Kunden kürzer oder länger dauert. Daher ist es angebracht, die Wartezeit T [Min] bis zum nächsten Kunden als eine exponentialverteilte Zufallsvariable aufzufassen. Wegen (11.59) gilt: $T \sim Exp(\frac{1}{4})$.

Maximilian muss dringend etwas erledigen und schließt für 15 Minuten den Laden. Mit welcher Wahrscheinlichkeit wird es einen Kunden geben, der länger als 10 Minuten warten müsste, bis der Laden wieder geöffnet wird?

Diese ist identisch mit der Wahrscheinlichkeit, dass der nächste Kunde innerhalb der ersten 5 Minuten nach Schließung ankommt:

$$P(T \leq 5) \;=\; 1 - e^{-\frac{1}{4}\cdot 5} = 0.713.$$

☻

11.7 Erlangverteilung

Beim ersten Lesen kann man mit Kapitel 12 fortfahren.

Dieses Kapitel ist eine unmittelbare Fortsetzung des letzten Kapitels "Exponentialverteilung". Dort haben wir als Modell eine Bernoullikette zu Grunde gelegt, und diese "verfeinert". Die Wartezeit, bis zum ersten Treffer wollen wir mit T_1 bezeichnen. Wir wissen, dass diese Zufallsvariable gemäß (11.57) exponentialverteilt ist.

Nun wollen wir unterstellen, dass nach dem ersten Treffer der Warteprozess auf den zweiten Treffer T_2 unter den gleichen Rahmenbedingungen abläuft wie zu Beginn. Dann ist auch T_2 gemäß (11.57) mit derselben Trefferintensität λ exponentialverteilt. Entsprechend betrachten wir die weiteren Wartezeiten $T_3, T_4, \ldots$. Mit diesen Bezeichnungen definieren wir

$$T \;=\; T_1 + T_2 + \cdots + T_r \;=\; \text{Gesamtwartezeit bis zum } r\text{-ten Treffer.} \qquad (11.63)$$

Dabei sind alle Wartezeiten T_i unabhängig voneinander und exponentialverteilt: $T_i \sim Exp(\lambda)$.

Die Verteilung von T nennt man Erlangverteilung und schreibt hierfür $T \sim Erl(\lambda, r)$. Ihre Formel kann man mit den Überlegungen und Bezeichnungen zum Poissonprozess auf Seite 225 herleiten.

$$P(T \leq t) = P(\text{der } r\text{-te Treffer ereignet sich innerhalb von } t \text{ Zeiteinheiten })$$

$$= P(\text{innerhalb von } t \text{ Zeiteinheiten kommen } r \text{ oder mehr Treffer vor })$$

$$= P(Y_t \geq r) = 1 - P(Y_t \leq r - 1)$$

$$= 1 - \sum_{k=0}^{r-1} P(Y_t = k)$$

Da beim homogenen Poissonprozess $Y_t \sim Po(\lambda t)$ gilt, erhält man mit $P(Y_t = k) = \frac{(\lambda t)^k}{k!} e^{-\lambda t}$ schließlich:

Erlangverteilung

Sei $T \sim Erl(\lambda, r)$. Dann gilt:

$$F(t) = P(T \leq t) = 1 - \sum_{k=0}^{r-1} \frac{(\lambda t)^k}{k!} e^{-\lambda t} = \text{Wahrscheinlichkeit, dass man} \quad (11.64)$$
den r-ten Treffer innerhalb
von t Zeiteinheiten erzielt.

$$E[T] = r \cdot \frac{1}{\lambda},$$

$$VAR[T] = r \cdot \frac{1}{\lambda^2}.$$

Der Parameter r heißt Formparameter, und der Parameter λ heißt Skalenparameter.

Offenbar ist die Exponentialverteilung eine Erlangverteilung mit Formparameter $r = 1$. Die Formel zum Erwartungswert und zur Varianz kann der begeisterte Leser relativ einfach mit Hilfe von (11.59), (11.60), (10.53), (10.55) und (11.63) herleiten.

Beispiel (Fähre). Luise betreibt eine Fähre, auf die 4 Autos passen. Die Fähre legt erst ab, wenn sie voll ist. Im Schnitt dauert es 5 Minuten, bis ein Auto vorfährt. Mit welcher Wahrscheinlichkeit wartet die Fähre länger als eine halbe Stunde auf die nächste Abfahrt?

Wir unterstellen eine zeithomogene Trefferintensität λ. Zudem halten wir es für realistisch, dass die Ankünfte der Autos unabhängig voneinander erfolgen. Dann ist die Wartezeit T Erlang-verteilt mit Formparameter $r = 4$. Da die Wartezeiten auf das jeweils nächste Auto alle exponentialverteilt sind, und bei der Exponentialverteilung die mittlere Wartezeit $\frac{1}{\lambda}$ beträgt, folgt aus $\frac{1}{\lambda} = 5 \left[\frac{\text{Min}}{\text{Auto}}\right]$ die Intensität $\lambda = \frac{1}{5} \left[\frac{\text{Auto}}{\text{Min}}\right]$. Dann erhalten wir für die in Minuten gemessene Wartezeit $T \sim Erl(\frac{1}{5}, 4)$ die gesuchte Wahrscheinlichkeit:

$$P(T > 30) = 1 - P(T \le 30) = 1 - F(30) = 1 - \left[1 - \sum_{k=0}^{r-1} \frac{(\lambda t)^k}{k!} e^{-\lambda t} \right] =$$

$$= \frac{(\frac{1}{5} \cdot 30)^0}{0!} e^{-\frac{1}{5} \cdot 30} + \frac{(\frac{1}{5} \cdot 30)^1}{1!} e^{-\frac{1}{5} \cdot 30} + \frac{(\frac{1}{5} \cdot 30)^2}{2!} e^{-\frac{1}{5} \cdot 30} + \frac{(\frac{1}{5} \cdot 30)^3}{3!} e^{-\frac{1}{5} \cdot 30}$$

$$= 15.12\%.$$

Man hat offenbar ein deutliches Risiko, über eine halbe Stunde warten zu müssen, obwohl die Fähre im Schnitt alle 20 Minuten abfährt: $E[T] = r \cdot \frac{1}{\lambda} = 4 \cdot \frac{1}{\frac{1}{5}} = 20$ [Min]. ☻

Hinweis:

Der Formparameter r ist eine positive, ganze Zahl. Wenn man für r auch nicht-ganze Zahlen zulässt, erhält man eine Verteilung, die man in der Literatur **Gamma-Verteilung** nennt. Insofern ist die Erlangverteilung ein Spezialfall der Gamma-Verteilung.

11.8 Lebensdauerverteilungen

Beim ersten Lesen kann man mit Kapitel 12 fortfahren.

In der Biologie, bei Maschinen, in der Zuverlässigkeitstheorie und in vielen anderen Bereichen kennt man den Begriff "Lebensdauer" als die Zeit T, in der eine bestimmte Einheit oder ein System funktionstüchtig ist. Da diese Frage in der Praxis einen hohen Stellenwert besitzt, hat man eine Theorie entwickelt, die sich mit der Verteilung solcher Zufallsvariablen T beschäftigt.

Der Begriff "Lebensdauer" ist aus den obigen Anwendungsgebieten historisch gewachsen. Wir wollen den Begriff weiter, neutraler fassen, und stattdessen von einer

$$T = \text{Wartezeit bis zum ersten Treffer}$$

sprechen. Speziell bei Lebensdauern ist ein Treffer mit einem "Stopp" gleichzusetzen. Insofern sind Lebensdauerverteilungen eigentlich Wartezeitverteilungen.

Das bekannteste Modell für eine Wartezeit T kann man aus dem inhomogenen Poissonprozesses auf Seite 225 ableiten: Dort zählt die Zufallsvariable Y_t die Anzahl der Treffer bis zum Zeitpunkt t. Wenn zum Zeitpunkt t noch kein Treffer eingetreten ist, gilt $Y_t = 0$. Dies ist gleichbedeutend damit, dass man zum Zeitpunkt t noch auf den ersten Treffer wartet: $T > t$. Daher sind auch die Wahrscheinlichkeiten für beide Situationen gleich:

$$P(T > t) = P(Y_t = 0).$$

Mit der

$$\lambda(t) \;=\; \textbf{Trefferintensität} \left[\frac{\text{Treffer}}{\text{Zeit}} \right] \text{zum Zeitpunkt } t$$

und den Formeln (11.48) und (11.42) gilt dann:

$$P(T > t) \;=\; P(Y_t = 0) \;=\; \frac{\mu_t^0}{0!}\, e^{-\mu_t} \;=\; e^{-\int_0^t \lambda(x)\,dx}.$$

Die Regel vom Gegenteil liefert die kumulierte Verteilung von T.

Darstellung der Lebensdauerverteilung mit einer Trefferintensität $\lambda(t)$

$$F(t) = P(T \le t) \;=\; 1 - e^{-\int_0^t \lambda(x)\,dx} \qquad\qquad (11.65)$$

$$= \text{Wahrscheinlichkeit, dass innerhalb von } t \text{ Zeiteinheiten}$$
$$\text{der erste Treffer auftritt.}$$

Da eine Wartezeit T keine negativen Werte annehmen kann, ist diese Formel nur für $t \ge 0$ sinnvoll.

Bei dieser Darstellung würde man die Trefferintensität $\lambda(t)$ als bekannt voraussetzen. Man kann aber auch den umgekehrten Weg gehen und aus der kumulierten Verteilung $F(t)$, bzw. aus deren Dichte $f(t) = F'(t)$ die Trefferintensität $\lambda(t)$ bestimmen. Wegen

$$f(t) \;=\; \frac{d}{dt}F(t) \;=\; \frac{d}{dt}\left(1 - e^{-\int_0^t \lambda(x)\,dx}\right) \;=\; \lambda(t)\cdot e^{-\int_0^t \lambda(x)\,dx} \;=\; \lambda(t)\cdot(1 - F(t))$$

folgt:

$$\lambda(t) \;=\; \frac{f(t)}{1 - F(t)} \qquad\qquad (11.66)$$

Weitere Interpretation der Trefferintensität $\lambda(t)$

Man betrachtet unter der Bedingung, dass der Prozess zur Zeit t noch läuft, die Wahrscheinlichkeit, dass er im nächsten Moment, d.h. im Zeitraum $t + \Delta$ stoppt:

$$P(t \le T \le t + \Delta \,|\, T \ge t) \;=\; \frac{P(t \le T \le t + \Delta)}{P(T \ge t)} \;=\; \frac{F(t + \Delta) - F(t)}{1 - F(t)}.$$

Diese bedingte Wahrscheinlichkeit geht für $\Delta \to 0$ gegen Null, da der Zeitraum, in dem etwas passieren könnte verschwindend klein wird. Wenn man aber diese kleine Wahrscheinlichkeit bezüglich des Zeitraums Δ relativiert, so erhält man die "Intensität", mit der der nächste Treffer innerhalb von Δ auftritt:

$$\frac{P(t \le T \le t + \Delta \,|\, T \ge t)}{\Delta} \;=\; \frac{\frac{F(t + \Delta) - F(t)}{\Delta}}{1 - F(t)} \;\xrightarrow{\Delta \to 0}\; \frac{f(t)}{1 - F(t)} \;\overset{(11.66)}{=}\; \lambda(t).$$

Die **Trefferintensität** $\lambda(t)$ wird in der Literatur auch **Ausfallrate, failure intensitiy, failure rate** oder **hazard rate** genannt[5].

Bei der Frage, ob eine Trefferintensitäten mit der Zeit t steigt oder fällt, ergeben sich folgende Überlegungen:

- $\lambda(t)$ ist monoton wachsend. Man spricht von einer **increasing failure rate**, d.h der Prozess altert: Die Wahrscheinlichkeit, dass im nächsten Moment ein Treffer auftritt, ist um so höher, je länger der Prozess bereits läuft.
- $\lambda(t)$ ist monoton fallend. Man spricht von einer **decreasing failure rated**, d.h der Prozess verjüngt sich: Die Wahrscheinlichkeit, dass im nächsten Moment ein Treffer auftritt, sinkt, je länger der Prozess läuft. Dies ist der Fall, wenn ein System "Kinderkrankheiten" besitzt. Sind diese überlebt, ist die Überlebenswahrscheinlichkeit höher.

Bei Ingenieuren ist das Modell der "Badewannenkurve" beliebt, um die Lebensdauer einer Maschine oder Systems zu beschreiben. Zuerst fällt $\lambda(t)$. Danach ist die Trefferintensität über einen längeren Zeitraum nahezu konstant. Schließlich beginnt die Alterung des Systems mit steigendem $\lambda(t)$. Diese Überlegungen kennen wir auch aus der Biologie und Medizin: Die Geburt eines Menschen hat eine relativ hohe Intensität für Komplikationen. Danach müssen während der ersten Lebenstage diverse "Gefahren" überstanden werden. Je älter das Kind wird, um so seltener bedrohen die "Kinderkrankheiten" den Organismus.

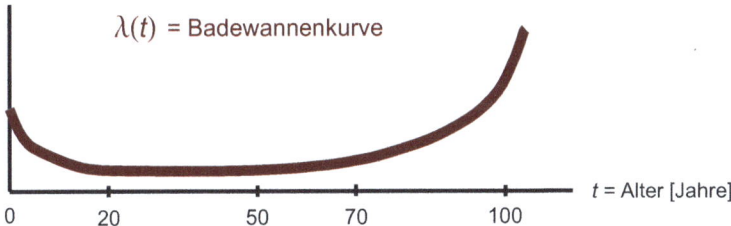

Danach im Alter von 20 bis 50 Jahren ist die Intensität zu sterben mehr oder weniger gleichbleibend hoch. Etwa ab 50 steigt allerdings wieder die Anfälligkeit unseres Organismus mit zunehmendem Alter. Sie ist bei einem Hundertjährigen höher als bei einem Sechzigjährigen.

---

[5]Der Begriff "Rate" sollte eigentlich benutzt werden, wenn man die "Intensität" nicht kennt. Die Rate ist dann eine stichprobenbasierte Schätzung der Intensität, also ein Methode der Induktiven Statistik. In Literatur wird dieser Unterschied nicht streng gehandhabt, was allerdings auch zu Verwirrungen führen kann.

Dies deutet an, wie man die Theorie der Lebensdauerverteilungen auf vielen Gebieten flexibel anwenden kann, indem man für die Trefferintensität $\lambda(t)$ bestimmte Funktionsverläufe vorsieht.

Wichtige Beispiele

Um eine relativ einfache mathematische Handhabbarkeit zu gewährleisten, sind entsprechend einfache Funktionstypen für die Trefferintensitäten $\lambda(t)$ beliebt.

- **Exponentialverteilung:**
$$\lambda(t) = \lambda = \textbf{konstant}.$$

In diesem Fall ergibt die Formel (11.65)

$$F(t) = P(T \le t) = 1 - e^{-\int_0^t \lambda(x)\,dx} = 1 - e^{-\int_0^t \lambda\,dx} = 1 - e^{-\lambda t}.$$

Dies ist die Exponentialverteilung und zeigt, dass sie als simpler Spezialfall des allgemeinen Modells der Lebensdauerverteilungen aufgefasst werden kann.

- **Weibull-Verteilung**

$$\lambda(t) = \lambda \cdot \beta \cdot t^{\beta-1} = \text{Konstante} \cdot t^{\text{Konstante}} = \textbf{Potenzfunktion}. \qquad (11.67)$$

Die eigentlich unnötig komplizierte Darstellung der Konstanten mit Hilfe der Parameter λ und β, erlaubt eine einfachere Interpretation. Der Parameter β, der positiv, also $\beta > 0$ sein muss, heißt Formparameter:

- Für $\beta = 1$ erhält man die Exponentialverteilung.
- Für $\beta > 1$ ist $\lambda(t)$ monoton steigend, d.h der Prozess altert.
- Für $\beta < 1$ ist $\lambda(t)$ monoton fallend, d.h der Prozess verjüngt sich.

Die kumulierte Weibull-Verteilung lautet in allen drei Fällen

$$F(t) = P(T \le t) = 1 - e^{-\int_0^t \lambda(x)\,dx} = 1 - e^{-\int_0^t \lambda\,\beta\,x^{\beta-1}\,dx}$$

$$= 1 - e^{-\lambda\,t^\beta}, \qquad (11.68)$$

und besitzt die Dichte

$$f(t) = F'(t) = \lambda\,\beta\,t^{\beta-1}e^{-\lambda\,t^\beta}. \qquad (11.69)$$

Beispiel (Störungen). Antje benutzt für ihre Nähmaschine Nadeln, die aufgrund von Materialermüdung im Laufe der Zeit altern. Aufgrund langjähriger Beobachtungen kennt sie die Ausfallintensität:

$$\lambda(t) = 0.00008 \cdot t^3 \left[\frac{\text{Nadelbrüche}}{\text{Min}}\right]$$

Da dies eine monoton wachsende Potenzfunktion ist, liegt eine Weibull-Verteilung mit Alterung vor. Die Parameter zur Formel (11.67) lauten $\beta = 4$ und $\lambda = 0.00002$. Die kumulierte Verteilung erhält man dann mit (11.68)

$$F(t) = P(T \leq t) = 1 - e^{-0.00002\,t^4}.$$

Damit kann Antje beispielsweise ausrechnen, mit welcher Wahrscheinlichkeit eine Nadel mehr als 15 Betriebsminuten ohne zu brechen überdauert:

$$P(T > 15) = 1 - P(T \leq 15) = 1 - F(t) = 1 - \left(1 - e^{-0.00002 \cdot 15^4}\right) = 36.33\%.$$

Das 99%-Quantil berechnet sich mit

$$P(T \leq t) = 0.99 \iff 1 - e^{-0.00002\,t^4} = 0.99 \iff e^{-0.00002\,t^4} = 0.01$$

$$\iff t = \sqrt[4]{\frac{\ln(0.01)}{-0.00002}} = 21.9\,[\text{Min}]$$

und besagt, dass Antje mit einer Chance von 1% länger als 21.9 Betriebsminuten ohne Nadelbruch ungestört arbeiten kann.   ☻

Beispiel (Bushaltestelle). Auf Seite 243 findet man ein Beispiel, bei der die Wartezeit auf den nächsten Bus maximal 15 Minuten betragen kann. In diesem Fall steigt die Trefferintensität (increasing failure rate) und wird bei 15 Minuten, der maximal möglichen Zeit, unendlich groß.   ☻

Dieses Kapitel gibt nur einen kleinen Einblick in die Theorie der Lebensdauerverteilungen. Ihre Anwendungen sind vielfältig: Bei der Entwicklung von Instandhaltungsstrategien und Inspektionsintervallen für Maschinen, Fahrzeuge, Reaktoren, ..., bei der Berechnung von Garantie-Risiken, bei der Gesundheitsvorsorge, in der Warteschlangentheorie usw.

11.9   Hypergeometrische Verteilung

Beim ersten Lesen kann man mit Kapitel 12 fortfahren.
Ähnlich wie im letzten Kapitel betrachten wir eine Folge von n Bernoulli-Experimenten bzw. Bernoulli-Variablen $X_1, X_2, \ldots, X_n$, wobei diesmal zwischen den Variablen X_i eine ganz spezielle Abhängigkeit besteht, die wir mit einem sogenannten Urnenmodell beschreiben. Insofern liegt *keine* Bernoulli-Kette in dem auf Seite 208 definierten Sinn vor. Das Urnenmodell ist recht einfach und bildet viele Situationen realitätsnah ab. Es spielt vor allem beim Ziehen von Stichproben eine große Rolle.

Urnenmodell

In einer Urne liegen N Kugeln, von denen M Kugeln schwarz und die restlichen $N - M$ Kugeln weiß sind. Von den N Kugeln werden insgesamt n Kugeln zufällig herausgegriffen und beiseite gelegt. Das Ziehen einer schwarzen Kugel entspricht einem "Treffer". Wir interessieren uns für die Verteilung der Zufallsvariable

$$Y = \text{Anzahl Treffer bei } n \text{ Versuchen}$$
$$= \text{Anzahl der gezogenen schwarzen Kugeln.} \qquad (11.70)$$

Es ist üblich, die Verteilung von Y als **hypergeometrische Verteilung** zu bezeichnen. Die Sprechweise "die Zufallsvariable Y ist hypergeometrisch verteilt" notieren wir mit

$$Y \sim H(N, M, n). \qquad (11.71)$$

Die Formel für die Verteilung von Y leiten wir mit einem Beispiel her.

Beispiel (Krapfen). Edgar isst leidenschaftlich gerne Krapfen, die mit Kirschmarmelade gefüllt sind. Seine Mutter hat insgesamt $N = 7$ Krapfen gebacken, von denen aber nur $M = 3$ mit Kirschmarmelade gefüllt worden sind. Edgar kann aufgrund äußerlicher Untersuchungen nicht erkennen, welche Füllung ein Krapfen besitzt. Von den insgesamt 7 Krapfen darf sich Edgar $n = 4$ Krapfen nehmen. Bevor er sich mit ihnen den Bauch füllt, versucht er mit noch (!) klaren Sinnen die jeweiligen Chancen zu berechnen, genau 0, 1,2 oder 3 Kirschmarmelade-Krapfen zu bekommen.

Dazu notiert er sich jedes denkbare Ziehungsergebnis, wenn er $n = 4$ Kugeln von insgesamt $N = 7$ Kugeln zieht, von denen $M = 3$ schwarz sind. Zur besseren Übersicht gruppiert er, wie in Tabelle 11.1 zu sehen ist, alle Ziehungsergebnisse bezüglich der Trefferanzahl Y.

Wenn Edgar keine Tricks anwendet, müsste jede der insgesamt 35 möglichen Ziehungsergebnissen gleichwahrscheinlich sein und daher eine Wahrscheinlichkeit von $\frac{1}{35}$ besitzen. Die Verteilung von Y erhält er dann durch Abzählen:

$$P(Y = k) = \frac{\text{Anzahl der Ziehungsergebnisse mit genau } k \text{ schwarzen Kugeln}}{\text{Anzahl aller Ziehungsergebnisse}}. \qquad (11.72)$$

Im Einzelnen sind dies gemäß Tabelle 11.1 die Wahrscheinlichkeiten

$$P(Y=0) = \frac{1}{35}, \qquad P(Y=1) = \frac{12}{35}, \qquad P(Y=2) = \frac{18}{35}, \qquad P(Y=3) = \frac{4}{35}.$$

Statt alle Ziehungsergebnisse mühselig aufzulisten, kann man auch mit Kombinatorik zur Lösung finden:
Die 35 verschiedenen Ziehungsergebnisse entsprechen den Möglichkeiten, von 7

Kugeln in Urne		○	○	○	○	●	●	●	
	Treffer Y								Anzahl Ziehungen
Ergebnis 1	0	○	○	○	○				$\binom{4}{4}\cdot\binom{3}{0}=1\cdot1=1$
Ergebnis 2	1	○	○	○		●			
Ergebnis 3	1	○	○	○			●		
Ergebnis 4	1	○	○	○				●	
Ergebnis 5	1	○	○		○	●			
Ergebnis 6	1	○	○		○		●		
Ergebnis 7	1	○	○		○			●	$\binom{4}{3}\cdot\binom{3}{1}=4\cdot3=12$
Ergebnis 8	1	○		○	○	●			
Ergebnis 9	1	○		○	○		●		
Ergebnis 10	1	○		○	○			●	
Ergebnis 11	1		○	○	○	●			
Ergebnis 12	1		○	○	○		●		
Ergebnis 13	1		○	○	○			●	
Ergebnis 14	2	○	○			●	●		
Ergebnis 15	2	○	○			●		●	
Ergebnis 16	2	○	○				●	●	
Ergebnis 17	2	○		○		●	●		
Ergebnis 18	2	○		○		●		●	
Ergebnis 19	2	○		○			●	●	
Ergebnis 20	2	○			○	●	●		
Ergebnis 21	2	○			○	●		●	
Ergebnis 22	2	○			○		●	●	$\binom{4}{2}\cdot\binom{3}{2}=6\cdot3=18$
Ergebnis 23	2		○	○		●	●		
Ergebnis 24	2		○	○		●		●	
Ergebnis 25	2		○	○			●	●	
Ergebnis 26	2		○		○	●	●		
Ergebnis 27	2		○		○	●		●	
Ergebnis 28	2		○		○		●	●	
Ergebnis 29	2			○	○	●	●		
Ergebnis 30	2			○	○	●		●	
Ergebnis 31	2			○	○		●	●	
Ergebnis 32	3	○				●	●	●	$\binom{4}{1}\cdot\binom{3}{3}=4\cdot1=4$
Ergebnis 33	3		○			●	●	●	
Ergebnis 34	3			○		●	●	●	
Ergebnis 35	3				○	●	●	●	

Tab. 11.1 Vollständige Auflistung aller möglichen Ziehungsergebnisse bei einer Urne mit $N=7$ Kugeln, von denen $M=3$ schwarz sind und $n=4$ Kugeln zufällig entnommen werden.

Kugeln jeweils genau 4 zu markieren. Die Lösung für dieses kombinatorische Problem finden wir im Anhang in Formel (D.3). Daher gilt für den Nenner von (11.72):

$$\text{Anzahl aller Ziehungsergebnisse} = \binom{7}{4} = \frac{7!}{(7-4)!\,4!} = 35$$

$$= \binom{N}{n}. \tag{11.73}$$

Ähnlich berechnet sich der Zähler von (11.72). Um beispielsweise genau $Y = 1$ schwarze Kugeln zu ziehen, muss man von den 4 weißen Kugeln genau 3 markieren und von den 3 schwarzen Kugeln genau 1 markieren. Die entsprechenden Möglichkeiten hierfür sind $\binom{4}{3}$ und $\binom{3}{1}$. Da zu jeder einzelnen Kombination weißer Kugeln alle Kombinationen schwarzer Kugeln berücksichtigt werden müssen, erhält man alle Möglichkeiten zu $Y = 1$, indem man diese Binomialkoeffizienten multipliziert. Daher gilt:

$$\text{Anzahl der Ziehungen mit genau "}k = 1\text{" schwarze Kugeln} = \binom{4}{3}\binom{3}{1} = \frac{4!}{(4-3)!\,3!} \cdot \frac{3!}{(3-1)!\,1!} = 4 \cdot 3 = 12$$

$$= \binom{N-M}{n-k}\binom{M}{k}. \tag{11.74}$$

☻

Nun müssen wir nur noch (11.72), (11.73) und (11.74) zusammenschrauben:

Hypergeometrische Verteilung

Sei $Y \sim H(N, M, n)$, dann gilt:

$$P(Y = k) = \frac{\binom{N-M}{n-k}\binom{M}{k}}{\binom{N}{n}} = \text{Wahrscheinlichkeit genau } k \text{ Treffer zu erzielen}, \tag{11.75}$$

$$E[Y] = n\,\frac{M}{N}, \tag{11.76}$$

$$VAR[Y] = n\,\frac{M}{N}\left(1 - \frac{M}{N}\right)\frac{N-n}{N-1}. \tag{11.77}$$

Die Formel für den Erwartungswert und die Varianz kann man gemäß (10.5) und (10.6) bestimmen. Dazu müsste man $E[Y] = \sum_{k=0}^{n} k \cdot \frac{\binom{N-M}{n-k}\binom{M}{k}}{\binom{N}{n}}$ und $VAR[Y] = \sum_{k=0}^{n} \left(k - n\frac{M}{N}\right)^2 \cdot \frac{\binom{N-M}{n-k}\binom{M}{k}}{\binom{N}{n}}$ ausrechnen, wofür wir aber Rechentricks benötigen, die möglicherweise auch beim begeisterten Leser nur Verwirrung stiften. Wir lassen sie daher weg.

Beispiel (Umfrage). Bei der Bürgermeisterwahl von Kälberau werden $N = 80$ Bürger wählen gehen, von denen $M = 50$ Bürger den Kandidaten Anton Heilos wählen werden. Dass somit Anton mit 62.5% der Stimmen die Wahl gewinnen wird, weiß aber jetzt noch niemand. Daher führt Heidi eine Wahlumfrage durch, indem sie auf rein zufällige Weise $n = 9$ Wähler anspricht. Sei

$$Y = \text{Anzahl Anton-Wähler bei 9 Befragten},$$

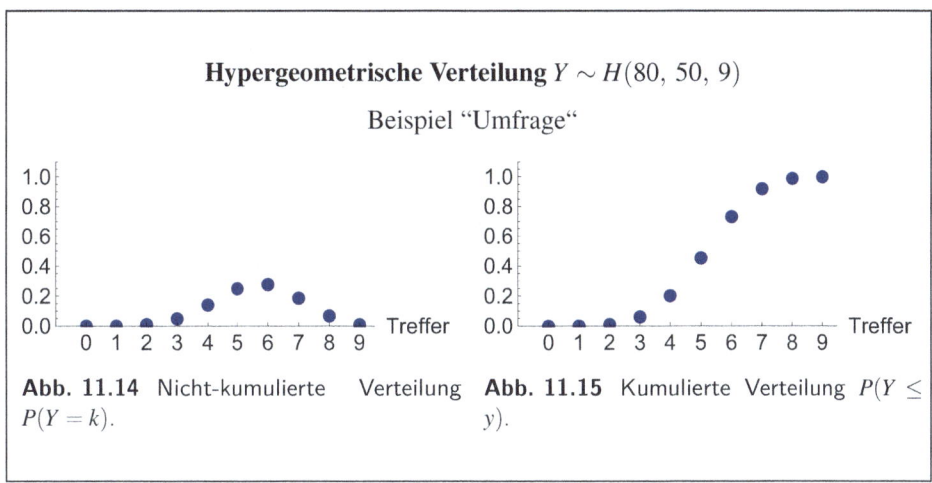

Hypergeometrische Verteilung $Y \sim H(80, 50, 9)$

Beispiel "Umfrage"

Abb. 11.14 Nicht-kumulierte Verteilung $P(Y = k)$.

Abb. 11.15 Kumulierte Verteilung $P(Y \leq y)$.

dann ist Y hypergeometrisch verteilt, d.h. $Y \sim H(80, 50, 9)$. Es gilt:

$$P(Y = k) = \frac{\binom{30}{9-k}\binom{50}{k}}{\binom{80}{9}} = \text{Wahrscheinlichkeit genau } k \text{ Anton-Wähler anzutreffen.}$$

Diese Wahrscheinlichkeiten betragen im Einzelnen

k	0	1	2	3	4	5	6	7	8	9
$P(Y=k)$	0.000062	0.001262	0.0108	0.0502	0.1415	0.2504	0.2782	0.1874	0.0695	0.0108

und sind in den Abbildungen 11.14 und 11.15 zu sehen. Mit einer Wahrscheinlichkeit von $P(Y \geq 5) = 0.2504 + 0.2782 + 0.1874 + 0.0695 + 0.0108 = 79.62\%$ würde Heidi den Sieg von Anton richtig prognostizieren, und mit 20.38% würde sie fälschlicher Weise eine Niederlage voraussagen. ☻

11.10 Gleichverteilung (stetige)

Beim ersten Lesen kann man mit Kapitel 12 fortfahren.

Eine stetige Zufallsvariable X, die nur reelle Zahlen zwischen a und b annehmen kann und dabei keinen Wert bevorzugt, nennt man **zwischen a und b gleichverteilt**. Die Dichtefunktion sollte daher, wie in Abbildung 11.16 zu sehen ist, im Bereich von a bis b einen vollkommen gleichmäßigen Verlauf aufweisen. Der Funktionswert $f(x) = \frac{1}{b-a}$ entspricht der Höhe des Rechtecks und ergibt sich aus dem Ansatz

$$1 = \text{Rechtecksfläche} = \text{Grundseite} \cdot \text{Höhe} = (b-a) \cdot \text{Höhe}. \tag{11.78}$$

Die kumulierte Verteilung $F(x) = P(X \leq x)$ lässt sich ebenfalls geometrisch bestimmen, indem wir die Fläche unter der Dichte von ganz links bis zu x berechnen. Dies entspricht der Fläche eines Rechtecks mit der Höhe $\frac{1}{b-a}$ und der Grundseite $x - a$. Daher ist:

Gleichverteilung

Dichtefunktion $f(x)$

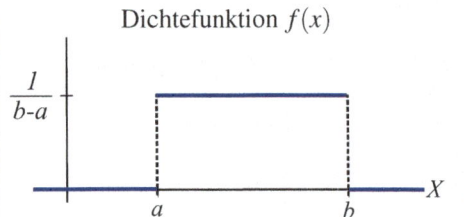

Kumulierte Verteilung $F(x)$

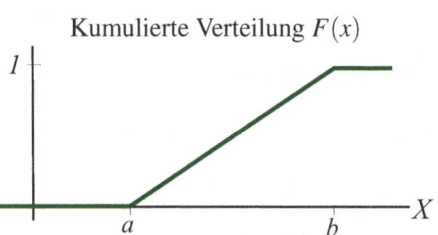

Abb. 11.16 Der gleichhohe Verlauf der Dichte zeigt, dass kein Wert zwischen a und b bevorzugt oder benachteiligt wird.

Abb. 11.17 Die kumulierte Verteilungsfunktion wächst mit konstanter Steigung $F(x)' = f(x) = \frac{1}{b-a}$ an.

$$F(x) \;=\; \frac{x-a}{b-a} \quad \text{falls} \quad a \le x \le b.$$

Mit Hilfe der Integralrechnung lässt sich dieses Ergebnis auf einem zweiten Weg bestätigen:

$$F(x) \;=\; \int_{-\infty}^{x} f(t)dt = \int_{a}^{x} \frac{1}{b-a}dt = \cdots \text{Integralrechnung} \cdots = \frac{x-a}{b-a} \quad \text{falls} \quad a \le x \le b.$$

Intuitiv wird man vermuten, dass der Erwartungswert einer auf $[a, b]$ gleichverteilten Zufallsvariablen genau in der Mitte von a und b zu finden ist. Dies kann man mit Hilfe der Dichte $f(x)$ und der Integralrechnung bestätigen:

$$E[X] \;=\; \int_{-\infty}^{\infty} x \cdot f(x)dx = \int_{a}^{b} x \cdot \frac{1}{b-a}dx = \cdots \text{Integralrechnung} \cdots = \frac{a+b}{2}.$$

Die Varianz hingegen lässt sich wohl kaum ohne Integralrechnung erahnen:

$$VAR[X] \;=\; \int_{-\infty}^{\infty} (x-\mu)^2 \cdot f(x)dx = \int_{a}^{b} \left(x - \frac{a+b}{2}\right)^2 \cdot \frac{1}{b-a}dx = \cdots = \frac{(b-a)^2}{12}.$$

Wir fassen diese Ergebnisse zusammen:

Gleichverteilte, stetige Zufallsvariable X

$$\text{Dichtefunktion:} \quad f(x) = \begin{cases} \frac{1}{b-a} & \text{falls} \quad a \le x \le b, \\ 0 & \text{falls sonst.} \end{cases} \tag{11.79}$$

$$\text{Kumulierte Verteilungsfunktion:} \quad F(x) = \begin{cases} 0 & \text{falls} \quad x < a, \\ \frac{x-a}{b-a} & \text{falls} \quad a \le x \le b, \\ 1 & \text{falls} \quad b < x. \end{cases} \tag{11.80}$$

$$\text{Erwartungswert:} \quad E[X] = \frac{a+b}{2}. \qquad (11.81)$$

$$\text{Varianz:} \quad VAR[X] = \frac{(b-a)^2}{12}. \qquad (11.82)$$

Beispiel (Bushaltestelle). Jochen weiß, dass an seiner Bushaltestelle um die Ecke vollkommen zuverlässig alle 15 Minuten ein Bus wegfährt. Leider weiß er aber nicht, zu welcher Uhrzeit die Busse fahren. Daher geht er "rein zufällig" zur Bushaltestelle. Die Wartezeit X [Min] ist dann eine stetige Zufallsvariable, die im günstigsten Fall den Wert 0 und maximal den Wert 15 annehmen kann. Zudem ist sie auf dem Intervall [0, 15] gleichverteilt, da Jochen "rein zufällig" an der Haltestelle ankommt. Daher gilt

$$\text{Dichtefunktion:} \quad f(x) = \begin{cases} \frac{1}{15} & \text{falls} \quad 0 \le x \le 15, \\ 0 & \text{falls sonst.} \end{cases}$$

$$\text{Kumulierte Verteilung:} \quad F(x) = \begin{cases} 0 & \text{falls} \quad x < 0, \\ \frac{x}{15} & \text{falls} \quad 0 \le x \le 15, \\ 1 & \text{falls} \quad 15 < x. \end{cases}$$

$$\text{Erwartungswert:} \quad E[X] = \frac{0+15}{2} = 7.5 \,[\text{Min}].$$

$$\text{Varianz:} \quad VAR[X] = \frac{(15-0)^2}{12} = 18.75 \,[\text{Min}^2].$$

Bemerkung: Da die Wartezeit X nie länger als 15 Minuten ausfallen kann, ist sie sicherlich nicht exponentialverteilt. Sie besitzt auch nicht die Eigenschaft (11.62) der Gedächtnislosigkeit. Je länger Jochen bereits gewartet hat, um so wahrscheinlicher verkürzen sich die von da ab gemessenen Wartezeiten. Sollte beispielsweise die Wartezeit bereits $w = 14.5$ Minuten betragen, so weiß Jochen, dass der Bus jeden Moment kommen wird und die restliche Wartezeit nicht mehr lange dauern kann.

Daher wird mit wachsender Wartezeit die "Trefferintensität" immer höher. Auf Seite 234 findet man weitere, ausführlichere Erklärungen zur Treffer- bzw. Ausfallintensität $\lambda(x)$. Mit der dortigen Formel (11.66) lautet sie in diesem Beispiel für den Bereich $0 \le x \le 15$:

$$\lambda(x) = \frac{f(x)}{1 - F(x)} = \frac{\frac{1}{15}}{1 - \frac{x}{15}} = \frac{1}{15 - x} =$$

Die Trefferintensität entspricht einer Hyperbel, die bei der maximal möglichen Wartezeit $x = 15$ [Min] eine senkrechte Asymptote besitzt. ☻

11.11   Stichprobenverteilungen

Beim ersten Lesen kann man mit Kapitel 12 fortfahren.

Die bisher besprochenen Verteilungen treten bei Variablen auf, die in der Realität mehr oder weniger unmittelbar beobachtet werden können. In der Statistik "verrechnet" bzw. aggregiert und transformiert man des öfteren diese Variablen so, dass neue, nicht unmittelbar beobachtbare Variablen entstehen. Diese Vorgehensweise trifft man typischer Weise bei Stichprobenauswertungen an, wo derartige Zufallsvariablen als Funktionen von Stichprobenvariablen $(X_1, X_2, \ldots X_n)$ betrachtet werden können.

Die Mathematik wird hier schnell schwierig. Wir verweisen daher auf die Fachliteratur[6] und geben nur einige, wichtige Resultate wieder. In der Regel benötigen wir lediglich Quantile, welche man relativ anwenderfreundlich entsprechenden Tabellen im Anhang entnehmen kann.

Chi-quadrat-Verteilung

Angenommen wir haben n unabhängige, standardnormalverteilte Zufallsvariablen $(X_1, X_2, \ldots X_n)$. Dann ist die Summe der quadrierten Variablen X_i wiederum eine Zufallsvariable:

$$Y = X_1^2 + X_2^2 + \ldots + X_n^2. \tag{11.83}$$

Die Variable Y kann keine negativen Werte annehmen. Sie besitzt eine Verteilung, die man als Chi-quadrat-Verteilung bezeichnet. Die Anzahl der Summanden n ist ein Parameter der Verteilung, den man "Freiheitsgrad" nennt und bevorzugt mit f abkürzt. Die Dichtefunktion besitzt eine ziemlich komplizierte Formel und soll an dieser Stelle nicht für unnötige Verwirrung sorgen. In Abbildung 11.19 haben wir für einige Freiheitsgrade die Dichte skizziert.

Wir benötigen in der Regel die Quantile dieser Verteilung, die man mit dem quadrierten, griechischen Buchstaben Chi notiert:

$$\chi^2_{f;\alpha} = \alpha\text{-Quantil der Chi-quadrat-Verteilung bei } f \text{ Freiheitsgraden.}$$

Diese Quantile findet man im Anhang. Wir werden später diese Verteilung unter anderem bei der Schätzung einer unbekannten Varianz benötigen.

t-Verteilung (Studentverteilung)

Ausgangspunkt sind n unabhängige, identisch normalverteilte Zufallsvariablen $(X_1, X_2, \ldots, X_n)$ mit $\mu = E[X_i]$ und $\sigma^2 = VAR[X_i]$. Wir setzen

$$\bar{X} = \frac{1}{n} \sum_{i=1}^{n} X_i \qquad \text{und} \qquad S^2 = \frac{1}{n-1} \sum_{i=1}^{n} (X_i - \bar{X})^2.$$

---

[6]Beispielsweise: Fisz (1980), Wahrscheinlichkeitsrechnung und Mathematische Statistik.

Dichte der Student t-Verteilung bei verschiedenen Freiheitsgraden

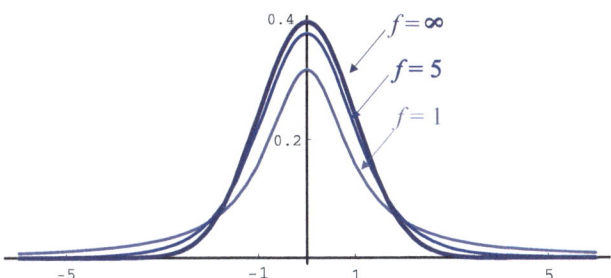

Abb. 11.18 Je größer der Freiheitsgrad f, desto mehr ähnelt die Dichte der t-Verteilung einer Gaußschen Glockenkurve. Bei $f = \infty$ erhalten wir die Dichte der Standardnormalverteilung.

Dichte der Chi-quadrat-Verteilung bei verschiedenen Freiheitsgraden

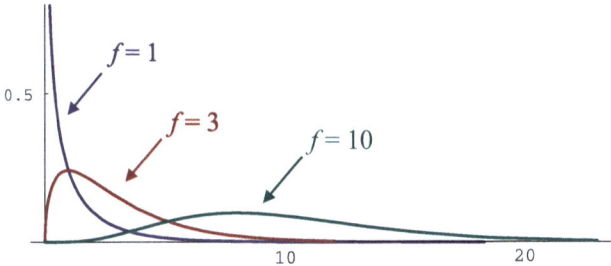

Abb. 11.19 Je größer der Freiheitsgrad f, desto weiter rechts verschiebt sich der "Buckel" der Dichte, desto wahrscheinlicher nimmt die Zufallsvariable große Werte an.

Dichte der F-Verteilung bei verschiedenen Freiheitsgraden

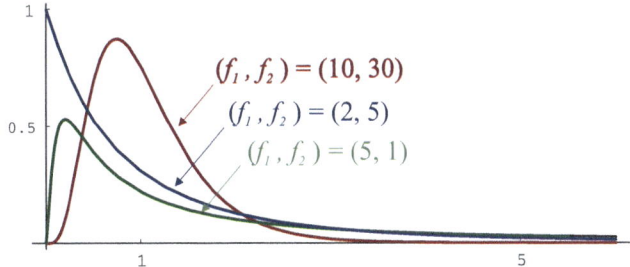

Abb. 11.20 f_1 ist der Freiheitsgard des Zählers und f_2 ist der Freiheitsgrad des Nenners.

Dann ist

$$T = \frac{\bar{X} - \mu}{S} \sqrt{n} \qquad (11.84)$$

wiederum eine Zufallsvariable und besitzt eine sogenannte "Studentverteilung" oder "t-Verteilung". Diese wurde von W. Gosset[7] erstmals untersucht. Der Parameter, welcher die Form der Dichte der t-Verteilung beeinflusst, wird "Freiheitsgrad" genannt. Die Verteilung der Zufallsvariable T in (11.84) besitzt $n-1$ Freiheitsgrade.

Die Dichte ist in Abbildung 11.18 zu sehen und zeigt einen ähnlichen Verlauf wie die Gaußsche Glockenkurve. Auch hier unterschlagen wir die mathematischen Details, da sie recht komplex und schwierig sind. Bei verschiedenen induktiven Verfahren werden wir die Quantile dieser Verteilung benötigen, welche wir einer Tabelle im Anhang entnehmen können und mit

$$t_{f,\alpha} = \alpha\text{-Quantil der t-Verteilung bei } f \text{ Freiheitsgraden}$$

notieren.

F-Verteilung

Wir betrachten zwei Zufallsvariabeln X und Y, die unabhängig sind und die beide eine Chi-quadrat-Verteilung aufweisen. Der Freiheitsgrad der Variablen X sei mit f_1 und Freiheitsgrad der Variablen Y sei mit f_2 bezeichnet. Teilen wir die Variable $\frac{X}{f_1}$ durch $\frac{Y}{f_2}$, so ist der Quotient

$$Z = \frac{\frac{X}{f_1}}{\frac{Y}{f_2}} = \frac{f_2 \cdot X}{f_1 \cdot Y} \qquad (11.85)$$

wieder eine Zufallsvariable. Die Verteilung dieser Variablen Z nennt man "F-Verteilung" mit den Freiheitsgraden f_1 und f_2. Um Verwechslungen vorzubeugen, spricht man auch von "f_1 Freiheitsgraden des Zählers" und "f_2 Freiheitsgraden des Nenners"

Die Abbildung 11.20 zeigt exemplarisch den Verlauf der Dichte. Auch hier unterschlagen wir die mathematischen Details. Wir benötigen bei verschiedenen induktiven Verfahren die Quantile dieser Verteilung, welche wir einer Tabelle im Anhang entnehmen können und mit

$$F_{\alpha, f_1, f_2} = \alpha\text{-Quantil der F-Verteilung bei } f_1 \text{ und } f_2 \text{ Freiheitsgraden}$$

notieren.

---

[7]William Sealy Gosset (1876-1937) studierte Mathematik und Chemie. Danach arbeitete er in der Dubliner Brauerei Arthur Guinness & Son wo er u.a. die Qualität von Gerste untersuchte. Um nicht in die Gefahr zu geraten, Betriebsgeheimnisse preiszugeben, hat er unter dem Namen "Student" veröffentlicht.

Zusammenhang von Binomialverteilung und F-Verteilung

Zwischen der Binomialverteilung und der F-Verteilung besteht ein Zusammenhang, dessen mathematischer Hintergrund beispielsweise bei Uhlmann (1982) zu finden ist. Man kann nämlich die kumulierte Binomialverteilung mit Hilfe der F-Verteilung berechnen. Wir gebrauchen dieses Resultat an späterer Stelle in folgender Form:

Es sei Y eine binomialverteilte Zufallsvariable mit $Y \sim Bi(n, p)$. Dann gilt:

$$P(Y \leq k) = \sum_{i=0}^{k} \binom{n}{i} p^i (1-p)^{n-i} = \alpha$$

$$\Leftrightarrow \quad \frac{(n-k)p}{(k+1)(1-p)} = F_{1-\alpha,\, 2(k+1),\, 2(n-k)} \tag{11.86}$$

und

$$P(Y \geq k) = \sum_{i=k}^{n} \binom{n}{i} p^i (1-p)^{n-i} = \alpha$$

$$\Leftrightarrow \quad \frac{k(1-p)}{(n-k+1)p} = F_{1-\alpha,\, 2(n-k+1),\, 2k}. \tag{11.87}$$

12 Zentraler Grenzwertsatz

In der Praxis haben wir es sehr oft mit Summen

$$S \;=\; X_1 + X_2 + \cdots + X_n$$

zu tun: Der Tagesumsatz S als Summe der einzelnen Kundenumsätze X_i, der Gesamt-stromverbrauch einer Stadt als Summe der Verbrauchswerte der einzelnen Haushalte, das Ladegewicht bei einem Flug als Summe der Gewichte der Passagiere und Gepäck-stücke, die Gsamtschadenssumme bei einer Versicherung als Summe der Einzelschäden, und so weiter. Hierbei ist es realistisch, die einzelnen Summanden X_i als Zufallsvariablen zu betrachten.

Als Anwender interessieren wir uns für das Verhalten der Summe S bzw. deren Vertei-lung. Die Verteilung solcher "zufälliger Summen" exakt zu bestimmen, ist aber in der Regel extrem kompliziert oder gar unmöglich.

An dieser Stelle springt uns der Zentrale Grenzwertsatz (ZGWS) zur Seite, da dieser in sehr vielen Fällen ausreichend gute, approximative Lösungen liefert. Insbesondere rechtfertigt er die Formel (11.1), welche die Dichte der Normalverteilung beschreibt.

Zentraler Grenzwertsatz (informell)

Sei $S = X_1 + X_2 + \cdots + X_n$ eine Summe von Zufallsvariablen. Falls

- alle X_i **unabhängig** voneinander sind,
- die Anzahl der Summanden **n groß ist,** $\implies$ S ist approximativ **normalverteilt**.

Die Approximation gelingt um so besser, je größer die Anzahl n der Summanden ist.

Das eigentlich Geniale und Wichtigste ist aber: **Die Verteilungen der einzelnen Sum-manden X_i sind egal**! Dies kommt uns als Anwender sehr entgegen, denn in der Regel kennen wir diese einzelnen Verteilungen nicht. Dies erklärt den hohen Anwendungsbezug der Normalverteilung in der Praxis.

Bei den allermeisten Anwendungen ist $n \geq 30$ für eine gute Approximation ausreichend. Wenn aber bei der Verteilung der X_i Ausreißer möglich sind, kann die Konvergenz erst bei deutlich größerem n gelingen. Man beachte außerdem, dass die Unabhängigkeit der Summanden eine essentielle Voraussetzung ist. Denn bei voneinander abhängigen Summanden kann die Summe S eine Verteilung besitzen, die gar nichts mit einer Normalverteilung gemein hat.

Wir haben den Zentralen Grenzwertsatz bewusst mathematisch unrein formuliert, um seinen Sinn und Zweck nicht zu vernebeln. Der begeisterte Leser findet genauere, mathematische Formulierungen und weitere Anmerkungen auf Seite 465 im Anhang.

Beispiel (Fünf verschiedene Verteilungen). In den Abbildungen 12.1 - 12.5 sind fünf verschiedene Beispiele zu sehen, die exemplarisch zeigen sollen, dass die Konvergenz in der Regel recht früh, bereits bei $n = 30$ eintritt, und dass die Verteilungen der einzelnen Summanden X_i dabei egal sind.

Pro Beispiel wird mit dem Bild $n = 1$ gezeigt, wie ein einzelner Summand verteilt ist. Das zweite Bild $n = 2$ zeigt, wie die Summe $S_2 = X_1 + X_2$ zweier Variablen verteilt ist, wenn beide Variablen diese Verteilung besitzen und unabhängig voneinander sind. Analog sind die Bilder zu den Summen $S_3 = X_1 + X_2 + X_3$ und $S_{30} = X_1 + X_2 + X_3 + \cdots + X_{30}$ zu verstehen.

Die Verteilung der Summen S_2, S_3, S_{30} kann man analog zu den Beispielen "zwei Würfel" und "Waschsaloon" (Seite 188 und 189) durch Faltung exakt bestimmen. Die Rechnungen sind einfach, aber sehr umfangreich, weshalb ein Computer von großem Vorteil ist.   ☻

Beispiel (Umsatz in Kantine). In einer Kantine gehen jeden Tag $n = 200$ Personen zum Essen. Es werden drei Menüs angeboten. Die Zufallsvariable X_i [€] beschreibt die Ausgaben des Gastes i. Dann ergibt die Summe

$$U \;=\; X_1 + X_2 + X_3 + \ldots + X_{200}$$

den Umsatz eines Tages. Aus Erfahrung weiß man, dass ein Gast das 3-Euromenü mit 50% Wahrscheinlichkeit, das 4-Euromenü mit 15% Wahrscheinlichkeit und das 8-Euromenü mit 35% Wahrscheinlichkeit wählt. Diese Verteilung ist in Abbildung 12.6 visualisiert. Zudem wird unterstellt, dass die Gäste unabhängig voneinander ihre Menüs auswählen.

Analog zum Beispiel "Waschsaloon" auf Seite 189 haben wir die Verteilung des Gesamtumsatzes U mit Unterstützung eines Computers exakt bestimmt. Diese ist in Abbildung 12.7 dargestellt. Man sieht kaum einen Unterschied zu einer Gauß-Glocke.

Fünf Beispiele zum Zentralen Grenzwertsatz

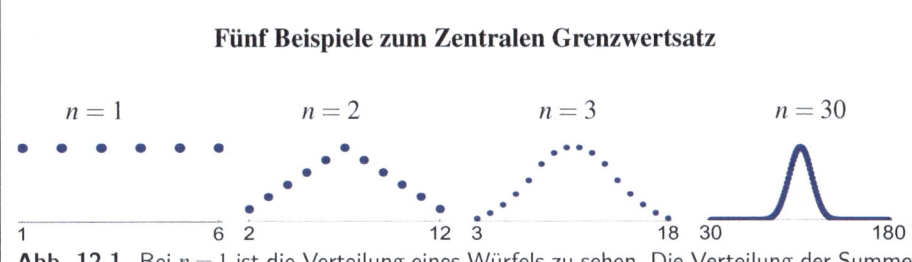

Abb. 12.1 Bei $n = 1$ ist die Verteilung eines Würfels zu sehen. Die Verteilung der Summe von nur $n = 3$ Würfeln ist bereits glockenförmig.

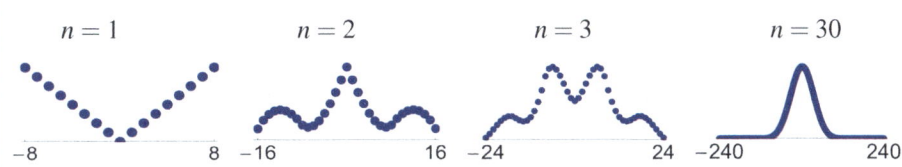

Abb. 12.2 Bei $n = 1$ ist eine v-förmige Verteilung (umgekehrte Glocke) zu sehen. Die Summe von nur 30 v-förmig verteilter, unabhängiger Zufallsvariablen ist bereits glockenförmig.

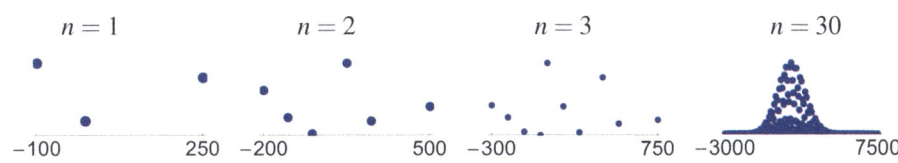

Abb. 12.3 Bei $n = 1$ sind nur die Werte -100, 2, 250 realisierbar. Kombiniert man diese Zahlen zu Summen, ergeben sich nur bestimmte Werte, die weit auseinander liegen. Auch bei $n = 30$ ist dieser Effekt noch deutlich zu sehen, so dass die Wahrscheinlichkeiten stark springen.

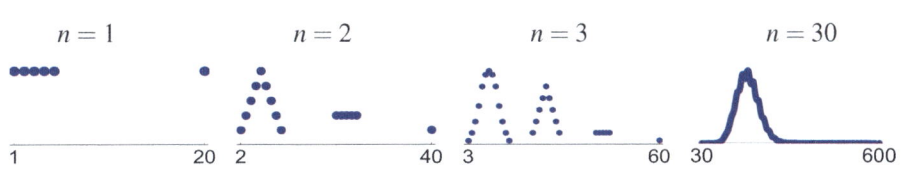

Abb. 12.4 Bei $n = 1$ ist die Verteilung eines Würfels zu sehen, bei dem der Wert 6 durch den Wert 20 ersetzt worden ist. Trotz des Ausreißers 20 erkennt man bereits bei $n = 30$ die Glockenform.

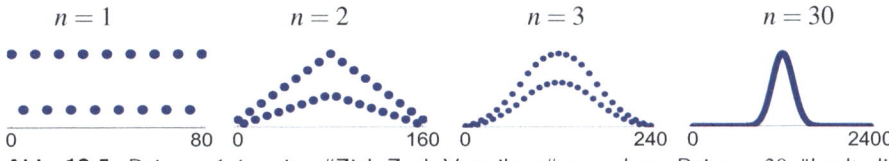

Abb. 12.5 Bei $n = 1$ ist eine "Zick-Zack-Verteilung" zu sehen. Bei $n = 30$ ähnelt die Verteilung bereits deutlich der Gaußschen Glocke.

Statt der aufwendigen exakten Rechnung ermitteln wir nun die approximierende Gauß-Glocke. Dazu benötigen wir noch den Erwartungswert und die Varianz des Umsatzes U. Zunächst gilt für jeden einzelnen Summanden

$$\begin{aligned} E[X_i] &= 3 \cdot 0.50 + 4 \cdot 0.15 + 8 \cdot 0.35 = 4.90, \\ VAR[X_i] &= (3-4.9)^2 \cdot 0.50 + (4-4.9)^2 \cdot 0.15 + (8-4.9)^2 \cdot 0.35 \;=\; 5.29. \end{aligned}$$

Dann folgt

$$\begin{aligned} E[U] &= E\left[X_1 + X_2 + \ldots + X_{200}\right] \overset{(10.53)}{=} E[X_1] + E[X_2] + \ldots + E[X_{200}] \\ &= 200 \cdot 4.90 = \; 980, \end{aligned}$$

$$\begin{aligned} VAR[U] &= VAR\left[X_1 + X_2 + \ldots + X_{200}\right] \overset{(10.55)}{=} VAR[X_1] + VAR[X_2] + \ldots + VAR[X_{200}] \\ &= 200 \cdot 5.29 = \; 1058. \end{aligned}$$

Daher gilt für den Umsatz U approximativ $U \sim N(980,\ 1058)$.
Exemplarisch wollen wir den Mindestumsatz u bestimmen, der mit einer Sicherheit von 95% an einem Tag eingenommen wird. Für ihn müsste gelten:

$$\begin{aligned} P(U > u) = 0.95 \quad &\Leftrightarrow \quad 1 - P(U \leq u) = 0.95 \Leftrightarrow P(U \leq u) = 0.05 \\ &\overset{(11.4)}{\Leftrightarrow} \quad \Phi\left(\frac{u-980}{\sqrt{1058}}\right) = 0.05. \end{aligned}$$

Da gemäß Tabelle $\Phi(-1.645) = 0.05$ gilt, folgt:

$$\frac{u-980}{\sqrt{1058}} = -1.645. \tag{12.1}$$

Beispiel "Umsatz in Kantine"

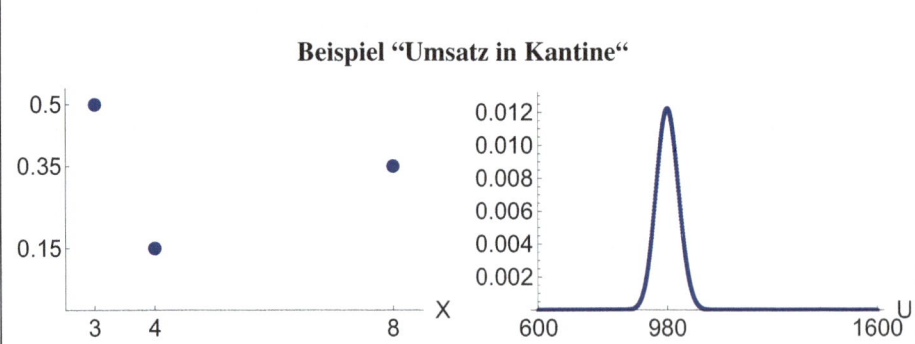

Abb. 12.6 Bei einem einzelnen Kunden ähnelt die Verteilung der Einnahmen X [€] gar nicht einer Gauß-Glocke.

Abb. 12.7 Bei 200 Kunden ähnelt die Verteilung des Gesamtumsatzes U [€] wegen des Zentralen Grenzwertsatzes sehr stark einer Gauß-Glocke.

Die Auflösung nach u ergibt den gesuchten Mindestumsatz:

$$u = 980 - 1.645 \cdot \sqrt{1058} = 926.49 \ [\text{€}]. \qquad (12.2)$$

☻

Beispiel (Gesamtzeit). Schneider Armin hat den Auftrag, 600 Anzüge herzustellen. Aus Erfahrung weiß er, dass pro Anzug 20 Minuten benötigt werden. Die Standardabweichung der Herstellungszeit eines Anzuges beträgt 8 Minuten.
Bei der Vereinbarung des Liefertermins plant Armin für die Gesamtproduktionszeit sicherheitshalber 5 Stunden mehr ein, als er im Schnitt benötigen würde. Mit welcher Wahrscheinlichkeit wird er pünktlich liefern?
Armin muss lediglich unterstellen dürfen, dass die Produktionszeiten der einzelnen Anzüge untereinander unabhängig sind. Die genaue Verteilung der Herstellungszeit eines einzelnen Anzugs kennt er nicht und benötigt er auch nicht. Dann ist die Gesamtzeit

$$S = X_1 + X_2 + X_3 + \ldots + X_{600} \ [\text{Min}]$$

wegen des Zentralen Grenzwertsatzes approximativ normalverteilt. Mit

$$
\begin{aligned}
E[S] &= E[X_1 + X_2 + \ldots + X_{600}] \overset{(10.53)}{=} E[X_1] + E[X_2] + \ldots + E[X_{600}] \\
&= 600 \cdot 20 = 12000,
\end{aligned}
$$

$$
\begin{aligned}
VAR[S] &= VAR[X_1 + X_2 + \ldots + X_{600}] \overset{(10.55)}{=} VAR[X_1] + VAR[X_2] + \ldots + VAR[X_{600}] \\
&= 600 \cdot 8^2 = 38400
\end{aligned}
$$

folgt $S \sim N(12000, 38400)$. Das gesuchte Wahrscheinlichkeit beträgt somit

$$
\begin{aligned}
P(S < 12000 + 5 \cdot 60) = P(S < 12300) &\overset{(11.4)}{=} \Phi \left(\frac{12300 - 12000}{\sqrt{38400}} \right) = \Phi(1.53) \\
&= 93.70\%.
\end{aligned}
$$

☻

Die folgenden Unterkapitel zeigen einige spezielle, aber sehr hilfreiche Anwendungen des Zentralen Grenzwertsatzes.

12.1 Approximative Verteilung des arithmetischen Mittels

Wie bisher betrachten wir wieder eine Sequenz von Zufallsvariablen $X_1, X_2, \cdots, X_n$, die alle voneinander **unabhängig** sind. Wie in den letzten Beispielen und in vielen anderen Anwendungen sei nun zusätzlich unterstellt, dass zudem diese Variablen X_i **identische Verteilungen** haben.
Diese beiden Eigenschaften liegen insbesondere auch bei einer sogenannten "Unabhängigen Zufallsstichprobe" vor, die wir auf Seite 267 genauer kennen lernen werden.

Wir wissen schon, dass wegen des Zentralen Grenzwertsatzes die Summe $S = X_1 + X_2 + \cdots + X_n$ approximativ normalverteilt ist, falls die Anzahl n der Summanden "groß" ist. Wenn man ein normalverteilte Zufallsvariable mit einer Konstanten multipliziert, ändern sich wohl der Erwartungswert und die Varianz, nicht aber die Art der Verteilung. Daher ist mit S auch

$$\bar{X} = \frac{1}{n}(X_1 + X_2 + \cdots + X_n) = \frac{1}{n} \cdot S \qquad (12.3)$$

normalverteilt. In der Induktiven Statistik entspricht diese Zufallsvariable $\bar{X}$ dem sogenannten **Stichprobenmittel**.

Wir bestimmen noch die Parameter der Gaußschen Glockenkurve: Da alle X_i eine identische Verteilungen besitzen, haben sie auch alle denselben Erwartungswert $\mu = E[X_i]$ und dieselbe Varianz $\sigma^2 = VAR[X_i]$. Dann erhält man

$$
\begin{aligned}
E[\bar{X}] &= E\left[\frac{1}{n}(X_1 + X_2 + \cdots + X_n)\right] \overset{(10.49)}{=} \frac{1}{n} \cdot E\left[(X_1 + X_2 + \cdots + X_n)\right] \\
&\overset{(10.53)}{=} \frac{1}{n} \cdot (E[X_1] + E[X_2] + \cdots + E[X_n]) = \frac{1}{n}(\mu + \mu + \cdots + \mu) = \frac{1}{n} \cdot n \cdot \mu \\
&= \mu, \qquad\qquad\qquad\qquad\qquad\qquad\qquad\qquad\qquad\qquad\qquad (12.4)
\end{aligned}
$$

und wegen der Unabhängigkeit der X_i

$$
\begin{aligned}
VAR[\bar{X}] &= VAR\left[\frac{1}{n}(X_1 + X_2 + \cdots + X_n)\right] \overset{(10.50)}{=} \frac{1}{n^2} \cdot VAR\left[(X_1 + X_2 + \cdots + X_n)\right] \\
&\overset{(10.55)}{=} \frac{1}{n^2}(\sigma^2 + \cdots + \sigma^2) = \frac{1}{n^2} \cdot n \cdot \sigma^2 \\
&= \frac{\sigma^2}{n}. \qquad\qquad\qquad\qquad\qquad\qquad\qquad\qquad\qquad\qquad\qquad (12.5)
\end{aligned}
$$

Wir fassen alle Ergebnisse zusammen:

Approximative Verteilung des arithmetischen Mittels

Das Stichprobenmittel $\bar{X}$ ist für große Stichproben, d.h " $n \to \infty$ " annähernd normalverteilt:

$$\bar{X} \sim N\left(\mu, \frac{\sigma^2}{n}\right). \qquad (12.6)$$

Wie schon erwähnt, ist das Geniale an diesem Resultat, dass man die Verteilung der einzelnen Stichprobenvariablen X_i nicht kennen muss. Genau das ist in der Induktiven Statistik typischer Weise der Fall und stört hier nicht! Es gibt keine generelle Aussage darüber, wann n hinreichend "groß" ist, aber bei zahlreichen induktiven Verfahren empfiehlt man $n \geq 30$.

Beispiel (Sofas). Berthold stellt Sofas auf Bestellung im Internet her. In Zukunft wird ein Kunde mit 30% Wahrscheinlichkeit einen Zweisitzer, mit 25% Wahrscheinlichkeit einen Dreisitzer und mit 45% Wahrscheinlichkeit einen Viersitzer bestellen. Betrachtet man die nächste Bestellung als Zufallsexperiment, so ist die Anzahl X der Sitze eine Zufallsvariable mit

$$
\begin{aligned}
E[X] &= 2 \cdot 0.30 + 3 \cdot 0.25 + 4 \cdot 0.45 &&= 3.15, \\
VAR[X] &= (2 - 3.15)^2 \cdot 0.30 + (3 - 3.15)^2 \cdot 0.25 + (4 - 3.15)^2 \cdot 0.45 &&= 0.7275.
\end{aligned}
$$

Sowohl die obige Verteilung zu X, als auch ihre Parameter, spiegeln quasi die "Realität der Zukunft" wieder, die aber Berthold jetzt noch nicht kennen kann. Andererseits würde er jetzt schon gerne wissen, wie viele Sitze im Schnitt bestellt werden, um Kosten und Material besser planen zu können.

Um den für Berthold unbekannten Wert $\mu = 3.15$ zu schätzen, geht er experimentell vor, indem er die nächsten $n = 100$ Bestellungen als unabhängige Zufallsstichprobe betrachtet: Er unterstellt, dass seine Kunden sich nicht absprechen, so dass die einzelnen Bestellungen $X_1, \ldots, X_{100}$ untereinander unabhängig sind. Zudem unterstellt er, dass alle Zufallsvariablen X_i dieselbe Verteilung wie X besitzen. Das heißt beispielsweise, dass die Bestellung eines Dreisitzers bei jeder Bestellung immer gleich hoch ist. Unter diesen Annahmen ist das Stichprobenmittel

$$
\bar{X} = \frac{1}{100}(X_1 + X_2 + \cdots + X_{100}). \tag{12.7}
$$

wegen (12.6) approximativ normalverteilt:

$$
\bar{X} \sim N\left(3.15, \frac{0.7275}{100}\right). \tag{12.8}
$$

Man erkennt, dass die Varianz des Stichprobenmittels $\bar{X}$ mit $\frac{0.7275}{100} = 0.007275$ erheblich geringer ist als die Varianz $\sigma^2 = 0.7275$ der Variablen X. Daher gelingt die Schätzung $\bar{X}$ "meistens" recht genau.

Beispielsweise beträgt die Wahrscheinlichkeit, dass Bertholds Schätzung nur um maximal 5% vom tatsächlichen Mittelwert 3.15 abweicht

$$
P(3.15 \cdot 0.95 \leq \bar{X} \leq 3.15 \cdot 1.05) = P(\bar{X} \leq 3.3075) - P(\bar{X} < 2.9925))
$$

$$
= \Phi\left(\frac{3.3075 - 3.15}{\sqrt{\frac{0.7275}{100}}}\right) - \Phi\left(\frac{2.9925 - 3.15}{\sqrt{\frac{0.7275}{100}}}\right) = \Phi(1.85) - \Phi(-1.85)
$$

$$
= 93.56\%.
$$

☻

12.2 Approximation der Binomialverteilung

Aus dem Kapitel 11.2 wissen wir bereits, dass bei einer Bernoulli-Kette die Trefferzahl Y eine Binomialverteilung besitzt. Es gibt aber gelegentlich so lange Bernoulli-Ketten, dass die bereits bekannte und exakte Formel (11.21) "rechentechnisch" sehr aufwendig wird und selbst leistungsstarke Computer überfordert. Insofern sind wir an einer Näherungsformel für die Binomialverteilung interessiert.

Beispiel (Papierherstellung). Für einen Verlag werden 1 000 000 Blatt Papier hergestellt. Dabei kann ein Blatt unabhängig von den anderen mit einer Trefferwahrscheinlichkeit von $p = 0.02$ einen Flecken aufweisen. Die Gesamtzahl Y der befleckten Blätter ist daher gemäß $Y \sim Bi(1\,000\,000, 0.02)$ binomialverteilt. Wie hoch ist die Wahrscheinlichkeit, dass beispielsweise höchstens 20300 Blätter befleckt sind? Die korrekte Rechnung lautet gemäß (11.21) :

$$
\begin{aligned}
P(Y \le 20300) \;=\; & \binom{1\,000\,000}{0} 0.02^0 \cdot 0.98^{1\,000\,000} + \binom{1\,000\,000}{1} 0.02^1 \cdot 0.98^{999999} \\
& + \;\cdots\; \text{viele Summanden} \;\cdots\; + \binom{1\,000\,000}{20300} 0.02^{20300} \cdot 0.98^{979700} \\
\;=\; & ?
\end{aligned}
\tag{12.9}
$$

Diese Summe besteht aus 20301 Summanden, bei denen die Binomialkoeffizienten, aber auch die Potenzen schwierig zu berechnen sind. Die Lösung würde uns sehr lange beschäftigen.   ☻

Die Trefferzahl Y können wir wie auf Seite 207 gemäß (11.17) als Summe

$$
Y \;=\; X_1 + X_2 + \ldots + X_n
$$

schreiben. Dabei ist X_i die Indikatorvariable zum i-ten Bernoulli-Experiment. Per Definition einer Bernoulli-Kette sind diese Indikatorvariablen voneinander unabhängig. Das reicht bereits aus, um bei großem n die Voraussetzungen des Zentralen Grenzwertsatzes zu erfüllen. Die Verteilung von Y ist dann mit einer Normalverteilung sehr gut approximierbar.

Wir kennen bereits von (11.22) und (11.23) den Erwartungswert $E[Y] = n \cdot p$ und die Varianz $VAR[Y] = n \cdot p \cdot (1 - p)$. Mit diesen Parametern finden wir die "passende" Glockenkurve:

$$
Y \sim N(np,\, np(1 - p)\,), \qquad \text{sofern } n \text{ groß ist.}
$$

Man bezeichnet n als "ausreichend groß", wenn die Varianz $VAR[Y] = np(1 - p) \ge 9$ ist. Diese Regel ist kein mathematisch beweisbares Theorem, sondern eher als Empfehlung zu verstehen, die für praktische Belange zu hinreichend genauen Ergebnissen führt.

Faustformel zur Binomialverteilung

Y sei eine binomialverteilte Zufallsvariable, kurz $Y \sim Bi(n, p)$.
Falls $np(1 - p) \geq 9$ ist, gilt:

$$P(Y \leq k) \approx \Phi \left(\frac{k + 0.5 - np}{\sqrt{np(1 - p)}} \right). \tag{12.10}$$

Falls $np(1 - p) < 9$ ist, sollte man die exakte Formel (11.21) auf Seite 210 benutzen.

Da die Anzahl der Treffer Y nur ganze, natürliche Zahlen annehmen kann, ist Y eine Variable diskreten Typs. Eine normalverteilte Zufallsvariable ist aber stetigen Typs und kann auch nicht ganze Zahlen annehmen. Daher wird als sogenannter "Korrekturterm" eine "0.5" in der Formel (12.10) verwendet, um diese Diskrepanz durch geschicktes Runden auszugleichen.

Beispiel (Fortsetzung). Wir greifen nochmals die Frage auf, wie hoch die Wahrscheinlichkeit ist, dass höchstens 20300 Blätter befleckt sind. Für $Y \sim Bi(1\,000\,000, 0.02)$ kann man wegen

$$np(1 - p) = 1\,000\,000 \cdot 0.02 \cdot 0.98 = 19600 \geq 9 \tag{12.11}$$

statt der exakten Rechnung (12.9) die Faustformel (12.10) benutzen:

$$P(Y \leq 20300) = \Phi \left(\frac{20300 + 0.5 - 20000}{\sqrt{19600}} \right) = \Phi(2.15) = 98.42\%.$$

Die gesuchte Wahrscheinlichkeit ist demnach recht hoch.

Nun wollen wir noch die Wahrscheinlichkeit bestimmen, dass genau 20005 Blätter befleckt sein werden. Dazu können wir nochmals die Faustformel (12.10) benutzen:

$$P(Y = 20005) = P(Y \leq 20005) - P(Y \leq 20004)$$

$$= \Phi \left(\frac{20005 + 0.5 - 20000}{\sqrt{19600}} \right) - \Phi \left(\frac{20004 + 0.5 - 20000}{\sqrt{19600}} \right) \tag{12.12}$$

$$= \Phi(0.0392857) - \Phi(0.0321429)$$

$$= 0.5156688 - 0.5128210 = 0.28478 \quad \%[1].$$

Die Berechnung ist in Abbildung 12.8 veranschaulicht. Zum Vergleich wollen wir die Wahrscheinlichkeit nochmals mit der exakten Verteilung, d.h. mit der Binomial-

---

[1] Hier werden mehr als nur zwei Nachkommastellen im Argument der Standardnormalverteilung Φ benutzt. Diese ist auch nicht mit der Tabelle im Anhang, sondern mit einer geeigneten Software berechnet worden.

verteilung bestimmen. Dazu benötigen wir allerdings die Hilfe eines leistungsstarken Rechenprogramms.

$$P(Y = 20005) \;=\; \binom{1\,000\,000}{20005} 0.02^{20005} \cdot 0.98^{979995} \;=\; 0.28474\%.$$

Offenbar ist hier die Approximation wirklich eine gute Näherung.   ☻

Beispiel (Partneranzeige). Der Duft des Damenparfüms "Transpiritus X13" wirkt auf 6% aller Männer eher ekelerregend und abstoßend. Irma, 21 Jahre alt und Dauerbenutzerin des Parfüms, trifft sich aufgrund einer im Sackeifelkurier annoncierten Partneranzeige mit 300 Männern. Wir wollen die Wahrscheinlichkeit bestimmen, dass bei höchstens 20 Männern schon alleine wegen des Parfüms die Eheanbahnung scheitert.

Es dürfte realistisch sein, dass die Männer unabhängig voneinander auf das Parfüm reagieren. Daher bilden die 300 Treffs eine Bernoullikette, so dass für die Variable "Y = Anzahl ablehnender Männer" $Y \sim Bi(300; 0.06)$ gilt. Die Faustformel (12.10) ist anwendbar, da $np(1 - p) = 16.92 \geq 9$ ist.

$$P(Y \leq 20) \;=\; \Phi\left(\frac{20 + 0.5 - 18}{\sqrt{16.92}}\right) \;=\; \Phi(0.61) \;=\; 72.91\%.$$ ☻

Beispiel (Steuererklärungen). Die Steuerfahndung kontrolliert 400 Steuererklärungen. Eine einzelne Steuererklärung ist unabhängig von den anderen mit einer Wahrscheinlichkeit von p nicht korrekt. Für "X = Anzahl inkorrekter Erklärungen" gilt daher

$$X \sim Bi(400;\, p).$$

Bei mehr als 40 inkorrekten Steuererklärungen müssen die Fahnder Überstunden einlegen.

Veranschaulichung des Korrekturterms "0.5" in Formel (12.10)

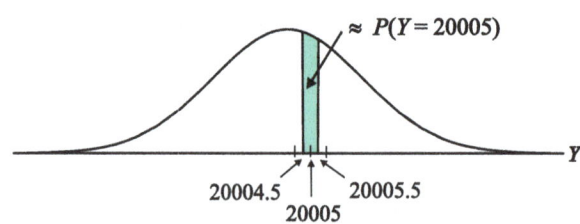

$\approx P(Y = 20005)$

20004.5   20005.5
20005

Abb. 12.8 Da Y diskret, die Normalverteilung aber stetig ist, berechnet man die Wahrscheinlichkeit des diskreten Wertes 20005 als Fläche über all jenen Werten, welche man auf 20005 rundet. Im Beispiel "Papierherstellung" wird dies in (12.12) durch den Korrekturterm "0.5" erreicht. Ohne den Korrekturterm wäre die Fläche um 0.5 Einheiten nach links verschoben.

a) Wir unterstellen, dass $p = 8\%$ beträgt. Mit welcher Wahrscheinlichkeit fallen für die Fahnder Überstunden an?

Da $n \cdot p(1-p) = 29.44 > 9$ ist, können wir die Faustformel (12.10) anwenden:

$$P(\text{Überstunden}) = P(X > 40) = 1 - P(X \leq 40) = 1 - \Phi\left(\frac{40 + 0.5 - 32}{\sqrt{29.44}}\right)$$
$$= 1 - 0.9414 = 5.86\%.$$

b) Angenommen, die Fahnder leisten mit einer Wahrscheinlichkeit von 15% Überstunden. Welcher Wert für p müsste hierfür zu Grunde liegen? Es gilt:

$$P(\text{Überstunden}) = 0.15 \ \Leftrightarrow \ P(X \leq 40) = 0.85 \ \Leftrightarrow \ \Phi\left(\frac{40 + 0.5 - 400p}{\sqrt{400p(1-p)}}\right) = 0.85.$$

Man erkennt, dass der Ausdruck in der großen Klammer dem 85%-Quantil der Standardnormalverteilung entsprechen muss. Wegen $\Phi(1.036) = 0.85$ muss daher gelten:

$$\frac{40.5 - 400p}{\sqrt{400p(1-p)}} = 1.036. \qquad (12.13)$$

Durch Quadrieren beider Seiten und Multiplikation mit dem Nenner erhält man die quadratische Gleichung

$$(40.5 - 400p)^2 = 1.036^2 \cdot 400p(1-p),$$

welche jedoch mehr Lösungen besitzt als (12.13). Von den zwei Lösungen $p_1 = 0.086676$ und $p_2 = 0.117959$ der quadrierten Gleichung erfüllt jedoch nur p_1 die Gleichung (12.13). Daher müsste eine Steuererklärung mit 8.6676% Wahrscheinlichkeit falsch sein. ☻

Beispiel (Überbuchung). Berthold bietet eine Schiffsreise für Singles an, die man bereits Wochen vor Beginn buchen muss. Es stehen 500 Plätze zur Verfügung. Erfahrungsgemäß treten im Schnitt 10% der Kunden aus verschiedenen Gründen die Reise nicht an. Wir unterstellen, dass die Absagen unabhängig voneinander erfolgen.

a) Berthold lässt 540 Reservierungen zu. Mit welcher Wahrscheinlichkeit kommt es zu einer Überbuchung, so dass nicht alle Mitfahrwillige untergebracht werden können?

Dazu betrachten wir jede einzelne Reservierung als Bernoulliexperiment, das mit einer Wahrscheinlichkeit von 0.90 zu einem Mitfahrwilligen führt. Alle $n = 540$ Reservierungen bilden somit eine Bernoullikette, wobei Y die Anzahl der Mitfahrwilligen entspricht. Für $Y \sim Bi(540, 0.90)$ kann man wegen

$$np(1-p) = 540 \cdot 0.90 \cdot 0.10 = 48.6 \geq 9 \qquad (12.14)$$

die Faustformel (12.10) benutzen:

$$P\,(\text{zu viele Mitfahrwillige}) \;=\; P\,(Y > 500) = 1 - P\,(Y \le 500)$$

$$= \; 1 - \Phi\left(\frac{500 + 0.5 - 486}{\sqrt{48.6}}\right)$$

$$= \; 1 - \Phi\,(2.08) \approx 1 - 0.9812 = 1.88\%.$$

b) Der Preis einer Reise beträgt 2000 [€/Pers]. Personen, welche die Reise absagen, müssen nichts zahlen. Da bei $n = 540$ Reservierungen im Schnitt nur $E[Y] = n \cdot p = 540 \cdot 0.90 = 486$ Personen mitfahren wollen, wären über[2] 14 Plätze ungenutzt, so dass ein durchschnittlicher entgangener Erlös bzw. Opportunitätskosten von über $14 \cdot 2000 = 28\,000[€]$ entstehen. Andererseits zahlt Berthold an jeden Kunden, der wegen Überbuchung nicht mitreisen kann, eine großzügige Entschädigung von 25 000 [€/Pers], also mehr als das Zehnfache des Preises, damit kein Kunde "unzufrieden" ist.

Um eine vernünftige Balance zwischen Opportunitätskosten und Entschädigungen zu finden, möchte Berthold eine optimale Reservierungszahl n bestimmen. Dazu betrachtet er den Gewinn, den er erzielen kann:

$$G(n) \;=\; \text{Gewinn bei } n \text{ Reservierungen} \;=\; \text{Erlös} - \text{Entschädigungskosten}$$

$$= \begin{cases} Y \cdot 2000 & \text{für } Y \le 500, \\ 500 \cdot 2000 - (Y - 500) \cdot 25000 & \text{für } Y > 500. \end{cases}$$

Der Gewinn $G(n)$ ist eine Zufallsvariable, die im Wesentlichen durch die Anzahl der Mitfahrwilligen Y bestimmt wird, welche gemäß $Y \sim Bi(n, 0.90)$ binomialverteilt ist. Da zu einem festen n der Gewinn $G(n)$ zufallsbedingt mal groß oder klein ausfallen kann, macht es keinen Sinn, $G(n)$ bezüglich n unmittelbar maximieren zu wollen. Stattdessen orientiert Berthold seine Entscheidung am erwarteten Gewinn $E[G(n)]$. Diesen berechnet er gemäß (10.5), indem er jede mögliche Realisation von $G(n)$ mit der zugehörigen Wahrscheinlichkeit multipliziert und anschließend die Summe bildet:

$$E[G(n)] \;=\; \sum_{y=0}^{500} y \cdot 2000 \cdot P(Y = y) \tag{12.15}$$

$$+ \sum_{y=501}^{540} [500 \cdot 2000 - (y - 500) \cdot 25000] \cdot P(Y = y).$$

---

[2]Aus den gleichen Gründen wie bei "Vorsicht Falle" auf Seite 224 sind dies nicht genau 14 Plätze sondern mehr! Bei richtiger, aber mühsamer Rechnung erhält man 14.06 Plätze.

Hierbei werden die Wahrscheinlichkeiten $P(Y = y)$ gemäß (12.10) mit

$$P(Y = y) = P(Y \le y) - P(Y \le y - 1)$$

$$= \Phi\left(\frac{y + 0.5 - np}{\sqrt{np(1-p)}}\right) - \Phi\left(\frac{y - 0.5 - np}{\sqrt{np(1-p)}}\right) \qquad (12.16)$$

berechnet. Der Rechenaufwand ist zwar hoch, jedoch mit einer entsprechenden Software bzw. einem üblichen Tabellenkalkulationsprogramm mühelos und schnell zu bewältigen. Berthold hat den erwarteten Gewinn $E[G(n)]$ für verschiedene Reservierungszahlen n gemäß (12.15) und (12.16) berechnet und in folgender Graphik veranschaulicht:

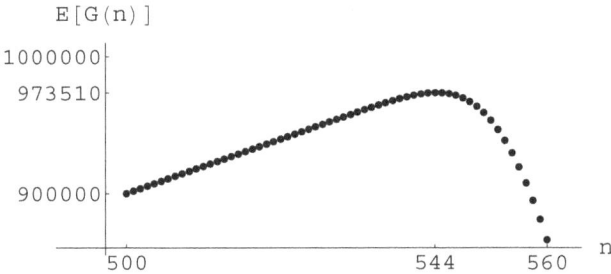

Man erkennt, dass nicht 540, sondern $n = 544$ die optimale Reservierungszahl wäre und der erwartete Gewinn 973 510 [€] beträgt.

Möchte Berthold keinerlei Risiko für Entschädigungszahlungen eingehen, ergibt sich bei $n = 500$ ein erwarteter Gewinn bzw. Erlös von $E[G(500)] = 500 \cdot 0.90 \cdot 2000 = 900\,000$ [€]. Dieser Wert liegt immerhin 73 510 [€] unter dem optimalen zu erwartenden Gewinn. Im Einzelfall, wenn $Y = 500$ ist, d.h. alle Plätze verkauft werden, und keine Person zu viel kommt, beträgt der Gewinn bzw. Erlös $G(500) = 500 \cdot 2000 = 1\,000\,000$ [€]. Dies ist für alle n eine obere Schranke für die Zufallsvariable $G(n)$. Sie kann in keinem Einzelfall übertroffen werden. ☺

Teil III

Induktive Statistik

13 Stichproben

Übersicht

In der Deskriptiven Statistik liegt dem Anwender aufgrund einer **Totalerhebung** bezüglich einer Grundgesamtheit eine vollständige Urliste vor. Insofern besitzt er **vollständige Informationen** über Verteilungen und alle statistischen Kenngrößen.

Oft sind aber Totalerhebungen in der Praxis zu aufwändig, kostspielig oder zeitraubend, so dass man sich nur mit einer Stichprobe über die Grundgesamtheit informiert: Wahlumfragen im Vergleich zu einer aufwändigen Bundestagswahl, die Prüfung von nur 50 Schrauben, statt aller angelieferten 200 000 Schrauben, oder die Untersuchung nicht jeden einzelnen Baumes in Deutschland auf Borkenkäfer. Spätestens beim Überprüfen von Airbags (zerstörende Kontrolle) wird der Vorteil von Stichproben klar.

Jedoch bieten **Stichproben** quasi nur einen Blick durch ein Schlüsselloch auf die Grundgesamtheit und liefern **unvollständige Informationen**. Es besteht daher ein Risiko, dass der Anwender zu falschen Einschätzungen und Schlüssen bezüglich der kompletten Grundgesamtheit kommt. Der entscheidende Vorteil Induktiver Verfahren besteht darin, dass der Anwender dieses **Risiko** quantifizieren und damit auch selbst festlegen und **kontrollieren** kann.

Die Kontrolle des Risikos ist jedoch nur dann gewährleistet, wenn man weiß, welche Art von Stichproben bei dem jeweiligen Induktiven Verfahren notwendig sind. Hierbei spielt die "Entstehung" der Stichproben, das sogenannte **Ziehungsverfahren**, die entscheidende Rolle.

Diese Problematik wird manchmal in der Praxis leider unterschätzt und ist der Grund für so manch fragwürdiges "wissenschaftliche" Ergebnis. Statistiken, bei denen nur "Daten" ausgewertet werden, nicht aber berücksichtigt wird, wie sie entstanden sind, sollte man mit großer Vorsicht genießen. Hinzu kommt, dass es inzwischen Statistik Programme gibt, mit denen sich viele komplexe Verfahren mit tollen graphischen Auswertungen und vielen Funktionalitäten lobenswert einfach bedienen lassen. Sie beantworten aber dem Anwender nicht die alles entscheidende Frage: Sind die "Daten" mit dem passenden Ziehungsverfahren erhoben worden?

Psychologisch erklärbar, aber sachlich falsch, ist auch die Vorstellung, man könne mit großen, riesigen Stichproben oder "Big Data" methodische Defizite ausgleichen. Diesem Wunschdenken verfällt man vor allem dann, wenn die Daten mit viel Fleiß, hohen Kosten oder unter widrigen Umständen erhoben worden sind.

13.1 Ausgangssituation

Man interessiert sich für bestimmte Kenngrößen einer deskriptiven Variablen X. Dabei ist die Grundgesamtheit entweder gegeben und endlich, oder sie entsteht erst in Zukunft.

Beispiel 1: Eine Kiste mit $N = 80\,000$ Schrauben wurde gestern geliefert. Sie stellt die Grundgesamtheit dar. Das Merkmal "X = Durchmesser" soll überprüft werden.

Beispiel 2: Eine Kiste mit $N = 80\,000$ Schrauben soll heute Nachmittag mit einer Maschine hergestellt werden. Die Grundgesamtheit mit den Schrauben und dem Merkmal "X = Durchmesser" existiert jetzt noch nicht, aber heute Abend.

Unabhängig davon, ob uns als Anwender die vollständige Urliste und damit die vollständige Information zu einer Grundgesamtheit zur Verfügung steht, gibt es zu einer deskriptiven Variablen X eine deskriptive Verteilung $h(x)$ und diverse Kenngrößen wie beispielsweise $\bar{x}_G$ oder σ_G^2. So existiert im ersten Beispiel ein bestimmter mittlerer Durchmesser $\bar{x}_G$ aller 80 000 Schrauben, auch wenn wir "zu faul" sein sollten ihn zu berechnen. Im zweiten Beispiel wollen wir es genauso betrachten.

Wenn die Erstellung der kompletten Urliste zu teuer und mühselig ist, oder wenn die Grundgesamtheit noch gar nicht vollständig existiert, zieht man eine **Stichprobe vom Umfang** n, d.h. man beschafft sich zu n Objekten der Grundgesamtheit die Merkmalswerte

$$(X_1, X_2, \cdots, X_n).$$

Da man nicht im Voraus weiß, welche Werte man erhält, betrachten wir alle X_i als **Zufallsvariablen**. Liegt eine konkret gezogene Stichprobe vor, so notiert man deren Werte mit Kleinbuchstaben $(x_1, x_2, \cdots, x_n)$ und bezeichnet sie als Realisation der Stichprobenvariablen $(X_1, X_2, \cdots, X_n)$.

Wichtige Fragen:

- Welche **Verteilungen** besitzen die Stichprobenvariablen X_i?
  Es ist zu klären, ob und inwiefern sich die statistischen Eigenschaften der Grundgesamtheit auf die Stichprobe übertragen.
- Sind die Stichprobenvariablen X_i **abhängig oder unabhängig** voneinander?
  Bei den meisten Induktiven Verfahren wird Unabhängigkeit unterstellt, da dies ihre mathematische Herleitung deutlich vereinfacht. Sollten Abhängigkeiten vorhanden sein, würden diese Verfahren nicht richtig funktionieren.

Die Antworten beider Fragen hängen immer vom Ziehungsverfahren ab.

Ziehungsverfahren

Es beschreibt den Selektionsprozess, d.h. die Art und Weise, wie die Objekte aus der Grundgesamtheit gezogen werden, bzw. wie Daten entstehen.

Die nachfolgenden Kapitel besprechen diverse Stichprobentypen und Ziehungsverfahren. Es ergeben sich jeweils unterschiedliche Konsequenzen bezüglich der gemeinsamen Verteilung von $(X_1, X_2, \cdots, X_n)$.

13.2 Unabhängige Zufallsstichprobe

Dieser Stichprobentyp ist mit großem Abstand der wichtigste, da er fast ausnahmslos für Induktive Verfahren vorausgesetzt wird.

Unabhängige Zufallsstichprobe

Eine unabhängige Zufallsstichprobe $(X_1, X_2, \cdots, X_n)$ ist durch zwei Eigenschaften definiert:

1. Die Zufallsvariablen $X_1, X_2, \cdots, X_n$ sind **unabhängig** voneinander. (13.1)

2. Jede Zufallsvariable X_i besitzt **dieselbe Verteilung** wie die deskriptive Variable X der Grundgesamtheit:

$$P(X_i = x) \ = \ h(X = x). \tag{13.2}$$

Aus der zweiten Eigenschaft (13.2) folgt dann auch

$$E[X_i] \ = \ \bar{x}_G \qquad \text{und} \qquad VAR[X_i] \ = \ \sigma_G^2, \tag{13.3}$$

da bei der Berechnung dieselben Zahlen einfließen[1]. Die Grundgesamtheit vererbt also nicht nur ihre Verteilung auf die Stichprobenvariablen, sondern auch ihre statistischen Kenngrößen!

Welche Ziehungsverfahren führen zu unabhängigen Zufallsstichproben?

Der Anwender muss sich überlegen, mit welchen praktischen Maßnahmen er die beiden Eigenschaften (13.1) und (13.2) in der Praxis auch wirklich gewährleisten kann. Hierfür gibt es je nach Anwendung verschiedene Möglichkeiten. Wir geben einige Anregungen:

Praktische Maßnahmen für (13.1)

■ **Ziehen mit Zurücklegen**
Dadurch stellt man nach jeder Ziehung die Ausgangssituation wieder her. Dann sind die n Zufallsvariablen $X_1, X_2, \cdots, X_n$ unabhängig voneinander.

Praktische Maßnahmen für (13.2)

■ Der Selektionsprozess der Objekte ist eine **reine Zufallsauswahl**.
Oder:
■ Der Selektionsprozess der Objekte und die Variable X sind unabhängig voneinander, bzw. weisen **keinen Zusammenhang** auf.

Die reine Zufallsauswahl kennen wir schon von Seite 174. Bei ihr wird jedem einzelnen Objekt k der Grundgesamtheit die gleiche Chance eingeräumt, gezogen zu werden:

$$P(\text{Objekt } k \text{ wird gezogen}) = \frac{1}{N}, \qquad \text{für alle } 1 \leq k \leq N.$$

Wegen der Schlussfolgerung (10.11) auf Seite 176 besitzt dann jede Stichprobenvariable X_i dieselbe Verteilung wie die deskriptive Variable X: $P(X_i = x) = h(X = x)$. Insofern ist die obige zweite Eigenschaft (13.2) erfüllt.

Beispiel (Kleine Grundgesamtheit). Die Grundgesamtheit umfasst $N = 10$ Personen. Zu jeder Person ist zu die Anzahl X der Kinobesuche im letzten Monat bekannt.

Grundgesamtheit   Deskriptive Verteilung

$X[g]$	1	2	3
$h(X = x)$	0.60	0.10	0.30

$$\bar{x}_G = 1 \cdot 0.60 + 2 \cdot 0.10 + 3 \cdot 0.30 = 1.7,$$
$$\sigma_G^2 = (1 - 1.7)^2 \cdot 0.60 + (2 - 1.7)^2 \cdot 0.10 + (3 - 1.7)^2 \cdot 0.30 = 0.81.$$

---

[1]Der Index "G" steht für **Grundgesamtheit**.

Bei einer rein zufälligen Ziehung ergibt sich für X_1 dieselbe Verteilung wie bei X: $P(X_1 = x) = h(X = x)$. Dann sind auch die Kenngrößen der Zufallsvariablen X_1 mit den deskriptiven Kenngrößen numerisch identisch, denn man berechnet sie auf dieselbe Art und Weise:

$$E[X_1] = \mu = \bar{x}_G = 1.7 \quad \text{und} \quad VAR[X_1] = \sigma^2 = \sigma_G^2 = 0.81. \quad (13.4)$$

Das mag zwar simpel klingen, es ist aber ein sehr, sehr wichtiger Sachverhalt, denn er gilt vollkommen unabhängig davon, wie gut der Anwender über die Grundgesamtheit informiert ist. Auch wenn er die numerischen Werte in (13.4) nicht kennt, weiß er dennoch, dass die Kenngrößen seiner Zufallsziehung X_1 mit denen der Grundgesamtheit übereinstimmen.

Ziehen mit Zurücklegen: Wenn man die befragte Person wieder in die Grundgesamtheit "zurücklegt", sieht die Grundgesamtheit wieder so aus, wie oben abgebildet. Insofern ist die zweite Stichprobenvariable X_2 unabhängig von X_1. Diese Unabhängigkeit setzt sich auf die gesamte Stichprobe $X_1, X_2, \cdots, X_n$ fort.

Ziehen ohne Zurücklegen: Nun treten Abhängigkeiten auf. Beispielsweise hängt die Wahrscheinlichkeit, bei der zweiten Ziehung eine 3 zu erhalten, davon ab, ob man bei der ersten Ziehung schon eine 3 hatte:

$$P(X_2 = 3 | X_1 = 3) = \frac{2}{9} = 0.2222 \quad \text{und} \quad P(X_2 = 3 | X_1 \neq 3) = \frac{3}{9} = 0.3333.$$

Aus analogen Gründen sind demnach alle Variablen $X_1, \ldots, X_n$ abhängig.

Man denkt vielleicht, dass beim Ziehen ohne Zurücklegen die Abhängigkeit dazu führt, dass die Verteilung von X_2 eine andere sei, als bei X_1. Das ist aber falsch! Beispielsweise gilt:

$$P(X_2 = 3) \stackrel{(10.27)}{=} P(X_2 = 3 | X_1 = 3) \cdot P(X_1 = 3) + P(X_2 = 3 | X_1 \neq 3) \cdot P(X_1 \neq 3)$$

$$= \frac{2}{9} \cdot \frac{3}{10} + \frac{3}{9} \cdot \frac{7}{10} = \frac{27}{90} = 0.30.$$

Das ist dieselbe Wahrscheinlichkeit wie bei der ersten Ziehung und entspricht der Verteilung in der Grundgesamtheit: $P(X_2 = 3) = P(X_1 = 3) = h(X = 3) = 0.30$. Das gilt natürlich analog für alle Stichprobenvariablen $X_1, X_2, \cdots, X_n$.   ☻

Ein vernünftiger Mensch wir wohl kaum "Ziehen mit Zurücklegen" praktizieren. So könnte es beispielsweise beim Kontrollieren von Schrauben vorkommen, dass ein und dieselbe Schraube mehrfach gezogen und geprüft wird.

In der Praxis wendet man daher fast ausnahmslos **Ziehen ohne Zurücklegen** an. Dann liegt jedoch keine unabhängige Zufallsstichprobe vor, weil die n Zufallsvariablen $X_1, X_2, \cdots, X_n$ untereinander **abhängig** sind! Aus diesem Dilemma hilft uns folgende Faustregel.

Faustregel für (13.1)

Zieht man höchstens 5% aller Objekte der Grundgesamtheit, d.h. gilt

$$n \leq 0.05 \cdot N,$$

gibt es zwischen "Ziehen mit Zurücklegen" und "Ziehen ohne Zurücklegen" **keinen** nennenswerten Unterschied. Die auftretenden Abhängigkeiten sind dann sehr schwach und werden in der Praxis vernachlässigt.

Diese Faustregel ist keine mathematisch beweisbare Tatsache, sondern eher als eine Empfehlung zu verstehen.

Beispiel (Große Grundgesamtheit). Wir vergrößern das letzte Beispiel auf $N = 100$ Personen. Das Beispiel ist so gewählt, dass die deskriptive Verteilung exakt dieselbe wie im letzten Beispiel ist: $h(X = 1) = 0.60$, $h(X = 2) = 0.10$, $h(X = 3) = 0.30$.

Ziehen mit Zurücklegen: Mit denselben Argumenten wie im letzten Beispiel sind die Stichprobenvariablen $X_1, X_2, \cdots, X_n$ unabhängig voneinander.

Ziehen ohne Zurücklegen: Auch hier hängt wieder die Wahrscheinlichkeit, bei der zweiten Ziehung eine 3 zu erhalten, davon ab, ob man bei der ersten Ziehung schon eine 3 hatte:

$$P(X_2 = 3 | X_1 = 3) \;=\; \frac{29}{99} \;=\; 0.2929 \quad \text{und} \quad P(X_2 = 3 | X_1 \neq 3) \;=\; \frac{30}{99} \;=\; 0.3030.$$

Allerdings ist der Unterschied deutlich geringer als im letzten Beispiel, so dass nun die Abhängigkeit von X_1 und X_2 "schwächer" ist.

Erweitern wir unser Beispiel auf $N = 100\,000$, ist die Abhängigkeit kaum noch erkennbar:

$$P(X_2 = 3 | X_1 = 3) = \frac{29999}{99999} = 0.299993 \quad \text{und} \quad P(X_2 = 3 | X_1 \neq 3) = \frac{30000}{99999} = 0.300003.$$

☻

Zufälliges Ziehen, aber keine unabhängige Zufallsstichprobe

Das nächste Beispiel zeigt, dass zufälliges, blindes Ziehen aus einer Grundgesamtheit nicht zwangsläufig zu einer unabhängige Zufallsstichprobe führen muss. Wir kennen diesen Effekt bereits von Seite 176 unter der Bemerkung "Vorsicht".

Beispiel (Legokiste). Balthasar hat eine Kiste mit sehr vielen Legosteinen. Er interessiert sich für die Länge X [cm] eines Steines.

Balthasar schüttelt lange und kräftig die Kiste. Da er an eine gute Durchmischung glaubt, greift er zwar **zufällig** und blind in die Kiste, aber aus Bequemlichkeit nicht all zu tief.

Wir wissen seit unserer Kindheit, dass sich in einer Legokiste die kleinen Steine tendenziell unten und die großen oben absetzen. Dieser Effekt wird durch das Schütteln sogar noch verstärkt.

Der Selektionsprozess und die Größe X_1 des gezogenen Steines sind daher nicht unabhängig. Zieht man Steine aus dem unteren Teil, ist X_1 tendenziell kleiner als beim Ziehen aus oberen Schichten. Die Stichprobenvariable X_1 ist somit anders verteilt, als X in der Grundgesamtheit: $P(X_1 = x) \neq h(X = x)$. Diese verletzt die zweite Eigenschaft (13.2). Es liegt also **keine unabhängige Zufallsstichprobe** vor, obwohl Balthasar unstrittig seine Steine in zufälliger Weise auswählt.

Ein Induktives Verfahren, das beispielsweise die mittlere Länge $\bar{x}_G$ aller Steine der Grundgesamtheit zu schätzen versuch, würde tendenziell zu hoch, und damit systematisch falsch schätzen.   ☻

Wenn Balthasar im letzten Beispiel den Stichprobenumfang n deutlich erhöht, wird nichts besser. Die systematische Unzulänglichkeit wird nur öfter wiederholt. Das ist eine simple Erkenntnis, die man aber in der Praxis aus psychologischen Gründen manchmal nicht wahr haben möchte:

> Zufälliges Ziehen, Fleiß, hohe Kosten, und riesige Stichprobenumfänge n liefern bei Induktiven Verfahren keine besseren Informationen, wenn nicht berücksichtigt wird, welcher Stichprobentyp für sie vorausgesetzt ist.

Abstrakt betrachtet beruht der Legokisteneffekt darauf, dass die Wahrscheinlichkeit, mit der man ein bestimmtes Objekt zieht, mit dem Merkmal X einen Zusammenhang aufweist. Trotz zufälligen Ziehens erhält man keine unabhängige Zufallsstichprobe. Diese Problematik ist tückisch und sollte in der Praxis vom Anwender immer und bei jeder Stichprobenziehung kritisch durchdacht werden.

Beispiel (Tankstelle). Man möchte wissen, wie viele Kilometer ein Autofahrer in Deutschland im Schnitt pro Jahr zurücklegt. Befragt man zufällig ausgewählte Personen an Tankstellen, so dürfte man Geringfahrer eher selten antreffen. Die Eigenschaft (13.2) ist verletzt.   ☻

Beispiel (Telephonumfrage). Man möchte herausfinden, wie viel Prozent der Bevölkerung einen strengeren Datenschutz befürworten. Dazu wird eine Telephonumfrage durchgeführt, bei der rein zufällig Personen aus dem Telephonbuch ausgewählt und angerufen werden. Menschen, die nicht im Telephonbuch eingetragen sind neigen zu strengeren Vorstellungen bezüglich des Datenschutzes. Genau dieser Personenkreis wird aber von der Telephonumfrage nicht erfasst. Die Eigenschaft (13.2) ist verletzt. Man beachte: Auch wenn bei der Auswahl der Telephonnummern eine "reine Zufallsauswahl" praktiziert wird, ist dies dennoch keine "reine Zufallsauswahl" aus der Grundgesamtheit = Bevölkerung Deutschlands. Erst dann würde die Eigenschaft (13.2) erfüllt.   ☻

Beispiel (Internetumfrage). Man möchte wissen, wie oft eine Person in Deutschland eine Apotheke aufsucht. Es wird eine Umfrage per Internet durchgeführt. Ältere Menschen gehen sehr oft zur Apotheke. Sie nutzen aber selten oder nie das Internet und geraten deshalb kaum in die Stichprobe. Die Eigenschaft (13.2) ist verletzt. ☻

Ein weiteres Beispiel ist die eu-weite Internetumfrage im Sommer 2018, bei der man abstimmen konnte, ob man für oder gegen eine Zeitumstellung Sommer/Winter ist. Es beteiligten sich über 4 Millionen Bürger, vor allem aus Deutschland. Viele EU-Bürger wussten von der Abstimmung nichts, und außerdem dürften Gegner eine höhere "Aktivierungsenergie" besitzen, sich die Mühe zu machen, abzustimmen.

Keine reine Zufallsauswahl, aber unabhängige Zufallsstichprobe

Wenn das Merkmal X und der Selektionsprozess keinen Zusammenhang aufweisen, ist die Eigenschaft (13.2) in der Regel erfüllt.

Beispiel (Blutgruppe). Fragt man bei Tankstellen nach der Blutgruppe X einer Person, dürfte keine systematische Verfälschung vorliegen, da die Blutgruppe X in keinem Zusammenhang damit steht, ob, und wie viel jemand Auto fährt. Dies sollte auch bei einer Befragung per Internet oder per Telephon zutreffend sein.   ☻

Die reine Zufallsauswahl ist, wie oben schon festgestellt eine hinreichende Maßnahme für die Eigenschaft (13.2), aber keineswegs die einzige, zwingend notwendige. Denn, im letzten Beispiel ist die die Eigenschaft (13.2) zwar erfüllt, aber nicht alle Einwohner Deutschlands besitzen eine gleich hohe Wahrscheinlichkeit von $\frac{1}{82\,000\,000}$ an Tankstellen befragt, und damit in die Stichprobe gezogen zu werden.

Zukünftige Grundgesamtheit

Die bisherigen Überlegungen helfen auch bei einer noch nicht existierenden, zukünftigen Grundgesamtheit, wie im Beispiel Schraubenkiste auf Seite 266.

Man könnte gleich nach Beginn der Produktion die ersten n Stücke als Stichprobe ziehen. In der Statistischen Qualitätskontrolle würde man dazu auch Testläufe, sogenannte "Pre-Runs" durchführen. Es müsste mit den Praktikern geklärt werden, wie realistisch die Annahme ist, dass Defekte beim Produzieren unabhängig voneinander auftreten (Eigenschaft (13.1)). Zudem dürfte sich die Ausschussquote im Laufe des Tages nicht verschlechtern, da ansonsten die zweite Eigenschaft (13.2) verletzt wäre. Da aber die Maschine im Laufe des Tages Verschleiß und diversen Störungen unterliegen könnte, ist diese Annahme eher unrealistisch. In der Praxis zieht man daher in bestimmten zeitlichen Abständen wiederholt Stichproben. Das ist ein Thema des Statistical Process Control (SPC).

Ein weiteres Beispiel (Sofas) für eine Stichprobe aus einer zukünftigen Grundgesamtheit haben wir bereits auf Seite 255 kennen gelernt.

13.3   P-Stichproben

Der Begriff "P-Stichprobe" ist in der Literatur nicht weit verbreitet. Er soll an die Begriffe "Probability Sampling Plans" oder "Unequal Probability Sampling" erinnern. Dieser Stichprobentyp ist aber für die mathematischen Analysen und das Verständnis der Ziehungsverfahren, die in den nachfolgenden Kapiteln noch besprochen werden, hilfreich.

P-Stichprobe

Die Objekte der Grundgesamtheit können **unterschiedliche** Wahrscheinlichkeiten besitzen, gezogen zu werden:

$$P(\text{Objekt } k \text{ wird gezogen}) = p_k.$$

In der Regel werden die Wahrscheinlichkeiten p_k vom Anwender festgelegt, oder sie können von ihm ermittelt werden.

Während bei der reinen Zufallsauswahl für alle Objekte der Gerundgesamtheit eine Gleichverteilung $p_k = \frac{1}{N}$ gilt, gibt es bei der P-Stichprobe Objekte, mit $p_k \neq \frac{1}{N}$. Dies kann dazu führen, dass die Stichprobenvariablen X_i in der Regel **nicht dieselbe Verteilung** besitzen, wie die deskriptive Variable X:

$$P(X_i = x) \neq h(X = x).$$

Daher benötigt man für P-Stichproben spezielle Induktive Verfahren, auf die wir allerdings in diesem Buch nicht näher eingehen wollen. Dass dieser Stichprobentyp durchaus sinnvoll sein kann, zeigt das folgende Beispiel:

Beispiel (Lederhosen). Marktforscher Martin möchte herausfinden, wie viele Lederhosen bayerischen Typs in der Summe in ganz Deutschland vorhanden sind. Dazu möchte er eine Stichprobe vom Umfang $n = 100$ ziehen. Die Grundgesamtheit umfasst etwa $N = 82\,000\,000$ Einwohner, bei der zu jedem Einwohner die Anzahl X an Lederhosen als Merkmal betrachtet wird.

Bekanntlich befindet sich der gesamtdeutsche Lederhosenbestand fast ausnahmslos im Süden Bayerns, wo etwa 8 200 000 Menschen, das sind 10% der Grundgesamtheit, leben. Außerhalb dieses Gebietes sind Lederhosen nur sehr selten vorzufinden. Wenn Martin eine reine Zufallsauswahl durchführt, dann zieht er mit 90% Wahrscheinlichkeit Personen, die in nahezu lederhosenfreien Gebieten leben. Dort würden aber die Stichprobenergebnisse wenig überraschen, und insofern nur unnötige Mühen verursachen.

In diesem Fall kann Martin eine P-Stichprobe planen, indem er bei der zufälligen Ziehung den Personen im Süden Bayerns eine höhere Wahrscheinlichkeit zuordnet als im Rest Deutschlands. Bei der praktischen Durchführung könnte er hierfür beispielsweise bei jeder einzelnen Ziehung wiederholt folgendes zweistufiges Schema anwenden:

- Im ersten Schritt wird mit einem Zufallsgenerator (Glücksrad) eine Region gewählt: Beispielsweise mit 80% Wahrscheinlichkeit "Südbayern", und mit 20% Wahrscheinlichkeit Rest-Deutschland.
- Im zweiten Schritt wird in der so ausgewählten Teilgesamtheit rein zufällig eine Person ausgewählt.

Offensichtlich hat bei diesem Ziehungsverfahren Herr Piet Hansen aus Cuxhafen eine deutlich geringere Chance in die Stichprobe zu gelangen als Herr Huber Sepp aus Oberammergau.   ☻

13.4   Geschichtete Stichproben

Der Begriff **repräsentative Stichprobe** ist vor allem in den Medien weit verbreitet. Es scheint aber, als ob eine präzise, einheitliche Definition in der Fachwelt nicht existiert. Andererseits ist der Begriff sehr intuitiv: Er suggeriert, dass man in der Stichprobe quasi ein verkleinertes, unverzerrtes Bild der Grundgesamtheit vorfindet. Dies kann man aber nicht überprüfen, wenn man die Grundgesamtheit nicht genau kennt, und das ist ja typischer Weise das eigentliche, zu lösende Problem.

Geschichtete Stichproben eifern aber in gewisser Weise dieser Idee nach, indem sie versuchen, exotische, weniger "repräsentative" Stichproben seltener vorkommen zu lassen.

Geschichtete Stichprobe
Die Objekte der Grundgesamtheit werden in K Schichten (Kluster) aufgeteilt. Aus **jeder** einzelnen Schicht wird separat eine **unabhängige Zufallsstichprobe** gezogen:

$$
\begin{aligned}
&\text{Schicht 1:} && X_{1,1}, X_{1,2}, \cdots, X_{1,n_1}, \\
&\text{Schicht 1:} && X_{2,1}, X_{2,2}, \cdots, X_{2,n_2}, \\
&\quad\vdots && \quad\vdots \quad \vdots \quad \vdots \\
&\text{Schicht } K: && X_{K,1}, X_{K,2}, \cdots, X_{K,n_K}.
\end{aligned}
\tag{13.5}
$$

Die Stichprobenumfänge $n_1, n_2, \cdots, n_K$ können unterschiedlich groß sein.

Der Gesamtstichprobenumfang beträgt $n = n_1 + n_2 + \cdots + n_K$.

In der Regel wird die Aufteilung der Grundgesamtheit in Schichten mit Hilfe mehrerer oder einer Variablen Y beschrieben, über die man bestimmte Vorinformationen besitzt. Diese werden dann bei der die Auswertung der geschichteten Stichprobe genutzt. Dazu benötigt man spezielle Induktive Verfahren, auf die wir im Kapitel 20 kurz eingehen werden.

Beispiel (Pendler). Auf der Insel Dauerschaff leben $N = 100$ Pendler. Es gibt nur eine große Stadt mit einigen Stadtteilen in der Peripherie, und es gibt einige Dörfer auf dem Land. Die meisten Arbeitsplätze sind in der Stadt zu finden. Jakob möchte mit einer Stichprobe vom Umfang $n = 10$ herausfinden, welche Strecke X ein Pendler im Schnitt zurücklegt.

Die Variable

$$X = \text{Weg zur Arbeit [km]}$$

ist die sogenannte "Problemvariable", also die Variable, die den Anwender primär interessiert. Die Variable

$$Y = \text{Wohnregion}$$

ist eine Hilfsvariable oder Sekundärvariable, mit der Jakob die Grundgesamtheit in $K = 3$ Schichten bzw. Kluster aufgeteilt hat. Vom Einwohnermeldeamt kennt er zudem die Verteilung von Y, d.h. er weiß, wie groß die Schichten sind. Diese Information wird für spätere Auswertungen benötigt:

$$N_1 : N_2 : N_3 = 50 : 20 : 30 = 5 : 2 : 3. \tag{13.6}$$

Jakob wählt als Stichprobenumfänge

$$n_1 = 5, \qquad n_2 = 2, \qquad n_3 = 3,$$

und zieht aus den drei Schichten jeweils eine unabhängige Zufallsstichprobe: Aus der ersten Schicht "Stadt" werden rein zufällig 5 Personen, aus der zweiten Schicht "Peripherie" 2 Personen, und aus der dritten Schicht "Land" 3 Personen ausgewählt. Der Gesamtaufwand beträgt dabei wie geplant $n = 10$.

Diese Vorgehensweise hat zur Folge, dass er mit Sicherheit mindestens fünf Mal Werte um die 4 misst, zweimal Werte 1 - 66 und dreimal Werte um die 50 misst. Insofern hat er ziemlich gute Chancen, eine Gesamtstichprobe zu erhalten, die ähnlich wie die obige Grundgesamtheit aussieht, also ziemlich "repräsentativ" ist.

Was aber könnte bei einer reinen Zufallsauswahl von $n = 10$ Personen passieren, bei der die Schichtung unberücksichtigt bleibt? Zumindest wäre es denkbar, dass Jakob aus Zufall relativ oft Personen aus der Stadt zieht, also tendenziell nur kleine Werte misst. Sogar eine extreme Stichprobe mit allen 10 Werten um die 4 wäre möglich. Ebenso wäre eine extreme Stichprobe mit 10 Werten, die alle größer als 30 sind, durchaus möglich.

Solche und ähnlich "schlechte" Stichproben sind bei der geschichteten Stichprobe von vornherein gar nicht möglich. Das ist der Grund, weshalb die geschichtete Stichprobe im Schnitt bessere Informationen liefert.   ☻

Das Beispiel zeigt exemplarisch den grundsätzlichen Vorteil von geschichteten Stichproben. Man kann jedoch noch weitere Verbesserungen erreichen, je nachdem, wie man den Gesamtstichprobenumfang n aufteilt.

Aufteilung der Stichprobenumfänge n_k

- Proportionale Aufteilung: $n_1 : n_2 : n_3 = N_1 : N_2 : N_3$.
- Disproportionale Aufteilung: $n_1 : n_2 : n_3 \neq N_1 : N_2 : N_3$.

Die proportionale Aufteilung scheint logisch und gibt ein gutes Bauchgefühl, sie ist aber nicht zwingend geboten und in der Regel der disproportionalen Aufteilung unterlegen.

Beispiel (Fortsetzung). Jakobs Stichprobenaufteilung ist wegen

$$n_1 : n_2 : n_3 \; = \; 5 : 2 : 3 \; \overset{(13.6)}{=} \; N_1 : N_2 : N_3$$

eine proportionale Aufteilung. Damit investiert er mit $n_1 = 5$ die Hälfte seiner gesamten Mühen für die Befragung von Personen aus der Stadt. In dieser Schicht sind aber die Merkmalswerte kaum unterschiedlich, d.h. die Varianz σ_1^2 ist in dieser Schicht gering. Die Information, dass die Städter nur zwischen 3 und 5 Kilometer pendeln, kann man auch schon mit der rein zufälligen Auswahl von nur 2 Personen erhalten. Selbst die extremen Stichproben wie etwa (3, 3) oder (5, 5) würden größenordnungsmäßig nicht all zu falsch liegen.

Das ist in der zweiten Schicht "Peripherie" ganz anders. Dort ist die Varianz σ_2^2 offenbar viel größer, denn die Entfernungen schwanken zwischen 1 und 66 km. Zieht man nur 2 Personen, können sehr unterschiedliche Stichprobenergebnisse auftreten. Jakob sollte daher in dieser Schicht sich mehr Mühe geben, d.h. den Stichprobenumfang auf $n_2 > 2$ erhöhen.

Ähnliche Überlegungen trifft er bezüglich der dritten Schicht "Land", die eine eher mäßig große Varianz σ_3^2 zu besitzen scheint.

Insgesamt kommt Jakob zu dem Schluss, die proportionale Aufteilung zu Gunsten einer disproportionalen aufzugeben.											☻

Optimale Aufteilung der Stichprobenumfänge

Es gibt eine optimale, disproportionale Aufteilung der Stichprobenumfänge, die wir auf Seite 417 vorstellen werden. Diese heißt **Neyman-Tschuprow-Aufteilung** und orientiert sich unter anderem an den Varianzen, die in den Schichten auftreten.

Was ist eine vorteilhafte Schichtung der Grundgesamtheit?

Grundsätzlich gilt: Wenn eine Variable X in einer Grundgesamtheit kaum Varianz besitzt, sind ihre Werte mehr oder weniger alle gleich. In diesem Fall braucht man keine große Stichprobe zu ziehen, denn man misst bei jeder Ziehung sowieso fast immer dieselben Werte.

Darauf beruht der eigentlich Trick bei der geschichteten Stichprobe: Es gilt, die Grundgesamtheit so in Schichten aufzuteilen, dass innerhalb jeder Schicht die Primärvariable X kaum unterschiedliche Werte aufweist, d.h. idealer Weise eine möglichst geringe Varianz besitzt:

$$\sigma_1^2 \approx 0, \quad \sigma_2^2 \approx 0, \quad \cdots \quad \sigma_K^2 \approx 0.$$

Dies kann man um so besser erreichen, je stärker X und die Schichtungsvariable Y **abhängig** sind. Nicht nur im Beispiel, sondern auch in der Realität hängt natürlich die Strecke X eines Pendlers von seinem Wohnort Y ab. Diese Zusatzinformation hat letztlich zu einer Verbesserung des Verfahrens geführt.

Man könnte im Beispiel auch alle Einwohner der Insel bezüglich ihres Geburtsmonats Y in 12 Schichten klustern. Da aber die Strecke X und der Geburtsmonat Y unabhängig sind, ergeben sich für das geschichtete Ziehungsverfahren keinerlei Vorteile. Die jeweiligen Varianzen von X in diesen 12 Schichten dürften in etwa genauso groß wie die Varianz in der Grundgesamtheit sein.

13.5   Klumpenstichprobe

Bei einem Induktiven Verfahren ist es ein natürliches Interesse, mit möglichst geringem Stichprobenumfang n auszukommen, denn das spart Zeit, Geld und sonstige Mühen. Im Vergleich zu unabhängigen Zufallsstichproben zielen die oben besprochenen, geschichteten Stichprobenverfahren auf eine Verbesserung von statistischen Eigenschaften ab, um letztlich mit kleineren Stichprobenumfängen n auszukommen.

Klumpenstichproben hingegen haben keine besseren statistischen Eigenschaften, sondern bieten **Vorteile in der praktischen Durchführbarkeit**. Mit ihnen wird eine Absenkung des Aufwandes pro Ziehung angestrebt, so dass bei gleichem Stichprobenumfang n der Gesamtzeitaufwand, Kosten und sonstige Mühen günstiger ausfallen. Das ist ein durchaus praxisrelevanter Vorteil.

> **Klumpenstichprobe**
>
> Die Objekte der Grundgesamtheit werden in K Klumpen (Kluster) aufgeteilt.
>
> - Von den K Klumpen werden rein zufällig k Klumpen ausgewählt.
> - Bei den gezogenen k Klumpen wird eine Totalerhebung durchgeführt, d.h. sie werden vollständig ausgewertet.

Mathematisch betrachtet sind die Begriffe "Schicht, Kluster oder Klumpen" gleichwertig. Sie drücken lediglich aus, dass die Grundgesamtheit vollständig in Teilgesamtheiten aufgeteilt ist. Bei der geschichteten Stichprobe wird *jeder* Klumpen (Schicht) ausgewählt, aber nur stichprobenartig untersucht. Bei der Klumpenstichprobe werden nur *einige* Klumpen (Schichten) rein zufällig ausgewählt. Diese werden aber vollständig ausgewertet.

Für die Auswertung von Klumpenstichproben benötigt man spezielle Induktiven Verfahren, die wir in dieser Lektüre nicht betrachten werden. Auch sie benötigen gewisse Vorinformationen, wie z.B. die exakte Verteilung der Variablen Y, welche die Klumpen definiert.

Beispiel (Sport). Dirk möchte herausfinden, wie viele Minuten X pro Woche eine Person in Deutschland Sport treibt. Die Grundgesamtheit umfasst etwa $N = 82\,000\,000$ Personen. Dirk klustert diese Grundgesamtheit bezüglich der Sekundärvariablen

$$Y = \text{Straße und Wohnort.}$$

Das Straßenregister für Deutschland umfasst ungefähr $K = 1\,200\,000$ Straßen. Aus diesem Register zieht er auf rein zufällige Weise $k = 10$ Straßen. Anschließend besorgt er sich 10 Fahrkarten, fährt zu diesen Straßen und interviewt **alle** Personen, die dort ihren Erstwohnsitz haben.

Zwar werden hier nur $k = 10$ zufällige Ziehungen vorgenommen, aber der eigentliche Stichprobenumfang n zählt natürlich die gezogenen Objekte, also die interviewten Personen. Wie viele das sind, weiß Dirk nicht im Voraus. Insofern ist n eine Zufallsvariable.

Im Schnitt wohnen in einer Straße $\frac{82000000}{1200000} = 68.3$ Personen. Insofern würde er in etwa $n \approx 683$ Personen interviewen.   ☻

Praktische Vorteile

Der bereits angekündigte, praktische Vorteil einer Klumpenstichprobe besteht im letzten Beispiel darin, dass Dirk nur 10 Fahrkarten kaufen muss. Bei einer unabhängigen Zufallsstichprobe würde er bei $n = 683$ rein zufälligen Ziehungen wohl sehr viele unterschiedliche Orte anreisen müssen. Vielleicht zieht er aus einer Großstadt mehrere Personen, aber das ändert nichts an der Tatsache, dass Dirk mit Hunderten von Fahrkarten ziemlich lange, mühselig und teuer quer durch ganz Deutschland reisen müsste!

Bei einer unabhängigen Zufallsstichprobe besteht noch ein weiteres Problem: Wie sollte man das Ziehungsverfahren gestalten, um rein zufällig aus den $N = 82\,000\,000$ Einwohnern Deutschlands eine Person zu ziehen? Telefon, Internet usw. sind keine Ziehungsverfahren, bei der jede Person die gleiche Chance hat, gezogen zu werden. Man könnte aus der fusionierten Liste aller Einwohnermeldeämter einen Datensatz rein zufällig auswählen. Aber auch das ist nicht einfach. Zudem bestehen datenschutzrechtliche Einschränkungen. Polizeilich gesuchte Personen lassen sich übrigens besonders schlecht ziehen.

Nachteile

Im Vergleich zur unabhängigen Zufallsstichprobe besitzen die Klumpenstichproben bei gleich großem n eher schlechtere statistische Eigenschaften, wenn die primäre Variable X und die Sekundärvariable Y voneinander **abhängig** sind. Je stärker der Zusammenhang, um so schlechter wird das Verfahren.

Beispiel (Schulklassen).

Tobias möchte bezüglich der $N = 5000$ Schüler der Stadt Wissingen herausfinden, wie hoch deren Taschengeld X [€] ist. Er betrachtet die insgesamt $K = 200$ verschiedenen Schulklassen als Klumpen und zieht rein zufällig $k = 4$ heraus. Das Taschengeld X und die Klasse Y, in der ein Schüler ist, sind durchaus abhängige Variablen, da jüngere Kinder in der Regel weniger Taschengeld als ältere erhalten.

Es ist leicht vorstellbar, dass Tobias bei der Ziehung der Klassen beispielsweise auf 4 Klassen einer Grundschule trifft. Dann befragt er zwar ungefähr $n = 100$ Schüler, aber diese dürften fast ausnahmslos unterdurchschnittlich viel Taschengeld bekommen. Das ergibt zwar eine große, aber dennoch ziemlich verfälschte Stichprobe.

Das ist bei der unabhängigen Zufallsstichprobe anders: Wenn Tobias $n = 100$ Schüler auf rein zufällige Weise zieht, wäre es schon ein gigantischer Zufall, dabei 100 mal Schüler mit fast ausnahmslos unterdurchschnittlichem Taschengeld anzutreffen.

☻

Bei einer Klumpenstichprobe sollte man die Klusterung der Grundgesamtheit so vorneh-men, dass jedes Kluster ein möglichst gutes Abbild der Grundgesamtheit ist. Das heißt, dass in jedem Kluster i die Verteilung $h_i(x)$ der Variablen X mit der Verteilung $h(x)$, die auf der kompletten Grundgesamtheit vorliegt, möglichst identisch ist:

$$h_1(x) \approx h(x), \quad h_2(x) \approx h(x), \quad \cdots \quad , h_K(x) \approx h(x).$$

Diesen Idealfall erreicht man, wenn X und die Schichtungsvariable Y **unabhängig** sind.

Da die sportliche Aktivität und die Straße eines Einwohners nur schwach voneinander abhängen dürften, ist die Vorgehensweise von Dirk im obigen Beispiel "Sport" vielver-sprechend.

In der Praxis ergeben sich bei einer Grundgesamtheit manchmal die Klumpen gewis-sermaßen von selbst, oder die Objekte hängen beim Ziehen wie Klumpen zusammen. Möglicherweise ist sogar ein echtes Ziehen nicht mehr erforderlich, da die Messwerte bereits im Computer vorliegen.

In diesen Fällen ist das Ziehen der Stichprobe verführerisch bequem, kostengünstig und schnell. Jedoch sollte man streng überprüfen, ob die Kriterien einer Klumpenstichprobe oder einer reinen Zufallsauswahl, wie auf Seite 268 diskutiert, tatsächlich zutreffen.

13.6   Bivariate Stichprobe

Alle bisher besprochenen Stichprobenmodelle lassen sich analog auf den Fall übertragen, dass man **pro Objekt** nicht nur eine Variable, sondern jeweils **zwei Variablen** X, Y misst. Auch hier spielen wieder die unabhängigen Zufallsstichproben, die wir auf der Seite 267 kennen gelernt haben, eine besondere Rolle, da sie oft stillschweigend für fast alle Induktiven Verfahren vorausgesetzt werden.

Bivariate, unabhängige Zufallsstichprobe

Eine bivariate, unabhängige Zufallsstichprobe (X_1, Y_1), (X_2, Y_2), ..., (X_n, Y_n) ist durch zwei Eigenschaften definiert:

1. Die Zufallsvariablenpaare (X_i, Y_i) und (X_j, Y_j) sind für $i \neq j$ **unabhängig** voneinan-der.
2. Jedes Zufallsvariablenpaar (X_i, Y_i) besitzt **dieselbe** bivariate Verteilung wie die de-skriptiven Merkmale X, Y der Grundgesamtheit:

$$P(X_i = x, Y_i = y) \;\; = \;\; h(X = x, Y = y). \tag{13.7}$$

Was die praktischen Maßnahmen betrifft, um die zwei geforderten Eigenschaften zu realisieren, gelten die gleichen Überlegungen wie auf Seite 268. Man beachte, dass zwar zwei Variablenpaare (X_i, Y_i) und (X_j, Y_j), die zwei Ziehungen entsprechen, unabhängig sind, jedoch innerhalb einer Ziehung die Variablen X_i und Y_i nicht unabhängig zu sein brauchen. In der Regel interessiert man sich sogar für deren Abhängigkeit.

Auf Seite 191 haben wir bereits das Beispiel "Pizza Bombastica" betrachtet, bei dem mit einer reinen Zufallsauswahl eine Stichprobe vom Umfang $n = 1$ gezogen worden ist. Eine größere, bivariate, unabhängige Zufallsstichprobe erhält man, wenn man dort "Ziehen mit Zurücklegen" praktiziert.

Beispiel (Gewicht und Größe). Zu den Einwohnern Deutschlands betrachten wir die Variablen "X = Gewicht [kg]" und "Y = Körpergröße [cm]". Wir wollen deren Abhängigkeit untersuchen. Dazu wählen wir von den ca. $N = 82\,000\,000$ Einwohnern $n = 20$ Personen rein zufällig aus. Da der Stichprobenumfang deutlich geringer als 5% der Grundgesamtheit ist, können wir wegen der Faustregel auf Seite 270 den Unterschied zwischen "Ziehen mit Zurücklegen" und "Ziehen ohne Zurücklegen" vernachlässigen.

Ob bei der ersten Ziehung eine große oder kleine, schwere oder leichte Person gezogen wird hat keinen Einfluss, welche Werte bei der zweiten Ziehung gemessen werden. Daher sind die Zufallsvariablenpaare (X_1, Y_1) und (X_2, Y_2) unabhängig. Aus analogen Gründen sind alle Zufallsvariablenpaare $(X_1, Y_1), (X_2, Y_2), \ldots, (X_{20}, Y_{20})$ voneinander unabhängig.

Betrachten wir allerdings beispielsweise die Variablen X_1 und Y_1, so dürften diese beiden Variablen sehr wohl abhängig sein. Falls der Wert zu X_1 klein ist, d.h. eine leichte Person mit nur etwa 10 Kilogramm gezogen wird, ist auch zu erwarten, dass dieselbe Person nicht sehr groß ist, d.h. der Wert zu Y_1 ebenfalls klein ausfällt. Eine derartige Abhängigkeit besteht bei allen Ziehungen paarweise zwischen X_i und Y_i. ☻

Bei einer **multivariaten Stichprobe** vom Umfang n werden $p \geq 2$, d.h. mindestens zwei Variablen pro Objekt gemessen. Im Grunde kann man den bivariaten Fall analog fortsetzen, allerdings werden die Notationen schnell unübersichtlich. Die Stichprobe, welche aus $n \cdot p$ Zufallsvariablen besteht, notiert man mit

$$(X_{1,1}, X_{1,2}, \ldots, X_{1,p}), \quad \ldots \quad, (X_{n,1}, X_{n,2}, \ldots, X_{n,p}). \tag{13.8}$$

Im Beispiel könnte man bei einer gezogenen Person zusätzlich zum Gewicht und zur Größe noch das Alter, den Namen und weitere Merkmale messen.

13.7   Verbundene und unverbundene Stichproben

Dies sind im Grunde keine neuen, weitere Ziehungsverfahren, sondern greifen auf bereits Bekanntes zurück. Ob verbundene oder unverbundene Stichproben gezogen werden, erklären wir hier anhand von zwei Variablen X, Y.

Verbundene Stichprobe

- **Eine** Grundgesamtheit.
- Jedes Objekt besitzt zwei Variablen X, Y.
- Es wird eine **bivariate Stichprobe** $(X_1, Y_1), (X_2, Y_2), \cdots, (X_n, Y_n)$ gezogen.

Unverbundene Stichproben

- **Zwei** Grundgesamtheiten.
- Die Objekte besitzen in der Grundgesanntheit 1 die Variable X und in der Grundgesamtheit 2 die Variable Y.
- Man zieht getrennt **zwei univariate** Stichproben. Die beiden Stichprobenumfänge n und m können verschieden groß sein.
  Stichprobe aus Grundgesamtheit 1: $(X_1, X_2, \cdots, X_n)$.
  Stichprobe aus Grundgesamtheit 2: $(Y_1, Y_2, \cdots, Y_m)$.

Sollten zusätzlich die Eigenschaften analog zu (13.1) und (13.2) von Seite 267 erfüllt sein, kann man dies wie bisher mit dem Zusatz "verbundene, unabhängige Zufallsstichprobe" und "unverbundene, unabhängige Zufallsstichproben" zum Ausdruck bringen.

Beispiel (Geschmacksvergleich). Zu zwei Puddingsorten A und B soll herausgefunden werden, welcher süßer schmeckt. Da die Puddings in Deutschland verkauft werden sollen, dient die Bevölkerung Deutschlands als Grundgesamtheit. Als Stichprobe wählen wir $n = 6$ zufällig ausgewählte Probanden. Jeder Proband i soll auf einer Skala von 1 bis 10 die Süßigkeit X_i des Pudding A und ebenso die Süßigkeit Y_i des Pudding B bewerten. Dies entspricht einer **bivariaten Stichprobe**. Die konkrete Befragung der 6 Probanden ergab folgende Werte (x_i, y_i):
$$(2, 3), \quad (8, 10), \quad (1, 3), \quad (5, 9), \quad (2, 4), \quad (5, 8).$$
Süßigkeit ist nicht objektiv messbar, sondern "Geschmackssache". Daher schmecken bestimmte Personen Süßigkeit an sich stärker als andere. So scheint der erste Proband generell weniger süß zu empfinden als der zweite Proband. Diese, und alle anderen Probanden, sind sich dennoch darüber einig, dass der zweite Pudding B süßer als A schmeckt. Das ist letztlich die verwertbare Information.

Man könnte auch anders vorgehen und zwei unverbundene Stichproben ziehen: Es werden 5 Probanden ausgewählt, die nur den Pudding A bewerten, und andere 5 Probanden, die nur den Pudding B bewerten. Diese Vorgehensweise hat einen Nachteil:

Es könnte sein, dass die ersten 5 Probanden Süße generell stärker schmecken als die anderen 5 Probanden. Dann würde man den Pudding A als süßer einstufen, was aber eigentlich nur an der unterschiedlichen "Kalibrierung" der Probanden liegt.

Die bivariate, verbundene Stichprobe besitzt den Vorteil, dass sich diese unterschiedliche Kalibrierung der Probanden eliminieren lässt.

Noch eine Anmerkung zur verbundenen Stichprobe: Es ist ein Unterschied, ob man zuerst in Schokolade und dann in Senf, oder zuerst in Senf und dann in Schokolade beißt. Aus ähnlichen Gründen ist es ratsam, die Puddings bei der Hälfte der Probanden in der Reihenfolge A, B und bei der andern Hälfte der Probanden in der Reihenfolge B, A probieren zu lassen. ☻

Das Beispiel zeigt, dass man unverbundene Stichproben auch dann ziehen könnte, wenn nur eine Grundgesamtheit vorliegt. Dieser Fall ist jedoch für praktische Zwecke irrelevant, da eine bivariate Stichprobe nicht nur im Beispiel, sondern generell die vorteilhaftere Stichprobe ist.

Wenn jedoch zwei Grundgesamtheiten vorliegen, ist eine bivariate Stichprobe nicht praktizierbar, und die unverbundene Stichprobe die einzig mögliche Ziehungsart.

Beispiel (Männer und Frauen). Wir wollen herausfinden, ob Männer oder Frauen bei einem Friseurbesuch im Schnitt mehr Geld ausgeben. Hier liegt es nahe, die zwei getrennten Grundgesamtheiten "Männer" und "Frauen" zu betrachten und zwei unverbundene Stichproben zu ziehen.

Erste Grundgesamtheit: Es werden $n = 6$ Männer rein zufällig ausgewählt und nach deren Ausgaben X [€] befragt:
$$12, \ 15, \ 10, \ 22, \ 15, \ 14.$$

Zweite Grundgesamtheit: Es werden $m = 9$ Frauen rein zufällig ausgewählt und nach deren Ausgaben Y [€] befragt:
$$42, \ 15, \ 60, \ 32, \ 75, \ 33, \ 82, \ 71, \ 24.$$

Die Stichprobenumfänge n und m können durchaus verschieden sein. Dies wird von den jeweiligen Induktiven Verfahren dann entsprechend berücksichtigt.

Eine bivariate Ziehung zu erzwingen, indem man Männer und Frauen irgendwie gepaart befragt, würde hier keinen Sinn ergeben. ☻

Beispiel (Ehepaare). Wir wollen herausfinden, ob bei einem Ehepaar der Mann oder die Frau im Schnitt mehr Geld bei einem Friseurbesuch ausgibt. Das klingt verblüffend ähnlich wie das letzte Beispiel. Allerdings haben wir nun nur noch **eine** Grundgesamtheit mit "Ehepaaren" als Objekten. Daher könnte und sollte man eine bivariate, verbundene Stichprobe ziehen, indem man bei n Ehepaaren jeweils die Friseurausgaben X und Y ermittelt.

Wenn man zwei unverbundene, univariate Stichproben zieht, könnte es sein, dass man zufälliger Weise Männer aus Ehen mit hohem Einkommen, und Frauen aus

Ehen mit geringem Einkommen befragt. Diesen verfälschenden Effekt kann man bei der verbundenen Stichprobe eliminieren. Sie ist daher auch hier wieder die vorteilhaftere Ziehungsmethode.   ☻

14 Punktschätzer

Wie viel Zeit schauen wir pro Tag fern? Wie viel Geld geben wir im Schnitt für Seife aus? Wie viel Prozent der Patienten haben bei dem Medikament Hoffixyn Nebenwirkungen? Bei diesen und ähnlichen Fragen möchte der Anwender zu einer bestimmten statistischen Kenngröße den korrekten numerischen Wert ermitteln. Man spricht von einem Schätzproblem. Hierfür gibt es Punkt- und Intervallschätzverfahren.

In diesem Kapitel werden die gängigsten Punktschätzer für die am häufigsten benutzten Kenngrößen der deskriptiven Statistik vorgestellt.

14.1 Ausgangssituation

Eine vollständige, deskriptive Statistik durchzuführen, ist dem Anwender zu teuer, zu zeitaufwändig oder nicht möglich. Dennoch möchte er zu einer Variablen X die deskriptive Verteilung $h(x)$ der Grundgesamtheit oder die Werte zu Kenngrößen wie beispielsweise

$$\bar{x}_G, \quad \sigma_G^2, \quad \sigma_{x,y}, \quad \rho_{x,y}, \quad \cdots \tag{14.1}$$

ermitteln[1]. Stellvertretend für derartige Kenngrößen bzw. Parameter notieren wir allgemein:

$$\theta = \text{wahrer Wert der zu schätzenden Kenngröße in der Grundgesamtheit.} \tag{14.2}$$

---

[1]Der Index "G" steht für Grundgesamtheit. Bei bivariaten Kenngrößen lassen wir ihn zu Gunsten einer besseren Lesbarkeit weg.

© Springer-Verlag GmbH Deutschland, ein Teil von Springer Nature 2019
C. Weigand, *Statistik mit und ohne Zufall*,
https://doi.org/10.1007/978-3-662-59309-7_14

Man kann sich den Wert θ als Punkt auf dem Zahlstrahl vorstellen, dessen Position aber der Anwender nicht kennt. Um diese Position herauszufinden, zieht der Anwender eine Stichprobe und berechnet einen

$$\hat{\Theta} = \text{Punktschätzer für den Parameterwert } \theta. \tag{14.3}$$

Die Bezeichnung "Punktschätzer" soll darauf hinweisen, dass man als Schätzergebnis eine reelle Zahl bzw. einen Punkt auf dem Zahlstrahl erhält. Im Gegensatz dazu werden wir später noch Intervallschätzer kennen lernen.

Statistische Kanone

Das Schätzproblem kann man mit einer weißen Zielscheibe vergleichen, auf der sich ein weißer, und somit unsichtbarer Zielpunkt θ befindet. Statistiker können aber Kanonen bauen, die sich von selbst, also automatisch so positionieren, dass sie zumindest in die Nähe des Zielpunktes schießen. Eine solche Kanone ist allerdings nicht perfekt. Wegen diverser Vibrationen und Wackeleien streuen die Einschusslöcher.

Speziell bei einem Punktschätzer $\hat{\Theta}$ besitzt die Kanone ein "unendlich dünnes" Kaliber. Die Kugeln hinterlassen winzigst kleine, aber sichtbare Einschusslöcher.

Beispiel (Kaffeetassen). Gestern waren $N = 2000$ Personen in der Kantine. Die deskriptive Variable "X = Anzahl der Kaffeetassen, die ein Besucher gestern getrunken hat", besitzt in der Grundgesamtheit die folgende deskriptive Verteilung $h(x)$ und Kenngrößen bzw. Parameter:

X [Tassen]	1	2	3
$h(X = x)$	0.70	0.20	0.10

$$\bar{x}_G = 1 \cdot 0.70 + 2 \cdot 0.20 + 3 \cdot 0.10 = 1.4, \tag{14.4}$$

$$\sigma_G^2 = (1 - 1.4)^2 \cdot 0.70 + (2 - 1.4)^2 \cdot 0.20 + (3 - 1.4)^2 \cdot 0.10 = 0.44. \tag{14.5}$$

Die Statistiker Irma und Tobias kennen diese Werte nicht. Unabhängig von deren Fleiß und Informationsstand sind die Werte natürlich trotzdem existent und richtig! Irma und Tobias interessieren sich für den Mittelwert $\theta = \bar{x}_G$. Seine Position ist quasi der weiße Punkt auf der weißen Zielscheibe. Sie ziehen eine Stichprobe $X_1, X_2, \cdots, X_6$ vom Umfang $n = 6$.

■ Irma benutzt als Punktschätzer für $\bar{x}_G$ das Stichprobenmittel

$$\hat{\Theta}_{\text{Irma}} = \bar{X} = \frac{1}{6}(X_1 + X_2 + X_3 + X_4 + X_5 + X_6), \tag{14.6}$$

das wir schon von (12.3) auf Seite 254 kennen.

■ Tobias hat eine andere Idee, um $\bar{x}_G$ zu schätzen. Er benutzt den Punktschätzer

$$\hat{\Theta}_{\text{Tobias}} = \frac{\text{kleinster Wert der Stichprobe} \; + \; \text{größter Wert der Stichprobe}}{2}.$$

(14.7)

Die beiden streiten sich, wer "besser" schätzt. Die konkrete Stichprobe, welche Irma und Tobias gezogen haben, lautet:

$$(1, \, 1, \, 1, \, 2, \, 1, \, 1).$$

Damit erhält Irma $\hat{\Theta}_{\text{Irma}} = \bar{X} = 1.16667$ und Tobias $\hat{\Theta}_{\text{Tobias}} = \frac{1+2}{2} = 1.5$.
Somit liegt wegen $|\hat{\Theta}_{\text{Tobias}} - \theta| = |1.5 - 1.4| = 0.1$ der Punktschätzer von Tobias näher am wahren Wert θ als Irmas Punktschätzer mit $|\hat{\Theta}_{\text{Irma}} - \theta| = |1.16667 - 1.4| = 0.2333$.
Die beiden Statistiker können aber ihren Streit nicht beilegen, denn sie kennen nicht den wahren Wert $\theta = \bar{x}_G = 1.4$ der Grundgesamtheit.   ☻

14.2   Eigenschaften von Punktschätzern

Im letzten Beispiel hat der Punktschätzer von Tobias besser als der von Irma geschätzt. Lässt sich das verallgemeinern? Was wäre, wenn die Stichprobe anders ausgefallen wäre?

Die Zufälligkeiten der Stichprobenvariablen $X_1, X_2, \cdots, X_n$ übertragen sich auf den Punktschätzer $\hat{\Theta}$. Daher ist es wichtig, einen Punktschätzer $\hat{\Theta}$ als **Zufallsvariable** aufzufassen. Natürlich spielt es dabei eine große Rolle, welche Eigenschaften die Stichprobenvariablen aufweisen. Dieses Thema kennen wir schon aus dem letzten Kapitel "Stichproben". Die "Formel" des Punktschätzers und das Ziehungsverfahren, beides zusammen bestimmen letztlich die Eigenschaften eines Punktschätzers $\hat{\Theta}$.

Wir empfinden es als natürlich und gerecht, wenn man für Fleiß belohnt wird. Insofern wäre es vernünftig, wenn ein Punktschätzer $\hat{\Theta}$ mit wachsendem Stichprobenumfang n immer bessere Schätzungen liefert und bei einer unendlich großen Stichprobe $n = \infty$ sogar perfekt richtig schätzt. Mathematisch definiert man diese Eigenschaft mit einem Grenzwert.

Konsitenter Schätzer

$\hat{\Theta}$ ist ein konsistenter Schätzer für θ $\Leftrightarrow$ $\lim\limits_{n \to \infty} P\left(|\hat{\Theta} - \theta| > \varepsilon\right) = 0,$ für alle ε.

(14.8)

Das heißt: Die Wahrscheinlichkeit, dass eine Abweichung $|\hat{\Theta} - \theta|$ auftritt, die größer als eine noch so kleine Zahl ε ist, geht mit wachsendem Stichprobenumfang n gegen Null.

Beispiel (Fortsetzung). In der Grundgesamtheit kommen für X nur die Werte 1, 2, 3 vor. Zieht man oft genug, dann werden diese Werte auch irgendwann mindestens einmal in der Stichprobe vorkommen. So erhält man bei wachsendem Stichprobenumfang $n \to \infty$ mit hoher Sicherheit Stichproben, bei denen die 1 der kleinste Wert, und die 3 der größte Wert sind. Tobias berechnet dann

$$\hat{\Theta}_{\text{Tobias}} = \frac{1+3}{2} = 2.$$

Insofern ist der Schätzer $\hat{\Theta}_{\text{Tobias}}$ nicht konsistent, da er von $\theta = \bar{x}_G = 1.4$ mit hoher Wahrscheinlichkeit deutlich abweichen wird.

Man kann zeigen, dass der Schätzer $\hat{\Theta}_{\text{Irma}} = \bar{X}$ = Stichprobenmittel konsistent ist. Er berücksichtigt nämlich, wie oft die Werte 1, 2, 3 in der Stichprobe vorkommen. ☻

Berta schießt wiederholte Male mit einer statistischen Kanone. Sie trifft allerdings fast nie den Zielpunkt θ.

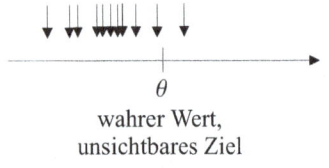

wahrer Wert,
unsichtbares Ziel

Wenn ihre Einschusslöcher **im Schnitt zu tief** liegen, so begeht sie neben den unvermeidbaren "Vibrationen und Wackeleien" noch zusätzlich einen systematischen Schätzfehler. Sie sollte die Kanone neu justieren lassen.

wahrer Wert,
unsichtbares Ziel

Es kann sein, dass Berta nie trifft, aber die Einschusslöcher dennoch **im Schnitt richtig** liegen. So weiß Berta, dass nur die Vibrationen und Wackeleien die Ursache für die Abweichungen sind, nicht aber die Einstellung der Kanone verfälschend wirkt.

Bei einem Punktschätzer $\hat{\Theta}$ verhält es sich ganz ähnlich. Auch er hat eine unvermeidbare Varianz. Wünschenswert ist es, wenn er zumindest im Schnitt richtig schätzen würde.

Erwartungstreuer Schätzer

$$\hat{\Theta} \text{ ist ein erwartungstreuer Schätzer für } \theta \quad \Leftrightarrow \quad E[\hat{\Theta}] = \theta. \qquad (14.9)$$

Erwartungstreue Schätzer heißen auch **unverfälschte Schätzer**.

Ein verfälschter Punktschätzer besitzt einen systematischen Schätzfehler, so dass er im Schnitt zu hoch oder zu tief schätzt: $E[\hat{\Theta}] \neq \theta$. Dann nennt man die Abweichung bzw. Verfälschung

$$E[\hat{\Theta}] - \theta = \textbf{Bias} \text{ des Punktschätzers } \hat{\Theta}. \qquad (14.10)$$

Beispiel (Fortsetzung). Wir haben uns schon überlegt, dass bei großen Stichproben Tobias mit nahezu hundertprozentiger Sicherheit $\hat{\Theta}_{\text{Tobias}} = \frac{1+3}{2} = 2$ schätzt. Diese nahezu konstante Zufallsvariable $\hat{\Theta}_{\text{Tobias}}$ hat dann auch diesen Wert als Erwartungswert: $E[\hat{\Theta}_{\text{Tobias}}] = 2$. Folglich beträgt der Bias

$$E[\hat{\Theta}_{\text{Tobias}}] - \theta \;=\; 2 - 1.4 = 0.6 \,[\text{Tassen}]. \tag{14.11}$$

Der Punktschätzer $\hat{\Theta}_{\text{Tobias}}$ ist verfälscht und nicht erwartungstreu. ☻

Manfred und Berta haben beide eine erwartungstreue statistische Kanone, d.h. die Peilautomatik ist unverfälscht, optimal eingestellt. Wenn Manfreds Kanone weniger wacklig ist und weniger vibriert als Bertas Kanone, wird auch er vielleicht kein einziges Mal treffen, aber Einschusslöcher haben, die im Schnitt näher am Zielpunkt liegen als bei Berta.

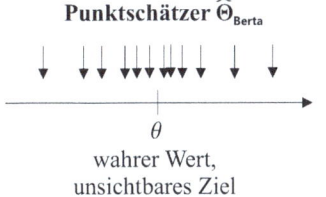

Manfreds Schüsse sind besser, da sie eine **geringere Varianz** haben. Bei Punktschätzern verhält es sich ganz ähnlich.

Wirksame Schätzer

Wir betrachten zwei verschiedene, erwartungstreue Punktschätzer $\hat{\Theta}_1$ und $\hat{\Theta}_2$.

$$\hat{\Theta}_1 \text{ ist ein wirksamerer Schätzer als } \hat{\Theta}_2 \;\Leftrightarrow\; VAR[\hat{\Theta}_1] < VAR[\hat{\Theta}_2]. \tag{14.12}$$

Im Schnitt liegen die Schätzungen von $\hat{\Theta}_1$ näher beim wahren Wert θ, als die Schätzungen von $\hat{\Theta}_2$.

14.3 Wichtige Punktschätzer

Wir beschränken uns nur auf einige wenige, gängige Punktschätzer. Sie basieren mehr oder weniger auf den gleichen Formeln, die wir für die entsprechenden Parameter aus der Deskriptiven Statistik kennen. Bei der Konstruktion von Punktschätzern spielt die Methode der sogenannten "Likelihoodschätzer" eine besondere Rolle. Dieses Thema wollen wir in dieser Lektüre jedoch nicht vertiefen.

Generelle Voraussetzung:

$$(X_1, X_2, \cdots, X_n) \qquad \text{ist eine } \textbf{unabhängige Zufallsstichprobe}. \qquad (14.13)$$

Diesen Stichprobentyp haben wir bereits auf Seite 267 definiert und besprochen. Dort haben wir auch festgestellt, dass sich dann nicht nur die Verteilung $h(x)$ der Grundgesamtheit, sondern auch deren statistischen Kenngrößen auf alle Stichprobenvariablen X_i vererben. Insbesondere gilt beispielsweise

$$\mu_i = E[X_i] = \bar{x}_G \qquad \text{und} \qquad \sigma_i^2 = VAR[X_i] = \sigma_G^2. \qquad (14.14)$$

Diese Eigenschaften sind nicht selbstverständlich, und treffen bei P-Stichproben, geschichteten Stichproben, Klumpenstichproben und anderen Ziehungsverfahren im Allgemeinen nicht zu.

A: Schätzen eines Mittelwertes $\bar{x}_G$

Stichprobenmittel

$$\bar{X} = \frac{1}{n}(X_1 + X_2 + \cdots + X_n). \qquad (14.15)$$

Mit (12.4) auf Seite 254 haben wir bereits den Erwartungswert des Punktschätzers "Stichprobenmittel" $\bar{X}$ berechnet. Zusammen mit (14.14) folgt daraus

$$E[\bar{X}] = \mu \overset{(14.14)}{=} \bar{x}_G. \qquad (14.16)$$

Das "Stichprobenmittel" ist folglich **erwartungstreu** bzw. ein unverfälschter Schätzer. Der gesuchte Mittelwert der Grundgesamtheit wird von $\bar{X}$ im Schnitt richtig geschätzt.

Die "Vibrationen und Wackeleien" der statistischen Kanone von Seite 286 entspricht der Varianz

$$VAR[\bar{X}] = \frac{\sigma^2}{n} \overset{(14.14)}{=} \frac{\sigma_G^2}{n} \qquad (14.17)$$

des Punktschätzers. Die Herleitung kennen wir schon von (12.5) auf Seite 254. Man sieht, dass bei einer Grundgesamtheit, in der die einzelnen Merkmalswerte sehr unterschiedlich sind, d.h. σ_G^2 groß ist, die Unsicherheit beim Schätzen auch groß ist. Jedoch kann man mit wachsendem Stichprobenumfang n die Schätzungen beliebig "stabilisieren". Bei unendlich großen Stichproben $n \to \infty$ ist die Schätzung ohne Varianz.

Im Kapitel 12.1 haben wir bei (12.6) auf Seite 254 gesehen, wie man sogar die Verteilung des Stichprobenmittels $\bar{X}$ näherungsweise bestimmen kann. Zusammen mit (14.14) gilt:

Approximative Verteilung des Stichprobenmittels

Das Stichprobenmittel $\bar{X}$ ist für große Stichproben, d.h " $n \to \infty$" annähernd normalverteilt:

$$\bar{X} \sim N\left(\bar{x}_G, \frac{\sigma_G^2}{n}\right). \tag{14.18}$$

Diese Approximation wird bei unzählig vielen statistischen Verfahren zur mathematischen Analyse herangezogen. Daher sollte man sie eigentlich mehrfach, dick und rot einrahmen. Als Beispiel dienten bereits die "Sofas" auf Seite 255.

Ziehen ohne Zurücklegen

Ist die Faustregel $n \leq 0.05 \cdot N$ auf Seite 270 erfüllt, so kann man für praktische Zwecke die bisherigen Ergebnisse übernehmen. Wenn aber diese Faustregel verletzt ist, sollte man die Abhängigkeiten der Stichprobenvariablen X_i berücksichtigen. Dann kann man streng genommen den Zentralen Grenzwertsatz nicht anwenden, und (14.18) ist nicht mehr gültig.

Auch die Formel der Varianz (14.17) stimmt dann nicht mehr. Stattdessen erhält man nach einigen umständlichen Rechnungen

$$VAR[\bar{X}] = \frac{\sigma_G^2}{n} \cdot \frac{N-n}{N-1}. \tag{14.19}$$

Da für $n > 1$ immer $\frac{N-n}{N-1} < 1$ gilt, ist die Varianz des Stichprobenmittels beim "Ziehen ohne Zurücklegen" kleiner als bei unabhängigen Zufallsstichproben und somit auch kleiner als beim "Ziehen mit Zurücklegen". Wenn die Stichprobe einer Totalkontrolle gleichkommt, ist $n = N$ und die Varianz des Schätzers $\bar{X}$ beträgt Null. Die Schätzung gelingt dann immer exakt.

B: Schätzen einer Varianz σ_G^2

Stichprobenvarianz

$$S^2 = \frac{1}{n-1} \sum_{i=1}^{n} (X_i - \bar{X})^2 \tag{14.20}$$

Diesmal dient uns der Punktschätzer S^2 als statistische Kanone, mit der wir auf den Zielpunkt σ_G^2 auf dem Zahlstrahl zielen. Auch die Stichprobenvarianz S^2 ist **erwartungstreu**, d.h. man schätzt mit ihr den Punkt σ_G^2 im Schnitt richtig:

$$E[S^2] = \sigma_G^2. \tag{14.21}$$

Den mühseligen Beweis haben wir für den begeisterten Leser auf Seite 465 zurückgestellt. Es scheint, als wäre in (14.20) der Nenner $n-1$ ein Druckfehler, denn die Formel sieht der Formel (5.9) für die Varianz in der Deskriptiven Statistik auf Seite 87 verblüffend ähnlich, wo man jedoch durch N teilt. Auch wenn es keine intuitiv zugängliche Erklärung gibt, der Nenner $n-1$ ist dennoch sinnvoll: Da $\frac{1}{n} < \frac{1}{n-1}$ ist, gilt auch bei jeder einzelnen Stichprobe $\frac{1}{n}\sum_{i=1}^{n}(X_i-\bar{X})^2 < \frac{1}{n-1}\sum_{i=1}^{n}(X_i-\bar{X})^2$. Dann gilt diese Ungleichung auch im Schnitt:

$$E\left[\frac{1}{n}\sum_{i=1}^{n}(X_i-\bar{X})^2\right] < E\left[\frac{1}{n-1}\sum_{i=1}^{n}(X_i-\bar{X})^2\right] = E[S^2] = \sigma_G^2.$$

Da die linke Seite echt kleiner als die rechte ist, würde man bei der Formel mit n im Nenner im Schnitt einen niedrigeren Wert als den richtigen σ_G^2 schätzen. Der Schätzer ist dann verfälscht! Dies ist der Grund für die merkwürdige Formel von S^2.

Man beachte außerdem, dass in der Formel von S^2 nicht der wahre Mittelwert $\bar{x}_G$ eingeht, sondern nur dessen Schätzung $\bar{X}$. Ansonsten wäre nämlich n der bessere Nenner.

Beispiel (Fortsetzung). In der Grundgesamtheit aller Kantinenbesucher lautet die deskriptive Verteilung:

X [Tassen]	1	2	3
$h(X=x)$	0.70	0.20	0.10

Wir haben bereits auf Seite 286 gemäß (14.5) die Varianz $\sigma_G^2 = 0.44\,[\text{Tassen}^2]$ berechnet.

Ute kennt diesen Wert nicht. Sie zieht eine unabhängige Zufallsstichprobe (X_1, X_2) vom Umfang $n=2$ und erhält als konkretes Stichprobenergebnis $(3, 1)$. Mit $\bar{x} = 2$ erhält sie als konkrete Schätzung für die Varianz

$$s^2 = \frac{1}{2-1}\sum_{i=1}^{2}(X_i-\bar{X})^2 = \frac{1}{1}\left((3-2)^2+(1-2)^2\right) = 2. \qquad (14.22)$$

Nun illustrieren wir noch, weshalb der Nenner "$n-1$" sinnvoll ist:

Dazu bestimmen wir die bivariate Verteilung von X_1, X_2 als Produkt der univariaten Verteilung. Utes konkrete Stichprobe $(3, 1)$ besitzt beispielsweise die Wahrscheinlichkeit $p_{3,1} = P(X_1 = 3, X_2 = 1) = 0.10 \cdot 0.70 = 0.07$. Analog erhält man für alle anderen, möglichen Stichprobenergebnisse

$$\begin{aligned}
&p_{1,1} = 0.49, \qquad &&p_{1,2} = 0.14, \qquad &&p_{1,3} = 0.07, \\
&p_{2,1} = 0.14, \qquad &&p_{2,2} = 0.04, \qquad &&p_{2,3} = 0.02, \\
&p_{3,1} = 0.07, \qquad &&p_{3,2} = 0.02, \qquad &&p_{3,3} = 0.01.
\end{aligned}$$

Wenn man noch zu allen möglichen Stichprobenergebnissen den Punktschätzer S^2 wie in (14.22) ausrechnet, erhält man die Bestätigung, dass S^2 erwartungstreu schätzt:

$$
\begin{aligned}
E[S^2] = \quad & 0 \cdot 0.49 \quad + \quad 0.5 \cdot 0.14 \quad + \quad 2 \cdot 0.07 \\
& 0.5 \cdot 0.14 \quad + \quad 0 \cdot 0.04 \quad + \quad 0.5 \cdot 0.02 \\
& 2 \cdot 0.07 \quad + \quad 0.5 \cdot 0.02 \quad + \quad 0 \cdot 0.01 \\
= \quad & 0.44 \; [\text{Tassen}^2].
\end{aligned}
$$

Bei einer Division mit $n = 2$ statt $n - 1 = 1$ in (14.22) bzw. (14.20) würde man immer einen halb so großen Schätzwert berechnen. Im Schnitt wird dann die Varianz mit nur $0.22 \; [\text{Tassen}^2]$ zu niedrig, also verfälscht geschätzt. ☺

Da das Schätzen der Varianz σ_G^2 nicht perfekt gelingt, interessiert man sich auch für die Varianz $VAR[S^2]$ des Punktschätzers S^2. Leider gibt es hierfür keine allgemeingültige Formel. Sie ist nur in einigen Spezialfällen darstellbar. Wir verzichten auf Details.

Auch die exakte Verteilung von S^2 besitzt keine allgemeine Formel. Jedoch lässt sich für große Stichproben indirekt über den Zentralen Grenzwertsatz zeigen, dass sich die Verteilung von S^2 mit einer "Chi-quadrat-Verteilung" annähern lässt, die wir von Seite 244 kennen.

C: Schätzen einer Standardabweichung σ_G

Stichprobenstandardabweichung

$$S = \sqrt{S^2} \tag{14.23}$$

Die Berechnung der Verteilung, des Erwartungswertes und der Varianz von S sind je nach Art der Verteilung der Stichprobenvariablen X_i recht schwierig. Man beachte, dass im Allgemeinen

$$E[S] \neq \sqrt{E[S^2]} = \sigma_G \tag{14.24}$$

gilt. Daher ist der Punktschätzer S **nicht erwartungstreu** sondern **verfälscht**. Anwender nehmen in der Regel diesen Fehler in Kauf.

D: Schätzen eines Anteils p_G

Wir benutzen eine binäre Variable X, bei der "$X = 1$" für Treffer und "$X = 0$" für Nicht-Treffer stehen. Mit dieser Kodierung gilt dann für den Anteil der "Treffer" in der Grundgesamtheit

$$p_G = \bar{x}_G = h(X = 1) = \frac{\text{Treffer in der Grundgesamtheit}}{N} = \frac{x_1 + x_2 + \cdots + x_N}{N}.$$

Entsprechend notieren wir den Punktschätzer für diesen Anteil p_G mit:

Anteilschätzer

$$\hat{P} = \bar{X} = \frac{\text{Treffer in der Stichprobe}}{n} \tag{14.25}$$

Der Anteilschätzer $\hat{P}$ ist eigentlich nur ein Spezialfall des Stichprobenmittels $\bar{X}$, bei der die Variable X binär kodiert ist. Daher ist auch er **erwartungstreu**

$$E[\hat{P}] = E[\bar{X}] = \bar{x}_G = p_G.$$

Die Variable X ist eine Bernoulli-Variable und kann nur die Werte "$X = 1$" oder "$X = 0$" annehmen. Zusammen mit den Eigenschaften einer unabhängigen Zufallsstichprobe bilden daher die $X_1, X_2, \cdots, X_n$ eine Bernoulli-Kette. Bekanntlich ist dann die Variable "$Y =$ Anzahl Treffer in der Stichprobe" gemäß (11.21) binomialverteilt. Für die Verteilung des Punktschätzers $\hat{P} = \frac{Y}{n}$ folgt daher:

$$P(\hat{P} \leq x) = P\left(\frac{Y}{n} \leq x\right) = P(Y \leq xn) = \sum_{i=0}^{xn} \binom{n}{i} p_G^i (1 - p_G)^{n-i},$$

wobei xn auf die nächste ganze Zahl abzurunden ist. Dies ist die exakte Formel für die Verteilung von $\hat{P}$. Da Y binomialverteilt ist, erhält man für die Varianz des Punktschätzers

$$VAR[\hat{P}] = VAR\left[\frac{Y}{n}\right] = \frac{VAR[Y]}{n^2} = \frac{np_G(1 - p_G)}{n^2} = \frac{p_G(1 - p_G)}{n}.$$

E: Schätzen der Kovarianz $\sigma_{x,y}$ einer Grundgesamtheit

Für eine bivariate Stichprobe $(X_1, Y_1), (X_2, Y_2), \ldots (X_n, Y_n)$ definieren wir:

Stichprobenkovarianz:

$$S_{x,y} = \frac{1}{n-1} \sum_{i=1}^{n} (X_i - \bar{X})(Y_i - \bar{Y}) \tag{14.26}$$

Auch hier erreicht man mit dem befremdlich wirkenden Nenner $n - 1$, dass der Punktschätzer **erwartungstreu** schätzt:

$$E[S_{x,y}] = \sigma_{x,y}.$$

Formeln für die Verteilung und die Varianz von $S_{x,y}$ gibt es nicht exakt, sondern nur approximativ.

F: Schätzen der Korrelation $\rho_{x,y}$ einer Grundgesamtheit

Für eine bivariate Stichprobe $(X_1, Y_1), (X_2, Y_2), \ldots (X_n, Y_n)$ definieren wir:

Stichprobenkorrelation:

$$R_{x,y} = \frac{S_{x,y}}{S_x \cdot S_y} = \frac{\sum_{i=1}^{n}(X_i - \bar{X})(Y_i - \bar{Y})}{\sqrt{\sum_{i=1}^{n}(X_i - \bar{X})^2 \cdot \sum_{i=1}^{n}(Y_i - \bar{Y})^2}}. \tag{14.27}$$

Beispiel (Arbeitnehmer). Wir betrachten die Grundgesamtheit aller Arbeitnehmer in Bimmelstadt mit den Merkmalen "X = Alter, Y = Lohn [€/Monat]. Es liegt eine Stichprobe vom Umfang $n = 5$ vor:

$$(33, 2500),\ (24, 2900),\ (42, 4200),\ (33, 2800),\ (54, 3500).$$

Daraus berechnen wir die Realisationen der Punktschätzer:

$$\bar{x} = \frac{33 + 24 + 42 + 33 + 54}{5} = 37.2,$$

$$\bar{y} = \frac{2500 + 2900 + 4200 + 2800 + 3500}{5} = 3180,$$

$$s_x^2 = \frac{1}{4}\left((33 - 37.2)^2 + (24 - 37.2)^2 + (42 - 37.2)^2 + (33 - 37.2)^2) + (54 - 37.2)^2\right)$$

$$= 128.7,$$

$$s_y^2 = \frac{1}{4}\Big[(2500 - 3180)^2 + (2900 - 3180)^2 + (4200 - 3180)^2 + (2800 - 3180)^2$$

$$+ (3500 - 3180)^2\Big]$$

$$= 457000$$

und

$$s_{x,y} = \frac{1}{4}\Big[(33 - 37.2)(2500 - 3180) + (24 - 37.2)(2900 - 3180)$$

$$+ (42 - 37.2)(4200 - 3180) + (33 - 37.2)(2800 - 3180)$$

$$+ (54 - 37.2)(3500 - 3180)\Big]$$

$$= 4605,$$

$$r_{x,y} = \frac{s_{x,y}}{s_x \cdot s_y} = \frac{4605}{11.34 \cdot 676.02} = 0.60046.$$

Mit diesem Beispiel soll in erster Linie der rechnerische Gebrauch der Formeln vorgeführt werden. Wie gut oder schlecht diese Punktschätzergebnisse die wahren Werte der Grundgesamtheit wiedergeben, können wir nicht beurteilen. Nach einer anderen Stichprobenziehung vom Umfang $n = 5$ aus derselben Grundgesantheit könnten möglicherweise ganz andere Schätzwerte auftreten.   ☻

Schwächen von Punktschätzverfahren

Die Theorie über Punktschätzer ist interessant und umfangreich, jedoch lässt sie den Anwender bei einer konkreten Schätzung im Regen stehen: Auf Seite 287 hat beispielsweise Irma die mittlere Anzahl an Kaffeetassen mit $\bar{x} = 1.16667$ geschätzt. Als Statistikerin weiß sie zwar, dass das Stichprobenmittel eine bestimmte Verteilung besitzt, dass es konsistent, erwartungstreu und unter bestimmten Umständen recht wirksam ist, aber sie hat keine Ahnung, wie weit weg ihre Schätzung vom wahren Wert $\bar{x}_G = 1.4$ liegt, denn diesen Wert kennt sie nicht. Ihr bleibt nur eine diffuse Hoffnung, "gut" geschätzt zu haben.

Zudem basieren die vielen Formeln und Verteilungen, die wir aufgelistet haben, leider genau auf den Kenngrößen, deren Werte der Anwender nicht kennt, sondern schätzen möchte. Insofern sind sie in ihrer bisherigen Form nicht praxistauglich.

Das wollen wir im nächsten Kapitel ändern.

15 Konfidenzintervallverfahren

Übersicht

Die Problemstellung ist dieselbe wie im letzten Kapitel "Punktschätzer" auf Seite 285: Es soll der korrekte numerischen Wert einer statistischen Kenngröße geschätzt werden.

Bei Konfidenzintervallverfahren ist das Schätzergebnis kein Punkt, sondern ein Intervall. Damit lassen sich die auf Seite 296 genannten Schwächen von Punktschätzern beheben.

15.1 Qualität Induktiver Verfahren

Betty steht auf einer Personenwaage. Das Display zeigt 53.7 [kg] an. Es wäre ein Wunder, wenn Betty exakt 53.70000000000 · · · [kg] wiegen würde. So ist aber die Anzeige der Waage auch nicht zu verstehen. Gemeint ist, dass Betty zwischen 53.65 [kg] und 53.75 [kg] wiegt. Das könnte schon eher stimmen. Dieses indirekt angezeigte Intervall hat eine Länge von 0.1 Kilogramm. Insofern sind wir es eigentlich aus dem Alltag längst gewohnt, dass Messergebnisse mit Intervallen angezeigt werden.

Je nachdem welche Qualität ein Gerät besitzt, werden uns die Ergebnisse mit unterschiedlicher Präzision bzw. verschieden breiten Intervallen angezeigt. Zudem wissen wir, dass die vom Gerät angezeigten Ergebnisse manchmal falsch sein können. Beim statistischen Schätzen verhält es sich analog. Daher betrachten wir zwei **Qualitätsmerkmale** für Schätzverfahren:

© Springer-Verlag GmbH Deutschland, ein Teil von Springer Nature 2019
C. Weigand, *Statistik mit und ohne Zufall*,
https://doi.org/10.1007/978-3-662-59309-7_15

Präzision = Genauigkeit, mit der ein Ergebnis angezeigt wird.
Zuverlässigkeit = Wahrscheinlichkeit, ein richtiges Ergebnis zu erhalten.

Wegen

$$\text{Zuverlässigkeit} \;=\; \text{Sicherheit} \;=\; 1-\alpha \;=\; 1-\text{Risiko}$$

kann man genauso gut auch das **Risiko** α betrachten, dass das Verfahren ein falsches Ergebnis anzeigt. In der Regel sind Präzision und Zuverlässigkeit konkurrierende Eigenschaften, d.h. eine Verbesserung der Präzision verringert die Zuverlässigkeit und umgekehrt.

Beispiel (Altersbestimmung). Studentin Onda betritt eine Bar und wird von Fritz und Oskar bewundert. Fritz schätzt das Alter von Onda auf 18 bis 39 Jahre. Oskar schätzt ihr Alter auf 22.4638207 Jahre. Die Schätzung von Fritz ist offenbar weniger präzise als die Schätzung von Oskar. Jedoch dürfte Fritz ein zuverlässigerer Schätzer als Oskar sein, da seine Aussage mit hoher Wahrscheinlichkeit richtig ist, wohingegen Oskars Ergebnis nur mit sehr viel Glück stimmen dürfte.   ☻

Es ist wenig hilfreich, die Unwahrheit möglichst präzise zu formulieren. Deshalb wollen wir der Zuverlässigkeit den Vorrang gegenüber der Präzision geben.

Qualität eines Induktiven Verfahrens

Forderung 1:   Der Anwender kann **selbst festlegen**, wie hoch die Zuverlässigkeit des Induktiven Verfahrens sein soll. Damit besitzt ein induktives Verfahren ein **kontrollierbares Risiko** α.

Forderung 2:   Die Präzision des Verfahrens sollte möglichst gut sein .

Welche Qualität haben Punktschätzverfahren?

Sowohl der gesuchte Parameterwert θ, als auch das Ergebnis einer Punktschätzung entsprechen als reelle Zahlen auf dem Zahlstrahl unendlich dünnen Punkten. Daher kann man, wie auf Seite 286 schon ausgeführt, einen Punktschätzer mit einer statistischen Kanone vergleichen, bei der man mit unendlich dünnen Kugeln einen unendlich dünnen Zielpunkt zu treffen versucht! Das gelingt jedoch so gut wie nie.

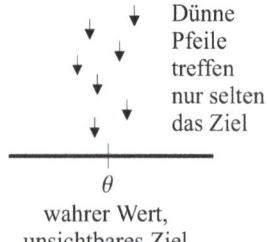

Dünne Pfeile treffen nur selten das Ziel

θ
wahrer Wert,
unsichtbares Ziel

Stattdessen werden mit fast hundertprozentiger Wahrscheinlichkeit falsche Schätzungen erzeugt. Daher gilt:

■ Punktschätzer haben eine **perfekte Präzision**.

■ Punktschätzer haben eine **miserabel schlechte Zuverlässigkeit:** Risiko $\alpha \approx 100\%$.

Daher verwundert es um so mehr, dass Punktschätzer, insbesondere $\bar{X}$ und $\hat{P}$, in der Praxis ständig und überall verwendet werden, denn Punktschätzer formulieren die Unwahrheit hochgradig präzise! Das wollen wir nun besser machen!

Der entscheidende Trick

Wir wissen, dass man Fliegen um so leichter fangen kann, je breiter die Fliegenklatsche ist.

Genauso kann auch der Statistiker das Kaliber, bzw. die Kugeln bei der statistischen Kanone so groß machen, dass er mit der gewünschten Zuverlässigkeit $1 - \alpha$ den dünnen, unsichtbaren, weißen Zielpunkt auf der weißen Zielscheibe trifft.

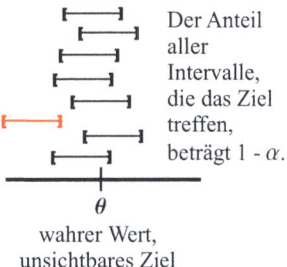

Der Anteil aller Intervalle, die das Ziel treffen, beträgt $1 - \alpha$.

θ
wahrer Wert, unsichtbares Ziel

Ein Konfidenzintervallverfahren gibt daher die Schätzergebnisse nicht als Punkte sondern als Intervalle an, die so breit sind, dass sie die vom Anwender vorgegebene Zuverlässigkeit $1 - \alpha$ einhalten.

Der Nachteil dabei ist, dass bei einer breiten Fliegenklatsche oder einem breiten "Einschussloch" die Lokalisierung des gesuchten Zielpunktes weniger präzise ist. Das ist auch der Grund, weshalb man die Treffsicherheit nicht auf 100% hochsetzt, denn das erreicht man nur mit sehr breiten, unendlich breiten Intervallen. Dann aber ist die Präzision miserabel, und der Zielpunkt ist nicht näher lokalisierbar. Das erklärt, warum man bei einem Induktiven Verfahren immer ein Risiko $\alpha > 0$ in Kauf nehmen muss. Der entscheidende Vorteil aber ist, dass der Anwender dieses Risiko selbst festlegen bzw. kontrollieren kann!

15.2 Konfidenzintervallverfahren für einen Mittelwert bei bekannter Varianz

Wie viele Stunden Sport treibt ein Jugendlicher im Schnitt? Wie groß ist im Schnitt der Schaden bei einem Autounfall? Wie viel Strom kann ein Solarmodul in Aachen im Schnitt pro Jahr produzieren? Wie viel Zeit nehmen wir uns im Schnitt für ein Mittagessen? Diese Fragen haben eines gemein: Es soll der Mittelwert $\bar{x}_G$ einer Grundgesamtheit geschätzt werden. Als Zuverlässigkeit wählen wir $1 - \alpha$.

Das Konfidenzintervallverfahren in diesem Kapitel ist kaum praxistauglich, da die nachfolgende Voraussetzung 3 eher unrealistisch sein dürfte. Sie vereinfacht allerdings die mathematischen Herleitungen erheblich, und bereitet das bessere Verständnis des nächsten Kapitels 15.3 vor. Dort wird zur gleichen Problemstellung ein sehr praxistaugliches

Schätzverfahren vorgestellt!

Voraussetzungen:

1. Es liegt eine unabhängige Zufallsstichprobe $(X_1, X_2, \ldots X_n)$ vor, die auf Seite 267 definiert ist.
2. Der Punktschätzer $\bar{X} = \frac{1}{n}(X_1 + X_2 + \ldots + X_n)$ ist normalverteilt.
3. Der Wert der Varianz σ_G^2 ist bekannt.

Die Voraussetzung 2 ist relativ unkritisch. Sollten bereits die einzelnen Stichprobenvariablen X_i normalverteilt sein, ist sie wegen der Reproduktionseigenschaft der Normalverteilung automatisch erfüllt. Ansonsten können wir wie auf Seite 291 argumentieren, dass $\bar{X}$ bei "großen" Stichproben aufgrund des Zentralen Grenzwertsatzes approximativ normalverteilt ist. In den Anwendungen gelten Stichprobenumfänge $n \geq 30$ als "genügend groß". Aus allen drei Voraussetzungen folgt wegen (14.16) und (14.17)

$$\bar{X} \sim N\left(\bar{x}_G, \frac{\sigma_G^2}{n}\right). \tag{15.1}$$

Die Herleitung der folgenden Formel findet der begeisterte Leser auf Seite 466.

Konfidenzintervallverfahren für einen Mittelwert $\bar{x}_G$

$$\left[\bar{X} - \frac{\sigma_G}{\sqrt{n}} \cdot \lambda \; ; \;\; \bar{X} + \frac{\sigma_G}{\sqrt{n}} \cdot \lambda\right], \tag{15.2}$$

wobei $\lambda = \lambda_{1-\frac{\alpha}{2}}$ das $\left(1 - \frac{\alpha}{2}\right)$-Quantil der Standardnormalverteilung ist. Die Zuverlässigkeit bzw. Sicherheitswahrscheinlichkeit beträgt $1 - \alpha$; die Varianz σ_G^2 wird als **bekannt** vorausgesetzt.

Beispiel (Bierflaschen). Dagobert hat seine Abfüllanlage auf einen neuen, siebeneckigen Flaschentyp eingestellt. Er möchte nun die mittlere Füllmenge $\bar{x}_G$ der zukünftig abgefüllten Flaschen schätzen.

Dazu wird er die Füllmengen $X_1, \cdots, X_{11}$ [ml] der nächsten $n = 11$ Flaschen messen. Er unterstellt, dass die Schäumungen von Flasche zu Flasche unabhängig auftreten und sich die Einstellungen der Maschine im Laufe der Produktion nicht verändern. Insofern glaubt Dagobert eine unabhängige Zufallsstichprobe $X_1, \cdots, X_{11}$ zu erhalten.

Aufgrund seiner jahrelangen Erfahrung mit der Maschine kennt er die Standardabweichung $\sigma_G = 1.4$ [ml]. Als Zuverlässigkeit, bzw. Sicherheitswahrscheinlichkeit wählt er 99%. Daher beträgt das Risiko $\alpha = 0.01$. Mit Hilfe der Tabelle im Anhang findet er das Quantil $\lambda = \lambda_{1-\frac{\alpha}{2}} = \lambda_{0.995} = 2.576$. Damit erhält er das Konfidenzintervallverfahren

$$\left[\bar{X} - \frac{\sigma_G}{\sqrt{n}} \lambda_{1-\frac{\alpha}{2}} ; \bar{X} + \frac{\sigma_G}{\sqrt{n}} \lambda_{1-\frac{\alpha}{2}} \right] = \left[\bar{X} - \frac{1.4}{\sqrt{11}} 2.576 ; \quad \bar{X} + \frac{1.4}{\sqrt{11}} 2.576 \right]$$

$$= [\bar{X} - 1.087 ; \bar{X} + 1.087] . \tag{15.3}$$

Man braucht offenbar den Punktschätzer $\bar{X}$ nur um 1.087 Milliliter nach links und rechts zu verbreitern, und schon hat man eine Sicherheit von 99% richtig zu schätzen! Dagoberts konkrete Stichprobe lautet

499.2, 501.3, 500.2, 497.7, 496.8, 498.5, 496.4, 502.1, 498.8, 500.4, 498.2 .

Mit dem Stichprobenmittel $\bar{x} = 499.0545$ [ml] berechnet er das konkrete Konfidenzintervall

$$[\bar{x} - 1.087; \bar{x} + 1.087] = [499.0545 - 1.087; 499.0545 + 1.087] = [497.97; 500.14].$$

Die durchschnittliche Füllmenge der zukünftig abgefüllten Flaschen wird von dem Intervall [497.97 ; 500.14] Millilitern überdeckt bzw. angezeigt. Die Zuverlässigkeit der Schätzmethode liegt bei 99%. Das Ergebnis wir mit einer Präzision von $500.14 - 497.97 = 2.17$ [ml] angezeigt.

Falsche Interpretationen:

■ "Das konkret berechnete Intervall [497.97 ; 500.14] schätzt mit 99% Wahrscheinlichkeit richtig." Dies ist falsch, da die konkrete Schätzung entweder nur richtig oder nur falsch sein kann. Die Wahrscheinlichkeit bzw. Zuverlässigkeit bezieht sich auf die Methodik des Schätzens, also auf das Schätzverfahren (15.3).

■ "Das konkret berechnete Intervall überdeckt zu 99 Prozent die mittlere Füllmenge." Dies ist falsch, da ein Intervall einen Wert prinzipiell entweder zu 100% oder gar nicht überdeckt! Eine nur teilweise Überdeckung ist nicht möglich.

■ "99 Prozent aller Flaschen werden mit 497.97 bis 500.14 [ml] Bier befüllt." Diese Aussage bezieht sich nicht auf die durchschnittliche Füllmenge $\bar{x}_G$ sondern auf die Verteilung der Füllmenge X aller zukünftigen Flaschen. Die Aussage $P(497.97 \leq X \leq 500.14) = 0.99$ ist aber falsch. Ein derartiges Intervall müsste man **Prognoseintervall** nennen. Es sagt voraus, mit welcher Wahrscheinlichkeit bestimmte Füllmengen auftreten werden.
"Die Füllmenge einer Flasche liegt zu 99 Prozent im Bereich [497.97 ; 500.14] Millilitern." bedeutet das gleiche, und wäre auch falsch. ☻

Was beeinflusst die Präzision eines Konfidenzintervallverfahrens?

Die Präzision eines Konfidenzintervallverfahrens wird durch die

$$\text{Intervalllänge} \quad = \quad \text{rechter Rand} - \text{linker Rand} \quad = \quad 2 \cdot \frac{\sigma_G}{\sqrt{n}} \cdot \lambda_{1-\frac{\alpha}{2}} \qquad (15.4)$$

bestimmt. Sie hängt von drei Faktoren ab:

1. **Standardabweichung σ_G**
   Bei einer kleinen Standardabweichung σ_G, ist das Konfidenzintervall kurz bzw. die Präzision hoch. Dies ist auch anschaulich klar, denn wenn sich bereits innerhalb der Grundgesamtheit die einzelnen Merkmalswerte der Variablen X vom zu schätzenden Mittelwert nur geringfügig unterscheiden, wird dies in der Regel auch in der Stichprobe der Fall sein. Ein nennenswertes Verschätzen ist dann kaum möglich.

2. **Zuverlässigkeit**
   Erhöht man die Zuverlässigkeit $1 - \alpha$, so erhöht sich der Wert des Quantils $\lambda_{1-\frac{\alpha}{2}}$ und damit auch die Intervalllänge. Die Präzision wird dadurch geringer. Im Extremfall, bei maximaler $1 - \alpha = 1 = 100\%$ Zuverlässigkeit ist das Intervall wegen $\lambda_{100\%} = \infty$ unendlich breit und das Ergebnis vollkommen unpräzise. Im anderen Extremfall, bei einer $1 - \alpha = 0 = 0\%$ Zuverlässigkeit degeneriert wegen $\lambda_{1-\frac{1}{2}} = \lambda_{50\%} = 0$ das Intervall zum Punktschätzer $\bar{X}$, der praktisch nie den Zielwert trifft. Die Präzision jedoch ist maximal.

3. **Stichprobenumfang n**
   Mühe lohnt sich, denn ein großer Stichprobenumfang n verkleinert den Bruch $\frac{\sigma_G}{\sqrt{n}}$ und reduziert so die Intervalllänge. Bei gleichbleibender Zuverlässigkeit wird die Präzision verbessert.

Wie groß muss der Stichprobenumfang n sein?

Um hierauf eine vernünftige Antwort finden zu können, orientieren wir uns an den Qualitätsanforderungen von Seite 298:

- **Zuverlässigkeit**
  Hierfür ist die Größe des Stichprobenumfanges n **egal**! Die vom Anwender festgelegte Zuverlässigkeit $1 - \alpha$ wird bei **allen** Stichprobenumfängen $n \geq 1$ gewährleistet, sofern die drei eingangs erwähnten Voraussetzungen eingehalten werden. Man glaubt es kaum, selbst $n = 1$ ist schon ausreichend, um mit einer Zuverlässigkeit von 99% richtig schätzen zu können!

- **Präzision**
  Zusätzlich zur Zuverlässigkeit kann der Anwender die **Intervalllänge festlegen**. Hierfür bietet der Stichprobenumfang n den nötigen Spielraum. Dazu wird die Formel (15.4) nach n aufgelöst:

$$n = \text{Aufrunden}\left(\frac{4\,\sigma_G^2}{(\text{Intervalllänge})^2} \cdot \lambda_{1-\frac{\alpha}{2}}^2\right). \tag{15.5}$$

Durch das Aufrunden wird erreicht, dass die gewünschte Intervalllänge eher unter- als überschritten wird.

■ **Größe der Grundgesamtheit** N

Die Größe N kommt in den Formeln nicht vor. Sie hat **keinen Einfluss** auf die Zuverlässigkeit, die Präzision oder den Stichprobenumfang n, sofern eine unabhängige Zufallsstichprobe vorliegt! Eine weitere Erklärung findet man auch auf Seite 315.

Beispiel (Fortsetzung). Wieder möchte Dagobert die tatsächliche mittlere Flaschenfüllung $\bar{x}_G$ mit einer Zuverlässigkeit von mindestens 99% schätzen. Dieses Mal aber wünscht er ein Intervall der Länge 1 [ml].

Mit $\sigma_G = 1.4$ [ml], $\lambda = \lambda_{0.995} = 2.576$ benötigt er gemäß (15.5) den Stichprobenumfang

$$n = \text{Aufrunden}\left(\frac{4\sigma_G^2}{(\text{Intervalllänge})^2}\,\lambda_{1-\frac{\alpha}{2}}^2\right) = \text{Aufrunden}\left(\frac{4 \cdot 1.4^2}{1^2}\,2.576^2\right)$$

$$= \text{Aufrunden}(52.024) = 53 \text{ [Flaschen]}.$$

Bei $n = 52$ würde die gewünschte Länge von 1 [ml] überschritten werden. Für die Zuverlässigkeit von 99% hätte es keine Auswirkungen. Sie gilt sowieso für alle n, also auch für kleinere Stichproben. ☻

In der Formel (15.5) geht die Intervalllänge quadratisch ein. Dies hat den unangenehmen Effekt, dass der notwendige Stichprobenumfang nicht linear, sondern quadratisch anwächst! Beispielsweise benötigt eine Halbierung der Intervalllänge nicht den doppelten, sondern den vierfachen Stichprobenumfang.

Beispiel (Fortsetzung). Die Intervalllänge wird von 1 [ml] auf 0.1 [ml], also um den Faktor 10 verkürzt: Neue Länge $= 0.1 \cdot$ alte Länge.

$$n = \text{Aufrunden}\left(\frac{4\sigma_G^2}{(0.1 \cdot \text{alte Länge})^2}\,\lambda_{1-\frac{\alpha}{2}}^2\right) = \text{Aufr.}\left(\frac{1}{0.1^2}\frac{4\sigma_G^2}{(\text{alte Länge})^2}\,\lambda_{1-\frac{\alpha}{2}}^2\right)$$

$$= \text{Aufr.}\left(\frac{1}{0.1^2} \cdot 52.024\right) = 5203 \text{ [Flaschen]}.$$

Für eine zehnfach bessere Präzision benötigt man ungefähr den hundertfachen Stichprobenumfang! ☻

Diesen unangenehmen Effekt gibt es leider bei vielen Induktiven Verfahren in ähnlicher Form.

15.3 Konfidenzintervallverfahren für einen Mittelwert bei unbekannter Varianz

Die Problemstellung ist dieselbe wie im letzten Kapitel auf Seite 299: Es soll der Mittelwert $\bar{x}_G$ einer Grundgesamtheit mit vorgegebener Zuverlässigkeit $1 - \alpha$ geschätzt werden. Allerdings ist dieses Mal keine Kenntnis über die Varianz σ_G^2 der Grundgesamtheit nötig! Das kommt dem Anwender in der Praxis sehr entgegen.

Voraussetzungen:

1. Es liegt eine unabhängige Zufallsstichprobe $(X_1, X_2, \ldots X_n)$ vor, die auf Seite 267 definiert ist.
2. Alle Stichprobenvariablen X_i sind normalverteilt.

Anmerkung zur Voraussetzung 2

Die zweite Voraussetzung ist sehr speziell und bei strenger Betrachtung unrealistisch. Sie wird lediglich für zwei Eigenschaften gebraucht, die für die mathematisch saubere Herleitung des Schätzverfahrens benötigt werden: Erstens, $\bar{X}$ ist normalverteilt, und zweitens, die Punktschätzer $\bar{X}$ und S^2 sind unabhängig voneinander.

Aus ähnlichen Gründen wie auf Seite 300 ist bei größeren Stichproben (oft reicht schon $n \geq 30$) das Stichprobenmittel $\bar{X}$ approximativ normalverteilt, selbst wenn die Voraussetzung 2 grob verletzt ist. Die Unabhängigkeit der Punktschätzer $\bar{X}$ und S^2 dürfte in der Praxis auch nicht perfekt zutreffen. Jedoch unterstellt man, dass bei größeren Stichproben die Abhängigkeiten für praktische Zwecke vernachlässigbar schwach sind.

Insofern ist das Konfidenzintervallverfahren ziemlich **robust** gegenüber einer Verletzung der Voraussetzung 2, weshalb man es für sehr viele Problemstellungen der Praxis gut gebrauchen kann.

Die Konstruktion des Konfidenzintervallverfahrens basiert auf den Ideen des letzten Kapitels. Die entsprechende Formel ist der Formel (15.2) sehr ähnlich. Man muss lediglich zwei kleine Änderungen vornehmen:

■ Statt des exakten Wertes der Varianz σ_G^2 verwendet man gemäß (14.20) den Punktschätzer

$$S^2 \;=\; \frac{1}{n-1} \sum_{i=1}^{n} (X_i - \bar{X})^2 \;=\; \text{Stichprobenvarianz.}$$

■ Statt des Quantils der Standardnormalverteilung $\lambda_{1-\frac{\alpha}{2}}$ benötigt man das Quantil

$$t_{n-1, \, 1-\frac{\alpha}{2}} \;=\; \left(1 - \frac{\alpha}{2}\right)\text{-Quantil der Student t-Verteilung mit } n-1 \text{ Freiheitsgraden.}$$

Näheres zu dieser Verteilung findet man auf Seite 246. Die Quantile sind im Anhang tabelliert.

Konfidenzintervallverfahren für einen Mittelwert $\bar{x}_G$

$$\left[\bar{X} - \frac{S}{\sqrt{n}}\, t \;;\; \bar{X} + \frac{S}{\sqrt{n}}\, t\right], \tag{15.6}$$

wobei $t = t_{n-1,1-\frac{\alpha}{2}}$ das $\left(1 - \frac{\alpha}{2}\right)$-Quantil der t-Verteilung bei $n-1$ Freiheitsgraden ist. Die Sicherheitswahrscheinlichkeit beträgt $1 - \alpha$; die Varianz σ_G^2 ist **unbekannt**.

Eine Herleitung der Formel findet der begeisterte Leser auf Seite 467.

Beispiel (Baumstämme). Karen bekommt 1900 Baumstämme in ihr Sägewerk geliefert. Sie möchte den mittleren Umfang der Stämme mit einer Zuverlässigkeit von $1 - \alpha = 95\%$ schätzen. Karen zieht eine unabhängige Zufallsstichprobe vom Umfang $n = 7$ und misst jeweils den Umfang X [mm]:

$$1200, \; 1150, \; 1300, \; 1410, \; 1100, \; 800, \; 1600 \; [\text{mm}].$$

Das Stichprobenmittel beträgt $\bar{x} = 1222.9$ [mm] und die Stichprobenvarianz

$$
\begin{aligned}
s^2 &= \frac{1}{6}\Big[\, (1200 - 1222.9)^2 + (1150 - 1222.9)^2 + (1300 - 1222.9)^2 \\
&\quad + (1410 - 1222.9)^2 + (1100 - 1222.9)^2 + (800 - 1222.9)^2 + (1600 - 1222.9)^2 \,\Big] \\
&= 63823.8 = 252.6337^2.
\end{aligned}
$$

Zu dem Risiko von $\alpha = 0.05$ ermittelt Karen mit Hilfe der Tabelle im Anhang das Quantil $t = t_{6,1-\frac{\alpha}{2}} = t_{6,0.975} = 2.45$ und berechnet damit

$$
\left[\bar{x} - \frac{s}{\sqrt{n}}\, t \;;\; \bar{x} + \frac{s}{\sqrt{n}}\, t\right] = \left[1222.9 - \frac{252.6337}{\sqrt{7}}\, 2.45 \;;\; 1222.9 + \frac{252.6337}{\sqrt{7}}\, 2.45\right]
$$

$$= [988.9 \,;\, 1456.8].$$

Der tatsächliche mittlere Umfang eines Stammes in der Grundgesamtheit der 1900 Baumstämme wird von dem Intervall $[988.9 \,;\, 1456.8]$ Millimetern überdeckt. Das Risiko, dass sich Karen damit verschätzt haben könnte, beträgt 5%.

Karen unterstellt stillschweigend eine Normalverteilung für das Stichprobenmittel. Da der Stichprobenumfang nur $n = 7$ beträgt, ist diese Annahme nicht selbstverständlich. ☻

Wie groß muss der Stichprobenumfang n sein?

Um hierauf eine vernünftige Antwort finden zu können, orientieren wir uns an den Qualitätsanforderungen von Seite 298:

■ **Zuverlässigkeit**

Hierfür ist die Größe des Stichprobenumfanges n **egal**! Die Zuverlässigkeit $1 - \alpha$ wird von **allen** Stichprobenumfängen $n \geq 2$ gewährleistet[1], sofern die beiden eingangs erwähnten Voraussetzungen eingehalten werden!

■ **Präzision**

Zusätzlich zur Zuverlässigkeit kann der **Anwender die Intervalllänge approximativ festlegen**. Im Gegensatz zum letzten Kapitel ist die Präzision, bzw. die

$$\text{Intervalllänge} = \text{rechter Rand} - \text{linker Rand} = 2 \cdot \frac{S}{\sqrt{n}} \cdot t_{n-1, 1-\frac{\alpha}{2}} \quad (15.7)$$

beim Konfidenzintervallverfahren (15.6) eine **Zufallsvariable**, da die Stichprobenstandardabweichung S von den zufälligen Stichprobenergebnissen abhängt. Daher ist die Präzision nicht exakt voraussagbar! Außerdem lässt sich (15.7) nicht nach n auflösen, da n auch als Freiheitsgrad vorkommt. Man kann aber eine "approximative" Lösung finden:

In der Praxis bestimmt man den **Stichprobenumfang** n hilfsweise mit der alten Formel (15.5) und ersetzt dort σ_G durch den Punktschätzer S, den man aus einer kleinen "Vorstichprobe" schätzt. Oder man nimmt für σ_G einen Wert als obere Schranke, den man für realistisch hält.

■ **Größe der Grundgesamtheit N**

Die Größe N kommt in den Formeln nicht vor. Sie hat **keinen Einfluss** auf die Zuverlässigkeit, die Präzision oder den Stichprobenumfang n, sofern eine unabhängige Zufallsstichprobe vorliegt! Eine weitere Erklärung findet man auch auf Seite 315.

Beispiel (Fortsetzung). Karen möchte nach wie vor den mittleren Baumstammumfang mit 95% Zuverlässigkeit schätzen. Das Konfidenzintervall soll aber nur etwa 100 [mm] breit sein. Dazu benutzt sie die alte Formel (15.5) und ersetzt dort σ_G mit der Stichprobenstandardabweichung $s = 252.6337$ aus der oben bereits gezogenen, kleinen Stichprobe:

$$n = \text{Aufrunden}\left(\frac{4s^2}{(\text{Intervalllänge})^2} \lambda_{1-\frac{\alpha}{2}}^2\right) = \text{Aufrunden}\left(\frac{4 \cdot 252.6337^2}{100^2} 1.960^2\right)$$

$$= \text{Aufrunden}(98.07) = 99 \text{ [Stämme]}.$$

Wie lang das Intervall tatsächlich sein wird, welches Karen nach Ziehung einer weiteren Stichprobe vom Umfang $n = 99$ erhält, kann man nicht vorhersehen. Die Zuverlässigkeit von 95% wird aber von der Schätzmethode dennoch gewährleistet.

---

[1] Bei $n = 1$ würde der Nenner $n - 1$ in der Formel von S^2 Null werden.

Variante: Ohne Stichprobenziehung hätte Karen aufgrund ihrer Berufserfahrung eine Standardabweichung von etwa 300 [mm] für realistisch gehalten. Dann erhält sie einen Stichprobenumfang von

$$n = \text{Aufrunden}\left(\frac{4 \cdot 300^2}{100^2} \, 1.960^2\right) = \text{Aufrunden}(138.3) = 139 \text{ [Stämme]}.$$

Immerhin, Karen hat nun zumindest einen Anhaltspunkt, wie groß die Stichprobe in etwa sein müsste, um die gewünschte Präzision zu erhalten; $n = 7$ ist wohl nicht ausreichend ☻

Beispiel (Müllabfuhr). Zur besseren Planung ihrer Fahrzeuge möchte die Müllabfuhr untersuchen, welche mittlere Müllmenge in der Bahnhofstraße pro Woche anfällt. Das Management hält es für realistisch, die letzten $n = 8$ Wochen als unabhängige Zufallsstichprobe betrachten zu dürfen:

$$2000, \; 3500, \; 2400, \; 4500, \; 3000, \; 2800, \; 3300, \; 4400 \text{ [kg]}.$$

Die Müllmenge einer Woche ergibt sich als Summe der "zufälligen" Müllmengen einzelner Haushalte. Diese dürften unabhängig voneinander Müll sammeln. Zudem gibt es in der Bahnhofstraße viele Haushalte. Wegen des Zentralen Grenzwertsatzes können daher die obigen Mengen als Realisationen normalverteilter, unabhängiger Zufallsvariablen $X_1, \ldots, X_8$ betrachtet werden. Insofern dürften die eingangs gestellte "Voraussetzung 2" für das Konfidenzintervallverfahren erfüllt sein.
Es soll mit einer Sicherheitswahrscheinlichkeit von 95% geschätzt werden. Mit $n = 8$, $\bar{x} = 3237.5$, $s^2 = 785535.71$, $t_{7;0.975} = 2.36$ erhält man:

$$\left[3237.5 - \frac{\sqrt{785535.71}}{\sqrt{8}} \, 2.36 \; ; \; 3237.5 + \frac{\sqrt{785535.71}}{\sqrt{8}} \, 2.36\right]$$
$$= [2497.98 \; ; \; 3977.02] \text{ [kg]}.$$
☻

Beispiel (Verbrauchertest). Bei einem Verbrauchertest wurde von 58 zufällig ausgewählten Probanden der Geschmack der neuen Eiscreme "Frostfett" auf einer diskreten Notenskala von 1 (sehr gut) bis 5 (sehr schlecht) unabhängig voneinander bewertet. Die Stichprobe ergab ein arithmetisches Mittel von $\bar{x} = 2.15$ bei einer Stichprobenvarianz von $s^2 = 0.46$.
Wir wollen die mittlere Note $\bar{x}_G$, welche von allen "zukünftigen" Konsumenten vergeben wird, mit 99% Zuverlässigkeit schätzen.
Die Zufallsvariablen "X_i = Note des Probanden i" können nur die 5 diskreten Werte der Notenskala annehmen und sind daher diskreten Typs. Insbesondere sind sie nicht, wie von der Voraussetzung 2 gefordert, normalverteilt. Wegen der Anmerkung auf Seite 304 und dem relativ großen Stichprobenumfang $n = 58$ wollen wir

dennoch das Konfidenzintervallverfahren (15.6) anzuwenden. Wir berechnen mit $t_{57;0.995} = 2.66$:

$$\left[2.15 - \frac{\sqrt{0.46}}{\sqrt{58}} 2.66; \quad 2.15 + \frac{\sqrt{0.46}}{\sqrt{58}} 2.66 \right] = [1.913; \ 2.387].$$

Die tatsächliche Durchschnittsnote wird mit einer Präzision bzw. Intervalllänge von etwa einem halben Notenwert angezeigt. Die Zuverlässigkeit der Schätzung, d.h. die Chance, dass das Ergebnis richtig ist, beträgt 99%.   ☻

15.4 Konfidenzintervallverfahren für die Differenz zweier Mittelwerte in einer Grundgesamtheit

Man möchte in einer Grundgesamtheit den **Unterschied** zwischen zwei Mittelwerten $\bar{x}_G$ und $\bar{y}_G$ schätzen: Wie stark unterscheidet sich bei einem Menschen der Blutdruck am Morgen zu dem am Abend im Schnitt? Wie groß ist an einem Tag in der Mensa der Unterschied zwischen der mittleren Besucherzahl um 12.00 Uhr und der um 13.00 Uhr? Wie stark unterscheidet sich bei einem Auto der durchschnittliche Reifenabrieb der Vorder- zu den Hinterrädern? Wir unterstellen folgende

Voraussetzungen:

1. Es liegt **eine** Grundgesamtheit vor. Jedes Objekt weist zwei Variablen X und Y auf.
2. Es wird eine unabhängige, **verbundene** Zufallsstichprobe vom Umfang n gezogen:
$$(X_1, Y_1), (X_2, Y_2), \cdots, (X_n, Y_n).$$
3. Die Differenzen $D_i = X_i - Y_i$ können sinnvoll gebildet und interpretiert werden.
4. Die univariate Stichprobe $(D_1, D_2, \cdots, D_n)$ erfüllt die Voraussetzungen des vorigen Kapitels 15.3 auf Seite 304.

Bezüglich der Voraussetzung 2 erinnern wir an die Ausführungen auf Seite 282, wo verbundene und unverbundene Stichproben diskutiert werden. Die Voraussetzung 3 verrät eigentlich schon den zwar simplen, aber entscheidenden

Trick:
Wende zum schätzen der Differenz $\bar{d}_G = \bar{x}_G - \bar{y}_G$ das Konfidenzintervallverfahren (15.6) bezüglich der Stichprobe $(D_1, D_2, \cdots, D_n)$ an!

Beispiel (Ampelschaltung). An der Kreuzung der Ludwigstraße zur Michelbacher Straße scheinen die Autoschlangen an der Ampel unterschiedlich lang zu sein. Verkehrsplaner Theo möchte diesen Unterschied mit 95% Zuverlässigkeit schätzen.
Als Modell betrachtet er "Zeitpunkte" als Objekte der Grundgesamtheit "Zukunft".

Er wählt stichprobenartig, rein zufällig $n = 16$ Zeitpunkte aus und zählt jeweils, wie viele Autos X in der Ludwigstraße und wie viele Autos Y in der Michelbacher Straße warten. Zu jedem konkret gezogenen Zeitpunkt i hat er jeweils die Messpaare (x_i, y_i) spaltenweise notiert:

X [Autos]	3	12	22	6	9	8	11	9	9	17	0	24	14	7	6	15
Y [Autos]	0	6	14	6	2	2	7	3	0	8	3	15	3	4	0	4
$D = X - Y$	3	6	8	0	7	6	4	6	9	9	-3	9	11	3	6	11

Letztlich benutzt er nur noch die Differenzwerte $D = X - Y$ als Stichprobe und berechnet mit ihnen gemäß (15.6) das Konfidenzintervall

$$\left[\bar{d} - \frac{s}{\sqrt{n}} \cdot t_{15;0.975} \, ; \, \bar{d} + \frac{s}{\sqrt{n}} \cdot t_{15;0.975}\right] = \left[5.94 - \frac{3.84}{\sqrt{16}} \cdot 2.13 \, ; \, 5.94 + \frac{3.84}{\sqrt{16}} \cdot 2.13\right]$$

$$= [3.89 \, ; \, 7.98].$$

Die mittlere Anzahl der Autos, um welche in Zukunft die Autoschlange der Ludwigstraße länger ist als die der Michelbacher Straße, wird von dem Intervall $[3.89 \, ; \, 7.98]$ angezeigt. Da die Schätzmethode zu 95% zuverlässig ist, sollte Theo die Ampelschaltung zu Gunsten der Ludwigstraße verändern.

Hätte das Intervall die Null überdeckt, gäbe es keinen wissenschaftlich belegbaren Grund, die Ampelschaltung zu ändern. ☻

15.5 Konfidenzintervallverfahren für die Differenz der Mittelwerte zweier Grundgesamtheiten

Im Gegensatz zum letzten Kapitel liegen **zwei** Grundgesamtheiten vor. Man möchte den **Unterschied** zwischen dem Mittelwerten $\bar{x}_{G_1}$ der ersten Grundgesamtheit und $\bar{y}_{G_2}$ der zweiten Grundgesamtheit schätzen:

Wie viele Stunden pro Wochen beschäftigen sich Männer im Schnitt länger mit Fußball als Frauen? Wie groß ist der mittlere Unterschied beim Fettgehalt der Milch einer bayerischen Bio-Kuh auf der Alm im Vergleich zu einer Kuh in Holland? Wie stark unterscheiden sich bei einem Autounfall die Kosten von Ford-Fahrern und Porsche-Fahrern im Schnitt? Wir unterstellen folgende

Voraussetzungen:

1. Es liegen **zwei** Grundgesamtheiten G_1 und G_2 vor.

2. Es werden zwei unabhängige, **unverbundene** Zufallsstichproben (s.S. 267 und 282) gezogen:

Stichprobe aus Grundgesamtheit 1: $(X_1, X_2, \cdots, X_n)$.

Stichprobe aus Grundgesamtheit 2: $(Y_1, Y_2, \cdots, Y_m)$.

3. Alle Stichprobenvariablen X_i und Y_i sind normalverteilt.

Diese Voraussetzungen sind ähnlich wie die des Kapitels 15.3 auf Seite 304. Die Bemerkung dort, dass das Verfahren relativ robust gegenüber einer Verletzung der Voraussetzung 3 sei, gilt auch hier.

Die Varianzen dürfen in den beiden Grundgesamtheiten unterschiedlich sein. Dies ist realistisch und anwenderfreundlich. Jedoch bereitet dies bis heute den Mathematikern große Probleme: Man kennt kein Konfidenzintervallverfahren das die Zuverlässigkeit von $1 - \alpha$ exakt einhält (Behrens-Fisher-Problem).

Das folgende Verfahren ist ein approximatives Verfahren, da es die Zuverlässigkeit $1 - \alpha$ nicht perfekt, jedoch hinreichend gut einzuhalten vermag. Die Herleitung der Formel ist recht schwierig und geht auf Welch zurück. Das Verfahren selbst ist hingegen relativ einfach anzuwenden:

1. Berechne gemäß (14.20) die Stichprobenvarianzen

$$S_x^2 = \frac{1}{n-1} \sum_{i=1}^{n} (X_i - \bar{X})^2 \qquad \text{und} \qquad S_y^2 = \frac{1}{m-1} \sum_{i=1}^{m} (Y_i - \bar{Y})^2.$$

2. Setze

$$A = \frac{S_x^2}{n} \qquad \text{und} \qquad B = \frac{S_y^2}{m}.$$

Bestimme damit den Freiheitsgrad

$$f = \text{Abrunden} \left(\frac{(A+B)^2}{\frac{A^2}{n-1} + \frac{B^2}{m-1}} \right).$$

3. Setze

$$t = t_{f, 1-\frac{\alpha}{2}} = \left(1 - \frac{\alpha}{2} \right)\text{-Quantil der Student t-Verteilung mit } f \text{ Freiheitsgraden.}$$

Diese Quantile sind im Anhang tabelliert.

Konfidenzintervallverfahren für die Differenz zweier Mittelwerte $\bar{x}_{G_1} - \bar{y}_{G_2}$

$$\left[\bar{X} - \bar{Y} - t \cdot \sqrt{A+B} \; ; \quad \bar{X} - \bar{Y} + t \cdot \sqrt{A+B} \right]. \qquad (15.8)$$

Diese Konfidenzintervalle werden auch **Welch-Intervalle** genannt.

Beispiel (Lebensdauer). Der Bildschirmhersteller LUMILUM hat in der Vergangenheit ein teures Modell A und ein billiges Modell B verkauft. Qualitätsbeauftragter Artur möchte mit 99% Zuverlässigkeit schätzen, wie stark sich die mittlere Lebensdauer der beiden Modelle unterscheidet.

Bei den Geräten A liegt ihm als unabhängige Zufallsstichprobe die Lebensdauer X [Monate] von $n = 12$ Geräten vor:

$$53, 55, 66, 74, 64, \quad 69, 77, 59, 73, 61, \quad 80, 73.$$

Ebenso liegt ihm bei den Geräten B die Lebensdauer Y [Monate] von $m = 17$ Geräten als unabhängige Zufallsstichprobe vor:

$$25, 15, 18, 55, 37, \quad 11, 6, 50, 29, 3, \quad 55, 2, 33, 17, 42, \quad 8, 11.$$

Daraus berechnet Artur: $\bar{x} = 67.00$ und $\bar{y} = 24.53$,

$$S_x^2 = \frac{1}{12-1} \sum_{i=1}^{12} (X_i - 67.00)^2 = 76.73 \quad \text{und} \quad S_y^2 = \frac{1}{17-1} \sum_{i=1}^{17} (Y_i - 24.53)^2 = 325.14,$$

$$A = \frac{S_x^2}{n} = \frac{76.73}{12} = 6.394 \quad \text{und} \quad B = \frac{S_y^2}{m} = \frac{325.14}{17} = 19.126,$$

$$f = \text{Abrunden} \left(\frac{(A+B)^2}{\frac{A^2}{n-1} + \frac{B^2}{m-1}} \right) = \text{Abr.} \left(\frac{(6.394 + 19.126)^2}{\frac{6.394^2}{11} + \frac{19.126^2}{16}} \right) = \text{Abr.} (24.503)$$

$$= 24.$$

Mit $t = t_{f, 1-\frac{\alpha}{2}} = t_{24, 99.5\%} = 2.80$ erhält er das Konfidenzintervall

$$[\bar{X} - \bar{Y} - t \cdot \sqrt{A+B} \quad ; \quad \bar{X} - \bar{Y} + t \cdot \sqrt{A+B}]$$
$$[67.00 - 24.53 - 2.80 \cdot \sqrt{6.394 + 19.126} \quad ; \quad 67.00 - 24.53 + 2.80 \cdot \sqrt{6.394 + 19.126}]$$
$$[28.33 \quad ; \quad 56.62].$$

Die monatliche Lebensdauer, um welche die teuren Bildschirme die billigeren im Schnitt übertreffen, wird vom Intervall [28.33 ; 56.62] angezeigt. Da die Schätzmethode zu 99% zuverlässig ist, kann Artur insbesondere davon ausgehen, dass die teuren Bildschirme mindestens 2 Jahre im Schnitt länger als die billigeren funktionieren. ☻

15.6 Konfidenzintervallverfahren für einen Anteil oder eine Wahrscheinlichkeit

Anteile und Wahrscheinlichkeiten sind in der Praxis überall anzutreffen und von großem Interesse: Wie viel Prozent der Patienten haben Nebenwirkungen, wenn sie Raxihydoplex einnehmen? Mit welcher Wahrscheinlichkeit wird ein verkaufter Computer zu einem Garantiefall? Wie viel Prozent der Linkshänder schreiben rechts? Mit welchem Risiko kann ein Ladegerät Feuer fangen? Wie viel Prozent der Bevölkerung finden Statistikbücher toll?

Wir wissen schon von Seite 294, dass gemäß (14.25) der Anteilschätzer $\hat{P}$ mit dem Stichprobenmittel identisch ist,

$$\hat{P} = \bar{X},$$

falls man die binäre Variable X "Treffer" und "Nicht-Treffer" mit 1 und 0 kodiert. Insofern könnte man das bereits bekannte Konfidenzintervallverfahren (15.6) verwenden. Dieser Trick ist in der Literatur weit verbreitet, wobei er diverse Varianten kennt, die wir ab Seite 318 vorstellen.

Die Varianten besitzen aber Nachteile: Die Zuverlässigkeit liegt in Wirklichkeit etwas niedriger als $1 - \alpha$, oder aber so weit darüber, dass die Intervalle unnötig breit sind. Es kann sogar sein, dass sie negative Werte oder Werte über 1 überdecken. Das ist aber bei einem Anteil p_G oder einer Wahrscheinlichkeit von vornherein Unsinn.

Solche Unzulänglichkeiten resultieren daraus, dass die Voraussetzung 2 auf Seite 304 verletzt ist. In der dort formulierten Anmerkung wird diese Verletzung hingenommen, sofern n groß ist. Das unterstellen auch die Varianten ab Seite 318.

Clopper-Pearson Konfidenzintervalle (15.9) haben diese Nachteile nicht. Sie werden auch "exakte Konfidenzintervalle" genannt, da sie für alle Stichprobenumfänge n mit $1 - \alpha$ zuverlässig schätzen. Außerdem können sie von vornherein nur Intervalle erzeugen, die nicht unter 0 oder über 1 hinausragen.

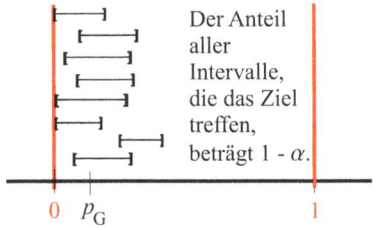

Der Anteil aller Intervalle, die das Ziel treffen, beträgt $1 - \alpha$.

Voraussetzungen:

1. Es liegt eine unabhängige Zufallsstichprobe $(X_1, X_2, \cdots, X_n)$ vor, die auf Seite 267 definiert ist.

Die "Liste" der Voraussetzungen ist mit nur dieser einzigen Voraussetzung kürzer als in den vorigen Kapiteln. Das unterstreicht die Praxistauglichkeit des Verfahrens.

Konfidenzintervallverfahren für einen Anteil p_G oder eine Wahrscheinlichkeit

$$\left[\frac{Y}{Y + (n - Y + 1)\, F_{1-\frac{\alpha}{2}, 2(n-Y+1), 2Y}} \; ; \; \frac{(Y+1)\, F_{1-\frac{\alpha}{2}, 2(Y+1), 2(n-Y)}}{(n-Y) + (Y+1)\, F_{1-\frac{\alpha}{2}, 2(Y+1), 2(n-Y)}} \right] \quad (15.9)$$

mit

$$Y = \text{Anzahl der Treffer in der Stichprobe,}$$

$$F_{1-\frac{\alpha}{2}, k, m} = (1 - \tfrac{\alpha}{2})-\text{Quantil der F-Verteilung bei } k \text{ Freiheitsgraden des Zählers}$$
$$\text{und } m \text{ Freiheitsgraden}^2\text{des Nenners.}$$

Die Zuverlässigkeit beträgt mindestens $1 - \alpha$.

Wie schon auf Seite 294 dargestellt, sind die Treffer Y in der Stichprobe binomialverteilt: $Y \sim Bi(n, p_G)$. Das ist die Grundlage für die Herleitung des Verfahrens, die der begeisterte Leser auf Seite 468 findet. Die Quantile der F-Verteilung sind im Anhang tabelliert. Um jedoch Rundungsfehler zu vermeiden, haben wir sie in den nachfolgenden Beispielen mit dem Computer bestimmt. Auch Tabellenkalkulationsprogramme bieten hierfür oft schon fertige Funktionen an.

Weitere Verbesserung

Es gibt noch bessere Konfidenzintervalle als die Clopper-Pearson Intervalle. Auch sie halten die Zuverlässigkeit von $1 - \alpha$ für alle Stichprobenumfänge $n \geq 1$ exakt ein, besitzen aber im Schnitt noch präzisere, da kürzere Intervalle. Sie benötigen allerdings die "Vorinformation", dass der Wert für den Anteil p_G in einem kleineren Intervall als $[0, 1]$ zu finden ist. Das ist nicht unrealistisch. Beispielsweise könnte man zur Schätzung des Anteils einer sehr seltenen Krankheit in der Bevölkerung den Wert von p_G im Voraus auf etwa $0 \leq p_G \leq 0.01$ einschränken. Das Verfahren ist bei Collani und Dräger (2001) beschrieben. Der Anwender findet dort eine CD und umfangreiche Tabellen.

Beispiel (Umfrage). Seit einem halben Jahr gibt es das neue Erfrischungsgetränk "Blopper" auf dem deutschen Markt. Der Hersteller möchte nun wissen, wie viel Prozent der Bevölkerung inzwischen das Getränk namentlich kennen. Dieser unbekannte Anteil soll mit einer Sicherheitswahrscheinlichkeit von 95% geschätzt werden. Mit einer unabhängigen Zufallsstichprobe wurden $n = 100$ Einwohner befragt:

0, 0, 0, 0, 0, 0, 0, 1, 0, 0, 0, 0, 0, 1, 0 ,0, 0, 0, 0, 0, 0, 0, 0, 0, 0, 0, 0, 0, 0, 1, 0, 0, 0, 0, 0, 0, 0, 0, 0, 0, 0, 0, 0, 1, 0, 0, 1, 0, 0, 0 , 0, 0, 0, 0, 0,
0, 0, 1, 0, 0, 0, 0, 1, 0, 0, 1, 0, 0, 0, 0, 1, 0, 0, 0, 0, 0, 0, 1, 0, 1, 0, 0, 0 , 0, 0, 0, 1, 0, 0, 0, 0, 0, 0, 0, 0, 0, 0, 0, 0.

---

^{2}Die Quantile findet man im Anhang. Für $m = 0$ setzen wir formal $F_{1-\frac{\alpha}{2}, k, 0} = 1$ fest.

In dieser Bernoullikette kennen $y = 12$ Personen das Getränk. Wir berechnen gemäß (15.9):

$$\left[\frac{12}{12 + (100 - 12 + 1)\, F_{0.975,\, 2(100-12+1),\, 2\cdot12}} \; ; \right.$$

$$\left. \frac{(12+1)\, F_{0.975,\, 2(12+1),\, 2(100-12)}}{(100 - 12) + (12 + 1)\, F_{0.975,\, 2(12+1),\, 2(100-12)}} \right]$$

$$= \left[\frac{12}{12 + 89\, F_{0.975,\, 178,\, 24}} \; ; \; \frac{13\, F_{0.975,\, 26,\, 176}}{88 + 13\, F_{0.975,\, 26,\, 176}} \right]$$

$$= \left[\frac{12}{12 + 89 \cdot 1.986} \; ; \; \frac{13 \cdot 1.695}{88 + 13 \cdot 1.695} \right]$$

$$= [0.0636 \; ; \; 0.2003].$$

Der tatsächliche Anteil der Personen in der Bevölkerung, die Blobber kennen, wird von dem Intervall [0.0636; 0.2003] überdeckt. Die Zuverlässigkeit des Schätzvorganges beträgt mindestens 95%. Man erkennt, dass der scheinbar große Stichprobenunfang dennoch zu relativ unpräzisen Ergebnissen führt, denn die Länge des Intervalls beträgt 0.1367 bzw. 13.67 Prozentpunkte.   ☻

Wie groß muss der Stichprobenumfang n sein?

Um hierauf eine vernünftige Antwort finden zu können, orientieren wir uns an den Qualitätsanforderungen von Seite 298:

- **Zuverlässigkeit**
  Hierfür ist die Größe des Stichprobenumfanges n **egal**! Die Zuverlässigkeit $1 - \alpha$ wird von **allen** Stichprobenumfängen $n \geq 1$ gewährleistet, sofern die eine, eingangs erwähnte Voraussetzung eingehalten wird!

- **Präzision**
  Zusätzlich zur Zuverlässigkeit kann der **Anwender die Intervalllänge approximativ festlegen**. Die Präzision, bzw. die

$$\text{Intervalllänge} \; = \; \text{rechter Rand} \; - \; \text{linker Rand} \tag{15.10}$$

$$= \; \frac{(Y+1)\, F_{1-\frac{\alpha}{2},\, 2(Y+1),\, 2(n-Y)}}{(n-Y) + (Y+1)\, F_{1-\frac{\alpha}{2},\, 2(Y+1),\, 2(n-Y)}} \; - \; \frac{Y}{Y + (n-Y+1)\, F_{1-\frac{\alpha}{2},\, 2(n-Y+1),\, 2Y}}.$$

ist eine **Zufallsvariable**, da Y von den zufälligen Stichprobenergebnissen abhängt. Daher ist die Präzision nicht exakt voraussagbar! Außerdem lässt sich (15.10) nicht nach n auflösen, da n auch als Freiheitsgrad vorkommt.

Man kann aber eine "approximative" Lösung finden, indem man die Formel (15.14) der Variante 2 auf Seite 318 als Näherung nutzt. Dort beträgt die Intervalllänge:

$$\text{Intervalllänge} = 2 \cdot \frac{\lambda_{1-\frac{\alpha}{2}}}{\sqrt{n}} \sqrt{\hat{P}(1-\hat{P})}.$$

Wir lösen nach n auf:

$$n = \text{Aufrunden} \left(\frac{4 \cdot \lambda_{1-\frac{\alpha}{2}}^2}{(\text{Intervalllänge})^2} \hat{P}(1-\hat{P}) \right). \tag{15.11}$$

Durch das Aufrunden wird erreicht, dass die gewünschte Intervalllänge eher unter- als überschritten wird. Leider kennen wir aber den Wert von $\hat{P}$ nicht vor, sondern erst nach der Stichprobenziehung. Wir behelfen uns wieder ähnlich wie auf Seite 306, indem wir $\hat{P}$ mit einer kleinen "Vorstichprobe" schätzen. Oder man nimmt einen Wert als obere Schranke, den man für realistisch hält.

Ein weiterer Ausweg kommt ohne die Schätzung von $\hat{P}$ aus. Man kann zeigen, dass immer $\hat{P}(1-\hat{P}) \leq \frac{1}{4}$ gilt. Damit ergibt sich aus der Formel (15.11) eine obere Schranke für den Stichprobenumfang n:

$$\text{Maximaler Stichprobenumfang } n = \text{Aufrunden} \left(\frac{\lambda_{1-\frac{\alpha}{2}}^2}{(\text{Intervalllänge})^2} \right) \tag{15.12}$$

Zieht der Anwender eine Stichprobe von diesem Umfang, so werden die Intervalle im Schnitt eher kürzer als von ihm verlangt sein. Zumindest aber wird die gewünschte Präzision nicht unterschritten. Der maximale Stichprobenumfang eignet sich, um die maximal notwendigen Kosten und Mühen für eine Stichprobenziehung im Voraus abschätzen zu können.

- **Größe der Grundgesamtheit N**

Die Größe N kommt in den Formeln nicht vor. Sie hat **keinen Einfluss** auf die Zuverlässigkeit, die Präzision oder den Stichprobenumfang n, sofern eine unabhängige Zufallsstichprobe vorliegt! Es ist beispielsweise egal, ob man in ganz China, oder in einem Dorf eine Umfrage durchführen würde. Intuitiv kann man dies so erklären: Grundgesamtheit 1: $N = 10$ Kugeln, von denen 3 bzw. $p_G = 30\%$ schwarz sind. Grundgesamtheit 2: $N = 10\,000\,000\,000\,000$ Kugeln, von denen $N = 3\,000\,000\,000\,000$ bzw. $p_G = 30\%$ schwarz sind.

Es ist egal, aus welcher Kiste man eine Kugel rein zufällig zieht, die Wahrscheinlichkeit für eine schwarze Kugel beträgt beide Mal $p = 0.30$. Dies gilt auch für weitere Ziehungen, wenn man "Ziehen mit Zurücklegen praktiziert", oder auf andere Weise die Unabhängigkeit der Ziehungen garantieren kann.

Beispiel (Fortsetzung). Wir wollen Konfidenzintervalle, die im Schnitt nur 0.03 bzw. 3 Prozentpunkte breit sind, und nach wie vor die gleiche Zuverlässigkeit von 95% besitzen. Dazu benutzen wir (15.11) und setzen dort $\hat{p} = 0.12$. Diesen Wert haben wir aus der obigen, ersten Stichprobe geschätzt.

$$n = \text{Aufrunden}\left(\frac{4 \cdot 1.96^2}{0.03^2} \, 0.12 \cdot 0.88\right) = \text{Aufrunden}\,(1802.99) = 1803.$$

Wie lang das Intervall bei dieser Stichprobe tatsächlich sein wird, kann man nicht vorhersehen, da die Intervalllänge auch noch von Y abhängt. Dieser Wert steht aber erst nach der Stichprobenziehung zur Verfügung. Man bekommt jedoch einen Anhaltspunkt, wie viel Aufwand bei der Stichprobenziehung in etwa notwendig wäre. Die Zuverlässigkeit von 95% bleibt sowieso weiterhin bestehen.

Fühlen wir uns mit der Schätzung $\hat{p} = 0.12$ unsicher, so können wir den maximal notwendigen Stichprobenumfang gemäß (15.12) berechnen:

$$n = \text{Aufrunden}\left(\frac{1.96^2}{0.03^2}\right) = \text{Aufrunden}\,(4268.4) = 4269. \qquad ☻$$

Man erkennt an der Formel (15.11) auch, dass der Faktor, mit dem man die Intervalllänge verändert, nicht linear auf den Stichprobenumfang n wirkt, sondern quadratisch! Diesen unschönen, aber unvermeidbaren Effekt haben wir schon bei anderen Verfahren (Seite 303) kennen gelernt.

Die folgenden Beispiele sollen zeigen, dass man für präzisere, also kürzere Intervalle oft größere Stichproben braucht, als unser "Bauchgefühl" es vielleicht für nötig hält. Das liegt nicht daran, dass die Statistiker noch kein besseres Schätzverfahren entwickelt haben, sondern liegt in der Natur der Sache - leider. Verbesserungen wären nur möglich, wenn man noch zusätzliche Vorinformationen zur Verfügung hätte.

Beispiel (Wahrscheinlichkeit). Es soll eine Wahrscheinlichkeit mit einer Zuverlässigkeit von $1 - \alpha = 99\%$ geschätzt werden. Ob es sich dabei um eine Wahrscheinlichkeit für eine Krankheit, für defekte Stücke, für einen Behandlungserfolg, für ein bestimmtes Kundenverhalten, für einen Unfall usw. handelt, ist egal, denn die nachfolgende Rechnung ist bei gleicher Datenlage immer dieselbe.

Der Stichprobenumfang beträgt $n = 800$. Die unabhängige Zufallsstichprobe weist $y = 270$ Treffer auf. Mit (15.9) erhält man:

$$\left[\frac{270}{270 + (800 - 270 + 1)\, F_{0.995,\, 2(800-270+1),\, 2 \cdot 270}} \; ; \right.$$

$$\left. \frac{(270+1)\, F_{0.995,\, 2(270+1),\, 2(800-270)}}{(800-270) + (270+1)\, F_{0.995,\, 2(270+1),\, 2(800-270)}} \right]$$

$$= \left[\frac{270}{270 + (800 - 270 + 1) \cdot 1.2158} \ ; \ \frac{(270+1) \cdot 1.20923}{(800 - 270) + (270 + 1) \cdot 1.20923} \right]$$

$$= \quad [\, 0.2949 \ ; \ 0.3821 \,].$$

Die tatsächliche, aber unbekannte Trefferwahrscheinlichkeit wird von dem Intervall $[0.2949; 0.3821]$ angezeigt. Die Schätzmethode besitzt eine Zuverlässigkeit von 99%. Eine Stichprobe mit $n = 800$ Personen, Stücken, Patienten, Kunden, usw. zu erheben, kann sehr teuer und aufwändig sein. Und doch ist das Intervall mit seiner Länge von 8.72 Prozentpunkten vielleicht noch nicht präzise genug.

Wer nur eine Punktschätzung mit $\hat{p} = \frac{270}{800} = 0.3375$ durchführt, bleibt vollkommen im Dunkeln, denn es lässt sich nicht einschätzen, wie stark man sich verschätzt haben könnte. Durch den großen Stichprobenumfang und die hohen Kosten glaubt der Anwender womöglich, besser informiert zu sein, als es tatsächlich der Fall ist. Bei einem Punktschätzer kann man nicht beurteilen, ob eine Stichprobe "ausreichend" groß ist.   ☻

Beispiel (Kleine Stichprobe). Im Vergleich zum letzten Beispiel reduzieren wir die Zuverlässigkeit auf 95%. Dadurch werden die Intervalle eher kürzer. Aber wir ziehen nur eine kleine Stichprobe mit $n = 20$. In ihr kommt genau ein Treffer $y = 1$ vor. Die Intervallschätzung ergibt:

$$\left[\frac{1}{1 + (20 - 1 + 1) \, F_{0.975, \, 2(20-1+1), \, 2 \cdot 1}} \ ; \ \frac{(1 + 1) \, F_{0.975, \, 2(1+1), \, 2(20-1)}}{(20 - 1) + (1 + 1) \, F_{0.975, \, 2(1+1), \, 2(20-1)}} \right]$$

$$= \left[\frac{1}{1 + (20 - 1 + 1) \cdot 39.4729} \ ; \ \frac{(1 + 1) \cdot 3.1453}{(20 - 1) + (1 + 1) \cdot 3.1453} \right]$$

$$= \quad [\, 0.0013 \ ; \ 0.2487].$$

Das breite, unpräzise Intervall zeigt, dass kleine Stichproben unbefriedigende Ergebnisse liefern. Der Anwender erkennt zumindest, dass er sich mehr Mühe geben müsste. Der Punktschätzer $\hat{p} = \frac{1}{20} = 0.05$ ist weder im Ergebnis informativ, noch bezüglich der Frage, ob die Stichprobe "ausreichend" groß ist.   ☻

Beispiel (Wahlumfrage). Von $n = 2000$ zufällig ausgesuchten Wahlberechtigten haben sich $y = 1080$ für Heinz Babbeler ausgesprochen. Man möchte mit einer Zuverlässigkeit von 99% den tatsächlichen Anteil p_G seiner Anhänger schätzen:

$$\left[\frac{1080}{1080 + (2000 - 1080 + 1) \, F_{0.995, \, 2(2000-1080+1), \, 2 \cdot 1080}} \ ; \right.$$

$$\left. \frac{(1080 + 1) \, F_{0.995, \, 2(1080+1), \, 2(2000-1080)}}{(2000 - 1080) + (1080 + 1) \, F_{0.995, \, 2(1080+1), \, 2(2000-1080)}} \right]$$

$$= \left[\frac{1080}{1080 + (2000 - 1080 + 1) \cdot 1.12226} \ ; \ \frac{(1080 + 1) \cdot 1.12279}{(2000 - 1080) + (1080 + 1) \cdot 1.12279} \right]$$

$$= \ [0.5110; \ 0.5688].$$

Auch wenn das Intervall trotz der großen Stichprobe noch relativ breit ist, man erkennt, dass es komplett über 50% liegt. Daher kann Heinz Babbeler mit hoher Sicherheit von einem Sieg ausgehen. Er kann jetzt den Sektbedarf für seine Wahlparty besser vorausplanen.

Wie schon auf Seite 315 erwähnt, ist die Größe der Grundgesamtheit, d.h. die Anzahl N aller Wahlberechtigten in dieser Rechnung egal. Das Verfahren ist bei der Stadtratswahl nicht "besser" als bei einer Wahl in Indien oder China. ☻

Nun noch einige Anmerkungen zu den eingangs schon angekündigten Varianten:

- **Variante 1:**

$$\left[\hat{P} - \frac{t_{n-1,1-\frac{\alpha}{2}}}{\sqrt{n-1}} \sqrt{\hat{P}(1 - \hat{P})} \ ; \ \hat{P} + \frac{t_{n-1,1-\frac{\alpha}{2}}}{\sqrt{n-1}} \sqrt{\hat{P}(1 - \hat{P})} \right]. \tag{15.13}$$

Dieses Konfidenzintervallverfahren entspricht dem Verfahren (15.6), wenn man dort berücksichtigt, dass die Variable X nur die Werte 0 und 1 annehmen kann. Aber, wenn der zu schätzende Anteil p_G nahe bei Null oder Eins liegt, können die Intervalle über den sinnvollen Bereich von 0 bis 1 hinausgehen. Die vorgegebene Zuverlässigkeit von $1 - \alpha$ wird nicht immer eingehalten oder die Intervalle sind unnötig lang. Das Verfahren beruht auf einer Approximation, bei der man "große" Stichproben unterstellt. Im ersten Beispiel "Umfrage" erhalten wir $[0.0553; 0.1847]$.

- **Variante 2:**

$$\left[\hat{P} - \frac{\lambda_{1-\frac{\alpha}{2}}}{\sqrt{n}} \sqrt{\hat{P}(1 - \hat{P})} \ ; \ \hat{P} + \frac{\lambda_{1-\frac{\alpha}{2}}}{\sqrt{n}} \sqrt{\hat{P}(1 - \hat{P})} \right]. \tag{15.14}$$

Diese Formel ist in der Literatur weit verbreitet. Sie besitzt im Wesentlichen das gleiche Verhalten wie die Variante 1. Es ist $\lambda_{1-\frac{\alpha}{2}}$ das $(1 - \frac{\alpha}{2})$-Quantil der Standardnormalverteilung.

Im ersten Beispiel "Umfrage" erhalten wir $[0.0563; 0.1837]$.

- **Variante 3:**

$$\left[\frac{2Y - 1 + \lambda^2 - \lambda \sqrt{\lambda^2 + 4Y - 2 - \frac{1}{n}(2Y - 1)^2}}{2(n + \lambda^2)} \ ; \right.$$

$$\left. \frac{2Y + 1 + \lambda^2 + \lambda \sqrt{\lambda^2 + 4Y + 2 - \frac{1}{n}(2Y + 1)^2}}{2(n + \lambda^2)} \right]. \tag{15.15}$$

Dabei ist $\lambda = \lambda_{1-\frac{\alpha}{2}} = (1 - \frac{\alpha}{2})$-Quantil der Standardnormalverteilung.

Dieses Schätzverfahren setzt voraus, dass $n\hat{p}(1-\hat{p}) \geq 9$ erfüllt ist, d.h. die Stichprobe n groß ist. Sollte der zu schätzende Anteil besonders klein $p \approx 0$ oder besonders groß $p \approx 1$ sein, ist das Verfahren unbrauchbar, da dann $n\hat{p}(1-\hat{p}) \approx 0 < 9$ gelten dürfte. Die vorgegebene Sicherheitswahrscheinlichkeit $1 - \alpha$ wird nur näherungsweise garantiert, da das Verfahren auf der Approximation (12.10) beruht. Die Mängel von Variante 1 und 2 fallen bei Variante 3 moderater aus. Insbesondere überschreiten die Intervalle nicht den für p sinnvollen Bereich $[0; 1]$.

Im ersten Beispiel "Umfrage" erhalten wir $[0.0663; 0.2040]$.

- **Variante 4:**

$$\left[\frac{2Y + \lambda^2 - \lambda \sqrt{\lambda^2 + 4Y\left(1 - \frac{Y}{n}\right)}}{2\left(n + \lambda^2\right)} \; ; \; \frac{2Y + \lambda^2 + \lambda \sqrt{\lambda^2 + 4Y\left(1 - \frac{Y}{n}\right)}}{2\left(n + \lambda^2\right)} \right]. \quad (15.16)$$

Dieses Verfahren ist dem Verfahren (15.15) fast gleichwertig. Der Unterschied besteht darin, dass das Verfahren (15.15) die Näherungsformel (12.10) mit der Stetigkeitskorrektur "+0.5" verwendet, während das Verfahren (15.16) auf diese Korrektur verzichtet. Wegen der etwas "anwenderfreundlicheren" Formel wird Variante 4 oft dem Verfahren (15.15) vorgezogen.

Im ersten Beispiel "Umfrage" erhalten wir $[0.0700; 0.1981]$.

Ziehen ohne Zurücklegen

In diesem Fall liegt keine unabhängige Zufallsstichprobe vor, weshalb die eine und einzige, eingangs gestellte Voraussetzung verletzt ist. Eine Formel für exakte Konifdenzintervalle, ähnlich wie die obigen Clopper-Pearson Intervalle, gibt es nicht. Aber auch hier greift die Faustregel von Seite 270:

- Sollte $n \leq 0.05 \cdot N$ zutreffen, können wir die Verletzung der Unabhängigkeit vernachlässigen und die Clopper-Pearson Konfidenzintervalle (15.9) anwenden.
- Sollte $n > 0.05 \cdot N$ gelten, ist der Stichprobenumfang n im Verhältnis zur Grundgesamtheit N relativ groß. In der Literatur werden dann Konfidenzintervalle angeboten, die sich gemäß

$$\left[\hat{P} - \frac{\lambda_{1-\frac{\alpha}{2}}}{\sqrt{n-1}} \sqrt{\hat{P}(1-\hat{P}) \frac{N-n}{N}} \; ; \; \hat{P} + \frac{\lambda_{1-\frac{\alpha}{2}}}{\sqrt{n-1}} \sqrt{\hat{P}(1-\hat{P}) \frac{N-n}{N}} \right] \quad (15.17)$$

berechnen. Diese Formel berücksichtigt, dass die Anzahl der Treffer Y nicht binomialverteilt, sondern gemäß (11.75) hypergeometrisch verteilt ist. Sie vermischt zudem in einer nicht ganz konsequenten Weise (15.13), (15.14) und (14.19). Die vorgegebene Zuverlässigkeit $1 - \alpha$ wird näherungsweise eingehalten.

15.7   Einseitige Konfidenzintervalle

Gelegentlich hat der Anwender das Interesse, die Lage eines Parameters einseitig abzuschätzen. Dafür gibt es Konfidenzintervalle, die nur einseitig abgegrenzt sind, bzw. nur einen "echten" Rand besitzen.

Beispiel (Mindestfüllmenge).

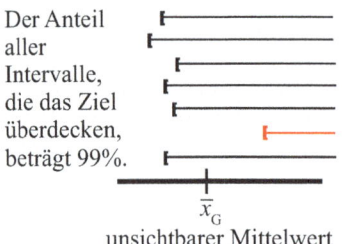

Der Anteil aller Intervalle, die das Ziel überdecken, beträgt 99%.

$\bar{x}_G$
unsichtbarer Mittelwert

Fredi füllt Zahnpastatuben ab. Die Füllmenge X [ml] einer Tube besitzt die bekannte Varianz $\sigma_G^2 = 0.3$ [ml^2].
Fredi liefert einem Kunden 30000 Tuben. Er möchte mit einer Sicherheitswahrscheinlichkeit von $1 - \alpha = 99\%$ die tatsächliche mittlere Füllmenge aller Tuben von unten abschätzen. Gesucht ist demnach ein **rechtsseitiges Konfidenzintervall** für den Mittelwert $\bar{x}_G$.   ☻

Die Herleitung einseitiger Konfidenzintervallverfahren erfolgt analog zu den bisher besprochenen zweiseitigen Konfidenzintervallen und führt zu ganz ähnlichen Formeln.

Einseitige Konfidenzintervallverfahren

Verwende die Formeln der zweiseitigen Konfidenzintervalle mit folgenden Änderungen:

- Ersetze in den Formeln $\alpha/2$ durch α!
- Ersetze beim Schätzen von Mittelwerten einen der Ränder durch $-\infty$ oder ∞ und beim Schätzen von Anteilen einen der Ränder durch 0 oder 1!

Beispiel (Fortsetzung). Fredi zieht eine unabhängige Zufallsstichprobe
$$100.3, \quad 100.1, \quad 99.8, \quad 100.7, \quad 100.4, \quad 100.3, \quad 100.8.$$

und erhält als Stichprobenmittel $\bar{x} = 100.343$. In der Formel des zweiseitigen Intervalls (15.2) ersetzt er $\lambda_{1-\frac{\alpha}{2}}$ durch $\lambda_{1-\alpha} = \lambda_{0.99} = 2.326$:

$$\left[\bar{X} - \frac{\sigma_G}{\sqrt{n}}\lambda_{0.99} ; \quad \infty\right] = \left[100.343 - \frac{\sqrt{0.3}}{\sqrt{7}}2.326 ; \quad \infty\right] = [99.86; \infty].$$

Die tatsächliche mittlere Füllmenge aller Tuben wird von diesem Intervall überdeckt. Die Zuverlässigkeit der Schätzmethode beträgt 99%. Sollte Fredi mit seinem Kunden vereinbart haben, im Schnitt mindestens 100 [ml] pro Tube abzufüllen, kann man nicht ausschließen, dass diese Lieferbedingung verletzt ist.
Falsch wäre die Interpreation, dass 99% der Tuben eine Füllung von mindestens 99.86 [ml] besitzen.   ☻

Beispiel (Ausschussquote). Otto produziert Bolzen, die klar definierte Qualitätsstandards einhalten sollen. Er zieht eine Stichprobe aus der laufenden Produktion, um den Anteil p_G defekter Stücke mit einer Zuverlässigkeit von 95% nach oben abzuschätzen. Von $n = 40$ gezogenen Stücken waren 5% bzw. $y = 2$ defekt.

Um das gesuchte linksseitige Konfidenzintervall zu finden, benutzt er in der Formel des zweiseitigen Intervalls (15.9) nicht das 97.5%-Quantil, sondern das 95%-Quantil $F_{1-\alpha,\, 2(Y+1),\, 2(n-Y)} = F_{0.95,\, 2(2+1),\, 2(40-2)} = 2.22$:

$$\left[0 \,;\, \frac{(2+1)\, F_{0.95,\, 2(2+1),\, 2(40-2)}}{(40-2) + (2+1)\, F_{0.95,\, 2(2+1),\, 2(40-2)}} \right] = \left[0 \,;\, \frac{(2+1) \cdot 2.22}{(40-2) + (2+1) \cdot 2.22} \right]$$

$$= [0;\, 0.149].$$

Man kann beispielsweise mit 95% Sicherheit ausschließen, dass die Ausschussquote der Produktion höher als 15% liegt. ☻

16 Statistische Testverfahren

Übersicht

Hypothesen sind Aussagen, von denen man nicht sicher weiß, ob sie richtig oder falsch sind: Bei mindestens 20% der Patienten wirkt das Medikament Rymidon nicht, Kinder sehen im Schnitt über 3 Stunden pro Tag fern, Männer fahren im Schnitt schneller Auto als Frauen, die neue Abfüllanlage füllt mit weniger Varianz als ab die alte, zwischen der Postion eines Produktes im Regal und seinem Verkaufserfolg gibt es einen Zusammenhang, diesen Sommer werden Hemden zu 30% in Schwarz, zu 55% in Blau und der Rest mit sonstigen Farben verkauft.

Da ein statistisches Testverfahren auf Stichproben basiert, kann man in der Regel nicht mit letzter Sicherheit die Richtigkeit solcher Hypothesen nachweisen. Jedoch kann man das **Risiko** einer Fehleinschätzung **kontrollierbar** klein halten. Statistische Tests gehören daher zu den wichtigsten Methoden, um sogenannte "wissenschaftliche Erkenntnisse" zu generieren. Um so wichtiger ist es, dass Anwender genügend statistisches Know-How besitzen, da ungeeignete Testmethoden sonst nur Scheinwissenschaften erzeugen.

So vielfältig Hypothesen sein können, so vielfältig ist auch das Angebot an statistischen Testverfahren. Um in diesem Dschungel von Tests den richtigen, passenden zu finden, empfiehlt es sich die Hypothesen bezüglich folgender Aspekte zu analysieren:

- Gibt es eine oder mehrere Grundgesamtheiten?
- Werden an einem Objekt nur eine Variable X oder mehrere Variablen $X, Y, Z \cdots$ gemessen?
- Welche statistische Kenngrößen werden zur Formulierung der Hypothesen benutzt: Mittelwerte, Varianzen, Verteilungen, Anteile, Abhängigkeitsmaße oder andere Kenngrößen?

Sind diese Fragen geklärt, gilt es noch zu beachten, welche Anforderungen ein Test bezüglich Ziehungsverfahren und Stichprobenvariablen stellt.

© Springer-Verlag GmbH Deutschland, ein Teil von Springer Nature 2019
C. Weigand, *Statistik mit und ohne Zufall*,
https://doi.org/10.1007/978-3-662-59309-7_16

Leider haben die Tests oft Namen oder Bezeichnungen, die kaum erkennen lassen, für welche Hypothesen sie geeignet sind. Sie können sogar irreführend sein. Beispielsweise gibt es einen Test, der die Hypothese prüft, ob die Mittelwerte bei mehreren Grundgesamtheiten gleich groß sind. Der Test heißt aber "Varianzanalyse" bzw. ANOVA (Analysis of Variance). Dies beruht auf einer dem Test zu Grunde liegenden Rechentechnik, dem Varianzzerlegungssatz (s.S 104). Ferner sind zahlreiche Tests lediglich mit dem Namen des Statistikers benannt, der ihn entwickelt hat.

16.1   Grundbegriffe

Um eine Hypothese und deren gegenteilige Aussage leichter unterscheiden zu können, benutzt man die Begriffe **Nullhypothese** H_0 und **Alternative** H_1. Gelegentlich wird die Alternative nochmals in verschiedene Unterfälle $H_1, H_2, \ldots$ zerlegt.

Bei einer unabhängigen Zufallssichtprobe gilt für jede Stichprobenvariable X_i gemäß (13.3) auf Seite 267

$$\mu = E[X_i] = \bar{x}_G \qquad \text{und} \qquad \sigma^2 = VAR[X_i] = \sigma_G^2. \tag{16.1}$$

Da in der Literatur oft unabhängige Zufallssichtproben vorausgesetzt werden, ist es üblich, bei der Formulierung von Hypothesen für den Mittelwert einer Grundgesamtheit das Symbol μ statt $\bar{x}_G$ zu verwenden. Analog verhält es sich bei der Varianz. Wir wollen nicht gegen den Strom schwimmen und beugen uns dieser weniger anwendungsfreundlichen Notation.

Die Nullhypothese, dass in einer Grundgesamtheit der Mittelwert einem bestimmten, vom Anwender formulierten hypothetischen Wert μ_0 gleichkommt, notiert man dann mit

$$H_0\colon \mu = \mu_0. \tag{16.2}$$

Da sich bei dieser Nullhypothese die Alternative aus zwei Teilen zusammensetzt, spricht man auch von einer sogenannten **zweiseitigen Nullhypothese**.

Beispiel (Taschengeld). Soziologe Otto formuliert die Nullhypothese: In Deutschland bekommen Kinder im Schnitt 6 Euro Taschengeld pro Woche. Mit der Variablen "X = Taschengeld [€]" lautet dies formal, kurz und knapp:

$$H_0\colon \mu = 6.$$

Zwar klarer, aber leider unüblich wäre die Notation $H_0 : \bar{x}_G = 6$. Die Alternative lautet

$$H_1\colon \mu \neq 6$$

und setzt sich aus zwei Teilen zusammen: H_{11}: $\mu < 6$ und H_{12}: $\mu > 6$.   ☻

Analog gibt es auch **einseitige Nullhypothesen** :

$$H_0\colon\ \mu \leq \mu_0, \tag{16.3}$$

da die Alternative

$$H_1\colon\ \mu > \mu_0.$$

auf "einer Seite" liegt. Im umgekehrten Fall verhält es sich genauso: H_0: $\mu \geq \mu_0$ mit H_1: $\mu < \mu_0$.

Eine Hypothese ist entweder richtig oder falsch. Bei der Beurteilung einer Hypothese gibt es jedoch drei Möglichkeiten:

Mögliche Antworten bezüglich H_0

A1: Die Nullhypothese H_0 wird abgelehnt.

A2: Die Nullhypothese H_0 wird angenommen.

A3: Keine Entscheidung. H_0 könnte richtig oder falsch sein. Wir wissen es nicht genauer[1].

Bezüglich der Nullhypothese H_0 geben die Antworten A1 und A2 präzise Antworten, während die Antwort A3 sehr unpräzise, "nichtssagend" ist.

Warum ist die Antwort A3 sinnvoll?

Die Antwort A3 kann sehr nützlich und "informativ" sein. Sie zeigt an, dass der Test nicht mit der vom Anwender vorgegebenen Zuverlässigkeit über die Nullhypothese H_0 entscheiden kann. Beispielsweise wäre es bei einer Stichprobe vom Umfang $n = 1$ verwegen, etwas anderes als "wir wissen nichts" zu antworten. Daher dient die Antwort A3 dem Anwender als Schutz vor falschen, ungesicherten Erkenntnissen.

Wir kennen das auch aus dem Alltag: Wir fragen in einer fremden Stadt einen Passanden nach dem richtigen Weg. Wenn er antwortet, er selbst sei auch fremd, wissen wir, dass seine Hinweise wertlos sind. Wenn er uns dies aber verheimlicht, würden wir nicht bemerken, dass wir nicht von einem Experten, sondern von einem "Würfelvorgang" beraten werden.

---

[1]Für die Antwort A3 sind auch alternative Formulierungen wie "H_0 wird nicht ausgeschlossen" oder "H_0 wird nicht abgelehnt" üblich. Diese legen sich bezüglich des Wahrheitsgehaltes der Hypothese H_0 ebenfalls nicht fest. Daher sind diese Formulierungen nicht mit der Antwort A2 gleichzusetzen.

Tatsächlicher Zustand

		H_0 ist richtig	H_0 ist falsch
Entscheidung	A1: H_0 wird ausgeschlossen	Fehler 1.Art	o.k
	A2: H_0 wird angenommen	o.k	Fehler 2.Art
	A3: Keine Entscheidung	o.k	o.k

Abb. 16.1 Pro realem Zustand kann man nur einen Fehler begehen. Der Anwender weiß aber nicht, welcher der beiden Zustände real ist. Die Antwort A3 kann nie zu einem Fehler führen, denn sie formuliert nichts, was im Widerspruch zur Nullhypothese H_0 steht.

Allgemeiner Test

Ein statistischer Test entspricht einer Regel, die festlegt, welche konkrete Stichprobenergebnisse zur Antwort A1, welche zur Antwort A2 und welche zur Antwort A3 führen sollen. Diejenigen Stichprobenergebnisse, welche zum Ausschluss von H_0, also zur Antwort A1 führen, nennt man auch **kritische Region** K.

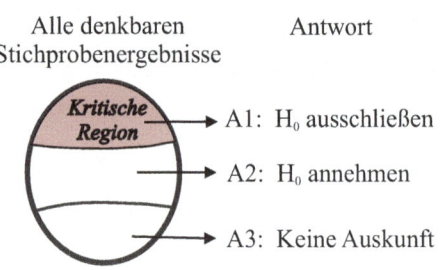

Vielleicht selbstverständlich, aber dennoch wichtig ist es, dass die Festlegung der Entscheidungsregel *vor* der Stichprobenziehung erfolgt. Es wäre ein methodischer Fehler, sich erst das Stichprobenergebnis anzuschauen und dann im Nachhinein die Entscheidungsregel festzulegen. Das Testergebnis könnte man sonst beliebig manipulieren. Dies ist der Standardtrick bei Wahrsagern und Esoterikern.

Ideal wäre, wenn ein Test immer die richtige Antwort findet. Da wir uns allerdings nur auf Stichproben stützen, sind falsche Antworten unvermeidlich. Falsche, irrtümliche Antworten können auf zwei unterschiedliche Arten auftreten, je nachdem, welche Situation real vorliegt:

Fehler 1.Art: Der Test lehnt mit Antwort A1 die Hypothese H_0 ab, obwohl H_0 in Wirklichkeit richtig ist.

Fehler 2.Art: Der Test nimmt mit Antwort A2 die Hypothese H_0 an, obwohl H_0 in Wirklichkeit falsch ist.

Beispiel (Fortsetzung "Taschengeld"). Bei der Nullhypothese H_0: $\mu = 6$ hängen die möglichen Fehlentscheidungen davon ab, welches mittlere Taschengeld μ die Kinder in der Realität bzw. in der Grundgesamtheit tatsächlich bekommen:

1. **Fall:** In der Realität gilt $\mu = 6$.
   Dies abzulehnen (Antwort A1), entspricht dem Fehler 1.Art
   Die Antwort A2, dass dass die Kinder im Schnitt 6 Euro Taschengeld bekommen, ist richtig. Daher kann in diesem Fall der Fehler 2.Art prinzipiell nicht auftreten.
2. **Fall:** In der Realität gilt $\mu \neq 6$.
   Zu behaupten, dass die Kinder im Schnitt 6 Euro Taschengeld bekommen (Antwort A2), ist falsch. Der Fehler 1.Art kann prinzipiell nicht auftreten, da A1 die richtige Antwort ist.   ☻

Beispiel (Heirat). Die heiratswillige Monika trifft Fredi. Sie formuliert die Nullhypotese

$$H_0: \text{ Fredi ist mein "Märchenprinz".} \tag{16.4}$$

Falls Fredi tatsächlich Monikas "Märchenprinz" ist, würde sich Monika mit Antwort A1 "Fredi ablehnen" um eine glückliche Ehe bringen (Fehler 1.Art).
Falls Fredi tatsächlich ein "Hallodri" ist, würde sich Monika mit Antwort A2 "Fredi ist ein Märchenprinz" in eine unglückliche Ehe stürzen (Fehler 2.Art).   ☻

Da der Fehler erster Art nur auftreten kann, wenn die Nullhypothese H_0 richtig ist, und der Fehler zweiter Art nur auftreten kann, wenn H_0 falsch ist, berechnen sich die Risiken dieser Fehler als bedingte Wahrscheinlichkeiten:

$$
\begin{aligned}
\alpha = \textbf{Risiko 1.Art} \;\; &= P(\text{Fehler 1.Art} \mid H_0 \text{ ist richtig}) \\
&= P(H_0 \text{ wird ausgeschlossen} \mid H_0 \text{ ist richtig}), \tag{16.5} \\
\beta = \textbf{Risiko 2.Art} \;\; &= P(\text{Fehler 2.Art} \mid H_0 \text{ ist nicht richtig}) \\
&= P(H_0 \text{ wird angenommen} \mid H_0 \text{ ist nicht richtig}). \tag{16.6}
\end{aligned}
$$

Auf Seite 298 haben wir die Qualität eines Induktiven Schätzverfahrens mit Hilfe seiner Zuverlässigkeit und Präzision definiert. Überträgt man dieses Konzept auf statistische Testverfahren, so liegt es nahe, folgende Forderungen zu stellen:

Qualität eines Testverfahrens

1. Die präzisen Antworten A1 und A2 sollten nur mit hoher Zuverlässigkeit gegeben werden. Dies bedeutet, dass die Risiken α und β einen vom Anwender vorgegebenen Oberwert nicht überschreiten, und somit **kontrollierbar** sind.
2. Die unpräzise, "nichtssagende" Antwort A3 sollte möglichst **selten** vorkommen.

In der Literatur werden Tests, welche diese naheliegenden Anforderungen erfüllen, leider so gut wie gar nicht angeboten. Hinweise, wie man einen solchen Test konstruieren kann, findet man beispielsweise bei Weigand (2012). Weitverbreitet sind hingegen sogenannte Signifikanztests und Alternativtests, wobei viele Bücher eine eigentlich notwendige Unterscheidung dieser zwei Testtypen nicht vornehmen.

16.2   Signifikanztests und Alternativtests

Bei einem allgemeinen Test sind drei Antworten A1, A2, A3 möglich. Bei den Signifikanz- und Alternativtests sind jeweils nur zwei Antworten vorgesehen.

Signifikanztest

Der Signifikanztest sieht nur die Antworten A1 und A3 vor.

Dadurch ist die Annahme der Nullhypothese, Antwort A2, von vornherein nicht möglich. Der Fehler 2.Art kann somit nicht begangen werden, weshalb auch **kein Risiko 2.Art** β besteht.

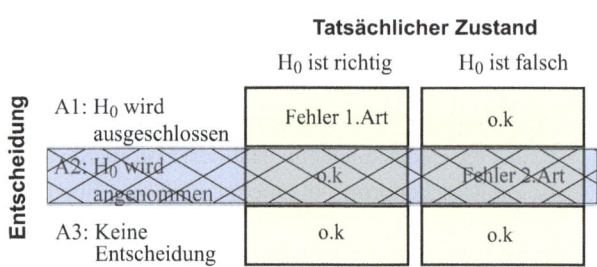

Da die unpräzise, nichtssagende Antwort A3 dem Anwender nicht weiter hilft, liefert ihm nur die Antwort A1, als einzige präzise Antwort, eine verwertbare Information. Insofern darf man einen Signifikanztest als ein **Ausschlussverfahren** bzw. ein Falsifizierungsverfahren verstehen.

Konstruktion der Nullhypothese beim Signifikanztest

Ein Ausschlussverfahren eignet sich zur Führung von indirekten Beweisen. Wollen wir eine Behauptung B als richtig nachweisen, so müssen wir zeigen, dass das Gegenteil von B falsch ist. Daher erklären wir nicht die Behauptung B selbst, sondern ihr Gegenteil zur Nullhypothese H_0.

$$H_0 = \text{Gegenteil von Behauptung } B. \tag{16.7}$$

Kommt es zu einem Ausschluss der Nullhypothese H_0, wird B quasi doppelt negiert und wir können dies als "Nachweis" der Behauptung B auffassen. Wir argumentieren über die "via negativa". Dabei entspricht dem Risiko, dass der "Nachweis" falsch sein könnte, das Risiko 1.Art α. Dieses kann man als Anwender beim Signifikanztest vorgeben. Es ist somit *kontrollierbar*. Wird mit Antwort A3 die Nullhypothese H_0 nicht ausgeschlossen, so gilt die ursprüngliche Behauptung B weder als widerlegt noch als nachgewiesen.

Beispiel (Taschengeld). Berta behauptet, dass das durchschnittliche Taschengeld pro Kind über 6 [€] liegt:

$$B: \mu > 6.$$

Diese Behauptung B lässt sich nachweisen, wenn man widerlegt, dass die Kinder höchstens 6 Euro im Schnitt erhalten:

$$H_0: \mu \leq 6.$$

Sollte Berta nicht Recht haben, und diese Nullhypothese die Realität widerspiegeln, so wäre eine Ablehnung von H_0 ungerechtfertigt. Dieser Fehler 1.Art kann aber nur mit einem kleinem, kontrollierbarem Risiko α auftreten. Insofern würde Berta mit diesem Risiko α ihre ursprüngliche Behauptung B unberechtigter Weise als nachgewiesen betrachten.

Was geschieht, wenn Berta B als Nullhypothese H_0 wählt?

Wenn Berta tatsächlich Recht hat, würde ein Signifikanztest entweder diese Behauptung B ablehnen (Antwort A1), oder die nichtssagende Antwort A3 geben. In beiden Fällen wäre kein Nachweis der Behauptung B möglich, obwohl sie in der Realität richtig ist. Ein berechtigter Nachweis wäre daher mit einem Signifikanztest von vornherein unmöglich!   ☻

Festlegung eines Oberwertes für α

Erhöht man bei einem Konfidenzintervallverfahren die Zuverlässigkeit $1 - \alpha$, so werden die Intervalle breiter, und somit die Schätzungen unpräziser. Ähnlich verhält es sich beim Signifikanztest.

Je kleiner man den Oberwert für das Risiko α wählt, desto vorsichtiger verhält sich der Signifikanztest, indem er fast nur noch die unpräzise Antwort A3 gibt.

Üblicherweise wählen Anwender als Oberwert für α Werte wie 1 % oder 5 %. Leider gibt es aber kein allgemeingültiges Kriterium, ob dies vernünftig ist. Man sollte aber auf jeden Fall die Konsequenzen, welche sich aus dem Fehler 1.Art ergeben können, berücksichtigen. So dürfte beispielsweise bei einem Test von Nebenwirkungen eines Medikaments eine geringere Irrtumswahrscheinlichkeit angebracht sein, als etwa bei einer Kundenbefragung.

Benutzt man eine Statistiksoftware, so wird man in aller Regel nicht aufgefordert, das Risiko α explizit einzugeben. Stattdessen wird ein sogenannter **p-Value** ausgegeben. Leider kann dieses Konzept beim unkritischen Anwender zu irreführenden Vorstellungen führen. Mehr dazu findet man im Kapitel 17.9 auf Seite 374.

Alternativtest

Beim Alternativtest sind
nur die präzisen Antwor-
ten A1 und A2 vorgese-
hen.

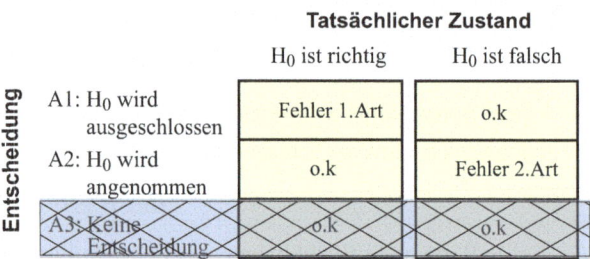

Jedoch gibt es nun **zwei
Risiken**, Fehlentscheidungen zu treffen: Das Risi-
ko 1.Art α, und das Risiko
2.Art β.

Indem die "nichtssagende" Antwort A3 nie vorkommt, sorgt der Alternativtest immer
für klare Entscheidungen. Das mag zwar dem Anwender imponieren, jedoch besteht ein
gravierender Nachteil: Auf Seite 325 haben wir einen Passanden nach dem Weg gefragt.
Wenn er selbst auch fremd ist, würde der Alternativtest ihn dennoch würgen und zwin-
gen, uns den richtigen Weg zu zeigen, wozu der Fremde aber gar nicht im Stande ist. Das
ist genauso unbrauchbar wie eine Geständnis unter **Folter**.

Sogar bei dem sehr kleinen Stichprobenumfang $n = 1$ entscheidet sich ein Alternativtest
immer nur für oder gegen die Nullhypothese H_0, obwohl die Antwort A3 "nichts zu
wissen", die ehrlichere, angemessenere Antwort wäre. Egal wie groß die Stichproben
sind, der Anwender merkt beim Alternativtest nicht, ob er den Test zu einer Entscheidung
nötigt, die eigentlich nicht mit der gewünschten Zuverlässigkeit gegeben werden kann.

Eine genauere, mathematische Untersuchung von Alternativtests nehmen wir im Kapitel
19 vor. Dort werden wir sehen, dass man immer nur eines der beiden Risiken, α oder β,
mit einem vom Anwender festgelegten Oberwert kontrollieren kann, während das andere
Risiko unkontrollierbar groß werden kann. Üblicher Weise wählt man das Risiko 1.Art
α als das kontrollierbare, und beschreibt das dann unkontrollierbare Risiko 2.Art β mit
Hilfe einer sogenannten Operationscharakteristik.

Alternativtests werden beispielsweise in der Statistischen Qualitätskontrolle eingesetzt.
Die angedeuteten Probleme lassen sich dort unter Einbeziehung ökonomischer Zielset-
zungen oder mit Hilfe der "Entscheidungstheorie" abschwächen (s. Kapitel 19.3).

Überblick

■ **Signifikanztest:**

    – Es gibt nur das Risiko 1. Art α. Dieses ist **kontrollierbar**.

    – Das Risiko 2. Art β kann beim Signifikanztest nicht auftreten.

    – Der Test entscheidet mit einer vom Anwender festgelegten Zuverlässigkeit.

- **Alternativtest:**

  – Das Risiko 1. Art α ist kontrollierbar.
  – Das Risiko 2. Art β ist **nicht kontrollierbar**.
  – Der Anwender kann die Zuverlässigkeit des Testes nicht festlegen.

Wenn der Anwender bei einem Signifikanztest die Antwort A3 erhält und sich in der Not befindet, dennoch eine Entscheidung bezüglich der Nullhypothese H_0 treffen zu müssen, wird er sich wohl in der Praxis eher für H_0 als gegen H_0 entscheiden. Allerdings kann er sich dann verstärkt auf die Konsequenzen einer Fehlentscheidung vorbereiten, denn er weiß, dass seine Entscheidung lediglich "plausibel", aber nicht zuverlässig ist. Diese Information liefert der Alternativtest nicht.

Fazit

Signifikanztests eignen sich, um "wissenschaftlich abgesicherte" Erkenntnisse zu gewinnen. Zusammen mit den Konfidenzintervallverfahren sind sie die entscheidenden Methoden, um Forschung den Glanz von "Wissenschaft" zu verleihen.

Ein Alternativtest hingegen kommt zum Einsatz, wenn in bestimmten Lebenssituationen in zwingender Weise eine Entscheidung zu treffen ist. Er hilft dann, diese möglichst "sinnvoll" oder ökonomisch vorteilhaft zu gestalten.

Anmerkungen zu zweiseitigen Nullhypothesen

Zweiseitige Nullhypothesen der Bauart "$H_0\colon \mu = \mu_0$" sind wörtlich genommen witzlos, da man sie in der Praxis fast immer ohne Test von vornherein ausschließen kann. Dass nämlich der tatsächliche Mittelwert μ einer Grundgesamtheit exakt und mit allen, unendlich vielen Nachkommastellen mit dem hypothetischen Wert μ_0 übereinstimmt, dürfte realitätsfremd sein.

Bei Alternativtests, die nicht wissenschaftliche Wahrheiten erkennen, sondern lediglich vernünftige Entscheidungsgrundlagen liefern sollen, sind Nullhypothesen "$H_0\colon \mu = \mu_0$" eine zwar vereinfachende, aber nützliche Formulierung. Beim Signifikanztest betrachten wir solche Nullhypothesen lediglich, um grundlegende Konzepte besser erklären zu können.

16.3 Zusammenhang von Testverfahren und Schätzverfahren

Bei Nullhypothesen H_0, die eine Aussage bezüglich eines statistischen Parameters θ formulieren, besteht eine äquivalente Beziehung von Konfidenzintervallverfahren und Signifikanztest.

Beispiel (Einseitige Nullhypothese). Zur Überprüfung der Nullhypothese

$$H_0\colon \mu \leq 6$$

wollen wir ein rechtsseitiges Konfidenzintervallverfahren mit einer Zuverlässigkeit $1 - \alpha = 99\%$ anwenden. Die Intervalle werden also mit sehr hoher Wahrscheinlichkeit den richtigen Wert von μ anzeigen. Es können nur zwei Fälle auftreten:

■ **1. Fall:**

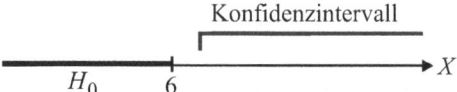

Da das Schätzverfahren mit einer sehr hohen Wahrscheinlichkeit von 99% den richtigen Wert μ überdeckt, liegt es nahe, die Antwort A1 zu geben: $H_0\colon \mu \leq 6$ ausschließen.

Sollte die Nullhypothese in Wirklichkeit aber richtig sein, würde eine derartig falsche Schätzung nur mit 1% Wahrscheinlichkeit auftreten. Daher sind das Risiko α des Schätzverfahrens und das Risiko 1.Art α des Signifikanztests identisch: $\alpha = 1\%$.

■ **2. Fall:**

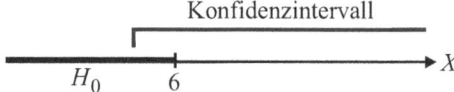

Das Intervall zeigt sowohl Werte unter 6 als auch über 6 an. Da jedoch jeder angezeigte Wert der richtige sein könnte, ist die Antwort A3 angebracht: Keine Festlegung, H_0 könnte richtig oder falsch sein.

Die Antwort A2 wäre verwegen, da sie nur den Wert 6 oder kleinere Zahlen, nicht aber größere Zahlen für den richtigen Mittelwert hält.   ☻

Beispiel (Zweiseitige Nullhypothese). Wir wollen mit einer Zuverlässigkeit von $1 - \alpha = 99\%$ die zweiseitige Nullhypothese

$$H_0\colon \mu = 6$$

testen. Dazu wenden wir ein zweiseitiges Konfidenzintervallverfahren an.

■ **1. Fall:** Das Intervall überdeckt nicht den hypothetischen Mittelwert 6.

Da das Schätzverfahren mit einer Wahrscheinlichkeit von 99% den richtigen Wert μ überdeckt, geben wir die Antwort A1: H_0: $\mu = 6$ ausschließen.

■ **2. Fall:** Das Intervall überdeckt den hypothetischen Mittelwert 6.

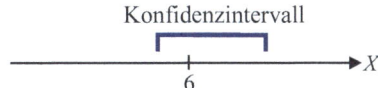

Das Intervall zeigt zwar die 6 an, aber auch andere Werte, die mit gleichem Recht richtig sein könnten. Daher geben wir die Antwort A3: Keine Festlegung, H_0 könnte richtig oder falsch sein.   ☺

Die Beispiele zeigen auch, dass ein Test, der auf die Antwort A3 verzichtet, kein zuverlässiges Verfahren mit kontrollierbaren Risiken sein kann.

Die folgende Regel ist so formuliert, dass sie dem in der Literatur üblichen Konzept des Signifikanztests entspricht. Sie beschränkt sich nicht nur auf das Testen von Mittelwerten, sondern lässt sich auch auf Tests für Varianzen, Quantile, Anteile oder irgendwelche anderen Parameter θ analog übertragen.

Jedes Konfidenzintervallverfahren kann man auch als Signifikanztest benutzen:

■ Es werden keine hypotheti- $\longrightarrow$ Antwort A1: Nullhypothese H_0 ablehnen.
sche Werte überdeckt.

■ Es werden hypothetische $\longrightarrow$ Antwort A3: Nullhypothese H_0 nicht ab-
Werte überdeckt.   lehnen, keine Entscheidung.

Besitzt das Schätzverfahren die Zuverlässigkeit $1 - \alpha$, so hat der Test ein Risiko 1.Art von α.

Insbesondere gilt mit dieser Regel:

■ H_0: $\theta \leq \theta_0$ lehnt man mit Antwort A1 ab, wenn das **rechtsseitige** Konfidenzintervall nur Werte überdeckt, die größer als θ_0 sind.
■ H_0: $\theta \geq \theta_0$ lehnt man mit Antwort A1 ab, wenn das **linksseitige** Konfidenzintervall nur Werte überdeckt, die kleiner als θ_0 sind.
■ H_0: $\theta = \theta_0$ lehnt man mit Antwort A1 ab, wenn das **beidseitige** Konfidenzintervall den Wert θ_0 nicht überdeckt.

Ausblick

Die Beispiele lassen erahnen, wie man einen allgemeinen Test konstruieren kann, der alle drei Antworten A1, A2, A3 vorsieht.

Allgemeiner Test

- Es werden keine hypotheti- $\longrightarrow$ Antwort A1: Nullhypothese H_0 ablehnen.
  sche Werte überdeckt.

- Es werden nur hypothetische $\longrightarrow$ Antwort A2: Nullhypothese H_0 annehmen.
  Werte überdeckt.

- Es werden hypothetische und $\longrightarrow$ Antwort A3: Nullhypothese H_0 nicht ab-
  nicht-hypothetische Werte   lehnen, keine Entscheidung.
  überdeckt.

Besitzt das Schätzverfahren die Zuverlässigkeit $1 - \alpha$, so hat der Test ein Risiko 1.Art von maximal α und ein Risiko 2.Art von maximal α.

Leider ist dieser allgemeine Test in der Literatur kaum vertreten. Verfolgt man sein Konzept weiter, stellt sich die Frage, ob bei gleichem Risiko α mehrere Tests existieren, von denen aber einer optimal ist, da er möglichst selten die vollkommen unpräzise Antwort A3 gibt. Details findet man bei Weigand (2012).

17 Signifikanztests

Das Konzept der Signifikanztests als Falsifizierungsverfahren haben wir bereits auf der Seite 328 kennen gelernt. Mit ihnen lassen sich Hypothesen mit einer hohen, vom Anwender festgelegten Zuverlässigkeit überprüfen.

In diesem Kapitel sollen nun zu verschiedenen Arten von Nullhypothesen H_0 konkrete Signifikanztests vorgestellt werden. Im Kapitel 16.3 auf Seite 333 haben wir gesehen, wie man mit Konfidenzintervallverfahren einen Signifikanztest durchführen kann. Insofern sind uns fast alle der nun folgenden Tests eigentlich schon bekannt.

17.1 Test für einen Mittelwert bei bekannter Varianz (Gauß-Test)

Benötigt mein Auto im Schnitt weniger als 7 Liter Benzin pro 100 km? Sitzt ein Gast im Schnitt länger als 70 Minuten im Restaurant? Liegt mein Blutdruck im Schnitt über 160 [mmHg]? Liegt bei einem Unfall die Schadenshöhe im Schnitt unter 20 000 [€]? Beträgt

© Springer-Verlag GmbH Deutschland, ein Teil von Springer Nature 2019
C. Weigand, *Statistik mit und ohne Zufall*,
https://doi.org/10.1007/978-3-662-59309-7_17

die mittlere Füllmenge einer Zuckertüte 500 [g]? Diese und ähnliche Fragen kann man mit Nullhypothesen der Bauart

$$H_0: \ \mu \leq \mu_0, \qquad H_0: \ \mu = \mu_0, \qquad H_0: \ \mu \geq \mu_0 \qquad (17.1)$$

testen, bei denen der Mittelwert μ einer Grundgesamtheit mit einem vorgegebenen, hypothetischen Wert μ_0 verglichen wird. Wir übernehmen das Modell und die Voraussetzungen, die bereits bei den Konfidenzintervallen in Kapitel 15.2 auf Seite 299 zu Grunde gelegt worden sind. Die Bemerkungen dort gelten auch hier. Wegen der unrealistischen Voraussetzung 3 ist der Test für die Praxis eher untauglich. Jedoch ist er eine gute Vorbereitung für den Test des nächsten Kapitels, welcher viel praxisrelevanter ist.

Voraussetzungen:

1. Es liegt eine unabhängige Zufallsstichprobe $(X_1, X_2, \ldots. X_n)$ vor, die auf Seite 267 definiert ist.
2. Der Punktschätzer $\bar{X} = \frac{1}{n}(X_1 + X_2 + \ldots + X_n)$ ist normalverteilt.
3. Der Wert der Varianz σ^2 ist bekannt.

Zunächst wollen wir die zweiseitige Nullhypothese testen, ob der Mittelwert μ der Variablen X in der Grundgesamtheit bzw. in der Realität den hypothetischen Wert μ_0 besitzt.

Zweiseitiger Test für $H_0: \ \mu = \mu_0$
Wir wissen schon von den Ausführungen auf Seite 333, dass und wie wir diese Nullhypothese mit einem zweiseitigen Konfidenzintervallverfahren für einen Mittelwert testen können:

$$\text{Antwort A1 "} H_0 \text{ ausschließen"} \qquad \Longleftrightarrow \quad \mu_0 \text{ wird nicht überdeckt,} \qquad (17.2)$$

$$\text{Antwort A3 "} H_0 \text{ nicht ausschließen"} \Longleftrightarrow \quad \mu_0 \text{ wird überdeckt.} \qquad (17.3)$$

In der Literatur ist es allerdings üblich, diese **Entscheidungsregel** so zu formulieren, dass man das zu Grunde liegende Konfidenzintervallverfahren kaum noch erkennt. Dazu bedient man sich der

Testgröße zum Gauß-Test:

$$T(x) \ = \ \frac{\bar{X} - \mu_0}{\sigma} \sqrt{n} \ = \ (\bar{X} - \mu_0) \cdot \text{Konstante.} \qquad (17.4)$$

An der zweiten Gleichung erkennt man, dass $T(x)$ um so positiver ist, je mehr das Stichprobenmittel über dem hypothetischen Wert μ_0 liegt. Ebenso ist $T(x)$ um so negativer, je mehr das Stichprobenmittel unter dem hypothetischen Wert μ_0 liegt. Je größer also $|T(x)|$ ist, desto eher kann man die Nullhypothese H_0 anzweifeln.

Mittelwert der Variablen "X = Taschengeld"

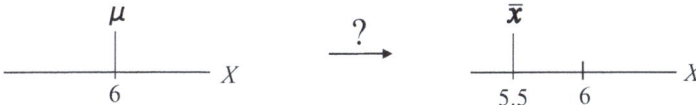

| Hypothetische Lage des Mittelwertes in der Grundgesamtheit | Gemessener Mittelwert in der Stichprobe |

Abb. 17.1 Sollte die Nullhypothese H_0: $\mu = 6$ richtig sein, ist die linke Skizze zutreffend. Wir müssen entscheiden, ob der gemessene, empirische Mittelwert in der Stichprobe mit dieser Vorstellung vereinbar ist.

Zweiseitiger Gauß-Test für H_0: $\mu = \mu_0$

- Falls $|T(x)| \geq \lambda_{1-\frac{\alpha}{2}}$, $\longrightarrow$ Antwort A1: Nullhypothese H_0 ausschließen.
- Falls $|T(x)| < \lambda_{1-\frac{\alpha}{2}}$, $\longrightarrow$ Antwort A3: Nullhypothese H_0 nicht ausschließen, keine Entscheidung.

Dabei ist $\lambda_{1-\frac{\alpha}{2}}$ das $\left(1 - \frac{\alpha}{2}\right)$-Quantil der Standardnormalverteilung. Das Risiko 1.Art beträgt exakt α.

Die Schwelle $\lambda_{1-\frac{\alpha}{2}}$ für $|T(x)|$, ab der man die Nullhypothese H_0 ablehnt, nennt man **Testschranke**. Auf Seite 471 findet der begeisterte Leser die Details zur Herleitung.

Beispiel (Taschengeld). Otto möchte wie im Beispiel auf Seite 324 die Hypothese

$$H_0: \mu = 6$$

testen. Die Varianz sei ihm bekannt: $\sigma^2 = 3.61 = 1.9^2$. Das Risiko erster Art α möchte Otto auf 1% beschränken. Somit ist die Entscheidungsregel mit der Testschranke $\lambda_{1-\frac{\alpha}{2}} = \lambda_{0.995} = 2.576$ bereits vor Sichtung der Stichprobe festgelegt.

Otto hat eine Zufallsstichprobe gezogen, indem er $n = 40$ Kinder unabhängig befragt hat. Das Stichprobenmittel beträgt $\bar{x} = 5.5$ [€]. Otto berechnet die Testgröße

$$T(x) = \frac{\bar{X} - \mu_0}{\sigma}\sqrt{n} = \frac{5.5 - 6}{1.9}\sqrt{40} = -1.66,$$

welche betragsmäßig nicht größer als die Testschranke 2.576 ist:

$$|T(x)| = |-1.66| = 1.66 < 2.576.$$

Daher gibt der Test die Antwort A3: Wir können nicht ausschließen, dass die Kinder in Deutschland im Schnitt 6 Euro Taschengeld bekommen. Das heißt, wir wissen es nicht genauer und legen uns nicht fest. Dabei hat das benutzte Testverfahren ein Risiko, die Nullhypothese ungerechtfertiger Weise abzulehnen, von $\alpha = 1\%$.

Der begeisterte Leser kann quasi als "Probe" mit den obigen Daten das mittlere Taschengeld aller Kinder mit einem entsprechenden Konfidenzintervall schätzen. Ergebnis: Das Intervall [4.73, 6.27] überdeckt unter anderem den hypothetischen Wert 6 [€].   ☻

Einseitiger Test für H_0: $\mu \leq \mu_0$

Die Nullhypothese besagt, dass der Mittelwert μ in der Grundgesamtheit nicht größer als μ_0 ist. Wir bezweifeln diese Nullhypothese, wenn das Stichprobenmittel ein anderes Verhalten zeigt, d.h. $\bar{X}$ deutlich über μ_0 liegt. Für die Testgröße "$T(x) = (\bar{X} - \mu_0) \cdot$ Konstante", die wir schon in (17.4) definiert haben, heißt das: Je größer $T(x)$ ist, desto eher kann man die Nullhypothese H_0 anzweifeln.

Einseitiger Gauß-Test für H_0: $\mu \leq \mu_0$

- Falls $T(x) \geq \lambda_{1-\alpha}$, $\longrightarrow$ Antwort A1: Nullhypothese H_0 ausschließen.
- Falls $T(x) < \lambda_{1-\alpha}$, $\longrightarrow$ Antwort A3: Nullhypothese H_0 nicht ausschließen, keine Entscheidung.

Das Risiko 1.Art beträgt im Fall $\mu = \mu_0$ genau α. Falls $\mu < \mu_0$ zutrifft, liegt das Risiko 1.Art sogar unter α.

Die Testschranke kann man analog zum zweiseitigen Test, allerdings mit einseitigen Konfidenzintervallen, herleiten. Daher wird das Risiko α bei der Testschranke nicht halbiert.

Man beachte auch, dass es zum Ablehnen der Nullhypothese H_0 nicht genügt, dass $T(x)$ positiv ist. Wie Abbildung 17.4 zeigt, sind bei richtiger Nullhypothese H_0 solche Ergebnisse nicht "außergewöhnlich" und kein besonderer Zufall. "Signifikant" ist die Stichprobe erst dann, wenn $T(x)$ "sehr positiv" d.h. über $\lambda_{1-\alpha}$ liegt.

Beispiel (Trockenzeit). Anton arbeitet als Lackierer. Die Trockenzeit X [Min] eines Werkstückes unterliegt geringen Schwankungen. Aufgrund seiner jahrelangen Erfahrung kennt er die Varianz $\sigma^2 = 33$ [Min^2].
Anton behauptet, dass die Trockenzeit im Schnitt über 50 Minuten liegt. Seine Chefin Berta vermutet hingegen, dass dieser Wert zu hoch sei und nur zur Rechtfertigung von Verzögerungen dienen könnte. Anton möchte mit einem Test zum Si-

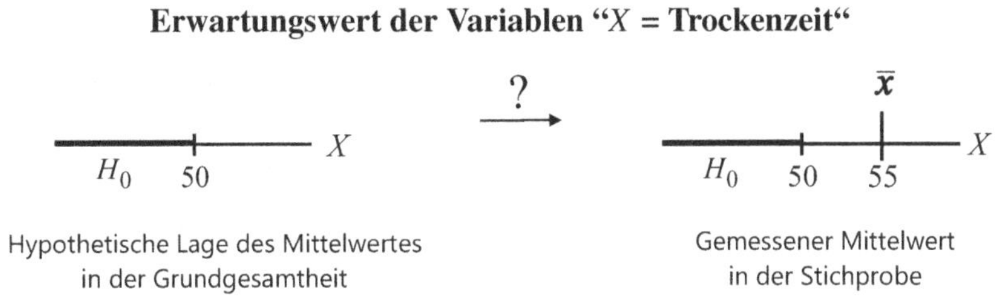

Erwartungswert der Variablen "X = Trockenzeit"

Abb. 17.2 Sollte die Nullhypothese H_0: $\mu \leq 50$ richtig sein, ist die linke Skizze zutreffend. Wir müssen entscheiden, ob der gemessene, empirische Mittelwert in der Stichprobe mit dieser Vorstellung vereinbar ist.

gnifikanzniveau $\alpha = 1\%$ seine Behauptung untermauern. Er hätte recht, wenn die Nullhypothese

$$H_0: \ \mu \leq 50$$

falsch ist.

Anton hat eine unabhängige Zufallsstichprobe vom Umfang $n = 15$ gezogen. Er unterstellt, dass das Stichprobenmittel $\bar{X}$ normalverteilt ist. Seine Punktschätzung ergibt $\bar{x} = 55$ Minuten. Berta wertet dies als nichtssagenden Zufall ab. Er berechnet

$$T(x) \ = \ \frac{\bar{x} - \mu_0}{\sigma} \sqrt{n} = \frac{55 - 50}{\sqrt{33}} \sqrt{15} = 3.371,$$

$$\lambda_{1-\alpha} \ = \ \lambda_{0.99} = 2.326.$$

Bei richtiger Nullhypothese müsste $T(x)$ tendenziell negativ ausfallen. Da aber $T(x) = 3.371$ positiv ist, und sogar den Wert 2.326 übersteigt, welcher der Testschranke entspricht, kann man mit einem Risiko 1.Art von maximal 1% die Nullhypothese ablehnen. Berta sollte Anton Recht geben.

Bei der umgekehrten Nullhypothese H_0: $\mu \geq 50$ hätte man, wie nachfolgend gezeigt wird, Antwort A3 geben müssen, d.h. man kann nicht ausschließen, dass die Trockenzeit über 50 Minuten liegt. Das allerdings wäre weder eine Nachweis noch ein Gegenbeweis für Antons Aussage. Dieses Ergebnis würde zwar nicht im Gegensatz zum ersten stehen, jedoch wäre es nicht "informativ". ☻

Einseitiger Test für H_0: $\mu \geq \mu_0$

Es soll die Hypothese getestet werden, ob der Mittelwert in der Grundgesamtheit mindestens den Wert μ_0 besitzt. Wir können wie im letzten Fall argumentieren, indem wir alles gespiegelt betrachten. Wir zweifeln die Nullhypothese H_0 an, wenn die Testgröße "$T(x) = (\bar{X} - \mu_0) \cdot$ Konstante" deutlich negative Werte aufweist.

Einseitiger Gauß-Test für H_0: $\mu \geq \mu_0$

- Falls $T(x) \leq -\lambda_{1-\alpha}$, $\longrightarrow$ Antwort A1:   Nullhypothese H_0 ausschließen.
- Falls $T(x) > -\lambda_{1-\alpha}$, $\longrightarrow$ Antwort A3:   Nullhypothese H_0 nicht ausschließen, keine Entscheidung.

Das Risiko 1.Art beträgt im Fall $\mu = \mu_0$ genau α. Falls $\mu > \mu_0$ zutrifft, liegt das Risiko 1.Art sogar unter α.

Die Testschranke wird gelegentlich auch mit λ_α notiert. Dies ist wegen der Symmetrie der standardisierten Gaußschen Glockenkurve im Ergebnis gleich: $\lambda_\alpha = -\lambda_{1-\alpha}$.

Beispiel (Kaffeekonsum). Beim Frühstücksbuffet des Hotels "Goldener Schlummi" kann ein Gast so viel Kaffee trinken wie er möchte. Küchenchef Bert weiß aus Erfahrung, dass der Kaffeekonsum X [ml/Kopf] eine Standardabweichung von exakt $\sigma = 44$ [ml/Kopf] besitzt. Um genügend Kaffee vorzuhalten, geht Bert davon aus, dass im Schnitt ein Gast weniger als 200 Milliliter trinkt. Er möchte dies mit einer Irrtumswahrscheinlichkeit von maximal 5% testen.

Mit einem Messbecher hat Bert bei $n = 40$ unabhängig und zufällig ausgewählten Gästen einen mittleren Kaffeekonsum von 196 [ml/Kopf] gemessen. Dass die Zufallsvariable X nicht normalverteilt sein könnte, stört Bert nicht. Wegen $n \geq 30$ geht er davon aus, dass der Schätzer $\bar{X}$ wegen des zentralen Grenzwertsatzes zumindest approximativ normalverteilt ist. Bert hätte recht, wenn die Nullhypothese

$$H_0: \mu \geq 200$$

falsch ist. Er berechnet:

$$T(x) = \frac{\bar{x} - \mu_0}{\sigma}\sqrt{n} = \frac{196 - 200}{44}\sqrt{40} = -0.575,$$
$$-\lambda_{1-\alpha} = -\lambda_{0.95} = -1.645.$$

Bei richtiger Nullhypothese müsste $T(x)$ tendenziell positiv ausfallen. Zwar ist $T(x) = -0.575$ negativ, jedoch noch nicht unter der Testschranke -1.645. Daher können wir die Nullhypothese nicht ablehnen, dass ein Gast im Schnitt 200 und mehr Milliliter Kaffee konsumiert. Bei dieser Entscheidung sind wir gegen ein Risiko 1.Art von maximal 5% geschützt. ☻

Man kann den bzw. die Gauß-Tests auch ohne Konfidenzintervalle herleiten, indem man die Verteilung der Testgröße $T(x)$ bestimmt. Hierzu findet der begeisterte Leser auf Seite 472 eine Herleitung zu folgendem Resultat:

Die Verteilung der standardisierten Differenz $T(x)$

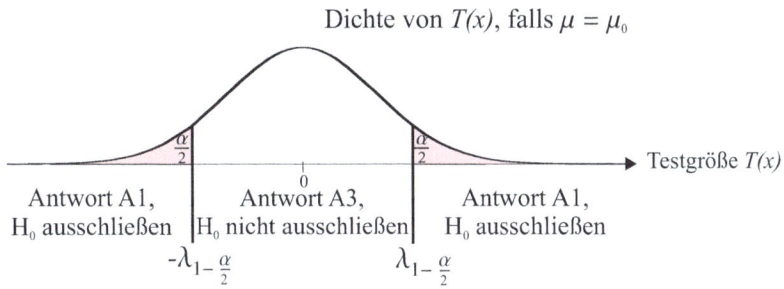

Abb. 17.3 Beim zweiseitigen Test H_0: $\mu = \mu_0$ beträgt das Risiko 1.Art genau $\alpha = \frac{\alpha}{2} + \frac{\alpha}{2}$.

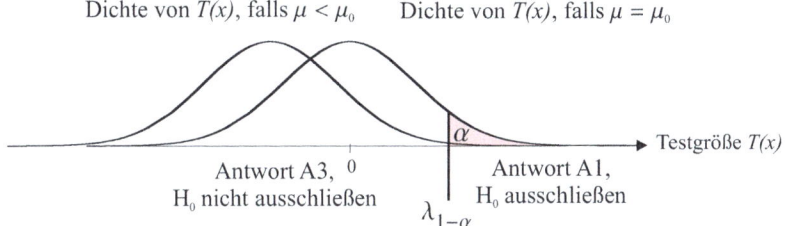

Abb. 17.4 Beim einseitigen Test H_0: $\mu \leq \mu_0$ beträgt das Risiko 1.Art maximal α.

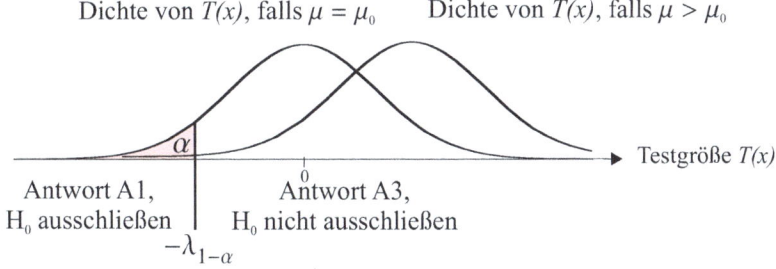

Abb. 17.5 Beim einseitigen Test H_0: $\mu \geq \mu_0$ beträgt das Risiko 1.Art maximal α.

Falls $\mu = \mu_0$ richtig ist, gilt: $T(x)$ ist standardnormalverteilt.   (17.5)

Die Abbildungen 17.3 – 17.5 zeigen den Zusammenhang der Tests, und weshalb die gewählten Testschranken sinnvoll sind.

17.2   Test für einen Mittelwert bei unbekannter Varianz (t-Test)

Die Problemstellung ist exakt dieselbe wie im letzten Kapitel auf Seite 335 und ist in sehr vielen Lebensbereichen von hohem Interesse. Es soll wieder der Mittelwert μ der Grundgesamtheit mit einem vorgegebenen, hypothetischen Wert μ_0 verglichen werden:

$$H_0\colon \mu \leq \mu_0, \qquad H_0\colon \mu = \mu_0, \qquad H_0\colon \mu \geq \mu_0. \qquad (17.6)$$

Neu ist, dass der Wert der Varianz σ^2 der Grundgesamtheit **unbekannt** ist. Das dürfte der Regelfall in der Praxis sein. Insofern ist der Test deutlich **praxistauglicher** als der Gauß-Test des letzten Kapitels.

Voraussetzungen:

1. Es liegt eine unabhängige Zufallsstichprobe $(X_1, X_2, \ldots X_n)$ vor, die auf Seite 267 definiert ist.
2. Alle Stichprobenvariablen X_i sind normalverteilt.

Diese Voraussetzungen sind dieselben wie bei dem Konfidenzintervallverfahren von Kapitel 15.3 auf Seite 304. Die Bemerkung dort, dass das Verfahren relativ robust gegenüber einer Verletzung der Voraussetzung 2 sei, gilt auch hier.

Die mathematische Herleitung dieses Tests erfolgt fast wörtlich wie beim Gauß-Test auf Seite 471, allerdings mit dem Konfidenzintervallverfahren (15.6). Daher fassen wir uns kurz. Analog zum Gauß-Test berechnet man die

Testgröße beim t-Test:

$$T(x) = \frac{\bar{X} - \mu_0}{S}\, \sqrt{n}. \qquad (17.7)$$

Im Gegensatz zum Gauß-Test (17.4) steht im Nenner nicht die Standardabweichung σ, sondern deren Schätzung

$$S = \sqrt{S^2} = \sqrt{\text{Stichprobenvarianz}} = \sqrt{\frac{1}{n-1} \sum_{i=1}^{n} (X_i - \bar{X})^2}.$$

Zudem werden die Quantile

$$t_{f,\gamma} = \gamma\text{-Quantil der t-Verteilung bei } f \text{ Freiheitsgraden}$$

als Testschranken benutzt. Diese Quantile findet man in einer Tabelle im Anhang.

Test für einen Mittelwert (t-Test)

Nullhypothese	Testvorschrift		
H_0: $\mu = \mu_0$	Falls $|T(x)| \geq t_{n-1,1-\frac{\alpha}{2}}$,	$\longrightarrow$	Antwort A1: H_0 ausschließen.
H_0: $\mu \leq \mu_0$	Falls $T(x) \geq t_{n-1,1-\alpha}$,	$\longrightarrow$	Antwort A1: H_0 ausschließen.
H_0: $\mu \geq \mu_0$	Falls $T(x) \leq -t_{n-1,1-\alpha}$,	$\longrightarrow$	Antwort A1: H_0 ausschließen.

Ansonsten wird die Antwort A3 "H_0 nicht ausschließen" gegeben. Das Signifikanzniveau bzw. das Risiko 1.Art beträgt maximal α.

Beispiel (Kaufhaus). Egon besitzt ein Kaufhaus. Er behauptet, dass ein Kunde im Schnitt Waren im Wert von mehr als 20 [€] einkauft. Er möchte diese Aussage mit einer Stichprobe vom Umfang $n = 7$ und $\alpha = 5\%$ testen. Daher versucht er die Nullhypothese

$$H_0: \mu \leq 20$$

zu widerlegen. Bereits vor Ziehung der Stichprobe kann Egon die Testschranke und somit die kritische Region festlegen:

$$t_{n-1;1-\alpha} = t_{6;0.95} = 1.94.$$

Die konkrete Stichprobe lautet:

$$7.95, \quad 5.55, \quad 57.04, \quad 75.02, \quad 14.46, \quad 4.11, \quad 84.27.$$

Egon berechnet daraus:

$$\bar{x} = 35.49 \quad \text{und} \quad s^2 = 1248.06 = 35.33^2,$$

$$T(x) = \frac{\bar{x} - \mu_0}{s}\sqrt{n} = \frac{35.49 - 20}{35.33}\sqrt{7} = 1.16.$$

Da die Testgröße $T(x) = 1.16$ nicht größer als die Testschranke 1.94 ist, kann Egon nicht ausschließen, dass ein Kunde im Schnitt nur für bis zu 20 [€] einkauft. Ein ungerechtfertigter Ausschluss der Nullhypothese wäre bei der Testentscheidung mit maximal 5% Wahrscheinlichkeit möglich gewesen. Egons Behauptung ist somit weder widerlegt, noch bestätigt.

Der Test unterstellt, dass das Stichprobenmittel $\bar{X}$ annähernd normalverteilt sei. Um diese Voraussetzung sicherzustellen, sollte Egon eine größere Stichprobe ziehen. ❸

Beispiel (Tarifwechsel). Bei einer Versicherung kamen bisher im Schnitt pro Stunde 30 telefonische Anfragen an, welche Tariffragen betreffen. Im Callcenter hat man Personal, um im Schnitt 35 derartige Anrufe bewältigen zu können.

Seit letzter Woche gilt ein neuer Tarif. Es soll mit 95% Sicherheit getestet werden, ob das Personal weiterhin ausreicht. Personalplaner Dietrich versucht daher zur Variablen "X = Anzahl Anrufe pro Stunde" die Nullhypothese

$$H_0: \ \mu > 35 \tag{17.8}$$

zu widerlegen. Er betrachtet die letzten $n = 40$ Stunden als unabhängige Zufallsstichprobe. Damit ist die Testschranke $-t_{n-1,1-\alpha} = -t_{39,0.95} = -1.68$ bereits vor der Stichprobenziehung festgelegt. Die konkrete Stichprobe lautet:

29, 32, 30, 35, 38, 30, 30, 31, 38, 34, 30, 32, 32, 31, 34, 30, 33, 29, 32, 34, 38, 31, 29, 32, 35, 29, 30, 31, 35, 29, 36, 34, 35, 29, 30, 38, 32, 35, 35, 35.

Da $n > 30$ ist, kann Dietrich davon ausgehen, dass $\bar{X}$ annähernd normalverteilt ist. Mit den Realisationen $\bar{x} = 32.55$ und $s^2 = 8.0487$ erhält er

$$T(x) \ = \ \frac{\bar{x} - \mu_0}{s} \sqrt{n} = \frac{32.55 - 35}{\sqrt{8.0487}} \sqrt{40} \ = \ -5.462.$$

Da die Testgröße viel kleiner als die Testschranke $-t_{39,0.95} = -1.68$ ist, kann Dietrich mit 5% Irrtumswahrscheinlichkeit ausschließen, dass die mittlere Anzahl der Anrufe über 35 liegt. Mehr Personal ist nicht nötig.   ☻

Die Abbildungen 17.3-17.5 gelten auch für den t-Test, sofern man dort die Quantile λ mit den t-Quantilen ersetzt und die Gaußschen Glockenkurven mit den Dichten der t-Verteilungen austauscht. Der Unterschied wäre optisch kaum erkennbar.

17.3   Test für zwei Mittelwerte bei einer Grundgesamtheit

Gibt eine Kuh morgens im Schnitt 4 Liter mehr Milch als abends pro Tag? Schützt der Lack A im Schnitt mindestens 8 Monate länger vor Rost als der Lack B? Zeigt das Medikament A oder B im Schnitt die bessere Wirkung? Bewertet ein Kunde das Produkt A oder B im Schnitt besser? Diese und ähnliche Fragen kann man mit Nullhypothesen der Bauart

$$H_0: \mu_x - \mu_y \leq d_0, \qquad H_0: \mu_x - \mu_y = d_0, \qquad H_0: \mu_x - \mu_y \geq d_0 \tag{17.9}$$

testen. Im Gegensatz zu den bisherigen Tests formulieren diese Hypothesen Aussagen über Mittelwerte μ_x und μ_y **zweier** Variablen X und Y. Der Differenzwert d_0 beschreibt den Unterschied, der hypothetisch zwischen den Mittelwerten höchstens, exakt oder mindestens besteht.

Das korrespondierende Schätzproblem haben wir bereits im Kapitel 15.4 auf Seite 308 behandelt. Mit dem dort schon benutzten Trick kann man diese Hypothesen mit dem bereits bekannten t-Test, bei dem nur eine Variable vorkommt, überprüfen. Wir benötigen wieder die Voraussetzungen aus dem Kapitel 15.4.

Voraussetzungen:

1. Es liegt **eine** Grundgesamtheit vor. Jedes Objekt weist zwei Variablen X und Y auf.
2. Es wird eine unabhängige, **verbundene** Zufallsstichprobe vom Umfang n gezogen:
$$(X_1, Y_1), (X_2, Y_2), \cdots, (X_n, Y_n).$$
3. Die Differenzen $D_i = X_i - Y_i$ können sinnvoll gebildet und interpretiert werden.
4. Die univariate Stichprobe $(D_1, D_2, \cdots, D_n)$ erfüllt die Voraussetzungen zum Kapitel 17.2 (t-Test).

Bezüglich der Voraussetzung 2 erinnern wir an die Ausführungen auf Seite 282, wo verbundene und unverbundene Stichproben diskutiert werden. Die Voraussetzung 3 verrät eigentlich schon den angekündigten

Trick:

Statt der zwei Variablen X, Y kommt man mit nur einer Variablen, der Differenz $D = X - Y$ aus. Dann gilt:
$$
\begin{aligned}
H_0: \ & \mu_x - \mu_y = d_0 & \Longleftrightarrow \quad & H_0: \ \mu_D = d_0, \\
H_0: \ & \mu_x - \mu_y \le d_0 & \Longleftrightarrow \quad & H_0: \ \mu_D \le d_0, \\
H_0: \ & \mu_x - \mu_y \ge d_0 & \Longleftrightarrow \quad & H_0: \ \mu_D \ge d_0.
\end{aligned}
$$

Die Hypothesen bezüglich der Variablen D kann man mit dem t-Test überprüfen.

Beispiel (Medienkonsum). Soziologe Hannes vermutet, dass Vorschulkinder pro Tag im Schnitt mehr Zeit im Internet als vor dem Fernseher verbringen. Hannes legt sich nicht bezüglich der absoluten Höhe der Mittelwerte fest. Ihm kommt es lediglich auf den Unterschied zwischen ihnen an.

Die Grundgesamtheit besteht aus allen Vorschulkindern. Zu jedem Vorschulkind gibt es eine Zeit X [Min], die es im Internet verbringt, und eine Zeit Y [Min], die es fernsieht. Hannes hätte Recht, wenn er die Nullhypothese, dass Vorschulkinder im Schnitt höchstens so lange im Internet wie vor dem Fernseher sind

$$H_0: \ \mu_x \le \mu_y \qquad \Longleftrightarrow \qquad H_0: \ \mu_x - \mu_y \le 0, \tag{17.10}$$

widerlegen könnte. Da man die Differenz $D = X - Y$ pro Kind sinnvoll bilden kann, ist diese Nullhypothese mit

$$H_0: \ \mu_D \le 0 \tag{17.11}$$

äquivalent. Hannes möchte die Irrtumswahrscheinlichkeit auf $\alpha = 1\%$ beschränken. Er zieht eine unabhängige, verbundene bzw. bivariate Zufallsstichprobe vom Umfang $n = 36$ und misst pro gezogenem Vorschulkind i jeweils zwei Werte (X_i, Y_i). Die konkrete Stichprobe lautet:

(60; 52), (75; 70), (170; 184), (50; 40), (220; 254), (95; 88) , (60; 42), (76; 60), (70; 84), (450; 340), (220; 254), (95; 88) , (62; 58), (73; 73), (70; 94), (250; 140), (20; 54), (295; 288) , (160; 54), (75; 74), (170; 184), (50; 40), (220; 154), (195; 88) , (60; 52), (55; 7), (173; 84), (50; 30), (223; 250), (95; 68) , (65; 52), (54; 17), (163; 44), (80; 30), (223; 150), (195; 88).

Die Stichprobe bezüglich der Differenzvariablen D ergibt $n = 36$ Differenzen:

8, 5, -14, 10, -34, 7, 18, 16, -14, 110, -34, 7, 4, 0, -24, 110, -34, 7, 106, 1, -14, 10, 66, 107, 8, 48, 89, 20, -27, 27, 13, 37, 119, 50, 73, 107.

Mit dieser univariaten Stichprobe berechnet Hannes das Stichprobenmittel $\bar{d} = 27.444$ und die Stichprobenvarianz

$$s^2 = \frac{1}{n-1} \sum_{i=1}^{n} (d_i - \bar{d})^2 = \frac{1}{35} \sum_{i=1}^{36} (d_i - 27.444)^2 = 2197.568 = 46.878^2.$$

Somit ergibt sich beim t-Test die Testgröße

$$T(D) = \frac{\bar{d} - 0}{s} \sqrt{n} = \frac{27.444 - 0}{46.878} \sqrt{36} = 3.5126.$$

Da diese Testgröße größer als die Testschranke

$$t_{n-1;1-\alpha} = t_{35; 0.99} = 2.44$$

ist, wird H_0: $\mu_D \leq 0$ verworfen: Wir können mit 1%. Risiko die Hypothese ausschließen, dass Vorschulkinder im Schnitt höchstens so lange im Internet sind wie vor dem Fernseher. Folglich sieht sich Hannes bestätigt.

Methodisch schlechter wäre es, wenn man zwei unverbundene Stichproben zieht, bei der in der ersten Stichprobe die Kinder nur bezüglich des Internets und in der zweiten Stichprobe die Kinder nur bezüglich des Fernsehens befragt werden. Dann könnten Verfälschungen beispielsweise dadurch entstehen, dass man in einer der beiden Stichproben zufälliger Weise fast nur Kinder mit einem generell hohen Medienkonsum vorfindet. Bei der verbundenen Stichprobe wird dieser Effekt durch die Differenzenbildung eliminiert. ☻

Beispiel (Subjektives Zeitgefühl). Markus ist Kassierer im Supermarkt. Er unterscheidet zwischen einer objektiven, tatsächlichen Wartezeit X [sec] eines Kunden in der Schlange, und einer vom Kunden subjektiv empfundenen Wartezeit Y [sec]. Markus behauptet, dass bei Kunden, die nicht sofort bedient werden, die subjektive Wartezeit im Schnitt mehr als 20 Sekunden länger ist, als die objektive Wartezeit: $\mu_x + 20 < \mu_y$. Dies soll mit einem Risiko von 5% und mit einer Stichprobe von $n = 10$ Kunden, die nicht sofort bedient werden, getestet werden. Dazu versucht er die Nullhypothese auszuschließen, dass die subjektive Wartezeit im Schnitt höchstens 20 Sekunden länger ist, als die objektive Wartezeit. Mit der Differenzvariablen $D = X - Y$ lautet dies:

$$H_0: \mu_x + 20 \geq \mu_y \quad \Leftrightarrow \quad \mu_x - \mu_y \geq -20 \quad \Leftrightarrow \quad \mu_D \geq -20$$

Markus wendet den t-Test an. Auch hier ist die Entscheidungsregel bereits vor Sichtung der Stichprobe mit der der Testschranke $-t_{9,\,0.95} = -1.83$ festgelegt.

Um Abhängigkeiten und Beeinflussungen zwischen den Kunden zu vermeiden, hat Markus die Kunden zu verschiedenen Zeitpunkten zufällig ausgewählt. Bei jedem Kunden i hat er jeweils die objektive Wartezeit X_i gemessen und die subjektive Zeit Y_i erfragt, nachdem der Kunde die Kassenzone verlassen hat. Die konkrete Stichprobe hat er pro Person spaltenweise notiert:

X [sec] objektiv	70	55	69	155	111	73	140	82	122	42
Y [sec] subjektiv	90	50	90	200	170	120	200	110	160	80
$D = X - Y$	-20	5	-21	-45	-59	-47	-60	-28	-38	-38

Die Testgröße zu dieser konkreten Stichprobe lautet mit $\bar{d} = -35.1$ und $s^2 = 19.813^2$

$$T(D) = \frac{-35.1 - (-20)}{19.813}\sqrt{10} = -2.410.$$

Da die Testgröße $T(D) = -2.41 < -1.83$ ist, kann man mit 5 % Risiko ausschließen, dass die subjektive Wartezeit im Schnitt höchstens 20 Sekunden länger als die objektive Wartezeit ist. Dies bestätigt die Aussage von Markus. ☻

17.4 Test für die Mittelwerte zweier Grundgesamtheiten

Im Gegensatz zum letzten Kapitel liegen **zwei** Grundgesamtheiten vor. Man möchte Hypothesen testen, bei denen der Mittelwert[1] μ_x der ersten Grundgesamtheit mit dem Mittelwert μ_y der zweiten Grundgesamtheit verglichen wird:

$$H_0: \mu_x - \mu_y \leq d_0, \qquad H_0: \mu_x - \mu_y = d_0, \qquad H_0: \mu_x - \mu_y \geq d_0 \qquad (17.12)$$

---

[1] Im Kapitel 15.5 haben wir für μ_x und μ_y die intuitiv verständlichere, in der Literatur aber nicht übliche Schreibweise benutzt: $\bar{x}_{G_1}$ und $\bar{y}_{G_2}$.

Wird in der Grundgesamtheit der Deutschen im Schnitt pro Jahr mindestens 20 Liter Bier mehr getrunken als in der Grundgesamtheit der Franzosen? Sind Männer im Schnitt höchstens 10 Zentimeter größer als Frauen? Sterben Raucher mindestens 7 Jahre im Schnitt früher als Nichtraucher? Haben Bio-Tomaten im Schnitt mehr Vitamin C als Tomaten aus konventionellem Anbau? Sind die Wartungskosten bei Kleinwagen im Schnitt über 300 Euro pro Jahr geringer als bei einem großen Auto?

Das hierzu korrespondierende Schätzproblem haben wir bereits im Kapitel 15.5 auf Seite 309 behandelt. Daher übernehmen wir wieder die Voraussetzungen aus diesem Kapitel.

Voraussetzungen:

1. Es liegen **zwei** Grundgesamtheiten G_1 und G_2 vor.
2. Es werden zwei unabhängige, **unverbundene** Zufallsstichproben (siehe S. 267 und 282) gezogen:
   Stichprobe aus Grundgesamtheit 1: $(X_1, X_2, \cdots, X_n)$.
   Stichprobe aus Grundgesamtheit 2: $(Y_1, Y_2, \cdots, Y_m)$.
3. Alle Stichprobenvariablen X_i und Y_i sind normalverteilt.

Diese Voraussetzungen sind ähnlich wie die des Kapitels 15.3 auf Seite 304. Die Bemerkung dort, dass das Verfahren relativ robust gegenüber einer Verletzung der Voraussetzung 3 sei, gilt auch hier.

Der folgende Test lässt sich aus dem Konfidenzintervallverfahren (15.8) mit der Methode auf Seite 333 herleiten. Wir verzichten auf Details und geben das Resultat an:

1. Berechne gemäß (14.20) die Stichprobenvarianzen

$$S_x^2 = \frac{1}{n-1} \sum_{i=1}^{n} (X_i - \bar{X})^2 \qquad \text{und} \qquad S_y^2 = \frac{1}{m-1} \sum_{i=1}^{m} (Y_i - \bar{Y})^2.$$

2. Setze

$$A = \frac{S_x^2}{n} \qquad \text{und} \qquad B = \frac{S_y^2}{m}.$$

Bestimme damit den Freiheitsgrad

$$f = \text{Abrunden} \left(\frac{(A+B)^2}{\frac{A^2}{n-1} + \frac{B^2}{m-1}} \right),$$

den man bei der Bestimmung der Quantile zur t-Verteilung benötigt:

$$t_{f,\gamma} = \gamma\text{-Quantil der t-Verteilung bei } f \text{ Freiheitsgraden.}$$

Die Quantile findet man in einer Tabelle im Anhang.

Testgröße beim unverbundenen Test

$$T(x,y) = \frac{\bar{X} - \bar{Y} - d_0}{\sqrt{A + B}} \tag{17.13}$$

Welch hat gezeigt, dass diese standardisierte Differenz $T(x,y)$ zumindest approximativ eine t-Verteilung mit f Freiheitsgraden besitzt, sofern $\mu_x - \mu_y = d_0$ gilt.

Test für die Mittelwerte zweier Grundgesamtheiten (Welch-Test)

Nullhypothese		Testvorschrift	
H_0:	$\mu_x - \mu_y = d_0$	Falls $\|T(x)\| \geq t_{f,1-\frac{\alpha}{2}}$, $\longrightarrow$	Antwort A1: H_0 ausschließen.
H_0:	$\mu_x - \mu_y \leq d_0$	Falls $T(x) \geq t_{f,1-\alpha}$, $\longrightarrow$	Antwort A1: H_0 ausschließen.
H_0:	$\mu_x - \mu_y \geq d_0$	Falls $T(x) \leq -t_{f,1-\alpha}$, $\longrightarrow$	Antwort A1: H_0 ausschließen.

Ansonsten wird die Antwort A3 "H_0 nicht ausschließen" gegeben. Das Signifikanzniveau bzw. das Risiko 1.Art beträgt approximativ, maximal α.

Beispiel (Alter von Autos). Autohändler Anton behauptet, dass Autos in München im Durchschnitt jünger sind als in Aachen. Bezeichnen wir mit X [Jahre] das Alter eines Münchner Autos und mit Y [Jahre] das Alter eines Aachener Autos, so hätte Anton recht, wenn die Hypothese

$$H_0: \mu_x \geq \mu_y \tag{17.14}$$

falsch wäre. Anton möchte mit einem Risiko 1.Art α von maximal 5% testen. Da wir an ein und demselben Auto nicht ein Münchner und Aachener Alter gleichzeitig messen können, ist das Ziehen einer verbundenen Stichprobe nicht durchführbar. Stattdessen zieht Anton zwei unverbundene Stichproben. Er wählt rein zufällig $n = 25$ Autos in München und rein zufällig $m = 18$ Autos in Aachen aus:

X [Jahre]: 3, 2, 2, 9, 12, 5, 4, 5, 1, 3, 10, 2, 3, 5, 1, 2, 1, 4, 7, 1, 3, 10, 2, 6, 2.

Y [Jahre]: 4, 12, 2, 18, 4, 2, 12, 2, 8, 5, 9, 11, 3, 2, 7, 4, 7, 5.

Anton berechnet: $\bar{x} = 4.2$ und $\bar{y} = 6.5$,

$$S_x^2 = \frac{1}{25-1} \sum_{i=1}^{25} (X_i - 4.2)^2 = 10.00 \quad \text{und} \quad S_y^2 = \frac{1}{18-1} \sum_{i=1}^{18} (Y_i - 6.5)^2 = 19.91,$$

$$A = \frac{S_x^2}{n} = \frac{10.00}{25} = 0.4 \quad \text{und} \quad B = \frac{S_y^2}{m} = \frac{19.91}{18} = 1.106,$$

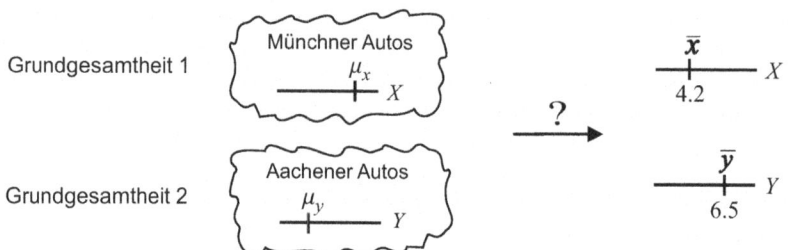

Abb. 17.6 Sollte die Nullhypothese $H_0\colon \mu_x \geq \mu_y$ richtig sein, ist die linke Seite zutreffend. Wir müssen entscheiden, ob die gemessenen, empirischen Mittelwerte in den unverbundenen Stichproben mit dieser Vorstellung vereinbar sind.

$$f = \text{Abrunden}\left(\frac{(A+B)^2}{\frac{A^2}{n-1}+\frac{B^2}{m-1}}\right) = \text{Abr.}\left(\frac{(0.4+1.106)^2}{\frac{0.4^2}{24}+\frac{1.106^2}{17}}\right) = \text{Abr.}(28.845)$$
$$= 28.$$

Daraus erhält man die Testgröße

$$T(x,y) = \frac{\bar{X}-\bar{Y}}{\sqrt{A+B}} = \frac{4.2-6.5}{\sqrt{0.4+1.106}} = -1.874$$

und die Testschranke

$$-t_{f,1-\alpha} = -t_{28,\,95\%} = -1.70.$$

Da $T(x,y) = -1.874 < -1.70$ ist, kann man mit einem Risiko von 5% die Nullhypothese ausschließen, dass in München die Autos im Schnitt mindestens so alt sind wie in Aachen. Insofern bestätigt das die Vermutung von Anton.   ☻

Beispiel (Reißfestigkeit). Hubert stellt Nylonseile mit zwei Rezepturen A und B her. Er möchte mit einer Zuverlässigkeit von 99% prüfen, ob ein Seil vom Typ A im Schnitt über 2 Kilonewton mehr aushält als ein Seil vom Typ B.

Es sei X [kN] die Kraft, die ein Seil vom Typ A bis zum Reißen aushält, und Y [kN] die Kraft, die ein Seil vom Typ B bis zum Reißen aushält. Hubert hätte recht, wenn die Hypothese

$$H_0\colon \mu_x \leq \mu_y + 2 \qquad \Longleftrightarrow \qquad H_0\colon \mu_x - \mu_y \leq 2 \qquad (17.15)$$

falsch wäre. Mit zwei unabhängigen Zufallsstichproben misst Hubert bei $n = 10$ Seilen vom Typ A die Reißfestigkeit X

$$15, 19, 17, 18, 19, \quad 21, 17, 22, 26, 18 \quad [\text{kN}]$$

und bei $m = 18$ Seilen vom Typ B die Reißfestigkeit Y

$$17, 7, 14, 9, 16, \quad 17, 14, 15, 11, 9, \quad 9, 14, 22, 16, 15, \quad 14, 8, 17 \quad [\text{kN}].$$

Hubert berechnet: $\bar{x} = 19.20$ und $\bar{y} = 13.56$,

$$S_x^2 = \frac{1}{10-1} \sum_{i=1}^{10} (X_i - 19.20)^2 = 9.733 \quad \text{und} \quad S_y^2 = \frac{1}{18-1} \sum_{i=1}^{18} (Y_i - 13.56)^2 = 15.673,$$

$$A = \frac{S_x^2}{n} = \frac{9.733}{10} = 0.9733 \quad \text{und} \quad B = \frac{S_y^2}{m} = \frac{15.673}{18} = 0.8707,$$

$$f = \text{Abrunden} \left(\frac{(A+B)^2}{\frac{A^2}{n-1} + \frac{B^2}{m-1}} \right) = \text{Abr.} \left(\frac{(0.9733 + 0.8707)^2}{\frac{0.9733^2}{9} + \frac{0.8707^2}{17}} \right) = \text{Abr.} (22.7)$$
$$= 22.$$

Daraus ergibt sich die Testgröße

$$T(x,y) = \frac{\bar{X} - \bar{Y} - d_0}{\sqrt{A+B}} = \frac{19.20 - 13.56 - 2}{\sqrt{0.9733 + 0.8707}} = 2.68$$

und die Testschranke

$$t_{f, 1-\alpha} = t_{22, 99\%} = 2.51.$$

Da $T(x,y) = 2.68 > 2.51$ ist, kann man mit einem Risiko von 1% die Nullhypothese ausschließen, dass die Reißfestigkeit bei Seilen vom Typ A im Schnitt höchstens 2000 Newton höher liegt als bei Typ B. Das zeigt, dass die Rezeptur A nicht nur zufälliger Weise in der Stichprobe, sondern grundsätzlich deutlich besser zu sein scheint. ☻

Bemerkung:

Statt des hier präsentierten Welch-Tests findet man in der Literatur alternativ einen Test, der die Zuverlässigkeit $1 - \alpha$ exakt einhält. Allerdings benötigt er dazu als zusätzliche Voraussetzung **Varianzhomogenität**: $\sigma_x^2 = \sigma_y^2$. Dass aber die Varianzen der Variablen X und Y in beiden Grundgesamtheiten exakt gleich sind, dürfte kaum realistisch sein. Daher hält dieser Test in der Praxis letztlich die geforderte Zuverlässigkeit ebenfalls nicht exakt ein. Es scheint, dass der Welch-Test, der Varianzinhomogenität zulässt, die bessere Wahl ist.

17.5 Test für einen Anteil oder eine Wahrscheinlichkeit p

Dieses Kapitel behandelt einen Spezialfall des nächsten Kapitels 17.6. Man möchte beispielsweise testen, ob die Ausschussquote einer Produktion über 3% liegt, ob der Anteil kranker Bäume unter 28% liegt, oder ob die Wahrscheinlichkeit, dass ein Kunde lieber rote statt grüne Äpfel kauft, bei 75% liegt. Solche Aussagen lassen sich mit Nullhypothesen der Bauart

$$H_0:\ p \leq p_0, \qquad H_0:\ p = p_0, \qquad H_0:\ p \geq p_0 \qquad\qquad (17.16)$$

testen. Hierbei wird der tatsächliche Anteil $p = h(X = 1)$ einer Grundgesamtheit oder die tatsächliche Wahrscheinlichkeit $p = P(X = 1)$ mit einem vorgegebenen, hypothetischen Wert p_0 verglichen. Dabei benutzen wir X als eine binäre Variable, die "Treffer" und "Nicht-Treffer" mit 1 und 0 kodiert.

Der folgende Test lässt sich mit der Methode auf Seite 333 herleiten, wenn man das Konfidenzintervallverfahren (15.9) auf Seite 313 und dessen einseitigen Varianten zu Grunde legt. Wir zitieren nochmals die dort formulierte, einzig nötige

Voraussetzung:

■ Es liegt eine unabhängige Zufallsstichprobe $(X_1, X_2, \cdots, X_n)$ vor, die auf Seite 267 definiert ist.

Dies ist gleichbedeutend damit, dass $(X_1, X_2, \cdots, X_n)$ einer Bernoulli-Kette entspricht. Es sei

$$Y \ = \ \text{Anzahl der Treffer in der Stichprobe.}$$

Test für einen Anteil oder eine Wahrscheinlichkeit

Nullhypothese	Testvorschrift	
$H_0:\ p = p_0$	Falls $\dfrac{Y}{n-Y+1} \cdot \dfrac{1-p_0}{p_0} > F_{1-\frac{\alpha}{2},\,2(n-Y+1),\,2Y}$ oder falls $\dfrac{n-Y}{Y+1} \cdot \dfrac{p_0}{1-p_0} > F_{1-\frac{\alpha}{2},\,2(Y+1),\,2(n-Y)}$,	$\longrightarrow$ H_0 ausschließen.
$H_0:\ p \leq p_0$	Falls $\dfrac{Y}{n-Y+1} \cdot \dfrac{1-p_0}{p_0} > F_{1-\alpha,\,2(n-Y+1),\,2Y}$,	$\longrightarrow$ H_0 ausschließen.
$H_0:\ p \geq p_0$	Falls $\dfrac{n-Y}{Y+1} \cdot \dfrac{p_0}{1-p_0} > F_{1-\alpha,\,2(Y+1),\,2(n-Y)}$,	$\longrightarrow$ H_0 ausschließen.

Ansonsten wird die Antwort A3 "H_0 nicht ausschließen" gegeben. Das Signifikanzniveau bzw. das Risiko 1.Art beträgt maximal α.

Die F-Quantile sind im Anhang tabelliert. Man beachte, dass beim zweiseitigen Test das F-Quantil bei $1 - \frac{\alpha}{2}$ und beim einseitigen Test bei $1 - \alpha$ zu bilden ist. Beträgt der Freiheitsgrad des Nenners $m = 0$, setzen wir formal $F_{1-\frac{\alpha}{2}, k, 0} = 1$ bzw. $F_{1-\alpha, k, 0} = 1$ fest.

Beispiel (Gleichgültigkeit). Jakob hat einen Pudding in der Farbe Grün "$X = 1$" und einen Pudding in Blau "$X = 0$" neu kreiert. Er denkt, dass das zukünftige Kaufverhalten der Kunden von der Farbe des Puddings abhängt. Um dies mit einem Risiko 1. Art von $\alpha = 0.95$ zu testen, formuliert er für die Wahrscheinlichkeit $P(X = 1) = p$ die Nullhypothese

$$H_0: \ p = 0.50,$$

welche die Gleichgültigkeit der Verbraucher bezüglich der Farben ausdrückt. Der Ausschluss von H_0 würde Jakob Recht geben.

Jakob hat $n = 10$ Probanden jeweils einen grünen und einen blauen Pudding vorgesetzt. Jeder Proband konnte unabhängig von den anderen Probanden einen Pudding auswählen. Dabei haben sich $y = 8$ Probanden für Grün entschieden. Wegen

$$\frac{Y}{n - Y + 1} \cdot \frac{1 - p_0}{p_0} = \frac{8}{10 - 8 + 1} \cdot \frac{1 - 0.50}{0.50} = 2.66667,$$

$$F_{1-\frac{\alpha}{2}, 2(n-Y+1), 2Y} = F_{0.975, 2(10-8+1), 2\cdot8} = F_{0.975, 6, 16} = 3.34063$$

ist die erste Ungleichung der Testvorschrift nicht erfüllt. Ebenso ist wegen

$$\frac{n - Y}{Y + 1} \cdot \frac{p_0}{1 - p_0} = \frac{10 - 8}{8 + 1} \cdot \frac{0.50}{1 - 0.50} = 0.222222,$$

$$F_{1-\frac{\alpha}{2}, 2(Y+1), 2(n-Y)} = F_{0.975, 2(8+1), 2(10-8)} = F_{0.975, 18, 4} = 8.59237$$

die zweite Ungleichung der Testvorschrift verletzt. Daher kann Jakob nicht ausschließen, dass jede Farbe dieselbe Chance von 50% besitzt, vom Verbraucher gewählt zu werden. Das Risiko, dass der Test zu einem ungerechtfertigten Ausschluss der Hypothese führen könnte, beträgt höchstens 5%. Obwohl in der Stichprobe sich eine scheinbar überwältigende Mehrheit von 80% für Grün ausgesprochen hat, kann Jakob nicht ausschließen, dass dies "nur Zufall" ist.   ☻

Beispiel (Defekter Auspuff). Tobias hat eine Autowerkstatt. Er glaubt, dass bei weniger als 10% aller Autos nach 4 Jahren der Auspuff durchgerostet ist. Es sei $p = P(X = 1)$ die tatsächliche Wahrscheinlichkeit, dass ein zufällig ausgewähltes, vierjähriges Auto in diesem Sinn defekt ist. Tobias stellt die Nullhypothese

$$H_0: \ p \geq 0.10$$

auf, die er zu widerlegen versucht. Er wählt als Risiko 1.Art $\alpha = 0.05$.
Bei einer unabhängigen Zufallsstichprobe vom Umfang $n = 5000$ Autos waren 9% defekt. Wegen

$$\frac{n - Y}{Y + 1} \cdot \frac{p_0}{1 - p_0} = \frac{5000 - 450}{450 + 1} \cdot \frac{0.10}{1 - 0.10} = 1.12,$$

$$F_{1-\alpha,\, 2(Y+1),\, 2(n-Y)} \;=\; F_{0.95,\, 2(450+1),\, 2(5000-450)} \;=\; F_{0.95,\, 902,\, 9100} \;=\; 1.08$$

ist die Ungleichung der Testvorschrift erfüllt. Daher kann Tobias mit einer Irrtums-wahrscheinlichkeit von maximal 5% ausschließen, dass der Anteil defekter Autos 10% oder mehr beträgt. Die Behauptung von Tobias ist mit hoher Sicherheit richtig.

☻

17.6 Testen hypothetischer Verteilungen (Anpassungstest)

Im Gegensatz zum nächsten Unterkapitel liegt nur eine einzige Grundgesamtheit vor. Die bisherigen Tests prüften Hypothesen über die Parameter einer Verteilung. Nun formuliert man Hypothesen über die Verteilung selbst: Nutzen Jugendliche zu 20% Handys von Apple, zu 35% Handys von Samsung und zu 45% Handys sonstiger Marken? Treten Autopannen zu 10% wegen Reifen, zu 45% wegen des Motors, zu 14% wegen der Bremsen und zu 31% wegen sonstiger Defekte auf? Treten bei Antjes Würfel alle Augenzahlen mit einer gleich hohen Wahrscheinlichkeit von $\frac{1}{6}$ auf?

Hier möchte man testen, ob die tatsächliche Verteilung von X mit einer vorgegebenen, hypothetischen Verteilung übereinstimmt. Während Tests über einen Mittelwert eine quantitative Variable X voraussetzen, ist der Anpassungstest auch für qualitative Variablen durchführbar.

Voraussetzungen:

1. Es liegt **eine** Grundgesamtheit vor.
2. Die Zufallsvariable X ist diskreten Typs und kann nur s verschiedene Werte $w_1, \ldots w_s$ annehmen[2].
   Bei einer stetigen Variablen müsste man eine Diskretisierung durchführen, d.h. alle möglichen Merkmalswerte in s Klassen $K_1, \ldots K_s$ einteilen.
3. Es liegt eine unabhängige Zufallsstichprobe $(X_1, X_2, \cdots, X_n)$ vor, die auf Seite 267 definiert ist.

Ob man eine Hypothese über eine deskriptive Verteilung $h(X = x)$ oder über eine Wahrscheinlichkeitsverteilung $P(X = x)$ formuliert, ist wegen der Voraussetzung 3 und (13.2)

---

[2]Im vorherigen Unterkapitel 17.5 wurde bereits der Spezialfall $s = 2$ besprochen.

von Seite 267 irrelevant. In der Literatur ist es üblich, die Nullhypothesen immer nur bezüglich einer Wahrscheinlichkeitsverteilung zu notieren:

$$
\begin{aligned}
H_0: \quad P(X = w_1) &= p_1, \\
P(X = w_2) &= p_2, \\
\vdots \quad &\quad \vdots \\
P(X = w_s) &= p_s.
\end{aligned}
$$

Auf der linken Seite steht die wahre, tatsächliche Verteilung der Grundgesamtheit. Die p_i auf der rechten Seite sind vom Anwender vorgegebene, hypothetische Werte. Sie formulieren die hypothetische Verteilung. Daher muss gelten: $p_i \geq 0$ und $\sum p_i = 1$.

Beispiel (Farbe bei Hemden). Anton möchte testen, ob die Hemden, die derzeit in Deutschland getragen werden, zu 50% die Farbe Blau, zu 20% die Farbe Weiß und zu 30% sonstige Farben aufweisen. Das Risiko erster Art soll auf maximal 5% beschränkt sein. Die Nullhypothese lautet

$$
H_0: \quad P(X = \text{blau}) = 0.50, \qquad P(X = \text{weiß}) = 0.20, \qquad P(X = \text{sonst}) = 0.30.
$$

Dabei ist "X = Farbe" eine diskrete, qualitative Variable mit $s = 3$ möglichen Ausprägungen. Die hypothetischen Verteilungswerte sind $p_1 = 0.50, p_2 = 0.20, p_3 = 0.30$.

☻

Zur Überprüfung der Nullhypothese H_0 wird in einem ersten Schritt die unabhängige Zufallsstichprobe $(X_1, X_2, \dots X_n)$ aggregiert, indem für jeden Merkmalswert w_i gezählt wird, wie oft dieser innerhalb der Stichprobe vorkommt:

$$
N_i = \text{Anzahl "Treffer" für den Wert } w_i \text{ innerhalb der Stichprobe.} \qquad (17.17)
$$

Die Idee des Testes beruht darauf, dass man diese s in der Stichprobe gemessenen Trefferzahlen

$$
N_1, \quad N_2, \quad \dots N_s
$$

mit den s hypothetischen Trefferzahlen vergleicht, die man bei *richtiger* Hypothese H_0 in einer Art "idealen" Stichprobe erwarten würde:

$$
np_1, \quad np_2, \quad \dots np_s. \qquad (17.18)
$$

Je deutlicher die Unterschiede

$$
N_i - np_i
$$

der tatsächlichen Trefferzahlen zu den hypothetischen, erwarteten Trefferzahlen ausfallen, desto eher sollte man die Nullhypothese anzweifeln.

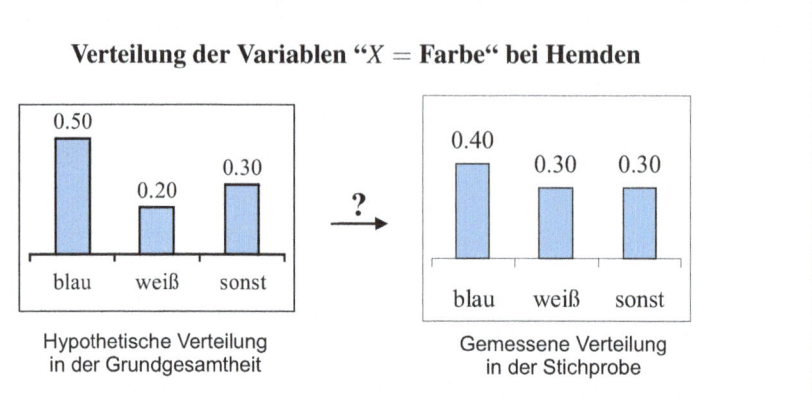

Verteilung der Variablen "X = Farbe" bei Hemden

Hypothetische Verteilung
in der Grundgesamtheit

Gemessene Verteilung
in der Stichprobe

Abb. 17.7 Sollte die Nullhypothese H_0 zutreffen, sind die Hemdenfarben in der Grundgesamtheit wie im linken Diagramm verteilt. Wir müssen entscheiden, ob die gemessene, empirische Verteilung in der Stichprobe mit dieser Vorstellung vereinbar ist.

Beispiel (Fortsetzung). Anton zieht eine Stichprobe vom Umfang $n = 50$. Bei richtiger Hypothese würde er idealerweise die Trefferzahlen

$$np_1 = 25, \qquad np_2 = 10, \qquad np_3 = 15 \qquad\qquad (17.19)$$

erwarten: 25 blaue, 10 weiße und 15 sonsitge Hemden. Natürlich summieren sich diese erwarteten, hypothetischen Trefferzahlen zu $n = 50$. Die von Anton gezogene, konkrete Stichprobe lautet:

w, s, b, b, w,   b, w, b, b, s,   s, b, b, b, w,   b, s, w, b, s,   w, b, w, w, s,   w, b, b, b, s,   s, b, s, w, w,   s, s, s, b,
s,   w, s, b, b, b,   w, b, w, w, s .

In dieser Stichprobe sind die Trefferzahlen für blau, weiß und sonstige Farben

$$N_1 = 20, \qquad N_2 = 15, \qquad N_3 = 15.$$

Der Unterschied dieser Stichprobe zur hypothetischen, idealen Stichprobe beträgt $20 - 25 = -5$ blaue Hemden und $15 - 10 = 5$ weiße Hemden. Bei den sonstigen Hemden gibt es wegen $15 - 15 = 0$ keine Abweichung.

In Abbildung 17.7 ist die gemessene Verteilung von X in der Stichprobe zu sehen. Eine graphische Gegenüberstellung der hypothetischen, erwarteten Trefferzahlen np_i zu den in der Stichprobe gemessenen Trefferzahlen N_i in Form von Säulendiagrammen würde übrigens die gleiche Gestalt bzw. Proportionen wie die Säulen von Abbildung 17.7 aufweisen.   ☻

Um die einzelnen Unterschiede $N_i - np_i$ global bewerten zu können, hat Karl Pearson im Jahr 1900 folgende Testgröße vorgeschlagen:

Testgröße beim Anpassungstest:

$$T(x) = \sum_{i=1}^{s} \frac{(N_i - np_i)^2}{np_i} \tag{17.20}$$

$$= \sum_{i=1}^{s} \frac{\left(\begin{array}{l}\text{Treffer für den Wert } w_i \text{ in} \\ \text{der Stichprobe}\end{array} - \begin{array}{l}\text{Erwartete Treffer für den Wert } w_i, \text{ falls} \\ H_0 \text{ richtig ist.}\end{array}\right)^2}{\begin{array}{l}\text{Erwartete Treffer für den Wert } w_i, \text{ falls} \\ H_0 \text{ richtig ist.}\end{array}}.$$

Damit sich positive und negative Abweichungen nicht auslöschen, werden die Abweichungen zunächst quadratisch gemessen: $(N_i - np_i)^2$. Um *relativ* kleine Abweichungen und *relativ* große Abweichungen angemessen bewerten zu können, werden anschließend die Abweichungen in Bezug zu den erwarteten Trefferzahlen gesetzt: $\frac{(N_i - np_i)^2}{np_i}$.

Beispiel (Fortsetzung). Damit sich die Differenz von -5 blauen Hemden mit der Differenz von 5 weißen Hemden beim Addieren nicht auslöscht, bildet man quadrierte Abstände

$$(20 - 25)^2 = 5^2, \qquad (15 - 10)^2 = 5^2, \qquad (15 - 15)^2 = 0.$$

Bei den blauen wie bei den weißen Hemden haben wir eine Abweichung von 5^2. Bei zu erwartenden 25 blauen Hemden ist diese Abweichung relativ gering im Vergleich zu 10 zu erwartenden weißen Hemden. Entsprechend sind die Summanden der Testgröße unterschiedlich groß:

$$T(x) = \frac{(20 - 25)^2}{25} + \frac{(15 - 10)^2}{10} + \frac{(15 - 15)^2}{15} = 1 + 2.5 + 0 = 3.5.$$

Die sonstigen Hemden sind exakt so, wie man es bei richtiger Nullhypothese erwartet. Dies kommt durch den Summand 0 zum Ausdruck.   ☺

Da $T(x)$ im Wesentlichen eine Summe von Quadraten ist, gilt immer

$$T(x) \geq 0. \tag{17.21}$$

$T(x) = 0$ gilt genau dann, wenn für alle s Summanden $N_i = np_i$ gilt. Dann sieht die gemessene Stichprobe exakt genau so aus, wie man es idealer Weise bei richtiger Nullhypothese H_0 voraussagen würde.

Die Testgröße $T(x)$ ist eigentlich ein "Unähnlichkeitsmaß", denn je größer der Wert von $T(x)$ ist, desto geringer ist die Ähnlichkeit der gemessenen Stichprobe mit der erwarteten, hypothetischen Stichprobe. Es liegt daher nahe, die Nullhypothese H_0 auszuschließen, wenn der Wert von $T(x)$ "deutlich" positiv ist, d.h. eine bestimmte Testschranke $c > 0$ überschreitet:

$$H_0 \text{ ausschließen} \quad \Leftrightarrow \quad T(x) > c. \tag{17.22}$$

Bei der Wahl von c müssen wir berücksichtigen, dass das Risiko 1.Art α betragen soll:

$$P(T(x) > c) = \alpha, \qquad \text{falls } H_0 \text{ zutrifft.} \tag{17.23}$$

Um c zu bestimmen, müsste man die Verteilung von $T(x)$ kennen. Diese ist aber zu kompliziert, um sich mit einer eleganten Formel darstellen zu lassen. Stattdessen benutzt man als Testschranke c eine Approximation, die schon Karl Pearson vorgeschlagen hat:

$$\chi^2_{s-1;1-\alpha} = (1-\alpha)\text{-Quantil der \textbf{Chi-quadrat-Verteilung} bei } s-1 \text{ Freiheitsgraden.}$$

Diese Quantile sind im Anhang tabelliert. Pearson hat gezeigt, dass die Verteilung von $T(x)$ durch eine Chi-quadrat-Verteilung mit Freiheitsgrad $s-1$ approximiert werden kann, sofern die Nullhypothese H_0 richtig ist.

Anpassungstest

$$\text{Falls } T(x) \geq \chi^2_{s-1;1-\alpha}, \qquad \longrightarrow \qquad \text{Antwort A1: } H_0 \text{ ausschließen.}$$

Ansonsten wird die Antwort A3 "H_0 nicht ausschließen" gegeben.
Das Signifikanzniveau bzw. das Risiko 1.Art beträgt approximativ α, sofern die folgende **Anwendbarkeitsregel** eingehalten wird:

- $np_i \geq 5$ für alle $1 \leq i \leq s$.
- Falls $s = 2$ ist[3], muss zusätzlich $n \geq 30$ erfüllt sein.

Beispiel (Fortsetzung). Die Anwendbarkeitsregel ist erfüllt, da die idealen, erwarteten Trefferzahlen (17.19) alle größer oder gleich 5 sind. Mit $s = 3$ und $\alpha = 5\%$ erhalten wir als Testschranke

$$\chi^2_{s-1;1-\alpha} = \chi^2_{2;0.95} = 5.99.$$

Die Testgröße haben wir bereits mit $T(x) = 3.5$ berechnet.
Testentscheidung: Wegen $T(x) = 3.5 < 5.99$ kann die Nullhypothese, dass 50% blaue, 20% weiße und 30% sonstige Hemden getragen werden nicht ausgeschlossen werden. Das Risiko für den Fehler erster Art ist auf 5% beschränkt (siehe Abbildung 17.8). Der scheinbar große Unterschied, der in der Abbildung 17.7 zum Ausdruck kommt, reicht bei weitem nicht aus, um die Nullhypothese anzuzweifeln. ☻

---

[3]Man sollte in diesem Fall besser den Test auf Seite 352 verwenden, der nicht auf Näherungen basiert und daher auch für kleine Stichproben exakt ist.

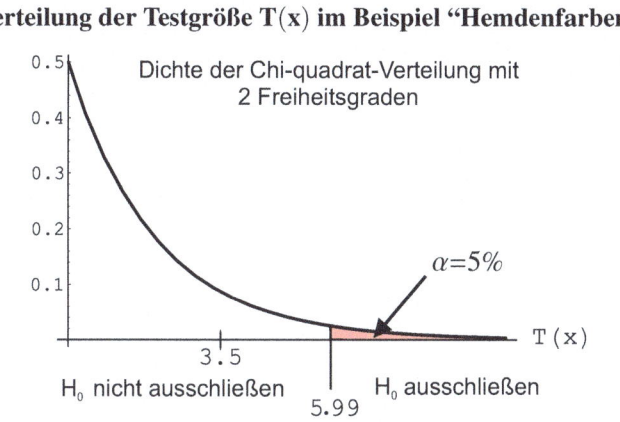

Abb. 17.8 Die gemessene Testgröße liegt mit $T(x) = 3.5$ nicht in der kritischen Region.

Beispiel (Reiseziele). Ein Reiseunternehmer bietet für Japaner drei verschiedene Rund-reisen "Deutschland in 24 Stunden" an. Die drei Varianten unterscheiden sich durch einen Besuch von

A: Schloss Neuschwanstein,   B: Schloss Heidelberg,   C: Marktplatz von Castrop Rauxel.

Die bisherigen Planungen gehen davon aus, dass sich im Schnitt 40% der Japaner für Neuschwanstein, 10% für Heidelberg und 50% für Castrop Rauxel entscheiden werden. Mit der Variablen "X = Variante" entspricht dies der Nullhypothese

$$H_0: \ P(X = A) = 0.40 \quad \text{und} \quad P(X = B) = 0.10 \quad \text{und} \quad P(X = C) = 0.50.$$

Wir wollen dies mit einer Irrtumswahrscheinlichkeit von $\alpha = 5$ Promille testen. Von 200 rein zufällig ausgewählten Japanern, die sich unabhängig voneinander entschei-den durften, haben sich 100 Japaner für die Variante A, 30 Japaner für die Variante B und 70 Japaner für die Variante C entschieden.

Mit $n = 200$, $s = 3$, der hypothetischen Verteilung $p_1 = 0.40$, $p_2 = 0.10$, $p_3 = 0.50$ und

$$np_1 \ = \ 80, \qquad np_2 \ = \ 20, \qquad np_3 \ = \ 100,$$
$$N_1 \ = \ 100, \qquad N_2 \ = \ 30, \qquad N_3 \ = \ 70$$

erhält man die Testgröße

$$T(x) = \frac{(100 - 80)^2}{80} + \frac{(30 - 20)^2}{20} + \frac{(70 - 100)^2}{100} = 19.$$

Da dieser Wert größer als $\chi^2_{2,0.995} = 10.60$ ist, kann bei 0.5% Irrtumswahrscheinlichkeit ausgeschlossen werden, dass die Prognose des Unternehmens zutreffen könnte. Die Anwendbarkeitsregel ist erfüllt, da $np_1 = 80 \geq 5$, $np_2 = 20 \geq 5$, $np_3 = 100 \geq 5$ ist.   ☻

17.7 Test auf Gleichheit von Verteilungen in verschiedenen Grundgesamtheiten (Homogenitätstest)

Im Gegensatz zum vorigen Unterkapitel liegen mehrere Grundgesamtheiten vor. Man möchte testen, ob die Verteilungen einer Variablen in allen Grundgesamtheiten **identisch** sind: Wir betrachten beispielsweise in einem Restaurant die Wahrscheinlichkeit, dass sich ein Gast Pommes, Nudeln Reis oder Sonstiges bestellt. Ist diese Wahrscheinlichkeitsverteilung in den drei Grundgesamtheiten Kinder, Jugendliche und Erwachsene identisch?

Voraussetzungen:

1. Es gibt **mehrere**, r verschiedene Grundgesamtheiten: In der Gesamtheit G_1 betrachten wir die Variable X_1, in der Gesamtheit G_2 die Variable X_2, ..., in der Gesamtheit G_r die Variable X_r.
2. Die Zufallsvariablen $X_1, X_1, \cdots, X_r$ sind diskreten Typs[4] und haben alle denselben Wertebereich: Sie können jeweils nur die s verschiedene Werte $w_1, \ldots w_s$ annehmen.
3. Es werden r unabhängige, **unverbundene** Zufallsstichproben (siehe S. 267 und 282) gezogen:
   Stichprobe aus Grundgesamtheit 1: $(X_{1,1}, X_{1,2}, \cdots, X_{1,n_1})$.
   Stichprobe aus Grundgesamtheit 2: $(X_{2,1}, X_{2,2}, \cdots, X_{2,n_2})$.
   $\qquad \vdots \qquad\qquad \vdots \qquad\qquad \vdots \quad \vdots \qquad \vdots$
   Stichprobe aus Grundgesamtheit r: $(X_{r,1}, X_{r,2}, \cdots, X_{r,n_r})$.

Der Gesamtstichprobenumfang beträgt

$$\sum_{k=1}^{r} n_k = n. \tag{17.24}$$

---

[4]Bei einer stetigen Variablen müsste man eine Diskretisierung durchführen, d.h. alle möglichen Merkmalswerte in s Klassen $K_1, \ldots K_s$ einteilen.

Die Nullhypothese besagt, dass die Variablen X_k in allen r Grundgesamtheiten die gleichen Wahrscheinlichkeiten bzw. Verteilungen besitzen:

$$
\begin{aligned}
H_0: \quad P(X_1 = w_1) &= P(X_2 = w_1) = \quad \ldots \quad = P(X_r = w_1) \\
P(X_1 = w_2) &= P(X_2 = w_2) = \quad \ldots \quad = P(X_r = w_2) \\
\vdots \qquad & \qquad \vdots \qquad\qquad\qquad\qquad \vdots \\
P(X_1 = w_s) &= P(X_2 = w_s) = \quad \ldots \quad = P(X_r = w_s).
\end{aligned}
\tag{17.25}
$$

Die Spalten entsprechen den Grundgesamtheiten, d.h. in der Spalte k steht die Verteilung der Variablen X_k innerhalb der k-ten Grundgesamtheit. Die Zeilen entsprechen den s verschiedenen Merkmalsausprägungen. Im Gegensatz zum Anpassungstest wird keine Aussage über die absolute Höhe der Wahrscheinlichkeiten getroffen. Die Hypothese lässt sich auch für qualitative Merkmale formulieren.

Beispiel (Musikgeschmack). Berta verkauft Compactdisks. Sie möchte mit einem Risiko erster Art von 1% testen, ob es zwischen Männern und Frauen einen Unterschied bei der Verteilung der Variablen "X = Musikrichtung" gibt. Als mögliche Merkmalswerte sind "Klassik, Pop, Sonstiges" vorgesehen.

Zur besseren Unterscheidung bezeichnet Berta die Musikrichtung bei Männern mit X_1 und die Musikrichtung bei Frauen mit X_2. Mit $r = 2$ und $s = 3$ notieren wir gemäß (17.25):

$$
\begin{aligned}
H_0: \quad P(X_1 = \text{"Klassik"}) &= P(X_2 = \text{"Klassik"}) \\
P(X_1 = \text{"Pop"}) \quad &= P(X_2 = \text{"Pop"}) \\
P(X_1 = \text{"Sonst"}) \quad &= P(X_2 = \text{"Sonst"}).
\end{aligned}
$$

☻

Wie beim Anpassungstest verfolgen wir die Idee, als Testgröße ein Ähnlichkeitsmaß zu benutzen, das die tatsächlichen Trefferzahlen in der Stichprobe mit den zu erwartenden, idealen Trefferzahlen einer hypothetischen Stichprobe vergleicht. Dazu verallgemeinern wir (17.20):

$$
T(x) = \sum_{k=1}^{r} \sum_{i=1}^{s} \frac{\left(\begin{matrix} \text{Treffer für den Wert } w_i \\ \text{in der Stichprobe } k \end{matrix} - \begin{matrix} \text{Erwartete Treffer für den Wert } w_i \text{ in} \\ \text{der Gesamtheit } k,\ \text{falls } H_0 \text{ richtig ist.} \end{matrix} \right)^2}{\begin{matrix} \text{Erwartete Treffer für den Wert } w_i \text{ in} \\ \text{der Gesamtheit } k,\ \text{falls } H_0 \text{ richtig ist.} \end{matrix}}.
\tag{17.26}
$$

Zur Präzisierung dieser Testgröße zählen wir separat in jeder Zufallsstichprobe k:

$$
N_{k,i} = \text{Anzahl "Treffer" für den Wert } w_i \text{ innerhalb der Stichprobe } k.
$$

Für jede Stichprobe k erhalten wir so s Zufallsvariablen $N_{k,1}, N_{k,2}, \ldots N_{k,s}$. Üblicherweise stellt man diese in einem Tableau gemäß Tabelle 17.1 dar, das man auch als Kontingenztafel bezeichnet. Die Summe der Variablen $N_{k,1}, N_{k,2}, \ldots N_{k,s}$ ergibt immer den Stichprobenumfang n_k

$$
N_{k,1} + N_{k,2} + \ldots + N_{k,s} = n_k.
$$

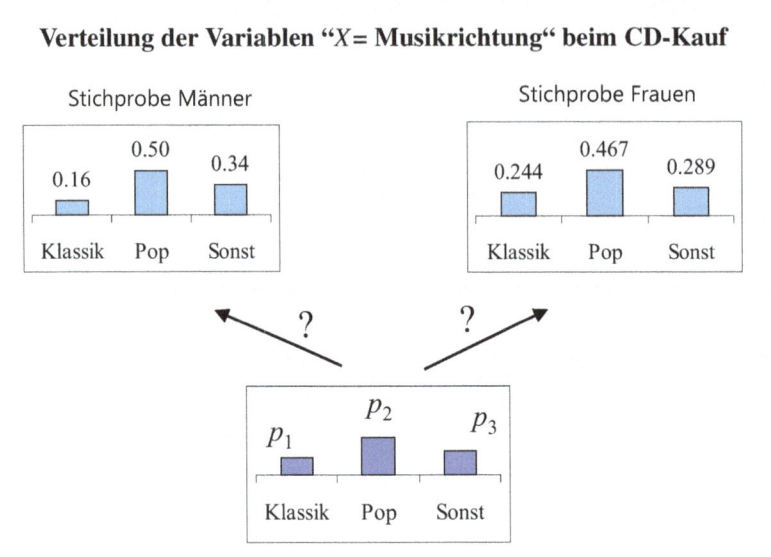

Abb. 17.9 Sollte die Nullhypothese H_0 zutreffen, sind die Stichproben der Männer und der Frauen aus Gesamtheiten gezogen worden, in denen beide Mal dieselbe Verteilung von X vorliegt. Wir müssen entscheiden, ob die gemessenen Werte in der Stichprobe mit dieser Vorstellung vereinbar sind.

Beispiel (Fortsetzung). Berta zieht unter den Männern eine Zufallsstichprobe $(X_{1,1}, X_{1,2}, \ldots X_{1,n_1})$ vom Umfang $n_1 = 50$ und unter den Frauen eine Zufallsstichprobe $(X_{2,1}, X_{2,2}, \ldots X_{2,n_2})$ vom Umfang $n_2 = 90$. Sie erhält folgende konkrete Ergebnisse, die mit "k=Klassik, p=Pop, s = sonst" kodiert sind:

Männer: k, p, s, s, p, k, p, p, s, p, p, s, p, k, p, p, p, p, k, s, p, s, p, s, k, p, s, p, s, p, s, p, s, p, s,
p, p, k, s, k, p, s, s, s, p, p, s, p, p, k, s.

Frauen: s, p, p, k, p, p, s, p, s, s, p, p, s, p, s, p, k, p, s, p, k, s, k, s, p, k, k, p, s, s, s, p, p, k, p,
k, p, s, p, k, s, k, p, s, p, p, k, p, s, s, k, p, p, s, p, k, s, p, k, k, p, k, p, s, p, k, p, s, s, p,
p, p, s, k, k, p, s, p, p, s, p, p, k, k, p, k, p, p, s, p.

Die Realisationen der Zufallsvariablen $N_{k,i}$ sind in der Kontingenztafel bzw. Tabelle 17.2 notiert. Ferner sind in Abbildung 17.9 die empirischen Verteilungen von X in der Männer- und der Frauenstichprobe dargestellt.   ☻

Bei richtiger Hypothese besitzen die Variablen X_k in allen r Gesamtheiten die gleiche Verteilung bzw. dieselben Wahrscheinlichkeiten, die wir mit $p_1, \ldots . p_s$ bezeichnen. Sie

Darstellung der Trefferzahlen $N_{k,i}$ in einer Kontingenztafel

Werte zu X	Gesamtheit 1	Gesamtheit 2	$\ldots$	Gesamtheit r
w_1	$N_{1,1}$	$N_{2,1}$	$\ldots$	$N_{r,1}$
w_2	$N_{1,2}$	$N_{2,2}$	$\ldots$	$N_{r,2}$
$\vdots$	$\vdots$	$\vdots$	$\vdots$	$\vdots$
w_s	$N_{1,s}$	$N_{2,s}$	$\ldots$	$N_{r,s}$
$\sum$	n_1	n_2	$\ldots$	n_r

Tab. 17.1 Die Trefferzahlen $N_{k,i}$ einer Stichprobe k sind hier spaltenweise notiert, wohingegen die Zeilen den s verschiedenen Merkmalsausprägungen entsprechen.

entsprechen den Zeilen in (17.25). Mit diesen Wahrscheinlichkeiten lassen sich die "idealen", zu erwartenden Trefferzahlen, die sich bei *richtiger* Hypothese H_0 in der k-ten Stichprobe ergeben würden, angeben:

$$n_k p_1, \quad n_k p_2, \quad \ldots \quad , n_k p_s. \tag{17.27}$$

Leider kennen wir nicht die Werte p_i. Stattdessen benutzen wir unter der Annahme, dass die Nullhypothese zutrifft, folgende

Beispiel "Musikgeschmack"

X	Männer	Frauen
Klassik	8	22
Pop	25	42
Sonst	17	26
$\sum$	50	90

X	Männer	Frauen
Klassik	10.71	19.29
Pop	23.93	43.07
Sonst	15.36	27.64
$\sum$	50	90

Tab. 17.2 Gemessene Trefferzahlen $n_{k,i}$ in den Stichproben.

Tab. 17.3 Zu erwartende, ideale Trefferzahlen $n_k \hat{p}_i$, falls H_0 richtig ist.

Punktschätzer für p_i:

$$\hat{P}_i = \frac{\text{Treffer für } w_i \text{ über alle Stichproben}}{\text{Gesamtstichprobenumfang}} = \frac{N_{1,i} + N_{2,i} + \cdots + N_{r,i}}{n}. \tag{17.28}$$

Damit können wir die ideal zu erwartenden Trefferzahlen (17.27) zumindest schätzen:

$$n_k \cdot \hat{P}_1, \quad n_k \cdot \hat{P}_2, \quad \ldots \quad , n_k \cdot \hat{P}_s. \tag{17.29}$$

Beispiel (Fortsetzung). Mit den Werten aus Tabelle 17.2 können wir gemäß (17.28) die unbekannten Wahrscheinlichkeiten schätzen, sofern die Nullhypothese zutreffend wäre:

$$\hat{p}_1 = \frac{8+22}{50+90} = 0.2143, \quad \hat{p}_2 = \frac{25+42}{50+90} = 0.4786, \quad \hat{p}_3 = \frac{17+26}{50+90} = 0.3071.$$

Dann ergeben sich mit (17.29) die geschätzten, zu erwartenden Trefferzahlen bei den Männern mit $50\hat{p}_i$ und bei den Frauen mit $90\hat{p}_i$. Die Ergebnisse sind in der Tabelle 17.3 eingetragen. ☺

Somit sind wir in der Lage, die bereits durch (17.26) gegebene Testgröße näher zu spezifizieren. Es werden die Trefferzahlen $N_{k,i}$ mit den bei richtiger Hypothese zu erwartenden, geschätzten Treffern (17.29) abgeglichen:

Testgröße beim Homogenitätstest:

$$T(x) = \sum_{k=1}^{r} \sum_{i=1}^{s} \frac{(N_{k,i} - n_k \cdot \hat{P}_i)^2}{n_k \cdot \hat{P}_i}. \tag{17.30}$$

Die mathematischen Eigenschaften dieser Testgröße sind schwierig zu beweisen, aber ähnlich wie beim Anpassungstest auf Seite 358 zu handhaben. Als Testschranke dient das

$$\chi^2_{(r-1)(s-1);\,1-\alpha} = (1-\alpha)\text{-Quantil der Chi-quadrat-Verteilung}$$

bei $(r-1)(s-1)$ Freiheitsgraden. Die Quantile sind im Anhang tabelliert.

Homogenitätstest

Falls $T(x) \geq \chi^2_{(r-1)(s-1);\,1-\alpha}$, $\longrightarrow$ Antwort A1: H_0 ausschließen.

Ansonsten wird die Antwort A3 "H_0 nicht ausschließen" gegeben.

Das Signifikanzniveau bzw. das Risiko 1.Art beträgt approximativ α, sofern die folgende **Anwendbarkeitsregel** eingehalten wird:

- $n_k \cdot \hat{P}_i \geq 5$ für alle $1 \leq k \leq r$, $1 \leq i \leq s$.
- Falls $s = 2$ ist, müssen zusätzlich alle Stichprobenumfänge $n_k \geq 30$ sein.

Beispiel (Fortsetzung). Die Anwendbarkeitsregel ist erfüllt, da die geschätzten, erwarteten Trefferzahlen in der Tabelle 17.3 alle über 5 liegen. Die Testgröße berechnet sich mit

$$T(x) = \frac{(8-10.71)^2}{10.71} + \frac{(25-23.93)^2}{23.93} + \frac{(17-15.36)^2}{15.36}$$

$$+ \frac{(22-19.29)^2}{19.29} + \frac{(42-43.07)^2}{43.07} + \frac{(26-27.64)^2}{27.64}$$

$$= 1.418.$$

Die Testschranke lautet zu dem bereits eingangs festgesetzten Signifikanzniveau $\alpha = 1\%$

$$\chi^2_{(r-1)(s-1);1-\alpha} = \chi^2_{2;0.99} = 9.21.$$

Da die Testgröße unter der Testschranke liegt, können wir die Nullhypothese H_0 nicht verwerfen, d.h. wir schließen nicht aus, dass Männer und Frauen beim Kauf einer CD mit gleicher Wahrscheinlichkeit Pop und mit gleicher Wahrscheinlichkeit Klassik präferieren. Der Unterschied zwischen Männern und Frauen, der in der Abbildung 17.9 zum Ausdruck kommt, ist nicht signifikant. Das Risiko, dass ein Ausschluss ungerechtfertigt, rein zufällig hätte zu Stande kommen können, beträgt höchstens 1%. Insofern wird Bertas Behauptung weder widerlegt, noch bestätigt. 😊

Beispiel (Vier Länder). Esther behauptet, dass der Anteil der Personen, welche einen Tabletcomputer besitzen, in den vier Grundgesamtheiten Deutschland (G_1), Österreich (G_2), Schweiz (G_3) und Luxemburg (G_4) unterschiedlich sei.
Sie definiert die Variable "X = Besitz eines Tablets (ja/nein)", die sie bezüglich der vier Grundgesamtheiten bzw. des jeweiligen Landes mit X_1, X_2, X_3 und X_4, bezeichnet. Um ihre Behauptung zu stützen, versucht sie bei einer Irrtumswahrscheinlichkeit von 1% folgende Hypothese zu widerlegen:

$$H_0: \quad P(X_1 = \text{ja}) = P(X_2 = \text{ja}) = P(X_3 = \text{ja}) = P(X_4 = \text{ja}),$$
$$P(X_1 = \text{nein}) = P(X_2 = \text{nein}) = P(X_3 = \text{nein}) = P(X_4 = \text{nein}).$$

Mit $r = 4$ und $s = 2$ lautet die Testschranke $\chi^2_{(r-1)(s-1);1-\alpha} = \chi^2_{3;0.99} = 11.34$, wodurch die Entscheidungsregel des Testes, wie üblich, bereits vor der Stichprobenziehung festgelegt ist.
Esther zieht in jedem Land jeweils eine unabhängige Zufallsstichprobe, wobei in Deutschland $n_1 = 100$, in Österreich $n_2 = 70$, in der Schweiz $n_3 = 110$ und in Luxemburg $n_4 = 120$ Personen unabhängig und zufällig befragt werden. Die Ergebnisse notiert sie in einer Kontingenztafel:

	Deutschland	Österreich	Schweiz	Luxemburg
ja	51	56	76	85
nein	49	14	34	35
Σ	100	70	110	120

Gemäß (17.28) schätzen wir die unbekannten Wahrscheinlichkeiten:

$$\hat{p}_1 = \frac{51+56+76+85}{100+70+110+120} = 0.67, \quad \text{und} \quad \hat{p}_2 = \frac{49+14+34+35}{100+70+110+120} = 0.33.$$

Dann ergeben sich bei richtiger Nullhypothese mit $n_k \cdot \hat{p}_i$ die geschätzten, zu erwartenden Trefferzahlen:

	Deutschland	Österreich	Schweiz	Luxemburg
ja	67.0	46.9	73.7	80.4
nein	33.0	23.1	36.3	39.6
Σ	100	70	110	120

Daraus berechnen wir die Testgröße

$$T(x) = \frac{(51-67.0)^2}{67.0} + \frac{(56-46.9)^2}{46.9} + \frac{(76-73.7)^2}{73.7} + \frac{(85-80.4)^2}{80.4}$$

$$+ \frac{(49-33.0)^2}{33.0} + \frac{(14-23.1)^2}{23.1} + \frac{(34-36.3)^2}{36.3} + \frac{(35-39.6)^2}{39.6}$$

$$= 17.944.$$

Da die Testgröße über der Testschranke $\chi^2_{3;0.99} = 11.34$ liegt, kann Esther mit einer Irrtumswahrscheinlichkeit von 1% ausschließen, dass der Anteil der Tabletbesitzer in allen Ländern gleich hoch ist.

Die Anwendbarkeitsregel ist erfüllt, da alle Stichprobenumfänge n_i über 30 sind und die erwarteten Trefferzahlen $n_k \cdot \hat{p}_i$ alle über 5 liegen.   ☻

17.8   Unabhängigkeitstest

Man möchte testen, ob zwei Variablen X und Y unabhängig oder abhängig voneinander sind: Gibt es einen Zusammenhang zwischen Essgewohnheiten und Gesundheit? Besteht eine Abhängigkeit zwischen Beruf und Hobby? Hängt die Lebensdauer einer Lampe vom Hersteller ab?

Die Formeln sind ähnlich wie bei einem Homogenitätstest mit zwei Grundgesamtheiten, jedoch ist die Ausgangssituation eine vollkommen andere.

Voraussetzungen:

1. Es liegt **eine** Grundgesamtheit vor.
2. Beide Variablen X, Y sind diskreten Typs und werden an ein und demselben Objekt gemessen. Die Variable X kann nur die r verschiedenen Werte $x_1, \ldots, x_r$ und die Variable Y kann nur die s verschiedenen Werte $y_1, \ldots, y_s$ annehmen[5].
3. Es wird eine unabhängige, **verbundene** Zufallsstichprobe vom Umfang n gezogen:
$$(X_1, Y_1), (X_2, Y_2), \cdots, (X_n, Y_n).$$

Als Nullhypothese formuliert man

H_0: Die Variablen X, Y sind unabhängig voneinander.

Gemäß (10.35) ist dies gleichbedeutend damit, dass sich die gemeinsame, bivariate Verteilung von X und Y als Produkt darstellen lässt:

H_0: Für alle möglichen Wertepaare (x_i, y_j), $1 \leq i \leq r$, $1 \leq j \leq s$, gilt:

$$P(X = x_i, Y = y_j) = P(X = x_i) \cdot P(Y = y_j). \tag{17.31}$$

Es wird keine Aussage über die absolute Höhe der Wahrscheinlichkeiten getroffen. Außerdem lässt sich die Hypothese auch für qualitative Merkmale formulieren.

Beispiel (Automarken und Frisuren). Art-Direktor Egon sucht für einen Werbespot geeignete männliche "Fahrertypen". Er behauptet, dass bei männlichen Fahrern ein Zusammenhang zwischen den Merkmalen "X = Frisur" und "Y = Automarke" besteht. Dies soll anhand der Frisuren "k=kurze Haare, l=lange Haare, g=Glatze" und den Marken "b=BMW, f=Ford, o=Opel, v=VW" analysiert werden. Egon hätte recht, wenn die Nullhypothese, welche die Unabhängigkeit von X, Y ausdrückt,

$$
\begin{aligned}
H_0: \quad P(X = k, Y = b) &= P(X = k) \cdot P(Y = b), \\
P(X = k, Y = f) &= P(X = k) \cdot P(Y = f), \\
P(X = k, Y = o) &= P(X = k) \cdot P(Y = o), \\
P(X = k, Y = v) &= P(X = k) \cdot P(Y = v), \\
\vdots \qquad \vdots \qquad \vdots \\
P(X = g, Y = v) &= P(X = g) \cdot P(Y = v)
\end{aligned}
$$

falsch wäre. Mit $r = 3$ und $s = 4$ hat H_0 bei vollständiger Darstellung 12 Zeilen. ☻

---

[5]Bei Variablen stetigen Typs müsste man eine Diskretisierung durchführen, indem man die Werte von X in r Klassen und die Werte von Y in s Klassen aufteilt.

Wie beim Anpassungs- und Homogenitätstest verfolgen wir die Idee, als Testgröße ein Ähnlichkeitsmaß zu benutzen, das die tatsächlichen Stichprobenergebnisse mit den zu erwartenden Werten vergleicht, die sich bei richtiger Nullhypothese H_0 idealerweise ergeben müssten:

$$T(x,y) = \sum_{i=1}^{r}\sum_{j=1}^{s} \frac{\left(\begin{array}{l}\text{Treffer für das Wertepaar}\\ (x_i,y_j) \text{ in der Stichprobe}\end{array} - \begin{array}{l}\text{Erwartete Treffer für das Wertepaar } (x_i,y_j),\\ \text{falls } H_0 \text{ richtig ist.}\end{array}\right)^2}{\begin{array}{l}\text{Erwartete Treffer für das Wertepaar } (x_i,y_j),\\ \text{falls } H_0 \text{ richtig ist.}\end{array}}.$$

$$(17.32)$$

Zur Präzisierung dieser Testgröße benötigen wir ähnliche Formalismen wie beim Homogenitätstest. Wir zählen für alle Werte-Kombinationen von X und Y:

$$N_{i,j} = \text{Anzahl "Treffer" der Wertepaare } (x_i,y_j) \text{ innerhalb der Stichprobe.}$$

Dies sind $r \cdot s$ Zufallsvariablen. Zudem zählen wir bezüglich der Variablen X

$$N_{i,\bullet} = \text{Anzahl "Treffer" für den Wert } x_i \text{ innerhalb der Stichprobe}$$

und bezüglich der Variablen Y

$$N_{\bullet,j} = \text{Anzahl "Treffer" für den Wert } y_j \text{ innerhalb der Stichprobe.}$$

Üblicherweise stellt man diese Größen in einem Tableau dar, das man als Kontingenztafel bezeichnet (Tabelle 17.4). Zwischen den Variablen bestehen folgende Beziehungen:

$$N_{i,1} + N_{i,2} + \cdots + N_{i,s} = N_{i,\bullet},$$
$$N_{1,j} + N_{2,j} + \cdots + N_{r,j} = N_{\bullet,j},$$
$$N_{1,1} + \cdots + N_{1,s} + N_{2,1} + \cdots + N_{2,s} + \cdots\cdots + N_{r,s} = n.$$

Diese Summen findet man als Spalten- und Zeilensummen in der Kontingenztafel wieder.

Beispiel (Fortsetzung). Egon steht auf einer Autobahnbrücke und beobachtet $n = 140$ Autos mit männlichen Fahrern. Die so gewonnene Zufallsstichprobe $(X_1;Y_1), (X_2;Y_2),$ $\ldots (X_{140};Y_{140})$ ergibt folgende konkrete Werte:

(k,b), (l,b), (k,f), (k,b), (k,v), (k,v), (g,o), (k,v), (l,o), (k,b), (g,v), (g,o), (k,b), (k,v), (k,v), (g,b),

(k,v), (g,o), (k,v), (l,f), (k,v), (l,f), (l,f), (k,v), (l,f), (k,o), (k,f), (k,v), (l,f), (g,o), (l,v), (g,b), (l,f),

(k,o), (k,b), (l,f), (l,v), (g,f), (l,o), (k,b), (g,v), (l,b), (k,v), (k,f), (l,f), (g,f), (g,o), (k,o), (g,o), (g,v),

(l,v), (l,f), (k,b), (l,f), (g,o), (k,b), (l,f), (k,v), (g,o), (l,f), (k,b), (k,v), (l,o), (l,b), (k,f), (k,v), (l,o),

(k,b), (l,f), (l,v), (g,o), (k,v), (l,f), (k,v), (g,o), (k,b), (g,f), (k,v), (k,v), (l,f), (k,b), (k,v), (l,f), (g,o),

(l,o), (g,o), (k,b), (g,v), (k,f), (k,v), (l,f), (k,v), (g,o), (k,b), (l,f), (k,v), (l,f), (k,b), (g,o), (k,v), (g,f),

(l,v), (l,f), (k,v), (k,f), (k,v), (g,o), (l,b), (l,f), (k,v), (g,o), (k,o), (k,b), (k,v), (k,f), (k,v), (k,v), (k,v),

(k,b), (l,f), (g,b), (k,v), (k,o), (k,v), (g,o), (k,v), (g,o), (k,v), (k,v), (l,f), (k,v), (g,o), (k,v), (g,v),

(k,v), (k,f), (l,o), (l,b), (k,v), (l,f).

Darstellung der Trefferzahlen $N_{i,j}$ in einer Kontingenztafel

X \ Y	y_1	y_2	$\ldots$	y_s	Σ
x_1	$N_{1,1}$	$N_{1,2}$	$\ldots$	$N_{1,s}$	$N_{1,\bullet}$
x_2	$N_{2,1}$	$N_{2,2}$	$\ldots$	$N_{2,s}$	$N_{2,\bullet}$
$\ldots$	$\ldots$	$\ldots$	$\ldots$	$\ldots$	$\ldots$
x_r	$N_{r,1}$	$N_{r,2}$	$\ldots$	$N_{r,s}$	$N_{r,\bullet}$
Σ	$N_{\bullet,1}$	$N_{\bullet,2}$	$\ldots$	$N_{\bullet,s}$	n

Tab. 17.4 Die Zeilen entsprechen den r möglichen Werten von X, die Spalten entsprechen den s möglichen Werten von Y.

Die Realisationen der Zufallsvariablen $N_{i,j}$ und $N_{\bullet,j}$, $N_{i,\bullet}$ dieser Stichprobe sind in der Kontingenztafel (Tabelle 17.5) eingetragen. ☻

Die gemeinsame, bivariate Verteilung der Variabeln X, Y notieren wir mit

$$p_{i,j} \;=\; P(X = x_i, Y = y_j). \tag{17.33}$$

Für die unviariaten Verteilungen bzw. die Randverteilungen der Variablen X und Y schreiben wir:

$$p_{i,\bullet} = P(X = x_i), \qquad p_{\bullet,j} = P(Y = y_j). \tag{17.34}$$

Beispiel "Automarken und Frisuren"

X \ Y	BMW	Ford	Opel	VW	Σ
Kurz	17	8	5	39	69
Lang	5	24	6	5	40
Glatze	3	4	19	5	31
Σ	25	36	30	49	140

X \ Y	BMW	Ford	Opel	VW	Σ
Kurz	12.3	17.7	14.8	24.2	69
Lang	7.1	10.3	8.6	14.0	40
Glatze	5.5	8.0	6.6	10.9	31
Σ	25	36	30	49	140

Tab. 17.5 Gemessene Trefferzahlen $n_{i,j}$.

Tab. 17.6 Geschätzte, zu erwartende Trefferzahlen $140 \cdot \hat{p}_{i,\bullet} \cdot \hat{p}_{\bullet,j}$

Die Nullhypothese H_0 besagt, dass die Beziehungen

$$p_{i,j} = p_{i,\bullet} \cdot p_{\bullet,j} \tag{17.35}$$

für alle Kombinationen von i, j gelten. Dann lassen sich die zu erwartenden, "idealen" Trefferzahlen $n \cdot p_{i,j}$ mit

$$n \cdot p_{i,\bullet} \cdot p_{\bullet,j} \tag{17.36}$$

angeben. Leider kennen wir nicht die Werte $p_{i,\bullet}$, $p_{\bullet,j}$. Stattdessen benutzen wir unter der Annahme, dass die Nullhypothese zutrifft, folgende

Punktschätzer für $p_{i,\bullet}$, $p_{\bullet,j}$

$$\hat{P}_{i,\bullet} = \frac{\text{Treffer für } x_i}{\text{Stichprobenumfang}} = \frac{N_{i,\bullet}}{n}, \quad \hat{P}_{\bullet,j} = \frac{\text{Treffer für } y_j}{\text{Stichprobenumfang}} = \frac{N_{\bullet,j}}{n}. \tag{17.37}$$

Damit können wir die ideal zu erwartenden Trefferzahlen (17.36) zumindest schätzen:

$$n\,\hat{P}_{i,\bullet} \cdot \hat{P}_{\bullet,j} = \text{geschätzte, erwartete Treffer für die Kombination } i, j. \tag{17.38}$$

Beispiel (Fortsetzung). Die geschätzten Wahrscheinlichkeiten für "$X =$ Frisur" sind:

$$\hat{p}_{1,\bullet} = \frac{69}{140} = 0.493, \quad \hat{p}_{2,\bullet} = \frac{40}{140} = 0.286, \quad \hat{p}_{3,\bullet} = \frac{31}{140} = 0.221,$$

d.h. kurze Haare 49.3%, lange Haare 28.6% und Glatzen 22.1%. Die geschätzten Wahrscheinlichkeiten für "$Y =$ Automarke" sind:

$$\hat{p}_{\bullet,1} = \frac{25}{140} = 0.179, \quad \hat{p}_{\bullet,2} = \frac{36}{140} = 0.257, \quad \hat{p}_{\bullet,3} = \frac{30}{140} = 0.214, \quad \hat{p}_{\bullet,4} = \frac{49}{140} = 0.350$$

d.h. BMW 17.9%, Ford 25.7%, Opel 21.4% und VW 35.0%. Damit berechnen sich gemäß (17.38) die geschätzten, zu erwartenden Trefferzahlen mit $140 \cdot \hat{p}_{i,\bullet} \cdot \hat{p}_{\bullet,j}$. Die Ergebnisse sind in der Tabelle 17.6 eingetragen.   ☺

Wir sind nun in der Lage, die Testgröße (17.32) näher zu spezifizieren. Es werden die Trefferzahlen $N_{i,j}$ mit den bei richtiger Hypothese zu erwartenden, geschätzten Treffern (17.38) abgeglichen:

Testgröße beim Unabhängigkeitstest

$$T(x,y) = \sum_{i=1}^{r} \sum_{j=1}^{s} \frac{(N_{i,j} - n \cdot \hat{P}_{i,\bullet} \cdot \hat{P}_{\bullet,j})^2}{n \cdot \hat{P}_{i,\bullet} \cdot \hat{P}_{\bullet,j}}. \tag{17.39}$$

Die mathematischen Eigenschaften dieser Testgröße sind schwierig zu beweisen, aber ähnlich wie beim Anpassungstest auf Seite 358 zu handhaben. Als Testschranke dient das

$$\chi^2_{(r-1)(s-1);\,1-\alpha} = (1-\alpha)\text{-Quantil der Chi-quadrat-Verteilung}$$

bei $(r-1)(s-1)$ Freiheitsgraden. Die Quantile sind im Anhang tabelliert.

Unabhängigkeitstest

Falls $T(x,y) \geq \chi^2_{(r-1)(s-1);\,1-\alpha}$, $\longrightarrow$ Antwort A1: H_0 ausschließen.

Ansonsten wird die Antwort A3 "H_0 nicht ausschließen" gegeben.
Das Signifikanzniveau bzw. das Risiko 1.Art beträgt approximativ α, sofern die folgende **Anwendbarkeitsregel** eingehalten wird:

- $n \cdot \hat{P}_{i,\bullet} \cdot \hat{P}_{\bullet,j} \geq 5$ für alle $1 \leq i \leq r$, $1 \leq j \leq s$.
- Falls $s = 2$ oder $r = 2$ ist, muß zusätzlich $n \geq 30$ erfüllt sein.

Beispiel (Fortsetzung). Egon möchte das Risiko erster Art auf 0.5% beschränken. Die Anwendbarkeitsregel ist erfüllt, da die geschätzten, erwarteten Trefferzahlen in der Tabelle 17.6 alle über 5 liegen. Die Testgröße berechnet sich mit

$$
\begin{aligned}
T(x,y) \;=\;& \frac{(17-12.3)^2}{12.3} + \frac{(8-17.7)^2}{17.7} + \frac{(5-14.8)^2}{14.8} + \frac{(39-24.2)^2}{24.2} \\[2mm]
&+ \frac{(5-7.1)^2}{7.1} + \frac{(24-10.3)^2}{10.3} + \frac{(6-8.6)^2}{8.6} + \frac{(5-14.0)^2}{14.0} \\[2mm]
&+ \frac{(3-5.5)^2}{5.5} + \frac{(4-8.0)^2}{8.0} + \frac{(19-6.6)^2}{6.6} + \frac{(5-10.9)^2}{10.9} \\[2mm]
=\;& 77.501
\end{aligned}
$$

und die Testschranke lautet

$$\chi^2_{(r-1)(s-1);1-\alpha} = \chi^2_{6;0.995} = 18.55.$$

Da die Testgröße über der Testschranke liegt, können wir die Nullhypothese H_0 verwerfen, d.h. wir schließen aus, dass bei Männern Frisur und Automarke unabhängig sind. Das Risiko, dass dieser Ausschluss ungerechtfertigt, trotz Unabhängigkeit zu Stande gekommen sein könnte, beträgt höchstens 0.5%. Insofern sollten wir Egon zustimmen. ☻

Beispiel (Bier und Fußball). Iris denkt darüber nach, Bierwerbung während eines Fußballspiels im Fernsehen zu platzieren. Da aber Werbespots während einer Fußballsendung besonders teuer sind, möchte sie sich mit einer Irrtumswahrscheinlichkeit von 0.5% vergewissern, dass die Begeisterung für Fußball und die Liebe zum Bier wirklich voneinander abhängen. Daher versucht sie zu den Variablen "X = Zuschauer sieht Fußball (ja/nein)" und "Y = Zuschauer trinkt Bier (ja/nein)" die Nullhypothese

$$
\begin{aligned}
H_0: \quad & P(X = \text{ja} \quad , Y = \text{ja} \quad) = P(X = \text{ja} \quad) \cdot P(Y = \text{ja} \quad), \\
& P(X = \text{ja} \quad , Y = \text{nein}) = P(X = \text{ja} \quad) \cdot P(Y = \text{nein}), \\
& P(X = \text{nein}, Y = \text{ja} \quad) = P(X = \text{nein}) \cdot P(Y = \text{ja} \quad), \\
& P(X = \text{nein}, Y = \text{nein}) = P(X = \text{nein}) \cdot P(Y = \text{nein})
\end{aligned}
$$

zu widerlegen. Mit $r = 2$ und $s = 2$ lautet die Testschranke $\chi^2_{(r-1)(s-1);1-\alpha} = \chi^2_{1;0.995}$ = 7.88, wodurch die Entscheidungsregel des Testes, wie üblich, bereits vor der Stichprobenziehung festgelegt ist.

Iris zieht eine unabhängige Zufallsstichprobe, indem sie 200 Fernsehzuschauer zufällig auswählt und befragt. Die Ergebnisse notiert sie in einer Kontingenztafel:

	Bier	**kein Bier**	Σ
Fußball	55	10	65
kein Fußball	23	112	135
Σ	78	122	200

Die geschätzten Wahrscheinlichkeiten für X sind:

$$
\hat{p}_{1,\bullet} = \frac{65}{200} = 0.325, \qquad \hat{p}_{2,\bullet} = \frac{135}{200} = 0.675.
$$

Demnach mögen 32.5% Fußball. Die geschätzten Wahrscheinlichkeiten für Y sind:

$$
\hat{p}_{\bullet,1} = \frac{78}{200} = 0.390, \qquad \hat{p}_{\bullet,2} = \frac{122}{200} = 0.610.
$$

Damit schätzt man die Wahrscheinlichkeit für einen Biertrinker auf 39%. Dann ergeben sich bei richtiger Nullhypothese gemäß (17.38) mit $200 \cdot \hat{p}_{i,\bullet} \cdot \hat{p}_{\bullet,j}$ die geschätzten, zu erwartenden Trefferzahlen:

	Bier	**kein Bier**	Σ
Fußball	25.35	39.65	65
kein Fußball	52.65	82.35	135
Σ	78	122	200

Daraus berechnet Iris die Testgröße

$$
\begin{aligned}
T(x,y) &= \frac{(55 - 25.35)^2}{25.35} + \frac{(10 - 39.65)^2}{39.65} + \frac{(23 - 52.65)^2}{52.65} + \frac{(112 - 82.35)^2}{82.35} \\
&= 84.22.
\end{aligned}
$$

Da die Testgröße viel größer als die Schranke $\chi^2_{1;0.95} = 7.88$ ist, kann Iris bei 0.5% Irrtumswahrscheinlichkeit ausschließen, dass bei Fernsehzuschauern Fußballsehen und Biertrinken unabhängige Eigenschaften seien.

Die Anwendbarkeitsregel ist erfüllt, da der Stichprobenumfang $n = 200$ über 30 ist und die erwarteten Trefferzahlen $200 \cdot \hat{p}_{i,\bullet} \cdot \hat{p}_{\bullet,j}$ alle über 5 liegen. ☺

Zusammenhang von Unabhängigkeitstest und Homogenitätstest

Wir können eine der beiden Variablen, z.B. Y, benutzen, um Teilgesamtheiten, bzw. verschiedene Grundgesamtheiten festzulegen. Egon hätte im Beispiel "Automarken" die Gesamtheit aller männlichen Fahrer in die 4 Gesamtheiten BMW-, Ford-, Opel- und VW-Fahrer aufteilen können. Wenn die Frisur unabhängig von den Automarken ist, müsste die Verteilung der Frisuren bei allen 4 Automarken gleich sein. Ein solcher Vergleich von Verteilungen bezüglich verschiedener Grundgesamtheiten ist typischerweise mit einem Homogenitätstest durchführbar. Insofern hätten wir auf die Konstruktion eines Unabhängigkeitstestes verzichten können. Man kann sogar zeigen, dass generell die Testgröße $T(x)$ des Homogenitätstestes und die Testgröße $T(x,y)$ des Unabhängigkeitstestes im Ergebnis immer gleich sind. Da zudem die Testschranken gleich sind, ist es egal, welchen Test man durchführt. Wozu also zwei Tests, die immer zum gleichen Testergebnis führen?

Der wesentliche Unterschied liegt in der Versuchsplanung bzw. in den Stichprobenziehungen. Beim Homogenitätstest werden r unabhängige Stichproben gezogen. Egon müsste aus jeder der 4 Gesamtheiten BMW-, Ford-, Opel- und VW-Fahrer eine Stichprobe ziehen. Die Stichprobenumfänge n_1, n_2, n_3, n_4 sind dabei im Voraus schon festgelegt und somit konstant. Beim Unabhängigkeitstest hingegen zieht Egon nur *eine* Stichprobe vom Umfang n. Wie viele BMW-, Ford-, Opel- und VW-Fahrer dabei auftreten, ist nicht im Voraus festgelegt, sondern ergibt sich rein zufällig und wird mit den Zufallsvariablen $N_{\bullet,1}, N_{\bullet,2}, N_{\bullet,3}, N_{\bullet,4}$ gezählt. Dieser Unterschied wird auch in den Kontingenztafeln Tabelle 17.1 und Tabelle 17.4 sichtbar. Die Spalten- und Zeilensummen in Tabelle 17.4 sind zufällig, d.h erst nach der Stichprobenziehung bekannt, wohingegen in Tabelle 17.1 die Spaltensumme im Voraus gegeben ist.

Zusammenfassend kann man festhalten, dass bei gleicher Datenlage in den Kontingenztafeln beide Tests rechnerisch immer zum gleichen Resultat führen. Da aber die Versuchsplanungen bei beiden Tests verschieden sind, "füllen" sich die Kontingenztafeln des Homogenitätstests und des Unabhängigkeitstestes in der Regel unterschiedlich. Egon hätte bei der Verwendung des Homogenitätstestes im Voraus schon die Stichprobenumfänge festlegen müssen. Es ist zu bezweifeln, ob er sich zu diesem Zeitpunkt für $n_1 = 25, n_2 = 36, n_3 = 30, n_4 = 49$ entschieden hätte. Insofern würde Egon bei anderen Stichprobenumfängen, auch wenn sie in der Summe 140 ergeben, zwangsläufig eine andere Kontingenztafel als Tabelle 17.6 erhalten. Entsprechend kann dann der Wert der Testgröße anders ausfallen.

Zusammenhang von Unabhängigkeitstest und Regression

Im Kapitel Regressionsanalyse auf Seite 379 werden wir eine weitere Möglichkeit kennen lernen, wie man bei metrischen Merkmalen die Unabhängigkeitshypothese überprüfen kann. Dort wird getestet, ob die Steigung einer Regressionsgerade den Wert Null haben könnte.

17.9   Der P-Value und seine Tücken

Ein Signifikanztest ist ein Induktives Verfahren, bei dem der Anwender die Zuverlässigkeit $1 - \alpha$ selbst festlegen, und somit kontrollieren kann. Auf den Seiten 298 und 330 haben wir dies bereits diskutiert. Führt man allerdings einen Signifikanztest mit einem Statistikprogramm[6] durch, wird man in der Regel an keiner Stelle zur Eingabe des Risikos 1.Art α oder der Zuverlässigkeit $1 - \alpha$ aufgefordert.

Stattdessen berechnen die Programme aufgrund der Stichprobendaten den Wert der Testgröße T und einen sogenannten p-Value bzw. p-Wert. Kennt man den p-Value, kann der Anwender relativ einfach entscheiden, ob die Testgröße T die Testschranke überschreitet, und damit die Stichprobe zur kritischen Region gehört.

Entscheidungsregel mit p-Value

- Falls p-Value $\leq \alpha$, $\longrightarrow$ Antwort A1: Nullhypothese H_0 ausschließen.
- Falls p-Value $> \alpha$, $\longrightarrow$ Antwort A3: Nullhypothese H_0 nicht ausschließen, keine Entscheidung.

In dieser Regel ist implizit die Bestimmung einer Testschranke und deren Abgleich mit der Testgröße T enthalten. Wie funktioniert das?

Der p-Value ist eine **bedingte Wahrscheinlichkeit**. Die Bedingung besteht aus zwei Komponenten:

Bedingung 1: H_0 ist richtig.

Bedingung 2:   Die Zufallsstichprobe $X_1, X_2, \cdots, X_n$ hat sich bereits realisiert[7], d.h. sie hat die n konkreten Messwerte bzw. Daten $x_1, x_2, \cdots, x_n$ angenommen. Der realisierte Wert der Testgröße T lautet $t = t(x_1, x_2, \cdots, x_n)$.

---

[6]Beispielsweise SPSS, SAS oder das Freeware-Programm R mit dem Paket Rcmdr, das wir im Kapitel 22 vorstellen.

[7]Dies ist analog zu Seite 266 zu verstehen, wo der Begriff Zufallsstichprobe $(X_1, X_2, \cdots, X_n)$ erläutert wird.

Unter diesen beiden Bedingungen wird die Wahrscheinlichkeit berechnet, dass die Testgröße T in Zukunft den Wert t oder einen noch extremeren, der Nullhypothese widersprechenderen Wert annehmen könnte. Diese bedingte Wahrscheinlichkeit ist der p-Value.

$$p\text{-Value} \;=\; P\left(T \text{ mindestens so extrem wie } t \;\middle|\; \begin{array}{l} H_0 \text{ ist richtig, und} \\ t = t(x_1, x_2, \cdots, x_n) \end{array}\right) \quad (17.40)$$

Beispiel (Gauß-Test) Bei einer großen Kiste mit Äpfeln soll zum Apfelgewicht X [g] die einseitige Nullhypothese

$$H_0: \quad \mu \leq 120 \, [\text{g}]$$

mit dem Gauß-Test auf Seite 338 getestet werden. Es sei $\sigma^2 = 225 = 15^2 [\text{g}^2]$ bekannt. Der Anwender setzt das Risiko 1.Art auf $\alpha = 5\%$ und wählt $n = 7$. Nur wenn die Testgröße

$$T(x) = \frac{\bar{X} - 120}{\sigma}\sqrt{n} \;=\; \frac{\bar{X} - 120}{15}\sqrt{7}$$

über der durch α fixierten Testschranke $\lambda_{95\%} = 1.645$ liegt, wird die Nullhypothese H_0 ausgeschlossen.

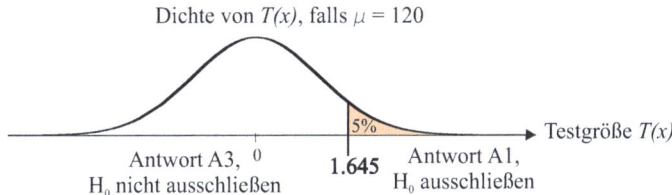

Die Abbildung zeigt das Risiko 1.Art $\alpha = 5\%$, dass ein Anwender des Gauß-Tests zu einem falschen Ergebnis kommt, wenn die Nullhypothese H_0 richtig ist.

■ Max zieht die Stichprobe 128, 133, 119, 126, 135, 142, 133 und erhält für die Testgröße $T(x)$ als realisierten Wert $t = \frac{130.9 - 120}{15}\sqrt{7} = 1.92$. Dazu gibt der Computer einen p-Value von 2.74% an. Dieser Wert berechnet sich mit
$p\text{-Value} = P(T(x) > t \mid H_0 \text{ richtig und } t = 1.92) = P\left(\frac{\bar{X}-120}{15}\sqrt{7} > 1.92\right) = 1 - \Phi(1.92) = 2.74\%.$

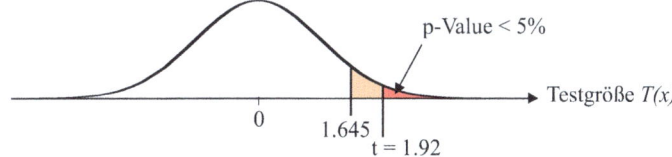

Da der p-Value $= 2.74\%$ kleiner als 5% ist, weiß Max, dass die Testgröße t seiner Stichprobe in der kritischen Region liegt. Er lehnt daher die Nullhypothese ab.

■ Berta zieht die Stichprobe 127, 130, 111, 115, 132, 142, 115 und erhält für die Testgröße $T(x)$ als realisierten Wert $t = \frac{124.6-120}{15}\sqrt{7} = 0.81$. Dazu gibt der Computer einen p-Value von 20.9% an. Dieser Wert berechnet sich mit

p-Value $= P(T(x) > t \mid H_0$ richtig und $t = 0.81) = P\left(\frac{\bar{X}-120}{15}\sqrt{7} > 0.81\right) = 1 - \Phi(0.81) = 20.9\%$.

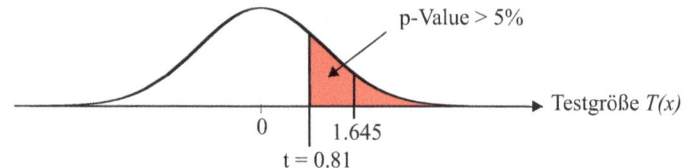

Da dieser p-Value größer als 5% ist, weiß Berta, dass die Testgröße t ihrer Stichprobe nicht in der kritischen Region liegt. Sie lehnt daher die Nullhypothese nicht ab.

Wenn sich alle Statistiker so wie Max und Berta verhalten, dann haben sie bei richtiger Nullhypothese H_0 ein Risiko 1.Art von maximal $\alpha = 5\%$. Insofern kommt das unserer bisherigen Vorgehensweise beim Gauß-Test gleich.

Man beachte, dass weitere Statistiker bei derselben Apfelkiste unterschiedliche Stichproben ziehen würden, und daher auch unterschiedliche p-Values erhalten. ☻

Vorsicht!

Man könnte verkürzt sagen: Während wir bisher das Risiko α vorgeben, und damit die Testschranke fixiert haben, wird beim Konzept des p-Values der umgekehrte Weg eingeschlagen: Man benutzt die Testgröße T als Testschranke und berechnet dann das "Risiko", die Nullhypothese H_0 abzulehnen, wenn sie richtig ist.

Diese Sichtweise ist allerdings bedenklich. Der Begriff "Risiko" ist hier irreführend, denn der p-Value entspricht nicht dem Risiko 1.Art. Das Risiko 1.Art bezieht sich auf die Anwendung einer bestimmten Methodik und hat einen vom Anwender **im Voraus** festgelegten Wert.

Als bedingte Wahrscheinlichkeit ist der p-Value eine Zufallsvariable. Der p-Value kann daher mit jeder Stichprobe anders ausfallen, ohne dass sich die Grundgesamtheit oder der reale Sachverhalt ändert, ohne dass unterschiedliche Testmethoden verwendet werden, oder eine gewählte Methode unterschiedlich angewandt würde.

Insofern ist auch die Vorstellung unsinnig, dass jeder einzelne Statistiker mit seiner individuellen Stichprobe ein eigenes individuelles Risiko besitzen könnte, das man mit dem p-Value errechnet habe. Wenn im letzten Beispiel ein weiterer Statistiker namens Otto den p-Value 12.4% erhält, sollte man sich daher vor folgenden **unsinnigen Interpretationen** hüten:

■ Mit Otto's Stichprobe kann man sich mit 12.4% Risiko gegen die Nullhypothese aussprechen.

- Die Irrtumswahrscheinlichkeit für die Nullhypothese beträgt 12.4%.
- 12.4% der zukünftigen Statistiker werden die Nullhypothese ablehnen.
- Man erhält zu 12.4% Otto's Stichprobe, wenn die Nullhypothese korrekt ist.
- Man irrt sich zu 12.4%, wenn man die Nullhypothese ablehnt.
- Die Nullhypothese ist zu 12.4% falsch.
- usw.

18 Regressionsanalyse

Nach wie vor verfolgen wir das gleiche Ziel wie im Kapitel 8 "Deskriptive Regressionsrechnung" auf Seite 131. Dort haben wir uns überlegt, wie man zu einer gegebenen Punktwolke eine "passende" Funktion $f(x)$ bzw. Regressionsfunktion berechnen kann.

Nun wollen wir untersuchen, wie stabil bzw. sensitiv sich die berechnete Regressionsfunktion gegenüber Änderungen der eingehenden Daten, bzw. der Punktwolke verhält. Dies ist vor allem dann notwendig, wenn die **Punktwolke als Stichprobe** aufzufassen ist.

Dazu benötigen wir eine Vorstellung, in welcher Weise oder nach welchen Gesetzmäßigkeiten eine Punktwolke "entsteht". Man könnte versuchen, dies mit physikalischen oder anderen Mechanismen erklären zu wollen. Stattdessen aber bedienen wir uns einer rein statistischen Sichtweise in Form eines stochastischen Modells. Es wird gewissermaßen dem bisherigen deskriptiven Regressions-Modell vorgeschaltet.

Dies ermöglicht eine Analyse der berechneten Regressionsfunktionen mit Hilfe von statistischen Tests und Konfidenzintervallen.

18.1 Allgemeines Modell

Bevor wir das Modell in formaler Gestalt präsentieren, geben wir einen bildhaften Vergleich.

Gartenschlauch-Modell

Markus sitzt im Sommer auf seiner rechteckigen Terrasse, über die er zur Wässerung seines Gartens einen Schlauch gelegt hat. Sein dreijähriger Sohn Linus ist hauptberuflich Hauskobold. Als Markus ein Nickerchen macht, piekst der Hauskobold in zufälliger,

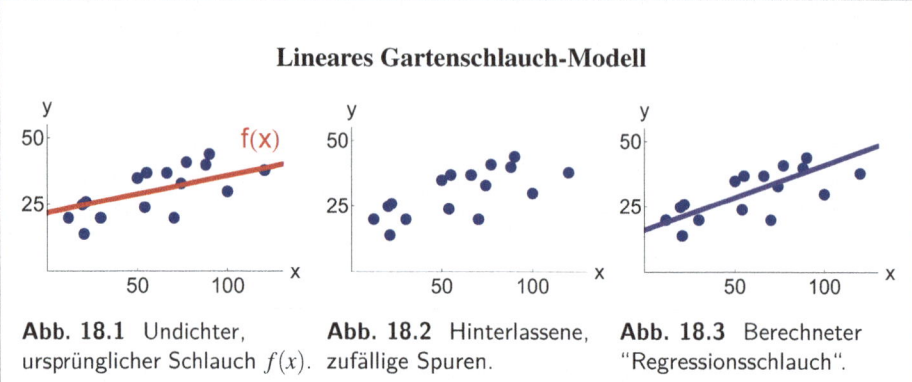

Lineares Gartenschlauch-Modell

Abb. 18.1 Undichter, ursprünglicher Schlauch $f(x)$.

Abb. 18.2 Hinterlassene, zufällige Spuren.

Abb. 18.3 Berechneter "Regressionsschlauch".

Das Gartenschlauch-Modell soll in erster Linie verdeutlichen, dass wir von einer Art "ursprünglichen" Funktion $f(x)$ ausgehen, die uns zwar unbekannt ist, jedoch gewisse Spuren in Form einer "zufälligen" Punktwolke hinterlassen hat. Die berechnete Regressionsfunktion ist in aller Regel von $f(x)$ verschieden. Im Mittelpunkt der Untersuchungen steht die Frage, wie genau bzw. zuverlässig die Rekonstruktion der ursprünglichen Funktion $f(x)$ ist.

unsystematischer Weise Löcher in den Schlauch, so dass sich Wassertropfen auf der Terrasse abzeichnen.

Linus bekommt ein schlechtes Gewissen, dreht den Hahn ab und stolpert über den Schlauch, so dass dieser verrutscht und ganz offensichtlich anders als zuvor auf der Terrasse liegt. Schnell hat er mit Tesafilm den Schlauch geflickt. Um den Zwischenfall zu vertuschen, möchte Linus den Schlauch wieder in seine Originalposition bringen. Da sein Vater ihm bereits das Kapitel 8 "Deskriptive Regressionsrechnung" vorgelesen hat, berechnet Linus eine Regressionsfunktion, indem er die Kanten der Terrasse als Koordinatensystem benutzt und die Wassertropfen auf der Terrasse als Punktwolke auffasst. Schließlich positioniert er den Schlauch entsprechend der berechneten Regressionsfunktion.

Als Markus wieder von seinem Nickerchen aufwacht, sieht er friedvoll auf den Gartenschlauch und bemerkt nichts. Tatsächlich aber ist die ursprüngliche Position des Schlauches und der "Regressionsschlauch" unterschiedlich. Dies erklärt sich damit, dass sich die Wassertropfen wegen unterschiedlich beschaffener Löcher, Wind und anderer Einflüsse in zufälliger Weise um den Schlauch positioniert haben. Die Position eines Wassertropfens kann über die Gleichung

$$\text{Position eines Tropfen} = (\text{Position des Schlauchs}) + (\text{zufällige Abweichung}) \quad (18.1)$$

beschrieben werden. Würde Linus bei gleicher Ausgangslage des Schlauches seinen Schabernack wiederholen, so würde sich vermutlich jedesmal eine andere Regressionsfunktion ergeben.

Formales Modell

Betrachtet wird eine Zufallsvariable Y (Regressand), die von einem metrischen Merkmal X (Regressor) abhängt. Ähnlich wie bei einer mathematischen Funktion wollen wir diese Abhängigkeit mit $Y(X)$ notieren. Zwischen dem Erwartungswert der Zufallsvariablen $Y(X)$ und dem Merkmal X wird die Beziehung

$$E[Y(X)] = f(X) \tag{18.2}$$

unterstellt, wobei f eine mathematische Funktion ist. Insbesondere kann man dann zu einem gegebenen Wert x von X das **durchschnittliche** Verhalten der Variablen Y als bedingten Erwartungswert

$$E[Y(x)] = f(x) \tag{18.3}$$

auffassen.

Es gibt Modelle, bei denen der Anwender eine Stichprobe zieht, indem er, wie im Gartenschlauch-Modell, n mal paarweise den Regressor X und den Regressand Y misst. Dies sind Modelle mit stochastischem Regressor X, auf die wir auf Seite 387 kurz eingehen.

In der Literatur wird allerdings fast ausnahmslos ein Modell betrachtet, bei dem die x-Werte vom Anwender vor der Stichprobenziehung festgelegt werden, während die y-Werte Zufallsvariablen sind, deren Realisationen erst nach der Stichprobenziehung zur Verfügung stehen. Wir notieren daher in der Stichprobe die x-Werte in Kleinbuchstaben und die y-Werte in Großbuchstaben:

$$(x_1, Y_1), (x_2, Y_2), \ldots (x_n, Y_n). \tag{18.4}$$

Für eine solche Stichprobe unterstellt man ein Modell, das sich analog zu (18.1) formulieren lässt:

Modellgleichung

Für **vorgegebene** x-Werte $x_1, x_2, \ldots x_n$ gelte:

$$
\begin{aligned}
Y_i &= f(x_i) + \varepsilon_i \tag{18.5} \\
&= \text{(deterministische Gesetzmäßigkeit)} + \text{(zufällige Abweichung)}.
\end{aligned}
$$

Die Zufallsvariablen ε_i heißen auch "error" oder Residuen. Sie verhalten sich im Schnitt neutral:

$$E[\varepsilon_i] = 0. \tag{18.6}$$

Mit ε_i ist auch Y_i eine Zufallsvariable, für die wegen (18.6) gilt:

$$
\begin{aligned}
E[Y_i] &= E[f(x_i) + \varepsilon_i] = E[f(x_i)] + E[\varepsilon_i] = f(x_i), \tag{18.7} \\
VAR[Y_i] &= VAR[f(x_i) + \varepsilon_i] = 0 + VAR[\varepsilon_i] = \sigma_i^2. \tag{18.8}
\end{aligned}
$$

Die Gleichung (18.7) zeigt, dass dieses Stichprobenmodell die Beziehung (18.3) erfüllt. Ferner ist es zugelassen, dass zu ein und demselben x-Wert mehrere verschiedene Zufallsvariablen Y definiert sind, d.h. für $x_j = x_k$ ist $Y_j \neq Y_k$.

Neben obiger Modellgleichung fordern wir noch weitere Annahmen, die in der Literatur gewissermaßen den "Standardfall" darstellen. Sie dienen oft nur zur Vereinfachung der Rechnungen und sind daher je nach Anwendung kritisch zu prüfen.

Weitere Annahmen:

1. Die Zufallsvariablen ε_i sind unabhängig voneinander.
2. Es wird Varianzhomogenität bzw. Homoskedastizität vorausgesetzt, d.h. die Zufallsvariablen ε_i besitzen alle eine gleich große Varianz:

$$VAR[\varepsilon_i] = \sigma^2 = \text{konstant}. \tag{18.9}$$

3. Die Zufallsvariablen ε_i sind normalverteilt.

Fassen wir alle Annahmen zusammen, so erhalten wir unabhängige, normalverteilte Zufallsvariablen Y_i mit

$$Y_i \sim N(f(x_i)\,,\,\sigma^2). \tag{18.10}$$

Selbstverständlich sind aber die Variablen Y_i von x_i abhängig.

Der Vergleich des formalen Modells mit dem Gartenschlauch-Modell hinkt in zwei Punkten: Das formale Modell sieht nur Abweichungen in y-Richtung vor, d.h. die Wassertropfen dürften nur parallel zur y-Achse aus den Löchern spritzen. Auf den zweiten Unterschied haben wir schon hingewiesen: In unserem Modell werden die x-Werte im Voraus fest vorgegeben, während Linus aber die Löcher in x-Richtung rein willkürlich, zufällig positioniert hat. Er hat eine Stichprobe mit "stochastischem Regressor" X.

18.2   Lineare Regressionsanalyse

Wir setzen eine lineare Funktion $f(x) = a + bx$ voraus, deren Graph einer Geraden entspricht. Die Modellgleichung (18.5) lautet in diesem Fall

$$Y_i \;=\; f(x_i) + \varepsilon_i \;=\; a + bx_i + \varepsilon_i. \tag{18.11}$$

Die Parameter a, b sind unbekannt und sollen geschätzt werden. Für die Residuen ε_i setzen wir Unabhängigkeit, Normalverteilung und Varianzhomogenität $VAR[\varepsilon_i] = \sigma^2$ voraus. Somit erhalten wir für (18.10) speziell:

$$Y_i \sim N(a + bx_i\,,\,\sigma^2). \tag{18.12}$$

Der Anwender zieht eine Stichprobe, indem er zu n vorgegebenen bzw. kontrollierten Werten x_i des Regressors X jeweils den Regressand Y misst:

$$(x_1, Y_1), (x_2, Y_2), \ldots (x_n, Y_n). \tag{18.13}$$

Diese Daten kann man wie gewohnt als Punktwolke darstellen. Die Berechnung der Regressionsgeraden bzw. die Schätzung der unbekannten Parameter a und b erfolgt mit den gleichen Methoden wie in der deskriptiven Regressionsrechnung. Daher können wir die dort bereits hergeleiteten Ergebnisse (8.4) auf Seite 135 und (E.4) auf Seite 463 übernehmen.

Punktschätzer für die Regressionsgerade

$$\hat{a} = \bar{Y} - \hat{b} \cdot \bar{x} \tag{18.14}$$

$$\hat{b} = \frac{\frac{1}{n}\sum x_i Y_i - \bar{x} \cdot \bar{Y}}{\frac{1}{n}\sum x_i^2 - \bar{x} \cdot \bar{x}} = \frac{COV[x,Y]}{\sigma_x^2} \tag{18.15}$$

Neu ist lediglich, dass in diesen Formeln Y_i Zufallsvariablen sind und wir daher auch die Schätzungen von a und b als Zufallsvariablen aufzufassen haben. Statt Großbuchstaben zu verwenden ist es üblich, diese Zufallsvariablen mit Kleinbuchstaben zu notieren und sie dafür mit einem "Dach" zu versehen.

Auf Seite 472 findet der begeisterte Leser Hinweise, wie man nach einigen Umformungen

$$\hat{a} \sim N\left(a, \sigma^2\left(\frac{1}{n} + \frac{\bar{x}^2}{\sum(x_i - \bar{x})^2}\right)\right) \quad \text{und} \quad \hat{b} \sim N\left(b, \frac{\sigma^2}{\sum(x_i - \bar{x})^2}\right) \tag{18.16}$$

erhält. Dieses Ergebnis bildet die Grundlage für Konfidenzintervalle und statistische Testverfahren. Es zeigt auch, dass die Punktschätzer $\hat{a}$ und $\hat{b}$ im Schnitt richtig, bzw. unverfälscht schätzen, d.h. **erwartungstreue** Schätzer sind, da $E[\hat{a}] = a$ und $E[\hat{b}] = b$ gilt. Zudem erkennt man, dass es günstig ist, weit auseinanderliegende x-Werte zu haben. Dann ist nämlich der Nenner $\sum(x_i - \bar{x})^2$ groß und die Varianz der Punktschätzer $\hat{a}$ und $\hat{b}$ um so geringer.

Zur Berechnung der Varianz von $\hat{a}$ und $\hat{b}$ benötigt man allerdings auch den Wert σ^2, der in der Regel dem Anwender unbekannt sein dürfte. Daher schätzt man diesen unbekannten Wert $\sigma^2 = VAR[\varepsilon_i] = VAR[Y_i]$, indem man gemäß (8.3) die minimierte sum of squared errors $SSE(\hat{a}, \hat{b})$ mittelt:

Punktschätzer für σ^2

$$S^2 = \frac{1}{n-2}SSE(\hat{a},\hat{b}) = \frac{1}{n-2}\sum_{i=1}^{N}(Y_i - (\hat{a} + \hat{b}x_i))^2 \tag{18.17}$$

Der etwas uneinsichtige Nenner $n-2$ ermöglicht eine erwartungstreue Schätzung von σ^2, d.h es gilt $E[S^2] = \sigma^2$. Ferner kann man zeigen, dass $\frac{n-2}{\sigma^2}S^2$ eine Chi-quadrat-Verteilung mit $n-2$ Freiheitsgraden besitzt und zudem S^2 von $\hat{a}$ und $\hat{b}$ unabhängig ist. Analog zu (11.84) kann man dann mit (18.16) und (18.17) zwei Zufallsvariablen

$$T_a = \frac{\hat{a}-a}{S\sqrt{\frac{1}{n}+\frac{\bar{x}^2}{\sum(x_i-\bar{x})^2}}} \qquad \text{und} \qquad T_b = \frac{\hat{b}-b}{S\sqrt{\frac{1}{\sum(x_i-\bar{x})^2}}} \tag{18.18}$$

definieren, die jeweils eine t-Verteilung mit $n-2$ Freiheitsgraden besitzen. Auf diesem Resultat bauen die folgenden Konfidenzintervallverfahren und Tests auf.

Konfidenzintervallverfahren

Analog zu (15.6) können wir für die wahren, aber unbekannten Parameter a und b der Modellgleichung (18.11) Konfidenzintervalle berechnen.

Konfidenzintervall für den Intercept a

$$\left[\hat{a} - t\cdot S\sqrt{\frac{1}{n}+\frac{\bar{x}^2}{\sum(x_i-\bar{x})^2}} \ ; \ \hat{a} + t\cdot S\sqrt{\frac{1}{n}+\frac{\bar{x}^2}{\sum(x_i-\bar{x})^2}}\right] \tag{18.19}$$

Konfidenzintervall für die Steigung b

$$\left[\hat{b} - t\cdot S\sqrt{\frac{1}{\sum(x_i-\bar{x})^2}} \ ; \ \hat{b} + t\cdot S\sqrt{\frac{1}{\sum(x_i-\bar{x})^2}}\right] \tag{18.20}$$

Dabei ist $t = t_{n-2,1-\frac{\alpha}{2}}$ das $\left(1-\frac{\alpha}{2}\right)$-Quantil der t-Verteilung bei $n-2$ Freiheitsgraden. Die Zuverlässigkeit beträgt $1-\alpha$.

Die Zuverlässigkeit bezieht sich jeweils auf nur ein Konfidenzintervallverfahren. Wenn wir mit ein und derselben Stichprobe beide Intervalle berechnen, so kann man nicht behaupten, dass beide Intervalle *gleichzeitig* die wahren Parameterwerte a und b mit einer Zuverlässigkeit von $1-\alpha$ überdecken. Dazu bräuchte man Konfidenzintervalle, die man in der Literatur als **simultane Konfidenzintervalle** bezeichnet.

Vereinbarung: In den Formeln (18.19) und (18.20) würde man durch Null dividieren, wenn wir bei der Stichprobe den x-Wert nicht variiert hätten, und somit alle x_i gleich wären. In diesem Fall kann man von vornherein nicht erwarten, eine Abhängigkeit von Y bezüglich X erkennen zu können. Formal setzen wir dann das Konfidenzintervall mit $[-\infty, \infty]$ gleich, welches mit hundertprozentiger Sicherheit den jeweils zu schätzenden Parameter überdeckt.

Tests

Analog zum t-Test in Kapitel 17.2 kann man Hypothesen bezüglich a und b testen. Als **Testgröße** dienen gemäß (18.18) die Zufallsvariablen

$$T_a(x,y) = \frac{\hat{a} - a_0}{S\sqrt{\frac{1}{n} + \frac{\bar{x}^2}{\sum(x_i - \bar{x})^2}}} \quad \text{und} \quad T_b(x,y) = \frac{\hat{b} - b_0}{S\sqrt{\frac{1}{\sum(x_i - \bar{x})^2}}}. \tag{18.21}$$

Die **Testschranken** sind Quantile der t-Verteilung. Die **Entscheidungsregel** und die Interpretation der Testergebnisse sind analog zum t-Test anwendbar.

Test für das Intercept a

Nullhypothese		Testvorschrift		
H_0:	$a = a_0$	Falls $\|T_a(x,y)\| \geq t_{n-2,1-\frac{\alpha}{2}}$,	$\longrightarrow$	Antwort A1: H_0 ausschließen.
H_0:	$a \leq a_0$	Falls $T_a(x,y) \geq t_{n-2,1-\alpha}$,	$\longrightarrow$	Antwort A1: H_0 ausschließen.
H_0:	$a \geq a_0$	Falls $T_a(x,y) \leq -t_{n-2,1-\alpha}$,	$\longrightarrow$	Antwort A1: H_0 ausschließen.

Ansonsten wird die Antwort A3 "H_0 nicht ausschließen" gegeben. Das Signifikanzniveau bzw. das Risiko 1.Art beträgt maximal α.

Test für die Steigung b

Nullhypothese		Testvorschrift		
H_0:	$b = b_0$	Falls $\|T_b(x,y)\| \geq t_{n-2,1-\frac{\alpha}{2}}$,	$\longrightarrow$	Antwort A1: H_0 ausschließen.
H_0:	$b \leq b_0$	Falls $T_b(x,y) \geq t_{n-2,1-\alpha}$,	$\longrightarrow$	Antwort A1: H_0 ausschließen.
H_0:	$b \geq b_0$	Falls $T_b(x,y) \leq -t_{n-2,1-\alpha}$,	$\longrightarrow$	Antwort A1: H_0 ausschließen.

Ansonsten wird die Antwort A3 "H_0 nicht ausschließen" gegeben. Das Signifikanzniveau bzw. das Risiko 1.Art beträgt maximal α.

Wie schon bei den Konfidenzintervallen gilt dieses Signifikanzniveau nicht für beide Tests gleichzeitig, wenn diese mit ein und derselben Stichprobe durchgeführt werden.

Beispiel (Benzinkosten bei Firmenwagen). Unternehmer Dagobert stellt seinem Mitarbeiter Cyprian einen Firmenwagen zur Verfügung. Er zahlt ihm zudem sämtliche Benzinrechnungen. Das Auto wird von Cyprian dienstlich für Kundenbesuche, aber auch privat genutzt.
Dagobert vermutet, dass er so an Cyprian im Schnitt über 70 Euro Benzingeld für

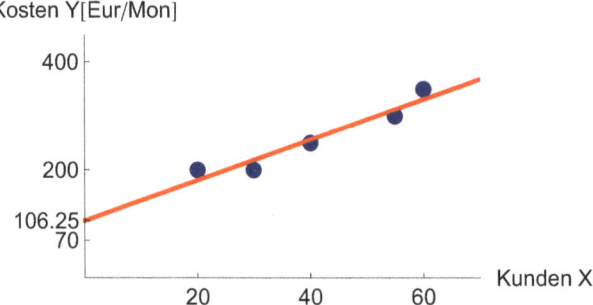

Regressionsgerade im Beispiel "Benzinkosten"

Kosten Y[Eur/Mon]

Abb. 18.4 Die Kosten pro Monat, welche ohne Kundenbesuche anfallen, werden auf durchschnittlich 106.25 [€/Monat] geschätzt. Wir wollen testen, ob diese Kosten in Wirklichkeit im Schnitt unter 70 [€/Monat] liegen könnten.

private Zwecke zusätzlich zum monatlichen Gehalt zahlt. Außerdem möchte Dagobert die Benzinkosten pro Kundenbesuch schätzen.

Zu den letzten $n = 5$ Monaten liegen die Anzahl X der besuchten Kunden und die gesamten Benzinkosten Y [€] vor:

$$(55, 300), \quad (60, 350), \quad (20, 200), \quad (30, 200), \quad (40, 250).$$

Dagobert unterstellt analog zu (18.11) zwischen den Kunden und den Kosten eine "gestörte" lineare Beziehung $Y_i = a + bx_i + \varepsilon_i$, wobei die Residuen ε_i identisch und normalverteilt sein sollen. Mit $\sum x_i = 205, \sum y_i = 1300, \sum x_i^2 = 9525, \sum x_i y_i = 57500$ erhält man gemäß (18.14), (18.15) und (18.17)

$$\hat{a} = 106.25, \qquad \hat{b} = 3.75, \qquad s^2 = 20.412^2. \tag{18.22}$$

Um Dagoberts Vermutung zu bestätigen, versuchen wir die Nullhypothese

$$H_0\colon a \leq 70$$

zu widerlegen. Das Risiko erster Art sei auf 5% beschränkt. Mit $\bar{x}^2 = 1681$ und $\sum(x_i - \bar{x})^2 = 1120$ erhält man für die Testgröße den Wert

$$T_a(x, y) \;=\; \frac{\hat{a} - a_0}{S\sqrt{\frac{1}{n} + \frac{\bar{x}^2}{\sum(x_i - \bar{x})^2}}} \;=\; \frac{106.25 - 70}{20.412\sqrt{\frac{1}{5} + \frac{1681}{1120}}} \;=\; 1.362.$$

Ein Vergleich mit der Testschranke $t_{3,0.95} = 2.35$ zeigt, dass die Nullhypothese, Cyprian würde maximal 70 Euro pro Monat für eigene Zwecke tanken, *nicht* ausgeschlossen werden kann. Die Irrtumswahrscheinlichkeit für einen ungerechtfertigten Ausschluss der Hypothese beträgt maximal 5%.

Das Konfidenzintervall zur Sicherheitswahrscheinlichkeit $\beta = 95\%$ für die Steigung b erhalten wir mit $t = t_{3,0.975} = 3.18$ gemäß (18.20):

$$\left[3.75 - 3.18 \cdot 20.412 \sqrt{\frac{1}{1120}} \quad ; \quad 3.75 + 3.18 \cdot 20.412 \sqrt{\frac{1}{1120}} \right]$$

$$= [1.81 \; ; \; 5.69].$$

Die tatsächlichen mittleren Benzinkosten pro Kundenbesuch werden von dem Intervall $[1.81 ; 5.69]$ [€] angezeigt. Das Schätzverfahren hat eine Zuverlässigkeit von 95%.

Dagobert sollte aber daran denken, dass das Testergebnis und das Konfidenzintervall nicht unabhängig zustande gekommen sind, da die Testgröße $T_a(x, y)$ und das Konfidenzintervall für b nicht unabhängig sind, wenn er dieselben Stichprobenergebnisse zweimal benutzt.   ☻

Stochastischer Regressor

In der Praxis und auch schon im letzten Beispiel sind die Werte des Regressors X nicht "kontrolliert", d.h. vor der Stichprobenziehung festgelegt und bekannt, sondern erst danach. Insofern brauchen wir ein Modell mit zufälligem bzw. stochastischem Regressor X.

Wenn wir einfach die bisherigen Formeln übernehmen, so müssen wir dort überall die kontrollierten, deterministischen x-Werte x_i durch Zufallsvariablen X_i ersetzen. Dann ergeben sich aber je nach Verteilung des Regressors X unüberschaubare und diffizile Verteilungen für die Konfidenzintervalle, Testgrößen und Punktschätzer (18.14), (18.15), da nun zusätzlich zu den Y_i bzw. den Residuen ε_i die Zufälligkeiten der Variablen X_i zu berücksichtigen sind.

Für diese Schwierigkeiten gibt es aber einen einfachen Ausweg, wenn man folgende Annahmen trifft:

1. Das Modell (18.11) und (18.12) soll gelten, ganz gleich, welche Werte für den Regressor X in der Stichprobe realisiert werden.
2. Die Residuen bzw. Zufallsvariablen ε_i sind unabhängig von den Zufallsvariablen X_i.

Dann kann man im Modell mit stochastischem Regressor X die gleichen Konfidenzintervalle und Tests benutzen wie im Modell mit gegebenem, deterministischem Regressor X. Dabei ist es sogar unerheblich, welche Verteilung man für den Regressor X unterstellt. Dies ist ein außerordentlich anwenderfreundliches Ergebnis, da sich dadurch beispielsweise auch die Vorgehensweise im letzten Beispiel im Nachhinein rechtfertigen lässt. Eine Begründung geben wir beispielhaft für das Konfidenzintervall zu b auf Seite 472.

18.3 Nicht-Lineare und Multiple Regressionsanalyse

In den Kapiteln 8.2 und 8.3 haben wir bereits nicht-lineare und multiple Regressionen deskriptiv durchgeführt. Es soll nun beurteilt werden, wie stabil eine Regressionsfunktion bezüglich der eingegebenen Daten ist. Diese Problem haben wir bereits auf Seite 152 mit einem anschaulichen Beispiel erläutert.

Im Wesentlichen kann man die bereits bekannten, deskriptiven Verfahren zur Berechnung einer Regressionsfunktion übernehmen. Allerdings muss man nun ähnlich wie im allgemeinen Modell (18.5) und (18.6) die y-Werte als Zufallsvariablen Y_i auffassen. Dies ermöglicht die Herleitung von Konfidenzintervallverfahren und statistischen Testverfahren. Leider ergeben sich schnell recht komplizierte Formeln, so dass die Rechnungen oft schwierig oder nur noch näherungsweise möglich sind.

Dank einer Vielzahl benutzerfreundlicher **Statistikprogramme**[1] kann jedoch der Anwender heutzutage relativ einfach Konfidenzintervalle und Tests durchführen. Die Komplexität der Rechnungen bleibt für ihn unsichtbar, und wirkt daher nicht mehr abschreckend - hoffentlich. Wichtig ist es, die Modellvoraussetzungen zu verstehen, und die Ergebnisse richtig interpretieren zu können.

Insbesondere ist die **multiple lineare Regression** in Theorie und Praxis von besonderer Bedeutung. Sie kann mit einem Trick oft auch für nicht-lineare Funktionen $f(x)$ genutzt werden. Wir verweisen auf die einschlägige Literatur. Dort wird dieses Thema unter dem allgemeineren Begriff **Lineare Modelle** behandelt, bei dem man allerdings Kenntnisse der "Linearen Algebra" bzw. der Matrizenrechnung voraussetzt.

---

[1]Beispielsweise das Freeware-Programm R mit dem Paket Rcmdr, das wir im Kapitel 22 vorstellen.

19 Alternativtests

Übersicht

Ein Signifikanztest eignet sich, um "wissenschaftlich abgesicherte" Erkenntnisse zu gewinnen. Ein Alternativtest kommt zum Einsatz, wenn eine Entscheidung zu treffen ist, die möglichst "sinnvoll" oder ökonomisch vorteilhaft sein soll. Diesen Sachverhalt haben wir bereits auf Seite 331 als Fazit formuliert.

Ein Alternativtest unterscheidet sich vom Signifikanztest im Grunde nur dadurch, dass statt der Antwort A3 "keine Aussage" die Antwort A2 "H_0 ist richtig" gegeben wird. Insofern kann man jeden Signifikanztest zu einem Alternativtest umwandeln, sofern man diese scheinbar kleine Änderung vornimmt.

Der wesentliche Unterschied besteht jedoch darin, dass neben dem Risiko 1.Art α nun noch das Risiko 2.Art β hinzukommt. Wir werden sehen, dass man nicht beide Risiken gleichzeitig kontrollierbar klein halten kann. Je mehr man das Risiko 1.Art einschränkt, desto schlechter verhält sich der Test bezüglich des Risikos 2.Art, und umgekehrt. Bei der Konstruktion von Alternativtests stehen daher zwei Aspekte im Vordergrund:

- Wie kann man das Risiko 2.Art β berechnen und darstellen?
  Dazu betrachten wir zwei klassische Themen der **Statistischen Qualitätskontrolle**[1]: Im ersten Unterkapitel wird ein spezieller Alternativtest zur **Statistischen Prozesskontrolle** angewandt. Im zweiten Unterkapitel wenden wir Alternativtests im Rahmen der **Produktkontrolle** an.
- Wie sollte man beide Risiken α und β in vernünftiger Weise balancieren?
  Dieses Problem erläutern wir im dritten Unterkapitel nochmals für die Produktkontrolle, indem wir die Konsequenzen berücksichtigen, die sich durch Fehlentscheidun-

---

[1]Bezeichnungen: **SQC** = Statistical Quality Control, **SPC** = Statistical Process Control, **Acceptance Sampling** = Produktkontrolle bzw. Annahme-, Endkontrolle.

© Springer-Verlag GmbH Deutschland, ein Teil von Springer Nature 2019
C. Weigand, *Statistik mit und ohne Zufall*,
https://doi.org/10.1007/978-3-662-59309-7_19

gen ergeben. Hierbei bietet die sogenannte **Entscheidungstheorie** diverse Lösungs-ansätze, die wir unter Einbeziehung ökonomischer Aspekte anwenden.

19.1 Alternativtest für einen Mittelwert bei bekannter Varianz (Gauß-Test)

Zweiseitiger Test für H_0: $\mu = \mu_0$

Wir benutzen denselben Test wie im Kapitel 17.1 auf Seite 335, indem wir auf die Test-größe

$$T(x) = \frac{\bar{X} - \mu_0}{\sigma} \sqrt{n} \tag{19.1}$$

zurückgreifen und lediglich bei der Entscheidungsregel Antwort A3 mit A2 ersetzen:

Zweiseitiger Alternativtest für H_0: $\mu = \mu_0$

- Falls $|T(x)| > \lambda_{1-\frac{\alpha}{2}}$, $\longrightarrow$ Antwort A1: Nullhypothese H_0 ausschließen.
- Falls $|T(x)| \leq \lambda_{1-\frac{\alpha}{2}}$, $\longrightarrow$ Antwort A2: Nullhypothese H_0 für richtig erklä-ren.

Bei der Analyse der Risiken erster und zweiter Art ist es vorteilhaft, die Gütefunktion bzw. die Operationscharakteristik einzuführen:

Gütefunktion[2]

$$G(\mu) = P(H_0 \text{ ausschließen}| \mu) \tag{19.2}$$

$$= \text{Wahrscheinlichkeit, die Hypothese } H_0 \text{ auszuschließen, wenn der tatsächliche Mittelwert } \mu \text{ beträgt.}$$

Operationscharakterisitk

$$L(\mu) = P(H_0 \text{ annehmen}| \mu) \tag{19.3}$$

$$= 1 - G(\mu) \tag{19.4}$$

---

[2]Die Gütefunktion $G(\mu)$ nennt man in der Testtheorie **Powerfunction**, wenn man μ auf Werte einschränkt, bei denen die Nullhypothese H_0 falsch ist.

Mit der Gütefunktion kann man die Risiken erster und zweiter Art ausdrücken:

$$\alpha = G(\mu_0), \tag{19.5}$$

$$\beta(\mu) = 1 - G(\mu), \qquad \text{wobei } \mu \neq \mu_0 \text{ ist.} \tag{19.6}$$

Wegen der auf Seite 336 getroffenen Voraussetzungen ist die Testgröße $T(x)$ normalverteilt. Wenn die Zufallsvariable X der Grundgesamtheit den Erwartungswert μ besitzt, ergibt sich für $T(x)$:

$$T(x) \sim N\left(\frac{\mu - \mu_0}{\sigma}\sqrt{n}; \, 1\right). \tag{19.7}$$

Dies kann man analog zu (17.5) beweisen. Mit $1 - \Phi(x) = \Phi(-x)$ und $\lambda = \lambda_{1-\frac{\alpha}{2}}$ gilt dann:

$$
\begin{aligned}
G(\mu) &= P(\,H_0 \text{ ausschließen}|\,\mu\,) = P(|T(x)| > \lambda) \\
&= P(T(x) < -\lambda) + P(T(x) > \lambda) = P(T(x) < -\lambda) + 1 - P(T(x) \leq \lambda) \\
&\overset{(11.4)}{=} \Phi\left(\frac{-\lambda - \frac{\mu-\mu_0}{\sigma}\sqrt{n}}{1}\right) + 1 - \Phi\left(\frac{\lambda - \frac{\mu-\mu_0}{\sigma}\sqrt{n}}{1}\right) \\
&= \Phi\left(-\lambda_{1-\frac{\alpha}{2}} - (\mu - \mu_0)\frac{\sqrt{n}}{\sigma}\right) + \Phi\left(-\lambda_{1-\frac{\alpha}{2}} + (\mu - \mu_0)\frac{\sqrt{n}}{\sigma}\right).
\end{aligned}
\tag{19.8}
$$

Risiko erster Art: Bei $\mu = \mu_0$ können wir mit dieser Formel und $\Phi(-x) = 1 - \Phi(x)$ die Gleichung (19.5) bestätigen:

$$
\begin{aligned}
G(\mu_0) &= \Phi\left(-\lambda_{1-\frac{\alpha}{2}} - 0\right) + \Phi\left(-\lambda_{1-\frac{\alpha}{2}} + 0\right) = 2 \cdot \Phi\left(-\lambda_{1-\frac{\alpha}{2}}\right) \\
&= 2 \cdot \left[1 - \Phi\left(\lambda_{1-\frac{\alpha}{2}}\right)\right] = 2 \cdot \left[1 - \left(1 - \frac{\alpha}{2}\right)\right] \\
&= \alpha.
\end{aligned}
\tag{19.9}
$$

Risiko 2.Art: Dies ist mit Hilfe der Formel (19.8) in Abhängigkeit von der tatsächlichen Lage des Mittelwertes μ gemäß (19.6) und mit $1 - \Phi(-x) = \Phi(x)$ berechenbar:

$$
\begin{aligned}
\beta(\mu) &= 1 - G(\mu) \\
&= 1 - \left[\Phi\left(-\lambda_{1-\frac{\alpha}{2}} - (\mu - \mu_0)\frac{\sqrt{n}}{\sigma}\right) + \Phi\left(-\lambda_{1-\frac{\alpha}{2}} + (\mu - \mu_0)\frac{\sqrt{n}}{\sigma}\right)\right] \\
&= \Phi\left(\lambda_{1-\frac{\alpha}{2}} + (\mu - \mu_0)\frac{\sqrt{n}}{\sigma}\right) - \Phi\left(-\lambda_{1-\frac{\alpha}{2}} + (\mu - \mu_0)\frac{\sqrt{n}}{\sigma}\right).
\end{aligned}
\tag{19.10}
$$

Wir zeigen mit einem kurzen Abstecher in die Statistische Prozesskontrolle, wie dort die Gütefunktion (19.8) eine hilfreiche Rolle spielt.

Statistische Prozesskontrolle

Wir betrachten einen Produktionsprozess, bei dem die Qualität jedes Stückes i durch eine eigene Zufallsvariable X_i beschrieben wird. Der Sollwert des Qualitätsmerkmals ist mit μ_0 vorgegeben. Es wird unterstellt, dass die Variablen X_i unabhängig und identisch normalverteilt sind:

$$X_i \sim N\left(\mu;\, \sigma^2\right). \tag{19.11}$$

Es soll überprüft werden, ob der tatsächliche Mittelwert μ der Produktion (Prozessmittel) mit dem Sollwert μ_0 übereinstimmt. Dazu ziehen wir aus der laufenden Produktion n Stücke und führen einen Alternativtest zur Nullhypothese

$$H_0\colon\ \mu = \mu_0 \tag{19.12}$$

durch. Spricht sich der Test für H_0 aus (Antwort A2), so wird nichts unternommen, und wir lassen die Produktion weiterlaufen. Dies wäre eine Fehler, nämlich der Fehler zweiter Art, wenn der Prozess dejustiert ist, d.h. $\mu \neq \mu_0$ gilt, und somit der Sollwert im Schnitt nicht eingehalten wird. Eine unnötig hohe Ausschussquote des Prozesses wäre die Folge. Spricht sich der Test gegen H_0 aus (Antwort A1), so wird ein "Alarm" gegeben, und wir leiten Maßnahmen ein, die eine Neueinstellung des Prozesses zum Ziel haben. Dies wäre eine Fehler, nämlich der Fehler erster Art, wenn der Prozess nicht dejustiert ist, d.h. $\mu = \mu_0$ gilt, und der Sollwert im Schnitt eingehalten wird. Der Alarm entspricht dann einem Fehlalarm und würde unnötige Maßnahmen und somit unnötige Kosten verursachen.

Beispiel (Abfüllanlage). Gisela soll eine Bierflaschenabfüllanlage überwachen, bei der das Merkmal X die Füllmenge einer Flasche in Milliliter darstellt. Der Sollwert μ_0 beträgt 500 [ml]. Aufgrund von Schaumbildung gibt es eine Varianz von $\sigma^2 = 3$ [ml^2]. Aus ihrer langen Erfahrung mit der Maschine kennt Gisela diesen Wert. Gisela möchte das Risiko für einen Fehlalarm α auf 10% beschränken. Daher erhält sie als Testschranke

$$\lambda_{1-\frac{\alpha}{2}} = \lambda_{1-\frac{0.10}{2}} = \lambda_{0.95} = 1.645. \tag{19.13}$$

Sie zieht $n = 5$ Stücke, berechnet gemäß (19.1) die Testgröße $T(x)$ und gibt Alarm, falls $T(x) < -1.645$ oder $T(x) > 1.645$ gilt.

Die Gütefunktion entspricht der Wahrscheinlichkeit einen Alarm zu geben und berechnet sich gemäß (19.8):

$$G(\mu) \;=\; \Phi\left(-1.645 - (\mu - 500)\frac{\sqrt{5}}{\sqrt{3}}\right) + \Phi\left(-1.645 + (\mu - 500)\frac{\sqrt{5}}{\sqrt{3}}\right).$$

Der Graph dieser Funktion

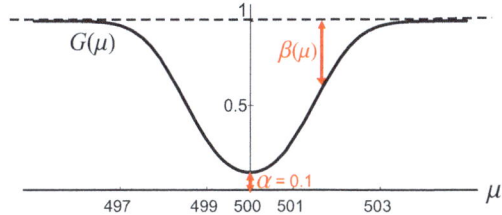

zeigt, dass man bei $\mu = 500$ mit einer Wahrscheinlichkeit von $\alpha = 0.10$ Alarm gibt. Liegt das Prozessmittel beispielsweise bei $\mu = 501$, so wird mit einer Wahrscheinlichkeit von $G(501) = 0.363$ Alarm gegeben. Das Risiko 2.Art beträgt daher

$$\beta(501) = 1 - G(501) = 0.637 \qquad (19.14)$$

keinen gerechtfertigten Alarm zu geben, obwohl die Maschine im Schnitt 501 [ml] pro Flasche abfüllt. Man erkennt an der Skizze auch, dass bei einem dejustierten Prozess mit $\mu = 503$ das Risiko $\beta(503)$ verschwindend gering ist und der Alternativtest den misslichen Zustand fast sicher mit Alarm anzeigt. Liegt hingegen nur eine sehr kleine Dejustierung des Prozessmittels auf beispielsweise $\mu = 500.01$ [ml] vor, gibt der Alternativtest mit einer Wahrscheinlichkeit von nur $G(500.01) = 0.100028$ Alarm, weshalb das Risiko 2.Art mit

$$\beta(500.01) = 1 - G(500.01) = 0.899972 \qquad (19.15)$$

sehr groß ausfällt. Es beträgt fast $1 - \alpha$.

Nun möchte Gisela das Risiko von $\alpha = 0.10$ beibehalten, jedoch eine Verbesserung des Risikos β bei $\mu = 501$ erreichen. Dies ist nur mit einem erhöhten Prüfaufwand möglich. Sie beschließt, daher $n = 50$ Stücke zu ziehen. Die Gütefunktion lautet nun

$$G(\mu) \;=\; \Phi\left(-1.645 - (\mu - 500)\frac{\sqrt{50}}{\sqrt{3}}\right) + \Phi\left(-1.645 + (\mu - 500)\frac{\sqrt{50}}{\sqrt{3}}\right)$$

und zeigt um $\mu = 500$ einen steileren, "trennschärferen" Verlauf als zuvor:

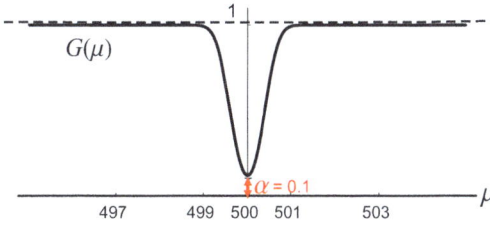

Das Risiko 2.Art bei $\mu = 501$ beträgt diesmal nur noch

$$\beta(501) = 1 - G(501) = 0.007. \qquad (19.16)$$

☺

Control Charts

Der Gauß-Test soll helfen, sich ein Bild über den aktuellen Mittelwert der Produktion zu verschaffen. Da sich Produktionsprozesse im Zeitverlauf wegen Verschleiß, Störungen, falsche Bedienung und anderen Ursachen verschlechtern können, führt man in der Praxis den Gauß-Test wiederholt durch. Alle h Zeiteinheiten wird eine aktuelle Stichprobe vom Umfang n aus der laufenden Produktion gezogen, und der Wert der Testgröße $T(x)$ in einem sogenannten Control Chart eingetragen. So wird die Qualität des Prozesses im Zeitverlauf kontrolliert und gegebenenfalls korrigiert.

Damit der Control Chart etwas anschaulicher und auch von Personal mit geringen Statistikkenntnissen besser bedien- und interpretierbar ist, bevorzugt man in der Praxis nicht die abstrakte Testgröße $T(x) = \frac{\bar{X} - \mu_0}{\sigma}\sqrt{n}$, sondern das Stichprobenmittel $\bar{X}$ direkt in einen sogenannten $\bar{x}$-Chart einzutragen.

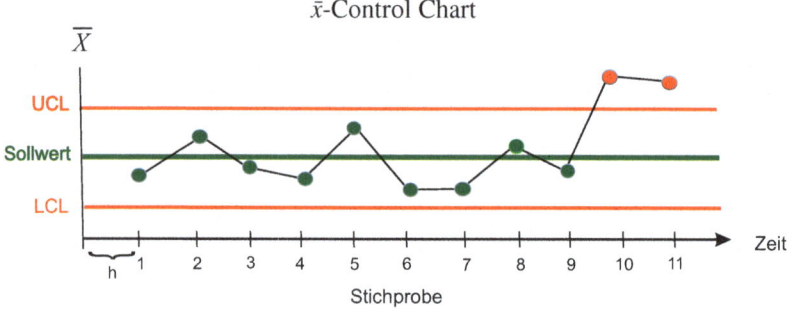

Ein Alarm wird gegeben, wenn die Testgröße entweder das Upper Control Limit (UCL) überschreitet oder das Lower Control Limit (LCL) unterschreitet.

Beispiel (Fortsetzung). Wir betrachten nochmals den Fall, dass Gisela das Risiko für einen Fehlalarm α auf 10% beschränken möchte und den Stichprobenumfang $n = 5$ wählt.

Gisela gibt Alarm, falls $T(x) < -\lambda_{1-\frac{\alpha}{2}} = -1.645$ oder $T(x) > \lambda_{1-\frac{\alpha}{2}} = 1.645$ gilt. Der erste Fall ist gleichbedeutend mit

$$T(x) = \frac{\bar{X} - \mu_0}{\sigma}\sqrt{n} < -\lambda_{1-\frac{\alpha}{2}} \iff \bar{X} < \mu_0 - \lambda_{1-\frac{\alpha}{2}} \cdot \frac{\sigma}{\sqrt{n}}$$

und der zweite Fall mit

$$T(x) = \frac{\bar{X} - \mu_0}{\sigma}\sqrt{n} > \lambda_{1-\frac{\alpha}{2}} \iff \bar{X} > \mu_0 + \lambda_{1-\frac{\alpha}{2}} \cdot \frac{\sigma}{\sqrt{n}}$$

Daher erhält sie als Testschranke zur Testgröße $\bar{X}$

$$LCL = \mu_0 - \lambda_{1-\frac{\alpha}{2}} \cdot \frac{\sigma}{\sqrt{n}} = 500 - 1.645 \cdot \frac{3}{\sqrt{5}} = 497.8$$

$$UCL = \mu_0 + \lambda_{1-\frac{\alpha}{2}} \cdot \frac{\sigma}{\sqrt{n}} = 500 + 1.645 \cdot \frac{3}{\sqrt{5}} = 502.2$$

Diese Lower und Upper Control Limits zeichnet Gisela als "rote Linien" im $\bar{x}$-Control Chart ein. ☻

Ein Großteil der Literatur zu Control Charts konzentriert sich beim "Design" einer Kontrollkarte vor allem auf die Frage, welcher Stichprobenumfang n und welche Lower und Upper Control Limits gewählt werden sollten. Die Forschung aber zeigt, dass vor allem der Kontrollabstand h eine entscheidende Rolle spielt. Ob Gisela alle 30 Minuten $n = 5$ Stücke prüft, oder alle 300 Minuten $n = 50$ Stücke prüft, verursacht auf lange Sicht denselben Prüfaufwand. Zwar bietet die zweite Variante ein geringeres Risiko 2.Art, jedoch könnte viel Zeit verstreichen, ehe eine Störung bemerkt wird. Eine Lösung findet man, wenn technische, statistische und ökonomische Aspekte einbezogen werden. Dieses Konzept wird beispielsweise auch in Uhlmann (1982) dargestellt.

Walter A. Shewhart (1891-1967) gilt als einer der großen Pioniere der Statistischen Qualitätskontrolle. Er hatte in den Zwanziger Jahren des letzten Jahrhunderts als erster Control Charts entwickelt. Inzwischen gibt es viele Arten und Varianten von Control Charts, je nachdem, welche Prozessparameter überwacht werden sollen: Charts zur Überwachung des Ausschusses (p-Chart), der Veränderungen der Standardabweichung (s-Chart) und anderer Parameter.

Einseitiger Gauß-Test für H_0: $\mu \le \mu_0$

Wir benutzen die gleiche Testgröße $T(x)$ und wenden folgende Entscheidungsregel an:

Einseitiger Alternativtest für H_0: $\mu \le \mu_0$

- Falls $T(x) \ge \lambda_{1-\alpha}$, $\longrightarrow$ Antwort A1: Nullhypothese H_0 ausschließen.
- Falls $T(x) < \lambda_{1-\alpha}$, $\longrightarrow$ Antwort A2: Nullhypothese H_0 für richtig erklären.

Analog zum zweiseitigen Fall kann man auch hier die Risiken erster und zweiter Art mit der Gütefunktion ausdrücken:

$$\alpha(\mu) = P(H_0 \text{ ausschließen} \mid \mu) = G(\mu), \qquad \text{für } \mu \le \mu_0, \qquad (19.17)$$

$$\beta(\mu) = P(H_0 \text{ annehmen} \mid \mu) = 1 - G(\mu), \qquad \text{für } \mu > \mu_0. \qquad (19.18)$$

Die Formel zur Gütefunktion erhält man mit $\lambda = \lambda_{1-\alpha}$ auf ähnliche Weise wie oben:

$$G(\mu) \;=\; P(\text{Antwort A1}\,|\,\mu) \;=\; P(T(x) \geq \lambda) \;=\; 1 - P(T(x) < \lambda)$$

$$\overset{(11.4)}{=} \; 1 - \Phi\left(\frac{\lambda - \frac{\mu-\mu_0}{\sigma}\sqrt{n}}{1}\right) \;=\; \Phi\left(-\lambda_{1-\alpha} + (\mu - \mu_0)\frac{\sqrt{n}}{\sigma}\right). \quad (19.19)$$

Speziell für $\mu = \mu_0$ gilt:

$$G(\mu_0) \;=\; \Phi(-\lambda_{1-\alpha}) \;=\; 1 - \Phi(\lambda_{1-\alpha}) \;=\; 1 - (1-\alpha) = \alpha. \quad (19.20)$$

Da man zeigen kann, dass die Gütefunktion $G(\mu)$ bezüglich μ streng monoton steigt, folgt daraus für (19.17) und (19.18):

$$\alpha(\mu) \;=\; G(\mu) \quad \leq \quad G(\mu_0) \quad = \alpha, \qquad \text{für } \mu \leq \mu_0, \quad (19.21)$$

$$\beta(\mu) \;=\; 1 - G(\mu) \;<\; 1 - G(\mu_0) = 1 - \alpha, \qquad \text{für } \mu > \mu_0. \quad (19.22)$$

Der vom Anwender vorgegebene Wert α ist demnach als obere Schranke für das Risiko 1.Art $\alpha(\mu)$ aufzufassen, welches nicht konstant ist, sondern von μ abhängt.

Beispiel (Fortsetzung). Diesmal strebt Gisela an, dass der tatsächliche Mittelwert der Produktion μ (Prozessmittel) den vorgegebenen Sollwert 500 [ml] nicht überschreitet. Zur Kontrolle zieht sie aus der laufenden Produktion n Stücke und führt einen Alternativtest zur Nullhypothese

$$H_0\colon\ \mu \leq 500 \quad\quad\quad\quad\quad\quad\quad (19.23)$$

durch. Nach wie vor beträgt die Varianz $\sigma^2 = 3$ [ml^2]. Wieder möchte Gisela das Risiko für einen Fehlalarm auf maximal $\alpha = 10\%$ beschränken. Sie erhält als Testschranke

$$\lambda_{1-\alpha} = \lambda_{0.90} = 1.282. \quad\quad\quad\quad\quad (19.24)$$

Es werden $n = 5$ Stücke gezogen, die Testgröße $T(x)$ gemäß (19.1) berechnet und Alarm gegeben, falls $T(x) \geq 1.282$ gilt. Die Gütefunktion entspricht der Wahrscheinlichkeit einen Alarm zu geben und berechnet sich gemäß (19.19):

$$G(\mu) \;=\; \Phi\left(-1.282 + (\mu - 500)\frac{\sqrt{5}}{\sqrt{3}}\right) \quad\quad\quad (19.25)$$

Der Graph dieser Funktion ist streng monoton steigend und liegt für $\mu \leq \mu_0 = 500$ unter $\alpha = 10\%$. Dies bestätigt (19.21).

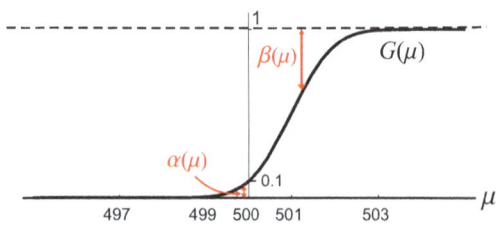

Man erkennt, dass die Wahrscheinlichkeit für einen Fehlalarm um so geringer ist, je "richtiger" die Nullhypothese ist bzw. je weiter μ unterhalb von μ_0 liegt. Beispielsweise gilt

$$\alpha(499) = G(499) = 0.005. \tag{19.26}$$

Je "falscher" die Nullhypothese ist, bzw. je höher μ über μ_0 liegt, desto größer ist die Wahrscheinlichkeit für einen Alarm, und desto geringer ist die Wahrscheinlichkeit für einen unterlassenen, aber berechtigten Alarm. Entsprechend nimmt das Risiko 2.Art $\beta(\mu)$ ab. Beispielsweise gilt

$$\beta(500.01) = 1 - G(500.01) = 0.8978,$$
$$\beta(501) = 1 - G(501) = 0.496.$$

Liegt nur eine sehr kleine Dejustierung auf $\mu = 500.01$ [ml] vor, nimmt das Risiko 2.Art einen sehr hohen Wert an, der fast bei $1 - \alpha$ liegt.

Nun möchte Gisela das Risiko von $\alpha = 0.10$ beibehalten, das Risiko 2.Art $\beta(\mu)$ aber verbessern. Dazu erhöht sie den Prüfaufwand und zieht $n = 50$ Stücke. Die Gütefunktion lautet nun

$$G(\mu) = \Phi\left(-1.282 + (\mu - 500)\frac{\sqrt{50}}{\sqrt{3}}\right)$$

und zeigt einen steileren, "trennschärferen" Verlauf als zuvor:

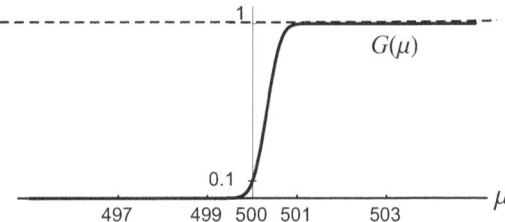

Die oben exemplarisch angeführten Risiken erster und zweiter Art verbessern sich:

$$\alpha(499) = G(499) = 0.00000004,$$
$$\beta(500.01) = 1 - G(501.01) = 0.8927,$$
$$\beta(501) = 1 - G(501) = 0.00255. \qquad ☻$$

Einseitiger Gauß-Test für H_0: $\mu \geq \mu_0$

Es ergeben sich im Wesentlichen die gleichen, "gespiegelten" Ergebnisse wie im letzten Fall.

Einseitiger Alternativtest für H_0: $\mu \geq \mu_0$

- Falls $T(x) \leq -\lambda_{1-\alpha}$, $\longrightarrow$ Antwort A1: Nullhypothese H_0 ausschließen.
- Falls $T(x) > -\lambda_{1-\alpha}$, $\longrightarrow$ Antwort A2: Nullhypothese H_0 für richtig erklären.

Es gilt

$$\alpha(\mu) = P(H_0 \text{ ausschließen}| \mu) = G(\mu), \qquad \text{für } \mu \geq \mu_0, \qquad (19.27)$$

$$\beta(\mu) = P(H_0 \text{ annehmen} \mid \mu) = 1 - G(\mu), \qquad \text{für } \mu < \mu_0. \qquad (19.28)$$

Die Formel zur Gütefunktion lautet:

$$G(\mu) = \Phi\left(-\lambda_{1-\alpha} - (\mu - \mu_0)\frac{\sqrt{n}}{\sigma}\right). \qquad (19.29)$$

Beispiel (Fortsetzung). Gisela zieht zur Kontrolle aus der laufenden Produktion $n = 5$ Stücke und führt einen Alternativtest zur Nullhypothese

$$H_0: \mu \geq 500 \qquad (19.30)$$

durch. Mit dem Quantil $\lambda_{1-\alpha} = \lambda_{0.90} = 1.282$ lautet die Gütefunktion:

$$G(\mu) = \Phi\left(-1.282 - (\mu - 500)\frac{\sqrt{5}}{\sqrt{3}}\right). \qquad (19.31)$$

Der Graph dieser Funktion ist streng monoton fallend und liegt für $\mu > \mu_0 = 500$ unter $\alpha = 10\%$.

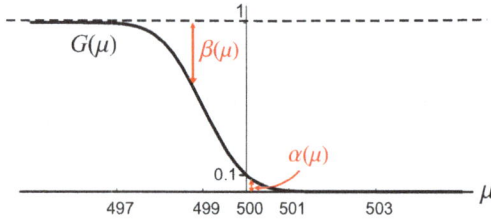

19.2 Annahme- und Endkontrolle (Acceptance Sampling)

Hier soll nicht die Qualität des Herstellungsprozesses überwacht werden, sondern die bereits hergestellten Produkte in Form einer konkret vorliegenden Warenpartie. Es handelt sich daher nicht um eine Prozess- sondern **Produktkontrolle**. Es ist üblich, eine Warenpartie als Los (Lot) zu bezeichnen.

Problemstellung

- In der Warenpartie gibt es N Stücken, von denen M Stücke defekt sind.

$$p = \frac{M}{N} = \text{Ausschussquote in der Partie.} \qquad (19.32)$$

- Der Anwender kennt weder den Wert M noch die Ausschussquote p.
- Er muss entschieden werden, ob die Warenpartie angenommen oder abgelehnt wird.

Die Formulierung "annehmen" oder "ablehnen" beschreibt den Anwender in der Rolle des Kunden bzw. Konsumenten. Es handelt sich dann um eine **Annahmekontrolle**. Befindet sich der Anwender in der Rolle des Produzenten oder Lieferanten, so muss er durch eine **Endkontrolle** entscheiden, ob er das Los zum Verkauf freigibt, oder zurückbehält.

Mathematisch gesehen gibt es keinen Unterschied. In beiden Situationen wird ein Alternativtest als Kontrollverfahren durchgeführt. In der Qualitätskontrolle ist es üblich, den Alternativtest durch sogenannte Prüfpläne (sampling plans) zu beschreiben.

Prüfplan $(\mathbf{n}, \mathbf{c})$

Es wird auf rein zufällige Weise eine Stichprobe vom Umfang n gezogen. Dabei wird das Ziehungsverfahren "Ziehen ohne Zurücklegen" praktiziert. Werden in dieser Stichprobe höchstens c defekte Stücke gefunden, dann wird das komplette Los angenommen, ansonsten abgelehnt. Bezeichnen wir mit

$$Y = \text{Anzahl der defekten Stücke in der Stichprobe,} \qquad (19.33)$$

so lautet die Testvorschrift bzw. die

Entscheidungsregel zum Prüfplan $(\mathbf{n}, \mathbf{c})$:

- Falls $Y \leq c$, $\longrightarrow$ Los annehmen.
- Falls $Y > c$, $\longrightarrow$ Los ablehnen.

Der Parameter c heißt **Annahmezahl**.

Aus dem in Kapitel 11.9 besprochenen Urnenmodell folgt, dass Y eine Zufallsvariable ist, die eine hypergeometrische Verteilung besitzt:

$$Y \sim H(N, M, n). \qquad (19.34)$$

Statt wie bisher eine Nullhypothese zu formulieren, wollen wir uns auf die Handlungsalternativen "Annehmen" oder "Ablehnen" des Loses konzentrieren. Der Fehler 1.Art ergibt sich, wenn das Los abgelehnt wird, jedoch die Qualität bzw. die Ausschussquote *p* akzeptabel ist. Der Fehler 2.Art ergibt sich, wenn das Los angenommen bzw. freigegeben wird, obwohl die Qualität bzw. die Ausschussquote *p* unakzeptabel ist. Entsprechend ergeben sich die Risiken erster und zweiter Art:

$$\alpha(p) = \text{Risiko 1.Art} = \text{Wahrscheinlichkeit, dass ein Los abgelehnt} \qquad (19.35)$$
wird, obwohl man die tatsächlich vorliegende Ausschussquote *p* tolerieren wollte.

$$\beta(p) = \text{Risiko 2.Art} = \text{Wahrscheinlichkeit, dass ein Los angenommen} \qquad (19.36)$$
wird, obwohl man die tatsächlich vorliegende Ausschussquote *p* nicht tolerieren wollte.

Um leichter zu sehen, wie sich die Wahl eines Prüfplans (n, c) auf diese Risiken auswirkt, könnte man wie im vorherigen Unterkapitel die Gütefunktion benutzen. In der Qualitätskontrolle ist es aber üblich, stattdessen die Operationscharakteristik zu gebrauchen. Diese Vorgehensweise ist wegen (19.4) gleichwertig.

$$L(p) = P(\text{Los wird angenommen} \mid p)$$
$$= \text{Wahrscheinlichkeit, ein Los aufgrund einer Stichprobe anzunehmen,}$$
wenn die tatsächliche Ausschussquote des Loses *p* beträgt.
$$= \textbf{Operationscharakteristik.}$$

Für die Risiken erster und zweiter Art (19.35) und (19.36) erhalten wir dann

$$\alpha(p) = 1 - L(p), \qquad \text{falls } p \text{ akzeptiert werden sollte.}$$
$$\beta(p) = L(p), \qquad \text{falls } p \text{ abgelehnt werden sollte.}$$

Die Formel zur Operationscharakteristik ergibt sich gemäß (11.75) als kumulierte hypergeometrische Verteilung:

Operationscharakteristik zum Prüfplan (n, c)

$$L(p) = P(\text{Los wird angenommen} \mid p) = P(Y \leq c \mid p)$$
$$= \sum_{k=0}^{c} \frac{\binom{M}{k}\binom{N-M}{n-k}}{\binom{N}{n}}. \qquad (19.37)$$

Dabei ist $M = p \cdot N$.

Gelegentlich ist es vorteilhaft, die Operationscharakteristik mit $L(p, n, c)$ zu notieren, um ihre Abhängigkeit von der Wahl des Prüfplans (n, c) zu verdeutlichen. Da die Anzahl der defekten Stücke *M* im Los ganzzahlig ist, ergeben sich für die Ausschussquote *p* wegen $p = \frac{M}{N}$ nur bestimmte diskrete Werte. Daher ist die Funktion $L(p)$ keine durchgezogene Linie, sondern "gepunktet".

Beispiel (Glühbirnen). Jürgen bekommt eine Warenpartie bzw. ein Los mit insgesamt $N = 120$ Glühbirnen geliefert, von denen M Birnen defekt sind. Den Wert zu M kennt er nicht.

Jürgen zieht ohne Zurücklegen $n = 10$ Stücke und wendet den Prüfplan $(n,c) = (10, 2)$ an, d.h. er akzeptiert das komplette Los, wenn er bis zu 2 defekte Birnen in der Stichprobe vorfindet. Die Operationscharakteristik berechnet er gemäß (19.37)

$$L(p) = L(p, 10, 2) = \frac{\binom{M}{0}\binom{120-M}{10-0}}{\binom{120}{10}} + \frac{\binom{M}{1}\binom{120-M}{10-1}}{\binom{120}{10}} + \frac{\binom{M}{2}\binom{120-M}{10-2}}{\binom{120}{10}}$$

für jede denkbare Ausschussquote $p = \frac{M}{N} = \frac{M}{120}$ mit $M = 0, 1, \ldots 120$, die im Los vorliegen könnte. Beispielsweise erhält er für den Fall, dass im Los $M = 24$ defekte Birnen liegen bzw. die Ausschussquote $p = 0.20$ beträgt, eine Annahmewahrscheinlichkeit von

$$L(0.20) = \frac{\binom{24}{0}\binom{120-24}{10-0}}{\binom{120}{10}} + \frac{\binom{24}{1}\binom{120-24}{10-1}}{\binom{120}{10}} + \frac{\binom{24}{2}\binom{120-24}{10-2}}{\binom{120}{10}} = 0.681.$$

Dieser Wert entspricht im Graph der Operationscharakteristik $L(p)$ dem Punkt, der an der Stelle $p = 0.20$ zu finden ist.

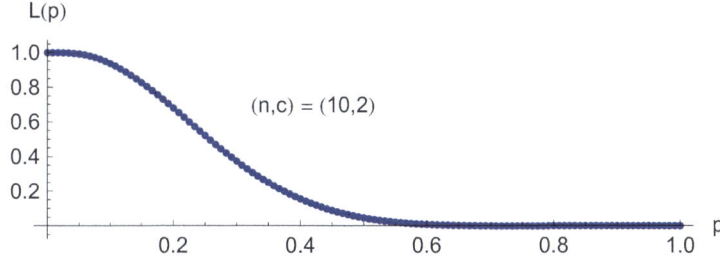

Insgesamt zeigt die Operationscharakterisitk einen monoton fallenden Verlauf. Wird eine Ausschussquote von $p = 0$ geliefert, nimmt Jürgen mit 100% Sicherheit das Los an. Bei $p = 1$ nimmt er mit 0% Wahrscheinlichkeit an, bzw. lehnt mit 100% Sicherheit ab.

Angenommen, Jürgen wollte ein Los mit einer Ausschussquote von $p = 0.20$ noch annehmen, so besteht für diesen Fall ein Risiko 1.Art von

$$\alpha(0.20) = 1 - L(0.20) = 1 - 0.681 = 31.9\%.$$

Angenommen, Jürgen wollte ein Los mit einer Ausschussquote von $p = 0.20$ nicht annehmen, so besteht für diesen Fall ein Risiko 2.Art von

$$\beta(0.20) = L(0.20) = 68.1\%.$$

☻

Die Wahl des Prüfplans (n, c) beeinflusst die Krümmung und Steilheit der Operations-charakteristik $L(p)$.

- Erhöht man nur die Annahmezahl c, so steigt auch die Wahrscheinlichkeit, das Los anzunehmen. Die Operationscharakteristik liegt dann generell höher.
- Erhöht man nur den Stichprobenumfang n, so wird eine Annahme des Loses unwahr-scheinlicher, und die Operationscharakteristik liegt generell niedriger.
- Erhöht man n und c so, dass die in der Stichprobe noch tolerierte Ausschussquote $\frac{c}{n}$ unverändert bleibt, nimmt die Operationscharakteristik $L(p)$ einen steileren Verlauf an.

Beispiel (Fortsetzung). Nach wie vor sind von den insgesamt $N = 120$ Glühbirnen M Birnen defekt. Jürgen wendet verschiedene Prüfpläne an und zeichnet jeweils den zugehörigen Graphen der Operationscharakteristik.
Der Vergleich der Prüfpläne $(n, c) = (8, 0)$ und $(n, c) = (8, 3)$ zeigt, dass im ersten Fall die Annahmewahrscheinlichkeit für das Los generell niedriger liegt.

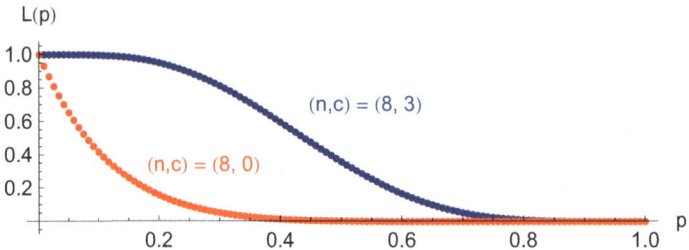

Nun ändert Jürgen den Stichprobenumfang n bei gleichbleibender Annahmezahl, indem er die Prüfpläne $(n, c) = (8, 3)$ und $(n, c) = (16, 3)$ vergleicht. Im ersten Fall liegt die Annahmewahrscheinlichkeit für das Los generell höher.

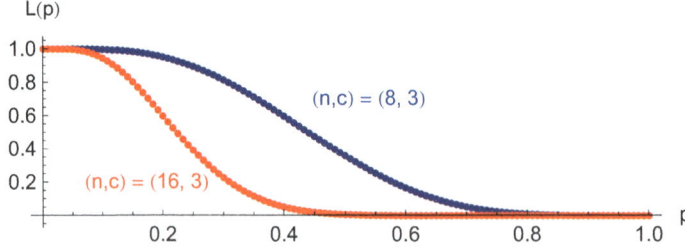

Der Unterschied erklärt sich auch damit, dass beim Prüfplan $(n, c) = (16, 3)$ die in der Stichprobe noch tolerierte Ausschussquote mit $\frac{c}{n} = \frac{3}{16}$ niedriger ist, als beim Prüfplan $(n, c) = (8, 3)$ mit $\frac{c}{n} = \frac{3}{8} = \frac{6}{16}$.
Schließlich vergleicht Jürgen noch die Prüfpläne $(n, c) = (8, 3)$ und $(n, c) = (16, 6)$, bei denen das Verhältnis $\frac{c}{n}$ beidemal gleich ist.

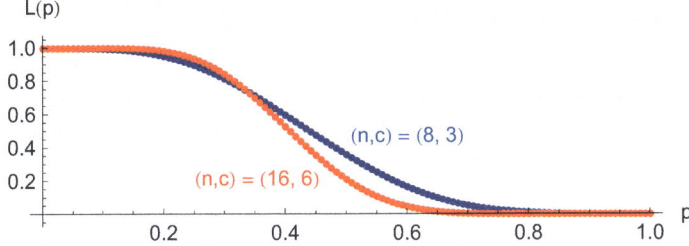

Der Prüfplan, bei dem man einen höheren Prüfaufwand betreibt, besitzt die "steilere" Operationscharakteristik. Indem er bei guten Losen (p klein) eine höhere, bei schlechten Losen (p groß) eine niedrigere Annahmewahrscheinlichkeit besitzt, ist er "trennschärfer". ☻

Bei der Wahl eines Prüfplans (n, c) besteht das Problem, einen sowohl für den Lieferanten, als auch für den Konsumenten gleichermaßen geeigneten Prüfplan zu finden. Wählt man einen scharfen, "ablehnfreudigen" Prüfplan, ist das Risiko 1.Art hoch, und der Lieferant muss unnötig oft eine Warenpartie zurücknehmen. Wird hingegen ein weniger scharfer, "annahmefreudiger" Prüfplan eingesetzt, besteht für den Konsumenten ein hohes Risiko 2.Art, leichtfertig schlechte Warenpartien zu akzeptieren.

In der Praxis ist es üblich, diese gegensätzlichen Interessen mit Prüfplänen zu balancieren, die mit Hilfe bestimmter, anerkannter Standards (z.B. ISO 2859) ermittelt, und zwischen den Geschäftspartnern vertraglich vereinbart werden. Allerdings beruhen diese Verfahren zum Teil auf unklar definierten Kenngrößen. Zudem bleibt offen, wie man die Werte zu diesen Kenngrößen sinnvoll festlegen sollte. Der Anwender vertraut dabei oft auf gewisse "Standards".

Einen anderen Ansatz, der zu einer vernünftigen Wahl eines Prüfplans (n, c) verhelfen soll, besprechen wir im nächsten Unterkapitel.

Abschließend wollen wir noch eine mathematische Hilfestellung zur Berechnung der Operationscharakteristik $L(p)$ geben. Da die Berechnung gemäß (19.37) nämlich sehr rechenintensiv ist, benutzt man anstelle der Hypergeometrischen Verteilung gelegentlich auch eine Approximation, welche auf der etwas rechenfreundlicheren Poisson-Verteilung beruht:

$$L(p) \approx \sum_{k=0}^{c} \frac{(np)^k}{k!} e^{-np}, \qquad \text{falls } n \leq 0.10 \cdot N \text{ und } p < 0.10. \qquad (19.38)$$

Der Graph dieser Funktion muss nicht mehr gepunktet gezeichnet werden, sondern kann als eine stetige, durchgezogene Kurve dargestellt werden.

19.3   Kostenoptimales Acceptance Sampling

In der Ökonomie ist die Gewinnmaximierung ein fast selbstverständliches Ziel. Daher ist es naheliegend, auch bei den Verfahren der statistischen Qualitätskontrolle die Konsequenzen, die sich aus richtigen und falschen Entscheidungen ergeben, ökonomisch zu bewerten. Diese Idee liegt den "kostenoptimalen" Prüfplänen zu Grunde und orientiert sich an den Konzepten der Entscheidungstheorie. Wegen

$$\text{Gewinn} \;=\; -\text{Verlust} \;=\; \text{Erlös} - \text{Kosten},$$

$$\text{Verlust} \;=\; -\text{Gewinn} \;=\; \text{Kosten} - \text{Erlös}$$

kann man eine Gewinnmaximierung auch dadurch erreichen, dass man den Verlust minimiert. Ein optimaler, negativer Verlust von beispielsweise -20000 [€] wäre mit einem maximal erreichbaren Gewinn von 20000 [€] gleichbedeutend.

Je größer die Ausschussquote $p = \frac{M}{N}$ der Warenpartie ist, desto größer sollte der Verlust bei einer Annahme des Loses sein. Unser Modell sieht vor, dass dieser Sachverhalt durch eine lineare Funktion beschrieben werden kann:

$$v_a(p) \;=\; a_0 + a_1 \cdot p, \qquad \text{mit } a_1 > 0, \tag{19.39}$$

$$ \;=\; \text{Verlust, wenn ein Los mit Ausschussquote } p \text{ angenommen (\textbf{accept}) wird.}$$

Umgekehrt verringert sich bei Ablehnung einer Warenpartie der Verlust je größer die Ausschussquote p ist. Wir unterstellen auch hierfür eine lineare Beziehung:

$$v_r(p) \;=\; r_0 + r_1 \cdot p \qquad \text{mit } r_1 < 0, \tag{19.40}$$

$$ \;=\; \text{Verlust, wenn ein Los mit Ausschussquote } p \text{ abgelehnt (\textbf{reject}) wird.}$$

Neben den Parametern a_0, a_1, r_0, r_1 setzen wir schließlich noch die Prüfkosten pro Stück als bekannt voraus:

$$c_p \;=\; \text{Prüfkosten pro Stück.} \tag{19.41}$$

Ein Prüfplan (n, c) verursacht daher Prüfkosten von $n \cdot c_p$. Fixe Prüfkosten zu berücksichtigen, ist nicht notwendig, da sie bei jedem Prüfplan gleichermaßen anfallen würden.

Beispiel (Schraubenkiste). Rosa arbeitet bei einem Flugzeugbauer im Einkauf. Es werden N = 4000 Schrauben in einer Kiste angeliefert. Wird eine schlechte Schraube weiterverarbeitet, so entstehen Kosten von 6 [€/Stk]. Wird eine gute Schraube weiterverarbeitet, so liegt der Stückgewinn bei 1.50 [€/Stk]. Eine gute, dem Lieferanten zurückgeschickte Schraube verursacht dem Flugzeugbauer Kosten von 0.40 [€/Stk], wohingegen bei einer schlechten, zurückgeschickten Schraube Schadensersatz[3] in

---

[3]Statt Schadensersatz kann man auch kalkulatorische Kosten betrachten, die man durch Ablehnung vermeidet. Z.B. spart man sich 6 Euro Kosten, die eine schlechte Schraube bei Weiterverarbeitung verursachen würde. Diese Ersparnis wirkt kalkulatorisch wie ein Gewinn.

Höhe von 9.60 [€/Stk] an den Flugzeugbauer gezahlt wird. Die Kosten zur Prüfung eines Stückes betragen $c_p = 22$ [€/Stk].

Rosa ermittelt aufgrund dieser Angaben die Funktionen $v_a(p)$ und $v_r(p)$: Werden $M = p \cdot N = p \cdot 4000$ schlechte Stücke geliefert, so ergibt sich ein Verlust bei

- Annahme des Loses von

$$v_a(p) = M \cdot 6 + (4000 - M) \cdot (-1.50) = -6000 + 7.5M$$
$$= -6000 + 30000p,$$

- Ablehnung des Loses von

$$v_r(p) = M \cdot (-9.60) + (4000 - M) \cdot 0.40 = 1600 - 10M$$
$$= 1600 - 40000p.$$

Somit gilt für die Parameter in (19.39) und (19.40):

$$a_0 = -6000, \ a_1 = 30000, \qquad r_0 = 1600, \ r_1 = -40000. \tag{19.42}$$

Realistischer Weise kennt der Anwender die Ausschussquote p des Loses nicht. Angenommen aber, er könnte quasi kostenlos den Wert von p über eine Art "Hotline zum Allwissenden" erfragen, so dürfte die Entscheidung, ob eine Annahme oder Ablehnung sinnvoll ist, leicht fallen.

Gilt nämlich $v_a(p) < v_r(p)$, so ist der Verlust bei Annahme des Loses kleiner als bei Ablehnung. Folglich ist dann die Annahme des Loses die ökonomisch sinnvolle Entscheidung. Gilt $v_a(p) > v_r(p)$, ist die Ablehnung des Loses sinnvoll. Bei $v_a(p) = v_r(p)$, wäre es egal, wie man sich entscheidet, da der Verlust beidemal gleich ist. Die Ausschussquote, bei der dies der Fall ist, wollen wir **Trennqualität** p_0 nennen. Sie lässt sich durch Auflösen von $a_0 + a_1 p_0 = r_0 + r_1 p_0$ nach p_0 berechnen:

$$p_0 = \frac{a_0 - r_0}{r_1 - a_1}. \tag{19.43}$$

Damit erhalten wir eine **optimale Entscheidungsregel**, die uns den geringst möglichen Verlust bereitet. Allerdings müsste man die Ausschussquote p des Loses kostenlos kennen.

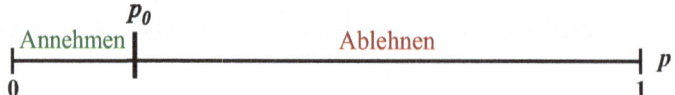

Der **geringste Verlust** ergibt sich aus dem jeweils kleineren Wert von $v_a(p)$ und $v_r(p)$:

$$v_g(p) = \begin{cases} v_a(p) & \text{falls } p \leq p_0 \\ v_r(p) & \text{falls } p \geq p_0. \end{cases} \tag{19.44}$$

= Verlust, der auftritt, wenn man ein Los mit Ausschussquote p
geliefert bekommt, wenn man p kostenlos kennt, und wenn man
die bestmögliche Entscheidung trifft.

Beispiel (Fortsetzung). Rosa berechnet gemäß (19.43) die Trennqualität:

$$p_0 = \frac{a_0 - r_0}{r_1 - a_1} = \frac{-6000 - 1600}{-40000 - 30000} = 0.108571. \tag{19.45}$$

Wendet sie die obige Entscheidungsregel bei Kenntnis von p an, erhält sie den geringsten Verlust

$$v_g(p) = \begin{cases} v_a(p) = -6000 + 30000p & \text{falls } p \leq p_0 = 0.108571, \\ v_r(p) = \ 1600 - 40000p & \text{falls } p \geq p_0 = 0.108571. \end{cases}$$

Der Graph von $v_g(p)$ verläuft durchweg im negativen Bereich, d.h. Rosa würde bei Kenntnis von p immer positiven Gewinn erzielen.

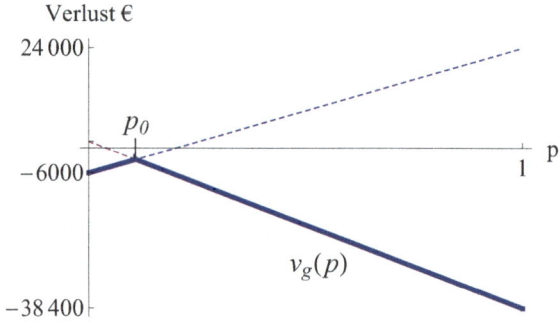

Man erkennt auch, dass eine Ausschussquote von $p = p_0$ den größten Verlust bereitet, wohingegen eine komplett schlechte Warenpartie mit $p = 1$ aufgrund der Entschädigungszahlungen einen Verlust von -38400 [€] bzw. einen Gewinn von 38400 [€] erbringt.   ☻

Leider ist es in der Praxis unmöglich, mit einer "Hotline zum Allwissenden" kostenlos den tatsächlichen Wert von p zu erfragen. Stattdessen aber können wir einen Prüfplan (n,c) anwenden. Wie im letzten Unterkapitel dargestellt, wird dann ein Los mit Ausschussquote p mit einer bestimmten Wahrscheinlichkeit angenommen oder abgelehnt. Daher besteht nun das Risiko, im Einzelfall nicht die optimale Entscheidung zu treffen und einen Verlust herbeizuführen, der über dem geringsten Verlust $v_g(p)$ liegt. Zusätzlich erhöhen unabhängig von der getroffenen Entscheidung die Prüfkosten $c_p \cdot n$ den Verlust. Um die Erhöhung des Verlustes durch die Verwendung eines Prüfplans (n,c) anstelle der "Hotline zum Allwissenden" bemessen zu können, wollen wir eine Durchschnittsbetrachtung durchführen, d.h. zunächst den **erwarteten Verlust** berechnen.

$$v_s(p,n,c) \;=\; E\left[\begin{array}{l}\text{Verlust, der bei einem Los mit Ausschussquote } p \text{ auftritt, wenn auf-} \\ \text{grund einer Stichprobe bzw. des Prüfplans } (n,c) \text{ entschieden wird.}\end{array}\right]$$

$$\begin{aligned} &= \quad v_a(p) \cdot P(\text{Los annehmen}|\, p) + v_r(p) \cdot P(\text{Los ablehnen}|\, p) \\ &\quad + \text{Prüfkosten} \\[4pt] &= \quad v_a(p) \cdot L(p,n,c) + v_r(p) \cdot (1 - L(p,n,c)) + c_p \cdot n. \end{aligned} \tag{19.46}$$

Die Operationscharakteristik $L(p,n,c)$ ist dabei gemäß (19.37) zu berechnen.

Beispiel (Fortsetzung). Rosa möchte einen eher "annahmefreudigen" Prüfplan $(n,c) = (50,20)$ mit einem eher "ablehnfreudigen" Prüfplan $(n,c) = (50,1)$ vergleichen. Dazu zeichnet sie jeweils den Graphen des erwarteten Verlustes $v_s(p,n,c)$.

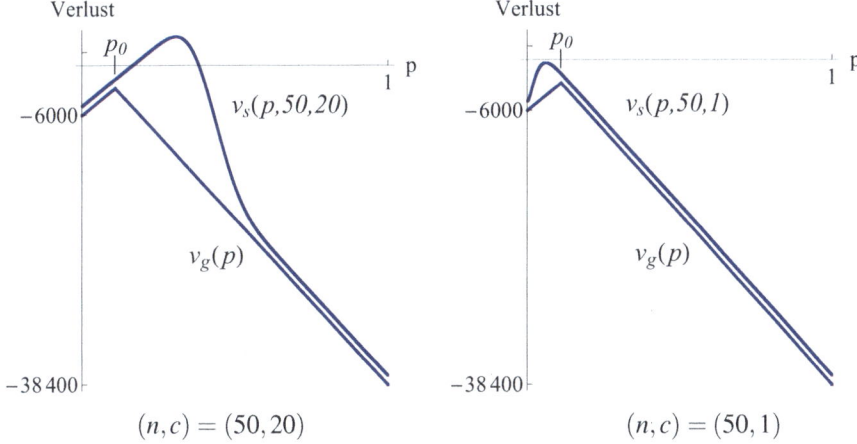

$$(n,c) = (50,20) \qquad\qquad\qquad (n,c) = (50,1)$$

Man erkennt, dass der annahmefreudige Prüfplan (linkes Bild) bei kleinen Ausschussquoten $p < p_0$ einen erwarteten Verlust $v_s(p,50,20)$ aufweist, der fast so niedrig wie der geringste Verlust $v_g(p)$ ist. Der Unterschied zwischen $v_s(p,50,20)$ und $v_g(p)$ ergibt sich im Wesentlichen durch die Prüfkosten von $22 \cdot 50 = 1100$ [€]. Bei hohen Ausschussquoten $p > p_0$ hingegen ist die Annahme des Loses eine Fehlentscheidung und mit hohen Kosten verbunden. Daher liegt hier der erwartete Verlust

$v_s(p,50,20)$ deutlich über $v_g(p)$.

Der ablehnfreudige Prüfplan $(n,c) = (50,1)$ im rechten Bild zeigt das umgekehrte Verhalten. Für $p < p_0$ führt er zu Fehlentscheidungen und erhöht den erwarteten Verlust $v_s(p,50,1)$ deutlich über $v_g(p)$. Bei $p > p_0$ hingegen liegt der erwartete Verlust nur um etwa 1100 [€] über dem geringsten Verlust $v_g(p)$.

Rosa sieht, dass in beiden Bildern der erwartete Verlust $v_s(p,n,c)$ nirgends so niedrig ist wie der geringste Verlust $v_g(p)$. Jedoch liegt im rechten Bild die Kurve des erwarteten Verlusts $v_s(p,n,c)$ "dichter" an der Kurve des geringsten Verlustes $v_g(p)$ als im linken Bild, was an dem weniger ausgebeulten Spalt zwischen den Kurven zu erkennen ist. Folglich würde Rosa den Prüfplan $(n,c) = (50,1)$ dem Prüfplan $(n,c) = (50,20)$ vorziehen. Die "Beule" tritt jeweils an der Stelle bzw. Ausschussquote p auf, bei der die Differenz $v_s(p,n,c) - v_g(p)$ am größten ausfällt. ☻

So wie Rosa zwischen ihren beiden Prüfplänen den besseren Prüfplan bestimmt hat, wollen wir unter allen denkbaren Prüfplänen den besten herausfinden. Dies ist der Prüfplan (n,c), bei dem die Kurve des erwarteten Verlustes $v_s(p,n,c)$ möglichst eng über der Kurve des geringsten Verlustes $v_g(p)$ liegt. Damit versuchen wir, mit dem Prüfplan (n,c) einen genauso geringen Verlust zu erreichen, wie bei einer optimalen Entscheidung möglich wäre, welche den exakten Wert zu p kostenlos zur Verfügung hätte.

Der zusätzliche Verlust, den man bei Anwendung des Prüfplans (n,c) im Gegensatz zur optimalen Entscheidige im Schnitt erleidet, entspricht der Differenz

$$R(p,n,c) = v_s(p,n,c) - v_g(p), \tag{19.47}$$

welche man auch als **Regret** bezeichnet. Er entspricht dem Abstand zwischen den beiden Kurven $v_s(p,n,c)$ und $v_g(p)$ an einer Stelle p. Der maximale Abstand zwischen den Kurven kommt einem "worst case" gleich und berechnet sich als maximaler Regret über alle möglichen Ausschussquoten $0 \leq p \leq 1$:

$$R_{max}(n,c) = \max_{0 \leq p \leq 1} R(p,n,c). \tag{19.48}$$

Auch wenn wir nicht wissen, welche Ausschussquote p im Los konkret vorliegt, so sind wir uns dennoch sicher, dass der zusätzliche Verlust bzw. Regret im Schnitt nie größer ausfallen kann, als der maximale Regret $R_{max}(n,c)$.

Der gesuchte kostenoptimale Prüfplan (n,c) soll derjenige sein, bei dem wir uns gegen den "worst case" bzw. den maximalen Regret am besten absichern können. Dazu gehen wir wie folgt vor:

1. Berechne zu einem gegebenen Prüfplan (n,c) das Maximum des Regrets $R(p,n,c)$ bezüglich aller möglichen Ausschussquoten $0 \leq p \leq 1$:

$$R_{max}(n,c) = \max_{0 \leq p \leq 1} R(p,n,c).$$

2. Wiederhole Schritt 1 für alle Prüfpläne (n,c), d.h. für alle Stichprobenumfänge $1 \leq n \leq N$ mit den jeweils möglichen Annahmezahlen $0 \leq c \leq n$. Derjenige Prüfplan, welcher den geringsten, maximalen Regret aufweist, wird als optimaler bzw. **kostenoptimaler Prüfplan** (n^*, c^*) ausgewählt.

$$R_{max}(n,c) \rightarrow \min !$$

Der Schritt 1 ist ziemlich rechenintensiv, da unter anderem für alle Ausschussquoten $p = \frac{M}{N}$, $M = 0, 1, \ldots, N$ die Operationscharakteristik $L(p, n, c)$ zu berechnen ist. Dies wäre gemäß Schritt 2 für insgesamt $\frac{(N+1)(N+2)}{2} - 1$ verschiedene Prüfpläne notwendig. Je nach Losgröße N kann dies zu einem immensen Rechenaufwand führen.

Als Alternative bietet sich ein Näherungsverfahren an, das sich bereits mit einem Taschenrechner bewältigen lässt. Die mathematische Herleitung ist allerdings sehr trickreich, und kann bei Uhlmann (1982) oder Collani (1984) nachgelesen werden. Hier geben wir nur das Resultat wieder:

Näherungslösung

Berechne $d = \frac{c_p}{a_1 - r_1}$ und die Trennqualität $p_0 = \frac{a_0 - r_0}{r_1 - a_1}$. Dann ist der Prüfplan mit

$$c = \text{Runde} \left(0.193 \cdot p_0 \sqrt[3]{\frac{p_0(1 - p_0)}{d^2}} - 0.5 \right), \tag{19.49}$$

$$n = \text{Runde} \left(\frac{c + 0.5}{p_0} \right) \tag{19.50}$$

approximativ optimal, d.h. dieser Prüfplan liefert einen nahezu gleich geringen maximalen Regret wie der optimale Prüfplan (n^*, c^*).

Der Anwender muss zur Bestimmung eines approximativ kostenoptimalen Prüfplans lediglich die Werte der Parameter a_0, a_1, r_0, r_1, c_p kennen. Das Problem, welche Werte für die Risiken erster und zweiter Art sinnvoll sein könnten, und bei welchen Ausschussquoten p sie zu definieren wären, tritt bei diesem Verfahren nicht auf. Insofern ist es praxistauglich und vermutlich auch sinnvoller, als die üblichen, vielerorts verwendeten Verfahren, welche beispielsweise durch den Standard ISO 2859 propagiert werden.

Beispiel (Fortsetzung). Rosa kennt die Werte

$$a_0 = -6000, \quad a_1 = 30000, \quad r_0 = 1600, \quad r_1 = -40000, \quad c_p = 22$$

und hat damit bereits gemäß (19.45) die Trennqualität $p_0 = 0.108571$ ermittelt. Mit

$$d = \frac{22}{30000 - (-40000)} = 0.000314286$$

berechnet sie

$$c = \text{Runde}\left(0.193 \cdot p_0 \sqrt[3]{\frac{p_0(1-p_0)}{d^2}} - 0.5\right)$$

$$= \text{Runde}\left(0.193 \cdot 0.108571 \sqrt[3]{\frac{0.108571(1-0.108571)}{0.000314286^2}} - 0.5\right)$$

$$= 2$$

und

$$n = \text{Runde}\left(\frac{c+0.5}{p_0}\right) = \text{Runde}\left(\frac{2+0.5}{0.108571}\right)$$

$$= 23.$$

Daher wählt sie den Prüfplan $(n,c) = (23,2)$.

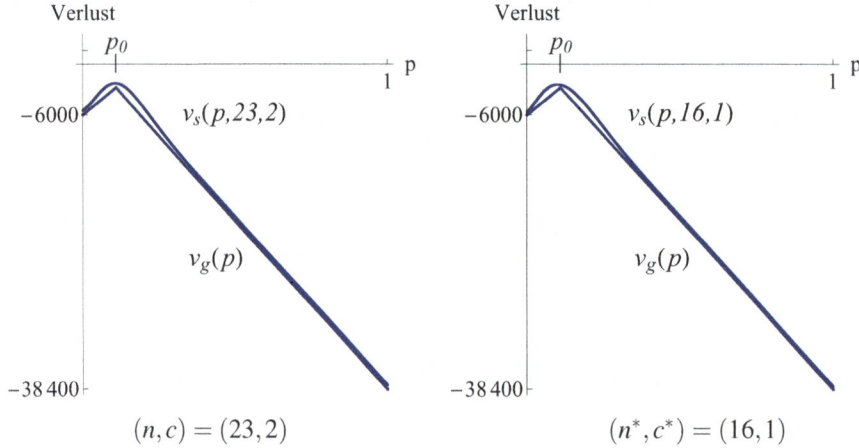

$(n,c) = (23,2)$ $(n^*,c^*) = (16,1)$

Im linken Bild erkennt man, dass der Graph des erwarteten Verlustes $v_s(p,n,c)$ nur knapp über dem geringsten Verlust $v_g(p)$ liegt, ganz gleich welcher Wert für p tatsächlich vorliegen könnte.

Wir haben uns noch etwas mehr Mühe als Rosa gegeben und mit dem Computer den kostenoptimalen Prüfplan $(n^*,c^*) = (16,1)$ bestimmt, dessen erwartete Verlustfunktion im rechten Bild zu sehen ist. Bei der Suche war der Prüfplan $(n,c) = (23,2)$ als Startwert sehr hilfreich. Zwar besitzen beide Prüfpläne verschiedene Stichprobenumfänge und Annahmezahlen, bezüglich ihres Regrets gibt es allerdings auf den ersten Blick kaum einen Unterschied. In beiden Bildern scheint der Spalt zwischen den Kurven $v_s(p,n,c)$ und $v_g(p)$ gleich eng zu sein.

Würden wir mit der Lupe genauer nachsehen, könnte man erkennen, dass der maximale Regret für den Prüfplan $(n,c) = (23,2)$

$$R_{max}(23,2) = \max_{0 \le p \le 1} R(p,23,2) = 1468.89 \; [\text{€}]$$

beträgt und bei einer Ausschussquote von $p = 0.16925$ auftritt. Bei dem Prüfplan $(n^*, c^*) = (16, 1)$ ist dagegen der maximale Regret

$$R_{max}(16, 1) = \max_{0 \leq p \leq 1} R(p, 16, 1) = 1292.0 \, [\text{\euro}]$$

etwas geringer und tritt bei einer Ausschussquote von $p = 0.17875$ auf. ☻

20 Schätzverfahren für geschichtete Stichproben

Bei allen bisher besprochenen Schätz- und Testverfahren heben wir immer eine sogenannte unabhängige Zufallsstichprobe vorausgesetzt, die im Kapitel 13.2 auf Seite 267
definiert ist. Dort haben wir zudem noch P-Stichproben, geschichtete Stichproben und
Klumpenstichproben kennen gelernt. Deren statistische Analysen sind allerdings schwie-
riger als bei den unabhängigen Zufallsstichproben. Mathematische Erklärungen findet
man etwa bei Cochran (1972).

Da in der Praxis vor allem geschichtete Stichproben eine große Rolle spielen, wollen wir
wenigstens für diesen Stichprobentyp ein Konfidenzintervallverfahren vorstellen. Allerdings halten wir uns dabei kurz und knapp, und verzichten auf Herleitungen.

Geschichtete Stichproben führen zu verbesserten, da präzisere Ergebnissen, wenn es gelingt, eine Grundgesamtheit so in Schichten aufzuteilen, dass die Varianzen innerhalb der
Schichten gering sind. Dies haben wir bereits auf Seite 277 erläutert.

Gemäß dem Äquivalenzprinzip auf Seite 333 kann man mit Konfidenzintervallverfahren
auch **statistische Tests** durchführen. Daher beschränken wir uns auf die Besprechung
eines Konfidenzintervallverfahrens.

20.1 Konfidenzintervallverfahren für einen Mittelwert

Wie im Kapitel 13.4 bereits dargestellt, wird bei einer geschichteten Stichprobe die
Grundgesamtheit in K Kluster bzw. Schichten disjunkt aufgeteilt. Die Größe einer
Schicht h sei wieder mit N_h bezeichnet. Die Grundgesamtheit umfasst insgesamt $N =$

© Springer-Verlag GmbH Deutschland, ein Teil von Springer Nature 2019
C. Weigand, *Statistik mit und ohne Zufall*,
https://doi.org/10.1007/978-3-662-59309-7_20

$N_1 + N_2 + \cdots N_K$ Objekte. Aus jeder Schicht $1 \leq h \leq K$ wird eine unabhängige Zufallsstichprobe mit den auf Seite 275 beschriebenen Eigenschaften gezogen:

$$
\begin{aligned}
\text{Schicht 1:} \quad & X_{1,1}, \, X_{1,2}, \, \cdots, \, X_{1,n_1}, \\
\text{Schicht 1:} \quad & X_{2,1}, \, X_{2,2}, \, \cdots, \, X_{2,n_2}, \\
& \vdots \qquad \vdots \quad \vdots \quad \vdots \\
\text{Schicht } K: \quad & X_{K,1}, \, X_{K,2}, \, \cdots, \, X_{K,n_K}.
\end{aligned}
$$

Die Stichprobenumfänge $n_1, n_2, \cdots, n_K$ können unterschiedlich groß sein. Der Gesamtstichprobenumfang beträgt $n = n_1 + n_2 + \cdots n_K$.

Zunächst werden für jede Schicht h separate Schätzungen analog zu Kapitel 14.3 durchgeführt.

$$
\bar{X}_h \;=\; \frac{1}{n_h} \sum_{s=1}^{n_h} X_{h,s} \qquad\qquad = \text{Stichprobenmittel in Schicht } h, \qquad (20.1)
$$

$$
S_h^2 \;=\; \frac{1}{n_h - 1} \sum_{s=1}^{n_h} (X_{h,s} - \bar{X}_h)^2 \;=\; \text{Stichprobevarianz in Schicht } h. \qquad (20.2)
$$

Die insgesamt K Punktschätzer $\bar{X}_h$ werden so aggregiert, dass der Mittelwert $\bar{x}_G$ der kompletten Grundgesamtheit unverfälscht, bzw. erwartungstreu geschätzt werden kann.

Punktschätzer für $\bar{x}_G$

$$
\bar{X} \;=\; \sum_{h=1}^{K} \frac{N_h}{N} \cdot \bar{X}_h = \text{gewogener Durchschnitt aller Schichten-Stichprobenmittel.} \quad (20.3)
$$

Um diesen Punktschätzer für ein Konfidenzintervallverfahren nutzen zu können, benötigt man seine Varianz. Diese kann man erwartungstreu, also unverfälscht mit

$$
S_{\bar{X}}^2 \;=\; \sum_{h=1}^{K} \left(\frac{N_h}{N} \right)^2 \cdot \frac{S_h^2}{n_h} \qquad (20.4)
$$

schätzen. Damit erhält man mit ähnlichen Argumenten wie bei der Herleitung von (15.2) und (15.6) ein Konfidenzintervallverfahren.

Konfidenzintervallverfahren für den Mittelwert $\bar{x}_G$

$$
\left[\bar{X} - S_{\bar{X}} \cdot \lambda_{1-\frac{\alpha}{2}} \; ; \; \bar{X} + S_{\bar{X}} \cdot \lambda_{1-\frac{\alpha}{2}} \right]. \qquad (20.5)
$$

Dabei ist $\lambda = \lambda_{1-\frac{\alpha}{2}}$ das $\left(1 - \frac{\alpha}{2}\right)$-Quantil der Standardnormalverteilung.

Die Zuverlässigkeit $1 - \alpha$ des Verfahrens kann der Anwender, wie üblich, im voraus festlegen. Außerdem benötigt er keine Vorinformationen über die Varianzen oder andere Kenngrößen. Dies hat allerdings einen Preis: Die Zuverlässigkeit $1 - \alpha$ wird nur noch approximativ vom Verfahren eingehalten. Die Stichproben sollten daher "groß genug" sein. Auch hier ist $n_h \geq 30$ für alle $1 \leq h \leq K$ eine brauchbare Empfehlung.

Beispiel (Mietpreis). In Bollerbach gibt es insgesamt $N = 50\,000$ Mietwohnungen mit dem Merkmal "X = Mietpreis". Makler Lawrence möchte den mittleren Mietpreis aller Wohnungen mit einer Zuverlässigkeit von $1 - \alpha = 95\%$ schätzen.
Er teilt ganz Bollerbach in $K = 3$ Stadtgebiete bzw. Schichten auf, von denen er weiß, dass sie sich im Mietniveau deutlich unterscheiden: Schlossallee, Unterdorf und Rest. So verhindert er im Gegensatz zur rein zufälligen Ziehungsmethode von vornherein, dass zum Beispiel nur Wohnungen aus dem billigen Viertel in seine Stichprobe gelangen könnten. Zudem kennt Lawrence die Anzahl der Wohnungen in den drei Schichten:

$$N_1 = 10000, \qquad N_2 = 25000, \qquad N_3 = 15000,$$

Um das Beispiel übersichtlich zu gestalten, sei der Gesamtstichprobenumfang nur $n = 10$. Diese Gesamtstichprobe teilt Lawrence proportional zu den Schichtgrößen auf:

$$n_1 = 2, \qquad n_2 = 5, \qquad n_3 = 3.$$

Dies ist allerdings nicht zwingend vernünftig, wie wir bereits auf Seite 276 diskutiert haben. Lawrence zieht aus jeder Schicht jeweils eine unabhängige Zufallsstichprobe. Die konkreten Werte in Euro lauten:

Schlossallee: 2000, 1800.

Unterdorf: 300, 250, 300, 300, 250.

Rest: 500, 500, 300.

Daraus berechnet er die drei Stichprobenmittelwerte

$$\bar{X}_1 = 1900, \qquad \bar{X}_2 = 280, \qquad \bar{X}_3 = 433.3$$

und aggregiert diese als gewogenen Durchschnitt für ganz Bollerbach:

$$\bar{X} = \sum_{h=1}^{K} \frac{N_h}{N} \cdot \bar{X}_h = \frac{10000}{50000} \cdot 1900 + \frac{25000}{50000} \cdot 280 + \frac{15000}{50000} \cdot 433.3 = 650 \, [\text{€}].$$

Nun schätzt Lawrence noch die Varianzen der Mietpreise innerhalb jeder Schicht gemäß Formel (20.2):

$$S_1^2 = \frac{1}{n_1 - 1} \sum_{s=1}^{n_1} (X_{1,s} - \bar{X}_1)^2 = \frac{1}{1} \left((2000 - 1900)^2 + (1800 - 1900)^2 \right)$$

$$= 20000,$$

$$S_2^2 = \frac{1}{n_2 - 1} \sum_{s=1}^{n_2} (X_{2,s} - \bar{X}_2)^2$$

$$= \frac{1}{4} \left((300 - 280)^2 + (250 - 280)^2 + (300 - 280)^2 + (300 - 280)^2 + (250 - 280)^2 \right)$$

$$= 750,$$

$$S_3^2 = \frac{1}{n_3 - 1} \sum_{s=1}^{n_3} (X_{3,s} - \bar{X}_3)^2 = \frac{1}{2} \left((500 - 433.3)^2 + (500 - 433.3)^2 + (300 - 433.3)^2 \right)$$

$$= 13333.3.$$

Damit kann er eine Schätzung für die unbekannte Varianz des Punktschätzers $\bar{X}$ durchführen:

$$S_{\bar{X}}^2 = \sum_{h=1}^{K} \left(\frac{N_h}{N} \right)^2 \cdot \frac{S_h^2}{n_h}$$

$$= \left(\frac{10000}{50000} \right)^2 \cdot \frac{20000}{2} + \left(\frac{25000}{50000} \right)^2 \cdot \frac{750}{5} + \left(\frac{15000}{50000} \right)^2 \cdot \frac{13333.3}{3} = 837.5$$

$$= 28.94^2.$$

Für $\alpha = 5\%$ erhält man $\lambda_{97.5\%} = 1.96$. Damit berechnet Lawrence das Konfidenzintervall für den unbekannten, mittleren Mietpreis aller Wohnungen Bollerbachs:

$$\left[\bar{X} - S_{\bar{X}} \cdot \lambda_{1-\frac{\alpha}{2}} \; ; \quad \bar{X} + S_{\bar{X}} \cdot \lambda_{1-\frac{\alpha}{2}} \right] = [650 - 28.94 \cdot 1.96 \; ; \quad 650 + 28.94 \cdot 1.96]$$

$$= [593.28; \; 706.72] \; [\text{\euro}].$$

Da das Verfahren die gewünscht Zuverlässigkeit von 95% um so besser approximativ einhalten kann, je größer die Stichprobenumfänge sind, sollte man im Ernstfall größere Stichproben ziehen. Wir haben sie in diesem Beispiel nur zur besseren Übersicht sehr klein gewählt.   ☻

20.2   Optimale Stichprobenaufteilung

Wenn die Stichprobenumfänge n_h "groß" genug sind, beträgt die Zuverlässigkeit des Schätzverfahrens (20.5) approximativ $1 - \alpha$. In der Regel reicht hierfür die Empfehlung $n_h \geq 30$ für alle Schichten $1 \leq h \leq K$ schon aus.

Nun wollen wir unter Beibehaltung der Zuverlässigkeit von $1 - \alpha$ die Präzision, bzw. die mittleren Intervalllängen des Konfidenzintervallverfahrens (20.5) verbessern. Dafür gibt es zwei Maßnahmen:

1. Erhöhung des Gesamtstichprobenumfangs n. Dies bereitet jedoch zusätzliche Kosten und Mühen.
2. Geschickte Aufteilung der Stichprobenumfänge n_h, ohne dass sich der Gesamtstichprobenumfang n ändert.

Tatsächlich kann man mit der zweiten Maßnahme eine Optimierung der Präzision erreichen, bei der die Intervalle im Schnitt so kurz wie möglich ausfallen. Dies führt in der Regel zu der auf Seite 276 schon thematisierten, und auf den ersten Blick unplausibel wirkenden disproportionalen Stichprobenaufteilung. Wir präsentieren die Lösung ohne Beweis.

Neyman-Tschuprow-Aufteilung

$$n_h = \frac{\sigma_h N_h}{\sigma_1 N_1 + \sigma_2 N_2 + \cdots + \sigma_K N_K} \cdot n \tag{20.6}$$

Da n und der Nenner konstant sind, verhalten sich die Stichprobenumfänge n_h offenbar proportional zum Zähler $\sigma_h N_h$. Das heißt, dass eine relativ große Stichprobe für eine Schicht h aus zwei Gründen sinnvoll sein kann:

1. Die Schicht bzw. N_h ist groß im Vergleich zu den anderen Schichten.
2. Die Standardabweichung σ_h in der Schicht ist groß.
   Dies leuchtet ein, denn je größer die Varianz innerhalb einer Schicht ist, desto unterschiedlicher können die Stichproben ausfallen. In solchen Schichten sollte man eher große Stichproben ziehen. Umgekehrt benötigt man nur kleine Stichproben, wenn die Standardabweichung σ_h klein ist, denn in solchen Schichten sind auch die Schätzungen stabiler.

Die Neyman-Tschuprow-Aufteilung hat allerdings einen Schönheitsfehler: Man müsste zu jeder Schicht h die Standardabweichung σ_h kennen. Dies dürfte in der Praxis eher unrealistisch sein.

Jedoch sollte man nicht davor zurückschrecken, in der Formel (20.6) nur Schätzungen für die σ_h zu verwenden, denn unabhängig von der Stichprobenaufteilung beträgt die Zuverlässigkeit des Schätzverfahrens immer approximativ $1 - \alpha$.

Wer lieber eine proportionale Stichprobenaufteilung präferiert, da er sich keine Schätzungen für σ_h zutraut, trifft trotzdem eine, wenn auch unbewusste Annahme bezüglich der σ_h. Bei gleich großen Standardabweichungen σ_h erhält man nämlich als optimal Stichprobenaufteilung gemäß (20.6) eine proportionale Aufteilung.

Beispiel (Fortsetzung).

Lawrence vermutet, dass in der Schlossallee die Preise stark variieren, und im Unterdorf wenig variieren, da dort viele Sozialwohnungen sind. Er unterstellt mit seiner "Lebenserfahrung" für die Standardabweichungen folgende Beziehung:

$$\sigma_1 : \sigma_2 : \sigma_3 \quad = \quad 5 : 1 : 2.$$

Man kann sich leicht überlegen, dass Lawrence in der Formel (20.6) $\sigma_1 = 5$, $\sigma_2 = 1$, $\sigma_3 = 2$ verwenden darf, da es dort nur auf den Proporz der Standardabweichungen ankommt. Mit den obigen Werten $N_1 = 10000$, $N_2 = 25000$, $N_3 = 15000$ berechnet er zunächst

$$\sum_{j=1}^{K} \sigma_j N_j \quad = \quad 5 \cdot 10000 + 1 \cdot 25000 + 2 \cdot 15000 = 105\,000.$$

Nach wie vor sei der gesamte Stichprobenumfang nur $n = 10$. Dann folgt aus (20.6):

$$n_1 \quad = \quad \frac{5 \cdot 10000}{105\,000} \cdot 10 = 4.76 \approx 5,$$

$$n_2 \quad = \quad \frac{1 \cdot 25000}{105\,000} \cdot 10 = 2.38 \approx 2,$$

$$n_3 \quad = \quad \frac{2 \cdot 15000}{105\,000} \cdot 10 = 2.86 \approx 3.$$

Wie zu erwarten war, ist der Stichprobenumfang $n_2 = 2$ für das Unterdorf relativ klein, obwohl dieser Stadtteil der größte von allen ist. ☻

20.3   Optimale Schichtenaufteilung

Geschichtete Stichproben sind im Vergleich zu ungeschichteten, unabhängigen Zufallsstichproben um so vorteilhafter, je homogener die Schichten sind, bzw. je geringer die Varianzen innerhalb der Schichten sind. Dies haben wir bereits auf Seite 277 plausibel gemacht. Natürlich gibt es auch einen formalen Beweise dafür.

Im Extremfall, bei $\sigma_1^2 = \sigma_2^2 = \ldots = \sigma_K^2 = 0$ hätte man eine **optimale Schichtenaufteilung**. Der Punktschätzer besitzt dann keine Varianz mehr und schätzt den gesuchten Wert $\bar{x}_G$ perfekt. Falls der Anwender die Aufteilung der Schichten selbst gestalten kann, sollte er sich daher von diesen Aspekten leiten lassen.

Teil IV

Indizes

21 Indizes

Übersicht

Indizes dienen zum globalen Vergleich von wirtschaftlichen Größen zu verschiedenen Zeitpunkten oder Orten. Dabei unterscheidet man im Wesentlichen drei Arten von Indizes:

■ Wertindex bzw. Umsatzindex,
■ Preisindex, z.B. Preisindex für die Lebenshaltung, Index der Tariflöhne, Deutscher Aktienindex (DAX),
■ Mengenindex, z.B. Produktionsindex, Index der Wochenarbeitszeit, Bestandsindex.

Viele "amtliche Indizes" werden von Eurostat oder vom Statistischen Bundesamt im "Statistisches Jahrbuch" bzw. im Internet veröffentlicht. Aber auch im betriebswirtschaftlichen Bereich finden Indizes häufig Anwendung. Dort liefern sie Informationen, um unternehmensspezifische Trends aufzuzeigen, die als Planungshilfe dienen und mit allgemeinen Trends verglichen werden können.

Wir konzentrieren uns in diesem Kapitel vor allem auf die Darstellung der Grundideen und einiger mathematischen Eigenschaften von Indizes. Ausgangspunkt sind n verschie-

© Springer-Verlag GmbH Deutschland, ein Teil von Springer Nature 2019
C. Weigand, *Statistik mit und ohne Zufall*,
https://doi.org/10.1007/978-3-662-59309-7_21

dene Produkte, zu denen man sowohl die Mengen, als auch die Preise zu zwei Zeitpunkten kennt. Wir gebrauchen folgende Bezeichnungen:

$$t_0 = \text{Basisperiode,} \tag{21.1}$$

$$t = \text{Berichtsperiode,} \tag{21.2}$$

$$q_i(t) = \text{Menge des Produktes } i \text{ zum Zeitpunkt } t, \tag{21.3}$$

$$p_i(t) = \text{Preis des Produktes } i \text{ zum Zeitpunkt } t, \tag{21.4}$$

$$n = \text{Anzahl der Produkte.} \tag{21.5}$$

21.1   Wertindex

Der Wertindex beschreibt die Veränderung des Gesamtwertes aller n Produkte von der Basisperiode t_0 bis zur Berichtsperiode t. Der Begriff Wert, definiert als "Wert = Menge · Preis", entspricht je nach Problemstellung einem Umsatz, Ausgaben, Kosten u.a. Insofern sind statt der Bezeichnung "Wertindex" gelegentlich auch andere Bezeichnungen, wie beispielsweise "Umsatzindex", geläufig.

Zur Berechnung des Wertindex bildet man das Verhältnis des Gesamtwertes aller n Produkte zur Zeit t und zur Zeit t_0:

Wertindex

$$
\begin{aligned}
U(t_0,t) &= \frac{\sum_{i=1}^n q_i(t)\, p_i(t)}{\sum_{i=1}^n q_i(t_0)\, p_i(t_0)} \\[2mm]
&= \frac{\text{Gesamtwert aller Produkte zur Berichtszeit } t}{\text{Gesamtwert aller Produkte zur Basiszeit } t_0}
\end{aligned}
\tag{21.6}
$$

Beispiel (Bäckerei). Ortrun hat bei einer Bäckerei zur Basiszeit t_0 und zur Berichtszeit t jeweils die drei Produkte Brot, Semmeln und Torten eingekauft.

	Mengen			Preise		
	t_0	t		t_0	t	
Brot	200	210	[kg]	1.90	2.00	[€/kg]
Semmeln	1000	1400	[Stk]	0.22	0.20	[€/Stk]
Torten	15	12	[Stk]	40.00	50.00	[€/Stk]

Sie möchte wissen, wie sehr sich ihre Ausgaben von t_0 bis t verändert haben. Dazu betrachtet sie das Verhältnis der Gesamtausgaben:

$$
\begin{aligned}
U(t_0, t) &= \frac{\text{Ausgaben zur Berichtsperiode}}{\text{Ausgaben zur Basisperiode}} \\
&= \frac{210 \cdot 2.00 + 1400 \cdot 0.20 + 12 \cdot 50.00}{200 \cdot 1.90 + 1000 \cdot 0.22 + 15 \cdot 40.00} = \frac{1300}{1200} \\
&= 1.083.
\end{aligned}
\tag{21.7}
$$

Ortrun hat demnach in der Berichtsperiode 8.3% mehr Geld im Bäckerladen ausgegeben als zur Basisperiode.   ☻

Eine Wertveränderung berücksichtigt sowohl Mengenänderung als auch Preisänderung in einem. Insofern können wir bei alleiniger Betrachtung eines Wertindexes nur schwer analysieren, wie stark die Preise oder die Mengen an der Wertänderung verantwortlich sind. Dieses Ziel lässt sich mit Preis- und Mengenindizes verfolgen.

21.2   Preisindex

Mit einem Preisindex stellt man die Preisveränderungen bei mehreren Produkten durch eine einzige Kennziffer dar. In den Medien wird beispielsweise monatlich der Verbraucherpreisindex veröffentlicht, mit dem die "allgemeine Teuerungsrate" oder "Inflation" gemessen wird. Wir erörtern anhand des Beispiels "Bäckerei" die Vorgehensweise.

Beispiel (Fortsetzung). Ortrun interessiert sich für die Preisveränderungen, die der Bäcker vorgenommen hat. Die Preisveränderung jedes einzelnen Produkts i erhält Ortrun, indem sie pro Produkt die Berichts- und Basispreise ins Verhältnis setzt:

$$
\text{Brot:} \quad \frac{p_1(t)}{p_1(t_0)} = \frac{2.0}{1.9} = 1.053 \quad \text{d.h. Preisanstieg um 5.3\%.}
\tag{21.8}
$$

$$
\text{Semmeln:} \quad \frac{p_2(t)}{p_2(t_0)} = \frac{0.20}{0.22} = 0.909 \quad \text{d.h. Preisrückgang um 9.1\%.}
\tag{21.9}
$$

$$
\text{Torten:} \quad \frac{p_3(t)}{p_3(t_0)} = \frac{50}{40} = 1.250 \quad \text{d.h. Preisanstieg um 25\%.}
\tag{21.10}
$$

Das Preisverhältnis $\frac{p_i(t)}{p_i(t_0)}$ eines einzelnen Produktes nennt sich auch **einfacher Preisindex**.

Nun möchte Ortrun aber nicht nur für die einzelnen Produkte separat, sondern für alle Produkte gemeinsam die Preissteigerung darstellen. Dazu kauft Ortrun *dieselben* Mengen q_i bzw. denselben Warenkorb zuerst zur Basiszeit t_0 und anschließend nochmals zur Berichtszeit t ein. Zahlt sie dabei unterschiedliche Beträge, so ist das alleine auf die Preisänderungen zurückzuführen. Der Einfluss der Mengenveränderungen von t_0 bis t bzw. die Änderung von Ortruns Konsumgewohnheiten werden dadurch eliminiert.

Bei der Wahl des Warenkorbs bieten sich zwei naheliegende Möglichkeiten an. Entweder sie entscheidet sich für die Mengen $q_i(t_0)$, d.h den Warenkorb aus der Basiszeit, oder sie wählt die Mengen $q_i(t)$, d.h den Warenkorb aus der Berichtszeit. Im ersten Fall kauft Ortrun zweimal den Warenkorb "200 Brote, 1000 Semmeln, 15 Torten" und bildet das Verhältnis der Gesamtausgaben. Dies entspricht dem sogenannten **Preisindex nach Laspeyres**:

$$
\begin{aligned}
P_L(t_0, t) &= \frac{200 \cdot 2.00 + 1000 \cdot 0.20 + 15 \cdot 50.00}{200 \cdot 1.90 + 1000 \cdot 0.22 + 15 \cdot 40.00} \\
&= \frac{1350}{1200} = 1.125.
\end{aligned}
\tag{21.11}
$$

Im zweiten Fall kauft Ortrun zweimal den Warenkorb "210 Brote, 1400 Semmeln, 12 Torten" ein und erhält den sogenannten **Preisindex nach Paasche**:

$$
\begin{aligned}
P_P(t_0, t) &= \frac{210 \cdot 2.00 + 1400 \cdot 0.20 + 12 \cdot 50.00}{210 \cdot 1.90 + 1400 \cdot 0.22 + 12 \cdot 40.00} \\
&= \frac{1300}{1187} = 1.095.
\end{aligned}
\tag{21.12}
$$

Bei der Methode nach Laspeyres wird von t_0 bis t eine Steigerung der Preise aller Produkte von durchschnittliche 12.5% gemessen. Bei der Methode nach Paasche beträgt die durchschnittliche Preissteigerung 9.5%. In der Berichtszeit kauft Ortrun weniger Torten, die teurer wurden, und mehr Brötchen, die billiger wurden. Das erklärt, weshalb zumindest in diesem Beispiel der Paasche-Index geringer ausfällt als der Laspeyres-Index. Offenbar wird dieser Effekt durch den höheren Brotkonsum, der mit steigenden Preisen einhergeht, nicht aufgehoben. ☻

Wir definieren im allgemeinen Fall:

Einfacher Preisindex

$$
p_i(t_0, t) = \frac{p_i(t)}{p_i(t_0)} = \frac{\text{Berichtspreis des Produktes } i}{\text{Basispreis des Produktes } i}
\tag{21.13}
$$

Laspeyres-Preisindex

$$
P_L(t_0, t) = \frac{\sum_{i=1}^{n} q_i(t_0) \, p_i(t)}{\sum_{i=1}^{n} q_i(t_0) \, p_i(t_0)}
\tag{21.14}
$$

$$
= \frac{\text{Gesamtwert der Basismengen zu Berichtspreisen}}{\text{Gesamtwert der Basismengen zu Basispreisen}}
$$

Paasche-Preisindex

$$P_P(t_0,t) = \frac{\sum_{i=1}^{n} q_i(t)\, p_i(t)}{\sum_{i=1}^{n} q_i(t)\, p_i(t_0)} \tag{21.15}$$

$$= \frac{\text{Gesamtwert der Berichtsmengen zu Berichtspreisen}}{\text{Gesamtwert der Berichtsmengen zu Basispreisen}}$$

Der einfache Preisindex wird auch als **Preis-Messzahl** bezeichnet.

21.3 Mengenindex

Mengenindizes werden in der Volkswirtschaft auch als **Produktionsindizes** bezeichnet. Sie beschreiben die Mengenveränderungen bei verschiedenen Produkten in Form einer einzigen Kennziffer. Das Statistische Bundesamt veröffentlicht beispielsweise den "Produktionsindex für das produzierende Gewerbe", der wiederum in verschiedene Subindizes wie etwa "Chemische Industrie","Maschinenbau" etc. unterteilt ist. Wir erläutern die grundsätzliche Vorgehensweise anhand unseres Beispiels.

Beispiel (Fortsetzung). Ortrun möchte wissen, wie sich ihr Konsumverhalten bzw. die von ihr eingekauften Mengen von t_0 bis t verändert haben. Dazu betrachtet sie für jedes Produkt i den **einfachen Mengenindex**:

$$\text{Brot:} \quad \frac{q_1(t)}{q_1(t_0)} = \frac{210}{200} = 1.05 \text{ d.h. Mengenanstieg um } 5.0\%. \tag{21.16}$$

$$\text{Semmeln:} \quad \frac{q_2(t)}{q_2(t_0)} = \frac{1400}{1000} = 1.40 \text{ d.h. Mengenanstieg um } 40\%. \tag{21.17}$$

$$\text{Torten:} \quad \frac{q_3(t)}{q_3(t_0)} = \frac{12}{15} = 0.80 \text{ d.h. Mengenrückgang um } 20\%. \tag{21.18}$$

Nun möchte Ortrun aber nicht nur für die einzelnen Produkte separat, sondern für alle Produkte gemeinsam die Mengenveränderung darstellen. Dazu bildet Ortrun das Verhältnis der Gesamtmengen in der Basiszeit und in der Berichtszeit:

$$\frac{210[\text{kg Brot}] + 1400[\text{Stk Sem}] + 12[\text{Stk Tor}]}{200[\text{kg Brot}] + 1000[\text{Stk Sem}] + 15[\text{Stk Tor}]} = \frac{1622\,[??]}{1215\,[??]} = 1335\,[??].$$

Diese Rechnung ergibt keinen Sinn, denn zum einen werden unterschiedliche Mengeneinheiten addiert, zum anderen wird ein Billigprodukt, wie etwa eine Semmel, mit einem teueren Produkt, wie etwa einer Torte, gleich gesetzt.

Ortrun verfolgt daher eine andere Idee. Sie kauft zu *unveränderten Preisen* zuerst die Mengen der Basiszeit $q_i(t_0)$ ein und anschließend die Mengen der Berichtszeit $q_i(t)$. Zahlt Ortrun in der Berichtszeit mehr als in der Basiszeit, so hat sie "mehr" eingekauft, denn der höhere Wert der Produkte kann nicht mit Preisänderungen er-klärt werden.

Bei der Wahl des "Preisschemas" bieten sich zwei naheliegende Möglichkeiten an. Entweder sie entscheidet sich für die Preise $p_i(t_0)$ der Basiszeit, oder für die Preise $p_i(t)$ der Berichtszeit. Im ersten Fall erhält sie den sogenannten **Mengenindex nach Laspeyres**

$$
\begin{aligned}
Q_L(t_0,t) &= \frac{210 \cdot 1.90 + 1400 \cdot 0.22 + 12 \cdot 40.00}{200 \cdot 1.90 + 1000 \cdot 0.22 + 15 \cdot 40.00} \\
&= \frac{1187}{1200} = 0.989,
\end{aligned}
\tag{21.19}
$$

und im zweiten Fall erhält den sogenannten **Mengenindex nach Paasche**:

$$
\begin{aligned}
Q_P(t_0,t) &= \frac{210 \cdot 2.00 + 1400 \cdot 0.20 + 12 \cdot 50.00}{200 \cdot 2.00 + 1000 \cdot 0.20 + 15 \cdot 50.00} \\
&= \frac{1300}{1350} = 0.963.
\end{aligned}
\tag{21.20}
$$

Bei der Methode nach Laspeyres wird von t_0 bis t ein Rückgang der eingekauf-ten Mengen von durchschnittliche 1.1% gemessen. Bei der Methode nach Paasche beträgt der durchschnittliche Mengenrückgang 3.7%. Offenbar ist der Konsumrück-gang bei den Torten gravierender, als die Steigerungen bei Semmeln und Brot. Da bei der Paaschemethode die Torten mit einem höheren Preis als bei der Laspeyres-methode bewertet werden, tritt hier der Mengenrückgang deutlicher zu Tage. ☻

Wir definieren im allgemeinen Fall:

Einfacher Mengenindex

$$
q_i(t_0,t) = \frac{q_i(t)}{q_i(t_0)} = \frac{\text{Berichtsmenge des Produktes } i}{\text{Basismenge des Produktes } i}
\tag{21.21}
$$

Laspeyres-Mengenindex

$$
\begin{aligned}
Q_L(t_0,t) &= \frac{\sum_{i=1}^n q_i(t)\, p_i(t_0)}{\sum_{i=1}^n q_i(t_0)\, p_i(t_0)} \\
&= \frac{\text{Gesamtwert der Berichtsmengen zu Basispreisen}}{\text{Gesamtwert der Basismengen zu Basispreisen}}
\end{aligned}
\tag{21.22}
$$

Paasche-Mengenindex

$$
\begin{aligned}
Q_P(t_0,t) &= \frac{\sum_{i=1}^n q_i(t)\, p_i(t)}{\sum_{i=1}^n q_i(t_0)\, p_i(t)} \\
&= \frac{\text{Gesamtwert der Berichtsmengen zu Berichtspreisen}}{\text{Gesamtwert der Basismengen zu Berichtspreisen}}
\end{aligned}
\tag{21.23}
$$

Der einfache Mengenindex wird auch als **Mengen-Messzahl** bezeichnet.

21.4 Zusammenhang zwischen Wert-, Preis- und Mengenindizes

Aus den Mengen- und Preisindizes kann man den Wertindex bestimmen. Allerdings ist die Rechnung nur korrekt, wenn die Laspeyres- und Paasche- Berechnungsmethoden "gemischt" eingesetzt werden:

$$U(t_0,t) = Q_L(t_0,t) \cdot P_P(t_0,t), \tag{21.24}$$

$$U(t_0,t) = Q_P(t_0,t) \cdot P_L(t_0,t). \tag{21.25}$$

Beispiel (Fortsetzung). Ortrun greift auf die bisherigen Ergebnisse (21.7), (21.11), (21.12), (21.19), (21.20) zurück. Diese erfüllen offenbar die Beziehungen (21.24) und (21.25):

$$1.083 = 0.989 \cdot 1.095 \quad \text{und} \quad 1.083 = 0.963 \cdot 1.125. \tag{21.26}$$

☻

Der allgemeine Beweis ergibt sich durch Einsetzen der entsprechenden Formeln und wird dem begeisterten Leser überlassen.

21.5 Subindizes

Werden die n Produkte in Gruppen bzw. Segmente aufgeteilt, kann man pro Segment jeweils getrennt eigene Indizes berechnen, die man Subindizes nennt. Unterteilt man die Segmente noch weiter in Unter-Segmente und Unter-Unter-Segmente, so ergibt sich ein System von Sub- und Subsubindizes. Die unterste Stufe, quasi die Atome der Hierarchie, bilden die "einfachen Indizes" im Sinne von (21.13) und (21.21).

Kennt man die Subindizes, kann man aus diesen wiederum den jeweils höheren Index berechnen, indem man einen gewogenen Durchschnitt bildet. Dabei ist allerdings zu unterscheiden, ob Laspeyres- oder Paasche Indizes vorliegen.

Aggregation von Laspeyres-Subindizes

$$I_L(t_0,t) = \text{Laspeyres-Gesamtindex} \tag{21.27}$$

$$= \text{gewogenes } \textit{arithmetisches} \text{ Mittel der Laspeyres-Subindizes}$$

$$= \sum_k \begin{pmatrix} \text{Laspeyres-Subindex zu} \\ \text{Segment } k \end{pmatrix} \cdot \begin{pmatrix} \text{Wertanteil des Segments } k \text{ zur} \\ \text{Zeit } t_0 \end{pmatrix}$$

Diese Aggregation gilt für Mengen- und Preisindizes gleichermaßen. Wir stellen den Beweis auf Seite 473 zurück.

Bei der Paasche-Methode wird statt des gewogenen arithmetischen Mittelwertes ein gewogenes harmonisches Mittel gebildet.

Aggregation von Paasche-Subindizes

$$I_P(t_0,t) = \text{Paasche-Gesamtindex} \tag{21.28}$$

$$= \text{gewogenes } \textit{harmonisches} \text{ Mittel der Paasche-Subindizes}$$

$$= \frac{1}{\sum \left(\frac{1}{\text{Paasche-Subindex zu Segment } k}\right) \cdot \left(\substack{\text{Wertanteil des Segments } k \text{ zur Zeit}\\ t}\right)}$$

Wir gehen hier jedoch nicht weiter ins Detail und beschränken uns auf den Fall, dass Laspeyresindizes vorliegen, da in der Praxis fast ausschließlich nur diese anzutreffen sind. Im nächsten Unterkapitel besprechen wir die Gründe dafür.

Beispiel (Fortsetzung). Nun wollen wir über eine Aggregation der einfachen Indizes nochmals den Laspeyres-Preisindex berechnen. Ortrun hat bereits in (21.8)-(21.10) die Werte der einfachen Preisindizes $\frac{p_i(t)}{p_i(t_0)}$ ermittelt, welche die Preisveränderungen der einzelnen Produkte separat ausweisen.

Berechnet sie den ungewogenen Durchschnitt $\frac{1.053+0.909+1.250}{3} = 1.071$ der drei einfachen Indizes, so erhält sie ein unbrauchbares Ergebnis, da alle Produkte gleichermaßen in die Rechnung eingehen. Es wird in keiner Weise berücksichtigt, dass eine Preiserhöhung bei Produkten, für die Ortrun viel Geld ausgibt, viel deutlicher zu spüren ist.

Daher entscheidet sich Ortrun beim *gewogenen* arithmetischen Mittel für ein Wägungsschema, das die Ausgabenanteile w_i der einzelnen Produkte gemessen an den Gesamtausgaben berücksichtigt. Dabei legt sie die Basisperiode t_0 zu Grunde, um dem Prinzip von Laspeyres gerecht zu werden. Die Idee, die physikalischen Gewichte der einzelnen Produkte als Wägungsschema zu verwenden, lehnt übrigens Ortrun zu Recht als unsinnig ab. Der Gesamtwert aller Produkte in der Basisperiode t_0 ergibt:

$$\sum_{i=1}^{n} q_i(t_0) \cdot p_i(t_0) = 200 \cdot 1.90 + 1000 \cdot 0.22 + 15 \cdot 40.00$$

$$= 1200 \, [\text{€}]. \tag{21.29}$$

Die Ausgabenanteile bzw. Wertanteile w_i der einzelnen Produkte betragen in der Basisperiode t_0:

$$\text{Brot:} \qquad w_1 \;=\; \frac{q_1(t_0)\,p_1(t_0)}{\sum q_i(t_0)\,p_i(t_0)} \;=\; \frac{200\cdot 1.90}{1200} \;=\; 0.3167. \tag{21.30}$$

$$\text{Semmeln:} \quad w_2 \;=\; \frac{q_2(t_0)\,p_2(t_0)}{\sum q_i(t_0)\,p_i(t_0)} \;=\; \frac{1000\cdot 0.22}{1200} \;=\; 0.1833. \tag{21.31}$$

$$\text{Torten:} \qquad w_3 \;=\; \frac{q_3(t_0)\,p_3(t_0)}{\sum q_i(t_0)\,p_i(t_0)} \;=\; \frac{15\cdot 40.00}{1200} \;=\; 0.50. \tag{21.32}$$

Ortrun ist offenbar ein Schleckermäulchen, denn sie verwendet die Hälfte der Gesamtausgaben für Torten. Das gewogene Mittel der einfachen Preisindizes ergibt

$$\begin{aligned} P_L(t_0,t) &= \sum_{i=1}^{n} \frac{p_i(t)}{p_i(t_0)}\, w_i \\ &= 1.053\cdot 0.3167 + 0.909\cdot 0.1833 + 1.250\cdot 0.50 \;=\; 1.125 \end{aligned}$$

und ist derselbe Preisindex nach Laspeyres, den wir bereits in (21.11) berechnet haben. Den Preisindex als Mittelwert der Subindizes darzustellen, hat den Vorteil, dass nun sichtbar wird, wie die einzelnen Produkte bzw. Segmente die Gesamtpreisentwicklung beeinflussen. Für das Schleckermäulchen Ortrun sind die Torten die Hauptpreistreiber.   ☻

Beispiel (Verbraucherpreisindex). Ende der neunziger Jahre wurde in Deutschland der Telekomunikationsmarkt liberalisiert, wodurch sich die Preise für Nachrichtenübermittlung verringert haben. Um zu analysieren, wie sich dies auf die damalige "Inflation" dämpfend ausgewirkt hat, betrachten wir den Verbraucherpreisindex, der die Entwicklung der Lebenshaltungskosten aller privaten Haushalte in Deutschland beschreibt. Das Statistische Bundesamt hat dazu unter anderem folgende Werte veröffentlicht, die sich auf die Basisperiode 1995 beziehen und nach der Laspeyres-Methode berechnet worden sind:

	Gewicht	1995	1996	1997	1998
Gesamtindex	**1000**	**1.000**	**1.014**	**1.033**	**1.043**
Nachrichtenübermittlung	22.66	1.000	1.009	0.979	0.973

Die Gewichte entsprechen den Wertanteilen w_i, welche hier als Ausgabenanteile der Konsumenten zu interpretieren sind. Das Gewicht 22.66 besagt demnach, dass im Jahr 1995 ein Konsument im Schnitt 22.66 Promille bzw. 2.266% seiner Gesamtausgaben für Nachrichtenübermittlung aufwendete.

Wir wollen ausrechnen, wie hoch die mittlere jährliche Preissteigerung der gesamten Lebenshaltungskosten von 1996-1998 betragen, wenn man den Nachrichtenübermittlungssektor unberücksichtigt ließe. Dazu benötigen wir zunächst die Subindizes $P_L^{rest}(95,96)$ und $P_L^{rest}(95,98)$. Diese erhalten wir aus

$$P_L(95,96) \overset{(21.27)}{=} P_L^{nachr}(95,96) \cdot 0.02266$$
$$+ P_L^{rest}(95,96) \cdot (1 - 0.02266)$$

$$\Leftrightarrow$$

$$1.014 = 1.009 \cdot 0.02266 + P_L^{rest}(95,96) \cdot (1 - 0.02266)$$

$$\Leftrightarrow$$

$$P_L^{rest}(95,96) = 1.014116$$

und

$$P_L(95,98) \overset{(21.27)}{=} P_L^{nachr}(95,98) \cdot 0.02266$$
$$+ P_L^{rest}(95,98) \cdot (1 - 0.02266)$$

$$\Leftrightarrow$$

$$1.043 = 0.973 \cdot 0.02266 + P_L^{rest}(95,98) \cdot (1 - 0.02266)$$

$$\Leftrightarrow$$

$$P_L^{rest}(95,98) = 1.044623.$$

Die Preissteigerung für "Rest" von 1996 bis 1998 beträgt wegen

$$\frac{P_L^{rest}(95,98)}{P_L^{rest}(95,96)} = \frac{1.044623}{1.014116} = 1.0301$$

3.01 %. Zur Berechnung der jährlichen, durchschnittlichen Preissteigerung bilden wir das geometrischen Mittel

$$\sqrt{1.03008246} = 1.0149.$$

Folglich stiegen die Preise der Lebenshaltungskosten ohne den Nachrichtenübermittlungssektor von 1996 bis 1998 um durchschnittlich 1.49% pro Jahr. Dagegen beträgt die Preissteigerung inklusive dem Nachrichtenübermittlungssektor 1.42% pro Jahr. Dies folgt aus

$$\sqrt{\frac{P_L(95,98)}{P_L(95,96)}} = \sqrt{\frac{1.043}{1.014}} = \sqrt{1.0286} = 1.0142.$$

☻

Verbraucherpreisindex für Deutschland, Basis 2010

Jahr	2017	2016	2015	2010	2005	2000	1995	Gewichte
Gesamtindex	109.3	107.4	106.9	100	92.5	85.7	80.5	1000
Nahrungsmittel und alkoholfr. Getränke	116.4	113.2	112.3	100	89.1	84.9	84.1	102.7
Alkohol. Getränke, Tabakwaren	118.9	116.0	113.4	100	88.5	68.5	63.7	37.6
Bekleidung und Schuhe	108.5	107.0	106.3	100	96.6	98.4	96.5	44.9
Wohnungsmiete, Brennstoffe, Wasser	109.6	107.9	108.0	100	90.9	83.0	75.1	317.3
Einrichtungsgegenstände	104.1	103.8	103.2	100	95.9	94.4	92.4	49.8
Gesundheitspflege	107.0	105.1	103.4	100	95.0	76.5	68.9	44.4
Verkehr	107.6	104.6	105.5	100	89.3	78.5	69.4	134.7
Nachrichtenübermittlung	89.8	90.3	91.2	100	114.0	121.5	154.9	30.1
Freizeit, Unterhaltung, Kultur	108.0	106.1	105.0	100	98.8	100.1	96.4	114.9
Bildungswesen	95.5	94.4	92.8	100	75.6	67.7	56.7	8.8
Beherbergung und Gaststätten	115.5	113.2	111.0	100	91.0	84.7	79.8	44.7
Andere Waren- und Dienstleistungen	109.2	109.2	107.2	100	91.8	84.2	78.6	70.0

Tab. 21.1 Die Werte der Indizes sind mit 100 multipliziert worden. Die Gewichte sind Promillwerte und entsprechen den Ausgabeanteilen der Konsumenten in Deutschland im Jahr 2010. Datenquelle: Statistisches Bundesamt.

21.6 Indizes in der Praxis

Wir gehen auf einige, in der Praxis bekannte Indizes näher ein. Weitere Informationen findet man in den Publikationen der Statistischen Landes- und Bundesämter, von Eurostat, den Wirtschaftsministerien, der Bundesbank oder der Europäischen Zentralbank.

A: Preisindizes

Verbraucherpreisindex für Deutschland

Das Statistische Bundesamt veröffentlicht eine Reihe von Preisindizes, von denen der bekannteste, und vielleicht auch wichtigste Index der Verbraucherpreisindex ist. Er wurde früher auch "Preisindex für die Lebenshaltung aller privaten Haushalte" genannt. Der Verbraucherpreisindex misst die durchschnittliche Preisveränderung aller Waren und Dienstleistungen, die von privaten Haushalten für *Konsumzwecke* gekauft werden. Verwendung findet der Verbraucherpreisindex typischerweise zur

- Quantifizierung der Geldwertstabilität bzw. "Inflation" in Deutschland,
- Deflationierung von Wertgrößen, wie beispielsweise Löhne und Gehälter,
- Wertsicherung bei langfristigen Vertragsbeziehungen, wie etwa bei Erbpachtverträgen. Dies wird in sogenannten Wertsicherungsklauseln verankert.

Die Konsumausgaben ausländischer Touristen in Deutschland sind im Verbraucherpreisindex einbezogen. Die Ausgaben der Deutschen als Touristen im Ausland werden jedoch nicht berücksichtigt.

Der Verbraucherpreisindex ist ein Laspeyres-Preisindex mit festem Basisjahr, bei dem ein Mengengerüst $q_i(t_0)$ bzw. Warenkorb zu Grunde liegt, das möglichst gut die Güter des täglichen Bedarfs, Mieten, langlebige Gebrauchsgüter und auch Dienstleistungen zu berücksichtigen versucht. Dazu werden ca. 600 Waren und Dienstleistungen genau beschriebenen. Alle 5 Jahre wird das Basisjahr neu bestimmt und der Warenkorb durch Haushaltsbefragungen angepasst. Dabei geht es vor allem um eine Aktualisierung der Mengenanteile bzw. Ausgabenanteile der verschiedenen Produkte, welche sich aus veränderten Verbrauchergewohnheiten ableiten lassen.

Darüber hinaus werden auch neue Produkte im Warenkorb aufgenommen und veraltete entfernt. So wurde beispielsweise im Basisjahr 2000 Pizza zum Mitnehmen, Brötchen zum Fertigbacken, Blutdruckmessgeräte, die Fahrradreparatur, die Preise für Sonnen- und Fitnessstudios und Internet-Tarife neu im Warenkorb aufgenommen. Gestrichen wurden Kaffeefilter aus Kunststoff, Diaprojektoren und elektrische Schreibmaschinen. Andere Güter wurden durch moderne Produkte ersetzt, etwa Disketten durch CD-Rohlinge, Schreibmaschinen- durch Druckerpapier, Farbband durch Drucker-Farbpatronen, Fußboden- durch Allzweckreiniger und PVC-Bodenbelag durch Laminat. Ähnliche Anpassungen wurden in den Jahren Jahr 2005, 2010, 2015 und natürlich auch schon vor 2000 vorgenommen. Allerdings dauert es meist drei Jahre, bis die Anpassung veröffentlicht wird. Daher ist der Index in der Tabelle 21.1 auch im Jahr 2018 noch nicht auf die Basis 2015 aktualisiert worden.

Die Berechnung des Verbraucherpreisindex erfolgt monatlich, indem hunderte Preisermittler in sogenannten Berichtsgemeinden in tausenden von Berichtsstellen (z.B. Einzelhandelsgeschäfte, Dienstleister, Onlinehandel) über 300 000 Einzelpreise erheben. Dabei handelt es sich um Bruttopreise, also um Preise inklusive der Umsatzsteuer. Eventuell gewährte Preisnachlässe werden ebenfalls berücksichtigt.

Diese Vorgehensweise ist sehr aufwendig. Würden die Statistischen Ämter nicht nach der Laspeyres-Methode, sondern nach der Paasche Methode verfahren, müssten zu den Preisen zusätzlich noch die Verbrauchergewohnheiten, d.h. der Warenkorb monatlich neu ermittelt werden. Dies wäre außerordentlich zeitaufwendig und mit sehr hohen Kosten verbunden.

Der Verbraucherpreisindex lässt sich durch ein System von Subindizes bezüglich verschiedener Ausgabekategorien bzw. Segmente aufschlüsseln. In der obersten Stufe wird der Gesamtindex in 12 Subindizes unterteilt, die in in Tabelle 21.1 zu sehen sind. Die Gewichte entsprechen den Ausgabeanteilen in der Basisperiode 2010. Beispielsweise kann man erkennen, dass der deutsche Verbraucher im Schnitt 10.27% seiner Gesamtausgaben für "Nahrungsmittel und alkoholfreie Getränke" aufwendet. Den größten Anteil bildet das Segment "Wohnungsmiete, Brennstoffe und Wasser" mit 31.73%.

Die Verbraucherpreise sind von 1995-2017 wegen $\frac{109.3}{80.5} = 1.358$ insgesamt um 35.8% gestiegen. Die durchschnittliche, jährliche Steigerungsrate berechnet man mit dem geometrischen Mittel: $\sqrt[22]{1.358} = 1.014$. Demnach sind die Preise aller Produkte im Schnitt um 1.4% jährlich gestiegen. Dies entspricht der sogenannten jährlichen Inflationsrate im Zeitraum 1995 bis 2017.

Ganz anders verhält es sich im Segment "Nachrichtenübermittlung": Wegen $\frac{89.8}{154.9} = 0.580$ liegt von 1995-2017 ein Preisrückgang um 42% vor. Wegen $\sqrt[22]{0.580} = 0.97554$ besteht hier eine jährliche Deflationsrate von 2.45%.

Harmonisierter Verbraucherpreisindex HVPI

In den Ländern der EU gibt es bei der Berechnung der nationalen Verbraucherpreisindizes historisch bedingte Unterschiede in Bezug auf Methodik und Verfahrensweisen. Dies hat zur Folge, dass diese Indizes nicht geeignet sind, die Preisstabilität innerhalb der Europäischen Union oder auch innerhalb der Europäischen Währungsunion angemessen darzustellen oder zu vergleichen. Daher wurden auf europäischer Ebene gemeinsame Methoden und Standards für die Berechnung eines Verbraucherpreisindexes festgelegt, den man Harmonisierten Verbraucherpreisindex HVPI nennt.

Zunächst werden jeweils auf nationaler Ebene die HVPI berechnet. Dabei ist zwar die Auswahl der Dientleistungen und Waren, welche den Warenkorb darstellen, für die Länder gleich, jedoch sind individuelle Wertigkeiten bzw. Gewichtungen zugelassen. Beispielsweise dürfte der Heizenergieanteil in Finnland ein höherer sein als in Griechenland. In einem zweiten Schritt werden diese nationalen HVPI vom statistischen Amt der Europäischen Union (Eurostat) für die Europäische Union, für die Europäische Währungsunion und für den Europäischen Wirtschaftsraum aggregiert. Als Gewicht dient der private Konsum der Länder, wobei dieser durch unterstellte Mieten für Eigentumswohnungen bereinigt wird.

Aktien Indizes

Der erste Aktienindex wurde von Henry Dow 1884 in den USA veröffentlicht, der sich hauptsächlich aus Wertpapieren von Eisenbahngesellschaften zusammensetzte. Es folgten weitere Indizes, von denen der Dow Jones Industrial Average DJIA einer der Bekanntesten ist. Er wurde erstmals am 26. Mai 1896 veröffentlicht.

In Deutschland findet heute neben zahlreichen anderen Aktienindizes vor allem der Deutsche Aktienindex DAX besondere Beachtung. Die Basis des DAX wurde am 30. Dezember 1987 auf 1000 Punkte festgesetzt. Der DAX umfasst die Aktientitel der größten 30 deutschen als Aktiengesellschaft geführten Unternehmen. Er entspricht in seiner Grundidee einem Laspeyres-Preisindex, der sich auch als Durchschnitt von Kursen darstellen

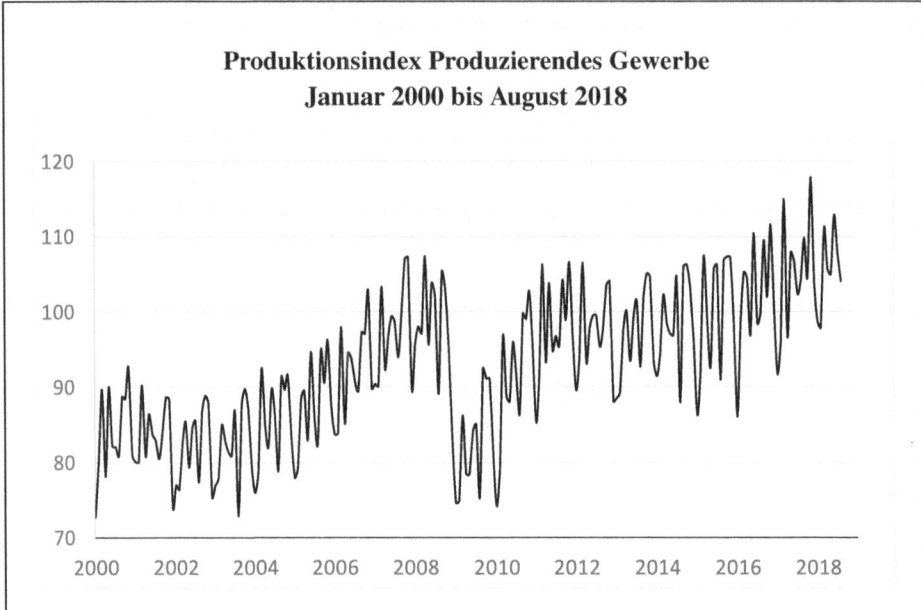

Produktionsindex Produzierendes Gewerbe
Januar 2000 bis August 2018

Abb. 21.1 Die monatlichen Werte des Index sind mit 100 multipliziert worden. Das Basisjahr ist 2015. Man erkennt deutlich die Auswirkungen der Wirtschaftskrise Ende 2008. Datenquelle: Statistisches Bundesamt.

lässt. Die Gewichtung der Aktientitel bestimmt sich dabei über die Marktkapitalisierung der sich im Streubesitz befindenden Aktien der 30 Unternehmen.

Welche Unternehmen im DAX repräsentiert werden, wird jeweils im September und zu besonderen Anlässen auch unterjährig entschieden, wobei als Kriterien der Börsenumsatz und die Marktkapitalisierung der Unternehmen herangezogen werden. Bei der Berechnung des DAX werden noch weitere Teilprobleme, wie beispielsweise die Einbeziehung von Ausschüttungen, berücksichtigt. Daher gibt es den DAX als "reinen" Kurs-Index und zudem noch als sogenannten "Performanceindex", der um Dividendenzahlungen und Bezugsrechte bereinigt ist.

Die DAX-Titel stellen über 60 Prozent des gesamten Grundkapitals inländischer börsennotierter Unternehmen dar. Insofern ist der DAX ein relativ guter Indikator zur gemittelten Darstellung der Veränderungen von deutschen Aktienkursen im Zeitverlauf.

Neben dem populären "DAX" veröffentlicht die Deutsche Börse AG noch zahlreiche weitere Indizes (z.B. MDAX, TecDAX, ..), die sich jeweils auf bestimmte Aktiensegmente beziehen.

B: Mengenindizes

Produktionsindex für das Produzierende Gewerbe

Dieser Index dient zur Darstellung der Entwicklung der Produktionsmengen des gesamten produzierenden Gewerbes, sowie verschiedener Wirtschaftszweige. Berechnet werden Laspeyres-Mengenindizes, die man wiederum über ein System von Subindizes zum Gesamtindex aggregiert. Die Tabelle 21.2 zeigt den Produktionsindex für das Produzierende Gewerbe zur Basis 2010. Zudem gibt die Abbildung 21.1 einen Überblick, wie sich die Produktion in Deutschland im Zeitverlauf von 2000 bis August 2018 monatlich entwickelt hat. Deutlich erkennbar ist der massive Produktionsrückgang Ende 2008 wegen der Wirtschaftskrise.

Die Statistischen Ämter schreiben monatlich die Produktionsindizes für rund 1000 Erzeugnisse nach der Nomenklatur eines sogenannten "Produktions-Eilberichts" fort, der von bestimmten Unternehmen eingeholt wird. Da die Unternehmen gewissermaßen volkswirtschaftlich vernetzt produzieren, müssen die Produktionsmengen eines Unternehmens in geeigneter Weise bezüglich der Vorleistungen, die bereits von anderen Unternehmen und Zulieferern erbracht wurden, bereinigt werden.

Weitere amtliche Indizes

In den Veröffentlichungen der Statistischen Landesämter, des Statistischen Bundesamtes oder Eurostats findet man eine Fülle weiterer Umsatz, Preis- und Mengenindizes.

21.7   Verknüpfung

Wir erklären die Vorgehensweise exemplarisch anhand des amtlichen Verbraucherpreisindex.

Beispiel (Verbraucherpreisindex). Beim amtlichen Verbraucherpreisindex werden alle 5 Jahre der Warenkorb, d.h. die Mengen angepasst. So entstehen mehrere Indexreihen mit einer Länge von 5 Jahren. Da aber beispielsweise der Index mit dem Warenkorb von 2015 erst verzögert in 2019 erstmalig veröffentlicht wird, kann die Indexreihe zur Basis 2010 vorübergehend auch länger als 5 Jahre sein.

	2017	2016	2015	2014	2013	2012	2011	2010	2009	2008	2007	2006	2005
$P_L(10,t)$	1.093	1.074	1.069	1.066	1.057	1.041	1.021	**1**			**A**		
$P_L(05,t)$			**B**					1.082	1.07	1.066	1.039	1.016	**1**

Wollen wir die Gesamtentwicklung über einen längeren Zeitraum darstellen, steht zumindest keine über den kompletten Zeitraum durchgängige Indexreihe zur Verfügung. Daher verknüpft man die verschiedenen "fünfjährigen" Indexreihen zu einer einzigen Reihe. Dabei wird die eine Reihe **proportional** zur anderen Reihe wei-

Produktionsindex - Indizes für das Produzierende Gewerbe

	2011	2012	2013	2014	2015	2016
Bergbau und Verarbeitendes Gewerbe	108.3	107.1	106.9	108.9	110.0	111.5
- Vorleistungsgüter	107.3	104.5	104.0	105.9	106.4	107.6
- Investitionsgüter	112.4	113.2	113.4	116.1	118.0	119.8
- Konsumgüter	102.2	99.8	100.2	101.6	102.3	103.8
- Gebrauchsgüter	104.6	100.5	99.6	100.0	103.1	106.4
- Verbrauchsgüter	101.7	99.6	100.3	101.9	102.1	103.3
Bergbau und Gewinnung v. Steinen u. Erden	100.2	94.3	83.4	82.1	78.1	71.8
Verarbeitendes Gewerbe	108.5	107.3	107.2	109.3	110.5	112.0
- Herstellung von Nahrungs- und Futtermitteln	100.6	100.6	100.4	100.5	100.6	102.1
- Getränkeherstellung	103.6	103.2	103.7	104.9	97.7	98.5
- Tabakverarbeitung	96.1	81.6	76.7	72.6	74.0	74.9
- Herstellung von Textilien	101.5	94.0	93.4	95.7	97.5	99.2
- Herstellung von Bekleidung	98.8	89.5	86.8	91.4	86.7	86.7
- Herstellung von Leder, Lederwaren und Schuhen	106.2	96.7	96.3	110.1	117.5	115.5
- Herstellung v. Holz-, Flecht-, Korb- und Korkwaren (ohne Möbel)	116.2	115.6	113.7	111.8	110.7	112.4
- Herstellung von Papier, Pappe und Waren daraus	100.6	98.5	97.0	96.1	96.8	95.7
- Herstellung von Druckerzeugnissen; Vervielfältigung von bespielten Ton-. Bild- und Datenträgern	101.2	98.1	93.8	94.0	91.9	89.9
- Kokerei und Mineralölverarbeitung	99.9	101.6	98.8	98.1	100.7	101.6
- Herstellung von chemischen Erzeugnissen	101.0	98.1	98.6	97.3	96.9	96.9
- Herstellung von pharmazeutischen Erzeugnissen	104.8	102.4	107.8	113.4	118.4	121.5
- Herstellung von Gummi- und Kunststoffwaren	105.8	103.7	105.2	105.7	108.1	110.5
- Herstellung von Glas und Glaswaren. Keramik. Verarbeitung von Steinen und Erden	108.1	103.3	102.8	105.1	105.1	108.0
- Metallerzeugung und -bearbeitung	104.7	100.8	100.2	103.0	103.1	102.5
- Herstellung von Metallerzeugnissen	111.7	110.0	111.1	114.2	115.3	118.0
- Herstellung von Datenverarbeitungsgeräten. elektronischen und optischen Erzeugnissen	114.1	112.0	111.5	115.6	120.4	124.0
- Herstellung von elektrischen Ausrüstungen	108.6	105.0	101.7	103.5	103.1	104.4
- Maschinenbau	113.7	115.1	113.2	114.6	115.1	115.4
- Herstellung von Kraftwagen und Kraftwagenteilen	113.2	112.7	114.1	119.0	119.7	122.1
- Sonstiger Fahrzeugbau	113.4	119.7	124.4	126.4	135.0	144.0
- Herstellung von Möbeln	103.3	101.6	96.8	97.4	100.7	100.9
- Herstellung von sonstigen Waren	104.6	108.4	111.3	115.6	119.5	123.9
- Reparatur und Install. v. Maschinen u. Ausrüst.	108.1	107.9	109.4	111.1	116.6	114.9

Tab. 21.2 Basis = 2010. Die Werte der Indizes sind mit 100 multipliziert worden. Datenquelle: Statistisches Bundesamt, Statistisches Jahrbuch 2017.

tergeführt. Wir führen die entsprechende Rechnung exemplarisch für die fehlenden Werte A und B durch:

A: Gesucht ist der Preisindex $P_L(10, 07)$. Hier ist das Jahr 2010 Basiszeit und das Jahr 2007 Berichtszeit. Am Index $P_L(05, t)$ können wir erkennen, wie sich die Preise von 2010 bis 2007 verändert haben: $\frac{P_L(05,07)}{P_L(05,10)} = \frac{1.039}{1.082} = 0.960$. Diese relative Veränderung übertragen wir auf die obere Indexreihe $P_L(10,t)$ und fordern, dass sich deren Indexwerte zu diesen Zeitpunkten genauso verhalten:

$$\frac{P_L(10,07)}{P_L(10,10)} = \frac{P_L(05,07)}{P_L(05,10)} = 0.960. \tag{21.33}$$

Wegen $P_L(10,10) = 1$ erhalten wir schließlich den gesuchten Wert $P_L(10,07) = 0.960$.

B: Gesucht ist der Preisindex $P_L(05,15)$. Hier ist das Jahr 2005 Basiszeit und das Jahr 2015 Berichtszeit. Am Index $P_L(10,t)$ können wir erkennen, wie sich die Preise von 2010 bis 2015 verändert haben: $\frac{P_L(10,15)}{P_L(10,10)} = \frac{1.069}{1} = 1.069$. Diese relative Veränderung übertragen wir auf die untere Indexreihe $P_L(05,t)$ und fordern, dass sich deren Indexwerte zu diesen Zeitpunkten genauso verhalten:

$$\frac{P_L(05,15)}{P_L(05,10)} = \frac{P_L(10,15)}{P_L(10,10)} = 1.069. \tag{21.34}$$

Da $P_L(05,10) = 1.082$ ist, erhalten wir schließlich den gesuchten Wert $P_L(05,15) = 1.069 \cdot 1.082 = 1.157$.

Verknüpfen wir in analoger Weise die restlichen Lücken, so erhalten wir 2 Indexreihen, die sich jeweils über den gesamten Zeitraum erstrecken.

	2017	2016	2015	2014	2013	2012	2011	2010	2009	2008	2007	2006	2005
$P_L(10,t)$	1.093	1.074	1.069	1.066	1.057	1.041	1.021	**1**	0.989	0.985	0.960	0.939	0.924
$P_L(05,t)$	1.183	1.162	1.157	1.153	1.144	1.126	1.105	1.082	1.07	1.066	1.039	1.016	**1**

Zwar besitzen die Reihen verschiedene Basiszeitpunkte, sie zeigen jedoch innerhalb einer Reihe jeweils die gleichen Proportionen auf. Insofern beschreiben sie in äquivalenter Form die Preisveränderungen von 2005 bis 2017. Die Werte in der Tabelle 21.1 sind ebenfalls durch Verknüpfung entstanden. Sie stimmen bis auf Rundungseffekte mit unseren Ergebnissen überein.

Die hier skizzierte Vorgehensweise besitzt allerdings einen Makel: Der verkettete Preisindex $P_L(05,t)$ unterstellt in dieser Notation, dass der Warenkorb aus dem Basisjahr 2005 verwendet wird. Der von uns berechnete Wert $P_L(05,2017) = 1.183$ wurde aber nicht *alleine* aufgrund dieses Korbes berechnet, sondern auch mit dem Warenkorb aus dem Jahr 2010. Würden wir den Warenkorb von 2005 zu den Preisen des Jahres 2017 einkaufen, so hätten wir die Laspeyres-Methode konsequent und korrekt angewendet, und es dürfte sich auch im Ergebnis ein andere Indexwert ergeben. Allerdings ist es ökonomischer Unsinn, im Jahr 2017 ein nicht mehr aktuelles Konsumverhalten zur Messung der allgemeinen Preissteigerung heranzuziehen und Produkte einzukaufen, die möglicherweise bereits veraltet sind. Insofern nimmt man die Inkonsequenz bei der Anwendung der Laspeyres-Methode zu Gunsten sinnvoller Ergebnisse bewusst in Kauf. ☻

Wir verzichten auf die formale Darstellung einer "Verknüpfungsformel" für den allgemeinen Fall, da sie die Einfachheit der Idee möglicherweise nur verschleiern könnte. In der Praxis findet die im Beispiel dargestellte Vorgehensweise auch bei anderen Indizes regen Gebrauch.

21.8   Umbasierung

Wir wollen eine gegebene Indexreihe so umrechnen, dass die Proportionen innerhalb der Reihe erhalten bleiben, jedoch der Bezugspunkt bzw. die Basis auf einen anderen Zeitpunkt gesetzt wird. Dies ist beispielsweise erstrebenswert, wenn man zwei Indexreihen mit unterschiedlichen Basisperioden vergleichen möchte. Ein unmittelbarer Vergleich ohne zusätzliche Umrechnungen ist dann nicht möglich.

Beispiel (Lebensmittelmarkt). Heidi, Besitzerin eines großen Lebensmittelmarktes, hat für den Zeitraum 2005-2017 den Preisindex ihrer verkauften Produkte berechnet, wobei sie das Jahr 2005 als Basis gewählt hat.

	2017	2016	2015	$\cdots$	2010	$\cdots$	2005
$P_L^{\text{Heidi}}(05,t)$	1.258	1.172	1.140	$\cdots$	1.099	$\cdots$	1

Sie möchte ihre Preisentwicklung mit der allgemeinen Teuerungsrate für Nahrungsmittel und alkoholfreie Getränke in Deutschland vergleichen. Dazu betrachtet sie den entsprechenden, amtlichen Verbraucherpreisindex aus der Tabelle 21.1:

	2017	2016	2015	$\cdots$	2010	$\cdots$	2005
$P_L^{\text{amtlich}}(10,t)$	1.164	1.132	1.123	$\cdots$	1	$\cdots$	0.891

Da bei diesem Index eine andere Basiszeit, nämlich das Jahr 2010 verwendet wird, kann Heidi die Preissteigerungen ihres Kaufhauses nicht direkt mit den amtlichen Werten vergleichen. Dazu müsste ihre Reihe $P_L^{\text{Heidi}}(05,t)$ im Jahr 2010 ebenfalls den Wert 1 aufweisen. Dies erreicht sie, indem sie alle Werte ihrer Reihe mit dem konstanten Faktor $\frac{1}{P_L^{\text{Heidi}}(05,10))} = \frac{1}{1.099}$ umskaliert. So bleiben die Proportionalitäten innerhalb der Reihe unverändert. Formal erhält sie so eine "neue" Indexreihe

$$P_L^{\text{Heidi}}(10,t) = \frac{1}{P_L^{\text{Heidi}}(05,10)} \cdot P_L^{\text{Heidi}}(05,t), \qquad (21.35)$$

bei der man wegen $P_L^{\text{Heidi}}(10,10) = 1$ das Jahr 2010 als neues Basis betrachten kann. Diesen Vorgang, der einer "Umskalierung" gleichkommt, nennt man **Umbasierung**. Heidi erhält somit schließlich:

	2017	2016	2015	$\cdots$	2010	$\cdots$	2005
$P_L^{\text{Heidi}}(10,t)$	1.145	1.066	1.037	$\cdots$	1	$\cdots$	0.910

Nun kann Heidi ihre Preisentwicklung mit der obigen, allgemeinen, amtlichen Preisentwicklung vergleichen. Beispielsweise sind von 2010 bis 2017 die Preise bei Heidis Markt um 14.5% gestiegen, wohingegen in Deutschland die Preise für "Nahrungsmittel und alkoholfreie Getränke" um 16.4% gestiegen sind. Auch die Preise für "Alkohol und Tabakwaren" sind gemäß Tabelle 21.1 mit 18.9% stärker gestiegen als die Preise Heidis.

Sie zieht daraus den Schluss, dass ihre Preiserhöhungen in den letzten sieben Jahre vergleichsweise moderat waren und von den Kunden nicht als unangemessen empfunden werden dürften.   ☻

Die Idee, bei einer Umbasierung die Proportionen innerhalb einer Indexreihe unverändert zu belassen, haben wir bereits in analoger Weise bei der Verknüpfung von Indexreihen eingesetzt. Wie schon dort, ergibt sich auch bei der Umbasierung die formale Unsauberkeit, dass die Laspeyres-Methode nicht streng angewandt wird. In der Praxis nimmt man jedoch üblicher Weise diesen Fehler in Kauf.

Auch hier wollen wir die Einfachheit der Rechnungen nicht durch allgemein gültige Formeln verschleiern und begnügen uns mit dem gegebenen Beispiel.

Bemerkung:

Sowohl die Verknüpfung, als auch die Umbasierung beruhen auf einer Eigenschaft, die man in der Indextheorie **Verkettungseigenschaft** nennt:

$$I(t_0, t_2) = I(t_0, t_1) \cdot I(t_1, t_2). \tag{21.36}$$

Diese Formel ist wegen $I(t_1, t_1) = 1$ gleichbedeutend mit der Proportionalitätsbeziehung

$$\frac{I(t_0, t_2)}{I(t_0, t_1)} = \frac{I(t_1, t_2)}{I(t_1, t_1)}.$$

Die Zeitpunkte t_0, t_1, t_2 müssen nicht zwangsläufig chronologisch geordnet sein, sondern können eine beliebige Reihenfolge annehmen.

Man kann durch einfaches Nachrechnen zeigen, dass Laspeyres- und Paasche-Indizes die Verkettungseigenschaft nicht exakt erfüllen, wohingegen einfache Indizes und Umsatzindizes sie erfüllen.

21.9   Preisbereinigung

Bei einer Preisbereinigung, auch Deflationierung genannt, möchte man den "realen Wert" einer wirtschaftlichen Größe in der Berichtsperiode t in Bezug zur Basisperiode t_0 ermitteln. Der "reale Wert" soll dem Wert entsprechen, der sich in der Berichtszeit ergeben würde, wenn von t_0 bis t keine Preisveränderungen zu verzeichnen wäre. Insofern kommt der "reale Wert" eher einem Gedankenspiel, als einer "real" im Sinne von "tatsächlich" gemessenen Größe gleich. Die in der Berichtszeit t tatsächlich gemessene Größe nennt man "nominalen Wert". Der formale Zusammenhang lautet:

$$\text{Realer Wert} \cdot \text{Preisindex} \;=\; \text{Nominaler Wert.} \tag{21.37}$$

Stellt man diese Gleichung um, erhält man:

Preisbereinigung

$$\text{Realer Wert zur Zeit } t \text{ bezüglich } t_0 = \frac{\text{Nominaler Wert zur Zeit } t}{P(t_0,t)} \tag{21.38}$$

Beispiel (Reallohn). Eugen verdiente im Jahr $t_0 = 2000$ insgesamt 30 000 [€/Jahr]. Im Jahr $t = 2017$ verdiente er nominal deutlich mehr, nämlich 36 000 [€/Jahr]. In diesem Zeitraum ist laut Tabelle 21.1 der verknüpfte Preisindex der Lebenhaltungskosten wegen $P(00, 17) = \frac{P(10, 17)}{P(10, 00)} = \frac{1.093}{0.857} = 1.275$ um 27.5% gestiegen. Gemäß (21.38) erhält Eugen als deflationiertes Gehalt:

$$\text{Reales Gehalt im Jahr 2017 bezogen auf 2000} = \frac{36000}{1.275} = 28\,235 \text{ [€]}.$$

Eugen hat demnach wegen $\frac{28235}{30000} = 0.9412$ im Jahr 2017 eine Reallohneinbuße von 5.88% gegenüber dem Jahr 2000. 😊

21.10   Kaufkraftparität

Wir wollen nicht wie bisher Preise verschiedener Zeitpunkte t_0 und t vergleichen, sondern Preise verschiedener Regionen A und B. Dazu kaufen wir ein und denselben Warenkorb sowohl in der Region A, als auch in der Region B ein und vergleichen die dafür getätigten Ausgaben bzw. die Werte der beiden Warenkörbe. Wir bezeichnen A als Basisregion und B als Berichtsregion. Ansonsten aber ändert sich im Vergleich zu den Formeln (21.14) und (21.15) im Grunde nichts.

Kaufkraft-Parität nach Laspeyres

$$P_L(A,B) \;=\; \frac{\sum_{i=1}^{n} q_i(A)\, p_i(B)}{\sum_{i=1}^{n} q_i(A)\, p_i(A)} \tag{21.39}$$

Kaufkraft-Parität nach Paasche

$$P_P(A,B) \;=\; \frac{\sum_{i=1}^{n} q_i(B)\, p_i(B)}{\sum_{i=1}^{n} q_i(B)\, p_i(A)} \tag{21.40}$$

Neben inländischen Preisunterschieden, beispielsweise zwischen verschiedenen deutschen Großstädten, ist vor allem auch die Kaufkraftparität zwischen Ländern verschiedener Währungen von Interesse. Während bei gleicher Währung der Index dimensionslos ist, d.h. keine Einheit besitzt, übernimmt die Kaufkraftparität bei verschiedenen Währungen diese als Einheiten.

Beispiel (Auslandssemester). Ottwin, fleißiger Student in A = Aachen, möchte seine Studien in B = Boston fortführen. Er führt ein bescheidenes Leben und verbringt die Nächte in der Bibliothek hinter Büchern. So beruhen seine Lebenshaltungskosten im Wesentlichen auf nur drei Produkten, für die er nachfolgende Daten ermittelt hat.

	Mengen		Preise			
	A		A		B	
Brötchen	6	[Stk]	0.20	[€/Stk]	0.18	[\$/Stk]
Bier	1.1	[l]	1.20	[€/l]	1.40	[\$/l]
Gemüse	0.6	[kg]	0.90	[€/kg]	1.50	[\$/kg]

Er möchte wissen, wie sehr sich seine Ausgaben verändern, wenn er bei gleichen Lebensgewohnheiten die Produkte in Boston einkaufen wird. Dazu betrachtet er das Verhältnis der Gesamtausgaben in B im Vergleich zu A:

$$
\begin{aligned}
P_L(A,B) &= \frac{\text{Ausgaben für den Aachener Warenkorb in } B}{\text{Ausgaben für den Aachener Warenkorb in } A} \\
&= \frac{6 \cdot 0.18 + 1.1 \cdot 1.40 + 0.60 \cdot 1.50}{6 \cdot 0.20 + 1.1 \cdot 1.20 + 0.60 \cdot 0.90} \left[\frac{\$}{€}\right] \\
&= 1.15 \; [\$/€].
\end{aligned}
\tag{21.41}
$$

Gibt Ottwin in Aachen 1 Euro aus, bräuchte er in Boston für die selbe Sache im Schnitt 1.15 Dollar. Insofern drückt diese Kennziffer aus, bei welchem fiktiven Wechselkurs in A und in B Gleichheit bzw. Parität bezüglich der erhaltenen Mengen besteht. Dies erklärt auch die Bezeichnung "Kaufkraftparität".
Der tatsächliche Wechselkurs k [\$/€], auch Valutakurs genannt, ergibt sich durch Angebot und Nachfrage an den Geldmärkten. Sein Kurs kann bei den Banken bzw. an der Börse eingeholt werden und ändert sich im Grunde ständig. Der Wechselkurs ist daher begrifflich und in aller Regel auch zahlmäßig von der Kaufkraftparität verschieden.

Ein Geldhändler bietet Ottwin bei seiner Abreise einen Wechselkurs von 1.20 [\$/€]. Die Menge, die Ottwin für 1 Euro in Aachen erhält, kann er in Boston schon für 1.15 Dollar erhalten. Ihm bleiben also noch 1.20 - 1.15 = 0.05 Dollar übrig, für die er in Boston noch etwas mehr einkaufen kann als in Aachen. Ottwin bringt diese *zusätzlichen* Mengen zu den für 1 Euro bzw. 1.15 Dollar eingekauften Mengen in Relation:

$$\frac{1.20 - 1.15}{1.15} = 0.0435. \tag{21.42}$$

Ottwin erfreut sich demnach eines Kaufkraftzuwachses, denn er kann in Boston "für 1 Euro" im Schnitt 4.35% mehr einkaufen als in Aachen. Analog würde sich in Boston ein Kaufkraftverlust ergeben, sollte der Geldhändler Ottwin einen Wechselkurs k [\$/€] bieten, der unter der Kaufkraftparität von 1.15 [\$/€] liegt. ☻

Das Beispiel zeigt, dass man die Kaufkraftparität nicht mit dem Wechselkurs bzw. dem Valutakurs verwechseln darf und wie man allgemein die Kaufkraftänderung errechnen kann:

$$\text{Kaufkraftänderung} = \frac{\text{Valutakurs} - \text{Kaufkraftparität}}{\text{Kaufkraftparität}}$$

$$= \frac{k - P(A, B)}{P(A, B)} \tag{21.43}$$

Die statistischen Ämter ermitteln für verschiedene Länder der Welt die Kaufkraftparitäten. Sie werden unter anderem für eine Besoldungsanpassung von Beamten, die ins Ausland versetzt werden, herangezogen.

Problematisch ist bei der Kaufkraftparität der Umstand, dass man einen Warenkorb, den man in A einkaufen kann, möglicherweise in B nicht vollständig erhalten könnte, ihn unter veränderten Notwendigkeiten anders zusammensetzen würde (z.B. Heizkosten), oder aber auch wesentlich andere Qualitäten bei den Produkten vorfinden würde. Es dürfte beispielsweise nicht verwundern, wenn in Boston Ottwin seinen Bierkonsum nicht aus preislichen, sondern aus Geschmacks bedingten Gründen drastisch einschränken wird.

Teil V

Statistik Software

22 Das Statistikprogramm R

Es gibt zahlreiche Computerprogramme, mit denen man statistische Analysen durchführen kann, wie zum Beispiel die kommerziellen Programme SAS, EViews, Minitab, STATISTICA oder SPSS, um nur einige zu nennen. Jedoch unterscheiden sie sich hinsichtlich der angebotenen Methoden, der Benutzerfreundlichkeit und vor allem bezüglich des Preises.

Es scheint, dass die **Software** R in allen drei Kategorien seit einiger Zeit immer attraktiver wird:

- Umfang:

  R ist ein sehr umfangreiches, immer weiter wachsendes Programm, dem fast ständig neue "Pakete" zur Lösung bestimmter Probleme hinzugefügt werden. Daher erfährt es vor allem auch im wissenschaftlichen Bereich eine hohe Wertschätzung.

- Bedienbarkeit:

  Um R im vollen Umfang nutzen zu können, muss man eigentlich eine Art Programmiersprache beherrschen und wissen, wie man sogenannte "Skripte" schreibt. Dies ist zwar erlernbar, aber für den "normalen Nutzer" zunächst umständlich. Jedoch gibt es seit einiger Zeit den sogenannten **R-Commander**, mit dem man R intuitiv und sehr benutzerfreundlich bedienen kann. Der R-Commander bietet eine menügesteuerte Benutzeroberfläche, so dass man wie gewohnt auch als normaler Mensch mit einigen "Klicks" erfolgreich zum Ergebnis kommt. Um den R-Commander nutzen zu können, muss man in R das Paket **Rcmdr** laden.

- Preis:

  R ist Freeware, d.h. **kostenlos** nutzbar.

© Springer-Verlag GmbH Deutschland, ein Teil von Springer Nature 2019

C. Weigand, *Statistik mit und ohne Zufall*,

https://doi.org/10.1007/978-3-662-59309-7_22

22.1   Installation von R und des R-Commanders

1. Download

Zur Installation von R empfiehlt es sich, die Homepage "The R Project for Statistical Computing" aufzusuchen. Neben vielen Infos und Hilfen findet man dort in der Regel schnell den richtigen Button für den Download. Dabei werden verschiedene "CRAN Mirrors" angeboten, von denen man am besten den nächst gelegenen auswählt, also z.B. Germany.

2. Installation von R auf dem PC

Nach dem Download erfolgt die eigentliche Installation von R mit einem Doppelklick auf die heruntergeladene Installationsdatei (z.B. "R-3.5.1-win.exe" oder ähnlich). Damit werden die wichtigsten und gängigsten Funktionalitäten von R standardmäßig installiert. Man beachte allerdings, dass zu diesem Zeitpunkt R nicht in seinem vollen Umfang, mit all seinen verfügbaren **Paketen**, genutzt werden kann. Dies ist auch gut so, denn sonst würde die Installation sehr lange dauern, da es eine Fülle von Paketen gibt, die man als normaler Nutzer nur selten braucht. Bei Bedarf lassen sich weitere Pakete, wie unten gezeigt wird, problemlos zusätzlich installieren.

3. Starte R

Nachdem wir R in seiner Grundversion erfolgreich installiert haben, kann man R öffnen. Dabei wird ein Fenster sichtbar, das "Console" heißt.

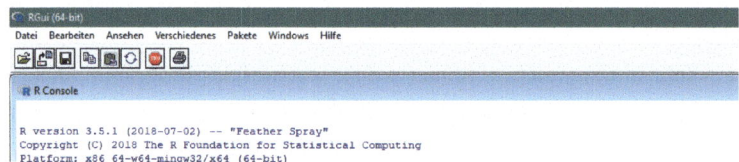

Hier können Profis ihre Skripte schreiben, und alle Funktionalitäten von R nutzen. Wir wollen allerdings einen benutzerfreundlicheren Weg gehen: Wir aktivieren den R-Commander. Dazu benötigen wir das Paket "**Rcmdr**".

4. Pakete

Bei Paketen muss man grundsätzlich unterscheiden, ob sie

- auf unserem PC schon installiert sind, und nur noch "aktiviert" werden müssen,
- oder ob sie noch gar nicht auf unseren PC heruntergeladen worden sind.

Die Aktivierung eines bereits auf dem PC vorhandenen Paketes erfolgt mit den Menüpunkten Pakete → Lade Paket. Findet man dort das gesuchte Paket nicht, muss es erst noch auf den PC heruntergeladen werden: Pakete → Installiere Paket(e).

5. Installation des R-Commanders

Leider gehört das Paket "Rcmdr" bei der Installation von R zu den Paketen, die man noch nachträglich auf den PC installieren muss. Wie oben beschrieben, wechseln wir dazu in das Menü Pakete → Installiere Paket(e).

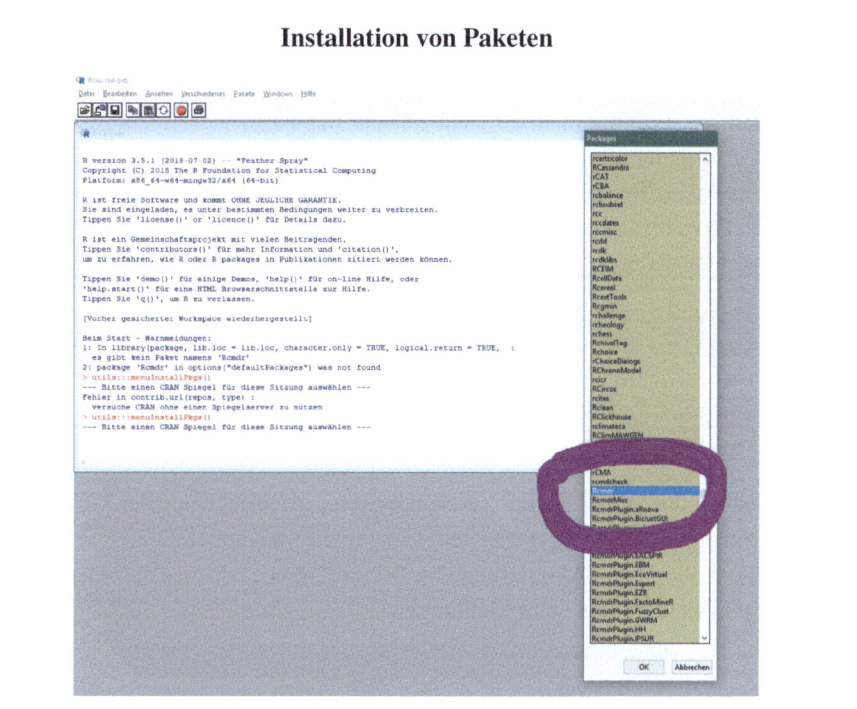

Abb. 22.1 Beim Installieren des R-Commanders muss zunächst das Paket "Rcmdr" auf den PC installiert werden.

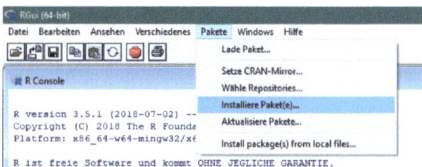

Auch hier empfiehlt es sich wieder, unter "Secure CRAN Mirrors" eine Quelle zu wählen, die nicht zu weit weg ist (z.B. Germany). Wie in Abbildung 22.1 zu sehen ist, öffnet sich eine fast endlose, alphabetisch geordnete Liste mit Paketen, von denen wir "Rcmdr" auswählen.

Der Pop-Up

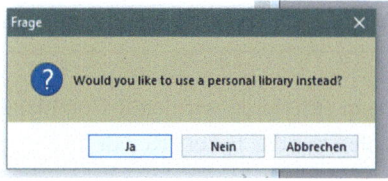

kann mit "Ja" beantwortet werden. Schließlich ist dann der R-Commander "Rcmdr"
als Paket auf unserem PC installiert. Ein wichtiger Zwischenerfolg - Hurra!

6. **Erster Start des R-Commanders**

Öffnet man das Programm R, so sieht man in der Regel den R-Commander nicht.
Er startet also nicht automatisch nach dem Öffnen von R. Da wir aber bereits unter
Punkt 5 das Paket "Rcmdr" auf unserem PC installiert haben, müssen wir es nur noch
aktivieren. Dazu öffnen wir das Menü Pakete → Lade Paket.

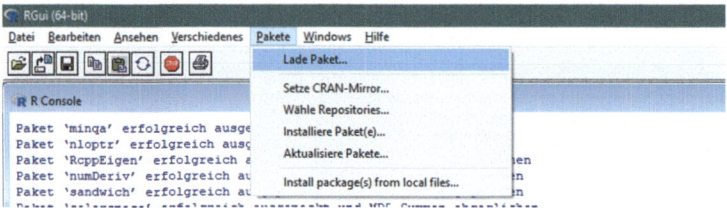

Dort finden wir das Paket "Rcmdr". Normalerweise öffnet sich nun der R-Commander,
und wir können mit ihm sofort arbeiten. Dazu mehr im Kapitel 22.2.

Aber: Bei der allerersten Aktivierung von "Rcmdr" gibt es diverse automatisch ablau-
fende "Nachinstallationen" und Meldungen.

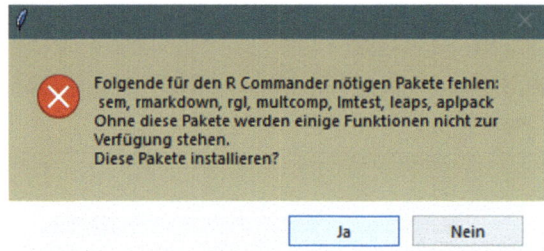

Hier antworten wir mit "Ja", und es werden nochmals Dateien geladen und installiert.
Aber, wir dürfen uns trösten: Dieser Wahnsinn tritt nur beim erstmaligen Aufruf des
Pakets "Rcmdr" auf. Wenn wir in Zukunft den R-Commander öffnen, bzw. das Paket
"Rcmdr" aktivieren, geht alles blitzschnell, ohne diese lästigen Fragen und Installa-
tionen.

Sollte etwas nicht gelingen, findet man natürlich auch im Internet Videos und sonstige
Hilfen zur Installation von R und seines R-Commanders.

22.2   Basics zum R-Commander

Wir öffnen zunächst R. Dann aktivieren wir den R-Commander über das Menü Pakete
→ Lade Paket. Dort wählen wir das Paket "Rcmdr".

Der R-Commander öffnet sich in einem eigenen Fenster, das in etwa so wie Abbildung
22.2 aussieht. Das eigentliche Programm R mit seiner Console bleibt im Hintergrund als

Fenster weiterhin bestehen. Dort findet man später auch bei der Erzeugung von Grafiken die Outputs. Ansonsten bietet der R-Commander eine eigene Arbeitsumgebung.

Wie üblich befinden sich in der oberen Leiste zahlreiche Menüs. Insbesondere dienen die Menüs Statistik, Grafiken, Modelle, Verteilungen überwiegend zur Analyse und Auswertung von Daten. Dort sind auch die meisten Verfahren und Methoden, die wir in diesem Buch kennen gelernt haben, und noch weitere, zu finden.

Der mittlere, große Teil des Fensters dient der Ausgabe, während im oberen Teil des Fensters (RSkript) Skripte automatisch, quasi gratis erzeugt werden, wenn wir in den Menüs "herumklicken". Es sind die Codes, die man eigentlich eingeben müsste, um das Gewünschte zu erreichen. Dies hat den Vorteil, dass man nebenbei die Skriptsprache von R erlernen und nutzen kann. Natürlich kann man in dem Fenster "RSkript" auch Skripte direkt eingeben.

Wenn man mehrere Auswertungen durchgeführt hat, kann man die dazu erzeugten Skripte abspeichern und in einer späteren Sitzung wieder aufrufen. So lassen sich Auswertungen wiederholt, ohne Menüs schnell ausführen, oder gegebenenfalls auch in modifizierter Form durchführen. Das Menü Datei dient in erster Linie dem Handling von Skriptdateien.

Urlisten und Stichproben

Diese beiden Begriffe werden in R unter **Datenmatrix** subsummiert. Möchte man Dateien, in denen sich die auszuwertenden Daten befinden, laden, importieren, verändern oder exportieren, so findet man im Menü Dateimanagement entsprechende Untermenüs.

Dazu betrachten wir exemplarisch den Fall, dass eine Urliste mit Daten über Schiffe im Excel-Format auf unserem PC vorliegt (oder eine andere Datei), und wir diese statistisch auswerten wollen. Die Menüfolge Datenmanagement → Importiere Daten → aus Excel-Datei öffnet ein Fenster, bei dem wir unsere Datei finden und importieren können. Dabei werden wir aufgefordert, der Urliste bzw. Datenmatrix einen eigenen Namen zu geben. Dieser kann anders, einfacher lauten als der Name der Excel-Datei.

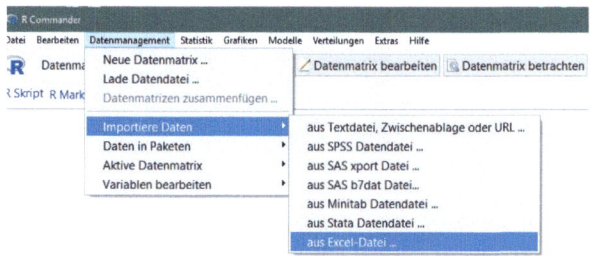

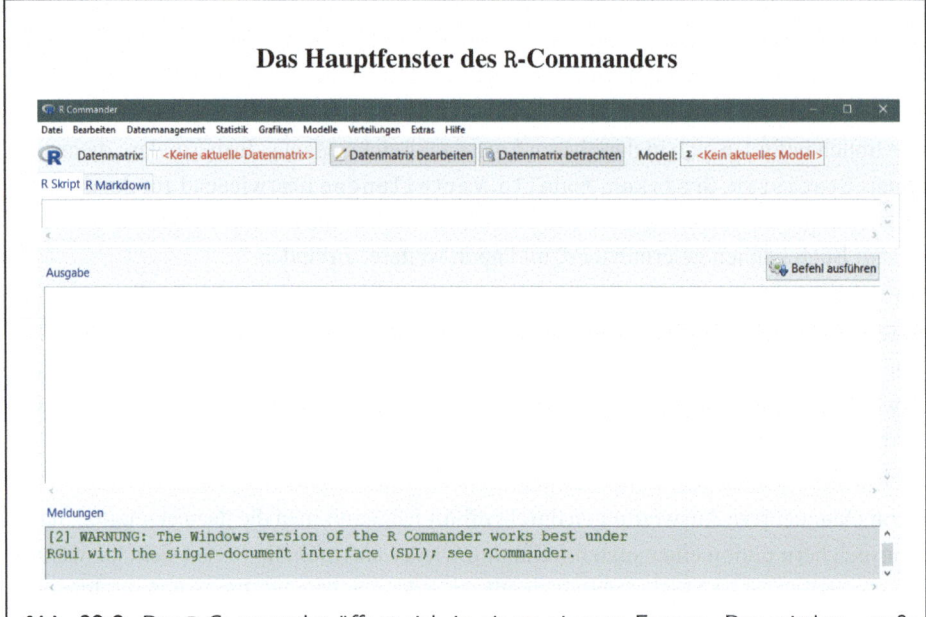

Abb. 22.2 Der R-Commander öffnet sich in einem eigenen Fenster. Der mittlere, große Teil des Fensters dient der Ausgabe. Im oberen Teil werden Skripte automatisch, quasi gratis erzeugt, oder man gibt sie dort selbst ein.

Wir haben uns für den Namen "SchiffeUrliste" entschieden. Wenn schließlich der Import erfolgreich abgeschlossen ist, stehen uns die Daten als Datenmatrix "SchiffeUrliste" zur Verfügung. Dies erkennt man daran, dass dieser Name nun im eingekreisten Feld links angezeigt wird.

Ein Klick auf den Button "Datenmatrix betrachten" (rechts eingekreister Button) öffnet die Urliste mit den Schiffen. Es ist durchaus möglich, weitere Datenmatrizen hinzuzuladen. Welche man jeweils auswerten möchte, kann man dann in dem eingekreisten Feld links auswählen.

Nun kann es richtig losgehen: Die statischen Verfahren und Methoden, die man bezüglich der aktiven Datenmatrix "SchiffeUrliste" anwenden möchte, befinden sich in der Regel in den Menüs Statistik, Grafiken, Modelle oder Verteilungen.

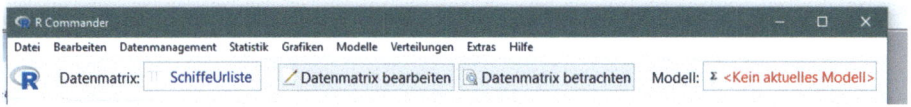

Modelle ist ein Menü, das erst dann sinnvoll genutzt werden kann, wenn man zuvor bestimmte Verfahren angewandt hat. Führt man beispielsweise über das Menü Statistik → Modelle anpassen → Lineares Regressionsmodell eine multiple Regression durch, so wird das Ergebnis unter einem eigenen Namen bzw. "Modell" abgespeichert. Anschließend kann man die Ergebnisse des "Modells" unter dem Menüpunkt Modell weiter analysieren. Unter anderem findet man dort Konfidenzintervalle und spezielle Graphiken.

Tipps:

- Im Menü Datenmanagement → Daten in Paketen → Lese Datenmatrix aus geladenem Paket findet man viele interessante Datensätze, inklusive ihrer Dokumentationen. Das ist insbesondere zum Lernen und Ausprobieren ein toller Schatz.
- Man sollte nicht vergessen, dass Grafiken manchmal nur deswegen nicht sichtbar sind, weil sie in einem eigenen Fenster erzeugt werden, das auf dem Desktop hinter dem R-Commander Fenster liegen kann.

Anhang A Anmerkungen zur Prozentrechnung

Das Prozentzeichen % ist eine abkürzende Schreibweise für die Division durch 100, kurz "% = 1/100". Folgt einer Zahl z das Prozentzeichen, so stellt dies einen bestimmten numerischen Wert w dar, der sich gemäß

$$w = z\% = \frac{z}{100} \qquad (A.1)$$

berechnet. Bei einer dezimalen Darstellung der Zahl z erhalten wir w, indem das Komma um zwei Stellen nach links verschoben wird. Umgekehrt erhält man aus w durch Verschiebung des Kommas um zwei Stellen nach rechts den **Prozentsatz** $z\%$.

Insofern könnte man jeden beliebigen Wert w auch in der Notation mit Prozentzeichen darstellen. Beispielsweise 456 = 45600%, -0.456 = -45.6%, 1 = 100% usw.

Der Gebrauch von Prozenten ist in der Regel in den folgenden zwei Situationen üblich:

Fall 1, relative Häufigkeiten: Bei Anteilen bzw. relative Häufigkeiten $h(X \in A)$, wie im Kapitel 2 besprochen, gibt man gerne das Ergebnis in Prozent an. Der größte mögliche Wert 1 bzw. 100% tritt dann auf, wenn der Anteil der ganzen Grundgesamtheit entspricht. Daher ist in diesem Kontext der Spruch " es gibt nicht mehr als 100%" angebracht.

Fall 2, Größenvergleiche: Hier sollen zwei in der Regel nicht negative Werte a, b verglichen werden, wobei man den einen Wert b quasi als Basiswert oder Bezugsgröße betrachtet. Von Interesse sind:

- Relativer Unterschied:

$$r = \frac{a-b}{b}. \qquad (A.2)$$

  Er errechnet sich aus dem absoluten Unterschied $a - b$ im Verhältnis zur Basisgröße b. Das Ergebnis wird bevorzugt in Prozent im Sinne von (A.1) angegeben.
- Verhältnis von a zu b:

$$q = \frac{a}{b}. \qquad (A.3)$$

© Springer-Verlag GmbH Deutschland, ein Teil von Springer Nature 2019
C. Weigand, *Statistik mit und ohne Zufall*,
https://doi.org/10.1007/978-3-662-59309-7_23

Das Verhältnis q, kann als eine Art "Zoomfaktor" betrachtet werden, um von der Basisgröße b nach $a = q \cdot b$ zu gelangen.

In der Deskriptiven Statistik bezeichnet man q auch als **Vergleichszahl** oder **Verhältniszahl**. Es ist unüblich, den Wert von q in Prozent auszudrücken. Aber man kann leicht den relativen Unterschied r aus dem Wert von q bestimmen. Wegen $r = \frac{a-b}{b} = \frac{a}{b} - 1 = q - 1$ gilt:

$$q = 1 + r \qquad \text{und} \qquad r = q - 1. \qquad (A.4)$$

Da mit a, b auch q nicht negativ sein kann, erkennt man aus diesen Gleichungen, dass r nicht kleiner als -1 = -100% sein kann. Das ist auch anschaulich klar, denn wenn der Wert a um 100% kleiner als b ist, so gilt $a = 0$.

Bemerkenswerter Weise können relative Unterschiede *über* 100% möglich und sinnvoll sein. Wenn a um 200% größer ist als b, so bedeutet dies, $r = 200\% = 2$ und $q = 1 + r = 1 + 2 = 3$. Hier ist a dreimal so groß wie b.

Man beachte:

30% Zuwachs heißt: $r = 0.30$ und $q = 1 + r = 1.30$.
30% Reduktion heißt: $r = -0.30$ und $q = 1 + r = 0.70$. Falsch wäre $q = \frac{1}{1.30}$.
Daher ergibt sich bei einer Preiserhöhung um 30% und einer anschließenden Preissenkung von 30% nicht mehr der Ausgangspreis, sondern ein Endpreis, der wegen $1.30 \cdot 0.70 = 0.91$ um 9 % niedriger liegt. Dieser Effekt wird noch deutlicher, wenn wir erst die Preise um 100% erhöhen und anschließend um 100% verringern.

Sprechweisen:

Wir nehmen an, dass bei einer Wahl in Bayern 60% aller Wähler CSU und 5% aller Wähler FDP gewählt haben. Dann besitzt der Anteil der CSU-Wähler einen **Prozentsatz** von 60% und der Anteil der FDP-Wähler einen Prozentsatz von 5%. Die Zahlen 60 bzw. 5 ohne Prozentzeichen % nennt man auch **Prozentfuß**.
Der Prozentsatz bzw. Anteil der CSU-Wähler ist wegen $\frac{0.60}{0.05} - 1 = 11$ um 1100% größer als der Prozentsatz bzw. Anteil der FDP-Wähler. Gleichzeitig ist der Prozentsatz bzw. Anteil der CSU-Wähler um 55 **Prozentpunkte** größer als der Prozentsatz bzw. Anteil der FDP-Wähler.

Anhang B Mengenlehre

Mit einer **Menge** kann man bestimmte Dinge, Sachen, Personen, Zahlen usw. zusammenfassen, die man in der Mengenlehre als Objekte oder **Elemente** bezeichnet. Dabei wird vereinbart, dass ein einzelnes Element nicht mehrfach in derselben Menge vorkommen darf. Man notiert Mengen mit Großbuchstaben und listet die Elemente zwischen zwei Schweifklammern auf. Die Reihenfolge der Elemente ist unerheblich.

Beispiel Wir fassen die Elemente Most, Schuh, Haus, Hund, Blau zu einer Menge A und die Elemente Tisch, Uhr, Blau, Haus, 66.2, Auto, Luft zu einer Menge B zusammen:

$A = \{$Most, Schuh, Haus, Hund, Blau$\}$.

$B = \{$Tisch, Uhr, Blau, Haus, 66.2, Auto, Luft$\}$.

$C = \{1, 2, 3, 4, 5 \dots\}$ = Menge der natürlichen Zahlen.

$D = \{2, 4, 6, \dots\}$ = Menge der geraden Zahlen.

Ferner betrachten wir Mengen, die Intervalle bzw. Zahlbereiche darstellen. Bei der Notation von Intervallen ist es üblich, die Ränder mit eckigen Klammern zu begrenzen:

$E = [3.6, 7.52]$ = Menge der reellen Zahlen, die mindestens so groß wie 3.6 aber höchstens so groß wie 7.52 sind.

$F = [5, 110[$ = Menge der reellen Zahlen, die mindestens so groß wie 5 aber echt kleiner als 110 sind.

$G =]108.773, 110[$ = Menge der reellen Zahlen, die über 108.773 aber unter 110 liegen.

$H =]-\infty, 109.2]$ = Menge der reellen Zahlen, die maximal so groß wie 109.2 sind.   ☺

Um zu verdeutlichen, ob ein bestimmtes Element x einer Menge M angehört, benutzt man folgende Schreibweise:

$x \in M \quad \Leftrightarrow \quad$ Das Element x ist in der Menge M enthalten.

© Springer-Verlag GmbH Deutschland, ein Teil von Springer Nature 2019
C. Weigand, *Statistik mit und ohne Zufall*,
https://doi.org/10.1007/978-3-662-59309-7_24

Wenn alle Elemente der Menge A auch in der Menge B vorkommen, so ist A ein Teil bzw. eine **Teilmenge** von B:

$$A \subset B \quad \Leftrightarrow \quad \text{Wenn } x \in A, \text{ dann auch } x \in B \quad \Leftrightarrow \quad$$

Mit den sogenannten *Mengenoperatoren* kann man aus bereits vorhandenen Mengen weitere Mengen konstruieren:

$$A \cup B = \textbf{Vereinigung von } A \text{ und } B,$$
$$= \text{Menge der Elemente, die in } A \textbf{ oder } \text{in } B \text{ vorkommen,}$$
$$=$$

$$A \cap B = \textbf{Durchschnitt von } A \text{ und } B,$$
$$= \text{Menge der Elemente, die gleichzeitig in } A \textbf{ und } \text{in } B \text{ vorkommen,}$$
$$=$$

$$\overline{A} = {}^{\neg}A = \textbf{Komplement oder Gegenteil von } A,$$
$$= \text{Menge der Elemente, die nicht in } A \text{ vorkommen,}$$
$$=$$

Beispiel (Fortsetzung).

$A \cup B = \{$Most, Schuh, Haus, Hund, Blau, Tisch, Uhr, 66.2, Auto, Luft$\}$.

$A \cap B = \{$Blau, Haus$\}$.

$\overline{A}$ = "Alles" außer Most, Schuh, Haus, Hund, Blau.

$\overline{H} =]109.2, \infty[$ = Menge der reellen Zahlen, die größer als 109.2 sind.

$D \subset C, \qquad G \subset F, \qquad E \subset H.$

$E \cup F = [3.6, 110[, \qquad G \cup H = [-\infty, 110[.$

$C \cap G = \{109\}, \qquad D \cap E = \{4, 6\}, \qquad E \cap F = [5, 7.52].$

$(C \cap E) \cup (B \cap H) = \{4, 5, 6, 7, 66.2\}.$ ☺

Man beachte, dass in der Umgangssprache gelegentlich "und" in inkorrekter Weise bei der Vereinigung von zwei Mengen im "additiven Sinn" gebraucht wird. Zudem ist "oder" nicht mit "entweder oder" zu verwechseln. Letzteres wäre ein exklusives Oder:

$$(A \cap \overline{B}) \cup (\overline{A} \cap B) = \text{Menge der Elemente, die } \textbf{entweder} \text{ in } A \textbf{ oder } \text{in } B \text{ vorkommen,}$$
$$=$$

Anhang C Summenzeichen

Variablen dienen in der Mathematik als Platzhalter für einen bestimmten Zahlwert oder Rechenausdruck und werden gewöhnlich mit Buchstaben notiert. Wenn man viele Variablen benötigt, ist es vorteilhaft, nur einen einzigen Buchstaben zu benutzen und an diesen unten rechts eine Nummer anzuhängen. Diese Nummer nennt man auch den Index der Variablen. So kann man beispielsweise mit $x_1, x_2, x_3, \ldots, x_{100}$ bequem 100 verschiedene Variablen notieren.

Oft ist es nötig, die Summe solcher indizierter Variablen zu bilden. Dabei kann es bequem und platzsparend sein, das Summenzeichen zu benutzen:

$$\sum_{k=1}^{100} x_k = x_1 + x_2 + x_3 + \ldots + x_{100}$$

Der Buchstabe k steht hier stellvertretend für die Indizes der Variablen. Unter dem Summenzeichen macht man kenntlich, welchen Wert der kleinste Index besitzt. Oberhalb des Summenzeichens steht der größte Indexwert. Der Buchstabe k wird nur vorübergehend gebraucht, um anzuzeigen, welche Werte die Indizes durchlaufen. In der Summe selbst, d.h. auf der rechten Seite kommt k nicht vor. Daher könnte man auch jeden anderen Buchstaben oder Platzhalter anstelle von k gebrauchen. Wir nennen einen solchen Buchstaben auch "Laufindex":

$$\sum_{k=1}^{100} x_k = \sum_{m=1}^{100} x_m = \sum_{j=1}^{100} x_j = x_1 + x_2 + x_3 + \ldots + x_{100}.$$

Analog kann man beispielsweise die Summe der quadrierten Variablen notieren:

$$\sum_{k=1}^{100} x_k^2 = x_1^2 + x_2^2 + x_3^2 + \ldots + x_{100}^2.$$

Es ist auch möglich, den Laufindex zum Rechnen zu gebrauchen:

$$\sum_{m=1}^{100} (m+10) \cdot x_m^5 = 11 \cdot x_1^5 + 12 \cdot x_2^5 + 13 \cdot x_3^5 + \ldots + 110 \cdot x_{100}^5.$$

© Springer-Verlag GmbH Deutschland, ein Teil von Springer Nature 2019
C. Weigand, *Statistik mit und ohne Zufall*,
https://doi.org/10.1007/978-3-662-59309-7_25

Dabei kann der Laufindex sogar ohne indizierte Variablen benutzt werden:

$$\sum_{m=1}^{100} m \;=\; 1+2+3+\ldots+100,$$

$$\sum_{j=5}^{8} (10+x)^j \;=\; (10+x)^5 + (10+x)^6 + (10+x)^7 + (10+x)^8,$$

$$\sum_{j=5}^{8} 1 \;=\; 1+1+1+1.$$

Beim Rechnen mit dem Summenzeichen gelten im Grunde die gleichen **Regeln** wie bei Klammern:

$$\sum_{k=1}^{n} (x_k + y_k) \;=\; x_1 + y_1 + x_2 + y_2 + x_3 + y_3 + \ldots + x_n + y_n$$

$$=\; \sum_{k=1}^{n} x_k + \sum_{k=1}^{n} y_k,$$

$$\sum_{k=1}^{n} c \cdot x_k \;=\; c \cdot x_1 + c \cdot x_2 + c \cdot x_3 + \ldots + c \cdot x_n$$

$$=\; c \cdot \sum_{k=1}^{n} x_k,$$

$$\sum_{k=1}^{n} x_k^2 \;\neq\; \left(\sum_{k=1}^{n} x_k \right)^2.$$

Beispiel

$$\sum_{k=6}^{10} w_{2 \cdot k} \;=\; w_{12} + w_{14} + w_{16} + w_{18} + w_{20},$$

$$\sum_{i=1}^{3} z_k \cdot z_i \;=\; z_k \cdot z_1 + z_k \cdot z_2 + z_k \cdot z_3,$$

$$\sum_{m=1}^{3} z_k \cdot z_i \;=\; z_k \cdot z_i + z_k \cdot z_i + z_k \cdot z_i = 3 \cdot z_k \cdot z_i.$$

☺

Anhang D Kombinatorik

D.1 Fakultät

Mit

$$n! \; = \; n(n-1)(n-2)\cdot\ldots\cdot 2\cdot 1 \tag{D.1}$$
$$= \; \text{Fakultät von } n$$

und

$$0! \; = \; 1 \tag{D.2}$$

wird die Anzahl der Möglichkeiten beschrieben, n Objekte in einer Reihe anzuordnen. Dies entspricht der Anzahl der möglichen Permutationen von n Objekten.

Beispiel (Schlange).

6 Personen sollen sich in einer Warteschlange anordnen. Es gibt

$$6\cdot 5\cdot 4\cdot 3\cdot 2\cdot 1 = 720 \quad \text{Möglichkeiten.}$$

☻

Beispiel (Omnibus).

100 Personen wollen sich in einen Bus mit 100 nummerierten Plätzen setzen. Es gibt

$$100\cdot 99\cdot 98\cdot\ldots\cdot 3\cdot 2\cdot 1 \; = \; 93326215443944152681699238856266700490715968264381621468592963895217599993229915608941463976156518286253697920827223758251185210916864000000000000000000000000$$

Möglichkeiten. Man könnte sich daher seit dem Urknall jede Sekunde im Bus umgesetzt haben, ohne dass sich bisher eine Sitzordnung wiederholt hätte! ☻

© Springer-Verlag GmbH Deutschland, ein Teil von Springer Nature 2019
C. Weigand, *Statistik mit und ohne Zufall*,
https://doi.org/10.1007/978-3-662-59309-7_26

D.2 Binomialkoeffizient

Mit

$$\binom{n}{k} = \text{Binomialkoeffizient}$$

$$= \frac{n!}{(n-k)!\,k!} \tag{D.3}$$

wird die Anzahl der Möglichkeiten beschrieben, bei n Objekten genau k Objekte zu markieren.

Beispiel (Paare). Von 7 Personen sollen genau 2 Personen markiert bzw. ausgewählt werden, um gemeinsam eine Reise anzutreten. Es ergeben sich

$$\binom{7}{2} = \frac{7!}{(7-2)!\cdot 2!} = \frac{7\cdot 6\cdot 5\cdot 4\cdot 3\cdot 2\cdot 1}{5\cdot 4\cdot 3\cdot 2\cdot 1 \quad \cdot \quad 2\cdot 1} = 21$$

Möglichkeiten bzw. Paare.   ☻

Beispiel (Lotto). Von 49 Kugeln sollen genau 6 Kugeln markiert bzw. ausgewählt werden. Es ergeben sich

$$\binom{49}{6} = \frac{49!}{(49-6)!\cdot 6!} = \frac{49\cdot 48\cdot 47\cdot\ldots\cdot 2\cdot 1}{43\cdot 42\cdot\ldots\cdot 2\cdot 1 \quad \cdot \quad 6\cdot 5\cdot 4\cdot 3\cdot 2\cdot 1}$$

$$= 13983816$$

Möglichkeiten.   ☻

D.3 Variation mit Wiederholungen

Es sollen m Plätze nacheinander belegt werden. Bei jeder Belegung eines Platzes kann man unabhängig von den Belegungen der übrigen Plätze eines von insgesamt n Objekten auswählen. Dabei sei es erlaubt, dass man ein Objekt auf verschiedenen Plätzen gleichzeitig vorfindet. Insgesamt ergeben sich

$$n^m \tag{D.4}$$

Möglichkeiten, die m Plätze mit den n Objekten zu belegen.

Beispiel (Geheimzahl). Bei einem Geldautomaten muss man in einer bestimmten Reihenfolge $m = 4$ mal eine von $n = 10$ Ziffern eingeben. Daher gibt es insgesamt $10^4 = 10000$ Möglichkeiten, verschiedene Geheimzahlen zu bilden. Dies kann man leicht einsehen, wenn man alle 10000 möglichen Geheimzahlen systematisch auflistet: 0000, 0001, 0002, ..., 9998, 9999.   ☻

Anhang E Herleitungen und Ergänzungen

Herleitung von (6.11) und (6.12)

Wir betrachten den Fall, dass die Daten als bivariate Urliste (x_i, y_i), $i = 1, \ldots, N$ gegeben sind. Sie Summe $s_i = x_i + y_i$ kann man sich dann gewissermaßen in einer dritten Spalte zusätzlich notieren. Dann ist

$$\bar{s} = \frac{1}{N} \sum_i s_i = \frac{1}{N} \sum_i (x_i + y_i) = \frac{1}{N} \sum_i x_i + \frac{1}{N} \sum_i y_i = \bar{x} + \bar{y}$$

und

$$
\begin{aligned}
\sigma_s^2 &= \frac{1}{N} \sum_i (s_i - \bar{s})^2 = \frac{1}{N} \sum_i [(x_i + y_i) - (\bar{x} + \bar{y})]^2 \\
&= \frac{1}{N} \sum_i [(x_i - \bar{x}) + (y_i - \bar{y})]^2 \\
&= \frac{1}{N} \sum_i [(x_i - \bar{x})^2 + (y_i - \bar{y})^2 + 2 \cdot (x_i - \bar{x})(y_i - \bar{y})] \\
&= \frac{1}{N} \sum_i (x_i - \bar{x})^2 + \frac{1}{N} \sum_i (y_i - \bar{y})^2 + 2 \cdot \frac{1}{N} \sum_i (x_i - \bar{x})(y_i - \bar{y}) \\
&= \sigma_x^2 + \sigma_y^2 + 2 \cdot \sigma_{x,y}.
\end{aligned}
$$

Herleitung von (6.17)

Wir betrachten die Funktion $f(c) = \frac{1}{N} \sum_{i=1}^{N} (x_i - c)^2$, die bezüglich der Variablen c minimiert werden soll. Die Minimalstelle dieser Funktion erhalten wir, indem wir zur ersten Ableitung

$$f'(c) = -\frac{1}{N} \sum_{i=1}^{N} 2(x_i - c) = -2\frac{1}{N} \left(\sum_{i=1}^{N} x_i - \sum_{i=1}^{N} c \right) = -2\frac{1}{N} \left(\sum_{i=1}^{N} x_i - N \cdot c \right) \qquad \text{(E.1)}$$

die Nullstelle bestimmen:

$$f'(c) = 0 \quad \Leftrightarrow \quad \left(\sum_{i=1}^{N} x_i - N \cdot c \right) = 0 \quad \Leftrightarrow \quad c = \frac{1}{N} \sum_{i=1}^{N} x_i = \bar{x}. \qquad \text{(E.2)}$$

© Springer-Verlag GmbH Deutschland, ein Teil von Springer Nature 2019
C. Weigand, *Statistik mit und ohne Zufall*,
https://doi.org/10.1007/978-3-662-59309-7_27

Wegen $f''(\bar{x}) = 2 > 0$ handelt es sich bei der Nullstelle um die Minimalstelle der Funktion, woraus die zu beweisende Behauptung folgt.

Herleitung von (6.19)

Der Beweis ist nur besonders begeisterten Lesern gewidmet.

$$\sigma^2 = \frac{1}{N} \sum_{\text{alle } x_i} (x_i - \bar{x})^2 \geq \frac{1}{N} \sum_{|x_i - \bar{x}| > d} (x_i - \bar{x})^2 \geq \frac{1}{N} \sum_{|x_i - \bar{x}| > d} d^2$$

$$= d^2 \frac{1}{N} \sum_{|x_i - \bar{x}| > d} 1 = d^2 \frac{1}{N} A(|X - \bar{x}| > d) = d^2 \cdot h(|X - \bar{x}| > d).$$

Daraus folgt die Behauptung (6.19):

$$\sigma^2 \geq d^2 \cdot h(|X - \bar{x}| > d) \iff h(|X - \bar{x}| > d) \leq \frac{\sigma^2}{d^2}$$

$$\iff h(\bar{x} - d \leq X \leq \bar{x} + d) \geq 1 - \frac{\sigma^2}{d^2}.$$

Herleitung von (7.14)

$$\sigma_{x,y} = \frac{1}{N} \sum (x_i - \bar{x})(y_i - \bar{y}) = \frac{1}{N} \sum x_i y_i - \bar{x} \frac{1}{N} \sum y_i - \bar{y} \frac{1}{N} \sum x_i + \frac{1}{N} \sum \bar{x}\bar{y}$$

$$= \frac{1}{N} \sum x_i y_i - \bar{x}\bar{y} - \bar{y}\bar{x} + \frac{1}{N} N \bar{x}\bar{y}$$

$$= \frac{1}{N} \sum x_i y_i - \bar{x} \cdot \bar{y} \qquad\qquad\qquad\qquad\qquad\qquad\qquad (\text{E.3})$$

Ersetzt man y durch x erhält man als Spezialfall die Varianz

$$\sigma_x^2 = \frac{1}{N} \sum (x_i - \bar{x})^2 = \frac{1}{N} \sum x_i^2 - \bar{x}^2.$$

Herleitung von (8.4)

Es gilt:

$$\frac{\partial}{\partial a} SSE(a,b) = 0 \qquad \text{und} \qquad \frac{\partial}{\partial b} SSE(a,b) = 0$$

$$\iff$$

$$\frac{\partial}{\partial a} \sum_i (y_i - (a + bx_i))^2 = 0 \qquad \text{und} \qquad \frac{\partial}{\partial b} \sum_i (y_i - (a + bx_i))^2 = 0$$

$$\iff$$

$$\sum 2(y_i - a - bx_i)(-1) = 0 \qquad \text{und} \qquad \sum 2(y_i - a - bx_i)(-x_i) = 0$$

$$\Leftrightarrow$$

$$\sum y_i - a \cdot N - b \sum x_i = 0 \qquad \text{und} \qquad -\sum x_i y_i + a \sum x_i + b \sum x_i^2 = 0$$

$$\Leftrightarrow$$

$$a = \bar{y} - b\bar{x} \qquad \text{und} \qquad -\sum x_i y_i + a \sum x_i + b \sum x_i^2 = 0.$$

Die linke Gleichung entspricht der linken Seite von (8.4). Nun substituieren wir diese linke Gleichung in die rechte Gleichung:

$$-\sum x_i y_i + (\bar{y} - b\bar{x}) \sum x_i + b \sum x_i^2 = 0 \quad \Leftrightarrow$$

$$b \left(\sum x_i^2 - \bar{x} \sum x_i \right) = \sum x_i y_i - \bar{y} \sum x_i \quad \Leftrightarrow$$

$$b = \frac{\sum x_i y_i - \bar{y} \sum x_i}{\sum x_i^2 - \bar{x} \sum x_i} = \frac{\frac{1}{N}}{\frac{1}{N}} \cdot \frac{\left(\sum x_i y_i - \bar{y} \sum x_i \right)}{\left(\sum x_i^2 - \bar{x} \sum x_i \right)} = \frac{\frac{1}{N} \sum x_i y_i - \bar{x} \cdot \bar{y}}{\frac{1}{N} \sum x_i^2 - \bar{x} \cdot \bar{x}}. \tag{E.4}$$

Der Zähler entspricht wegen (7.14) der Kovarianz $\sigma_{x,y}$, und der Nenner wegen (7.15) der Varianz $\sigma_{\bar{x}}^2$. Dann ist $b = \frac{\sigma_{x,y}}{\sigma_{\bar{x}}^2}$ und beweist die Formel (8.4).

Herleitung von (10.44)

Wir betrachten den Fall, dass die unabhängigen Variablen X und Y diskret sind. Der stetige Fall beweist sich analog.

$$\begin{aligned} COV[X,Y] &= \sum_x \sum_y (x - \mu_x)(y - \mu_y) \cdot P(X = x, Y = y) \\ &\stackrel{(10.35)}{=} \sum_x \sum_y (x - \mu_x)(y - \mu_y) \cdot P(X = x) \cdot P(Y = y) \\ &= \sum_x \sum_y ((x - \mu_x)P(X = x)) \cdot ((y - \mu_y)P(Y = y)) \\ &= \sum_x ((x - \mu_x)P(X = x)) \cdot \sum_y ((y - \mu_y)P(Y = y)) \\ &= \left(\sum_x x \, P(X = x) - \sum_x \mu_x \, P(X = x) \right) \left(\sum_y y \, P(Y = y) - \sum_y \mu_y \, P(Y = y) \right) \\ &= \left(\mu_x - \mu_x \sum_x P(X = x) \right) \cdot \left(\mu_y - \mu_y \sum_y P(Y = y) \right) \\ &= 0. \end{aligned} \tag{E.5}$$

Der Wert Null ergibt sich in der letzten Gleichung, da beide Klammern wegen $\sum_x P(X = x) = 1$ und $\sum_y P(Y = y) = 1$ Null sind. Gemäß 10.37 ist dann auch die Korrelation Null:

$$\rho_{x,y} = \frac{\sigma_{x,y}}{\sigma_x \cdot \sigma_y} = \frac{0}{\sigma_x \cdot \sigma_y} = 0. \tag{E.6}$$

Herleitung von (10.56)

Wir betrachten den Fall, dass die unabhängigen Variablen X und Y diskret sind. Der stetige Fall beweist sich analog.

$$
\begin{aligned}
E[X \cdot Y] &= \sum_{x,y} x\, y\, P(X = x,\, Y = y) \stackrel{(10.35)}{=} \sum_{x,y} x\, y\, P(X = x) \cdot P(Y = y) \\
&= \sum_{x} \sum_{y} (x\, P(X = x)) \cdot (y\, P(Y = y)) = \sum_{x} (x\, P(X = x)) \cdot \sum_{y} (y\, P(Y = y)) \\
&= E[X] \cdot E[Y].
\end{aligned}
\tag{E.7}
$$

Herleitung zu (11.4)

Da X normalverteilt ist und μ und σ konstante Zahlen sind, ist auch $Z = \frac{X-\mu}{\sigma} = \frac{1}{\sigma} \cdot X - \frac{\mu}{\sigma}$ normalverteilt. Außerdem entspricht Z einer Standardisierung gemäß (6.22), weshalb $E[Z] = 0$ und $VAR[Z] = 1$ sind. Somit ist Z standardnormalverteilt $Z \sim N(0,\, 1)$. Damit folgt aus

$$
P(X \leq x) = P\left(\frac{X - \mu}{\sigma} \leq \frac{x - \mu}{\sigma}\right) = P\left(Z \leq \frac{x - \mu}{\sigma}\right) = \Phi\left(\frac{x - \mu}{\sigma}\right)
$$

die Behauptung (11.4).

Herleitung von (11.22) und (11.23)

Mit der Darstellung $Y = X_1 + X_2 + \ldots + X_n$ kann man die gesuchten Formeln relativ einfach herleiten, ohne die Formel (11.21) der Verteilung von Y explizit zu benutzen:

$$
\begin{aligned}
E[Y] &= E[X_1 + X_2 + \ldots + X_n] \stackrel{(10.53)}{=} E[X_1] + E[X_2] + \ldots + E[X_n] \\
&= n \cdot E[X_i] = n \cdot (1 \cdot p + 0 \cdot (1 - p)) \\
&= np.
\end{aligned}
\tag{E.8}
$$

Wegen der Unabhängigkeit der X_i können wir bei der Varianz ähnlich vorgehen:

$$
\begin{aligned}
VAR[Y] &= VAR[X_1 + X_2 + \ldots + X_n] \stackrel{(10.55)}{=} VAR[X_1] + VAR[X_2] + \ldots + VAR[X_n] \\
&= n \cdot VAR[X_i] = n \cdot ((1 - p)^2 \cdot p + (0 - p)^2 \cdot (1 - p)) \\
&= np(1 - p).
\end{aligned}
\tag{E.9}
$$

Herleitung von (11.62)

$$
P(T \leq w + t \mid T > w) \stackrel{(10.26)}{=} \frac{P(T \leq w + t \text{ und } T > w)}{P(T > w)} = \frac{P(w < T \leq w + t)}{P(T > w)}
$$

$$
\begin{aligned}
&= \frac{P\left(T \leq w+t\right) - P\left(T \leq w\right)}{1 - P\left(T \leq w\right)} \overset{(11.57)}{=} \frac{1 - e^{-\lambda(w+t)} - \left(1 - e^{-\lambda w}\right)}{1 - \left(1 - e^{-\lambda w}\right)} \\
&= \frac{e^{-\lambda w} - e^{-\lambda w} e^{-\lambda t}}{e^{-\lambda w}} = 1 - e^{-\lambda \cdot t}.
\end{aligned}
\tag{E.10}
$$

Ergänzung zum Zentralen Grenzwertsatz

Den Zentralen Grenzwertsatz findet man in der Literatur in verschiedenen Varianten vor. Eine davon ist eine ziemlich spezielle, aber noch halbwegs "gut lesbare" Version:

Zentraler Grenzwertsatz

Sei $X_1, X_2, \ldots$ eine Folge unabhängig, identisch verteilter Zufallsvariablen, mit $E[X_i] = \mu$ und $VAR[X_i] = \sigma^2$ für alle i. Für die Verteilung der Summe $S_n = \sum_{i=1}^{n} X_i$ gilt dann:

$$
\lim_{n \to \infty} P\left(\frac{S_n - n\mu}{\sqrt{n}\sigma} \leq z\right) = \Phi(z).
\tag{E.11}
$$

Es gibt noch weitere, allgemeinere Formulierungen des ZGWS, bei denen die Voraussetzung, dass alle Variablen identisch verteilt sind, fallen gelassen wird, und stattdessen aber gewisse Forderungen an die Varianzen der Variablen gestellt werden. Dies sind eher beweistechnische Voraussetzungen und können in der Regel bei vielen realen Problemstellungen als erfüllt angesehen werden. Ferner gibt es noch Formulierungen des ZGWS, bei denen die Variablen X_i in spezieller Weise "schwach" abhängig sein dürfen.

Herleitung von (14.21)

Wir gehen davon aus, dass die Variablen $X_1, \ldots, X_n$ unabhängig sind, denselben Erwartungswert μ und dieselbe Varianz

$$
E[(X_i - \mu)^2] = \sigma^2
\tag{E.12}
$$

besitzen. Wegen (14.17) gilt dann auch

$$
E[(\bar{X} - \mu)^2] = VAR[\bar{X}] = \frac{\sigma^2}{n}
\tag{E.13}
$$

und wegen (10.44) und (10.40) gilt

$$
E[(X_i - \mu)(X_k - \mu)] = COV[X_i, X_k] = \begin{cases} \sigma^2, & \text{falls } i = k, \\ 0, & \text{falls } i \neq k. \end{cases}
\tag{E.14}
$$

Damit berechnen wir zunächst:

$$E\left[\sum_{i=1}^{n}(X_i-\bar{X})^2\right] \;=\; E\left[\sum_{i=1}^{n}\left((X_i-\mu)-(\bar{X}-\mu)\right)^2\right]$$

$$=\; E\left[\sum_{i=1}^{n}\left((X_i-\mu)^2+(\bar{X}-\mu)^2-2(X_i-\mu)(\bar{X}-\mu)\right)\right]$$

$$=\; \sum_{i=1}^{n}E[(X_i-\mu)^2]+\sum_{i=1}^{n}E[(\bar{X}-\mu)^2]-2\sum_{i=1}^{n}E[(X_i-\mu)(\bar{X}-\mu)]$$

$$\overset{(E.12),(E.13)}{=}\; \sum_{i=1}^{n}\sigma^2 \;+\; \sum_{i=1}^{n}\frac{\sigma^2}{n} \;-\; 2\sum_{i=1}^{n}E\left[(X_i-\mu)\left(\frac{1}{n}\sum_{k=1}^{n}X_k-\mu\right)\right]$$

$$=\; n\sigma^2+n\frac{\sigma^2}{n} \;-\; 2\frac{1}{n}\sum_{i=1}^{n}\sum_{k=1}^{n}E[(X_i-\mu)(X_k-\mu)]$$

$$=\; n\sigma^2+\sigma^2-\frac{2}{n}\left(\sum_{i\neq k}E[(X_i-\mu)(X_k-\mu)]+\sum_{i=k=1}^{n}E[(X_i-\mu)(X_k-\mu)]\right)$$

$$\overset{(E.14)}{=}\; n\sigma^2+\sigma^2-\frac{2}{n}\left(0+n\cdot\sigma^2\right)$$

$$=\; (n-1)\sigma^2. \tag{E.15}$$

Dies beweist schließlich die Formel (14.21):

$$E[S^2] \;=\; E\left[\frac{1}{n-1}\sum_{i=1}^{n}(X_i-\bar{X})^2\right]\overset{(10.49)}{=}\frac{1}{n-1}E\left[\sum_{i=1}^{n}(X_i-\bar{X})^2\right]\overset{(E.15)}{=}\frac{1}{n-1}(n-1)\sigma^2$$

$$=\; \sigma^2.$$

Herleitung zu (15.2)

Wie auf Seite 299 besprochen, erhalten wir Konfidenzintervalle, indem wir Punktschätzer "dicker" machen. Dazu verbreitern wir den Punktschätzer $\bar{X}$ symmetrisch, links und rechts um jeweils einen Wert d:

$$[\bar{X}-d;\;\bar{X}+d]. \tag{E.16}$$

Die Aufgabe besteht darin, den Wert d so festzulegen, dass wir mit einer Wahrscheinlichkeit von $1-\alpha$ den unsichtbaren Zielwert $\bar{x}_G$ treffen. Formal lautet dies:

$$P(\bar{X}-d\leq\bar{x}_G\leq\bar{X}+d)\;=\;1-\alpha. \tag{E.17}$$

Wir lösen diesen Ansatz gewissermaßen nach d auf:

$$P(\bar{X} - d \leq \bar{x}_G \leq \bar{X} + d) = 1 - \alpha$$
$$\Longleftrightarrow \quad P(\bar{X} - d \leq \bar{x}_G \text{ und } \bar{x}_G \leq \bar{X} + d) = 1 - \alpha$$
$$\Longleftrightarrow \quad P(\bar{X} \leq \bar{x}_G + d \text{ und } \bar{x}_G - d \leq \bar{X}) = 1 - \alpha$$
$$\Longleftrightarrow \quad P(\bar{x}_G - d \leq \bar{X} \leq \bar{x}_G + d) = 1 - \alpha$$
$$\Longleftrightarrow \quad P(\bar{X} \leq \bar{x}_G + d) - P(\bar{X} < \bar{x}_G - d) = 1 - \alpha. \tag{E.18}$$

Jetzt nutzen wir die Eigenschaft $\bar{X} \sim N(\bar{x}_G ; \frac{\sigma_G^2}{n})$ und wenden Formel (11.4) an:

$$\Longleftrightarrow \quad \Phi\left(\frac{\bar{x}_G + d - \bar{x}_G}{\sigma_G/\sqrt{n}}\right) - \Phi\left(\frac{\bar{x}_G - d - \bar{x}_G}{\sigma_G/\sqrt{n}}\right) = 1 - \alpha$$
$$\Longleftrightarrow \quad \Phi\left(\frac{d\sqrt{n}}{\sigma_G}\right) - \Phi\left(-\frac{d\sqrt{n}}{\sigma_G}\right) = 1 - \alpha.$$

Wegen der Symmetrie der standardisierten Gaußschen Glockenkurve gilt generell $\Phi(-x) = 1 - \Phi(x)$. Daher folgt weiter:

$$\Longleftrightarrow \quad \Phi\left(\frac{d\sqrt{n}}{\sigma_G}\right) - \left[1 - \Phi\left(\frac{d\sqrt{n}}{\sigma_G}\right)\right] = 1 - \alpha$$
$$\Longleftrightarrow \quad \Phi\left(\frac{d\sqrt{n}}{\sigma_G}\right) = \frac{1 + 1 - \alpha}{2}.$$

Wenn wir die Standardnormalverteilung bis zur Stelle $\frac{d\sqrt{n}}{\sigma_G}$ kumulieren, so muss sich eine Wahrscheinlichkeit von $\frac{1+1-\alpha}{2} = 1 - \frac{\alpha}{2}$ ergeben. Mit anderen Worten, wir müssen $\frac{d\sqrt{n}}{\sigma_G}$ mit dem $(1 - \frac{\alpha}{2})$-Quantil der Standardnormalverteilung gleichsetzen. Bezeichnen wir dieses Quantil mit $\lambda_{1-\frac{\alpha}{2}}$, ergibt sich:

$$\Longleftrightarrow \quad \frac{d\sqrt{n}}{\sigma_G} = \lambda_{1-\frac{\alpha}{2}}$$
$$\Longleftrightarrow \quad d = \frac{\sigma_G}{\sqrt{n}} \lambda_{1-\frac{\alpha}{2}}. \tag{E.19}$$

Das Quantil kann man aus der Tabelle im Anhang entnehmen, σ_G ist per Voraussetzung bekannt und der Stichprobenumfang n ebenso. Wir können daher den Wert d ermitteln und müssen ihn nur noch in (E.16) einsetzen, um das gewünschte Konfidenzintervall zu erhalten.

Herleitung zu (15.6)

Der Ansatz (E.16) wird modifiziert, indem wir für das Intervall eine Breite wählen, die proportional zur geschätzten Standardabweichung ist. Die halbe Breite, die wir in (E.16) mit d bezeichnet haben, sei nun mit $S \cdot b$ notiert:

$$[\bar{X} - S \cdot b; \bar{X} + S \cdot b]. \tag{E.20}$$

Dann gilt analog zu (E.17) bis (E.18)

$$P(\bar{X} - S \cdot b \leq \bar{x}_G \leq \bar{X} + S \cdot b) = 1 - \alpha \qquad (E.21)$$

$$\Longleftrightarrow \quad P(\bar{X} \leq \bar{x}_G + S \cdot b) - P(\bar{X} < \bar{x}_G - S \cdot b) = 1 - \alpha$$

$$\Longleftrightarrow \quad P\left(\frac{\bar{X} - \bar{x}_G}{S}\sqrt{n} \leq b\sqrt{n}\right) - P\left(\frac{\bar{X} - \bar{x}_G}{S}\sqrt{n} < -b\sqrt{n}\right) = 1 - \alpha.$$

Bereits auf Seite 246 wurde die sogenannte "Student Verteilung" oder "t-Verteilung" präsentiert. Man kann zeigen, dass die Zufallsvariable

$$T = \frac{\bar{X} - \bar{x}_G}{S}\sqrt{n} \qquad (E.22)$$

eine solche Verteilung mit $n - 1$ Freiheitsgraden besitzt. Daher gilt weiter:

$$\overset{(E.22)}{\Longleftrightarrow} \quad P(T \leq b\sqrt{n}) - P(T < -b\sqrt{n}) = 1 - \alpha.$$

Wegen der Symmetrie der Dichte der t-Verteilung um den Nullpunkt folgt dann:

$$\Longleftrightarrow \quad P(T \leq b\sqrt{n}) = 1 - \frac{\alpha}{2}.$$

Daher müssen wir $b\sqrt{n}$ mit dem $(1 - \frac{\alpha}{2})$-Quantil der t-Verteilung gleichsetzen, wobei gemäß (E.22) der Freiheitsgrad $n - 1$ beträgt:

$$\Longleftrightarrow \quad b\sqrt{n} = t_{n-1, 1-\frac{\alpha}{2}}$$

$$\Longleftrightarrow \quad b = \frac{1}{\sqrt{n}} t_{n-1, 1-\frac{\alpha}{2}}.$$

Daraus folgt mit (E.20) das Konfidenzintervall (15.6).

Herleitung von (15.9)

Zunächst überlegen wir uns, welche Trefferzahlen y in der Stichprobe mit hoher Wahrscheinlichkeit auftreten, wenn der tatsächliche Anteil in der Grundgesamtheit bzw. die zu schätzende, unbekannte Wahrscheinlichkeit p beträgt. In Abbildung E.1 haben wir diese y-Werte kenntlich gemacht und als "Prognoseintervall zu p" bezeichnet. Die Prognosewahrscheinlichkeit setzen wir beispielhaft auf $1 - \alpha = 95\%$ fest. Die mathematische Bestimmung eines Prognoseintervalls lässt sich mit der Binomialverteilung ermitteln und wird vorerst zurückgestellt.

Die Bestimmung eines Prognoseintervalls führen wir schließlich für alle denkbaren Werte p durch. So bilden sowohl die oberen Ränder $B(p)$, als auch die unteren Ränder $A(p)$ der Prognoseintervalle jeweils eine Kurve, die von p abhängt. Die Abbildung E.2 zeigt das Ergebnis. Man erkennt, dass die Prognoseintervalle für $p \approx 0$ kleine Trefferzahlen y in der Stichprobe und für $p \approx 1$ große Trefferzahlen y in der Stichprobe voraussagen. Wir haben in der Abbildung E.2 die Kurven $A(p)$ und $B(p)$ der Übersichtlichkeit halber

Herleitung von Konfidenzintervallen für einen Anteil p

Prognose-
intervall:
Diese
y-Werte
treten mit
95% Wahr-
scheinlich-
keit auf

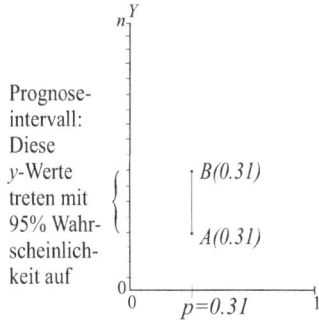

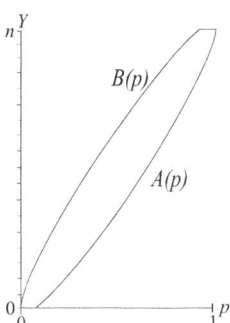

Abb. E.1 Wenn $p = 0.31$ der wahre Wert sein sollte, treten die y-Werte des Prognoseintervalls mit 95% Wahrscheinlichkeit auf.

Abb. E.2 Es wird zu jedem möglichen Wert p jeweils das Prognoseintervall berechnet.

Gemessener
y-Wert

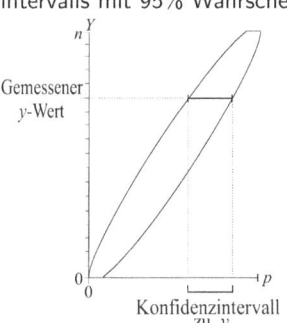

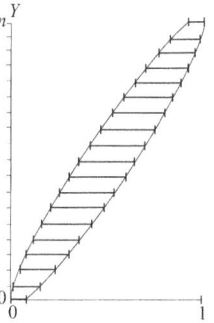

Abb. E.3 Zu einem y-Wert bestimmen wir ein Intervall auf der p-Achse, das wir als Konfidenzintervall bezeichnen.

Abb. E.4 Für jeden y-Wert ergibt sich ein Konfidenzintervall auf der p-Achse.

Diese
y-Werte
treten mit
95% Wahr-
scheinlich-
keit auf

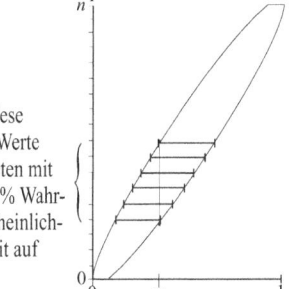

Diese
y-Werte
treten mit
95% Wahr-
scheinlich-
keit auf

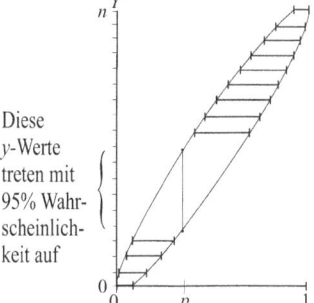

Abb. E.5 Wenn p der wahre Wert ist, wird er von den Intervallen, die zu den y-Werten des Prognoseintervalls gehören, überdeckt.

Abb. E.6 Konfidenzintervalle, die den wahren Wert p nicht überdecken, treten nur mit einer Wahrscheinlichkeit von 5% auf.

als stetige Funktionen eingezeichnet, was streng genommen falsch ist, denn wegen der Ganzzahligkeit von Y sind sowohl $A(p)$ als auch $B(p)$ Treppenfunktionen.

Ein Konfidenzintervall wollen wir nach folgender Regel bestimmen: Zu einer konkret gemessenen Trefferzahl y in der Stichprobe ermitteln wir gemäß Abbildung E.3 auf der p-Achse ein Intervall, das wir vorläufig und ganz frech "Konfidenzintervall" nennen. In Abbildung E.4 ist zu jeder möglichen Trefferzahl $y = 0, 1, \ldots, n$ das jeweilige Konfidenzintervall eingezeichnet.

Wenn p der tatsächliche, zu schätzende Wert in der Grundgesamtheit ist, so wird dieser von denjenigen Konfidenzintervallen überdeckt, die zu den y-Werten des Prognoseintervalls gehören (Abbildung E.5). Die übrigen y-Werte, welche nicht dem Prognoseintervall angehören, erzeugen Konfidenzintervalle, welche nicht den Wert p überdecken.

Somit ist das Wichtigste gezeigt: Wenn p der tatsächliche Parameterwert ist, wird er von einem Konfidenzintervall mit 95% Wahrscheinlichkeit überdeckt und mit 5% Wahrscheinlichkeit nicht überdeckt.

Die Herleitung zeigt eine Vorgehensweise, die man verallgemeinern kann und die wir auch bei der Schätzung eines Erwartungswertes μ oder anderer Parameter einsetzten könnten. Im Grunde wird ein Konfidenzintervallverfahren durch eine Region bzw. durch zwei Kurven $A(p)$ und $B(p)$ wie in Abbildung E.2 beschrieben. Die senkrechte Ausdehnung dieser Region korrespondiert gemäß Abbildung E.1 mit der Zuverlässigkeit des Verfahrens. Die waagrechte Ausdehnung der Region beschreibt gemäß den Abbildungen E.3 und E.4 die Präzision des Verfahrens.

Es bleibt noch zu klären, wie man die Prognoseintervalle bzw. $A(p)$ und $B(p)$ konkret berechnet. Wie in den Abbildung E.1 und E.2 dargestellt, muss ein Prognoseintervall $[A(p), B(p)]$ zu einem Wert p die Gleichung

$$P(A(p) \leq Y \leq B(p)) = 1 - \alpha \qquad \text{(E.23)}$$

erfüllen. Da Y ganzzahlig ist, kann man aber nicht immer Wahrscheinlichkeiten erhalten, die exakt $1 - \alpha$ ergeben. Daher sollte man streng genommen eine Sicherheitswahrscheinlichkeit von mindestens $1 - \alpha$ gewährleisten und das Gleichheitszeichen "=" durch "$\geq$" ersetzen. Diese Finesse erklärt abermals, warum $A(p)$ und $B(p)$ als Treppenfunktionen gezeichnet werden müssten, was wir aber vernachlässigen, um die Grundidee nicht zu vernebeln.

Die Prognoseintervalle $[A(p), B(p)]$ erhalten wir, indem die Gleichung (E.23) gewissermaßen nach $A(p)$ und $B(p)$ aufgelöst wird. Jedoch ergeben sich für $A(p)$ und $B(p)$ mehrere, verschiedene Lösungen. Diese Freiheit kann man nutzen, indem wir eine der folgenden Forderungen zusätzlich stellen:

- Man wünscht sich für den Nicht-Prognosebereich, der in der Regel aus zwei Teilen besteht, dass jeder Teil mit einer Irrtumswahrscheinlichkeit von $\frac{\alpha}{2}$ auftritt:

$$P(Y \leq A(p) - 1) = \frac{\alpha}{2} \qquad \text{und} \qquad P(B(p) + 1 \leq Y) = \frac{\alpha}{2}. \qquad \text{(E.24)}$$

Für diesen "Symmetrie-Ansatz" gibt es im Grunde keine inhaltlichen Argumente. Er besitzt lediglich den Vorteil, dass sich die weiteren Herleitungen "rechentechnisch" vereinfachen. Das Verfahren (15.9) und dessen Varianten 1-4 basieren auf diesem Ansatz.

- Man minimiert die Präzision, d.h. man möchte die Längen der Konfidenzintervalle auf der p-Achse im Schnitt möglichst klein halten. Dieses zusätzliche Ziel wird von den Konfidenzintervallen verfolgt, die auf Seite 313 unter "Weitere Verbesserung" erwähnt sind.

Die Berechnung der Wahrscheinlichkeit in (E.23) können wir mit

$$\sum_{i=A(p)}^{B(p)} \binom{n}{i} p^i (1-p)^{n-i} = 1 - \alpha \qquad (E.25)$$

durchführen, da gemäß der Voraussetzung auf Seite 312 die Variable "Y = Treffer in der Stichprobe" binomialverteilt ist. Das Verfahren (15.9) und die "Weitere Verbesserung" auf Seite 313 machen von dieser exakten Rechnung Gebrauch. Sie berücksichtigen zudem die bisher unterschlagene Eigenschaft, dass $A(p)$ und $B(p)$ Treppenfunktionen sind. Ferner werden die Formeln (11.86) und (11.87) herangezogen.

Die Varianten 1 bis 4 unterscheiden sich dadurch, dass sie statt der Binomialverteilung (E.25) diverse Approximationen benutzen. Beispielsweise basiert die Variante 3 auf der Näherung (12.10).

Herleitung des zweiseitigen Gauß-Tests auf Seite 337:

Da wir die Varianz σ^2 als bekannt voraussetzen, können wir die Formeln des Schätzverfahrens (15.2) von Seite 300 benutzen. Mit der Abkürzung $\lambda = \lambda_{1-\frac{\alpha}{2}}$ erhält man:

Antwort A1 "H_0 ausschließen" $\Longleftrightarrow$ μ_0 wird nicht überdeckt $\Longleftrightarrow$

oder

$\mu_0 <$ linker Intervallrand   oder   rechter Intervallrand $< \mu_0$

$$\mu_0 < \bar{X} - \frac{\sigma}{\sqrt{n}} \lambda \quad \text{oder} \quad \bar{X} + \frac{\sigma}{\sqrt{n}} \lambda < \mu_0$$

$$\frac{\sigma}{\sqrt{n}} \lambda < \bar{X} - \mu_0 \quad \text{oder} \quad \bar{X} - \mu_0 < -\frac{\sigma}{\sqrt{n}} \lambda$$

$$\lambda < \frac{\bar{X} - \mu_0}{\sigma} \sqrt{n} \quad \text{oder} \quad \frac{\bar{X} - \mu_0}{\sigma} \sqrt{n} < -\lambda. \qquad (E.26)$$

Mit $T(x) = \frac{\bar{X}-\mu_0}{\sigma} \sqrt{n}$. können wir das Ergebnis (E.26) wie folgt formulieren:

$$\text{Antwort A1} \quad \Leftrightarrow \quad \left| \frac{\bar{X} - \mu_0}{\sigma} \sqrt{n} \right| > \lambda_{1-\frac{\alpha}{2}} \quad \Leftrightarrow \quad |T(x)| > \lambda_{1-\frac{\alpha}{2}} \qquad (E.27)$$

Herleitung von (17.5) auf Seite 342 :

Wegen der zweiten, eingangs getroffenen Voraussetzung gilt: $\bar{X}$ ist normalverteilt. Nach Subtraktion und Multiplikation mit Konstanten erhalten wir eine Zufallsvariable $T(x) = (\bar{X} - \mu_0)\frac{\sqrt{n}}{\sigma}$ die ebenfalls normalverteilt ist. Mit $E[\bar{X}] = \mu_0$ und $VAR[\bar{X}] = \frac{\sigma^2}{n}$ folgt:

$$E[\,T(x)\,] = E\left[\frac{\bar{X} - \mu_0}{\sigma}\sqrt{n}\right] = \frac{E[\bar{X} - \mu_0]}{\sigma}\sqrt{n} = \frac{E[\bar{X}] - \mu_0}{\sigma}\sqrt{n} = \frac{\mu_0 - \mu_0}{\sigma}\sqrt{n} = 0,$$

$$VAR[\,T(x)\,] = VAR\left[\frac{\bar{X} - \mu_0}{\sigma}\sqrt{n}\right] = \frac{VAR[\bar{X} - \mu_0]}{\sigma^2}n = \frac{VAR[\bar{X}]}{\sigma^2}n = \frac{\frac{\sigma^2}{n}}{\sigma^2}n = 1.$$

Herleitung von (18.16) auf Seite 383

Die Umformungen

$$\hat{b} = \frac{n\sum x_k Y_k - \sum x_i \sum Y_k}{n\sum x_i^2 - (\sum x_i)^2} = \frac{n}{n\sum x_i^2 - (\sum x_i)^2}\sum_{k=1}^{n} x_k Y_k - \frac{\sum x_i}{n\sum x_i^2 - (\sum x_i)^2}\sum_{k=1}^{n} Y_k$$

$$= \sum_{k=1}^{n}\left(\frac{n}{n\sum x_i^2 - (\sum x_i)^2}x_k - \frac{\sum x_i}{n\sum x_i^2 - (\sum x_i)^2}\right)Y_k \qquad (E.28)$$

und

$$\hat{a} = \bar{Y} - \hat{b}\cdot\bar{x} = \frac{1}{n}\sum_{k=1}^{n} Y_k - \bar{x}\cdot\hat{b}$$

$$= \frac{1}{n}\sum_{k=1}^{n} Y_k - \bar{x}\cdot\sum_{k=1}^{n}\left(\frac{n}{n\sum x_i^2 - (\sum x_i)^2}x_k - \frac{\sum x_i}{n\sum x_i^2 - (\sum x_i)^2}\right)Y_k$$

$$= \sum_{k=1}^{n}\left(\frac{1}{n} - \frac{\bar{x}\cdot n}{n\sum x_i^2 - (\sum x_i)^2}x_k + \frac{\bar{x}\cdot\sum x_i}{n\sum x_i^2 - (\sum x_i)^2}\right)Y_k. \qquad (E.29)$$

zeigen, dass $\hat{a}$ und $\hat{b}$ als Summe der normalverteilten Y_k dargestellt werden können. Wegen der Reproduktionseigenschaft sind $\hat{a}$ und $\hat{b}$ dann ebenfalls normalverteilt. Die Terme in den runden Klammern von (E.29) und (E.28) sind jeweils konstant, da die x-Werte vorgegeben sind. Insofern können wir gemäß (10.49), (10.50) den Erwartungswert und die Varianz der Zufallsvariablen $\hat{a}$ und $\hat{b}$ berechnen. Fasst man dann die Terme zusammen, erhält man nach einigen, langatmigen Umformungen das Ergebnis (18.16).

Herleitung zum Resultat "stochastischer Regressor" auf Seite 387

Wir bezeichnen das Konfidenzintervall (18.20) mit $I(x_1,\ldots,x_n)$. Es besitzt für gegebene Werte $x_1,\ldots,x_n$ die Eigenschaft

$$P(b \in I(x_1,\ldots,x_n)) \geq 1 - \alpha. \qquad (E.30)$$

Da die Residuen ε_i von X_i per Annahme unabhängig sind, gilt damit auch

$$
\begin{aligned}
P(b \in I(x_1, \ldots, x_n) | X_1 = x_1, \ldots, X_n = x_n) &= \\
&= \frac{P(b \in I(x_1, \ldots, x_n) \text{ und } X_1 = x_1, \ldots, X_n = x_n)}{P(X_1 = x_1, \ldots, X_n = x_n)} \\
&= \frac{P(b \in I(x_1, \ldots, x_n)) \cdot P(X_1 = x_1, \ldots, X_n = x_n)}{P(X_1 = x_1, \ldots, X_n = x_n)} \\
&= P(b \in I(x_1, \ldots, x_n)) \\
&\overset{(E.30)}{\geq} 1 - \alpha.
\end{aligned}
$$

Die Zuverlässigkeit des Konfidenzintervalls $I(X_1, \ldots, X_n)$ mit stochastischem Regressor berechnet sich dann daraus und aus dem Satz der totalen Wahrscheinlichkeit (10.27):

$$
\begin{aligned}
P(b \in I(X_1, \ldots, X_n)) &= \sum_{x_1, \ldots, x_n} P(b \in I(x_1, \ldots, x_n) | X_1 = x_1, \ldots, X_n = x_n) \cdot \\
&\qquad\qquad\qquad\qquad\qquad\qquad\qquad\qquad \cdot P(X_1 = x_1, \ldots, X_n = x_n) \\
&\geq \sum_{x_1, \ldots, x_n} (1 - \alpha) \cdot P(X_1 = x_1, \ldots, X_n = x_n) \\
&= 1 - \alpha.
\end{aligned}
$$

Man erkennt auch, dass diese Argumentation unabhängig davon, welche Verteilung man für den Regressor X unterstellt, ihre Gültigkeit behält. Den pathologischen Fall, dass zufälliger Weise alle Werte $x_1, \ldots, x_n$ gleich sein könnten, haben wir mit der Bemerkung auf Seite 384 "geheilt".

Herleitung von (21.27)

Wir führen den Beweis "halbformal" für den Laspeyres-Preisindex:

$$
\begin{aligned}
&\sum_k \binom{\text{Laspeyres-Subindex zu}}{\text{Segment } k} \cdot \binom{\text{Wertanteil des Segment}}{k \text{ zur Zeit } t_0} = \\
&= \sum_k \left(\frac{\binom{\text{Wert der Basismengen im Segment}}{k \text{ zu Berichtspreisen.}}}{\binom{\text{Wert der Basismengen im Segment}}{k \text{ zu Basispreisen}}} \right) \cdot \left(\frac{\binom{\text{Wert der Basismengen im}}{\text{Segment } k \text{ zu Basispreisen}}}{\binom{\text{Wert aller Basismengen zu}}{\text{Basispreisen}}} \right) \\
&= \frac{1}{\binom{\text{Wert aller Basismengen zu}}{\text{Basispreisen}}} \sum_k \frac{\binom{\text{Wert der Basismengen im Seg-}}{\text{ment } k \text{ zu Berichtspreisen}}}{1} \\
&= \frac{1}{\binom{\text{Wert aller Basismengen zu}}{\text{Basispreisen}}} \cdot \binom{\text{Wert aller Basismengen zu}}{\text{Berichtspreisen}} \\
&= P_L(t_0, t). \qquad\qquad\qquad\qquad\qquad\qquad\qquad\qquad\qquad (E.31)
\end{aligned}
$$

Anhang F Tabellen

Übersicht

© Springer-Verlag GmbH Deutschland, ein Teil von Springer Nature 2019
C. Weigand, *Statistik mit und ohne Zufall*,
https://doi.org/10.1007/978-3-662-59309-7_28

F.1   Quantile der F-Verteilung

95%-Quantile $F_{0.95, f_1, f_2}$

f_1 / f_2	1	2	3	4	5	6	7	8	9	10
1	161.45	199.50	215.71	224.58	230.16	233.99	236.77	238.88	240.54	241.88
2	18.51	19.00	19.16	19.25	19.30	19.33	19.35	19.37	19.38	19.40
3	10.13	9.55	9.28	9.12	9.01	8.94	8.89	8.85	8.81	8.79
4	7.71	6.94	6.59	6.39	6.26	6.16	6.09	6.04	6.00	5.96
5	6.61	5.79	5.41	5.19	5.05	4.95	4.88	4.82	4.77	4.74
6	5.99	5.14	4.76	4.53	4.39	4.28	4.21	4.15	4.10	4.06
7	5.59	4.74	4.35	4.12	3.97	3.87	3.79	3.73	3.68	3.64
8	5.32	4.46	4.07	3.84	3.69	3.58	3.50	3.44	3.39	3.35
9	5.12	4.26	3.86	3.63	3.48	3.37	3.29	3.23	3.18	3.14
10	4.96	4.10	3.71	3.48	3.33	3.22	3.14	3.07	3.02	2.98
11	4.84	3.98	3.59	3.36	3.20	3.09	3.01	2.95	2.90	2.85
12	4.75	3.89	3.49	3.26	3.11	3.00	2.91	2.85	2.80	2.75
13	4.67	3.81	3.41	3.18	3.03	2.92	2.83	2.77	2.71	2.67
14	4.60	3.74	3.34	3.11	2.96	2.85	2.76	2.70	2.65	2.60
15	4.54	3.68	3.29	3.06	2.90	2.79	2.71	2.64	2.59	2.54
16	4.49	3.63	3.24	3.01	2.85	2.74	2.66	2.59	2.54	2.49
17	4.45	3.59	3.20	2.96	2.81	2.70	2.61	2.55	2.49	2.45
18	4.41	3.55	3.16	2.93	2.77	2.66	2.58	2.51	2.46	2.41
19	4.38	3.52	3.13	2.90	2.74	2.63	2.54	2.48	2.42	2.38
20	4.35	3.49	3.10	2.87	2.71	2.60	2.51	2.45	2.39	2.35
22	4.30	3.44	3.05	2.82	2.66	2.55	2.46	2.40	2.34	2.30
24	4.26	3.40	3.01	2.78	2.62	2.51	2.42	2.36	2.30	2.25
26	4.23	3.37	2.98	2.74	2.59	2.47	2.39	2.32	2.27	2.22
28	4.20	3.34	2.95	2.71	2.56	2.45	2.36	2.29	2.24	2.19
30	4.17	3.32	2.92	2.69	2.53	2.42	2.33	2.27	2.21	2.16
32	4.15	3.29	2.90	2.67	2.51	2.40	2.31	2.24	2.19	2.14
34	4.13	3.28	2.88	2.65	2.49	2.38	2.29	2.23	2.17	2.12
36	4.11	3.26	2.87	2.63	2.48	2.36	2.28	2.21	2.15	2.11
38	4.10	3.24	2.85	2.62	2.46	2.35	2.26	2.19	2.14	2.09
40	4.08	3.23	2.84	2.61	2.45	2.34	2.25	2.18	2.12	2.08
50	4.03	3.18	2.79	2.56	2.40	2.29	2.20	2.13	2.07	2.03
60	4.00	3.15	2.76	2.53	2.37	2.25	2.17	2.10	2.04	1.99
70	3.98	3.13	2.74	2.50	2.35	2.23	2.14	2.07	2.02	1.97
80	3.96	3.11	2.72	2.49	2.33	2.21	2.13	2.06	2.00	1.95
90	3.95	3.10	2.71	2.47	2.32	2.20	2.11	2.04	1.99	1.94
100	3.94	3.09	2.70	2.46	2.31	2.19	2.10	2.03	1.97	1.93
200	3.89	3.04	2.65	2.42	2.26	2.14	2.06	1.98	1.93	1.88
500	3.86	3.01	2.62	2.39	2.23	2.12	2.03	1.96	1.90	1.85
∞	3.84	3.00	2.60	2.37	2.21	2.10	2.01	1.94	1.88	1.83

95%-Quantile $F_{0.95,f_1,f_2}$ (Fortsetzung)

f_1 / f_2	12	14	16	18	20	22	24	26	28	30
1	243.90	245.36	246.47	247.32	248.02	248.58	249.05	249.45	249.80	250.10
2	19.41	19.42	19.43	19.44	19.45	19.45	19.45	19.46	19.46	19.46
3	8.74	8.71	8.69	8.67	8.66	8.65	8.64	8.63	8.62	8.62
4	5.91	5.87	5.84	5.82	5.80	5.79	5.77	5.76	5.75	5.75
5	4.68	4.64	4.60	4.58	4.56	4.54	4.53	4.52	4.50	4.50
6	4.00	3.96	3.92	3.90	3.87	3.86	3.84	3.83	3.82	3.81
7	3.57	3.53	3.49	3.47	3.44	3.43	3.41	3.40	3.39	3.38
8	3.28	3.24	3.20	3.17	3.15	3.13	3.12	3.10	3.09	3.08
9	3.07	3.03	2.99	2.96	2.94	2.92	2.90	2.89	2.87	2.86
10	2.91	2.86	2.83	2.80	2.77	2.75	2.74	2.72	2.71	2.70
11	2.79	2.74	2.70	2.67	2.65	2.63	2.61	2.59	2.58	2.57
12	2.69	2.64	2.60	2.57	2.54	2.52	2.51	2.49	2.48	2.47
13	2.60	2.55	2.51	2.48	2.46	2.44	2.42	2.41	2.39	2.38
14	2.53	2.48	2.44	2.41	2.39	2.37	2.35	2.33	2.32	2.31
15	2.48	2.42	2.38	2.35	2.33	2.31	2.29	2.27	2.26	2.25
16	2.42	2.37	2.33	2.30	2.28	2.25	2.24	2.22	2.21	2.19
17	2.38	2.33	2.29	2.26	2.23	2.21	2.19	2.17	2.16	2.15
18	2.34	2.29	2.25	2.22	2.19	2.17	2.15	2.13	2.12	2.11
19	2.31	2.26	2.21	2.18	2.16	2.13	2.11	2.10	2.08	2.07
20	2.28	2.22	2.18	2.15	2.12	2.10	2.08	2.07	2.05	2.04
22	2.23	2.17	2.13	2.10	2.07	2.05	2.03	2.01	2.00	1.98
24	2.18	2.13	2.09	2.05	2.03	2.00	1.98	1.97	1.95	1.94
26	2.15	2.09	2.05	2.02	1.99	1.97	1.95	1.93	1.91	1.90
28	2.12	2.06	2.02	1.99	1.96	1.93	1.91	1.90	1.88	1.87
30	2.09	2.04	1.99	1.96	1.93	1.91	1.89	1.87	1.85	1.84
32	2.07	2.01	1.97	1.94	1.91	1.88	1.86	1.85	1.83	1.82
34	2.05	1.99	1.95	1.92	1.89	1.86	1.84	1.82	1.81	1.80
36	2.03	1.98	1.93	1.90	1.87	1.85	1.82	1.81	1.79	1.78
38	2.02	1.96	1.92	1.88	1.85	1.83	1.81	1.79	1.77	1.76
40	2.00	1.95	1.90	1.87	1.84	1.81	1.79	1.77	1.76	1.74
50	1.95	1.89	1.85	1.81	1.78	1.76	1.74	1.72	1.70	1.69
60	1.92	1.86	1.82	1.78	1.75	1.72	1.70	1.68	1.66	1.65
70	1.89	1.84	1.79	1.75	1.72	1.70	1.67	1.65	1.64	1.62
80	1.88	1.82	1.77	1.73	1.70	1.68	1.65	1.63	1.62	1.60
90	1.86	1.80	1.76	1.72	1.69	1.66	1.64	1.62	1.60	1.59
100	1.85	1.79	1.75	1.71	1.68	1.65	1.63	1.61	1.59	1.57
200	1.80	1.74	1.69	1.66	1.62	1.60	1.57	1.55	1.53	1.52
500	1.77	1.71	1.66	1.62	1.59	1.56	1.54	1.52	1.50	1.48
∞	1.75	1.69	1.64	1.60	1.57	1.54	1.52	1.50	1.48	1.46

95%-Quantile $F_{0.95,f_1,f_2}$ (Fortsetzung)

f_1 f_2	40	50	60	70	80	90	100	200	500	∞
1	251.14	251.77	252.20	252.50	252.72	252.90	253.04	253.68	254.06	254.31
2	19.47	19.48	19.48	19.48	19.48	19.48	19.49	19.49	19.49	19.50
3	8.59	8.58	8.57	8.57	8.56	8.56	8.55	8.54	8.53	8.53
4	5.72	5.70	5.69	5.68	5.67	5.67	5.66	5.65	5.64	5.63
5	4.46	4.44	4.43	4.42	4.41	4.41	4.41	4.39	4.37	4.37
6	3.77	3.75	3.74	3.73	3.72	3.72	3.71	3.69	3.68	3.67
7	3.34	3.32	3.30	3.29	3.29	3.28	3.27	3.25	3.24	3.23
8	3.04	3.02	3.01	2.99	2.99	2.98	2.97	2.95	2.94	2.93
9	2.83	2.80	2.79	2.78	2.77	2.76	2.76	2.73	2.72	2.71
10	2.66	2.64	2.62	2.61	2.60	2.59	2.59	2.56	2.55	2.54
11	2.53	2.51	2.49	2.48	2.47	2.46	2.46	2.43	2.42	2.40
12	2.43	2.40	2.38	2.37	2.36	2.36	2.35	2.32	2.31	2.30
13	2.34	2.31	2.30	2.28	2.27	2.27	2.26	2.23	2.22	2.21
14	2.27	2.24	2.22	2.21	2.20	2.19	2.19	2.16	2.14	2.13
15	2.20	2.18	2.16	2.15	2.14	2.13	2.12	2.10	2.08	2.07
16	2.15	2.12	2.11	2.09	2.08	2.07	2.07	2.04	2.02	2.01
17	2.10	2.08	2.06	2.05	2.03	2.03	2.02	1.99	1.97	1.96
18	2.06	2.04	2.02	2.00	1.99	1.98	1.98	1.95	1.93	1.92
19	2.03	2.00	1.98	1.97	1.96	1.95	1.94	1.91	1.89	1.88
20	1.99	1.97	1.95	1.93	1.92	1.91	1.91	1.88	1.86	1.84
22	1.94	1.91	1.89	1.88	1.86	1.86	1.85	1.82	1.80	1.78
24	1.89	1.86	1.84	1.83	1.82	1.81	1.80	1.77	1.75	1.73
26	1.85	1.82	1.80	1.79	1.78	1.77	1.76	1.73	1.71	1.69
28	1.82	1.79	1.77	1.75	1.74	1.73	1.73	1.69	1.67	1.65
30	1.79	1.76	1.74	1.72	1.71	1.70	1.70	1.66	1.64	1.62
32	1.77	1.74	1.71	1.70	1.69	1.68	1.67	1.63	1.61	1.59
34	1.75	1.71	1.69	1.68	1.66	1.65	1.65	1.61	1.59	1.57
36	1.73	1.69	1.67	1.66	1.64	1.63	1.62	1.59	1.56	1.55
38	1.71	1.68	1.65	1.64	1.62	1.61	1.61	1.57	1.54	1.53
40	1.69	1.66	1.64	1.62	1.61	1.60	1.59	1.55	1.53	1.51
50	1.63	1.60	1.58	1.56	1.54	1.53	1.52	1.48	1.46	1.44
60	1.59	1.56	1.53	1.52	1.50	1.49	1.48	1.44	1.41	1.39
70	1.57	1.53	1.50	1.49	1.47	1.46	1.45	1.40	1.37	1.35
80	1.54	1.51	1.48	1.46	1.45	1.44	1.43	1.38	1.35	1.32
90	1.53	1.49	1.46	1.44	1.43	1.42	1.41	1.36	1.33	1.30
100	1.52	1.48	1.45	1.43	1.41	1.40	1.39	1.34	1.31	1.28
200	1.46	1.41	1.39	1.36	1.35	1.33	1.32	1.26	1.22	1.19
500	1.42	1.38	1.35	1.32	1.30	1.29	1.28	1.21	1.16	1.11
∞	1.39	1.35	1.32	1.29	1.27	1.26	1.24	1.17	1.11	1.00

97.5%-Quantile $F_{0.975, f_1, f_2}$

f_1 f_2	1	2	3	4	5	6	7	8	9	10
1	647.79	799.48	864.15	899.60	921.83	937.11	948.20	956.64	963.28	968.63
2	38.51	39.00	39.17	39.25	39.30	39.33	39.36	39.37	39.39	39.40
3	17.44	16.04	15.44	15.10	14.88	14.73	14.62	14.54	14.47	14.42
4	12.22	10.65	9.98	9.60	9.36	9.20	9.07	8.98	8.90	8.84
5	10.01	8.43	7.76	7.39	7.15	6.98	6.85	6.76	6.68	6.62
6	8.81	7.26	6.60	6.23	5.99	5.82	5.70	5.60	5.52	5.46
7	8.07	6.54	5.89	5.52	5.29	5.12	4.99	4.90	4.82	4.76
8	7.57	6.06	5.42	5.05	4.82	4.65	4.53	4.43	4.36	4.30
9	7.21	5.71	5.08	4.72	4.48	4.32	4.20	4.10	4.03	3.96
10	6.94	5.46	4.83	4.47	4.24	4.07	3.95	3.85	3.78	3.72
11	6.72	5.26	4.63	4.28	4.04	3.88	3.76	3.66	3.59	3.53
12	6.55	5.10	4.47	4.12	3.89	3.73	3.61	3.51	3.44	3.37
13	6.41	4.97	4.35	4.00	3.77	3.60	3.48	3.39	3.31	3.25
14	6.30	4.86	4.24	3.89	3.66	3.50	3.38	3.29	3.21	3.15
15	6.20	4.77	4.15	3.80	3.58	3.41	3.29	3.20	3.12	3.06
16	6.12	4.69	4.08	3.73	3.50	3.34	3.22	3.12	3.05	2.99
17	6.04	4.62	4.01	3.66	3.44	3.28	3.16	3.06	2.98	2.92
18	5.98	4.56	3.95	3.61	3.38	3.22	3.10	3.01	2.93	2.87
19	5.92	4.51	3.90	3.56	3.33	3.17	3.05	2.96	2.88	2.82
20	5.87	4.46	3.86	3.51	3.29	3.13	3.01	2.91	2.84	2.77
22	5.79	4.38	3.78	3.44	3.22	3.05	2.93	2.84	2.76	2.70
24	5.72	4.32	3.72	3.38	3.15	2.99	2.87	2.78	2.70	2.64
26	5.66	4.27	3.67	3.33	3.10	2.94	2.82	2.73	2.65	2.59
28	5.61	4.22	3.63	3.29	3.06	2.90	2.78	2.69	2.61	2.55
30	5.57	4.18	3.59	3.25	3.03	2.87	2.75	2.65	2.57	2.51
32	5.53	4.15	3.56	3.22	3.00	2.84	2.71	2.62	2.54	2.48
34	5.50	4.12	3.53	3.19	2.97	2.81	2.69	2.59	2.52	2.45
36	5.47	4.09	3.50	3.17	2.94	2.78	2.66	2.57	2.49	2.43
38	5.45	4.07	3.48	3.15	2.92	2.76	2.64	2.55	2.47	2.41
40	5.42	4.05	3.46	3.13	2.90	2.74	2.62	2.53	2.45	2.39
50	5.34	3.97	3.39	3.05	2.83	2.67	2.55	2.46	2.38	2.32
60	5.29	3.93	3.34	3.01	2.79	2.63	2.51	2.41	2.33	2.27
70	5.25	3.89	3.31	2.97	2.75	2.59	2.47	2.38	2.30	2.24
80	5.22	3.86	3.28	2.95	2.73	2.57	2.45	2.35	2.28	2.21
90	5.20	3.84	3.26	2.93	2.71	2.55	2.43	2.34	2.26	2.19
100	5.18	3.83	3.25	2.92	2.70	2.54	2.42	2.32	2.24	2.18
200	5.10	3.76	3.18	2.85	2.63	2.47	2.35	2.26	2.18	2.11
500	5.05	3.72	3.14	2.81	2.59	2.43	2.31	2.22	2.14	2.07
∞	5.02	3.69	3.12	2.79	2.57	2.41	2.29	2.19	2.11	2.05

97.5%-Quantile $F_{0.975,f_1,f_2}$ (Fortsetzung)

f_1 / f_2	12	14	16	18	20	22	24	26	28	30
1	976.72	982.55	986.91	990.35	993.08	995.35	997.27	998.84	1000.24	1001.40
2	39.41	39.43	39.44	39.44	39.45	39.45	39.46	39.46	39.46	39.46
3	14.34	14.28	14.23	14.20	14.17	14.14	14.12	14.11	14.09	14.08
4	8.75	8.68	8.63	8.59	8.56	8.53	8.51	8.49	8.48	8.46
5	6.52	6.46	6.40	6.36	6.33	6.30	6.28	6.26	6.24	6.23
6	5.37	5.30	5.24	5.20	5.17	5.14	5.12	5.10	5.08	5.07
7	4.67	4.60	4.54	4.50	4.47	4.44	4.41	4.39	4.38	4.36
8	4.20	4.13	4.08	4.03	4.00	3.97	3.95	3.93	3.91	3.89
9	3.87	3.80	3.74	3.70	3.67	3.64	3.61	3.59	3.58	3.56
10	3.62	3.55	3.50	3.45	3.42	3.39	3.37	3.34	3.33	3.31
11	3.43	3.36	3.30	3.26	3.23	3.20	3.17	3.15	3.13	3.12
12	3.28	3.21	3.15	3.11	3.07	3.04	3.02	3.00	2.98	2.96
13	3.15	3.08	3.03	2.98	2.95	2.92	2.89	2.87	2.85	2.84
14	3.05	2.98	2.92	2.88	2.84	2.81	2.79	2.77	2.75	2.73
15	2.96	2.89	2.84	2.79	2.76	2.73	2.70	2.68	2.66	2.64
16	2.89	2.82	2.76	2.72	2.68	2.65	2.63	2.60	2.58	2.57
17	2.82	2.75	2.70	2.65	2.62	2.59	2.56	2.54	2.52	2.50
18	2.77	2.70	2.64	2.60	2.56	2.53	2.50	2.48	2.46	2.44
19	2.72	2.65	2.59	2.55	2.51	2.48	2.45	2.43	2.41	2.39
20	2.68	2.60	2.55	2.50	2.46	2.43	2.41	2.39	2.37	2.35
22	2.60	2.53	2.47	2.43	2.39	2.36	2.33	2.31	2.29	2.27
24	2.54	2.47	2.41	2.36	2.33	2.30	2.27	2.25	2.23	2.21
26	2.49	2.42	2.36	2.31	2.28	2.24	2.22	2.19	2.17	2.16
28	2.45	2.37	2.32	2.27	2.23	2.20	2.17	2.15	2.13	2.11
30	2.41	2.34	2.28	2.23	2.20	2.16	2.14	2.11	2.09	2.07
32	2.38	2.31	2.25	2.20	2.16	2.13	2.10	2.08	2.06	2.04
34	2.35	2.28	2.22	2.17	2.13	2.10	2.07	2.05	2.03	2.01
36	2.33	2.25	2.20	2.15	2.11	2.08	2.05	2.03	2.00	1.99
38	2.31	2.23	2.17	2.13	2.09	2.05	2.03	2.00	1.98	1.96
40	2.29	2.21	2.15	2.11	2.07	2.03	2.01	1.98	1.96	1.94
50	2.22	2.14	2.08	2.03	1.99	1.96	1.93	1.91	1.89	1.87
60	2.17	2.09	2.03	1.98	1.94	1.91	1.88	1.86	1.83	1.82
70	2.14	2.06	2.00	1.95	1.91	1.88	1.85	1.82	1.80	1.78
80	2.11	2.03	1.97	1.92	1.88	1.85	1.82	1.79	1.77	1.75
90	2.09	2.02	1.95	1.91	1.86	1.83	1.80	1.77	1.75	1.73
100	2.08	2.00	1.94	1.89	1.85	1.81	1.78	1.76	1.74	1.71
200	2.01	1.93	1.87	1.82	1.78	1.74	1.71	1.68	1.66	1.64
500	1.97	1.89	1.83	1.78	1.74	1.70	1.67	1.64	1.62	1.60
∞	1.94	1.87	1.80	1.75	1.71	1.67	1.64	1.61	1.59	1.57

97.5%-Quantile $F_{0.975, f_1, f_2}$ (Fortsetzung)

f_1 f_2	40	50	60	70	80	90	100	200	500	∞
1	1006	1008	1010	1011	1012	1013	1013.16	1016	1017	1018
2	39.47	39.48	39.48	39.48	39.49	39.49	39.49	39.49	39.50	39.50
3	14.04	14.01	13.99	13.98	13.97	13.96	13.96	13.93	13.91	13.90
4	8.41	8.38	8.36	8.35	8.33	8.33	8.32	8.29	8.27	8.26
5	6.18	6.14	6.12	6.11	6.10	6.09	6.08	6.05	6.03	6.02
6	5.01	4.98	4.96	4.94	4.93	4.92	4.92	4.88	4.86	4.85
7	4.31	4.28	4.25	4.24	4.23	4.22	4.21	4.18	4.16	4.14
8	3.84	3.81	3.78	3.77	3.76	3.75	3.74	3.70	3.68	3.67
9	3.51	3.47	3.45	3.43	3.42	3.41	3.40	3.37	3.35	3.33
10	3.26	3.22	3.20	3.18	3.17	3.16	3.15	3.12	3.09	3.08
11	3.06	3.03	3.00	2.99	2.97	2.96	2.96	2.92	2.90	2.88
12	2.91	2.87	2.85	2.83	2.82	2.81	2.80	2.76	2.74	2.73
13	2.78	2.74	2.72	2.70	2.69	2.68	2.67	2.63	2.61	2.60
14	2.67	2.64	2.61	2.60	2.58	2.57	2.56	2.53	2.50	2.49
15	2.59	2.55	2.52	2.51	2.49	2.48	2.47	2.44	2.41	2.40
16	2.51	2.47	2.45	2.43	2.42	2.40	2.40	2.36	2.33	2.32
17	2.44	2.41	2.38	2.36	2.35	2.34	2.33	2.29	2.26	2.25
18	2.38	2.35	2.32	2.30	2.29	2.28	2.27	2.23	2.20	2.19
19	2.33	2.30	2.27	2.25	2.24	2.23	2.22	2.18	2.15	2.13
20	2.29	2.25	2.22	2.20	2.19	2.18	2.17	2.13	2.10	2.09
22	2.21	2.17	2.14	2.13	2.11	2.10	2.09	2.05	2.02	2.00
24	2.15	2.11	2.08	2.06	2.05	2.03	2.02	1.98	1.95	1.94
26	2.09	2.05	2.03	2.01	1.99	1.98	1.97	1.92	1.90	1.88
28	2.05	2.01	1.98	1.96	1.94	1.93	1.92	1.88	1.85	1.83
30	2.01	1.97	1.94	1.92	1.90	1.89	1.88	1.84	1.81	1.79
32	1.98	1.93	1.91	1.88	1.87	1.86	1.85	1.80	1.77	1.75
34	1.95	1.90	1.88	1.85	1.84	1.83	1.82	1.77	1.74	1.72
36	1.92	1.88	1.85	1.83	1.81	1.80	1.79	1.74	1.71	1.69
38	1.90	1.85	1.82	1.80	1.79	1.77	1.76	1.71	1.68	1.66
40	1.88	1.83	1.80	1.78	1.76	1.75	1.74	1.69	1.66	1.64
50	1.80	1.75	1.72	1.70	1.68	1.67	1.66	1.60	1.57	1.55
60	1.74	1.70	1.67	1.64	1.63	1.61	1.60	1.54	1.51	1.48
70	1.71	1.66	1.63	1.60	1.59	1.57	1.56	1.50	1.46	1.44
80	1.68	1.63	1.60	1.57	1.55	1.54	1.53	1.47	1.43	1.40
90	1.66	1.61	1.58	1.55	1.53	1.52	1.50	1.44	1.40	1.37
100	1.64	1.59	1.56	1.53	1.51	1.50	1.48	1.42	1.38	1.35
200	1.56	1.51	1.47	1.45	1.42	1.41	1.39	1.32	1.27	1.23
500	1.52	1.46	1.42	1.39	1.37	1.35	1.34	1.25	1.19	1.14
∞	1.48	1.43	1.39	1.36	1.33	1.31	1.30	1.21	1.13	1.00

99%-Quantile $F_{0.99, f_1, f_2}$

f_1 / f_2	1	2	3	4	5	6	7	8	9	10
1	4052	4999	5404	5624	5764	5859	5928	5981	6022	6056
2	98.5	99.0	99.2	99.3	99.3	99.3	99.4	99.4	99.4	99.4
3	34.1	30.8	29.5	28.7	28.2	27.9	27.7	27.5	27.3	27.2
4	21.20	18.00	16.69	15.98	15.52	15.21	14.98	14.80	14.66	14.55
5	16.26	13.27	12.06	11.39	10.97	10.67	10.46	10.29	10.16	10.05
6	13.75	10.92	9.78	9.15	8.75	8.47	8.26	8.10	7.98	7.87
7	12.25	9.55	8.45	7.85	7.46	7.19	6.99	6.84	6.72	6.62
8	11.26	8.65	7.59	7.01	6.63	6.37	6.18	6.03	5.91	5.81
9	10.56	8.02	6.99	6.42	6.06	5.80	5.61	5.47	5.35	5.26
10	10.04	7.56	6.55	5.99	5.64	5.39	5.20	5.06	4.94	4.85
11	9.65	7.21	6.22	5.67	5.32	5.07	4.89	4.74	4.63	4.54
12	9.33	6.93	5.95	5.41	5.06	4.82	4.64	4.50	4.39	4.30
13	9.07	6.70	5.74	5.21	4.86	4.62	4.44	4.30	4.19	4.10
14	8.86	6.51	5.56	5.04	4.69	4.46	4.28	4.14	4.03	3.94
15	8.68	6.36	5.42	4.89	4.56	4.32	4.14	4.00	3.89	3.80
16	8.53	6.23	5.29	4.77	4.44	4.20	4.03	3.89	3.78	3.69
17	8.40	6.11	5.19	4.67	4.34	4.10	3.93	3.79	3.68	3.59
18	8.29	6.01	5.09	4.58	4.25	4.01	3.84	3.71	3.60	3.51
19	8.18	5.93	5.01	4.50	4.17	3.94	3.77	3.63	3.52	3.43
20	8.10	5.85	4.94	4.43	4.10	3.87	3.70	3.56	3.46	3.37
22	7.95	5.72	4.82	4.31	3.99	3.76	3.59	3.45	3.35	3.26
24	7.82	5.61	4.72	4.22	3.90	3.67	3.50	3.36	3.26	3.17
26	7.72	5.53	4.64	4.14	3.82	3.59	3.42	3.29	3.18	3.09
28	7.64	5.45	4.57	4.07	3.75	3.53	3.36	3.23	3.12	3.03
30	7.56	5.39	4.51	4.02	3.70	3.47	3.30	3.17	3.07	2.98
32	7.50	5.34	4.46	3.97	3.65	3.43	3.26	3.13	3.02	2.93
34	7.44	5.29	4.42	3.93	3.61	3.39	3.22	3.09	2.98	2.89
36	7.40	5.25	4.38	3.89	3.57	3.35	3.18	3.05	2.95	2.86
38	7.35	5.21	4.34	3.86	3.54	3.32	3.15	3.02	2.92	2.83
40	7.31	5.18	4.31	3.83	3.51	3.29	3.12	2.99	2.89	2.80
50	7.17	5.06	4.20	3.72	3.41	3.19	3.02	2.89	2.78	2.70
60	7.08	4.98	4.13	3.65	3.34	3.12	2.95	2.82	2.72	2.63
70	7.01	4.92	4.07	3.60	3.29	3.07	2.91	2.78	2.67	2.59
80	6.96	4.88	4.04	3.56	3.26	3.04	2.87	2.74	2.64	2.55
90	6.93	4.85	4.01	3.53	3.23	3.01	2.84	2.72	2.61	2.52
100	6.90	4.82	3.98	3.51	3.21	2.99	2.82	2.69	2.59	2.50
200	6.76	4.71	3.88	3.41	3.11	2.89	2.73	2.60	2.50	2.41
500	6.69	4.65	3.82	3.36	3.05	2.84	2.68	2.55	2.44	2.36
∞	6.63	4.61	3.78	3.32	3.02	2.80	2.64	2.51	2.41	2.32

$$99\%\text{-Quantile } F_{0.99,f_1,f_2} \qquad \text{(Fortsetzung)}$$

f_1 f_2	12	14	16	18	20	22	24	26	28	30
1	6107	6143	6170	6191	6209	6223	6234	6245	6253	6260
2	99.4	99.4	99.4	99.4	99.4	99.5	99.5	99.5	99.5	99.5
3	27.1	26.9	26.8	26.8	26.7	26.6	26.6	26.6	26.5	26.5
4	14.37	14.25	14.15	14.08	14.02	13.97	13.93	13.89	13.86	13.84
5	9.89	9.77	9.68	9.61	9.55	9.51	9.47	9.43	9.40	9.38
6	7.72	7.60	7.52	7.45	7.40	7.35	7.31	7.28	7.25	7.23
7	6.47	6.36	6.28	6.21	6.16	6.11	6.07	6.04	6.02	5.99
8	5.67	5.56	5.48	5.41	5.36	5.32	5.28	5.25	5.22	5.20
9	5.11	5.01	4.92	4.86	4.81	4.77	4.73	4.70	4.67	4.65
10	4.71	4.60	4.52	4.46	4.41	4.36	4.33	4.30	4.27	4.25
11	4.40	4.29	4.21	4.15	4.10	4.06	4.02	3.99	3.96	3.94
12	4.16	4.05	3.97	3.91	3.86	3.82	3.78	3.75	3.72	3.70
13	3.96	3.86	3.78	3.72	3.66	3.62	3.59	3.56	3.53	3.51
14	3.80	3.70	3.62	3.56	3.51	3.46	3.43	3.40	3.37	3.35
15	3.67	3.56	3.49	3.42	3.37	3.33	3.29	3.26	3.24	3.21
16	3.55	3.45	3.37	3.31	3.26	3.22	3.18	3.15	3.12	3.10
17	3.46	3.35	3.27	3.21	3.16	3.12	3.08	3.05	3.03	3.00
18	3.37	3.27	3.19	3.13	3.08	3.03	3.00	2.97	2.94	2.92
19	3.30	3.19	3.12	3.05	3.00	2.96	2.92	2.89	2.87	2.84
20	3.23	3.13	3.05	2.99	2.94	2.90	2.86	2.83	2.80	2.78
22	3.12	3.02	2.94	2.88	2.83	2.78	2.75	2.72	2.69	2.67
24	3.03	2.93	2.85	2.79	2.74	2.70	2.66	2.63	2.60	2.58
26	2.96	2.86	2.78	2.72	2.66	2.62	2.58	2.55	2.53	2.50
28	2.90	2.79	2.72	2.65	2.60	2.56	2.52	2.49	2.46	2.44
30	2.84	2.74	2.66	2.60	2.55	2.51	2.47	2.44	2.41	2.39
32	2.80	2.70	2.62	2.55	2.50	2.46	2.42	2.39	2.36	2.34
34	2.76	2.66	2.58	2.51	2.46	2.42	2.38	2.35	2.32	2.30
36	2.72	2.62	2.54	2.48	2.43	2.38	2.35	2.32	2.29	2.26
38	2.69	2.59	2.51	2.45	2.40	2.35	2.32	2.28	2.26	2.23
40	2.66	2.56	2.48	2.42	2.37	2.33	2.29	2.26	2.23	2.20
50	2.56	2.46	2.38	2.32	2.27	2.22	2.18	2.15	2.12	2.10
60	2.50	2.39	2.31	2.25	2.20	2.15	2.12	2.08	2.05	2.03
70	2.45	2.35	2.27	2.20	2.15	2.11	2.07	2.03	2.01	1.98
80	2.42	2.31	2.23	2.17	2.12	2.07	2.03	2.00	1.97	1.94
90	2.39	2.29	2.21	2.14	2.09	2.04	2.00	1.97	1.94	1.92
100	2.37	2.27	2.19	2.12	2.07	2.02	1.98	1.95	1.92	1.89
200	2.27	2.17	2.09	2.03	1.97	1.93	1.89	1.85	1.82	1.79
500	2.22	2.12	2.04	1.97	1.92	1.87	1.83	1.79	1.76	1.74
∞	2.18	2.08	2.00	1.93	1.88	1.83	1.79	1.76	1.72	1.70

$$99\%\text{-Quantile } F_{0.99,f_1,f_2} \quad \text{(Fortsetzung)}$$

f_1 / f_2	40	50	60	70	80	90	100	200	500	∞
1	6286	6302	6313	6321	6326	6331	6334	6350	6360	6366
2	99.5	99.5	99.5	99.5	99.5	99.5	99.5	99.5	99.5	99.5
3	26.4	26.4	26.3	26.3	26.3	26.3	26.2	26.2	26.1	26.1
4	13.75	13.69	13.65	13.63	13.61	13.59	13.58	13.52	13.49	13.46
5	9.29	9.24	9.20	9.18	9.16	9.14	9.13	9.08	9.04	9.02
6	7.14	7.09	7.06	7.03	7.01	7.00	6.99	6.93	6.90	6.88
7	5.91	5.86	5.82	5.80	5.78	5.77	5.75	5.70	5.67	5.65
8	5.12	5.07	5.03	5.01	4.99	4.97	4.96	4.91	4.88	4.86
9	4.57	4.52	4.48	4.46	4.44	4.43	4.41	4.36	4.33	4.31
10	4.17	4.12	4.08	4.06	4.04	4.03	4.01	3.96	3.93	3.91
11	3.86	3.81	3.78	3.75	3.73	3.72	3.71	3.66	3.62	3.60
12	3.62	3.57	3.54	3.51	3.49	3.48	3.47	3.41	3.38	3.36
13	3.43	3.38	3.34	3.32	3.30	3.28	3.27	3.22	3.19	3.17
14	3.27	3.22	3.18	3.16	3.14	3.12	3.11	3.06	3.03	3.00
15	3.13	3.08	3.05	3.02	3.00	2.99	2.98	2.92	2.89	2.87
16	3.02	2.97	2.93	2.91	2.89	2.87	2.86	2.81	2.78	2.75
17	2.92	2.87	2.83	2.81	2.79	2.78	2.76	2.71	2.68	2.65
18	2.84	2.78	2.75	2.72	2.70	2.69	2.68	2.62	2.59	2.57
19	2.76	2.71	2.67	2.65	2.63	2.61	2.60	2.55	2.51	2.49
20	2.69	2.64	2.61	2.58	2.56	2.55	2.54	2.48	2.44	2.42
22	2.58	2.53	2.50	2.47	2.45	2.43	2.42	2.36	2.33	2.31
24	2.49	2.44	2.40	2.38	2.36	2.34	2.33	2.27	2.24	2.21
26	2.42	2.36	2.33	2.30	2.28	2.26	2.25	2.19	2.16	2.13
28	2.35	2.30	2.26	2.24	2.22	2.20	2.19	2.13	2.09	2.06
30	2.30	2.25	2.21	2.18	2.16	2.14	2.13	2.07	2.03	2.01
32	2.25	2.20	2.16	2.13	2.11	2.10	2.08	2.02	1.98	1.96
34	2.21	2.16	2.12	2.09	2.07	2.05	2.04	1.98	1.94	1.91
36	2.18	2.12	2.08	2.05	2.03	2.02	2.00	1.94	1.90	1.87
38	2.14	2.09	2.05	2.02	2.00	1.98	1.97	1.90	1.86	1.84
40	2.11	2.06	2.02	1.99	1.97	1.95	1.94	1.87	1.83	1.80
50	2.01	1.95	1.91	1.88	1.86	1.84	1.82	1.76	1.71	1.68
60	1.94	1.88	1.84	1.81	1.78	1.76	1.75	1.68	1.63	1.60
70	1.89	1.83	1.78	1.75	1.73	1.71	1.70	1.62	1.57	1.54
80	1.85	1.79	1.75	1.71	1.69	1.67	1.65	1.58	1.53	1.49
90	1.82	1.76	1.72	1.68	1.66	1.64	1.62	1.55	1.49	1.46
100	1.80	1.74	1.69	1.66	1.63	1.61	1.60	1.52	1.47	1.43
200	1.69	1.63	1.58	1.55	1.52	1.50	1.48	1.39	1.33	1.28
500	1.63	1.57	1.52	1.48	1.45	1.43	1.41	1.31	1.23	1.16
∞	1.59	1.52	1.47	1.43	1.40	1.38	1.36	1.25	1.15	1.00

99.5%-Quantile $F_{0.995, f_1, f_2}$

f_1 / f_2	1	2	3	4	5	6	7	8	9	10
1	16212	19997	21614	22501	23056	23440	23715	23924	24091	24222
2	198.5	199.0	199.2	199.2	199.3	199.3	199.4	199.4	199.4	199.4
3	55.6	49.8	47.5	46.2	45.4	44.8	44.4	44.1	43.9	43.7
4	31.33	26.28	24.26	23.15	22.46	21.98	21.62	21.35	21.14	20.97
5	22.78	18.31	16.53	15.56	14.94	14.51	14.20	13.96	13.77	13.62
6	18.63	14.54	12.92	12.03	11.46	11.07	10.79	10.57	10.39	10.25
7	16.24	12.40	10.88	10.05	9.52	9.16	8.89	8.68	8.51	8.38
8	14.69	11.04	9.60	8.81	8.30	7.95	7.69	7.50	7.34	7.21
9	13.61	10.11	8.72	7.96	7.47	7.13	6.88	6.69	6.54	6.42
10	12.83	9.43	8.08	7.34	6.87	6.54	6.30	6.12	5.97	5.85
11	12.23	8.91	7.60	6.88	6.42	6.10	5.86	5.68	5.54	5.42
12	11.75	8.51	7.23	6.52	6.07	5.76	5.52	5.35	5.20	5.09
13	11.37	8.19	6.93	6.23	5.79	5.48	5.25	5.08	4.94	4.82
14	11.06	7.92	6.68	6.00	5.56	5.26	5.03	4.86	4.72	4.60
15	10.80	7.70	6.48	5.80	5.37	5.07	4.85	4.67	4.54	4.42
16	10.58	7.51	6.30	5.64	5.21	4.91	4.69	4.52	4.38	4.27
17	10.38	7.35	6.16	5.50	5.07	4.78	4.56	4.39	4.25	4.14
18	10.22	7.21	6.03	5.37	4.96	4.66	4.44	4.28	4.14	4.03
19	10.07	7.09	5.92	5.27	4.85	4.56	4.34	4.18	4.04	3.93
20	9.94	6.99	5.82	5.17	4.76	4.47	4.26	4.09	3.96	3.85
22	9.73	6.81	5.65	5.02	4.61	4.32	4.11	3.94	3.81	3.70
24	9.55	6.66	5.52	4.89	4.49	4.20	3.99	3.83	3.69	3.59
26	9.41	6.54	5.41	4.79	4.38	4.10	3.89	3.73	3.60	3.49
28	9.28	6.44	5.32	4.70	4.30	4.02	3.81	3.65	3.52	3.41
30	9.18	6.35	5.24	4.62	4.23	3.95	3.74	3.58	3.45	3.34
32	9.09	6.28	5.17	4.56	4.17	3.89	3.68	3.52	3.39	3.29
34	9.01	6.22	5.11	4.50	4.11	3.84	3.63	3.47	3.34	3.24
36	8.94	6.16	5.06	4.46	4.06	3.79	3.58	3.42	3.30	3.19
38	8.88	6.11	5.02	4.41	4.02	3.75	3.54	3.39	3.26	3.15
40	8.83	6.07	4.98	4.37	3.99	3.71	3.51	3.35	3.22	3.12
50	8.63	5.90	4.83	4.23	3.85	3.58	3.38	3.22	3.09	2.99
60	8.49	5.79	4.73	4.14	3.76	3.49	3.29	3.13	3.01	2.90
70	8.40	5.72	4.66	4.08	3.70	3.43	3.23	3.08	2.95	2.85
80	8.33	5.67	4.61	4.03	3.65	3.39	3.19	3.03	2.91	2.80
90	8.28	5.62	4.57	3.99	3.62	3.35	3.15	3.00	2.87	2.77
100	8.24	5.59	4.54	3.96	3.59	3.33	3.13	2.97	2.85	2.74
200	8.06	5.44	4.41	3.84	3.47	3.21	3.01	2.86	2.73	2.63
500	7.95	5.35	4.33	3.76	3.40	3.14	2.94	2.79	2.66	2.56
∞	7.88	5.30	4.28	3.72	3.35	3.09	2.90	2.74	2.62	2.52

99.5%-Quantile $F_{0.995, f_1, f_2}$ (Fortsetzung)

f_2 \ f_1	12	14	16	18	20	22	24	26	28	30
1	24427	24572	24684	24766	24837	24892	24937	24982	25012	25041
2	199.4	199.4	199.4	199.4	199.4	199.4	199.4	199.5	199.5	199.5
3	43.4	43.2	43.0	42.9	42.8	42.7	42.6	42.6	42.5	42.5
4	20.70	20.51	20.37	20.26	20.17	20.09	20.03	19.98	19.93	19.89
5	13.38	13.21	13.09	12.98	12.90	12.84	12.78	12.73	12.69	12.66
6	10.03	9.88	9.76	9.66	9.59	9.53	9.47	9.43	9.39	9.36
7	8.18	8.03	7.91	7.83	7.75	7.69	7.64	7.60	7.57	7.53
8	7.01	6.87	6.76	6.68	6.61	6.55	6.50	6.46	6.43	6.40
9	6.23	6.09	5.98	5.90	5.83	5.78	5.73	5.69	5.65	5.62
10	5.66	5.53	5.42	5.34	5.27	5.22	5.17	5.13	5.10	5.07
11	5.24	5.10	5.00	4.92	4.86	4.80	4.76	4.72	4.68	4.65
12	4.91	4.77	4.67	4.59	4.53	4.48	4.43	4.39	4.36	4.33
13	4.64	4.51	4.41	4.33	4.27	4.22	4.17	4.13	4.10	4.07
14	4.43	4.30	4.20	4.12	4.06	4.01	3.96	3.92	3.89	3.86
15	4.25	4.12	4.02	3.95	3.88	3.83	3.79	3.75	3.72	3.69
16	4.10	3.97	3.87	3.80	3.73	3.68	3.64	3.60	3.57	3.54
17	3.97	3.84	3.75	3.67	3.61	3.56	3.51	3.47	3.44	3.41
18	3.86	3.73	3.64	3.56	3.50	3.45	3.40	3.36	3.33	3.30
19	3.76	3.64	3.54	3.46	3.40	3.35	3.31	3.27	3.24	3.21
20	3.68	3.55	3.46	3.38	3.32	3.27	3.22	3.18	3.15	3.12
22	3.54	3.41	3.31	3.24	3.18	3.12	3.08	3.04	3.01	2.98
24	3.42	3.30	3.20	3.12	3.06	3.01	2.97	2.93	2.90	2.87
26	3.33	3.20	3.11	3.03	2.97	2.92	2.87	2.84	2.80	2.77
28	3.25	3.12	3.03	2.95	2.89	2.84	2.79	2.76	2.72	2.69
30	3.18	3.06	2.96	2.89	2.82	2.77	2.73	2.69	2.66	2.63
32	3.12	3.00	2.90	2.83	2.77	2.71	2.67	2.63	2.60	2.57
34	3.07	2.95	2.85	2.78	2.72	2.66	2.62	2.58	2.55	2.52
36	3.03	2.90	2.81	2.73	2.67	2.62	2.58	2.54	2.50	2.48
38	2.99	2.87	2.77	2.70	2.63	2.58	2.54	2.50	2.47	2.44
40	2.95	2.83	2.74	2.66	2.60	2.55	2.50	2.46	2.43	2.40
50	2.82	2.70	2.61	2.53	2.47	2.42	2.37	2.33	2.30	2.27
60	2.74	2.62	2.53	2.45	2.39	2.33	2.29	2.25	2.22	2.19
70	2.68	2.56	2.47	2.39	2.33	2.28	2.23	2.19	2.16	2.13
80	2.64	2.52	2.43	2.35	2.29	2.23	2.19	2.15	2.11	2.08
90	2.61	2.49	2.39	2.32	2.25	2.20	2.15	2.12	2.08	2.05
100	2.58	2.46	2.37	2.29	2.23	2.17	2.13	2.09	2.05	2.02
200	2.47	2.35	2.25	2.18	2.11	2.06	2.01	1.97	1.94	1.91
500	2.40	2.28	2.19	2.11	2.04	1.99	1.94	1.90	1.87	1.84
∞	2.36	2.24	2.14	2.06	2.00	1.95	1.90	1.86	1.82	1.79

99.5%-Quantile $F_{0.995,f_1,f_2}$ (Fortsetzung)

f_1 / f_2	40	50	60	70	80	90	100	200	500	∞
1	25146	25213	25254	25284	25306	25325	25339	25399	25436	25466
2	199.5	199.5	199.5	199.5	199.5	199.5	199.5	199.5	199.5	199.5
3	42.3	42.2	42.1	42.1	42.1	42.0	42.0	41.9	41.9	41.8
4	19.75	19.67	19.61	19.57	19.54	19.52	19.50	19.41	19.36	19.32
5	12.53	12.45	12.40	12.37	12.34	12.32	12.30	12.22	12.17	12.14
6	9.24	9.17	9.12	9.09	9.06	9.04	9.03	8.95	8.91	8.88
7	7.42	7.35	7.31	7.28	7.25	7.23	7.22	7.15	7.10	7.08
8	6.29	6.22	6.18	6.15	6.12	6.10	6.09	6.02	5.98	5.95
9	5.52	5.45	5.41	5.38	5.36	5.34	5.32	5.26	5.21	5.19
10	4.97	4.90	4.86	4.83	4.80	4.79	4.77	4.71	4.67	4.64
11	4.55	4.49	4.45	4.41	4.39	4.37	4.36	4.29	4.25	4.23
12	4.23	4.17	4.12	4.09	4.07	4.05	4.04	3.97	3.93	3.90
13	3.97	3.91	3.87	3.83	3.81	3.79	3.78	3.71	3.67	3.65
14	3.76	3.70	3.66	3.62	3.60	3.58	3.57	3.50	3.46	3.44
15	3.59	3.52	3.48	3.45	3.43	3.41	3.39	3.33	3.29	3.26
16	3.44	3.37	3.33	3.30	3.28	3.26	3.25	3.18	3.14	3.11
17	3.31	3.25	3.21	3.18	3.15	3.13	3.12	3.05	3.01	2.98
18	3.20	3.14	3.10	3.07	3.04	3.02	3.01	2.94	2.90	2.87
19	3.11	3.04	3.00	2.97	2.95	2.93	2.91	2.85	2.80	2.78
20	3.02	2.96	2.92	2.88	2.86	2.84	2.83	2.76	2.72	2.69
22	2.88	2.82	2.77	2.74	2.72	2.70	2.69	2.62	2.57	2.55
24	2.77	2.70	2.66	2.63	2.60	2.58	2.57	2.50	2.46	2.43
26	2.67	2.61	2.56	2.53	2.51	2.49	2.47	2.40	2.36	2.33
28	2.59	2.53	2.48	2.45	2.43	2.41	2.39	2.32	2.28	2.25
30	2.52	2.46	2.42	2.38	2.36	2.34	2.32	2.25	2.21	2.18
32	2.47	2.40	2.36	2.32	2.30	2.28	2.26	2.19	2.15	2.11
34	2.42	2.35	2.30	2.27	2.25	2.23	2.21	2.14	2.09	2.06
36	2.37	2.30	2.26	2.23	2.20	2.18	2.17	2.09	2.04	2.01
38	2.33	2.27	2.22	2.19	2.16	2.14	2.12	2.05	2.00	1.97
40	2.30	2.23	2.18	2.15	2.12	2.10	2.09	2.01	1.96	1.93
50	2.16	2.10	2.05	2.02	1.99	1.97	1.95	1.87	1.82	1.79
60	2.08	2.01	1.96	1.93	1.90	1.88	1.86	1.78	1.73	1.69
70	2.02	1.95	1.90	1.86	1.84	1.81	1.80	1.71	1.66	1.62
80	1.97	1.90	1.85	1.82	1.79	1.77	1.75	1.66	1.60	1.56
90	1.94	1.87	1.82	1.78	1.75	1.73	1.71	1.62	1.56	1.52
100	1.91	1.84	1.79	1.75	1.72	1.70	1.68	1.59	1.53	1.49
200	1.79	1.71	1.66	1.62	1.59	1.56	1.54	1.44	1.37	1.31
500	1.72	1.64	1.58	1.54	1.51	1.48	1.46	1.35	1.26	1.18
∞	1.67	1.59	1.53	1.49	1.45	1.43	1.40	1.28	1.17	1.00

F.2 Quantile der χ^2-Verteilung

Freiheitsgrad	0.90	0.95	0.975	0.99	0.995
1	2.71	3.84	5.02	6.63	7.88
2	4.61	5.99	7.38	9.21	10.60
3	6.25	7.81	9.35	11.34	12.84
4	7.78	9.49	11.14	13.28	14.86
5	9.24	11.07	12.83	15.09	16.75
6	10.64	12.59	14.45	16.81	18.55
7	12.02	14.07	16.01	18.48	20.28
8	13.36	15.51	17.53	20.09	21.95
9	14.68	16.92	19.02	21.67	23.59
10	15.99	18.31	20.48	23.21	25.19
11	17.28	19.68	21.92	24.73	26.76
12	18.55	21.03	23.34	26.22	28.30
13	19.81	22.36	24.74	27.69	29.82
14	21.06	23.68	26.12	29.14	31.32
15	22.31	25.00	27.49	30.58	32.80
16	23.54	26.30	28.85	32.00	34.27
17	24.77	27.59	30.19	33.41	35.72
18	25.99	28.87	31.53	34.81	37.16
19	27.20	30.14	32.85	36.19	38.58
20	28.41	31.41	34.17	37.57	40.00
21	29.62	32.67	35.48	38.93	41.40
22	30.81	33.92	36.78	40.29	42.80
23	32.01	35.17	38.08	41.64	44.18
24	33.20	36.42	39.36	42.98	45.56
25	34.38	37.65	40.65	44.31	46.93
26	35.56	38.89	41.92	45.64	48.29
27	36.74	40.11	43.19	46.96	49.65
28	37.92	41.34	44.46	48.28	50.99
29	39.09	42.56	45.72	49.59	52.34
30	40.26	43.77	46.98	50.89	53.67
40	51.81	55.76	59.34	63.69	66.77
50	63.17	67.50	71.42	76.15	79.49
60	74.40	79.08	83.30	88.38	91.95
70	85.53	90.53	95.02	100.43	104.21
80	96.58	101.88	106.63	112.33	116.32
90	107.57	113.15	118.14	124.12	128.30
100	118.50	124.34	129.56	135.81	140.17

F.3 Quantile der Student *t*-Verteilung

Freiheitsgrad	0.90	0.95	0.975	0.99	0.995
1	3.08	6.31	12.7	31.8	63.7
2	1.89	2.92	4.30	6.96	9.92
3	1.64	2.35	3.18	4.54	5.84
4	1.53	2.13	2.78	3.75	4.60
5	1.48	2.02	2.57	3.36	4.03
6	1.44	1.94	2.45	3.14	3.71
7	1.41	1.89	2.36	3.00	3.50
8	1.40	1.86	2.31	2.90	3.36
9	1.38	1.83	2.26	2.82	3.25
10	1.37	1.81	2.23	2.76	3.17
11	1.36	1.80	2.20	2.72	3.11
12	1.36	1.78	2.18	2.68	3.05
13	1.35	1.77	2.16	2.65	3.01
14	1.35	1.76	2.14	2.62	2.98
15	1.34	1.75	2.13	2.60	2.95
16	1.34	1.75	2.12	2.58	2.92
17	1.33	1.74	2.11	2.57	2.90
18	1.33	1.73	2.10	2.55	2.88
19	1.33	1.73	2.09	2.54	2.86
20	1.33	1.72	2.09	2.53	2.85
21	1.32	1.72	2.08	2.52	2.83
22	1.32	1.72	2.07	2.51	2.82
23	1.32	1.71	2.07	2.50	2.81
24	1.32	1.71	2.06	2.49	2.80
25	1.32	1.71	2.06	2.49	2.79
26	1.31	1.71	2.06	2.48	2.78
27	1.31	1.70	2.05	2.47	2.77
28	1.31	1.70	2.05	2.47	2.76
29	1.31	1.70	2.05	2.46	2.76
30	1.31	1.70	2.04	2.46	2.75
40	1.30	1.68	2.02	2.42	2.70
50	1.30	1.68	2.01	2.40	2.68
60	1.30	1.67	2.00	2.39	2.66
70	1.29	1.67	1.99	2.38	2.65
80	1.29	1.66	1.99	2.37	2.64
90	1.29	1.66	1.99	2.37	2.63
100	1.29	1.66	1.98	2.36	2.63
1000	1.28	1.65	1.96	2.33	2.58
∞	1.282	1.645	1.960	2.326	2.576

F.4   Kumulierte Standardnormalverteilung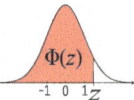

z	0	0.01	0.02	0.03	0.04	0.05	0.06	0.07	0.08	0.09
-3	0.0013	0.0013	0.0013	0.0012	0.0012	0.0011	0.0011	0.0011	0.0010	0.0010
-2.9	0.0019	0.0018	0.0018	0.0017	0.0016	0.0016	0.0015	0.0015	0.0014	0.0014
-2.8	0.0026	0.0025	0.0024	0.0023	0.0023	0.0022	0.0021	0.0021	0.0020	0.0019
-2.7	0.0035	0.0034	0.0033	0.0032	0.0031	0.0030	0.0029	0.0028	0.0027	0.0026
-2.6	0.0047	0.0045	0.0044	0.0043	0.0041	0.0040	0.0039	0.0038	0.0037	0.0036
-2.5	0.0062	0.0060	0.0059	0.0057	0.0055	0.0054	0.0052	0.0051	0.0049	0.0048
-2.4	0.0082	0.0080	0.0078	0.0075	0.0073	0.0071	0.0069	0.0068	0.0066	0.0064
-2.3	0.0107	0.0104	0.0102	0.0099	0.0096	0.0094	0.0091	0.0089	0.0087	0.0084
-2.2	0.0139	0.0136	0.0132	0.0129	0.0125	0.0122	0.0119	0.0116	0.0113	0.0110
-2.1	0.0179	0.0174	0.0170	0.0166	0.0162	0.0158	0.0154	0.0150	0.0146	0.0143
-2	0.0228	0.0222	0.0217	0.0212	0.0207	0.0202	0.0197	0.0192	0.0188	0.0183
-1.9	0.0287	0.0281	0.0274	0.0268	0.0262	0.0256	0.0250	0.0244	0.0239	0.0233
-1.8	0.0359	0.0351	0.0344	0.0336	0.0329	0.0322	0.0314	0.0307	0.0301	0.0294
-1.7	0.0446	0.0436	0.0427	0.0418	0.0409	0.0401	0.0392	0.0384	0.0375	0.0367
-1.6	0.0548	0.0537	0.0526	0.0516	0.0505	0.0495	0.0485	0.0475	0.0465	0.0455
-1.5	0.0668	0.0655	0.0643	0.0630	0.0618	0.0606	0.0594	0.0582	0.0571	0.0559
-1.4	0.0808	0.0793	0.0778	0.0764	0.0749	0.0735	0.0721	0.0708	0.0694	0.0681
-1.3	0.0968	0.0951	0.0934	0.0918	0.0901	0.0885	0.0869	0.0853	0.0838	0.0823
-1.2	0.1151	0.1131	0.1112	0.1093	0.1075	0.1056	0.1038	0.1020	0.1003	0.0985
-1.1	0.1357	0.1335	0.1314	0.1292	0.1271	0.1251	0.1230	0.1210	0.1190	0.1170
-1	0.1587	0.1562	0.1539	0.1515	0.1492	0.1469	0.1446	0.1423	0.1401	0.1379
-0.9	0.1841	0.1814	0.1788	0.1762	0.1736	0.1711	0.1685	0.1660	0.1635	0.1611
-0.8	0.2119	0.2090	0.2061	0.2033	0.2005	0.1977	0.1949	0.1922	0.1894	0.1867
-0.7	0.2420	0.2389	0.2358	0.2327	0.2296	0.2266	0.2236	0.2206	0.2177	0.2148
-0.6	0.2743	0.2709	0.2676	0.2643	0.2611	0.2578	0.2546	0.2514	0.2483	0.2451
-0.5	0.3085	0.3050	0.3015	0.2981	0.2946	0.2912	0.2877	0.2843	0.2810	0.2776
-0.4	0.3446	0.3409	0.3372	0.3336	0.3300	0.3264	0.3228	0.3192	0.3156	0.3121
-0.3	0.3821	0.3783	0.3745	0.3707	0.3669	0.3632	0.3594	0.3557	0.3520	0.3483
-0.2	0.4207	0.4168	0.4129	0.4090	0.4052	0.4013	0.3974	0.3936	0.3897	0.3859
-0.1	0.4602	0.4562	0.4522	0.4483	0.4443	0.4404	0.4364	0.4325	0.4286	0.4247
-0	0.5000	0.4960	0.4920	0.4880	0.4840	0.4801	0.4761	0.4721	0.4681	0.4641
0	0.5000	0.5040	0.5080	0.5120	0.5160	0.5199	0.5239	0.5279	0.5319	0.5359
0.1	0.5398	0.5438	0.5478	0.5517	0.5557	0.5596	0.5636	0.5675	0.5714	0.5753
0.2	0.5793	0.5832	0.5871	0.5910	0.5948	0.5987	0.6026	0.6064	0.6103	0.6141
0.3	0.6179	0.6217	0.6255	0.6293	0.6331	0.6368	0.6406	0.6443	0.6480	0.6517
0.4	0.6554	0.6591	0.6628	0.6664	0.6700	0.6736	0.6772	0.6808	0.6844	0.6879
0.5	0.6915	0.6950	0.6985	0.7019	0.7054	0.7088	0.7123	0.7157	0.7190	0.7224
0.6	0.7257	0.7291	0.7324	0.7357	0.7389	0.7422	0.7454	0.7486	0.7517	0.7549
0.7	0.7580	0.7611	0.7642	0.7673	0.7704	0.7734	0.7764	0.7794	0.7823	0.7852
0.8	0.7881	0.7910	0.7939	0.7967	0.7995	0.8023	0.8051	0.8078	0.8106	0.8133
0.9	0.8159	0.8186	0.8212	0.8238	0.8264	0.8289	0.8315	0.8340	0.8365	0.8389
1	0.8413	0.8438	0.8461	0.8485	0.8508	0.8531	0.8554	0.8577	0.8599	0.8621
1.1	0.8643	0.8665	0.8686	0.8708	0.8729	0.8749	0.8770	0.8790	0.8810	0.8830
1.2	0.8849	0.8869	0.8888	0.8907	0.8925	0.8944	0.8962	0.8980	0.8997	0.9015
1.3	0.9032	0.9049	0.9066	0.9082	0.9099	0.9115	0.9131	0.9147	0.9162	0.9177
1.4	0.9192	0.9207	0.9222	0.9236	0.9251	0.9265	0.9279	0.9292	0.9306	0.9319
1.5	0.9332	0.9345	0.9357	0.9370	0.9382	0.9394	0.9406	0.9418	0.9429	0.9441
1.6	0.9452	0.9463	0.9474	0.9484	0.9495	0.9505	0.9515	0.9525	0.9535	0.9545
1.7	0.9554	0.9564	0.9573	0.9582	0.9591	0.9599	0.9608	0.9616	0.9625	0.9633
1.8	0.9641	0.9649	0.9656	0.9664	0.9671	0.9678	0.9686	0.9693	0.9699	0.9706
1.9	0.9713	0.9719	0.9726	0.9732	0.9738	0.9744	0.9750	0.9756	0.9761	0.9767
2	0.9772	0.9778	0.9783	0.9788	0.9793	0.9798	0.9803	0.9808	0.9812	0.9817
2.1	0.9821	0.9826	0.9830	0.9834	0.9838	0.9842	0.9846	0.9850	0.9854	0.9857
2.2	0.9861	0.9864	0.9868	0.9871	0.9875	0.9878	0.9881	0.9884	0.9887	0.9890
2.3	0.9893	0.9896	0.9898	0.9901	0.9904	0.9906	0.9909	0.9911	0.9913	0.9916
2.4	0.9918	0.9920	0.9922	0.9925	0.9927	0.9929	0.9931	0.9932	0.9934	0.9936
2.5	0.9938	0.9940	0.9941	0.9943	0.9945	0.9946	0.9948	0.9949	0.9951	0.9952
2.6	0.9953	0.9955	0.9956	0.9957	0.9959	0.9960	0.9961	0.9962	0.9963	0.9964
2.7	0.9965	0.9966	0.9967	0.9968	0.9969	0.9970	0.9971	0.9972	0.9973	0.9974
2.8	0.9974	0.9975	0.9976	0.9977	0.9977	0.9978	0.9979	0.9979	0.9980	0.9981
2.9	0.9981	0.9982	0.9982	0.9983	0.9984	0.9984	0.9985	0.9985	0.9986	0.9986
3	0.9987	0.9987	0.9987	0.9988	0.9988	0.9989	0.9989	0.9989	0.9990	0.9990

Symmetriebeziehung: $\Phi(-z) = 1 - \Phi(z)$.

Wichtige Quantile: $\Phi(1.282) = 0.90$; $\Phi(1.645) = 0.95$; $\Phi(1.960) = 0.975$;
$\Phi(2.326) = 0.99$; $\Phi(2.576) = 0.995$.

Literaturverzeichnis

Bamberg, G., Baur, F. (2006) Statistik. Oldenbourg, München.

Bleymüller, J., Gehlert, G., Gülicher, H. (2008) Statistik für Wirtschaftswissenschaftler. Vahlen, München.

Bourier, G. (2005) Beschreibende Statistik. Gabler, Wiesbaden.

Bunke, O. (1959) Neue Konfidenzintervalle für den Parameter der Binomialverteilung. *Wissenschaftliche Zeitschrift der Humboldt-Universität Berlin.*

Cochran, W.G. (1972) Stichprobenverfahren. Walter de Gruyter, Berlin/NewYork.

Collani, E. v. (1984) Optimale Wareneingangskontrolle. Teubner, Stuttgart.

Collani, E. v., Dräger, K. (2001) Binomial Distribution Handbook for Scientists and Engineers. Birkhäuser, Boston.

Duller, C. (2013) Einführung in die Statistik mit Excel und SPSS. Gabler, Berlin Heidelberg.

Fahrmeir, L., Heumann C., Künstler, R., Pigeot, I., Tutz, G. (2016) Statistik. Springer Spektrum, Berlin Heidelberg.

Fisz, M. (1980) Wahrscheinlichkeitsrechnung und Mathematische Statistik. VEB Deutscher Verlag der Wissenschaften, Berlin.

Hartung, J. (2005) Statistik. Oldenbourg, München.

Lehn, J., Müller-Gronbach, T., Rettig, S. (2000) Einführung in die Deskriptive Statistik. Teubner, Stuttgart.

Lehn, J., Wegmann, H. (2006) Einführung in die Statistik. Teubner, Stuttgart.

Pfanzagl, J. (1983) Allgemeine Methodenlehre der Statistik I. Sammlung Göschen-De Gruyter, Berlin.

Pfanzagl, J. (1978) Allgemeine Methodenlehre der Statistik II. Sammlung Göschen-De Gruyter, Berlin.

Schira, J. (2016) Statistische Methoden der VWL und BWL. Pearson Studium, München.

Uhlmann, W. (1982) Statistische Qualitätskontrolle. Teubner, Stuttgart.

Weigand, C. (2009) Defining Precision for Reliable Measurement and Estimation Procedures. *Economic Quality Control (EQC)* 24, 5 – 33.

Weigand, C. (2012) Statistical Tests Based on Reliability and Precision. *Economic Quality Control (EQC)* 27, 43 – 64.

© Springer-Verlag GmbH Deutschland, ein Teil von Springer Nature 2019
C. Weigand, *Statistik mit und ohne Zufall*,
https://doi.org/10.1007/978-3-662-59309-7

Index

 **Springer**

Willkommen zu den Springer Alerts

- Unser Neuerscheinungs-Service für Sie:
  aktuell *** kostenlos *** passgenau *** flexibel

Springer veröffentlicht mehr als 5.500 wissenschaftliche Bücher jährlich in gedruckter Form. Mehr als 2.200 englischsprachige Zeitschriften und mehr als 120.000 eBooks und Referenzwerke sind auf unserer Online Plattform SpringerLink verfügbar. Seit seiner Gründung 1842 arbeitet Springer weltweit mit den hervorragendsten und anerkanntesten Wissenschaftlern zusammen, eine Partnerschaft, die auf Offenheit und gegenseitigem Vertrauen beruht.

Die SpringerAlerts sind der beste Weg, um über Neuentwicklungen im eigenen Fachgebiet auf dem Laufenden zu sein. Sie sind der/die Erste, der/die über neu erschienene Bücher informiert ist oder das Inhaltsverzeichnis des neuesten Zeitschriftenheftes erhält. Unser Service ist kostenlos, schnell und vor allem flexibel. Passen Sie die SpringerAlerts genau an Ihre Interessen und Ihren Bedarf an, um nur diejenigen Information zu erhalten, die Sie wirklich benötigen.

Mehr Infos unter: springer.com/alert

The manufacturer's authorised representative in the EU is Springer
Nature Customer Service Centre GmbH, Europaplatz 3, 69115 Heidelberg,
Germany. If you have any concerns regarding our products, please
contact ProductSafety@springernature.com

Printed and bound by CPI Group (UK) Ltd, Croydon, CR0 4YY
27/04/2026
02097560-0018